공사계약 / 공사비 적산 / 건설공정관리

건설공사관리학

Construction Contract, Cost Estimating, Schedule Management

박홍태 저

도서출판
구미서관

머리말

토목공사는 여러 종류의 시설물을 대상으로 하고, 시설물의 발주자는 정부나 정부투자기관이다. 따라서 발주된 시설물을 낙찰받고자 하는 시공자는 공사비 적산을 수행하여 적정 낙찰금액을 산정해야 하고, 발주자는 직영공사의 경우 실행예산, 도급공사의 경우 적정 예정가격을 산정해야 한다. 여기에 더하여 시공자는 공사 착수 전 착공예정공정도표를 작성하여 발주자에게 제출하고, 이를 근거로 보고주기별로 공사의 계획대비 실적을 비교하여 발주자에게 보고해야 한다. 또한, 발주자는 보고자료를 검토하여 적정 기성금액을 결정하고 공기지연 만회대책 등을 조치한다. 이같이 시공자와 발주자 모두 공사금액과 기성금액을 산정할 수 있는 공사비 적산 수행능력과 공정도표를 활용한 공사관리능력을 갖추어야 효율적인 공사의 관리가 가능하게 된다.

반면, 대학의 정규과정을 이수한 졸업생들은 토목전공과 관련된 분야에 진출하여 공사계약이나 공사비 적산 그리고 공정관리 업무에 종사하고 있지만, 이 분야에 깊이 있는 전문지식과 경험이 부족한 졸업생들이나 초급실무자들은 많은 시간과 비용을 투자하여 별도의 전문교육기관으로부터 관련 교육을 이수하여 실력을 배양하는 실정이다.

본 서적은 이러한 어려움에 직면한 졸업생들이나 초급실무자들 그리고 이 분야를 공부하고자 하는 많은 학생들을 위하여 공사계약과 관련된 법규, 도면으로부터 수량을 산출하고 표준품셈을 활용하여 공사비 적산을 수행할 수 있는 이론과 기초실무, 그리고 현장 단위에서 공사를 계획하고 관리할 수 있는 건설공정관리 운영체계를 단계별로 기술하고 있다. 이같이 본 서적은 공사비 적산 업무를 다루는 공무 분야나 공사관리업무의 중심인 건설공정관리 분야에서 참고자료 및 대학교재로 활용하는데, 부족함이 없도록 편성하였다.

이에 필자는 본 서적을 선정하여 공부하는 독자분들께서 공사계약과 공사비 적산 그리고 건설공정관리의 기술력 향상에 많은 도움이 되었으면 하는 간절한 바람이다.

끝으로 본 서적의 부족한 점은 앞으로 개정판을 거듭하면서 적극적으로 보완하여 독자 여러분들이 원하는 서적이 될 수 있도록 적극적으로 노력할 것을 약속드리며, 본 서적이 출판되기까지 아낌없는 성원을 해주신 구미서관 관계자 여러분들의 노고에 깊은 감사를 드린다.

저자 배상

목 차

CHAPTER 01 공사계약제도

1. 공사계약의 의의 3
2. 건설사업 관계자 5
3. 공사계약업무과정에 사용되는 가격과 금액의 종류 23
4. 건설공사 계약절차 26
5. 건설공사계약의 이행단계별 주요 과업 분류 35
6. 종합심사 낙찰제 및 적격심사 낙찰제의 낙찰자 결정방법 60
7. 민자사업제도 71

CHAPTER 02 공사비 적산 총론

1. 적산의 정의 79
2. 적산의 활용성 80
3. 공사비 계산방법 81
4. 공사시행단계와 견적방법 89
5. 비용계산의 정확도 91
6. 공사비 적산의 기준 및 요령 92
7. 공사비 적산방법 104
8. 표준품셈 159

CHAPTER 03 건설기계 시공능력 및 적산

1. 건설기계 적산 167
2. 건설기계손료계수 및 운전경비 산정 182
3. 건설기계 작업능력 산정 200

CHAPTER 04 도면 수량 산출

1. 개요 251
2. 공종별 수량산출 251
3. 적산 세부적용기준 258

CHAPTER 05 공사분할체계 활용 공사비 적산

1. 토목공사용 공사분할체계의 정보분류기준과 구성 275
2. 토목공사 공사분할체계의 병용 활용 276
3. 토목공사 공사분할체계 분류 277
4. 공사분할체계의 전개 및 집계 과정 281
5. 공사분할체계 활용 공사비 적산 구현 282
6. 공사분할체계 활용 공사비 적산 구현 사례 291

CHAPTER 06 공사비 내역서 작성

1. 내역서 구성 항목 297
2. 공사비 내역서 작성 실례 319

CHAPTER 07 계약 금액의 조정

1. 물가변동에 의한 계약금액 조정 제도 375
2. 설계변경에 의한 계약금액 조정제도 386
3. 용어정리 393
4. 지수조정률 산정방법 394
5. 품목조정률 산정방법 399
6. 기타 계약금액 조정방법 413

CHAPTER 08 건설공정관리 운영체계

1. 건설공사관리의 개념 419
2. 건설공정관리 용어의 어원 422
3. 건설공정관리체계의 정보 흐름 422
4. 토목공사 공사분할체계의 구성 425
5. 공정도표 구성요소와 표현 443
6. 공정도표기법 시간분석 461
7. 공기단축 494
8. 공사진도관리 508
9. 기성관리체계 522
10. 국내 건설공정관리 운영상의 문제점 및 개선 방향 543

찾아보기 / 551

CHAPTER 01 공사계약제도

1. 공사계약의 의의
2. 건설사업 관계자
3. 건설공사계약의 일반적인 절차
4. 공사계약 분류

CHAPTER
01 공사계약제도

1. 공사계약의 의의

1.1 계약의 의의

① 사업시행자가 성취하고자 하는 사업계획이 실행되는 첫 단계는 건설공사를 계약하는 과정이며, 이 계약과정은 발주자가 **발주**한 건설공사의 계약상대자를 선정하는 입찰 업무에서부터 시작된다.

② **입찰** 또는 **가격협상**(수의 시담)[1]에 의하여 예정가격 이내의 낙찰가격 또는 시담가격으로 계약상대자가 **낙찰**된 후, 계약 당사자 간의 권리(채권)와 의무(채무)를 규정하는 **계약**을 체결하고 그 계약의 내용을 이행함으로서 목적한 성과를 달성하기 위한 법률적 행위가 곧 건설공사를 수행하는 과정이라고 정의 할 수도 있다.

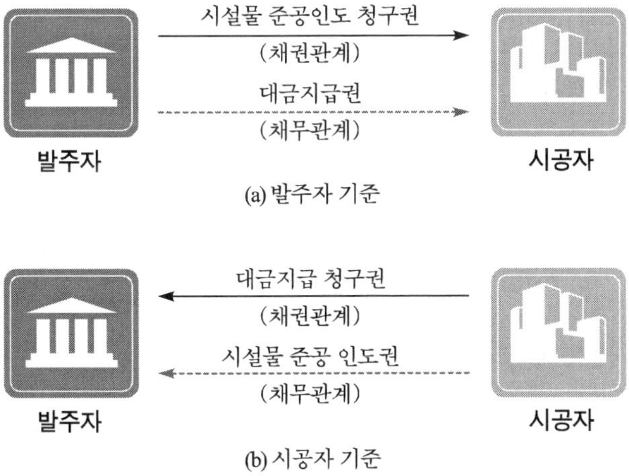

그림 1.1 권리(채권)와 의무(채무) 관계

1) 시담(示談) : 민사(民事)에서 다룰만한 사건을 당사자끼리 말로서 해결하는 일을 말한다.
수의시담 : 경쟁입찰에 부치지 않고 특정의 상대를 선정하여 그 자와 계약을 체결하는 것으로써 특수 목적을 위하여 예외적으로 인정하는 경우에 적용된다.

③ 이와 같은 건설공사의 계약은 상호 대등한 입장에서 계약당사자의 합의에 따라 체결되어야 하며, 계약당사자는 계약의 내용을 신의성실의 원칙에 따라 이행해야 한다. 이것은 계약의 기본 정신이며 이에 따라 정부가 발주하는 공공공사에서도 국가를 당사자로 하는 계약에 관한 법률 제5조에 이 내용을 명시하고 있다.

④ 또한 사업 시행자, 즉 발주자는 계약을 체결함에 있어서 발주자의 우월적 지위를 이용하여 계약상대자의 계약상 이익을 부당하게 제한하는 특약 또는 조건을 정하여서는 아니 됨은 물론, 계약을 이행하는 과정에서도 그와 같은 권한의 남용이 있어서는 안 된다. 이 역시 법에서 보장하는 계약당사자의 권리임을 국가를 당사자로 하는 계약에 관한 법률 시행령 제4조에 명시되어 있어 민간공사뿐만 아니라 정부발주공사라 하더라도 동일하게 적용되어야 한다.

⑤ 건설공사의 계약이 이러한 특성을 갖고 있음에 따라 사업시행자는 그 계약의 내용을 입찰 전에 입찰 참가자에게 알려주어야 하며, 당연히 입찰문서는 계약문서의 일부가 된다. 입찰 및 계약과정을 거쳐 해당 건설공사를 착수하게 되면 공사를 마무리하는 준공 때까지 계약에 따라 많은 사항을 이행하게 된다.

1.2 계약의 성립

일반적으로 **계약**이란 1인 이상의 당사자가 법률상 일정한 효과의 발생을 목적으로 **서로 대립하는 의사표시의 합치**에 의하여 성립하는 법률 행위를 말한다.

1.3 계약의 특수성

정부계약도 사법상의 계약이므로 원칙적으로 민법상의 일반적인 **계약자유의 원칙**, **신의성실의 원칙**, **사정변경의 원칙**, **권리남용금지의 원칙** 등을 적용받으나 공공성과 일방이 정부라는 측면에서 순수한 사법상 계약과는 다른 특수성을 지닌다.

① 정부계약의 특수성이라 함은 정부계약기본법인 국가를 당사자로 하는 계약에 관한 법률 제5조에 계약은 [상호 대등한 입장에서 당상자의 합의에 따라 체결되어야 한다][2)]라고 규정되어 있어 결국 국가계약법에 의한 계약은 국가가 사인의 지위에서 사경제주체로서 행하는 사법상의 법률행위라 할 수 있으며, 쌍무계약(雙務契約)이라 할 수 있다.

2) 현실에 있어서는 건설공사 도급계약은 원·하도급계약을 불문하고 그 내용 또는 이행에 있어서 자칫하면 발주자 측에 유리한 편무적인 성격을 지닐 수 있어 교육적·선언적인 의미를 지닌 규정이라 할 수 있다.

② 그러나 정부계약은 개인의 이익을 추구하는 일반적인 계약과는 달리 공공재의 생산 또는 공공복리의 추구라는 목적 달성과 계약담당공무원의 자의적 집행을 방지하고자 민법 등과 달리 별도의 계약관련규정을 운영하고 있다.

2. 건설사업 관계자

건설사업 관계자는 사업을 주관하는 **발주자**, 발주자가 발주한 공사의 내용을 설계하는 **설계자**, 발주자와 도급계약에 의한 설계도서와 시방서에 따라 계약공기 내에 목적물을 완성하는 **시공자**, 발주자를 대신하여 설계도서대로 시공자가 시공을 하고 있는지 여부를 확인 및 지도, 관리 및 감독하는 **건설사업관리용역업자**[3](구, 감리자, 2014년 5월 23일 건설기술진흥법개정), 발주자를 대행해서 건설공사 기획에서부터 설계, 시공, 시운전을 관장하여 관리하는 **건설사업 관리자**로 구성된다.[4]

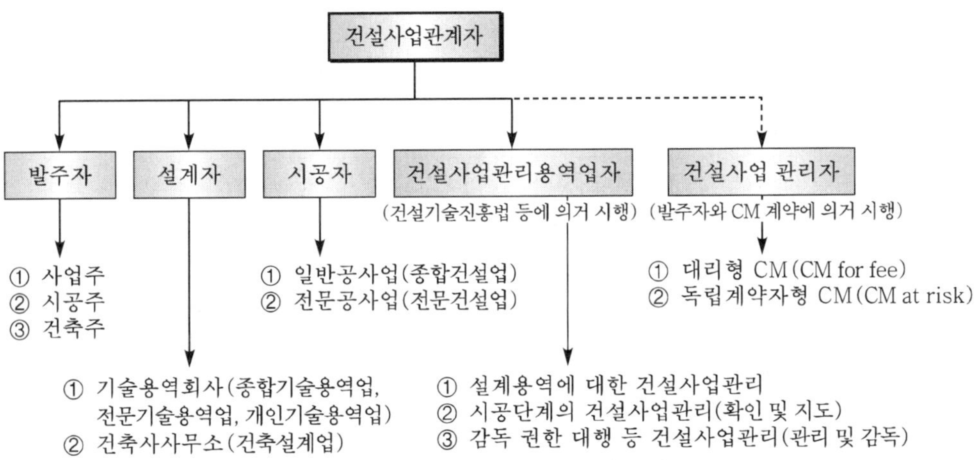

그림 1.2 건설사업관계자의 구성

그림 1.2는 **발주자, 설계자, 시공자, 건설사업관리용역업자, 건설사업관리자**로 구성된 **건설사업관계자**를 열거하고 있다. 통상적 **시설도급 발주공사**는 **발주자**가 **설계자**와 **설계용역**

3) 2014년 5월 23일 건설기술관리법이 건설기술진흥법으로 개정되면서 한국설계협회와 한국건설감리협회가 통합되어 한국건설기술관리협회로 변경되었다. 또한 건설기술관리법에서 감리자가 건설기술진흥법에서 건설사업관리 용역업자로 명칭이 변경되었다. 그러나 민간공사의 경우 주택법, 건축법에 따라 감리자로 명명하여 사용하고 있다.

4) 공공공사의 경우, 건설사업관리용역업라로 변경되면서 책임감리는 감독권한대행 등 건설사업관리자, 시공감리와 검측감리는 시공단계의 건설사업관리자로 명명되었다.

계약을 체결하고, 또 **발주자**가 **시공자**와 **시공계약**을 체결하여 건설공사를 수행한다. 여기에 건설기술진흥법에서 규정하고 있는 **표 1.6 ~ 표 1.7의 대상공사**는 의무적으로 **건설사업관리용역업자**가 건설사업 관계자로 구성되어 표 1.2~표 1.4의 업무내용을 수행하게 된다. 그러나 표 1.1과 같이 **건설사업관리자**(construction management manager)는 발주자의 필요에 따라서 **발주자와 건설사업관리자** 간에 **CM 업무 수행계약**을 체결하였을 때만, 건설사업관계자의 구성원으로 참여하게 된다. 이러한 의미를 그림 1.2에서 **점선**으로 표현하였다.

표 1.1 건설사업관리자와 건설사업관리용역업자의 특성 비교

구분	건설사업관리자	건설사업관리용역업자
책무	• 신의성실의 원칙 • 윤리의식(대리인으로서 윤리의식)	• 성실한 업무수행 • 확인업무 • 기술지도 • 감독권한 대행
근거	• 발주자와 CM계약에 의거 시행	• 건설기술진흥법 등에 의해 시행
방식	• 사업시행단계의 전부/일부 발주 • 대리형 CM • 독립계약자형 CM	• 사업관리의 한 형태 • 설계용역에 대한 건설사업관리 • 시공단계의 건설사업관리 • 감독권한대행 등 건설사업관리
업무	• Project 전 단계에 걸쳐 제안자로 참여	• 검사기능 강조
중점사항	• 공기단축, 사업비관리, 품질확보, 계획중심	• 품질확보(확인+기술지도), 관리 및 감독
조직	• 각 공정이나 분야별 전문 최고책임자 (chief)를 두고 관련 인력을 배치	• 건축, 토목, 전기, 설비 등의 담당자를 상주, 규모에 따른 배치

2.1 발주자

① **사업주**라고 하는 **발주자**는 건설사업을 시행하는 사업시행자로서 사업시행에 드는 모든 비용을 투자하고 완성된 공사를 인수하여 소유, 운전하거나 처분하며, 도급계약으로 실시되는 공사에서는 계약당사자로서 **발주자**, **시공주**, **건축주** 등의 여러 명칭을 갖는다.

② **공공부분에서 건설사업의 발주자**는 정부의 사업부처, 정부투자기관, 각급 지방자치단체[5] 등이 되며, **민간부분에서는** 사업을 시행하는 개인, 단체, 민간회사들이 된다.

5) 지방자치단체(地方自治團體)란 지방공공단체(地方公共團體)라고도 하며, 국가 통치권 밑에서 국가 영토의 일부를 단위구역으로 하여 그 구역 안의 주민을 법률이 정한 범위에서 지배할 수 있는 권한을 가진 단체를 말한다.

6) 인가(認可)란 어떤 일을 법적으로 옳다고 인정하여 행정적으로 그 시행을 허락하는 일을 말하며, 허가(許可)는 법령으로 금지 또는 제한되어 있는 일을 특정의 경우 특정의 사람에게 할 수 있도록 처리하는 일을 말한다.

7) 도급계약(Contract for work)이라 함은 원도급, 하도급, 위탁 기타 명칭의 여하에 불구하고 건설업자가 건설공사를 완성할 것을 약정하고, 상대방이 그 일의 결과에 대하여 대가를 지급할 것을 약정하는 계약을 말한다.

③ 공사실시를 위해서 **발주자의 책임이 되는 사항**은 공사부지의 구입, 사업시행 허가 또는 면허취득, 사업비 조달 및 비용지불, 공사실시에 따른 인허가[6] 취득, 공사의 계획조사, 설계, 시공감독, 검수 및 유지관리, 기술용역회사 및 시공회사의 공용 및 감독 등이 있다.

④ **도급공사에서 발주자**는 공사도급절차에 따라 시공회사를 선정하여 공사도급계약[7]을 체결하고 시공자가 계약약관과 설계도서에 따라 공사를 수행하는데 필요한 업무를 지원하고 공사가 설계도서에 따라 확실하게 수행되도록 감독하고, 수행과정을 확인, 검사하며, 공사감독자가 확인한 공사 기성고에 대하여 계약에 정해진 절차에 따라 기성금액과 계약과 관련하여 발생되는 기타 비용을 시공자에게 지급한다. 이 절차는 발주자가 공사의 계획조사, 설계 또는 시공을 위하여 건설사업관리용역업자를 고용하는 경우에도 똑같이 적용된다.

⑤ 발주자는 자신의 고용원이나 건설사업관리용역업자의 고용원을 현장에 상주시켜 시공자가 수행하는 공사시공을 지휘, 지시, 독려, 확인하는 감독업무를 담당하게 된다. 또한 발주자는 공사도면을 작성하여 시공자에게 제공하고, 공사시공에 필요한 주요자재나 장비의 일부를 제공하기도 하는데 이때 시공자의 공사일정에는 사전에 이러한 사항을 충분히 반영해서 시공에 차질이 없도록 하여야 한다.

⑥ 한 현장에 발주자가 여러 시공자를 별개의 계약으로 고용하여 동시에 공사를 수행하는 경우는 현장의 배치와 일정에 혼란이 일어나지 않도록 사전에 그리고 수시로 조정하여 여러 시공자의 공사운영에 차질이 없도록 하여야 할 책임이 있다.

2.2 시공자

① **시공자**[8]는 도급공사에서 공사도급계약에 의해서 발주자에게 고용되어 공사의 시공을 수행하는 책임을 진다. 설계와 시공을 일괄하여 도급하는 일괄도급계약에서 시공자는 설계업무를 함께 수행하기도 한다.

② 공사시공을 수행하는 것을 업무로 하는 시공회사는 **건설산업기본법**에 따라 국토교통부에 등록하고 **종합건설업**(구, 일반공사업)과 **전문공사업**(구, 단종업체)에 대하여 공사업 면허를 받은 시공회사이며, 시공회사는 설계기능을 보유하여 종합건설회사(Engineering Contractor)[9]로 활동할 수 있다.

8) 시공자(Contractor)는 발주자로부터 건설공사의 도급을 받은 건설업자를 말한다.

9) 종합건설회사(Engineering Contractor)란 한 회사가 사업발굴 및 제안, 기획, 타당성조사, 기본설계, 상세설계, 구매조달, 시공, 시운전 및 사용검사, 유지보수 및 안전진단의 공사의 전과정을 수행할 수 있는 회사를 말한다.

③ 시공회사는 규모에 따라 업무의 범위와 내용에 차이가 있겠지만, 기능면에서 설계, 시공 등을 담당하는 **운영부서**와 인사, 구매, 회계 등을 담당하는 **관리부서조직**을 가지고 있으며, 공사의 관리는 계약별 또는 공사별로 운영하고 있다.

다음 그림 1.3은 **발주자**, **시공자**, 그리고 **건설관련 법**과의 관계에서 건설공사의 전반에서 발생할 수 있는 문제점을 예시로 들고 있다. 문제의 발생은 하나의 특별한 요인에 의해서 발생될 수도 있지만, 대부분은 개개의 요인들이 상호 복합적인 하나의 현상으로 나타나거나, 개개의 문제점들이 서로 간에 영향을 미쳐 더 큰 하나의 사회적인 현상으로 나타나기도 한다. 이러한 요인들을 **가시적인 요인**과 **내면적인 요인**으로 구분할 수 있으며, 가시적인 요인보다 내면적으로 존재하는 요인들이 많은 것으로 생각된다.

이와 같은 사회적 풍토가 복합되어 문제발생의 동기를 부여하듯이 시공자들과 행정적인 문제, 법적인 미비가 건설공사 완료 후에도 여러 가지의 형태로 문제점들이 나타날 수 있다.

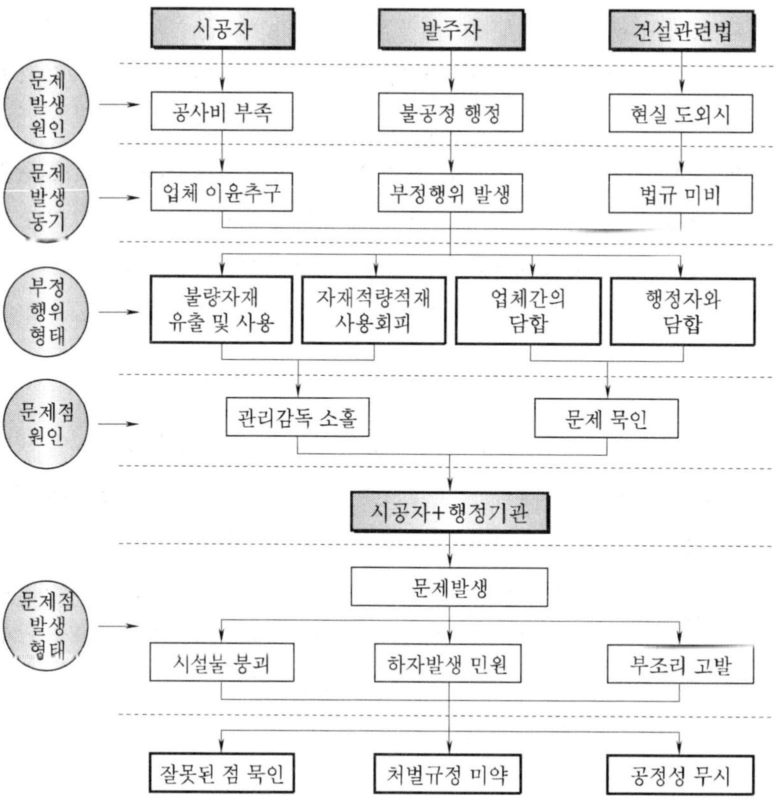

그림 1.3 건설공사 문제점 발생 흐름도의 일례

이같은 문제점들이 상호 관련성을 가지고 있어서 복합적으로 하나의 현상으로 표출되기 때문에 그 원인을 찾아내기는 매우 어렵다. 다시 말해서 건설 시설물 생산에 따른 문제점들이 입체적으로 하나의 틀에 함께 존재하는 이유로 인하여 하나의 잘못 또는 상호간에 잘못으로 인하여 물의를 빚어지는 경우가 많은 것으로 나타난다. 우리는 이 내용을 인지하여 관련 종사 영역에서 제반 문제점이 발생되지 않도록 노력해야 할 것으로 사료된다.

2.3 설계자

① **설계자**는 발주자와 설계용역계약을 체결하고 설계업무를 수행하는 기술용역회사, 건축사사무소이며, **설계자의 업무범위**는 계약에 따라 기획, 예비조사, 타당성조사를 포함하는 계획조사, 기본설계 및 실시설계, 건축공사감리, 설계용역에 대한 건설사업관리(시공이전 단계의 기본설계 및 실시설계용역) 등의 업무를 수행한다.

② 일반기술분야와 건축분야를 통합한 **종합기술용역회사**는 건축을 포함한 모든 기술분야의 업무를 망라한다.

③ **기술용역회사**는 기술용역육성법에 따라 자격요건을 갖추어 과학기술처에 회사등록을 하고, 기술분야에 따라 **종합기술용역업, 전문기술용역업** 및 **개인기술용역업**의 면허를 받은 회사이다.

④ 건축사사무소는 건축사법에 따라 국토교통부에 회사등록을 하고 건축설계업의 면허를 받은 회사이다.

⑤ 건설엔지니어링 사업자는 건설기술진흥법 제26조 ①항에 따라 관할시장 또는 도지사에게 회사등록을 하고 설계용역에 대한 건설사업관리(시공이전단계) 면허를 받은 회사이다.

2.4 건설사업관리용역업자

(1) 변천과정

건설기술진흥법에 의한 **건설사업관리용역업자**(구, 건설기술관리법 : 감리자)는 발주자를 대행해서 **설계자**가 설계용역계약을 올바로 수행하고 있는지 그 여부의 **적합성 및 적절성 검토**(설계용역에 대한 건설사업관리, 건설기술진흥법) 또는 **시공자**가 설계도서대로 공사를 올바로 수행하고 있는지 그 여부의 **확인 및 지도**(시공단계 건설사업관리, 건설기술진흥법), **관리 및 감독**(감독권한대행 등 건설사업관리, 건설기술진흥법)하는 역할을 수행한다. 이 역할을 수행해 온 건설기술관리법에 따른 건설감리제도에서부터 건설기술진흥법에 따른 건설사업관리용역업에 이르기까지 그 변천과정을 살펴보면, 그림 1.4와 같이 건설시장의 환경변화에 따라 시의적절하게 발전되어 왔으며, 이를 5단계로 나누어 설명하고 있다.

① 제1기는 1963년부터 1987년까지로 건축사법에 건축공사에 대한 감리업무가 도입되었고, 이것이 전반적인 시공감리로 발전된 시기로 볼 수 있다. 지난 1963년 처음으로 공사감리제도가 도입되었을 때에는 공공 및 민간이 발주하는 건축공사의 시공이 설계도서대로 이행되고 있는지를 확인하는 것이 감리자의 주 업무였으며, 건축사 등 설계자가 감리업무를 수행하였다.

② 제2기는 1987년부터 1994년까지로 당시 건설기술관리법에 책임감리가 도입되기 전까지의 기간으로 볼 수 있다. 이 기간 동안에는 1986년 독립기념관 화재사건을 계기로 마련된 건설공사제도 개선 및 부실대책에 따라 감리자의 역할과 기능을 확대하였다. 1984년에 건설공사시공감리규정을 대통령령으로 제정하는 등 감리기능을 확대하였음에도 불구하고 여전히 감리자는 발주자의 감독관을 보조하는 역할에 머무는 제도적 한계로 인해 제도 개선이 아무런 실효성을 거두지 못하였다.

③ 제3기는 1994년 중반부터 책임감리제도가 도입되고 설비공사에 대한 감리가 강화된 1996년까지로 볼 수 있다. 부실공사 방지 차원에서 감리의 역할을 강화하는 등 제도를 개선하였음에도 불구하고 대형건설공사에서 부실시공이 끊임없이 발생함으로서 건설업이 국민적 불신과 지탄을 받고 건설업은 부실이라는 평가를 받을 정도였다. 이에 정부는 1994년 1월 감리원의 권한을 대폭 강화하고 그에 따른 책임을 부과함으로써 감독관의 역할까지 수행하게 하는 전면책임감리제도를 도입하기에 이르렀으며, 이러한 전면책임감리제도의 도입은 감리제도의 운용에 중요한 전기를 가져다주게 되었다.

④ 제4기는 1997년부터 2013년 4월까지로 볼 수 있다. 이 기간 중에는 1994년에 도입된 전면책임감리제도가 어느 정도 정착되고 1996년 건설산업기본법 개정을 통해 도입된 건설사업관리방식에 따라 감리업무가 수행되어야 한다는 논란이 활발하게 진행되고 있다. 정부는 건설제도 개혁단을 설치하는 등 건설산업 경쟁력강화 및 부실방지대책을 마련하고 부실방지대책의 일환으로 전면책임감리제도의 미비점에 대해 지속적인 보완이 이루어졌다.

⑤ 제5기는 2014년 5월부터 현재까지로 볼 수 있다. 이 시기에는 건설기술관리법이 건설기술진흥법으로 전면 개정되면서 그동안 감리자(건축은 그대로 사용함)로 명명되어왔던 명칭이 ① **건설기술진흥법에 따른 건설사업관리**(수행주체 : 건설엔지니어링사업자)와 ② **건축법, 건축사업, 건축공사 감리세부기준에 따른 공사감리**(수행주체 : 건축사사무소 또는 건설엔지니어링사업자)는 구분되어 시행되고 있다.

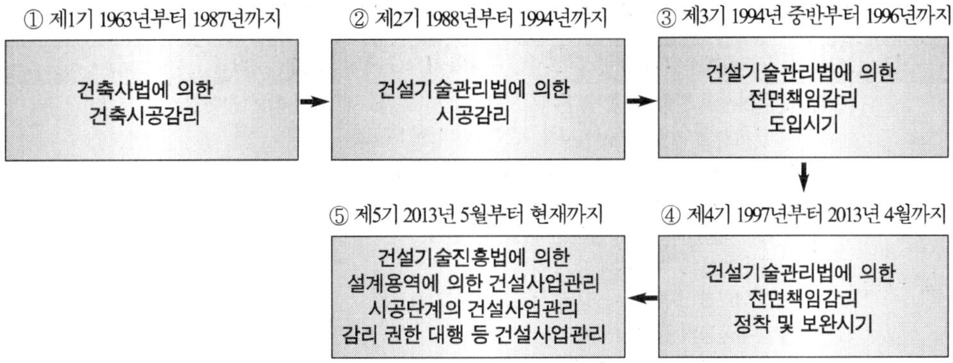

그림 1.4 건설감리제도의 변천 과정

(2) 건설사업관리 업무범위 및 업무내용

먼저, **건설사업관리**와 **감리**의 차이점을 살펴보면, **건설사업관리**는 자기 책임으로 **건설기술진흥법**에 따라 **공공부문 건설공사** 전반에 걸친 계획 및 운영, 계약, 공정, 품질, 안전, 환경 등에 대하여 **확인 및 지도, 관리 및 감독**의 행위를 뜻하고, **감리**는 자기 책임으로 **건축법**에 따라 **민간부문 건설공사**(일반건축 및 공동주택)의 시공단계에서 이루어지는 공사에 대하여 **지도 및 감독**의 행위를 뜻한다.

본서에서는 건설기술진흥법에 따라 **공공부문건설공사**에 참여하는 **건설사업관리용역업**을 중심으로 기술한다. **건설사업관리용역업**은 구 건설기술관리법의 시공단계에서 적용되는 **토목공사감리**(책임·시공·검측 감리)와 건설사업에 전반적으로 적용되는 **건설사업관리제도**(CM)를 **통합**하여 "**건설사업관리**" 용어로 사용하며, 그와 관련된 업무를 수행한다. 다음 **표 1.2**는 통합되어 운영되고 있는 건설사업관리 업무범위 및 업무내용을 나타내고 있다.

표 1.2 건설사업관리 업무범위 및 업무내용

구분	업무항목	비고
업무범위	1. 설계 전(前) 단계　2. 기본설계 단계　3. 실시설계 단계 4. 구매조달 단계　5. 시공 단계　6. 시공 후(後) 단계	건설기술진흥법 시행령 제59조1항
업무내용 (제59조1항) 각 단계별 업무내용	1. 건설공사의 계획, 운영 및 조정 등 사업관리 전반 2. 건설공사의 계약관리　3. 삭제(2017. 12. 29) 4. 건설공사의 사업비 관리　5. 건설공사의 공정관리 6. 건설공사의 품질관리　7. 건설공사의 안전관리 8. 건설공사의 환경관리　9. 건설공사의 사업정보 관리 10. 건설공사의 사업비, 공정, 품질, 안전 등에 관련되는 위험요소관리 11. 그 밖에 건설공사의 원활한 관리를 위하여 필요한 사항	건설기술진흥법 시행령 제59조2항

참고 : 건설사업관리자의 사업참여시기 및 엄무범위는 사업의 특성을 감안하여 **발주청이 선택적 적용 가능**(법 제39조 제2항 및 제3항에 따른 건설사업관리 제외)

표 1.3 표1.2의 업무내용 외에 설계용역에 대한 건설사업관리에 포함된 업무항목

구분	설계용역에 대한 건설사업관리의 표 1.2에 추가 업무항목	비고
업무내용	1. 건설공사 관련 법령, 법 제44조 제1항 제1호 및 제2호에 따른 건설공사 설계기준 및 건설공사 시공기준에의 적합성 검토 2. 구조물의 설치 형태 및 건설공법 선정의 적정성 검토 3. 사용재료 선정의 적정성 검토 4. 설계내용의 시공 가능성에 대한 사전검토 5. 구조계산의 적정성 검토 6. 제74조에 따른 측량 및 지반조사의 적정성 검토 **7. 설계공정의 관리** **8. 공사기간 및 공사비의 적정성 검토** 9. 제75조에 따른 설계의 경제성등 검토 10. 설계안의 적정성 검토 11. 설계도면 및 공사시방서 작성의 적정성 검토	건설기술진흥법 시행령 제59조4항

표 1.4 표1.2의 업무내용 외에 감독 권한대행 등 건설사업관리에 포함된 업무항목

구분	감독 권한대행 등 건설사업관리의 표 1.2에 추가 업무항목	비고
업무내용	1. 시공계획의 검토 **2. 공정표의 검토** 3. 시공이 설계도면 및 시방서의 내용에 적합하게 이루어지고 있는지에 대한 확인(제101조의2 제1항 각호의 가설구조물이 시공상세도면 및 시방서의 내용에 적합하게 설치되었는지에 대한 확인을 포함) 4. 건설사업자나 주택건설등록업자가 수립한 품질관리계획 또는 품질시험계획의 검토 · 확인 · 지도 및 이행상태의 확인, 품질시험 및 검사 성과에 관한 검토 · 확인 5. 재해예방대책의 확인, 안전관리계획에 대한 검토 · 확인, 그 밖에 안전관리 및 환경관리의 지도 6. 공사 진척 부분에 대한 조사 및 검사 7. 하도급에 대한 타당성 검토 8. 설계내용의 현장조건 부합성 및 실제 시공 가능성 등의 사전검토 **9. 설계변경에 관한 사항의 검토 및 확인** **10. 기성부분검사 및 준공검사** 11. 건설사업자나 주택건설등록업자가 작성한 시공상세도면의 검토 및 확인 12. 구조물 규격 및 사용 자재의 적합성에 대한 검토 및 확인 13. 그 밖에 공사의 질적 향상을 위하여 필요한 사항으로서 국토교통부령으로 정하는 사항	건설기술진흥법 시행령 제59조5항

(3) 공공부분 건설공사의 건설사업관리 구분

건설기술진흥법에서는 건설사업관리용역업을 **설계용역에 대한 건설사업관리(시공이전단계)**, **시공단계 건설사업관리(시공단계)** 그리고 **감독권한대행 등 건설사업관리(시공단계)**로 구분하고 있다. 구 건설기술관리법에서 구분한 시공감리와 검측감리는 **시공단계 건설사업**

관리, 책임감리는 **감독권한대행 등 건설사업관리**로 변경된 것으로 볼 수 있다. 다음 **표 1.5**는 **공공부문 건설사업관리용역업**의 **설계용역에 대한 건설사업관리(시공이전단계)**, **시공단계 건설사업관리(시공단계)**, 그리고 **감독권한대행 등 건설사업관리(시공단계)**로 구분하여 근거법령, 적용대상, 역할성격, 수행주체에 따라 구분하여 정리하였다.

표 1.5 공공부문 건설공사의 건설사업관리 구분

구분	종류	내용
공공부문 건설공사	설계용역에 대한 건설사업관리 (시공이전단계)	근거법령 : 건설기술진흥법(건설안전과) 적용대상 : **발주청이 수행하는 설계용역** 건설기술진흥법 시행령 제57조 각호의 **기본설계** 및 **실시설계용역**) 역할성격 : **발주기관 설계관리 대행** 수행주체 : 건설엔지니어링사업자
	시공단계 건설사업관리 (시공단계)	근거법령 : 건설기술진흥법(건설안전과) 적용대상 : **발주청이 시행하는 건설공사**로 **감독권한대행 이외 공사** 역할성격 : **공사감독 보조** 수행주체 : 건설엔지니어링사업자
	감독권한대행 등 건설사업관리 (시공단계)	근거법령 : 건설기술진흥법(건설안전과) 적용대상 : **발주청이 시행하는 건설공사** 건설기술진흥법 시행령 제55조 제1항 각호의 건설공사 역할성격 : **발주기관 공사감독 대행(감독권한대행)** 수행주체 : 건설엔지니어링사업자

(4) 공공부문 건설공사의 건설사업관리 시행 대상 공사

다음은 건설기술진흥법 제39조, 동법 시행령 제55조에서 **건설사업관리 시행 대상공사**를 **요약정리**하면, ① 설계, 시공 관리의 난도가 높아 **특별한 관리가 필요한 건설공사**, ② 발주청의 기술인력이 부족하여 **원활한 공사 관리가 어려운 건설공사**, ③ 건설공사의 원활한 수행을 위하여 **발주청이 필요하다고 인정하는 건설공사**를 대상으로 한다. ①, ②, ③에 해당하는 **설계용역에 대한 건설사업관리 대상공사**와 **감독권한대행 등 건설사업관리 대상공사**를 상세히 기술하면 다음과 같다.

1) 설계용역에 대한 건설사업관리 시행 대상 공사

다음은 **설계용역에 대한 건설사업관리**에 적용되는 공사로 ① 시설물의 안전 및 유지관리에 관한 특별법 제7조 제1호 및 제2호에 따른 **제1종 시설물 및 제2종 시설물 건설공사의 기본설계 및 실시설계용역(표 1.6 참조)** ② 시설물의 안전 및 유지관리에 관한 특별법 제7조 제

1호 및 제2호에 따른 **제1종 시설물 및 제2종 시설물이 포함되는 건설공사의 기본설계 및 실시설계용역(표 1.6 참조)** ③ 신공법 또는 특수공법에 따라 시공되는 구조물이 포함되는 건설공사로서 발주청이 건설사업관리가 필요하다고 인정하는 공사의 **기본설계 및 실시설계용역** ④ **총공사비가 300억 원 이상**인 건설공사의 **기본설계 및 실시설계용역**이 있다.

표 1.6 시설물의 안전 및 유지관리에 관한 특별법 제7조 제1종 및 제2종 시설물

종류	내용
제1종 시설물	공중의 이용 편의와 안전을 도모하기 위하여 특별히 관리할 필요가 있거나 구조상 안전 및 유지관리에 고도의 기술이 필요한 대규모 시설물로서 다음 각 목의 어느 하나에 해당하는 시설물 등 대통령령으로 정하는 시설물을 말함. **가.** 고속철도 교량, 연장 500미터 이상의 도로 및 철도 교량 **나.** 고속철도 및 도시철도 터널, 연장 1000미터 이상의 도로 및 철도 터널 **다.** 갑문시설 및 연장 1000미터 이상의 방파제 **라.** 다목적댐, 발전용댐, 홍수전용댐 및 총저수용량 1천만톤 이상의 용수전용댐 **마.** 21층 이상 또는 연면적 5만제곱미터 이상의 건축물 **바.** 하구둑, 포용저수량 8천만톤 이상의 방조제 **사.** 광역상수도, 공업용수도, 1일 공급능력 3만톤 이상의 지방상수도
제2종 시설물	제1종시설물 외에 사회기반시설 등 재난이 발생할 위험이 높거나 재난을 예방하기 위하여 계속적으로 관리할 필요가 있는 시설물로서 다음 각 목의 어느 하나에 해당하는 시설물 등 대통령령으로 정하는 시설물을 말함. **가.** 연장 100미터 이상의 도로 및 철도 교량 **나.** 고속국도, 일반국도, 특별시도 및 광역시도 도로터널 및 특별시 또는 광역시에 있는 철도터널 **다.** 연장 500미터 이상의 방파제 **라.** 지방상수도 전용댐 및 총저수용량 1백만톤 이상의 용수전용댐 **마.** 16층 이상 또는 연면적 3만제곱미터 이상의 건축물 **바.** 포용저수량 1천만톤 이상의 방조제 **사.** 1일 공급능력 3만톤 미만의 지방상수도

2) 감독권한대행 등 건설사업관리 시행 대상 공사

감독권한대행 등 건설사업관리가 적용되는 건설기술진흥법 시행령 별표 7의 공사로 건설기술진흥법 시행령 55조 1항에 따라 **총공사비가 200억 원 이상**인 건설공사로 표 1.7에 해당하는 공사를 말한다. 이 내용은 **"건설엔지니어링사업자로 하여금 건설사업관리를 하게 할 수 있다"**라고 명시되어 있다. 법에서 **"할 수 있다"**와 **"하여야 한다"**는 명확히 구분해야 하는데, **표 1.7**에 해당하는 건설공사는 **법에 따라 의무적으로 건설사업관리를 해야 하는 건설공사**이다. **건설기술진흥법 제39조 제2항**에서는 발주청은 건설공사의 품질 확보 및 향상을 위하여 대통령령으로 정하는 건설공사에 대하여 법인인 **건설엔지니어링사업자**로 하여금 **건설사업관리**(시공단계에서 품질 및 안전관리 실태의 확인, 설계변경에 관한 사항의

확인, 준공검사 등 발주청의 감독권한대행 업무를 포함한다)를 하게 하여야 한다고 명시되어 있다.

표 1.7 건설사업관리 의무 대상 건설공사(감독권한대행 등 건설사업관리 대상)

의무 대상 건설공사의 종류 (건설기술진흥법 시행령 제55조 ①항 1)	
1. **총 공사비가 200억원 이상으로 아래에 해당하는 건설공사**	
① 길이 100미터 이상의 교량공사를 포함하는 건설공사	② 공항 건설공사
③ 댐 축조공사	④ 고속도로 공사
⑤ 에너지저장시설공사	⑥ 간척공사
⑦ 항만공사	⑧ 철도공사
⑨ 지하철 공사	⑩ 터널공사가 포함된 공사
⑪ 발전소 건설공사	⑫ 폐기물 처리시설 건설공사
⑬ 공공 폐수처리시설	⑭ 공공하수처리시설공사
⑮ 상수도(급수설비는 제외한다) 건설공사	⑯ 하수관로 건설공사
⑰ 관람집회시설공사	⑱ 전시시설공사
⑲ 연면적 5천 제곱미터 이상인 공용청사 건설공사	⑳ 송전공사
㉑ 변전 공사	㉒ 300세대 이상의 공동주택 건설공사
2. 위 1외의 건설공사로서 **교량, 터널, 배수문, 철도, 지하철, 고가도로, 폐기물처리시설, 폐수처리시설** 또는 **공공하수처리시설을 건설하는 건설공사 중** 부분적으로 법 제39조 제2항에 따른 **감독권한대행 등 건설사업관리**가 필요하다고 **발주청이 인정하는 건설공사**	
3. 국토교통부 장관이 고시하는 **건설사업관리 적정성 검토기준에 따라 발주청이 검토한 결과 해당 건설공사의 전부** 또는 **일부에 대하여 감독권한대행 등 건설사업관리가 필요하다고 인정하는 건설공사**	

(5) 시공단계 건설사업관리와 감독권한대행 등 건설사업관리의 업무 구분

시공단계의 건설사업관리는 공사감독자가 발주청이 직접 임명한 발주청 직원이고, 공사감독에 대한 책임 역시 발주청에 있는 반면, **감독권한대행 등 건설사업관리**는 공사감독자가 건설사업관리용역업자이고, 공사감독에 대한 책임 역시 건설사업관리용역업자에게 있다(건설기술진흥법 제49조). **건설공사사업관리방식 검토기준 및 업무수행지침**(국토교통부 고시 제2018-385호)에서도 양자의 업무 범위를 명확히 구별하여 구체적으로 규정하고 있다. 따라서 **시공단계의 건설사업관리용역업자**는 당해 공사가 설계도서의 내용대로 시공이 되었는지 여부를 **확인**하고, 시공단계에서의 일반적인 품질관리, 시공관리, 공정관리, 안전관리 등에 대한 **지도**를 할 뿐, 품질상태를 검사·확인하거나 검사 결과 시정이 필요한 경우 시공자에게 시정을 요구할 권한이 없다. 즉, **시공단계의 건설사업관리용역업자**에게는 부실공사 등과 관련하여 **감독권한대행 등 건설사업관리용역업자**와 동일한 수준의 책임을 부담하게 할 수 없고, 동일한 사유로 행정처분을 하여서도 안 된다.

판결 사례

최근 **서울고등법원**은 **공사 현장에 품질시험실을 설치하지 않았다는 이유로 시공단계의 건설사업관리 용역업자**가 건설기술진흥법 시행규칙 [별표8]의 '시공자가 시험장비를 갖추지 않거나 품질관리를 수행하는 건설기술자를 배치하지 않은 것에 대해 시정지시 등 적정한 조치를 하지 않은 경우'에 해당한다고 보아 **벌점을 부과받은 사안**에서 '**감독권한대행 등 건설사업관리**의 권한이 포함되지 아니한 **시공단계의 건설사업관리 용역**의 경우, 구 **건설사업관리업무지침서**(2014. 12. 22. 국토교통부 고시 제2014-859호로 개정되기 전의 것)에 따라 공사감독관에게 각종 시험성적표 제출, 보고 및 현장대리인 교체 요구, 품질시험계획서 보고 등의 의무를 부담하고, 시공자에게 직접 보완지시를 하거나 발주청에 현장대리인 교체 등을 **요구할 권한이 없다**'는 점을 주된 근거로, 건설기술진흥법 제53조 제1항, 동법 시행령 [별표 8] 제5항 나목 2.7에 근거한 **벌점 부과 처분이 부적법하다고 판단하였다**(서울고등법원 2017. 12. 13. 선고 2017누57259 판결).

강선주 법무법인(유) 율촌 변호사

2.5 건설사업관리자

건설사업관리(CM, Construction Management)는 전통적인 공사관리방식에 비해서 체계적인 경영기법의 개념을 도입하여 **건설사업관리자**(CMR : Construction Management Manager)가 계획, 조사, 설계, 시공, 유지관리 등 건설사업 전 과정 또는 일부 과정을 통해서 공정, 원가, 품지, 안전, 환경이 확보되도록 **발주자를 보조하는 선진화된 공사관리기법**을 말한다. 앞 절에서도 언급하였듯이 건설기술진흥법에 따른 **건설사업용역업**도 건설사업관리자가 수행하는 **CM 업무내용**을 수행하지만, **건설사업관리자**가 수행하는 **CM 업무내용**은 발주자의 필요에 따라서 발주자와 건설사업관리자가 별도의 계약으로 수행되고, 의무사항은 아니다. **건설사업관리의 운영방식**은 발주자가 권리를 부여하지 않은 **대리형 CM**(**자문 제공형 건설사업관리**, CM for fee)과 발주자가 권리를 부여하는 **독립계약자형 CM**(**시공책임형 건설사업관리**, CM at risk)이 있다.

(1) 대리형 CM

Agency CM, Pure CM, Professional CM, CM for Fee, **용역형 건설사업관리방식**으로 불리기도 하는 **대리형 CM**은 발주자가 CM회사 또는 CM 전문가 팀과 대리인 형태의 계약을 맺고, CM회사는 자신의 서비스에 대한 용역비인 보수를 받는 순수한 의미의 CM방식이다. 이때는 발주자+설계자+건설사업관리자(CMR)로 구성되는 전문가적인 독립적 단체인 경우로서 CM회사는 발주자를 위하여 행동하고, 더 나아가 발주자의 이익을 위하여 시행하는 계약의 신용을 기반으로 하는 관계를 우선하며, 용역비 이외의 별도의 자기 이익이 없이 발주자를 위하여 계약상 업무를 수행한다. 또한 CM회사는 발주자의 이익과 관련되는 정보를 계속해서 발주자에게 제공하고 필요하다면 발주자가 직접 할 수 있도록 추천도 해주어야 한다. 그러므로 설계와 시공은 발주자가 그들과 직접 계약을 하고, CM회사는 설계나 실질적인 시공작업을 하지 않으며, 이에 대한 책임은 발주자 스스로의 책임하에 있다. 따라서 대리형 CM은 일반적으로 발주자가 계약한 원청 계약자들과의 계약을 실행시키기 위해 강제성을 띤다든가 제재를 가할 수 있는 독립적인 힘을 가지고 있지 않기 때문에 시공자가 공사일정에 따라 일을 수행하도록 강제력을 행사할 수 없다. 이 경우는 발주자가 건설일정을 집행하고 원청 계약자들을 조정하고 해약할 권한을 가지며, CM회사는 발주자의 의사결정에 도움이 되는 시공자들의 문제점을 발주자에게 조언하는 역할만을 하고, 발주자는 계약당시 가지고 있는 힘을 동원하여 직접 적절한 행동을 취한다. 때로 발주자는 이러한 공사일정을 강제집행하고 원청 계약자의 공사일정을 조정시키는 권한은 CM계약에 의하여 CM회사에게 그 일부를 양도할 수도 있으나 이러한 권한이 위임되지 않은 상태에서의 CM회사는 본인 계약상의 기본적인 업무태만 이외는 책임을 지지 않는다.

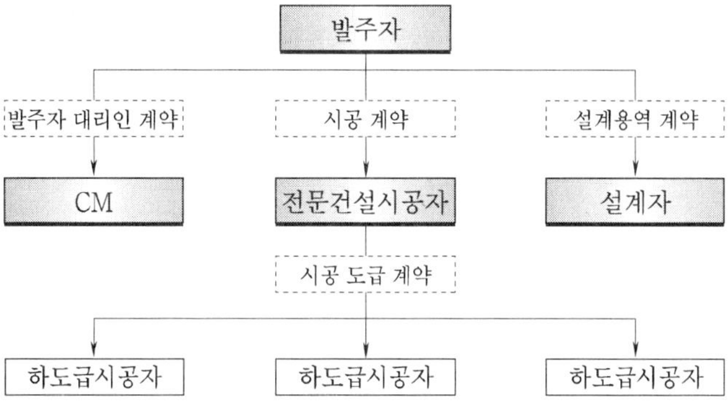

그림 1.5 CM for fee 방식 운영제도

(2) 독립계약자형 CM

Independent Contractor CM, GMP CM, CM at risk, **도급형 건설사업관리방식**으로 불리기도 하는 독립계약자형 CM은 발주자가 처음에는 CM회사와 대리인 계약을 맺고 CM for fee 형태로 업무를 진행하다가 **건설공사 진행이 어느 시점**에 달하면, 향후 건설단계의 건설공사 수행에 대한 총액(GMP : Guaranteed Maximum Price) 개념으로 책임지고 수행하는 CM방식이다. 즉, 설계전단계와 설계단계에서는 발주자의 대리인으로서 행동하고 설계단계 기간 동안의 어느 시점에서는 GMP방식으로 건설공사를 납품하겠다는 것을 발주자와 합의한 후에 독립계약자형 CM으로 행동하게 된다. 여기서 **어느 시점이라 함은 설계의 도면이 50% 완성되고 시방서가 80%정도 완성된 시점**을 말하며, 이때 CM회사가 견적을 준비해서 발주자에게 GMP를 제안한다. 그러나 만일 발주자에 의해 GMP가 받아들여지지 않을 경우에는 CM회사는 당초 발주자의 대리인으로서 계속 업무를 수행한다.

또한 법적으로 독립계약자형 CM은 대리형 CM보다 신용을 기반으로 하는 관계가 적으며, 발주자의 이익을 자기의 이익보다 최우위에 두지 않는 다는 것이다. 즉, 그 공사에서 일반시공회사(General Contractor)처럼 보편적으로 경제적인 이해관계를 갖는다는 것이다. 이것의 의미는 대리형 CM보다 일반시공회사에 더 가까운 입장에 있다는 것이다. 즉, 이때의 CM회사는 건설공사 공기 내에 고정된 예산(GMP) 내에서 완성시킬 책임(위험)을 갖게 된다. GMP 내에서 공사를 완성하고 그 예산이 남을 경우에는 발주자와 나누어 가질 수도 있다. 이 경우 CM회사는 자기의 사업적, 재정적 이익과 발주자의 최대 이익에 대해 어떻게 균형을 맞추는 것인지 하는 문제가 발생하게 된다. 독립계약자형 CM은 CM회사가 발주자와 계약을 수행하면 CM회사가 직접시공을 하든 별도의 시공사가 시공을 하든 발생되는 모든 문제점에 대한 책임은 CM회사에게 있게 된다.

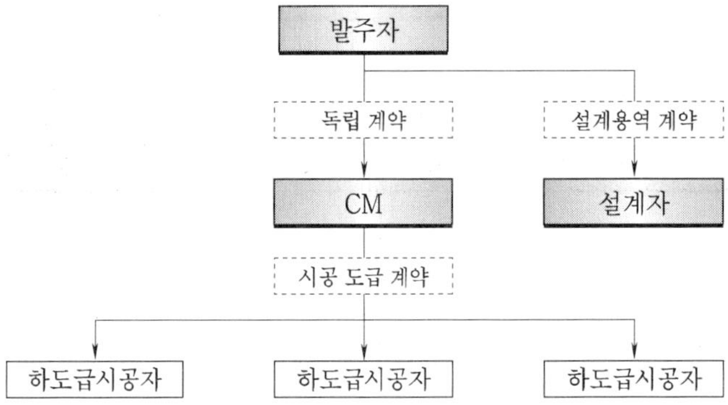

그림 1.6 CM at risk 방식 운영제도

건설공사 수행 단계별 요소기술의 업무 범위를 표현하면 그림 1.7과 같이 나타낼 수 있고, 이들 요소기술 중 **건설사업관리의 업무 범위**는 기획 및 계획, 타당성조사, 기본설계, 상세설계, 구매조달, 시공, 시운전 및 사용검사까지라 할 수 있다.

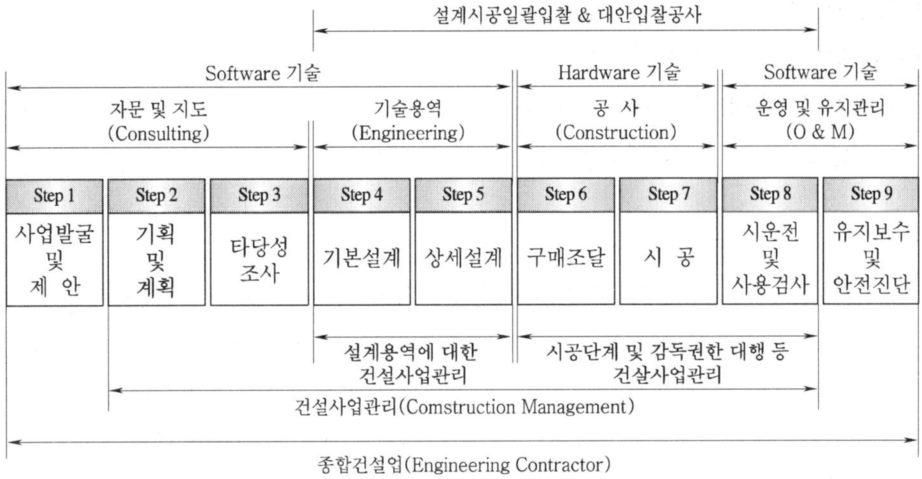

그림 1.7 건설공사 수행 단계별 요소기술 업무범위

일반적으로 사업단계별 건설사업관리(Construction Management)는 기획단계, 설계단계, 발주단계, 시공단계, 시공후 유지관리단계의 순으로 진행된다. 건설공사의 전 단계를 걸쳐 공사의 규모, 성격, 예산 등에 기초하여 **발주자와 건설사업관리자간의 계약 내용에 따라 업무수행기간 및 업무범위의 정도가 결정**된다.

(3) 건설사업관리자의 주요 업무

1) 설계전 단계

설계전 단계(Pre Design Phase)는 건설 목적물의 필요성을 발주자가 구상하는 단계로 볼 수 있다. 건설사업관리자는 전문가, 컨설턴트 또는 조언자로서의 역할을 수행하고, 전문지식과 노하우를 이용하여 대화절차(Communication Procedures) 설정, 설계계약자문, 예산설정, 사회적 기여도, 경제성, 건축물의 가치 등을 정확하게 평가하여 구체화시킨다.

① 사업구상 지원 및 사업성 검토
② 단계별 업무추진 계획 및 Master Plan 작성
③ 프로젝트 예산의 적정성 및 총사업비 확정 검토
④ 설계업체 선정업무 협조
⑤ 용역 입찰 참가요청서 작성
⑥ 업체 수행능력 평가
⑦ 설계업체 계약 체결 업무 협조

⑧ 프로젝트 일정 수립
⑨ 프로젝트 규모의 적정성 검토
⑩ 프로젝터의 이미지 개념 설정 지원
⑪ 기타 발주자의 요구사항 작성 지원

2) 설계 단계

설계 단계(Design Phase)는 설계자의 계약조정관리, 리스크 평가, 도급관리의 역할을 주로 맡게 되는데, 건설사업관리자는 적절한 자격을 갖춘 설계회사를 발주자가 선정할 수 있도록 PQ심사에 대한 조언과 기준 설정의 협조를 통하여, 발주자와 설계자간의 계약 체결이 원만히 이루어질 수 있도록 지원한다. 후에는 발주자의 의도를 구체화시킨 설계지침, 매뉴얼, 참고사항 등을 설계자에 제시하여 반영토록 하며, 설계기간 단축관리를 하고, 설계검토를 통하여 최적 설계가 될 수 있도록 관리한다.

① 설계지침서에 따른 도서작성 여부 검토 관리
② 시공성 검토
③ 설계도서 검토
④ 설계의 완성도 검토
⑤ VE(Value Engineering)를 통한 원가절감 활동
⑥ 예산과 설계상 내역의 적정성 검토
⑦ 공사일정, 기자재 구매일정 작성
⑧ 설계자 기성 검토
⑨ 설계일정 검토 및 관리
⑩ 설계시공병행(Fast Track)에 따른 설계 조정(Coordination)
⑪ 기타 계약서에 따른 용역 수행여부 관리

3) 발주 단계

발주 단계(Procurement Phase)는 시공자를 포함하여 외주업체를 선정하는 업무를 수행한다. 선정절차는 발주자의 요구사항을 최대한으로 반영하여 공정하고 객관적으로 수행되며, 발주자가 최선의 판단을 할 수 있도록 중간과정에 대한 수시 보고 및 최종 보고를 하게 된다.

① 입찰방안 수립
② 사전 자격심사 수행

③ 입찰관련 서류의 작성 지원
④ 입찰 공고 및 입찰 서류 배포
⑤ 입찰 사전회의 주관 및 현장 방문
⑥ 입찰참가 안내 및 설명회
⑦ 입찰자 질의에 대한 답변
⑧ 입찰 내용 분석
⑨ 입찰자 비교 검토 및 낙찰자 건의
⑩ 시공계약 준비(일반사항 및 요구조건)
⑪ 사업총괄 일정 및 사업비 보고서 갱신
⑫ 기타 발주자 요구사항

4) 시공 단계

시공 단계(Construction Phase)는 작업 범위와 그 책임을 시공자에게 인지시키고, 이에 대한 점검 절차와 공사진행 중 공사비용을 줄일 수 있는 대체 방안을 수립하여, 발주자의 이익 보호에 최대한 노력한다. 투입 자원의 적정성 판단, 설계 변경처리, 인허가 관련 서류 확인, 클레임 발생의 최대한 억제 및 발생할 때 그 대책 수립한다. 또한 보험보증 관련 업무 처리를 하고 현장보고서의 작성과 시공자의 보고 자료를 검토한다.

① 행정업무처리 및 보고
  ㉠ 착공계획 수립 및 준비
  ㉡ 시공전 회의 주관
  ㉢ 공사 참여자의 협조를 위한 회의 주관
  ㉣ 문서기록 유지절차 수립 및 시행
  ㉤ 시공자 공정표 검토
  ㉥ 시공자 기성 청구서 검토
  ㉦ 기타 시공자 요청사항 검토 및 지시
  ㉧ 제출물 처리
  ㉨ 정보 요구에 대한 처리
  ㉩ 프로젝트 현황에 대한 보고 회의 주관
② 품질관리 감독의 책임 및 요구사항 정의
  ㉠ 검사 및 측량 책임 관계 정의
  ㉡ 품질관리계획 검토 및 시행

㉢ 안전관리계획 검토 및 시행

㉣ 계약서에 따른 감독 업무 시행

㉤ 감독 결과 보고

③ 설계 변경 관리

㉠ 설계 변경을 위한 자료 수립

㉡ 제안서 제출 요청서 발부

㉢ 시공자 제안서 검토

㉣ 원가 계산 관리

㉤ 원가 영향 분석

㉥ 시공자들과 원가 및 공기협상

㉦ 설계변경 서류 준비

④ 분쟁 및 클레임 관리

㉠ 시공자 클레임 확정에 대한 검토

㉡ CM의 최종 결정 사항 발부

㉢ 발주자와 시공자의 협상타결을 위한 회의 조정

5) 시공후 단계

시공후 단계(Post Construction)는 시공자와 협력하여 기계설비, 전기시스템과 기타 일반 운영 시스템들의 적절한 시험 가동을 위한 일정을 수립하고, 시공자와 협력하여 준공단계에서 각 시스템의 기능을 검사하고 시운전을 하여 그 결과를 보고한다. 잔여업무 항목을 작성하여 이의 시행을 시공자에게 지시하고, 완료여부를 확인하여 보고한다. 또한 건설사업관리자는 공사의 준공 및 정산과 관련하여 발주자를 지원하며, 공사와 관련한 업무에 대해 최종 보고서를 작성하여 발주자에게 보고하고, 준공도서의 이관 등을 위해 발주자를 지원한다.

① 시운전

㉠ 시험 가동 계획 수행

㉡ 운영 및 유지 보수 관련 업무 매뉴얼 검토

㉢ 사용에 관련한 훈련 및 숙달 업무 조정 협의

㉣ 시험 관련 업무 조정 협의

㉤ 보수용 자재 준비에 관련한 업무 조정 협의

㉥ 운영에 관한 공개 설명 업무 조정 및 협의

ⓢ 설비 사용인가서 획득

② 계약 완료 단계

㉠ 준공도면 처리

㉡ 각종 문서정리 전달, 교육

㉢ 총사업비 요약보고서 작성

㉣ 사업에 대한 전반적 사후평가

㉤ 최종보고서 작성

3. 공사계약업무과정에 사용되는 가격과 금액의 종류

먼저, **가격(價格)**과 **금액(金額)**의 차이점을 살펴보면, **가격**은 물건이 지니고 있는 가치를 돈으로 나타낸 것으로서 입찰에 붙이기 위한 개념이며, **금액**은 돈의 액수를 나타낸 것이다. 공사계약업무의 과정에 사용되는 가격과 금액의 종류는 **추정가격, 추정금액, 예정가격** 등의 여러 가지 용어가 사용되고 있다. 따라서 우리는 각각의 가격에 대한 **개념**을 명확히 구분하여 이해할 필요가 있다.

① **추정가격**은 해당 **계약 목적물의 순수가격**으로 물품·공사·용역 등의 조달계약을 체결할 때 국제입찰 대상여부 등을 판단하는 기준으로 삼기 위하여 **예정가격이 결정되기 전**에 **예산(豫算)에 계상된 금액** 또는 **해당 목적물의 규격서, 설계서 등에 의해 산출된 금액** 등을 **기준으로 부가가치세**와 **관급자재비**를 **불포함**하여 **산정한 가격**이다. 이 추정가격은 국제입찰의 대상, 현장설명 대상공사, 제한경쟁·지명경쟁·수의계약 대상, 적격심사의 기준, 낙찰자 결정방법 등의 국가 및 지방계약에서 사용되는 대부분의 기준이 되는 금액이다(국가계약법 시행령 제2조, 지방계약법 시행령 제2조). **추정가격 산정**은 앞에서 언급한 바와 같이 **예산에 계상(計上)된 금액**이나 **해당 목적물의 규격서 · 설계서 등에 따라 산출된 금액** 등을 기준으로 산정하는데, **예산에 계상(計上)된 금액으로 추정가격을 산정**할 경우, **먼저 예산에 계상된 금액**과 그 **산출내역서**를 확인해야 하는데, **예산은 보통 개략적으로 편성**하는 경우가 많으므로 예산확정 후 추정가격 산정 시점까지 여건변화 등을 확인하여 예산편성 내역을 그대로 인정할 만한 경우는 예산액에서 **부가가치세와 관급자재비를 제외한 금액**으로 산정한다. **설계내역서를 기준으로 추정가격을 산정**할 경우, 일괄입찰을 제외하고는 입찰 전에 설계가 별도로 이루어지므로 **설계금액 중 부가가치세와 관급자재비를 제외한 금액**이 추정가격이 된다.

표 1.8 국내입찰 및 국제입찰 대상 기준

기관 구분	추정금액	
	국내입찰	국제입찰
중앙행정기관	83억 원 미만	83억 원 이상
일반공공기관	249억 원 미만	249억 원 이상
지방지체단체	249억 원 미만	249억 원 이상

② **추정금액**은 **해당 공사에 투입될 총비용**으로 **추정가격**에 **부가가치세**와 **도급자설치 관급자재비**를 합한 금액을 말하며, 시공능력평가액의 초과 여부와 시공비율 산정의 기준금액, **유자격 명부 등록 및 운용 기준의 공사 배정 시 기준으로도 활용**, 원가심사 대상 사업기준(지방계약), 수의계약 대상공사 평가 기준으로 사용한다(국가계약법 시행규칙 제2조, 지방계약법 시행규칙 제2조).

③ **예정가격**은 **계약상대자에게 지급예정금액**으로 입찰 또는 계약체결 전에 **낙찰자** 및 **계약금액의 결정기준**으로 삼기 위하여 **미리 작성·비치하여 두는 가격**으로 **추정가격**에 **부가가치세**와 합한 가격을 말한다(국가계약법 시행령 제2조, 지방계약법 시행령 제2조).

표 1.9 추정가격, 예정가격, 추정금액의 비교

구분	의미	부가가치세	관급자재비	
			도급자설치 관급자재비	발주자공급 및 설치 관급자재비
추정가격	해당 계약 목적물의 순수가격	불포함	불포함	불포함
예정가격	계약상대자 지급 예정금액	포함	불포함	불포함
추정금액	해당 공사에 투입될 총비용	포함	포함	불포함

추정가격, 추정금액 및 **예정가격**의 차이는 **부가가치세**와 **관급자재비**의 포함 여부에 있는데, **부가가치세**는 재화·용역을 공급하는 사업자(계약상대자)가 재화·용역을 공급받는 자(국가·지방자치단체·공공기관)로부터 징수하여 관할 세무서에 납부하는 것이고, **관급자재**는 발주기관이 직접 공급하는 것으로 통상 공사계약에 해당된다.

표 1.10 조달청 등급별 유자격자 명부등록 기준 (2021.4.12)

(단위 : 미만~이상)

등급	시공능력공시금액 (토건, 토목, 건축)	공사배정규모(추정금액기준)		비고
		토목공사	건축공사	
1	6,000억원 이상	1,700억원 이상	1,200억원 이상	
2	6,000억원~1,200억원	1,700억원~950억원	1,200억원~950억원	
3	1,200억원~600억원	950억원~550억원	950억원~550억원	

등급	시공능력공시금액 (토건, 토목, 건축)	공사배정규모(추정금액기준)		비고
		토목공사	건축공사	
4	600억원~330억원	550억원~400억원	550억원~400억원	
5	330억원~200억원	400억원~220억원	400억원~220억원	
6	200억원~120억원	220억원~140억원	220억원~130억원	
7	120억원~고시금액	140억원~고시금액	130억원~고시금액	

각 **가격**의 **개념**을 이해하기 쉽게 설명하면, **추정가격**은 해당 계약 목적물의 순수가격으로 계약상대자가 수취(收取)하는 순액(예정가격을 기준으로 할 경우, **예정가격-부가가치세**)을 의미하고, **예정가격**은 계약상대자가 **수취**하는 **총액**을 의미하며, **추정금액**은 해당 공사에 투입될 총비용, 즉 발주기관이 부담하는 금액(예정가격을 기준으로 할 경우, **예정가격+도급자설치 관급자재비**)으로 이해할 수 있다. 따라서 **추정가격**에는 계약상대자가 계약금액에 포함하여 국가 등으로부터 징수한 후 다시 국가에 납부해야 할 계약 목적물의 순수가격에 포함된다고 보기 어려운 **부가가치세**와 국가 등이 직접 공급하는 **관급자재비**가 포함되지 않고, **예정가격**에는 계약상대자에게 지급해야 하는 **부가가치세**가 포함되나 **관급자재비**는 포함되지 않으며, **추정금액**에는 **부가가치세**와 **도급자설치 관급자재비**가 모두 포함된다.

그 외에 **설계가격 · 조사가격, 기초금액, 복수예비가격** 등의 용어들이 있는데 이는 **예정가격**을 **확정**하기 위한 과정에서 작성해야 하는 가격들로서 그 과정(65~66페이지 참조)을 기술하면 다음과 같다.

예정가격을 확정하기 위해서는 먼저 **기초금액**을 **작성**해야 한다. **기초금액**의 **작성**은 먼저 **설계가격** 또는 **조사가격**에 대한 적정성 여부의 검토이다. 설계가격 또는 조사가격의 **재료비 · 노무비 · 경비 등의 물량**과 **단가**가 해당 공종과 비목의 반영기준에 비하여 **과다 · 과소 반영**되어 있는 경우에 이를 가감 조정한 후 **부가가치세**를 합산하여 **기초금액**(표 1.11 참조)을 작성한다. 이렇게 작성된 기초금액을 **계약심사부서**에서 원가심사를 통해 가격의 과다·과소를 검토하고, **계약담당자**가 검토 결과를 고려하여 **기초금액**을 **확정**한다. 만약, 기초금액이 가감 조정된 경우는 예정가격조서에 그 조정내용과 사유를 명시한다.

다음은 확정된 **기초금액**을 근거로 예비가격을 결정하기 위한 **복수예비가격**을 **작성**하는 데, **발주자**는 기초금액±2%의 상당금액(국가계약), 기초금액±3%의 상당금액(지방계약)의 범위 내에서 서로 다른 **15개의 복수예비가격**을 작성한다. 입찰 참가업체들은 **입찰실 후**에 참가업체들 중에 **4인**을 선정해서 **15개의 복수예비가격** 중에 **4개**를 추첨토록 한 후 이들의 **산술평균가격**을 **예정가격**으로 **확정**한다. **전자입찰의 경우**, 모든 전자입찰 참가업체가 15개의 복수예비가격 번호 중에 **2개씩**을 추첨하고, 전자입찰 참가업체가 선택한 **15개의 복수예비가격** 중에 가장 많이 추첨된 번호순으로 **4개를 선정**하여 **산술평균가격**으로 **예정가격**을 **확정**한다.

현장 입찰은 개찰(開札) 장소에서 **4개의 예비가격**과 **이외의 예비가격**을 **공개**하고, **예정가격은 비공개**(국가계약법시행령 제2조, 예정가격은 원칙적으로 공개해서는 안 됨)한다. **전자입찰**은 **입찰종료 후 15개의 복수예비가격**과 추첨된 **4개의 복수예비가격** 그리고 **예정가격**을 전자 **공개**한다. 공개항목들을 개찰 장소 또는 입찰종료 후 공개하는 것은 입찰과정에서 공정성과 투명성을 확보하기 위한 것이다.

이상과 같이 추정가격, 예정가격, 추정금액, 기초금액의 개념을 정리해 보았고, 이 가격과 금의 크기를 표 1.11과 같이 도식적으로 정리하여 표현하였다. 표 1.11에서 추정가격과 추정금액이 확연하게 다름을 알 수 있고, 금액의 크기는 추정가격, 기초금액과 예정가격, 추정금액, 총공사비의 순서임을 알 수 있다.

표 1.11 가격과 금액의 종류별 크기 비교

구분	총공사원가 (순공사원가+제경비)	부가가치세	관급자재비	
			도급자설치 관급자재비	발주자공급 및 설치 관급자재비
추정가격				
기초금액				
예정가격				
추정금액				
총공사비				

주) 기초금액 : 국가기관의 발주자로부터 공사계약관리를 요청받은 조달청이 적격심사 낙찰자를 선정하기 위해 사용하는 금액

4. 건설공사 계약절차

발주자가 사업을 성취하는 첫 단계는 건설공사를 계약하는 과정이다. 설계·시공일괄공사나 대인공사와는 달리 **시설도급공사의 계약 과정**은 발주자가 <u>발주(發注)</u>한 건설공사의 상대자를 선정하는 <u>입찰(入札)</u> 업무에서부터 시작된다. **입찰** 또는 <u>수의시담</u>에 의하여 계약상대자가 <u>낙찰(落札)</u>된 후, 계약 당사자 간의 **권리(債權)**와 **의무(債務)**를 규정하는 <u>계약(契約)</u>을 체결하고, 그 계약 내용을 <u>이행(移行)</u>함으로써 목적한 성과를 달성하기 위한 법률적 행위를 말한다. 이 법률적 행위가 곧 건설공사를 수행하는 과정이라고 정의할 수 있다. 이와 같이

건설공사계약절차는 국가계약인지 지방계약인지에 따라서 일부 다를 수 있지만, 본서에서는 크게 **발주, 입찰, 낙찰, 계약, 이행**의 과정으로 진행되는 시설도급공사의 **건설공사계약절차**(그림 1.8 참조)를 중심으로 설명한다.

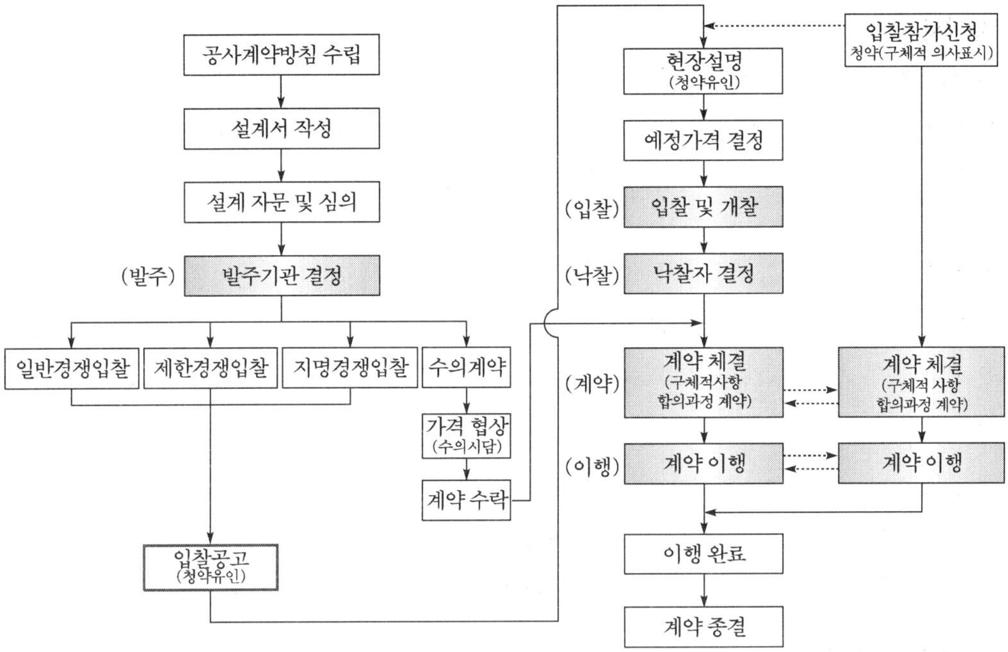

그림 1.8 건설공사계약절차

1) 공사계약방침 수립

공사계약방침 수립은 **발주, 입찰, 낙찰, 계약, 이행**과 관련된 전반적인 최종계획을 확정하는 과업이다. 즉, 발주는 **시설도급**(설계·시공분리)**발주** 혹은 **설계 · 시공일괄발주** 아니면 **대안발주**인지를 결정하고, 입찰은 **경쟁**(일반경쟁입찰, 제한경쟁입찰, 지명경쟁입찰)입찰인지 아니면 **수의계약**(가격협상, 수의시담)인지 **입찰에 의한 계약**이라면 **낙찰자는 어떤 방법으로 결정**할 것인지, 국가계약의 경우 추정금액 100억 원 이상 공사는 **종합심사 낙찰제**를 적용하고, 100억 원 미만인 공사는 **적격심사 낙찰제**를 적용하고 있으며, 지방계약은 300억 원 이상 공사는 **종합평가 낙찰제**를 적용하고 있다. 또 계약기간은 **단년도계약** 혹은 **계속비 계약** 아니면 **장기계속계약**인지 등을 전반적으로 검토하고 수립한다.

2) 설계서 작성

설계서(설계도면과 시방서) **작성**은 발주자와 설계용역을 체결한 설계자가 작성하고, 계약예규 예정가격작성기준에 따라 설계서를 근거로 물량을 산출하고 설계단가를 적용해서 **설**

계내역서를 작성한다. 설계자로부터 납품받은 설계서와 **설계내역서**를 기준으로 **발주자 자체발주**든 **조달청에 조달요청발주**든 **공사계약담당자**는 이 **설계내역서**로부터 **기초금액**을 산정하여 예정가격을 결정한다.

3) 설계서 자문 및 심의

공사 설계·발주·용역을 할 때, 건설기술진흥법에 근거하여 표 1.12와 같이 **중앙건설기술심의위원회(중앙부처)**, **지방건설기술심의위원회(시도)**, **기술자문위원회(기초자치단체)**의 심의를 받는다. 예로, **중앙건설기술심의위원회**의 **심의사항**을 살펴보면, 건설기술진흥 기본계획 및 건설기술정책에 관한 사항, 외국도입건설기술에 관한 사항, **건설공사의 설계 및 시공기준에 관한 사항**, 새로운 기술·공법 등의 범위와 한계에 대하여 제기된 이의에 관한 사항, 대형공사 특정공사의 입찰방법 및 그 심의기준에 관한 사항, **실시설계 기술제안 입찰 또는 기본설계 기술제안입찰의 입찰방법 및 그 심의기준에 관한 사항**에 대하여 심의를 받는다.

표 1.12 국내입찰 및 국제입찰 대상 기준

구분	특징	근거
중앙건설기술심의위원회 (중앙부처)	정책, 국가발주사업	건설기술진흥법 제5조, 영제6조
지방건설기술심의위원회 (시도)	시도 및 기초자치단체사업	건설기술진흥법 제5조, 영제17조, 시도 지방건설기술심의위원회 조례
기술자문위원회 (기초자치단체)	시군구 사업 중 일부	건설기술진흥법 제6조, 영제19조 시군구 기술심의위원회 조례

4) 발주기관 결정

발주기관은 물품·공사·용역을 **조달**하기 위하여 **계약**을 **체결**하는 **기관**을 말한다. 공사 발주는 **자체발주** 또는 조달청에 **조달요청발주**로 구분할 수 있는 데, **국가기관**은 추정가격 30억 원(전문·전기·정보통신·소방공사는 3억 원) 이상의 종합건설 공사는 의무적 조달요청대상이고, **지방자치단체**나 **공기업 · 준정부기관**은 자율계약(조달청 조달요청 가능)이다. 조달청에 요청하는 공사계약사항의 처리과정은 **조달계약요청**(수요기관, G2B)→**계약체결**(조달청)→**조달수수료 납부**(수요기관)→**감독관 지정** 및 **사업이행**(수요기관)→**선금, 기성금, 준공금 지급(수요기관)**의 순으로 이루어진다. 여기서, G2B(Government-to-Business)란 정부와 기업 간의 거래되는 사업을 뜻하며, **조달청 사이트(나라장터)**를 통한 물품이나 용역의 입찰, 공문서 교환 등의 사업을 지칭한다.

5) 입찰공고

일반경쟁입찰, 제한경쟁입찰, 지명경쟁입찰은 **입찰공고**를 하고, 수의계약은 계약상대자가 발주기관과 **협상**에 의한 공사금액이 결정되면, 즉시 계약을 체결한다. **입찰공고**는 일반적으로 **입찰서 제출마감일 전날**부터 기산하여 **7일 전**에 하지만, **공고기간**은 국가계약과 지방계약의 계약별로 다르지만 **7일~40일**이다. 입찰에 부치고자 할 때는 **전자조달시스템**을 이용하여 공고하여야(필요할 때 **국가기관**은 **일간신문 등**에 게재하는 방법, **지방자치단체**는 설치·운영하고 있는 **인터넷 홈페이지**에 공고하는 방법과 병행 가능함) 하나, 보안유지에 필요한 경우에는 입찰공고를 하지 않고 공고내용을 입찰참가 적격자에게 통지하여 입찰참가 신청을 하게 할 수 있다.

6) 입찰참가신청

입찰참가를 희망하는 업체는 **입찰참가신청서**와 **입찰참가자격 증명 서류** 및 **인감증명서, 입찰공고 등에서 요구한 서류**를 **입찰서 제출 마감일 전날**까지 제출하고, **입찰참가신청서**와 함께 **입찰보증금**을 납부한다. 입찰참가신청서류가 제출되면 계약담당공무원은 그 내용을 검토한 후 접수하고 필요한 사항에 대해서는 사실을 조사한다. 한편, 입찰 때마다 **입찰참가신청**을 하게 하면, 모두에게 시간 및 비용의 낭비 등 업무의 비효율성을 초래하므로 사전에 **경쟁입찰참가자격등록**을 한 자에 대해서는 **입찰보증금(지급각서)의 납부**로써 입찰참가신청을 대신할 수 있다. 계약담당공무원은 입찰참가신청 서류를 검토한 후 **입찰참가자격 여부를 판단**한 후 통보한다.

7) 현장설명

국가계약의 공사입찰은 공사의 성질·규모 등을 고려하여 **실제 공사현장에서 적정한 시공을 위한 현장설명을 실시**할 수 있다. 반면, **지방계약 공사입찰**은 공사규모와 관계없이 현장설명을 실시하도록 되어 있다. 그러나 공사의 성질상 현장설명을 할 필요가 없다고 인정될 때에는 하지 않을 수 있다. 또한, **지방계약**의 경우 **추정가격이 300억 원 이상인 공사**는 현장설명을 하는 경우 **현장설명에 참가한 자만을 입찰에 참가**할 수 있도록 규정하고 있다. 그러나 **국가계약** 및 **300억 원 미만의 지방계약**은 현장설명 참가하지 않아도 공사입찰에 참가할 수 있다. 한편, 현장설명은 **공사규모에 따라 실시시기에 차이**가 있는데, **입찰서 제출 마감일**의 전일부터 기산(起算)하여 추정가격 10억 원 미만인 공사는 7일 전, 추정가격 10억 원 이상 50억 원 미만 공사는 15일 전, 추정가격 50억 원 이상인 공사는 33일 전에 실시하여야 한다.

8) 예정가격 결정

예정가격 결정은 실무적으로 중요하고 어려운 부분이다. 먼저, **거래실례가격, 원가계산에 의한 가격, 견적가격** 등을 통해서 **설계내역서**를 작성하고, 이 **설계내역서**에서 관급자재비를 제외한 후 **입찰공고 시점을 기준으로 최신화된 조사내역서**를 작성해서 **기초금액**을 결정한다. 이후 단계에서 적용되는 예정가격의 개념은 **종합심사낙찰제**와 **적격심사낙찰제**에서 차이가 있다.

① **종합심사낙찰제**를 적용받는 추정가격 100억 원 이상 공사는 **예정가격**을 적용하지 않으나 입찰시장에서 형성되는 **균형가격(기준가격** 또는 **적정가격)**을 산출하고, **입찰가격**과 **균형가격**을 비교하여 **균형가격에 접근한 입찰자**가 낙찰자의 선정에 유리한 **구조**로 활용된다. 즉, 입찰참가자들의 **입찰금액**(조달청담당부서에서 작성한 **물량내역서**에 입찰자가 **단가**를 기입하여 작성된 **산출내역서, 내역입찰**)을 평균하여 **균형가격**을 결정하고, 각 입찰자의 **입찰가격, 공사수행능력 및 사회적 책임 등**을 종합심사하여 **합산한 최고점수를 받은 자(회사)**가 낙찰자로 선정되고, **최고점수가 2인 이상**인 경우, **균형가격**에 근접한 입찰자가 낙찰자 선정에 유리하게 된다.

② **적격심사낙찰제**를 적용받는 추정가격 100억 원 미만 공사는 **기초금액**을 근거로 15개의 **복수예비가격**을 결정한 후 **예정가격**을 결정하고, 결정된 예정가격은 **낙찰하한가**를 결정하는 데 활용된다. 이하는 **예정가격 결정**(교재 65~69페이지 참조)은 **낙찰자 결정방법 절에서 상세하게 기술하고 있으므로 여기서는 생략한다.**

9) 입찰 및 개찰

입찰이란 계약상대자가 되기를 희망하는 업체가 계약 내용에 관해 다수인과 경쟁을 통해 일정한 내용을 표시하는 행위를 말한다. 입찰자는 **입찰서**와 **산출내역서**를 제출하는 데, **입찰서**는 **전자조달시스템**을 이용하여 **제출**하는 것이 원칙이나 전자조달시스템을 이용하기 어려운 경우 등 중앙관서의 장이 필요하다고 인정한 때에는 예외적으로 **직접** 또는 **우편**으로 **제출**할 수 있다. 이 경우 계약담당공무원은 접수된 입찰서에 확인 및 날인하고 개찰 때까지 개봉하지 않고 보관한다. **산출내역서**는 입찰참가자가 조달청담당부서에서 교부(交付)하는 **물량내역서**에 단가를 적는 방법으로 작성하는 데, **추정가격**에 따라 **작성방법** 및 **제출시기**에 차이가 있다. **종합심사 낙찰제**를 적용받는 추정가격 100억 원 이상 공사는 **입찰할 때** 발주자가 교부한 **물량내역서(공내역서)**에 입찰자가 단가를 기입하는 **내역입찰**로 **산출내역서**를 작성해서 입찰 즉시 제출하고, **적격심사낙찰제**를 적용받는 추정가격 100억 원 미만 공사는 **입찰할 때 총액입찰**로 제출하고 **낙찰자로 결정된 후 산출내역서**를 작성해서 **착공신**

고서를 제출하는 때에 제출한다.

10) 낙찰자 결정

낙찰자 결정은 경쟁입찰 등에서 시설물공사를 어떤 입찰 업체에게 돌아가도록 결정하는 일을 말하는 것으로 국가계약의 경우 **100억 원 이상 공사**과 **100억 원 미만 공사**로 구분되어 적용되고 있는 **종합심사 낙찰제**와 **적격심사 낙찰제**를 중심으로 기술한다.

① **종합심사 낙찰제**는 각 입찰자의 **입찰가격, 공사수행능력 및 사회적 책임 등**을 종합심사하여 **합산점수가 가장 높은 자**를 **낙찰자로 결정**한다. 그러나 **종합심사 낙찰제**에 입찰한 업체들은 역량이 뛰어나 대부분은 합산점수에서 만점을 수 있으므로 최고점자가 2인 이상이 될 수 있다. 따라서 이 경우는 다음의 순서로 낙찰자를 결정하게 된다. **첫 번째**는 공사수행능력점수와 사회적책임점수의 합산점수가 높은 자, **두 번째**는 입찰금액이 **균형가격에 근접한 자**(단, 일반공사, 고난이도 공사, 간이형공사의 균형가격이 예정가격의 88% 이상인 경우 입찰금액이 낮은 자). **세 번째**는 입찰공고일을 기준으로 최근 1년간 종합심사 낙찰제로 낙찰받은 계약금액이 적은 자, **마지막으로 추첨**을 통해서 결정된다. 참고로 **지방계약**에 적용되는 **종합평가 낙찰제**는 평가점수가 가장 높은 자를 낙찰자로 결정하지만, 평가점수가 2인 이상인 **첫 번째**는 기술이행능력 점수가 높은 자, **두 번째**는 입찰금액이 낮은 자, 마지막으로 **추첨**을 통해서 결정된다.

② **적격심사 낙찰제**는 먼저 가격입찰을 통해서 **낙찰하한가의 직상**으로 입찰한 입찰자를 **선순위자**로 결정하고, 그 입찰자를 대상으로 **공사수행능력**을 **심사**해서 **적격통과점수 이상**(표 1.16 참조)이면, 낙찰자로 결정된다. 그러나 **선순위자가 2인 이상**인 경우, **공사수행능력**을 **심사**해서 **적격통과점수 이상**인 **최고점수**인 **자**를 **낙찰자로 결정**하고, **적격통과점수 이상**인 **최고점수인 자가 2인 이상**인 경우 **추첨**을 통해서 결정한다.

11) 계약체결

계약체결은 입찰을 통해서 결정된 낙찰자와 계약을 체결하는 일을 말한다. 여기에는 대표적으로 **계약서 작성**과 **계약이행보증금**의 납부가 있다.

① **계약서 작성**은 계약담당공무원이 **계약의 목적, 계약금액, 이행기간, 계약보증금, 지체상금**(시설물공사 : 총공사금액×지연일수× 1/1,000, 건축공사 : 총공사금액×지연일수 × 3/1,000) 등을 명백하게 기재한 계약서를 작성하여야 하고, **계약**은 계약담당공무원과 계약상대자가 계약서에 기명날인 또는 서명함으로써 확정된다. **계약문서**에는 계약서뿐만 아니라 계약서에 첨부되는 **입찰유의서, 계약일반조건, 계약특수조건, 산출내역서,**

공사시방서 등이 모두 포함된다. 그리고 다음과 같은 경우에는 **계약서의 작성을 생략**할 수 있으나 계약서 작성을 생략하는 경우는 **청구서, 각서, 협정서, 승낙사항 등** 계약 성립의 증거가 될 수 있는 서류를 제출받아 갖춰두어야 한다.

② **계약이행보증**은 국가 및 지방계약을 체결함에 있어 계약담당공무원은 계약의 이행을 담보하고 불이행 때 손해를 보전하기 위하여 **계약보증금**을 **납부**하게 하고, 계약상대방이 정당한 이유없이 계약상의 의무를 이행하지 않을 때는 해당 계약보증금을 국고 및 지방자치단체에 귀속한다. 계약체결 후 물가변동, 설계변경 등으로 계약금액이 조정되는 때에는 이에 상응하는 금액에 대한 계약보증금을 추가 납부 또는 반환한다. **납부할 계약보증금**은 물품, 용역, 공사 등 계약의 종류에 따라 달라지는데 물품 및 용역계약은 계약금액의 **10% 이상** 납부하고, **공사계약**은 계약금액의 **15% 이상** 또는 **공사이행보증서** 중 하나를 선택하여 납부할 수 있다. 다만, 계약공사의 특성상 필요하다고 인정되는 경우는 **공사이행보증서**를 제출하는 방식으로만 한정할 수 있다. **공사이행보증서**는 해당 공사의 계약상 의무를 이행할 것을 **보증한 기관**이 계약상대자를 대신하여 계약상의 의무를 이행하지 않을 경우, **계약금액의 40%**(예정가격의 70% 미만으로 낙찰된 경우에는 50%) **이상**을 납부할 것을 보증하는 것을 말한다.

12) 계약이행

계약체결 이후 계약이행 단계에서 계약업체는 계약조건에 따라 **성실히 계약을 이행**하여야 하고, 발주기관은 **계약보증금**(공사계약은 이행보증) 등 여러 수단을 통해 계약업체가 계약상 의무를 이행하도록 하는 담보장치를 마련함과 아울러 **선금 지급** 및 공사이행에 대한 **감독 · 검사**를 통해 계약이행 여부를 확인한 후 **기성대가**를 지급하게 된다. 그리고 **계약이행 과정**에 계약체결 또는 조정기준일 후 90일 이상 경과되고, 품목조정률 또는 지수조정률의 증감이 3% 이상 발생한 경우 **물가변동에 의한 계약금액 조정**, 설계변경으로 인하여 공사량의 증감이 발생한 경우 **설계변경에 의한 계약금액 조정**, 그 밖에 공사기간·운반거리 등 계약 내용이 변경된 경우 그 변경된 내용에 따라 실비를 초과하지 않는 범위 안에서 **계약금액을 조정**해 준다.[1)]

① **검수 · 검사**는 계약상대자가 **계약의 일부**를 **이행**하면, 이를 확인하는 과정을 말하는 것으로 계약담당공무원은 이를 확인하기 위하여 계약서, 설계서, 그 밖의 관계 서류를 검사하고 검사결과 계약이행내용의 전부 또는 일부가 계약에 위반되거나 부당함을 발견한 때에는 지체없이 필요한 시정조치를 하여야 한다.

1) 감사원 (2022.6), 공공계약 실무가이드(A Guide to Handling public Contracts)

② **선금 지급**은 계약의 성질상 미리 지급하지 않으면 사업에 지장을 가져올 우려가 있다고 판단되는 경우 총공사금액의 일정률을 선지급하는 것을 말하며, **계약담당공무원**은 계약금액의 70%를 초과하지 않는 범위 내에서 계약상대자의 신청에 따라 **선금**을 지급할 수 있다. **국가계약의 100억 원 이상 공사**는 계약금액의 30%, **20억 원 이상~100억 원 미만 공사**는 계약금액의 40%, **20억 원 미만 공사**는 계약금액의 30%를 지급한다. 국가계약의 **수해복구공사**인 경우, 계약금액 기준 **20억 원 이상 공사**는 50%, **20억 원 미만 공사**는 계약금액의 70%를 지급한다. **선금 정산**은 기성부분의 대가를 지급할 때마다 다음 방식에 따라 **산정한 금액 이상**을 정산하여야 한다.

정산금액 = 선금액 × (기성부분 대가 상당액/계약금액)

또한, **계약담당공무원**은 수급인(원도급자)에게 선금을 지급한 후, 선금지급일로부터 20일(지방계약은 15일) 이내에 계약상대자와 하수급인(하도급자)으로부터 선금배분 및 수령 내역을 비교·확인하고, 계약상대자로부터 선금사용내역서를 제출받아 지급된 선금이 선금지급용도에 맞게 사용되었는지 확인한다. 만약, 선금지급 후 다음 사유가 발생하면, **계약담당공무원**은 **선금잔액에 대해 지체없이 반환을 청구**하고, 계약상대자의 귀책사유, 즉 **계약을 해제(해지), 선금지급조건 위배, 정당한 사유 없이 선금 수령일로부터 15일 내에 하수급인에게 선금을 미배분, 계약금액 감액**으로 반환하는 경우는 **선금잔액**에 대한 **약정이자상당액**을 가산한다.

③ **기성 대가의 지급**은 계약상대자가 **계약의 일부를 이행**하면, 이를 확인한 후 계약수량, 이행의 전망, 이행기간 등을 참작하여 적어도 **30일**마다 공평하게 지급하는 것을 말한다. 검사완료 전에 대가지급 청구를 받을 경우, 검사완료일로부터 **5일** 이내 지급하고, 검사완료 후에 대가지급 청구를 받은 경우, 대금청구를 받은 날로부터 **5일** 이내 지급한다. 만약 기성부분에 대한 대가지급 청구를 받은 후 그 청구내용에 부당함을 발견한 경우, 사유를 명시하여 반송할 수 있고, 반송 후 재청구를 받은 날까지 기간은 대금지급기간(5일)에 산입하지 않는다. 대가지급을 청구받은 후 대급지급기한까지 대가를 지급하지 못한 경우는 다음 산 식에 따라 **산정한 금액**을 지급한다.

기성대가 지급액=미지급액×금융기관 대출 평균금리×지연일수

또한, **계약담당공무원**은 대가지급 때 대금지급 계획상의 하수급인에게 대가지급 사실을 통보하고, 대금 수령내역(수령자, 수령액, 수령일 등) 및 증빙서류를 제출하도록 한다. 계약상대자는 대가를 지급받은 경우 **15일** 이내에 하도급대금을 하수급인에게 현금으로 지급하고, 지급내역(수령자, 지급액, 지급일 등)을 **5일**(공휴일 및 토요일은 제외) 이내에 발주기관에 통보한다. 그러면 **계약담당공무원**은 하수급인으로부터 제출받은 대금 수령내역과 계약상대방의 지급내역을 비교·확인한다.

13) 이행 완료

계약상대자가 **계약의 전부**를 이행 완료하면, 발주자는 준공검사를 실시한다. **준공검사**는 계약담당공무원이 직접하거나 소속공무원일 임명하여 검사하게 할 수 있으며, 건설기술진흥법에 의한 감독권한대행 등 건설사업관리 용역업자 또는 전문적인 지식인 등을 지정하여 검사할 수 있다. **준공대가의 지급**은 하자보수보증금으로 계약금액의 2~5%를 징구(징구)한 후 지불하며, **계약이행의 지연에 따른 지체상금 문제**가 발생하면, 다음의 산 식에 따라 **지체상금**을 징수할 수 있다.

지체상금=총공사금액×지연일수×(1/1000~3/1,000)

준공대가의 지급은 준공검사를 완료한 후, 계약상대자의 청구를 받은 날부터 **5일** 이내 지급하고, 계약상대자로부터 대가지급 청구를 받은 후 그 청구내용에 부당함을 발견되면 그 사유를 명시하여 반송할 수 있고, 반송 후 재청구를 받은 날까지 기간은 대금지급 기간(5일)에 산입하지 않는다. 대가지급 청구를 받은 후 천재지변 등 불가항력의 사유로 지급기한 내에 대가를 지급할 수 없게 되면, 당해 사유가 소멸한 날로부터 **3일** 이내 지급한다. 만약, 대가지급을 청구받은 후 지급기한까지 대가를 지급하지 못한 경우는 다음의 산 식에 따라 산정해서 지급한다.

준공대가 지급액=미지급액×금융기관 대출 평균금리×지연일수

계약담당공무원은 대가지급 때 대금지급 계획상의 하수급인에게 대가지급 사실을 통보하고 대금 수령내역(수령자, 수령액, 수령일 등) 및 증빙서류를 제출하도록 한다. 계약상대자는 대가를 지급받은 경우 **15일** 이내에 하도급대금을 하수급인에게 현금으로 지급하고, 지급 내역(수령자, 지급액, 지급일 등)을 **5일**(공휴일 및 토요일은 제외) 이내에 발주기관에 통보해야 한다. 그러면 **계약담당공무원**은 하수급인으로부터 제출받은 대금 수령내역과 계약상대방의 지급내역을 비교·확인한다.

14) 계약종결

국가 및 지방계약에서 **계약상대자가 계약상의 의무를 이행하지 않는 경우** 계약담당공무원은 **계약보증금**을 국고에 귀속시키고, 계약에 특별한 규정이 없는 한 당해 계약을 **해제(解除)** 또는 **해지(解止)**하고, 계약상 의무 지체로 인한 **지체상금(지연배상금)**이 계약보증금상

당액에 달한 경우는 계약을 수행할 가능성이 있는지 판단하여 명백하게 수행하기 어렵다고 인정되면 계약을 **해제** 또는 **해지**한다. 만약, **계약상대자의 귀책사유 외**에 계약이행이 어려운 불가피한 사정이 있거나 계약변경 등으로 계약이 해제·해지되는 경우 발주기관은 **계약의 해제 · 해지일 이전**에 투입된 계약상대자의 **인력 · 자재 및 장비**의 철수비용을 지급하고, 동시에 **계약보증금**을 **반환**하여야 한다.

5. 건설공사계약의 이행단계별 주요 과업 분류

건설공사는 **종합공사**와 **전문공사**로 분류되고, 이 건설공사를 **직영공사**로 이행할 것인지, **도급공사**로 이행할 것인지에 따라서 **공사계약의 이행단계**를 달리하는 데, 대부분 건설공사는 도급공사로 이루어진다. **도급공사계약**의 **이행단계**는 공사금액에 따라 자격 있는 여러 업체들을 대상으로 시설물공사를 주문하는 **발주(發注)**, 시설물공사의 공사도급계약을 체결할 때, 여러 업체들에게 각자의 낙찰희망가격을 서면(전자)으로 제출하게 하는 **입찰(入札)**, 경쟁입찰 등에서 시설물공사를 어느 입찰업체에게 돌아가도록 결정하는 **낙찰(落札)** 그리고 낙찰이 이루어지면 관련되는 계약 양당사자 사이에서 서로 지켜야 할 의무와 권리에 대하여 문서로 정하여 두는 **계약(契約)**의 절차로 진행된다.

이에 본서는 **종합공사**와 **전문공사**를 수행하는 **종합공사업**과 **전문공사업**을 살펴보고, **도급공사계약**으로 진행되는 **발주 · 입찰 · 낙찰 · 계약** 때에 적용할 수 있는 제도를 분류해서 개념과 관련 내용을 살펴본다.

5.1 계약목적물에 따른 분류

공사의 종류는 **건설공사(종합공사 및 전문공사)**, **전기공사**, **정보통신공사**, **소방공사**, **문화재공사 및 설비 · 지하수개발 등 그 밖의 다른 법령에 따른 공사**로 구분할 수 있고, 국가 및 지방계약법령에서는 위 공사종류별, 규모별로 각종 평가기준 등을 다르게 정하고 있으므로 공사의 종류 및 개략적인 개념과 관련 내용을 이해할 필요가 있다. 그중 **건설공사**는 **토목공사**, **건축공사**, **산업설비공사**, **조경공사**, **환경시설공사**, 그 밖에 명칭에 관계가 없이 **시설물을 설치 · 유지 · 보수하는 공사**(시설물을 설치하기 위한 부지조성공사 포함) 및 **기계설비나 그 밖의 구조물을 설치 · 해체하는 공사** 등을 말하며, 개별 법령에 따른 **전기공사**, **정보통신공사**, **소방시설공사**, **문화재수리공사**는 포함하지 않는다.

건설공사는 건설산업기본법 시행령 제7조, 〈별표 1〉에서 그 종류를 정하고 있는데, **표 1.13**

과 같이 현재 5종의 **종합공사업(舊, 일반공사업)**와 표 1.14와 같이 29종의 **전문공사업(舊, 단종업체)**로 구분된다.

(1) 종합공사업

종합공사업은 건설산업기본법에 의한 건설업의 한 분류로 자본금, 기술인력, 사무실, 건설공제조합, 출자예치(등록자본금의 25~60%)의 보증가능금액을 제출하여 **면허를 취득한 업체**로 **종합적인 계획, 관리 및 조정을 하면서 시설물을 시공하는 건설업**을 말한다. 건설업체의 이해와 권익을 보호해주는 **대한건설협회**가 있다.

표 1.13 건설업종과 업종별 업무 내용

구분	건설업종		비고
종합공사를 시공하는 업종	1. 토목공사업 2. 건축공사업 3. 토목건축공사업	4. 산업 · 환경설비공사업 5. 조경공사업	겸업 가능

토목공사업은 종합적인 계획·관리 및 조정에 따라 토목시설물을 설치하거나 토지를 조성·개량하는 공사업을 말하며, 도로·항만·교량·철도·지하철·공항·관개수로·발전(전기공사 제외)·댐·하천 등의 **건설**, 택지조성 등 **부지조성공사, 간척, 매립공사** 등이 있다. **건축공사업**은 종합적인 계획·관리 및 조정에 따라 토지에 정착하는 건축물 중 지붕과 기둥(또는 벽)이 있는 것과 이에 부수되는 시설물을 건설하는 공사업을 말한다. **토목건축공사업**은 토목공사업과 건축공사업의 업무 내용에 해당하는 공사업을 말한다. **산업환경설비공사업**은 종합적인 계획·관리 및 조정에 따라 산업의 생산시설, 환경오염을 예방·제거·감축하거나 환경오염물질을 처리·재활용하기 위한 시설, 에너지 등의 생산·저장·공급시설 등을 건설하는 공사업을 말하며, 여기에는 제철·석유화학공장 등 산업생산시설공사, 환경시설공사(소각장, 수처리설비, 환경오염방지시설, 하수처리시설, 공공폐수처리시설, 중수도, 하·폐수처리수 재이용시설 등의 공사), 발전소설비공사 등이 있다. **조경공사업**은 종합적인 계획·관리 및 조정에 따라 수목원·공원·녹지·숲의 조성 등 경관 및 환경을 조성·개량하는 공사업을 말하며, 여기에는 수목원·공원·숲·생태공원·정원 등의 조성공사가 있다.

(2) 전문공사업

전문건설업은 **전문성을 유지하고 안전한 시공을 위한 통합운영**으로 업종에 따라 주력분야를 선택하고, 단일업종으로 면허를 취득하여 시설물의 일부 또는 전문분야에 관한 공사를 시공하는 건설업을 말한다. 건설업체의 이해와 권익을 보호해주는 **대한전문건설협회**가 있다.

토공사업은 땅을 굴착하거나 토사 등으로 지반을 조성하는 공사를 말하고, **포장공사업**은 역청재 또는 시멘트콘크리트·투수콘크리트 등으로 도로·활주로·광장·단지·화물야적장 등을 포장하는 공사(포장공사에 수반되는 보조기층 및 선택층 공사를 포함)와 그 유지·수선공사를 말하며, **보링·그라우팅공사업**는 지반 또는 구조물 등에 천공을 하거나 압력을 가하여 보강재를 설치하거나 회반죽 등을 주입 또는 혼합처리하는 공사를 말한다. 그리고 **철근·콘크리트공사업**은 철근·콘크리트로 토목·건축구조물 및 공작물 등을 축조하는 공사를 말하며 그 외 25개 종의 전문공사업이 있다.

예를 들어 설명하면, **대규모 도로공사 시설물**을 건설한다고 할 때, **삼성물산, 현대건설, 대림산업, GS건설, 대우건설 등**이 시공사로 선정된다. 이런 건설업체들은 해당 도로공사를 책임지고 종합적으로 관리 감독하는 역할을 수행하는 종합건설업들이다. 도로공사 중에 **토공사, 포장공사, 보링·그라우팅공사, 철근·콘크리트공사 등** 전문분야별로 실제 공사를 하는 업체들은 공종 면허를 소지한 전문건설업체가 종합건설업체의 하도급업체(협력업체)로 참여하는 통합운영 방식이다.

표 1.14 건설업의 업종과 업종별 업무 내용

구분	건설업종	
전문공사를 시공하는 업종	1. 실내건축공사업 2. 토공사업 3. 습식·방수공사업 4. 석공사업 5. 도장공사업 6. 비계·구조물해체공사업 7. 금속구조물·창호·온실공사업 8. 지붕판금·건축물조립공사업 9. 철근·콘크리트공사업 10. 기계설비공사업 11. 상·하수도설비공사업 12. 보링·그라우팅공사업 13. 철도·궤도공사업 14. 포장공사업 15. 수중공사업	16. 조경식재공사업 17. 조경시설물설치공사업 18. 강구조물공사업 19. 철강재설치공사업 20. 삭도설치공사업 21. 준설공사업 22. 승강기설치공사업 23. 가스시설시공업(제1종) 24. 가스시설시공업(제2종) 25. 가스시설시공업(제3종) 26. 난방시공업(제1종) 27. 난방시공업(제2종) 28. 난방시공업(제3종) 29. 시설물유지관리업

5.2 공사실시방식별 분류

(1) 직영공사

직영공사방식은 발주자가 자신의 책임으로 공사를 실시하는 데 필요한 시공계획을 세우고 직접 노력을 동원하고 자재를 조달하여 작업을 지휘 감독하면서 공사를 수행하므로 공사에 따르는 모든 책임과 위험부담은 자신이 모두 떠맡게 된다. 여기서 발주자가 공사업무의 계획, 운영, 관리를 직접 담당하는 경우도 있지만, 때로는 경험이 있고 유능한 공사관리자를 고용하여 자신의 업무를 대행하게 할 수 있으며, 어느 경우나 공사에 관련되는 모든 책임은 발주자가 진다.

(2) 도급공사

도급공사방식은 직영공사방식과는 달리 발주자가 경험이 있고 유능한 시공자와 공사도급계약을 체결하고 시공자로 하여금 공사업무의 **계획 · 운영 · 관리**를 담당하여 공사를 수행하게 하므로 공사수행에 따르는 모든 책임은 도급계약에 규정된 범위 내에서 시공자가 맡게 된다. 이러한 도급공사에는 공사의 내용과 성질에 따라 전체공사에 대하여 한 시공자에게 도급계약을 발주하는 **일괄도급방식**, 공사를 수 개의 부분공사로 분할하여 각 부분공사별로 개별 시공자와 도급계약을 발주하는 **분할도급, 공동도급**이 있고, 각 도급방식별 내용을 살펴보면 다음과 같다.

1) 일괄도급방식

일괄도급방식은 공사의 내용과 성질에 따라 전체공사를 한 시공자에게 도급계약으로 발주하는 방식이다. 소규모이거나 단순공종으로 된 공사는 대개 일괄도급으로 실시하는 것이 관례이다. 또한, 공공분야의 생산성을 높이고 건설산업의 경쟁력을 확보하기 위하여 대형공사 중 일정한 수준을 일괄도급방식으로 분류하여 공사를 시행하고 있다.

2) 분할도급방식

분할도급방식은 공사를 수 개의 부분공사로 분할하여 각 부분공사별로 개별 시공자와 도급계약을 맺는 방식이다. 공사규모가 큰 대형공사나 기술적인 전문성이 다른 여러 공종으로 된 복합공사에서는 각각 공사구역이나 공종에 따라 구분하여 분할도급으로 실시하는 것이 관례이다. 분할도급방식에서는 발주자가 여러 시공자를 다루어야 하고, 개별 시공자의 공정을 전체공사의 공정에 따라 조정해야 할 책임이 있으므로 공사운영이 번거롭다.

3) 공동도급방식

공동도급방식은 공사의 내용과 성질에 따라 전체공사를 여러 업체가 참여하여 공동으로 결성된 업체에게 도급계약으로 발주하는 방식이다. 여기에는 **3가지 공동도급방식**이 있다. 첫째, **공동도급(joint venture)방식**으로 이 방식은 한 시공자가 단독으로 도급을 받기에는 공사 규모가 큰 경우 2개 이상의 시공자가 **임시로 결합, 조직, 공동출자**하여 **연대책임 하**에 법인(法人)을 설립하고 공사를 수급하여 공사완성 후에 해산하는 방식이다(**하나의 조직, 연대책임**). 둘째, **분담도급(consortium)방식**으로 이 방식은 **독립된 회사의 연합**으로 도급을 맡아서 공사를 수행하고 법인을 설립하지 않으며, 공사책임과 공사 클레임 등을 **각각 독립된 회사**의 계약당사자가 **책임**을 지는 방식이다(**독립된 조직, 개별책임**). 셋째, **주계약자관리방식**으로 이 방식은 건설공사를 시행하기 위한 공동수급체의 구성원 중 종합건설업자가 **주도급자**가 되어 공사를 종합·계획·관리·조정하고, 전문건설업자 또는 주도급자가 아닌 종합건설업자는 **부도급자**로서 시공에 참여하는 방식을 말한다.

5.3 공사발주방식별 분류

(1) 시설도급발주

시설도급발주는 **설계 · 시공 분리발주방식**이라고도 하며, 설계서는 사업시행자가 제공하고, 계약상대자는 시공 부분만 계약하는 건설공사 발주방식이다. **가장 일반적인 건설공사 발주방식**이며, 대부분의 건설공사는 이러한 절차를 통해 수행된다. 특히, 건축공사는 관련 법에 의해 설계와 시공이 분리되어 있다. 그림 1.9는 시설도급발주방식의 운영체계로 발주자와 설계자가 발주자 대리인 계약을 맺어서 설계서를 작성하고, 또 발주자와 원도급 시공자가 시공 계약을 맺어서 설계서대로 시공을 수행하며, 설계자는 원도급 시공자에게 설계 자문을 해 주는 방식이다. 원도급 시공자는 전문성이 요구되는 공사는 별도로 여러 하도급자와 하도급계약을 맺어서 공사를 수행한다.

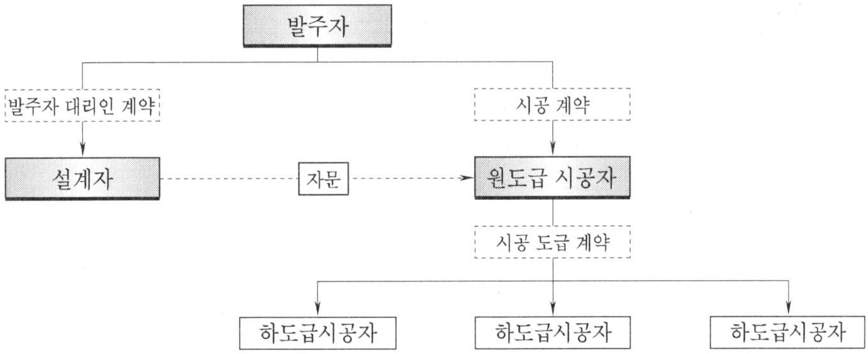

그림 1.9 시설도급발주 방식

(2) 설계 · 시공일괄발주

설계·시공일괄발주는 추정가격 300억 원 이상(필요하면 300억 원 미만도 가능) 공사에 적용되는 **턴키(turn key) 공사**로 불리는 **기술형 공사의 발주방식**이다. 이 **발주방식**은 발주자가 제시하는 **입찰안내서(입찰기본계획 및 지침)의 요구사항**에 따라 그 공사의 설계서 기타 시공에 필요한 도면 및 서류 등을 작성·시공하는 **단일 계약자**가 건설공사에 대한 재원조달, 토지구매, 설계 및 시공, 시운전 등의 모든 서비스를 일괄적으로 수행해서 **발주자에게 완성품을 제공하는 방식**으로 해외에서도 널리 활용되고 있는 방식이다.

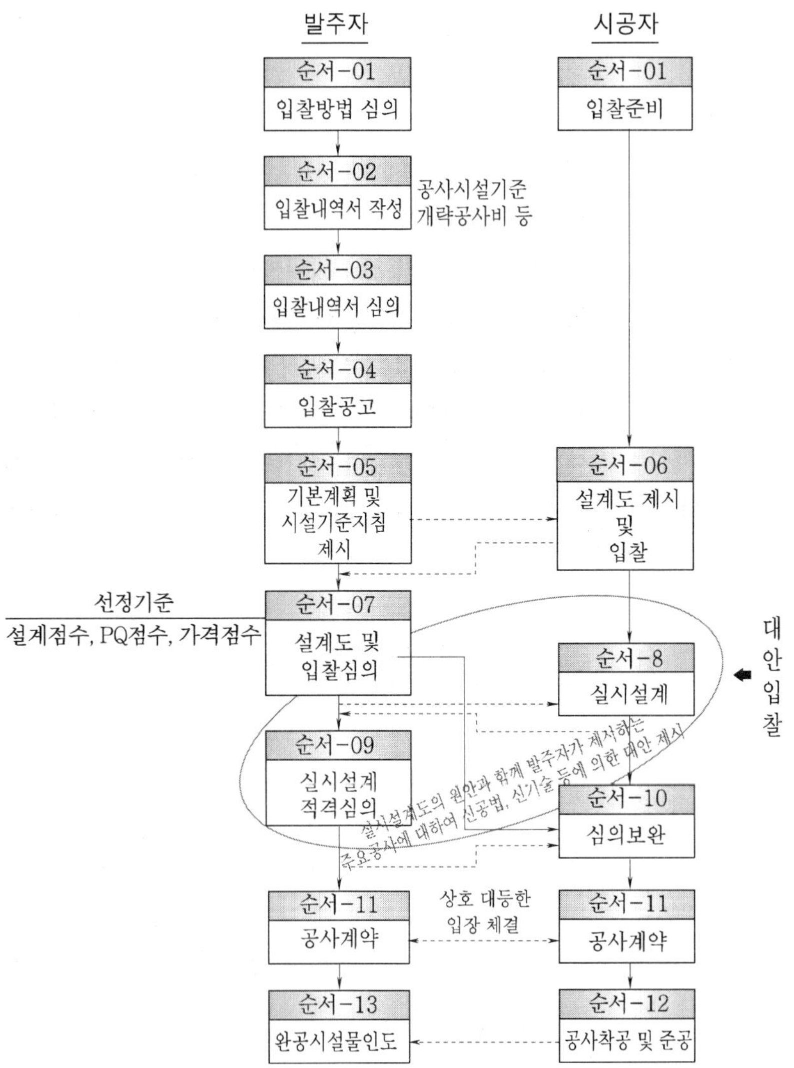

그림 1.10 설계·시공 일괄발주방식 흐름도

이 **발주방식**은 설계·시공상의 기술능력 개발을 유도하고 설계경쟁을 통한 공사의 품질향상을 도모하며, 설계용역과 공사입찰을 통합하여 실시함으로써 계약상대자 선정에 소요되는 입찰기간을 단축할 수 있다. 턴키발주는 입찰참가업체가 발주기관이 교부하는 **입찰안내서, 현장설명서**를 제외한 모든 설계서를 직접 작성하여야 하고, **발주기관이 예정가격을 작성하지 않아 낙찰률이 없다는 점**에서 다른 입찰방법과 구분된다. 한편, 실시설계적격자의 **입찰금액**이 **계속비예산** 또는 **총공사예산**을 초과하는 경우에는 실시설계 제출요구 전에 **예산의 범위 안으로 가격을 조정**하기 위하여 그 입찰자와 협의하여야 하며, 협의가 성립되지 않을 때는 **재공고입찰**을 하여 진행한다.

또한, **기술형 공사들(턴키발주, 대안발주, 기술제안발주)**은 낙찰자를 결정할 때 실시설계적격자 결정대상자 중 최저가격으로 입찰한 **설계적합최저가방식**, 다음 산식{조정가격=입찰가격/(설계점수/100)}에 따라 조정된 가격이 가장 낮은 **입찰가격조정방식**, 다음 산식{조정점수=[설계점수×추정가격(부가가치세 포함)]/입찰가격}에 따라 조정된 점수가 가장 높은 **설계점수조정방식**, **설계점수**와 **가격점수**에 **가중치를 부여하는 방식**, 실시설계적격자 결정 대상자 중 설계점수가 가장 높은 **확정금액 최상설계방식**(턴키공사만 가능) 중 **하나의 방식을 정하여 낙찰자를 결정**할 수 있다.

참고로 **가중치 부여하는 방식에 대해 부연 설명**하면, 공사의 기술적 난이도에 따라 **가중치**를 정하고, 가중치가 반영된 **설계점수**와 **가격점수**를 합산한 종합점수가 가장 높은 업체를 낙찰자로 선정하는 방식이다. 여기서 **가격점수**는 다음 산식{가격점수=가격점수 가중치×(최저입찰가격/해당입찰가격)}을 적용하여 산정하고, **최저입찰가격**은 실시설계적격자 결정대상자의 입찰가격 중 최저입찰가격을 말한다.

(3) 대안발주

대안발주는 추정가격 300억 원 이상(필요하면 300억 원 미만도 가능) 공사에 적용되는 방식으로 **입찰에 참여하는 업체**가 **발주기관이 작성한 기본지침(원안공법 기본설계) 상**의 대체 공종 중 대체가 가능한 공종에 대하여 발주자가 제시하는 **원안의 공사설계 안**에서 기본방침의 변동 없이 대체할 수 있는 동등 이상의 기능 및 효과를 가진 신공법·신기술·공기단축 등이 반영된 대안을 제시하는 발주방식이다. 즉, 발주자 **설계의 원안**과 비교하여 공기가 단축되고 이에 따른 예산절감 효과가 있는 경우 낙찰자로 결정하는 발주방식이다. 발주자가 제시한 **기본지침**에 따라 대체가 가능한 공종에 대하여 설계와 시공을 입찰자가 시행하므로 턴키방식과 유사한 제도로 볼 수 있다. 대안입찰은 대안을 제출하는 제도의 특성상

앞의 설계·시공일괄발주에서 언급한 낙찰자 결정방식 중 **확정금액 최상설계방식**은 적용되지 않는다.

이 발주방식은 입찰을 할 때, **원안입찰서**(가격입찰서 및 산출내역서)와 함께 **대안입찰서**(대안설계서, 가격입찰서, 산출내역서)를 제출하는 것이 특징이며, 이 경우 **대안입찰서**는 입찰자의 의사에 따라 제출하는 것으로 의무사항은 아니다. 다만, **원안입찰서**만 제출한 경우에는 입찰자가 제출한 **원안설계서**를 심의하여 설계점수를 산출하게 된다.

이 발주방식은 **시공자의 제안형 발주방식**으로 민간의 창의성과 신기술을 활용하여 건설공사 효율화를 도모하고자 하는 방식이다. 그러나 **원안입찰의 최저가격** 이하의 **대안입찰만을 대안낙찰 적격자로 인정함**(즉, **대안입찰가격은 원안입찰가격보다 낮아야 함**)에 따라 입찰업체가 대안설계입찰을 기피하고 있고, 대안 채택 때에 원안설계에 대한 문제 제기로 발주기관이 대안 채택을 기피하고 있는 실정이다. 이에 대한 개선점은 신기술 적용이 필요한 고난도의 공사로서 턴키방식으로 시행하기가 곤란한 경우, 일정수준의 공사만을 대안발주방식으로 시행하는 것이 바람직하고, 대안심사요건을 완화하여 합리적인 대안설계를 유도함이 바람직하다.

(4) 성능발주

성능발주는 발주자가 **공사 대상물의 성능을 명확히 표시**하여 입찰자들에게 제시하고, 입찰자들은 요구사항을 만족하는 범위 내에서 자유로이 재료를 선정하고 시공방법을 선택하여 그 요구성능을 실현하는 것을 계약 내용으로 하는 발주방식이다. 이 발주방식은 시공자의 창조적인 활동을 가능하게 하고 신공법·신기술을 최대한 활용할 수 있다는 점에서 바람직한 방식이다.

표 1.15 대안발주 및 성능발주 비교

구분	설계서	입찰	발주자	입찰자
대안발주	있음	전	원안공법 기본설계	실시설계 원안+대안공법제시
성능발주	없음	전	성능 제시	성능 만족

(5) 기술제안발주

기술제안발주방식은 2007년 10월 국가계약법 시행령을 개정할 때, 행정중심복합도시와 혁신도시 건설에 적용할 수 있도록 하기 위하여 도입한 제도이다. 이 발주방식은 상징성·예술성·창의성이 필요하거나 고난도 기술을 요하는 모든 공사에 대하여 실시할 수 있는 발주방식으로 **기본설계 기술제안발주방식**과 **실시설계 기술제안발주방식**이 있다.

① **실시설계 기술제안발주방식**은 **발주기관이 교부한 실시설계서 및 입찰안내서**에 따라 **입찰자**가 시공의 효율성 검토 등을 통한 공사비 절감방안, 생애주기비용 개선방안, 공기단축방안, 공사관리방안, **발주기관이 교부한 실시설계서** 및 **입찰자가 제출하는 기술제안서의 내용을 반영**해서 물량과 단가를 명백히 한 **산출내역서** 등을 포함한 **기술제안서를 작성**하고 **입찰서와 함께 제출**하는 발주방식이다.
② **기본설계 기술제안발주방식**은 입찰 때, **산출내역서**를 제출하지 않고, 낙찰자가 아닌 **실시설계적격자를 선정한다는 점**에서 실시설계 기술제안발주방식과 다르다.

다만, 두 방식 모두 기술제안을 제출하는 제도의 특성상 낙찰자 결정방식 중 **확정금액 최상설계방식**은 적용되지 않는다.

5.4 공사입찰방식별 분류

국가계약법 **제7조** 및 지방계약법 **제9조**에서는 경쟁의 형태 및 경쟁의 유무에 따라 **일반경쟁입찰계약**, **제한경쟁입찰계약**, **지명경쟁입찰계약**, **수의계약**의 4가지 계약방법을 제시하고 있다. 지방계약법령에서는'**경쟁**'이라는 용어를 사용하지 않고 **일반입찰**, **제한입찰**, **지명입찰**로 규정하고 있다. 국가계약법 제7조(계약의 방법)는 각 중앙관서의 장 또는 계약담당공무원은 계약을 체결하려면 **일반경쟁입찰계약**에 부쳐야 한다. 다만, 계약의 목적, 성질, 규모 등을 고려하여 필요하다고 인정되면 대통령령으로 정하는 바에 따라 참가자의 자격을 제한(**제한경쟁입찰계약**)하거나 참가자를 지명(**지명경쟁입찰계약**)하여 경쟁에 부치거나 **수의계약**을 할 수 있다고 규정하고 있다. 여기서는 국가계약법령상 용어를 사용하면서 입찰단계에 사용한 용어이므로 '**계약**'이라는 용어를 사용하지 않고, **일반경쟁입찰**, **제한경쟁입찰**, **지면경쟁입찰**의 용어를 사용한다.

(1) 경쟁입찰방식

1) 일반경쟁입찰

일반경쟁계약은 입찰공고를 하여 일정한 자격(법령 규정에 따라 당해 건설업면허를 받고 부가가치세법에 의한 사업자등록)을 갖추고 있으면, 입찰희망자 누구나 참가해서 미리 제시한 낙찰자 결정방식에 따라 낙찰자를 결정하고 그와 계약을 체결하는 방법이다. 이 방식은 많은 자격을 갖춘 많은 업체들에게 입찰참가기회를 주는 이점이 있으나, 입찰업무관리에 어려움이 있으며, 경쟁이 과열되고 부실공사가 발생할 우려가 있다.

일반경쟁입찰이라고 해서 모든 희망업체에게 입찰참여를 허용하는 것이 아니고, 일정한 **입찰참가자격요건**(국가계약법 시행령 제12조, 시행규칙 제14조, 지방계약법 시행령 제13조, 시행규칙 제14조)을 갖춘 업체만 입찰에 참여할 수 있도록 하고 있는데, 이는 해당 계약의 적정한 이행을 위해 **계약이행능력이 없는 업체 등**이 입찰에 참여하지 못하도록 입찰참가업체의 자격을 최소한으로 정해 놓은 것이다. 이 입찰참가요건은 제한경쟁입찰, 지명경쟁입찰, 특명(수의계약)입찰에 모두 적용되며, 입찰참가자격요건을 갖추어도 **조세포탈업체, 하도급 비직불업체, 계약을 이행함에 있어 부정한 행위를 한 업체 등**은 입찰참가자격을 제한하고 있다.

2) 제한경쟁입찰

제한경쟁계약은 **계약의 목적, 성질 등**에 비추어 필요한 경우 입찰참가자격을 **실적, 기술보유상황, 지역, 입찰자격사전심사**(Pre Qualification) 등 일정한 기준에 따라 제한하여 입찰을 실시하고, 그 낙찰자와 계약을 체결하는 방법이다. 이 입찰방식은 계약이행의 완성도를 높이고 품질을 일정한 목표 수준으로 확보할 수 있는 장점이 있다. 이 입찰방식은 모든 입찰에 적용할 수 있는 것은 아니며, 국가·지방계약법령의 관련규정 등에서 정한 요건에 적합한 경우에만 가능하지만, **공공부문 공사계약에서 가장 대표적이고, 가장 많이 활용되는 입찰방식**이다.

여기에는 **지역제한에 의한 경쟁입찰, 시공능력 제한에 의한 경쟁입찰, 실적제한에 의한 경재입찰, 특수기술 보유상황제한에 의한 경재입찰, 등급별 유자격자 명부등록제한에 의한 경쟁입찰**(전체 건설업체를 시공능력 공시금액 순으로 일정 수의 업체씩 매년 그룹을 만들어 당해 그룹에 배정할 수 있는 공사의 범위를 정하고, 그 그룹의 해당하는 규모의 공사를 입찰할 때 당해 그룹 업체만 입찰에 참여하게 하는 제도), **입찰참가자격 사전심사(PQ)에 의한 경쟁입찰**(정부 주요공사에 대하여 시공능력이 있는 건설업체간에 건전한 경쟁을 통한 공사의 품질확보를 목적으로 입찰참가자격을 사전에 종합적으로 심사평가하여 입찰참가 적격업체를 선정하고, 동업체를 대상으로 경쟁입찰에 부치는 제도)가 있다.

3) 지명경쟁입찰

지명경재입찰은 계약의 성질 또는 목적에 비추어 특수한 설비, 기술, 자재·물품 또는 실적이 있는 자가 아니면 계약목적을 달성하기 곤란한 경우나 소규모 공사 등의 경우에 신용과 실적 등에 있어 적당하다고 인정되는 특정 다수인을 지명하여 입찰에 참가시키고, 그 낙찰자와 계약을 체결하는 방법이다. 특수한 설비, 기술 또는 실적을 갖춘자가 10인 이내인 때,

공사규모가 추정가격 3억 원 이하인 공사(전문공사 제외) 등에 적용된다. 이 입찰방식은 신용과 실적 및 경영상태가 우량한 업체를 지명하기 때문에 계약이행의 신뢰성을 확보할 수 있고 절차를 간소화할 수 있는 장점이 있으나, 입찰참여업체를 지명함에 있어 특정업체가 지명됨으로써 특혜 시비와 경쟁성 저해의 우려가 있으므로 법령에서 정한 기준에 따라 지명대상을 신중히 정해야 한다.

(2) 특명입찰방식

특별히 한 업체만을 택하여 맺는 계약인 **특명입찰(수의계약)**은 계약상대자가 한정되어 경쟁이 불가능하거나 긴급공사, 특수공사, 소규모공사, 비밀을 요하는 공사 등 공사현장 여건상 특정업체와 **수의계약(가격협상, 수의시담)**을 하는 것이 유리한 경우에 경쟁입찰 방법에 의하지 않고, 특정인을 계약상대방으로 선정하여 계약을 체결하는 방식이다. **장점**은 자본과 신용 및 기술, 경험 등이 풍부한 계약상대자를 선택할 수 있으나, **단점**은 경쟁원리가 배제됨에 따라 계약담당공무원의 자의성과 업체와의 결탁 우려가 있어 업무처리를 할 때 세심한 주의가 요구된다.

(3) 가격입찰방식

1) 총액입찰

총액입찰은 입찰자가 지시된 설계서에 따라 **수량, 단가 등** 모든 내역을 입찰자 책임하에 계산하고, **입찰서를 총액으로 작성**하는 방식이다. 이 방식의 **장점**은 입찰사무서류 간편, 발주자측 서류검토 간편, 내역항목이 적은 것이며, **단점**은 수량착오에 대한 설계변경의 어려움, 기성고의 지불기준 불명확, 물가변동으로 인한 공사비 조정의 난이, 견적업무 능력 및 기술력 향상의 어려움 등이 있다. 따라서 이러한 문제점을 개선하기 위하여 **추정가격 100억 원 미만인 공사**에 적용되는 **적격심사 낙착제**는 총액으로 입찰을 하고, 공사수행능력을 평가하여 적격자로 선정되면, 발주자가 교부하는 물량내역서에 단가를 기재하여 작성한 **산출내역서**를 착공신고서 제출 때 함께 제출하여 기성고 정산 등에 활용한다.

2) 내역입찰

내역입찰은 입찰할 때 **입찰서(입찰 총액 기재)**와 함께 입찰금액의 **산출내역서**(현장설명 때에 배부된 **물량내역서**에 **단가**를 기재하여 입찰금액을 산정한 서류)를 제출하는 입찰제도로 **추정가격 100억 원 이상 공사**에 **적용**하는 방식이다. 일정 공사금액 이상의 토목 및 건축공사에 적용되며, 총액입찰 문제점 해결 및 기술개발과 입찰질서의 확립을 위해 필요한 제도이다. 이 방식의 **장점**은 수량착오에 대한 설계변경과 물가변동으로 인한 공사비 조정이 용이하고, 기성고의 지불기준이 명확하며, 내역서에 대한 신뢰감 및 성실한 계약이행을 기대할 수 있다. **단점**은 내역 항목이 많고, 견적기간이 길며, 발주자의 제시내용과 시방서의 내용이 달라 작업의 연속성에 어려움이 있다.

3) 부대입찰

부대입찰은 입찰업체로 하여금 **산출내역서상**에 동 입찰금액을 구성하는 공사 중에 **하도급할 부분 · 하도급금액 · 하수급예정업체 등** 하도급에 관한 사항을 미리 하도급 받을 전문건설업체의 견적을 받아 그 내용을 기재하여 **입찰서와 함께 제출**토록 하는 방식이다. 입찰할 때에 하도급할 공사의 범위 및 하수급예업체를 확정토록 함으로써 입찰할 때에 전문건설업체의 참여를 통한 견적능력 제고, 불공정하도급거래를 예방 및 건설업계의 협력업체 계열화를 촉진하는 데 목적을 두고 운영된다.

5.5 공사 낙찰자 결정방식별 분류

설계와 시공을 분리해서 진행하는 입찰에서 낙찰자를 선정하는 방식은 **최저가 낙찰제, 평균가 낙찰제, 제한적 최저가 낙찰제, 저가심의 낙찰제, 적격심사 낙찰제, 종합심사 낙찰제**가 있다. 물론 이들 낙찰제 방식은 **설계 · 시공 일괄발주공사, 대안발주공사, 기술제안발주공사**에서의 낙찰제 방식과 다르다. 본서는 **설계**와 **시공**을 **분리**해서 진행하는 입찰에서 낙찰자를 선정하는 방식을 소개하고 있다.

(1) 최저가 낙찰제

최저가 낙찰제는 국고의 부담이 되는 **경쟁입찰에서 예정가격(100%) 이하로 최저가격으로 입찰한** 순으로 **낙찰자를 결정하는 제도**이다. **장점**은 업체의 기술개발 능력배양, 경쟁원리 실천, 신기술 및 신공법의 적용확대, 공사비 절감, 시징경쟁원리에 부힙 및 예신절감 가능 등을 들 수 있으며, **단점**은 적격업체선정 곤란, 저가(dumping)로 인한 부실시공을 들 수 있다.

가장 이상적인 상황을 가정한다면, 모든 입찰업체가 자신이 수행할 수 있는 범위 내에서 최저가격을 제시한다고 하면, 가장 최저가격으로 입찰한 업체를 낙찰자로 결정하면 된다. 그러나 최저가 낙찰제는 우선 공사를 낙찰받고 보자는 업체들의 심리로 저가 입찰과 그로 인해 발생할 수 있는 부실공사가 문제가 된다.

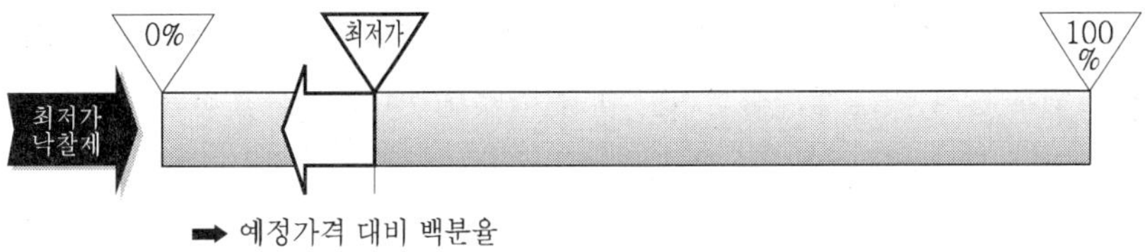

그림 1.11 최저가 낙찰제

참고로 **덤핑**과 **담합(談合)**의 개념적 차이점을 살펴보면, **덤핑**은 공사원가 이하로 도급을 맡는 것으로 품질저하나 부실시공 등의 원인이 된다. 반대로 **담합**은 어떤 공사를 입찰하기 전에 입찰참가자들끼리 낙찰자 및 낙찰금액을 미리 협정하고, 입찰에 참가하는 것을 말하며, 국가 또는 공공단체가 시행하는 입찰에는 형법상 부정한 담합죄가 있어 공공공사입찰에서 공정한 가격을 방해하거나 부정을 목적으로 담합하는 것을 엄격히 규제하고 있다. 다음 그림 1.12는 덤핑 및 담합의 차이점을 설명하고 있다.

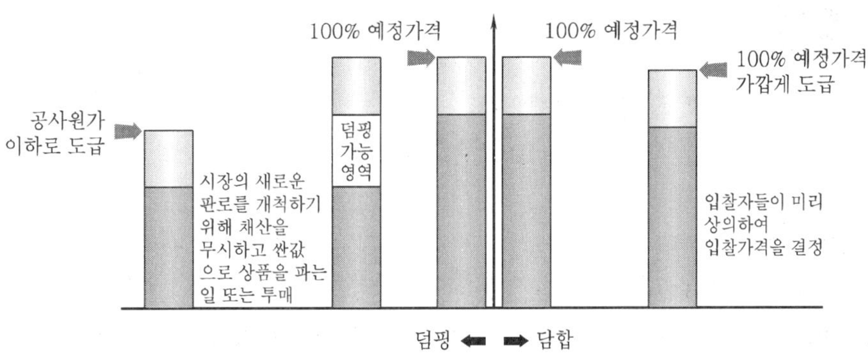

그림 1.12 덤핑 및 담합의 차이점

(2) 평균가 낙찰제

평균가 낙찰제는 덤핑을 막기 위해 최저 낙찰률(공사예정가격의 85%선)을 정해 놓고 응찰하는 **부찰제(附札制**, 특별히 기억할 만한 것을 표시하기 위하여 글을 써서 붙이는 좁은 종이쪽지를 붙임)라고도 하며, **예정가격(100%)**과 **예정가격의 85% 이상** 입찰한 입찰자들 사이에 **입찰금액**을 평균하여 이 **평균금액 직하 입찰자**를 **낙찰자로 결정하는 제도**이다.

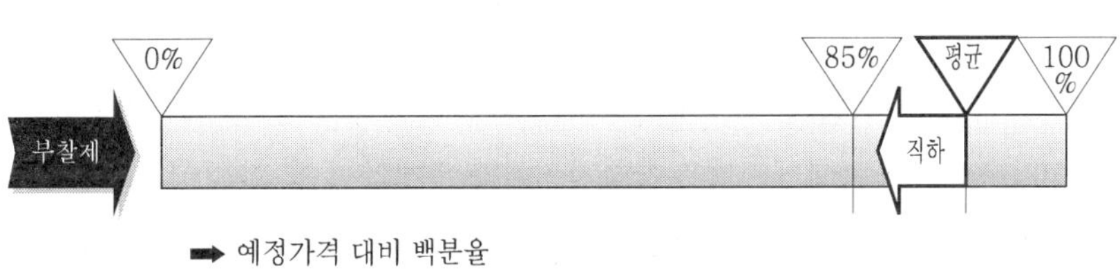

그림 1.13 부찰제

장점은 도급자의 적정이윤보장, 덤핑에 따른 공사 부실화 방지, 시공품질확보를 들 수 있으며, **단점**은 업체의 과다경쟁, 경쟁계약의 원리에 위배, 기업의 기술개발이나 계획수주 등 합리적인 경영유도 미흡 등을 들 수 있다.

(3) 제한적 최저가 낙찰제

제한적 최저가 낙찰제는 부실공사를 방지할 목적으로 **예정가격(100%) 대비 90% 이상** 입찰자 중에 가장 낮은 금액(**예정가격 대비 90% 직상**)으로 입찰한 자를 **낙찰자로 결정하는 제도**이다. 이 제도의 **장점**은 부실공사방지, 덤핑낙찰방지, 적정이윤보장, 시공품질향상 등이 있으며, **단점**은 시장경쟁원리위배, 기술개발저해 및 능동적인 공사수행 미흡, 예정가격 탐지를 위한 부조리발생 등을 들 수 있다.

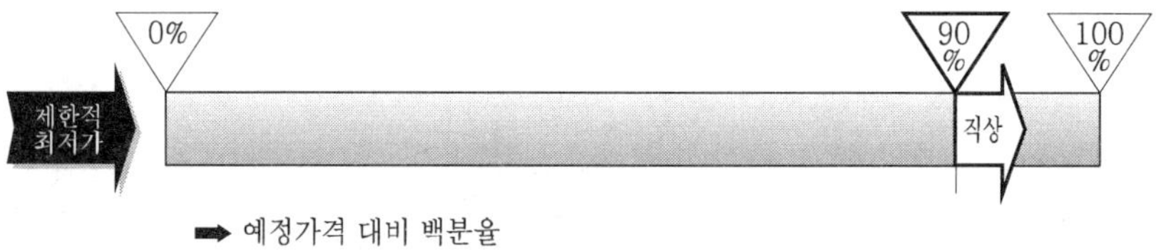

그림 1.14 제한적 최저가

(4) 저가심의 낙찰제

저가심의 낙찰제는 **예정가격 85% 이하 업체 중**에 공사비 내역, 공사계획, 경영실적, 기술경험 등 전반에 대한 **공사수행능력**을 심의하여 **능력 가능한 입찰자**를 **낙찰자로 결정하는 제도**이다. 이 제도는 지나치게 낮은 가격으로 입찰한 입찰자를 심사하여 부적격자를 낙찰자에서 배제하는 제도이다.

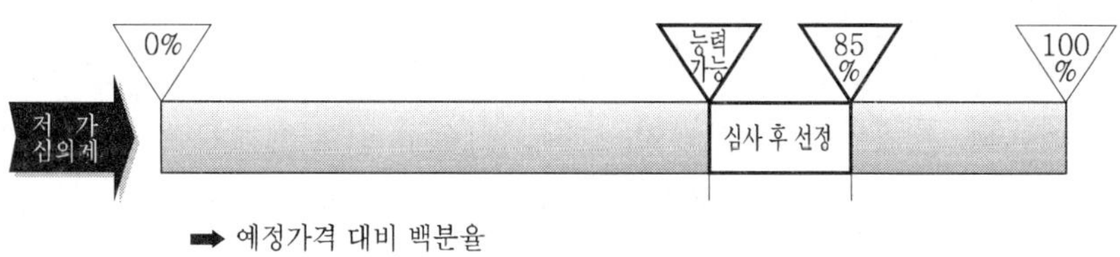

그림 1.15 저가 심의제

장점은 덤핑입찰에 의한 부실공사 사전예방, 최저가 낙찰제와 부찰제의 장점만을 선택하여 활용, 부적격입찰자의 사전배제, 적정입찰가격유도, 계약이행 확실성 도모 등이 있으며, **단점**은 심사기관의 비전문성으로 심사의 어려움, 심사기간이 길어져 행정력 낭비, 심사기준 미비 등을 들 수 있다. 또한, 예정가격탐지를 위한 부조리 발생, 심사기준에 대한 불신

풍조 야기, 사회적 인식으로 불신풍조 불식 부족 등이 있다. **개선방안**은 적정시공성 확보를 위한 심사기준마련, 복수예정가격제도 정착, 심의위원자질향상, 건설업체의 전문화 유도, 경영자의 인식전환으로 경영 내실화 등이 요구된다.

(5) 적격심사 낙찰제

현재 국가계약은 **추정가격 100억 원 미만**, 지방계약은 **추정가격 300억 원 미만**의 **공공공사 계약**은 **적격심사 낙찰제**를 적용하여 낙찰자를 결정한다. **최저가 낙찰제**는 당해 공사의 경험은 부족하면서도 낮은 가격만으로 공사에 응찰해주는 업체들의 **공사수행능력**이 문제가 될 수 있다. 계약 이행능력이 없거나 부족한 업체가 덤핑입찰로 낙찰되는 것을 예방하고, 계약이행의 신뢰성을 확보, 업체의 경영합리화, 품질향상을 유도하기 위하여 **1995년 국가계약법이 제정**되면서 처음 도입되었고, 지방계약은 **2005년 제정된 지방계약법**에 관련 내용이 반영되었다.

본서에서는 국가계약 **추정가격 100억 원 미만**인 **공공공사**에 적용하여 낙찰자를 결정하는 **적격심사 낙찰제** 중심으로 기술한다. **적격심사 낙찰제**는 예정가격 이하 **최저가격, 즉 낙찰 하한율의 직상**으로 입찰한 자의 순으로 **공사수행능력(시공경험, 기술능력, 시공평가, 경영상태)**과 **입찰가격** 등을 **종합심사**하여 **적격통과점수 이상**을 획득하면, 낙찰자로 결정하는 제도이다. 즉, **적격심사 낙찰제**는 **낙찰 하한율의 직상**으로 입찰한 자의 순으로 당해 **공사수행능력**을 심사하여 **가격점수**와 **공사수행능력 평가점수**를 합한 **종합평점**이 **적격통과점수 이상**인 자를 **낙찰자로 결정**하는 제도이다.

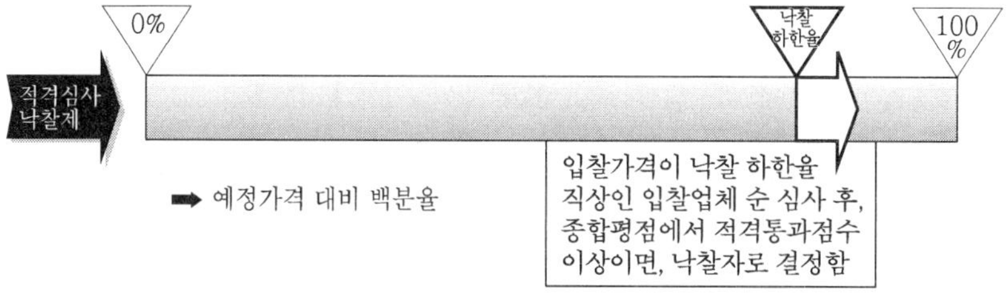

그림 1.16 적격심사 낙찰제

이 제도는 **가격** 외에 **공사수행능력**을 함께 평가하여 낙찰자를 결정함으로써 가격입찰을 통해 **낙찰 하한율 이상**으로 입찰한 자 중에 **낙찰 하한율**에 근접한 **최저가 입찰자**부터 **공사수행능력**을 심사하여 **종합평점**(=가격점수+공사수능력평가점수)이 **적격통과점수 이상**이면 낙찰자로 결정하고, **적격통과점수**에 **미달**하면 다시 차순위 가격 입찰자를 대상으로 적격심사를 하는 방식이다. 이때 주의할 것은 입찰자들에 대하여 가격과 공사수행능력을 모두 평가한 후 합산점수(종합평점)가 가장 높은 자를 낙찰자로 결정하는 것이 아니다.

순서 1. 가격입찰		순서 2. 공사수행능력 평가		순서 3. 낙찰자 결정
• 낙찰하한율 이상으로 투찰한 적격심사대상자 선정 (낙찰하한율에 가까운 순으로 심사 우선순위 결정)	➡	• 선순위 적격심사대상자(최저가 입찰자)부터 시공경험, 경영상태, 신인도 등 평가 (선순위자 통과 시 차순위자는 심사 불요)	➡	• 선순위자의 종합평점(가격점수+공사수행능력평가점수)이 적격통과 점수 이상이면 낙찰자로 결정 (선순위자의 종합평점 미달 시 차순위자 심사)

그림 1.17 적격심사 낙찰제 이행 절차

표 1.16 공사규모별 낙찰 하한율[2)]

공사규모 (추정가격)	평점한도		적격통과 점수 (b)	낙찰 하한율 (%)	입찰가격 평점산식	비고
	공사수행 능력(a)	가격				
100억원~ 300억원 (지방계약만)	70	30	92	79.995[1)]	$22점^{2)}=30-\left\|\left(\frac{88}{100}-\frac{\text{입찰가격}-A}{\text{예정가격}-A}\right)\times100\right\|$	1%당 1점 감점
50억원~ 100억원	50	50	95	85.495	$45점=50-2\times\left\|\left(\frac{88}{100}-\frac{\text{입찰가격}-A}{\text{예정가격}-A}\right)\times100\right\|$	1%당 2점 감점
10억원~ 50억원	30	70		86.745	$65점=70-4\times\left\|\left(\frac{88}{100}-\frac{\text{입찰가격}-A}{\text{예정가격}-A}\right)\times100\right\|$	1%당 4점 감점
3억원~ 10억원	20	80		87.745	$75점=80-20\times\left\|\left(\frac{88}{100}-\frac{\text{입찰가격}-A}{\text{예정가격}-A}\right)\times100\right\|$	1%당 20점 감점
3억원 미만	10	90		87.745	$85점=90-20\times\left\|\left(\frac{88}{100}-\frac{\text{입찰가격}-A}{\text{예정가격}-A}\right)\times100\right\|$	1%당 20점 감점

주 1) 입찰가격 평점산식에서 평점이 22점일 경우의 (입찰가격/예정가격)을 구한 값
2) 입찰가격 평점 22 점은 적격통과점수(v)에서 공사수행능력 점수(a)를 뺀 값임
3) A : 국민연금보험료, 국민건강보험료, 퇴직공제부금비, 노인장기요양보험료, 산업안전보건관리비, 안전관리비, 품질관리비의 합계

여기서, **최저가격**이라 함은 앞에서 설명한 대로 단순히 가장 낮은 입찰금액이 아니고, **적격통과점수**를 획득하기 위한 **낙찰 하한율 이상**으로 입찰한 가격 중에 가장 낮은 가격을 의미하며, 이는 적격심사 낙찰제가 최저가 낙찰제의 단점을 보완하기 위해 만들어졌기 때문에 **입찰가격평가 산식**에서 볼 수 있듯이 **입찰가격을 너무 높거나 낮게 쓰면 오히려 평가점수가 낮아지는 구조의 심사방식**을 정한 것이다.

2) 감사원 (2022.6), 공공계약 실무가이드(A Guide to Handling public Contracts) p196~197.

(6) 종합심사 낙찰제

현재, 국가계약 **추정가격 100억 원 이상**의 **공공공사계약**은 **종합심사 낙찰제(종심제)**를 적용하여 낙찰자를 결정하고, 지방계약 **추정가격 300억 원 이상**의 **공공공사계약**은 **종합평가 낙찰제(종평제)**를 적용하여 낙찰자를 결정한다.

정부 대형공사(300억 원 이상의 국가 및 공공기관 발주공사)에 대해 2015년도까지 적용된 **최저가 낙찰제**는 입찰자들 중에 최저가로 입찰한 자가 낙찰되는 제도이다. 이 제도는 **덤핑**(채산을 무시하고 저가로 입찰) **낙찰**이나 이로 인한 잦은 **계약 변경, 부실시공, 저가 하도급, 임금 체불(滯佛), 산업재해 증가 등**의 문제가 있었다. 이에 정부는 **2013년 공공 공사 발주제도 개선방안**을 마련하여 **종합심사 낙찰제**를 도입하고, **2년간**(1914년~1915년)의 시범사업기간을 거쳐 2016년부터 전면 시행하였다. 2019년 국가계약법령 개정을 통해 추정가격 **100억 원 이상 공사**로 확대하여 **가격**뿐만 아니라 공사수행능력, 입찰금액, 계약신뢰도(감점)를 종합적으로 평가하였으며, 지방계약의 경우도 **2016년부터 추정가격 300억 원 이상 공사** 등에 대하여 **종합평가 낙찰제**를 도입하였다.

국가계약을 적용받는 발주공사의 낙찰자 결정기준은 **종합심사 낙찰제**, **지방계약**을 적용받는 발주공사의 낙찰자 결정기준은 **종합평가 낙찰제**로 평가한다. 낙찰자 결정기준은 **종합심사 낙찰제**는 **기획재정부 예규(例規)**를, **종합평가 낙찰제**는 **행정안전부 예규**를 따른다. 본서에서는 국가계약 **추정가격 100억 원 이상**의 **공공공사**에 적용하여 낙찰자를 결정하는 **종합심사 낙찰제** 중심으로 기술한다.

국가계약법을 적용받는 **종합심사 낙찰제 종류**에는 종합심사 낙찰제의 일반공사(고난도공사, 실적제한공사에 해당하지 않은 **추정가격 300억 이상 공사**), 종합심사 낙찰제의 간이형공사(고난도공사, 실적제한공사에 해당하지 않은 **추정가격 100 이상~300억 미만 공사**), 종합심사 낙찰제의 고난도 공사(발주기관이 물량·시공계획을 심사할 필요가 있다고 인정하는 공사), 종합심사 낙찰제의 실적제한공사(실적제한공사 : 조달청 시설공사 실적에 의한 경쟁입찰 집행기준에 따라 **실적경쟁입찰로 집행하는 공사**를 말함. **추정가격 300억 이상 공사**와 **실적제한공사 추정가격 300억 미만 공사**)가 있다.

종합심사 낙찰제의 평가단계는 먼저, 발주자로부터 조달요청을 받은 조달청은 **입찰참가자격심사(PQ심사 : 경영상태, 시공경험, 기술능력, 지역업체 참여도, 시공평가결과, 신인도)**를 통해서 **입찰참가적격자**를 선정한다. 국가계약의 경우 입찰참가자격 사전심사(PQ)는 의무 대상이 아니므로 단계별 평가 없이 입찰자의 **가격입찰**에 참가할 수 있고, **가격입찰 및**

종합심사하여 최고점수를 얻은 업체를 낙찰자로 선정한다. 지방계약의 경우 1차적으로 입찰자에 대한 **입찰참가자격 사전심사** 또는 **적격성 심사**를 하고, 심사통과자에 한해 **가격입찰**에 참여하고, **가격입찰 및 종합평가**에서 **가장 고득점 업체를 낙찰자로 선정한다.**

이렇게 **PQ심사를 거쳐** 적격자에 한해 **가격입찰**에 참여한 업체들의 **산출내역서(내역입찰)**를 제출받아 **평균가격(균형가격)**을 산출한다. **그** 이유는 **종합심사점수**가 **동점**일 경우, **입찰가격**이 **균형가격 직상**인 입찰자가, 즉 **균형가격에 근접한 입찰자**가 낙찰에 유리한 구조로 작용하기 때문이다.

국가기관 발주공사는 종합심사 최종제출서류를 **종합심사**하여 **가격입찰+종합심사**의 합산점수가 가장 높은 업체가 **최종 낙찰자**로 선정된다. **지방자치단체 발주공사**도 **종합평가 최종제출서류**를 **종합평가**하여 **종합평가(지방자치단체 발주공사)**하여 **가격입찰+종합평가**의 합산점수가 가장 높은 업체가 **최종 낙찰자**로 선정된다.

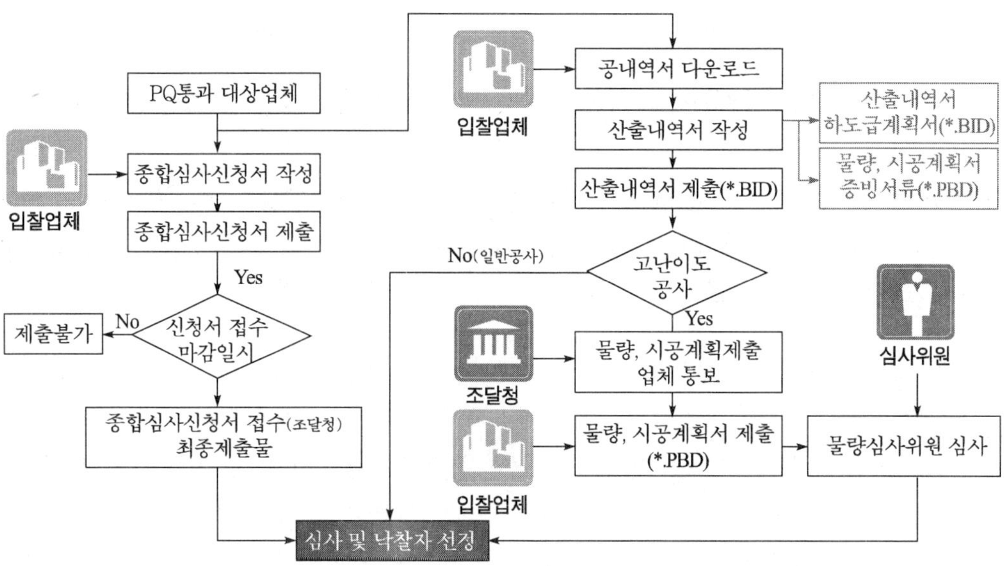

그림 1.18 조달청 종합심사 낙찰제 선정 과정

국가예산 절감을 목적으로 도입된 **최저가 낙찰제**와는 달리 종합심사 낙찰제는 공사의 품질 높이고, 건설산업의 건강한 생태계 조성을 목표로 한다. **종합심사 낙찰제**의 제출서류의 종합심사 3가지 평가요소는 **표 1.21~표 1.22**와 같이 공사수행능력, 입찰금액, 계약신뢰도(감점) 분야로 나뉜다. 먼저, **공사수행능력 심사(종류별로 40~50점 범위)**는 **시공실적**이 풍부하고 **시공품질**에 대한 **평가**가 높은 입찰자가 높은 점수를 받고, **건설안전, 공정거래, 지역**

경제기여도, **건설인력고용**(실적제한공사에 적용)의 평가를 통해 **사회적기여도(가점)**을 부가한다. **입찰금액 심사(종류별로 50~60점 범위)**는 입찰금액에 대한 적정성을 평가한다. 각 입찰자의 평균가격인 **균형가격**에 가장 가까울수록 낙찰자 선정에 유리한 구조로 활용되며, **세부공종 단가 산출**의 **적정성**과 **하도급계획 심사** 등을 반영한다. 여기에 **계약신뢰도**에 따라 **감점**을 부여하고 사회적기여도에 가점을 부여하여 **종합계**를 **100점**으로 평가하고, 가장 높은 점수를 받은 자를 **낙찰자**로 선정한다.

표 1.17 국가계약과 지방계약의 종합심사(평가) 절차

구분	국가계약				지반계약			
1단계	• 입찰참가자격 사전심사(임의 실시) – 경영상태 평가(Pass 또는 Fail) – 기술이행 능력평가(90점 이상)				• 적격성 심사 – 시공실적 평가(70점) – 신용평가등급 평가(30점)			
	입찰참가자격 사전심사 통과자				**적격성 심사 90점 이상**			
2단계	가격 입찰	+	종합 심사	• 공사수행능력 40~50점 • 입찰금액 50~60점 • 사회적 책임 가점 2점 • 계약신뢰도 감점	가격 입찰	+	종합 심사	• 입찰가격 35~50점 • 기술이행능력 50~65점 • 사회적 신인도 가점 1점 • 수행능력상 결격여부 감점
낙찰자 결정	• 종합심사 점수가 최고인 자				• 평가 점수를 합산하여 가장 고득점자			

※ 조달청은 「조달청 입찰참가자격사전심사기준」에 따라 사전심사 대상 공사를 종합심사 낙찰제에 의한 공사 중 추정가격 300억원 이상으로 규정

참고로 **종합심사 낙찰제**와 **종합평가 낙찰제**의 낙찰자 결정기준은 제도를 시행하면서 발생하는 문제점과 평가를 통해 개정이 이루어지므로 **발주 시기에 따라 변경된 기준**을 잘 숙지할 필요가 있다.

5.6 공사계약체결 유형별 분류

(1) 계약금액 지불방식 기준

계약금액의 지불방식은 공사계약을 할 때, 계약금액을 **확정**하는지 **사후**에 **정산**하는지 아니면 공사진행에 따라 정기적 또는 부정기적으로 **실비**를 **정산**하고 **보수**를 **가산**하는지에 따라 **확정계약**, **개산계약**, **사후원가검토조건부계약**, **실비정산보수가산계약**으로 구분된다.

1) 확정계약

확정계약은 계약체결 전에 예정가격을 미리 결정해서 낙찰자를 결정하고, 낙찰된 금액으로

계약금액을 확정하여 계약을 체결하는 통상적인 계약방법이다. **공공계약은 대부분 확정계약을 체결**하고 있다. 확정계약이 체결되면, 발주기관은 실제로 지출된 금액에 관계없이 미리 확정된 금액을 지급할 의무가 발생한다. 예로, 10억 원에 시설물공사계약을 체결하면서 사후에 정산한다는 조건을 정하지 않는 한 실제 지출비용이 9억 원이라고 하여 9억 원만 지급할 수는 없으며, 반대로 실제 10억 1천만 원이 소요되었다고 10억 1천만 원을 지급하지도 않는다. 국가계약법 제11조에 따르면 계약담당공무원 등은 계약을 체결할 때에 **계약금액, 이행기간 등**을 명백하게 기재한 계약서를 작성하여야 하며, 계약담당공무원과 계약상대자가 계약서에 기명하고 날인 또는 서명함으로써 계약이 확정된다고 되어 있어 **확정계약을 원칙**으로 하고 있음을 알 수 있다.

2) 개산계약

개산계약은 미리 계약목적물의 가격을 정할 수 없을 때, **개략적인 산출가격**을 정하여 **계약을 체결**하고 **계약이행이 완료된 후에 정산**하는 계약방법이다. 개산계약도 계약의 이행에 소요되는 개략적인 금액인 **개산가격**을 결정하여 **입찰** 또는 **수의계약**을 통해 계약상대자를 선정한다. **개산가격**은 발주기관의 예산 범위 내에서 **견적서**나 건설공사표준품셈 등을 이용한 공종별 단가 또는 엔지니어링 사업대가기준 등의 **표준가격**을 참고하여 결정할 수 있다. **계약의 이행이 완료된 후**에는 계약상대자로부터 사후 정산에 필요한 증빙자료를 제출받아 **미리 설정한 정산기준** 등에 따라 정산하게 된다. **국가계약**과 **지방계약법**은 모두 개발 시제품의 제조, 시험·조사·연구용역, 공공기관(지방은 중앙행정기관 등)과의 관계 법령에 따른 **위탁계약**, **긴급한 재해복구를 위한 계약 등**의 4가지 경우를 개산계약의 대상으로 정하고 있다. 지방계약은 **재해복구공사**에 대해서 **금액 기준**으로 그 대상을 정하여 운영하고 있다.

3) 사후원가검토조건부계약

사후원가검토조건부계약은 입찰 전에 각 공종별 예정가격을 구성하는 비목별 단가 및 금액을 산출하여야 하나 국내시공사례가 없다든지 등의 사유로 인하여 **일부 비목별 금액을 결정할 수 없는 경우**에는 계약금액을 잠정적으로 정하여 착수하고, **계약이행 후 사후 정산**하는 일종의 **실비정산계약형태**로서 외국의 첨단부품을 수입하거나 제작에 장기간 소요되는 특수품 조달 시에 이용되는 계약방법이다. 이때는 **입찰 전**에 계약목적물의 특성, 계약수량, 이행기간 등을 고려하여 사후원가검토에 필요한 **기준** 및 **절차**, **원가산출자료의 제공** 등을 정하여야 하며, 이를 입찰참가자가 열람할 수 있도록 한다. **계약의 이행이 완료된 후**에는 계약상대자로부터 사후 정산에 필요한 증빙자료를 제출받아 **미리 설정한 사후 원가검토 기준** 등에 따라 정산하게 된다.

사후원가검토조건부계약은 입찰 전에 금액을 결정할 수 있는 **예정가격 비목**에 대해서는 **확정계약**을 하고, **확정이 불가능한 비목에 대해서만 사후정산한다는 점**에서 **계약금액 전체를 사후정산**하는 **개산계약**과 구별된다. 즉, **사후원가검토조건부계약은 확정계약과 개산계약이 혼용된 형태**라고 볼 수 있다.

4) 실비정산보수가산계약

실비정산보수가산계약은 실비정산계약이라고도 하며, 성질상 **수의계약방식**에 **채용**할 수 있는 방식이다. 여기서, **실비**는 공사를 실시하는 현장에서 시공자가 공사를 수행하기 위하여 지출하는 **실제 비용**으로서 재료비, 노무비, 장비비, 현장경비 등은 모든 **현장비용**에 포함되며, 발주자는 공사 진행에 따라 시공자가 지출한 대로 정기 또는 부정기적으로 시공자에게 **정산**하게 된다. **보수**는 시공자의 **관리비**에 해당하고 시공자의 **일반관리비**와 적정한 **이윤**을 포함하며, 현장비용과는 달리 정기 또는 부정기적으로 **미리 정한 금액**과 **방법**으로 시공자에게 지급된다. **실비정산보수가산계약**은 주어진 공사의 내용과 범위를 기준으로 사전에 **목표공기**와 **목표공사비**를 결정해 두지만, 공사의 성질과 시공자의 능력에 따라 **최종적인 공기와 공사비에는 상당한 변동**이 있을 수 있으므로 계약을 체결할 때, 시공자에게 지급할 **보수**를 결정하는 데는 실비**정액**보수가산계약, 실비**정률**보수가산계약, 실비**변동**보수가산계약 여러 방법이 선택적으로 채용되고 있다.

① **실비정액보수가산계약**은 계약을 체결할 때, 예상되는 공기와 공사비를 참작하여 시공자의 보수를 **정액**으로 **결정**하는 방식으로 공사의 내용이나 범위가 확정적이고 공기나 공사비의 변동이 예상되지 않을 경우에 채택될 수 있다.

② **실비정률보수가산계약**은 실제로 발생된 현장비용에 **일정 보수율**을 **적용**하여 보수를 결정하는 방식으로 공사와 공사비에 상당한 변동이 예상될 경우에 채택될 수 있다.

③ **실비변동보수가산계약**은 위의 두 방식을 절충한 것으로 공기단축과 현장비용의 절감을 위한 장려 조건을 미리 정해두고 공사가 완료되었을 때, **미리 정한 목표공기**와 **목표 공사비를 기준**으로 하여 실제공기와 현장비용에 따라 보수를 조정하여 지급하는 방식이다.

실비정산보수가산계약은 발주자와 시공자 간에 공기와 공사비에 대한 이해가 상반되므로 실비로 정산하는 현장비용에 포함되는 구체적인 **과목**과 시공자에게 지급하는 **보수금액** 그리고 **지급방법**은 공사의 성질에 따라 충분히 검토하여 쌍방 간이 만족할 수 있도록 사전에 결정해서 계약에 명시하는 것이 필요하다.

(2) 계약금액 결정방식 기준

계약금액은 계약금액의 결정방식에 따라 **총액계약**과 **단가계약**으로 구분할 수 있고, 단가계약은 국가 및 지방계약법에서 규정하고 있는 단가계약 외에 조달사업법에서 계약방법의 특례로서 제3자를 위한 단가계약과 다수공급자계약을 별도로 규정하여 조달청이 이를 운영하고 있다. 본서는 국가 및 지방계약법에서 규정하고 있는 **총액계약**과 **단가계약**을 중심으로 기술한다.

1) 총액계약

총액계약(lump sum contract)은 계약목적물 전체에 대하여 단가가 아닌 총액으로 계약을 체결하는 계약방식으로 **대부분의 공공계약**은 통상적으로 **총액계약 형태**로 이루어진다. 공사기간 중에 공사내용의 변경이나 노임과 자재단가 등의 **물가변동이 예상되지 않은 경우**에 채택되고 있다. 공사대금의 지불은 **분할지불방식**, **일정지불방식** 또는 **공사준공 전후의 일시불지불방식** 등 어느 방법으로도 할 수 있다. **분할지불방식**은 공사기간이 장기간인 공사에서 공종별로 금액을 배분한 내역서를 미리 작성하고, 정기적(보통은 월별)으로 각 공종에 대하여 완성된 물량이나 진도를 기준으로 한 기성률을 공종별 금액에 적용하여 계산된 금액으로 지급하는 방식이다. **일정지불방식**은 기기류의 주문제작과 같이 물량이나 진도를 기준으로 할 수 없을 때, 주문 시, 완성 시, 납품 시, 설치완료 시 등 기준시점별로 미리 정한 지급률을 금액에 적용하여 계산된 금액으로 지급하는 방식이다.

2) 단가계약

단가계약은 일정한 기간 계속하여 제조, 수리, 가공, 매매, 공급, 사용 등의 계약을 할 필요가 있을 때는 당해연도 예산의 범위 안에서 **단가로 체결하는 계약방법**이다. 즉, 단가계약은 수요빈도가 많은 품목에 대하여 **단가**로 **입찰** 또는 **수의계약**을 위한 가격협상을 하고, **예정수량**을 명시하여 계약을 체결한다. 또한, 계약체결 때 설계도서가 완비되지 않은 경우에도 공사의 내용을 침작하여 예싱할 수 있는 **공종의 단가**를 제시하여 **계약을 체결**하고, **공종별로 완성된 물량**에 **해당 단가**를 적용하여 정산하며. 편의상 수의계약에 적용할 수 있다. 단가계약은 정부의 **각종 사무용품 등의 납품**이나 **도로 등의 유지·보수 계약**에 많이 활용되고, 일정기간동안 계약목적물의 안정적인 공급을 가능하게 하는 등의 장점이 있다.

(3) 계약이행 기간별 기준

계약이행 기간을 기준으로 1회계연도(1.1.~12. 31.)내에 계약체결 및 이행이 완료되는 **단년도계약**과 계약의 이행에 수년이 소요되는 **다년도계약**으로 나눌 수 있으며, **다년도계약**에는 **장기계속계약**과 **계속비계약**이 있다.

1) 단년도계약

단년도계약은 이행기간이 **1회계연도**(1/1~12/31)인 경우로서 **당해연도 세출예산**에 계상된 예산을 재원으로 체결하는 통상적인 계약방법을 의미하며, **공사기간이 1년 이내라는 개념과는 구분**된다. 다만, **지출원인행위**(**입찰**이나 **계약체결** 등이 **지출**의 **원인**이 되는 **행위**임)가 이루어질 경우에는 **다음 연도까지 예외적으로 이행을 완료**할 수 있다, 즉, **계약체결**로 인하여 수입이나 지출이 발생하므로 **계약을 체결하는 행위** 그 자체가 **지출원인행위**(예를 들어, A가 B에게 물품을 공급해주고, B가 A에게 물품대금 100을 지급한다는 취지의 계약, 또는 2024년 4월 1일 착공해서 2025년 3월 30일에 종료의 계약체결)가 되는 것이며, **계약 내용에 따라 실제로 지출**(예를 들어, 물품 공급을 받고 B가 A의 계좌로 100을 지급함)이 이루어지게 되는데, 이때 **다음 연도까지 예외적으로 이행을 완료**할 수 있다. 또, 공사기간이 1년인 공사를 2024년 5월 말에 착공해서 2025년 5월 말에 종료할 경우나, 2024년도 1월 말에 착공한 후 정당한 사유로 **공사기간이 지연**된 경우 그 지연된 공사기간만큼 2025년에 이월하여 예산을 집행할 수 있다. 또한, **국고채무부담행위예산**(**예산회계법 제24조,** 다음연도 언제까지 지불하겠다는 약속, 복수년도에 한함)에 의하여 미리 국회의 의결을 얻어서 집행하는 계약은 **다음 연도(복수년도)에 한하여 계약이행기간**을 정할 수 있다. 예를 들어 국토부에서 2025년부터 2026년에 걸친 100억 원의 신청사 공사계약을 2025년 4월에 체결하고, 계약금으로 20억 원을 지출하였으며, 나머지 공사대금은 2026년 10월에 주기로 하였다고 하자. 그렇다면 계약금 20억 원은 2025 회계연도에 **지출원인행위**를 하고 실제 **세출예산**으로 지출하였지만, 나머지 공사대금 80억 원은 2025년도에 단지 **채무부담행위**만 하였을 뿐 지출은 2026년도에 이루어지게 되는 것이다.

2) 장기계속계약

장기계속계약은 **예산확보가 불투명한 상태**에서 성질상 수년간 계속하여 존속할 필요가 있거나 일반공사라 하더라도 이행에 수년을 요하는 공사(제조, 용역)에 체결하는 계약을 말한다. **사업의 규모, 내용 등이 설계서 등에 의하여 확정**되었지만, **예산확보의 불확실** 또는 **곤란**한 경우 또는 의회의 의결을 거쳐야 하는 **계속비**나 **국고채무부담행위로 계약**을 **체결하기 어려운 경우 등에 주로 활용**되는 제도이다. **공사금액**은 **매년 연차별(차수별)**로 의회 또는 지방의회의 의결을 거쳐서 결정되고, **입찰 및 낙찰**은 **총공사금액**으로 하며, **계약체결**은 **낙찰된 총공사금액을 부기**(덧붙여 적음)하고, **당해연도 예산의 범위 안에서 1차년도 공사의 이행계약**을 체결한다. **2차년도 공사 이후의 계약체결**은 **부기된 총공사금액**에서 **이미 계약**

된 금액을 공제한 공사금액의 범위 안에서 계약 체결할 것을 부관(附款, 덧붙이는 조건)으로 약정한다. **계약상대자는 계약이 해제 또는 해지되지 않는 이상** 계약 때 부기된 총공사(제조, 용역)금액의 범위 내에서 2차 이후의 계약을 체결할 권리와 의무를 가진다. 한편, **경쟁입찰에 있어 낙찰된 자**가 계약체결 전에 입찰참가자격 제한을 받은 경우는 그 낙찰자와 계약을 체결해서는 안 된다. 그러나 **장기계속계약의 낙찰자**가 최초로 계약을 체결한 이후 입찰참가자격 제한을 받은 경우, 해당 장기계속계약에 대한 연차별계약을 체결하는 경우에는 해당 계약상대자와 계약을 체결할 수 있다(국가계약법 시행령 제76조 제8항, 지방계약법시행령 제92조 제9항). 이 계약의 **준공개념**은 회계연도가 기준이 되므로 연차별로 **각 계약 회계연도 종료시점**으로 한다. 따라서 공기지연 등의 각종 문제점이 발생할 때 법적인 근거 기준은 **각 계약 회계연도의 종료시점**이 된다.

3) 계속비계약

계속비계약은 완성에 수년을 요하는 공사나 제조 및 연구개발사업의 계속비사업에 대하여 **총공사금액**과 **연도별 필요금액인 연부액(年賦額)**을 정하여 **미리 국회** 또는 **지방의회의 의결**을 얻은 후 **예산확보가 투명한 상태**에서 **체결**하는 계약을 말한다. 여기서, **연부액**이란 예산집행방법의 하나로서 완성에 수년을 요하는 공사는 **총공사금액** 및 **연도별 연부액**을 정하여 미리 의회 또는 지방의회의 의결을 얻은 예산 범위 내에서 **수년도에 걸쳐서 지출**할 수 있게 하는 **계속비**(繼續費)를 말한다. **공사금액**은 **총공사금액** 및 **연도별 연부액**을 정하여 미리 의회 또는 지방의회의 의결을 거쳐서 결정되고, **입찰 및 낙찰**은 총공사금액으로 하며, **계약체결**은 총공사금액과 연도별 연부액을 계약서에 명시하여 체결한다. 즉, **총액으로 한 번만 계약을 체결하면서 계약서에 연부액을 부기**하고, 매년마다 연차별 계약을 체결하는 것은 아니다. 이 계약의 **준공개념**은 총공사 이행완료 후, **총공사금액 지출 종료시점**으로 한다. 따라서 공기지연 등의 각종 문제점이 발생할 때, 법적인 근거 기준은 **총공사금액 지출 종료시점**이 된다.

표 1.18 장기계속계약 및 계속비계약 비교

구분	장기계속계약	계속비계약
근거법령	국계법 제21조, 동법시행령 제69조 지계법 제24조, 동법시행령 제78조	좌동
사업내용	확정	확정
예산확보	**당해 연도분 확보**(의회 의결 편성)	**총예산 확보**(의회 의결로 미리 편성)
입찰 및 입찰보증금	**총사업 기준**	**좌동**

구분	장기계속계약	계속비계약
계약체결	**총공사금액으로 입찰 각 회계연도 예산 범위 안에서 계약체결 (총공사금액 부기)**	**총공사금액으로 입찰 및 계약체결 (년부액 부기)**
인지세	부기한 총공사금액 기준	총공사금액 기준
계약보증금	부기한 총공사금액 기준 (연차별 계약이 완료된 때에는 이행 완료된 해당분 반환)	총공사금액 기준
선급	각 연차별 계약금액 기준	계약금액 중 해당연도 이행금액 기준
지체상금	**연차별 계약기간 및 계약금액 기준**	**준공기한 경과 후 총공사금액 기준**
물가변동계약금액조정	부기한 총공사금액 기준	총공사금액 기준
준공처리	**연차계약별로 처리** (각 계약 회계연도 종료시점)	**총공사 이행완료 후 처리** (총공사금액 지출 종료시점)
하자보수보증금	연차계약별로 처리	총사업 검사 후 공사금액 기준
특징	**공기지연 우려가 있음**	**공기단축이 가능함**

(4) 계약상대자의 구성원 수 기준

1) 단독계약

단독계약은 정부계약의 상대자를 1인으로 상정하여 발주자와 체결하는 계약으로 국가계약 법령에서는 계약상대자는 1인임을 원칙으로 한다. 하지만, 국가계약법 제25조 및 지방계약법 제29조에 따르면, 계약담당자는 필요하다고 인정하면 계약상대자를 2명 이상으로 하는 **공동계약**을 체결할 수 있다고 규정되어 있어 **공공계약**은 **단독계약이 원칙임**을 알 수 있다.

2) 공동계약

공동계약은 공사·제조·기타의 도급계약에 있어서 2인 이상의 시공자가 당해계약을 공동으로 수행하기 위하여 잠정적으로 결성된 실체인 공동시공자와 체결하는 계약이다. 공동도급제도는 도급한도액, 시공실적, 기술보유, 면허 등에서 상대적으로 대기업에 비해 열위에 있는 중소기업체의 수주기회 확대 및 기술습득을 지원하기 위하여 도입된 제도로서 **국가계약법 시행령 제72조 제2항 및 지방계약법 시행령 제88조 제2항에 계약의 목적 및 성질상 공동계약에 의하는 것이 부적절하다고 인정되는 경우를 제외하고**는 가능한 한 공동계약에 의하여야 한다고 규정하고 있는 등 **중소기업 보호**를 위해 공동계약을 적극적으로 권장하고 있다. 이 **공동계약**은 2인 이상의 업체가 결합함으로써 제조기술 및 자본의 보완 또는 계약 불이행에 대한 **위험부담**을 **분산**시킬 수 있는 장점이 있으나 계약상대자가 다수이다 보니 **계약이행 및 납품과정에 하자책임 등**을 가리기 어려워 **분쟁이 발생할 소지**가 있다.

공동계약방식은 **공동이행방식**, **분담이행방식**, **주계약자관리방식**의 3가지로 구분할 수 있고, 가 방식별 내용과 특징을 살펴보면 다음과 같다.

① **공동운영방식**(joint venture)은 참여하는 회사가 공동운영체를 구성하여 공사를 운영하고 미리 정한 출자지분에 따라 책임과 이익을 배분하는 방식이다. 이 방법은 **공동수급협정서**에 각 구성원의 출자지분과 이익배분 및 손실부담에 관한 사항이 구체적으로 명시되어야 한다.

② **분담운영방식**(consortium)은 참여하는 회사가 각각 미리 분할된 부분공사를 개별적으로 분담하여 자신의 책임으로 운영하는 방식이다. 이 방법은 **공동수급협정서**에 각 구성원의 분담내용과 공통경비의 분담에 관한 사항이 명시될 뿐이고, **공동이행방식**과 같이 출자비율과 손익배분에 관한 사항 등은 포함되지 않는다. **공동운영방식**과 **분담운영방식**의 **차이점**은 **공동운영방식**은 2인 이상의 업체가 같은 일을 나누어서 수행하는 방식이고, **분담운영방식**은 2인 이상의 업체가 다른 일을 각각 수행하는 방식이다.

③ **주계약자관리방식**은 건설산업기본법에 따른 건설공사를 시행하기 위한 공동수급체의 구성원 중 **종합건설업자**가 **주계약자**가 되어 공사를 종합 계획·관리·조정하고, **전문건설업자** 또는 **주계약자가 아닌 종합건설업자**는 **부계약자**로서 시공에 참여하는 방식을 말한다.

3) 종합계약

종합계약은 동일 장소에서 2개 이상의 다른 중앙관서, 지방자치단체 또는 정부투자기관이 관련되는 공사에 대하여 관련기관과 공동으로 계약을 체결 집행할 수 있는 제도이다. 2개 이상의 기관이 공동으로 공사를 집행함으로서 예산의 낭비를 막고, 공사기간 단축 등을 위해 도입되었으나, 책임 및 관할문제 등으로 활성화되지 못하고 있다.

6. 종합심사 낙찰제 및 적격심사 낙찰제의 낙찰자 결정방법

국가기관계약(이하, 국가계약)에 적용하는 **종합심사 낙찰제(종심제)**는 **추정가격 100억 원 이상인 공사**에 대하여 **입찰가격**, **공사수행능력** 및 **사회적 책임**, **계약의 신뢰도(감점)**를 평가하여 <u>합산점수가 가장 높은 입찰자</u>를 **낙찰자로 선정하는 방식**으로 **지방자치단체계약(이하 지방계약)**에서는 **종합평가 낙찰제(종평제)**라는 용어를 사용하여 **추정가격 300억 원 이상인 공사**에 적용하고 있다. 국가계약의 종합심사 낙찰제와 지방계약의 종합평가 낙찰제는 적용대상, 평가방식 등에 다소 차이가 있으므로 관련 규정을 충분히 검토하여야 한다.

이하 본서에서는 국가계약 **추정가격 100억 원 이상** 건설공사에 적용하는 **종합심사 낙찰제 결정방법**과 **추정가격 100억 원 미만** 건설공사에 적용하는 **적격심사 낙찰제 결정방법**을 중심으로 기술한다.

1) 100억 원 이상 건설공사 종합심사 낙찰제 결정방법

일반적으로 **100억 원 이상 건설공사 종합심사 낙찰제**는 대표적으로 **추정가격 300억 원 이상의 일반공사**(고난도공사와 실적제한공사에 해당하지 않은 **추정가격 300억 원 이상 공사**)와 **추정가격 100억 원 이상~300억 원 미만의 간이형공사**(고난도공사와 실적제한공사에 해당하지 않은 **추정가격 100억 원 이상~300억 원 미만 공사**)를 의미한다.
일반공사 종합심사 낙찰제와 **간이형공사 종합심사 낙찰제** 모두 동일한 방식으로 결정하지만, **추정가격 100억 원 이상~300억 원 미만의 간이형공사**는 중소업체 수주영역으로 **추정가격 300억 원 이상의 일반공사**와 비교해 **공사수행능력평가 기준**은 **완화**되고 **가격평가 기준**은 **강화**됐다. 이에 중소업체의 **입찰부담**은 **경감**되면서 **낙찰률**은 **상승**해 건설업계의 **경영여건**이 **개선**될 수 있는 차이점이 있다.

표 1.19 국가계약 및 지방계약의 고난이도 공사 구분

국가계약 (「공사계약 종합심사 낙찰제 심사기준」 제3조)	지방계약 (「종합평가 낙찰제 결정기준」 제6절)		
• 발주기관이 물량·시공계획을 심사할 필요가 있다고 인정하는 공사	• 공종으로 구분		
	1) 교량	2) 공항	3) 댐 축조
	4) 에너지저장시설	5) 간척공사	6) 준설
	7) 항만	8) 철도	9) 지하철
	10) 터널공사	11) 발전소	12) 쓰레기 소각로
	13) 폐수처리장	14) 하수종말처리장	15) 관람·집회시설
	16) 전시시설	17) 송전공사	18) 변전공사

종합심사 낙찰제의 1단계 심사는 먼저, 국가기관의 발주자로부터 **공사계약관리** 요청을 받은 조달청이 **입찰참가자격심사**(PQ심사 : 경영상태, 시공경험, 기술능력, 지역업체 참여도, 시공평가결과, 신인도)를 통해서 **입찰참가적격자**를 선정하지만, **국가계약의 경우** 입찰참가자격심사(PQ)는 의무 대상이 아니므로 단계별 평가 없이 입찰자의 **가격입찰**(가격입찰에 의한 **입찰가격**이 **균형가격**에 **접근할수록 낙찰에 유리한 구**조임)에 참가할 수 있다. **종합심사 낙찰제의 2단계 심사**는 **공사수행능력**, **사회적 책임**(공사수행능력점수의 배점한도 내에서 가산), **입찰금액**(단가 심사점수 및 하도급 계획 심사점수 포함) 및 **계약신뢰도**를 **종합심사**하여 **합산(표 1.21~표 1.22 참조)**한 **종합심사 점수를 산정**(현재, **종합심사 낙찰제**에 입찰

하는 업체들은 기술력이 매우 우수하여 종합심사에서 대부분 100점을 받을 수 있는 업체들로 구성되어 있음. 결국, 가격입찰에 의한 **입찰가격**이 **균형가격**에 접근한 업체가 낙찰되고 있는 실태임)하고, **합산점수가 최고**인 입찰자를 낙찰자로 결정한다.

다음은 **100억 원 이상 건설공사 종합심사 낙찰제** 결정방법을 단계적으로 기술하면 다음과 같다.

1단계 : **입찰참가자의 산출내역서 작성 및 제출**

추정가격이 100억 원 이상 공사인 국가계약의 경우 **가격입찰 참가자**는 입찰 시에 **입찰총액**이 기재된 **입찰서**와 **산출내역서**를 함께 제출하면, 제출된 **산출내역서**가 곧 **입찰가격**이 된다. 만약, 입찰서에 기재된 입찰총액과 산출내역서에 기재된 합계금액이 다르면 입찰 무효가 된다.

표 1.20 산출내역서 작성방법 및 제출시기

<table>
<tr><th colspan="2">국가계약</th><th colspan="3">지방계약</th></tr>
<tr><th>구분</th><th>내용</th><th colspan="2">구분</th><th>내용</th></tr>
<tr><td rowspan="2">• 추정가격이 100억원 이상인 공사</td><td rowspan="2">입찰참가자는 입찰 시 입찰서(입찰총액 기재)와 산출내역서를 함께 제출하되, 산출내역서는 발주기관이 작성한 물량내역서에 입찰참가자가 단가를 적는 방법으로 작성</td><td rowspan="2">• 물량내역서가 열람·교부된 공사</td><td>추정가격 300억원 미만</td><td>입찰서와 교부된 물량내역서에 단가를 작성한 산출내역서 첨부</td></tr>
<tr><td>추정가격 300억원 이상</td><td>입찰서와 교부된 물량내역서에 단가를 적되, 발주기관이 수정 허용한 부분은 수정 가능</td></tr>
</table>

산출내역서(계약예규, 공사계약일반조건, 제2조, 제9호에 따라 입찰금액을 구성하는 물량, 규격, 단위, 단가 등을 기재한 내역서)는 발주기관이 작성한 **물량내역서**(계약예규 공사계약일반조건, 제2조, 제8호 가목에 따라 공종별 목적물을 구성하는 품목 또는 비목과 동 품목 또는 비목의 **물량, 규격, 단위** 등이 표시된 내역서, 즉, 작업 공종별 **수량**만을 제시하고 **단가**를 **공란**으로 둔 **입찰내역서**를 의미함)**에** 입찰참가자가 **단가**를 적는 방법으로 작성한다.

2단계 : **균형가격 산정**

종합심사 낙찰제의 **가격평가**는 입찰시장에서 형성되는 **균형가격(기준가격** 또는 **적정가격)**을 산출하는데, 산출이유는 **종합심사점수**가 **동점**일 경우, **입찰가격**이 **균형가격 직상**인 입찰자, 즉 **균형가격에 근접한 입찰자**가 낙찰에 유리한 구조로 작용하기 때문이다.

균형가격은 극단적 입찰로 인한 입찰의 왜곡을 방지하기 위한 **기준가격**으로서 **입찰서상의 금액**과 **산출내역서상의 금액**이 일치하지 아니한 입찰의 경우와 **입찰금액**이 **예정가격보다 높거나 예정가격의 100분의 70 미만**인 경우 등의 조건에 해당하는 경우에는 **균형가격 산정 때에 제외**한다. **균형가격에서 제외된 입찰자**는 **종합심사 점수를 미산정하고 낙찰자에서 배제**된다. 이들 입찰금액을 제외한 적정범위 내에 있는 **입찰금액**을 배열하여 **상위 100분의 20 이상**과 **하위 100분의 20 이하**는 **균형가격 산정 때에 제외**한다. 단, 이 **입찰금액**을 제외한 **입찰금액이 10개 미만인 경우**는 **상위 100분의 50 이상**과 **최하위 1개**를 제외하고, **10개 이상 20개 이내인 경우**는 **상위 100분의 40 이상**과 **하위 100 분의 10 이하**를 제외한다. 이렇게 제외된 입찰금액 외에 나머지 **입찰금액들**을 **평균**하여 **균형가격**을 산정한다.

3단계 : **종합심사 점수 산정**

간이형공사는 **공사수행능력점수**(경영상태점수 포함), **사회적 책임점수**(**공사수행능력점수**의 배점한도 내에서 가산), **입찰금액점수**(단가 심사점수 및 하도급 계획 심사점수 포함) 및 **계약신뢰도 점수**를 **합산(표 1.21 참조)**하여 **종합심사 점수를 산정**한다(계약예규, 공사계약 종합심사 낙찰제 심사기준 제10조 제1항).

일반공사는 **공사수행능력점수**(일자리점수 포함), **사회적 책임점수**(공사수행능력점수의 배점한도 내에서 가산), **입찰금액점수**(단가 심사점수 및 하도급 계획 심사점수 포함) 및 **계약신뢰도점수**를 **합산(표 1.22 참조)**하여 **종합심사 점수를 산정**한다(계약예규, 공사계약 종합심사 낙찰제 심사기준 제10조 제2항).

표 1.21 간이형공사 심사항목 및 배점기준

심사 분야	심사 항목		배점
공사수행 능력 (40점)	경영상태 (10점)	경영상태	10점
	전문성 (18점)	시공실정	10점
		배치 기술자	8점
	역량 (20점)	규모별 시공역량	6점
		공동수급체 구성	6점
	사회적 책임 (가점:2점)	건설안전	0.4점
		공정거래	0.4점
		건설인력고용	0.4점
		지역경제 기여도	0.8점
	소계		40점

표 1.22 일반공사 심사항목 및 배점기준

심사 분야	심사 항목		배점
공사수행 능력 (50점)	전문성 (28.5점)	시공실적	15점
		동일공종 전문성 비중	3.5점
		배치 기술자	10점
	역량 (20점)	시공평가점수	15점
		규모별 시공역량	3점
		공동수급체 구성	2점
	일자리(1.5점)	건설인력고용	1.5점
	사회적 책임 (가점: 1)+2)+3)=2점)	1) 건설안전	0.8점
		2) 공정거래	0.6점
		3) 지역경제 기여도	0.8점
	소계		50점

심사 분야	심사 항목		배점
입찰금액 (60점)	입찰금액		60점
	가격 산출의 적정성 (감점)	단가	−4점
		하도급계획	−2점
	소계		**60점**
계약신뢰도 (감점)	배치기술자 투입계획 위반		감점
	하도급관리계획 위반		감점
	하도급금액 변경 초과비율 위반		감점
	시공계획 위반		감점
합계			**100점**

심사 분야	심사 항목		배점
입찰금액 (50점)	입찰금액		50점
	가격 산출의 적정성 (감점)	단가	−4점
		하도급계획	−2점
	소계		**50점**
계약신뢰도 (감점)	배치기술자 투입계획 위반		감점
	하도급관리계획 위반		감점
	하도급금액 변경 초과비율 위반		감점
	시공계획 위반		감점
합계			**100점**

4단계 : **낙찰자 결정**

종합심사 낙찰제는 각 **입찰 참가자들**의 **입찰가격, 공사수행능력 및 사회적 책임 등**을 종합 심사하여 **합산점수가 가장 높은 자를 낙찰자로 결정**(국가를 당사자로 하는 계약에 관한 법률 시행령 제42조 제4항 및 (계약예규)공사계약 종합심사 낙찰제 심사기준 제13조 제1항 본문)한다.

다만, **고난이도 공사**의 경우에는 **선순위 물량 · 시공계획**(고난이도 공사에서만 심사) **심사대상자** 중 **1인 이상**이 (계약예규) 공사계약 종합심사 낙찰제 심사기준 제10조 제2항 및 제4항에 따른 **종합심사 점수**가 **차순위 물량 · 시공계획 심사대상자**의 (계약예규) 공사계약 종합심사 낙찰제 심사기준 제10조 제1항 및 제4항에 따른 **종합심사 점수를 초과**하는 경우에는 **차순위자**의 **물량 · 시공계획 심사** 없이도 **우선순위 물량 · 시공계획 심사대상자를 대상으로 낙찰자를 결정**할 수 있다(계약예규, 공사계약 종합심사 낙찰제 심사기준 제13조 제1항 단서)

종합심사 점수가 최고점인 자가 둘 이상인 경우는 **다음의 순으로 낙찰자를 결정**한다(계약예규, 공사계약 종합심사 낙찰제 심사기준 제13조 제2항).

순서 1. **공사수행능력점수**와 **사회적 책임점수의 합산점수**(사회적 책임점수는 공사수행능력점수의 배점한도 내에서 가산)가 **높은 자**

순서 2. **입찰가격**이 **균형가격**에 **근접(직상)한 자**, 다만, **균형가격**이 **예정가격**의 100분의 88 이상인 경우에는 **입찰가격**이 낮은 자, **공사수행능력점수**가 높은 자

순서 3. **사회적 책임점수**가 높은 자

순서 4. **입찰공고일**을 **기준**으로 **최근 1년간 종합심사 낙찰제로 낙찰받은 계약금액**

(공동수급체로 낙찰 받은 경우에는 전체 공사부분에 대한 지분율을 적용한 금액)**이 적은 자**

2) 100억 원 미만 건설공사 적격심사 낙찰제 결정방법

최저가 낙찰제에서는 당해 공사의 경험은 부족하면서도 낮은 가격만으로 공사에 응찰하는 업체들의 공사수행능력이 문제가 될 수 있다. 이러한 문제점을 방지하기 위해 적격심사 낙찰제를 도입하였다. 적격점수를 획득하기 위한 **낙찰 하한율(낙찰 하한가)의 직상**으로 입찰한 입찰자의 순으로 **공사수행능력**(시공경험, 기술능력, 시공평가, 경영상태)과 **입찰가격** 등을 **종합심사**하여 가격점수+공사수행능력점수=**종합평점**이 **추정가격 공사규모별 표 1.16의 적격통과점수 이상**을 획득하면 낙찰자로 결정하는 제도이다.

다음은 국가기관의 발주자로부터 공사계약관리를 요청받은 조달청이 적격심사 낙찰제로 낙찰자를 선정하는 과정을 기술하면 다음과 같다.

1단계 : **설계내역서 작성**

설계내역서는 발주자와 기술용역계약을 체결한 **설계자**(원가계산 용역기관 포함)가 설계서에 따라 거래실례가격, 원가계산에 따른 가격, 직접 조사하여 작성한 **내역서**를 말한다. 이 **설계내역서**는 다음의 **조사내역서**를 작성하는 기준이 된다.

2단계 : **조사내역서 작성**

조사내역서는 **조달청 담당부서**에서 발주자로부터 전송받은 **설계내역서**를 근거로 **관급자재비**를 **제외**하고, 공종 **물량**이 **과다 · 과소 반영**되었거나 <u>입찰공고 시점</u>으로 **단가**가 **과다 · 과소 반영**되었을 경우 이를 가감 조정한 후 합산하여 **최신화한 내역서**를 말한다.

3단계 : **기초금액 작성**

기초금액은 **조달청 계약심사부서**에서 **조사내역서**에 반영된 원가를 최종 심사하여 가격의 과다·과소 여부를 다시 검토 및 확인해서 **최종 확정한 조사내역서**로 **조달청 계약심사부서**는 이 내역서를 **조사금액**(부가가치세 포함, 관급자재비 제외)이라 칭한다. 이 **조사금액**이 곧 **15개의 복수예비가격**을 산출하는 데 근간이 되는 **기초금액**이고, 이를 입찰공고 때에 **공개**한다. 만약, 최종 확정되기 전(前)의 **조사내역서**가 가감 조정된 경우에는 **예정가격조서**에 그 조정내용과 사유를 명시한다.

4단계 : **복수예비가격 작성**

복수예비가격은 **기초금액**을 가지고 국가계약은 **기초금액의 ±2%** 지방계약은 **기초금액의 ±3%** 상당금액 범위 내에서 서로 다른 **15개의 예비가격**을 작성하는데, 이 15개의 예비가격을 **복수예비가격**이라 한다.

5단계 : **예정가격 및 낙찰하한가 결정**

예정가격은 **현장 입찰의 경우, 입찰실시 후**, 참가자 중에서 **4인**을 선정하여 **15개**의 **복수예비가격** 번호 중에서 4개를 추첨토록 한 후, 이들의 **산술평균가격**을 **예정가격**으로 확정한다. **전자입찰의 경우**, 모든 전자입찰자가 **15개**의 복수예비가격 번호 중 **2개**를 추첨하고, **예정가격**은 전자입찰자가 선택한 예비가격번호 중 가장 많이 추첨된 번호순으로 **4개를 선정**하여 **산술평균**하여 **예정가격**을 확정한다. 이때 복수예비가격 4개를 산술평균한 결과 1원 미만이 있을 경우는 **절상**한다. **현장 입찰은 개찰(開札) 장소**에서 **4개의 예비가격**과 **이외의 예비가격**을 **공개**하고, **예정가격**은 **비공개**(국가계약법시행령 제2조, 예정가격은 원칙적으로 공개해서는 안 됨)한다. **전자입찰**은 **입찰종료 후 15개의 복수예비가격**과 추첨된 **4개의 복수예비가격** 그리고 **예정가격**을 전자 **공개**한다. 공개항목들을 개찰 장소 또는 입찰종료 후 공개하는 것은 입찰과정에서 공정성과 투명성을 확보하기 위한 것이다.

낙찰하한가는 **예정가격**과 발주자가 **입찰공고**할 때 공개한 **낙찰률(표 1.16 참조)** 그리고 **A값**(국민연금보험료, 국민건강보험료, 퇴직공제부금비, 노인장기요양보험료, 산업안전보건관리비, 안전관리비, 품질관리비의 7개 비목의 합계금액)을 가지고, 다음 식에 따라 결정한다.

낙찰하한가 = (예정가격 - A값) × 낙찰률 + A값

6단계 : **적격심사대상자 및 최종 낙찰자 선정**

조달청 담당부서는 입찰자가 **낙찰하한가 직상**, 즉 **낙찰하한가**의 **최저가격**으로 **입찰(총액입찰)**한 순으로 선순위를 결정하고, 당해 선순위 적격심사대상자부터 **공사수행능력(시공경험, 기술능력, 경영상태, 신인도)**을 평가하여 **가격점수+ 공사수행능력평가점수=종합평점**이 **적격통과점수 이상(표 1.16 참조)**이면 **최종 낙찰자로 결정**한다. 선순위 종합평점이 적격통과점수 미달 시 차순위가 평가대상이 된다.

7단계 : **산출내역서 작성 및 제출**

낙찰자로 결정된 입찰자는 조달청이 내역 항목별로 물량을 기재하여 교부한 **물량**

내역서(공내역서)에 낙찰금액에 맞추어서 단가를 기재하여 **산출내역서**를 작성하여 착공신고서를 제출하는 때에 제출한다. 참고로 입찰자는 조달청이 교부한 **물량내역서**(공내역서)를 바탕으로 **산출내역서**를 작성하는 것이 매우 어려우므로 발주자의 계약부서에서 **설계내역서**를 제출받아 **낙찰가격**에 맞추어서 작성하기도 한다.

표 1.23 산출내역서 작성방법 및 제출시기

국가계약		지방계약	
구분	내용	구분	내용
• 추정가격이 100억 원 미만인 공사 • 재입찰 공사	입찰 시에는 입찰 총액을 기재한 입찰서만 제출하고, 산출내역서는 낙찰자로 결정된 후 착공신고서를 제출하는 때에 제출	• 추정가격이 100억 원 미만인 공사 • 재입찰 공사	입찰 시에는 입찰 총액을 기재한 입찰서만 제출하고, 산출내역서는 낙찰자로 결정된 후 착공신고서를 제출하는 때에 제출

다음 그림 1.19는 **적격심사 낙찰자 결정 과정**으로 이를 단계별로 간략히 설명하면 다음과 같다.

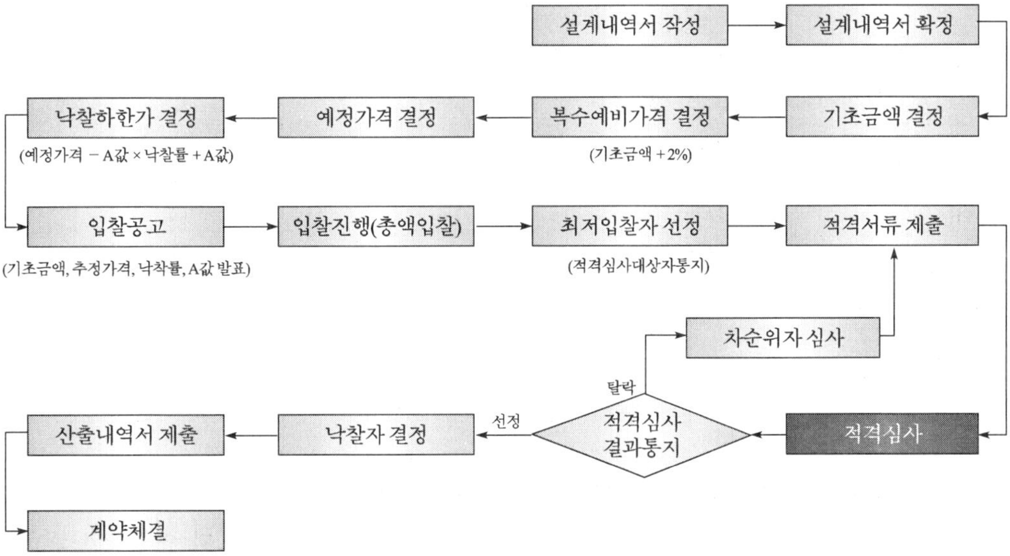

그림 1.19 적격심사 낙찰자 결정방법

먼저 국가기관의 발주자와 설계용역계약 맺은 **설계자**가 설계한 설계서에 따라 **설계내역서**를 **작성**해서 발주자에게 납품하면, 발주자는 이를 검토 및 확인해서 **설계내역서**를 **확정**한다. 발주자로부터 공사계약관리를 요청받은 조달청 담당부서는 확정된 **설계내역서**를 근거로 관급자재를 제외하고, 공종별 **물량**이 **과다 · 과소 반영**되었거나 **입찰공고 시점**으로 **단가**

가 **과다 · 과소 반영**되었을 경우 이를 새롭게 최신화하여 **기초금액**을 결정한다. 이 **기초금액**을 근거로 **15개의 복수예비가격**을 결정하고, 입찰자들이 추첨한 예비가격으로 산술평균하여 **예정가격**을 결정한다.

다음 **표 1.24는 기초금액 1,840,200,000원**일 때의 **기초금액의 ±3%(지방계약)** 상당금액 범위 내에서 서로 다른 **15개**의 **복수예비가격**을 작성한 사례이다. 이를 근거로 예비가격번호 중 가장 많이 추첨된 번호순으로 **4개**(3번, 10법, 11번, 12번)를 **선정**하여 **산술평균**한 **예정가격은 1,801,214,100원**이다. 이 **예정가격**을 가지고, 다음 산 식{**낙찰하한가=(예정가격−A값)×낙찰률+A값**}에 의거 **낙찰하한가**를 결정한다.

표 1.24 15개 복수예비가격 예

NO	금액	기초대비	
		소수점	백분율
1	1,761,945,700	−2.3419	97.6580
2	1,766,672,700	−2.0799	97.9200
3	**1,756,424,800**	**−2.6479**	**97.3520**
4	1,832,544,000	1.5710	101.5710
5	1,771,868,800	−1.7919	98.2080
6	1,842,431,000	2.1190	102.1190
7	1,848,583,400	2.4600	102.4600
8	1,809,612,600	0.2999	100.2999
9	1,823,631,300	1.0770	101.0770
10	**1,850,856,700**	**2.5860**	**102.5860**
11	**1,794,006,300**	**−0.5649**	**99.4350**
12	**1,803,568,600**	**−0.0349**	**99.9650**
13	1,813,924,700	0.5390	100.5390
14	1,780,420,700	−1.3179	98.6820
15	1,786,591,100	−0.9759	99.0240

다음은 **입찰공고** 때 **기초금액, 추정가격, A값** 그리고 **낙찰률**을 공고하고, **총액입찰**에 의한 **입찰을 진행**한다. 입찰결과 **낙찰하한가 직상**으로 입찰한 입찰자를 선순위 적격심사대상자로 선정해서 **적격심사대상자**로 **통보**한다. 조달청 담당부서는 선순위 적격심사대상자로부터 **적격서류를 제출**받아 **적격심사**를 실시하고, **가격점수+공사수행능력평가점수=종합평점**이 **적격통과점수 이상(표 1.16 참조)**이면 **최종 낙찰자로 결정**하며, **산출내역서**를 제출받아 **계약체결**을 이행한다. 만약, 선수위 적격심사대상자가 탈락될 때는 **차순위**가 **적격심사평가대상자**가 된다.

참고로 <u>**종합심사 낙찰제**와 **종합평가 낙찰제**의 낙찰자 결정기준은 제도를 시행하면서 발생하는 문제점과 평가를 통해 개정이 이루어지므로 **발주 시기에 따라 변경된 기준**을 잘 숙지할 필요가 있다.</u>

사례

다음은 서울특별시가 2025년도에 발주한 추정가격 **100억 원 미만** 남부순환도로 장기사용 배수관 정비공사이다. 입찰에 참여할 수 있는 업종은 상하수도설비공사 **토목공사업** 또는 **토목건축공사업**이고, 입찰공고 때, 공개한 기본정보는 <u>**(공사) 지자체 적격**</u>, <u>**기초금액**</u> : 1,804,200,000원, <u>**추정가격**</u> : 1,640,181,819원, <u>**낙찰률**</u> : 86.745%, A값 : 167,800,416원, <u>**순공사원가**</u> : 1,459,332,647원이다. 이 자료를 활용하여 **1순위자** 결정 과정을 학습해 보자.

해설

1) 먼저, **복수예비가격**의 결정이다. 복수예비가격은 **기초금액**을 가지고 국가계약은 **기초금액±2%** 지방계약은 **기초금액±3%(1,804,200,000원±3%)** 상당금액 범위 내에서 서로 다른 **15개의 예비가격**을 작성하는 데, 이 15개의 예비가격을 말한다.

복수예비가격

NO	금액	기초대비	
		소수점	백분율
1	1,761,945,700	−2.3419	97.6580
2	1,766,672,700	−2.0799	97.9200
3	**1,756,424,800**	**−2.6479**	**97.3520**
4	1,832,544,000	1.5710	101.5710
5	1,771,868,800	−1.7919	98.2080
6	1,842,431,000	2.1190	102.1190
7	1,848,583,400	2.4600	102.4600
8	1,809,612,600	0.2999	100.2999
9	1,823,631,300	1.0770	101.0770
10	**1,850,856,700**	**2.5860**	**102.5860**
11	**1,794,006,300**	**−0.5649**	**99.4350**
12	**1,803,568,600**	**−0.0349**	**99.9650**
13	1,813,924,700	0.5390	100.5390
14	1,780,420,700	−1.3179	98.6820
15	1,786,591,100	−0.9759	99.0240

2) **예정가격**은 **현장 입찰의 경우, 입찰을 완료한 다음**, 입찰참가자 중에서 **4인**을 선정하여 **15개**의 **복수예비가격** 번호 중에서 **4개**를 추첨하고, 추첨된 4개를 **산술평균가격**하여 **예정가격**으로 확정한다. **전자입찰의 경우**, 모든 전자입찰자가 **15개**의 **복수예비가격** 번호 중 **2개**를 추첨하고, **예정가격**은 전자입찰자가 선택한 예비가격번호 중 가장 많이 추첨된 번호순으로 **4개를 선정**하고, 선정된 4개를 **산술평균**하여 **예정가격**을 확정한다

$$\text{예정가격} = \frac{1\text{순위} + 2\text{순위} + 3\text{순위} + 4\text{순위}}{4} = 1,801,214.100\text{원}$$

3) **예가기초**는 기초금액 대비 예정가격의 비율을 확인해보는 것으로 99.8345%를 에 해당된다. 예정가격이 기초금액에 거의 근접해 있음을 확인할 수 있다.

$$\text{예가기초} = \frac{\text{예정가격}}{\text{기초금액}} = \frac{1,801,214,100\text{원}}{1,804,200,000\text{원}} = 99.8345\%\,(-0.1654\%)$$

4) 다음은 **낙찰하한가**를 산정으로 **낙찰하한가**는 위에서 계산된 **1,801,214,100원**의 **예정가격**과 발주자가 **입찰공고** 때에 공개한 표 1.16의 **86.745%**의 **낙찰률** 그리고 **167,800,416원**의 **A값**(국민연금보험료, 국민건강보험료, 퇴직공제부금비, 노인장기요양보험료, 산업안전보건관리비, 안전관리비, 품질관리비의 7개 비목의 합계금액)을 근거로, 다음 식에 따라 결정한다.

낙찰하한가 = (예정가격 - A값) × 낙찰률 + A값

=(1,801,214,100원−167,800,416원)

×86.745%+167,800,416원=1,584,705,117원

그러나 **예정가격**은 **비공개** 또는 **전자입찰**은 **입찰종료 후 공개**하므로 입찰 때는 낙찰하한가를 알 수 없다. 이것은 입찰과정에서 공정성과 투명성을 확보하기 위함이다.

5) 입찰자는 낙찰하한가에 근접한 가격을 파악하기 위해서 예정가격 대신 **기초금액**으로 **투찰예상가**를 결정하고, 입찰자의 조정에 의한 적정 **투찰가**를 결정한다.

투찰예상가 = (기초금액−A값) × 낙찰률 + A값

=(1,804,200,000원−167,800,416원)×86.745%

+167,800,416원=1,587,295,235원

응찰자 홍길동은 투찰예상가를 1,587,295,235원 예상한 후, 기초금액이 예정가격보다

많음을 고려하여, 투찰가를 약간 적은 1,584,712,900원으로 결정하였다.

홍길동 입찰자의 투찰가=1,584,712,900원

6) **1순위 결정**은 입찰자가 **낙찰하한가 직상, 즉 낙찰하한가**의 **최저가격**으로 **입찰(총액입찰)** 한 순으로 1순위를 결정하고, **공사수행능력**을 평가하여 **가격점수+공사수행능력평가점수**의 **종합평점**이 **적격통과점수 이상**(표 1.16 참고)이면 **최종 낙찰자로 결정**한다.

투찰가(1,584,712,900원)−**낙찰하한가**(1,584,705,117원)=7,783원

$$\textbf{투찰률}(\%) = \frac{\text{투찰가격} - A}{\text{예상가격} - A} \times 100 = \frac{1{,}416{,}912{,}484}{1{,}633{,}413{,}684} \times 100 = 86.7454\%$$

투찰 결과

구분	1순위 업체
순위	1
등록번호	1148192550
업체명	(주)룰루랄라
대표자	홍길동
투찰금액	1,584,712,900
투찰률(%)	86.7454
기초대비	87.8346
업체사정률(%)	99.8351(−0.1649)

7. 민자사업제도

민간투자사업은 도로, 학교, 병원 등 **사회기반시설**(SOC: Social overhead capital)을 **사업시행자(민간사업자)**가 민간자금으로 건설하여 **민간이 직접 운영 및 관리**하는 제도이다. 이 제도는 **국가** 또는 **지방자치단체 등의 공공기능**과 **민간의 자본 및 기술**이 **융합**되어 공공시설을 건설, 운영하여 국민들에게 주요 공공시설을 적기에 공급하며 사회적 효용을 제공하고 **국가** 또는 **지방자치단체 등은** 부족한 재정을 보완하는 역할을 수행한다. 즉, 공공시설에 대한 **국가** 또는 **지방자치단체**의 독점적 공급에서 벗어나는 민간의 창의와 효율을 도모하는 새로운 사업방식을 말한다.

(1) 건설−양도−임대방식

BTL(Build−Transfer−Lease) **방식은 임대형 민자사업**으로 **사업시행자(민간사업자)**가 자

기자본과 경영기법을 투입하여 **공공시설(사회기반시설)의 준공**과 동시에 당해 **시설의 소유권**을 **국가** 또는 **지방자치단체에 귀속**시키고, 그 대가로 **사업시행자**에게 **일정기간의 시설관리 운영권을 인정**하되, 그 시설을 **국가** 또는 **지방자치단체 등**이 **협약에서 정한 일정기간동안**에 **임차(賃借)하여 사용할 수 있는 권리**를 부여받아 **수익을 올리는 방식**이다.

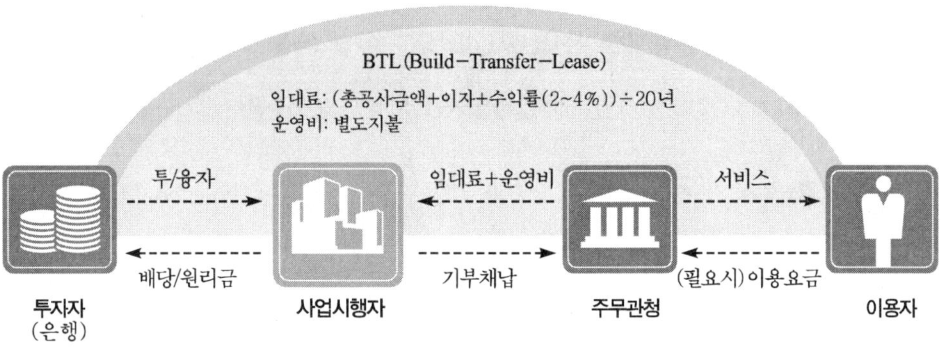

그림 1.20 BTL 방식 민자사업 구조

임대형 민자사업(BTL)은 **사업시행자(민간사업자)**가 은행이나 투자자로부터 융자 또는 투자금을 받은 자본으로 **공공시설(사회기반시설)**을 **건설**(Build)하고, 시설준공시점에서 국가 또는 지방자치단체 등에 **기부채납형식**으로 소유권을 **양도**(Transfer)하는 대신, 그 대가로 **협약에서 정한 일정기간동안** 시설의 **사용 · 수익 권한**을 **획득**한다. **사용 · 수익 권한**을 **획득**한 **사업시행자**는 공공시설을 정부에 **임대**(Lease)하고, 임대한 공공시설을 직접 **운영** 및 **관리**하며, **임대료**{총공사금액+이자+수익률(2~4%)/20년}+공공시설 **운영 및 관리비**(별도 지불)를 국가 또는 지방자치단체 등으로부터 받아 시설투자비를 회수해서 투자자들에게 원리금을 배당하는 방식이다.

결과적으로 **사업시행자**가 건설한 공공시설은 **기부채납형식**으로 **국가 또는 지방자치단체 등의 소유로 이전**되고, **국가 또는 지방자치단체 등**이 직접 **시설임대료**를 **지급**해 사업시행자의 투자자금을 회수시켜주며, **국가 또는 지방자치단체 등**이 **적정수익률**을 반영하게 **임대료**를 산정·지급하게 되므로 사전에 **목표수익률 실현**해 준다.

(2) 건설-양도-운영방식

BTO(Build-Transfer-Operate) **방식**는 **수익형 민자사업**으로 **사업시행자(민간사업자)**가 자기자본과 경영기법을 투입하여 **공공시설(사회기반시설)의 준공**과 동시에 당해 **시설의 소유권**을 **국가** 또는 **지방자치단체 등**에 **귀속**시키고, 그 대가로 **국가** 또는 **지방자치단체 등**은

사업시행자에게 일정기간동안 시설의 운영 및 관리권을 인정하며, **사업시행자**는 그 기간동안 공공시설을 직접 운영 및 관리하여 수익을 창출해서 투자비를 회수해서 투자자들에게 원리금을 배당하는 방식이다.

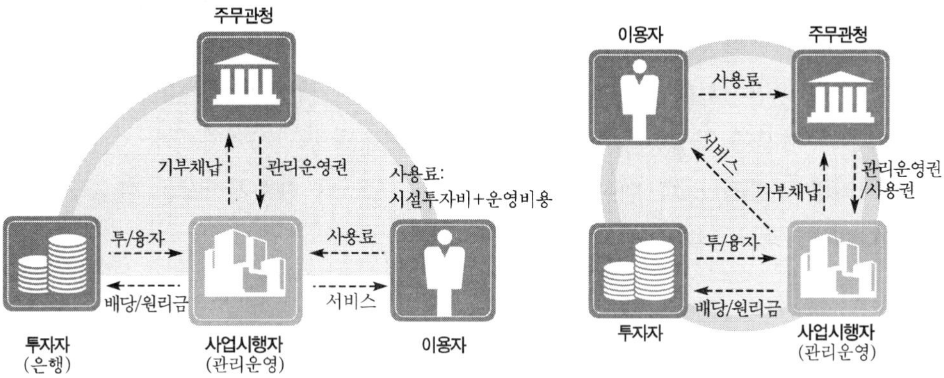

환경 BTO(build-transfer-operate)방식

그림 1.21 BTO 방식 민자사업 구조

표 1.25 BTL 방식과 BTO 방식의 비교

구분		BTL 방식	BTO 방식
소유권	준공 시	정부	정부
	운영기간종료 후	정부	정부
관리운영권		민간사업자	민간사업자
대상시설성격		최종사용자에게 사용료 부과로 투자비 회수가 어려운 시설 **(학교, 박물관, 군인아파트 등)**	최종사용자에게 사용료 부과로 투자비 회수가 가능한 시설 **(도로, 철도, 항만 등)**
투자비 회수		국가의 시설임대료	최종이용자의 사용료
사업 리스크		**민간의 수요위험 배제**	**민간이 수요위험 부담**
사용료 산정		총민간투자비 기준 (시설의 준공시점 가격) 임대료 산정 후, 균등 분할하여 지급 **임대료는 정부가 지급**	총사업비 기준 (고시 · 협약체결시점 가격) 기준사용료 산정 후, 물가변동분을 별도 반영 **사용료는 이용자가 부담**
재정지원		(필요시 재정지원 가능) 토지 무상 제공 등	건설기간 중 건설분담금 운영기간 중 운영수입보장 (정부고시사업에 한함) 용지보상비 등

BTO 방식과 BTL 방식의 차이점은 **첫째, 고속도로, 철도, 항만 등** 수익성이 있는 사업, 즉 시민이 부담하는 사용료 징수를 통해 시설비 · 투자비를 회수할 수 있는 사회기반시설은

BTO **방식**으로 시행되고, 수익성은 떨어지나 직접적인 공공 서비스를 제공하는 **학교, 병원, 군 막사, 박물관 및 과학관 ,하수관 등**의 사회기반시설은 BTL **방식**으로 시행된다. 자연스레 민간사업자의 투자비 회수의 경우 **BTO 사업**은 최종사용자의 사용료를 기반으로 하지만, **BTL 사업**은 정부의 시설임대료를 통해 이루어지게 된다. **둘째, BTO 사업**은 해당 시설 수요 변동에 따른 수익 변화의 위험을 원칙적으로 민간기업이 부담하는 반면, **BTL 사업**은 시설에 대한 수요 변동위험을 정부에서 부담한다. 따라서 해당시설에 대한 수요가 감소하더라도 정부가 사전에 약정한 수익률을 포함한 리스료를 민간사업자에게 지불한다. **폐기물, 하수처리장**은 **환경** BOT **방식**으로 이루어진다. 그러나 **하수처리장**은 환경 BOT 방식 중에 **파이프라인 공사**는 BTL **방식**으로 운영된다.

(3) 혼합형 방식

혼합형(BTO+BTL) **방식**은 **시설이용자가 지불하는 사용료**와 **주무관청이 지급하는 정부지급금(임대료)**으로 **투자비**를 **회수**하는 방식이다. 즉, 민간사업자가 회수해야 하는 **총수입의 일부**를 **국가 또는 지방자치단체**가 **BTL의 지급금 방식**을 활용하여 부담한다. BTO **방식**은 사용료 수입으로 투자비를 회수하고, BTL **방식**은 시설임대료로 투자비를 회수하는 반면, **혼합형 방식**은 **BTO와** BTL **방식**을 혼합하여 **투자비**를 **회수**하게 된다. **혼합형 방식**은 프로젝트가 가지고 있는 **일차적인 위험(수요, 비용)**을 민간사업자가 부담한다는 측면에서 위험 분담 및 경감 기능은 제한적이다. **혼합형**은 실제 교통량이 예측 교통량보다 낮아질 경우의 수요 위험(변동성)을 **사업자가 부담**하게 된다. 다만, BTO 방식 부분의 **사용료 수입 외**에 BTL 방식 부분의 **국가 또는 지방자치단체**의 **지급금 수입**이 결합되어 **투자자 측면에서 투자비 회수 안정성은 향상**된다. 따라서, **혼합형 방식**은 **국가 또는 지방자치단체**가 민간투자자의 투자위험을 분담한다고 볼 수 있다. 2024년 말에 착공된 대장홍대선은 민자철도사업의 운영 리스크를 낮추고, 이용자 부담도 절감할 수 있도록 혼합형 방식을 최초로 도입했다. BTO **방식**은 민간투자비를 사용료로, BTL **방식**은 시설임대료로 회수하는 구조다. 대장홍대선은 **요금수입**과 **시설임대료**로 투자비를 회수한다.

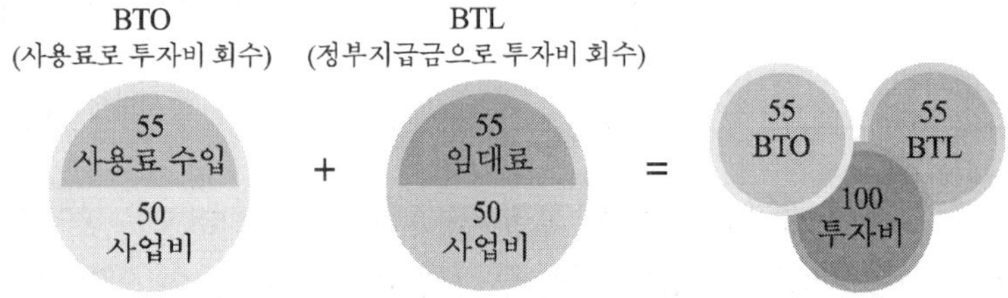

그림 1.22 혼합형(BTO+BTL) 민자사업 구조

(4) 건설-운영-양도방식

BOT(Build-Operate-Transfer) 방식은 **사업시행자(민간사업자)**가 스스로 자금을 조달하여 공공시설을 **건설**(Build)하고, 이후 일정기간동안 **사업시행자**가 **해당 공공시설을 소유**하여 **운영**(Operate)하고, 그 **기간이 만료되면** 시설소유권이 **국가 또는 지방자치단체** 등에 **양도**(Transfer)하는 방식이다. BOT **방식**을 활용한 **국내 사례**로는 **창원시 태양광발전 민간투자사업** 등이 있으며, 해당 방식은 국내보다는 **필리핀 등의 해외 인프라 및 개발 프로젝트**에서 빈번하게 활용되고 있다.

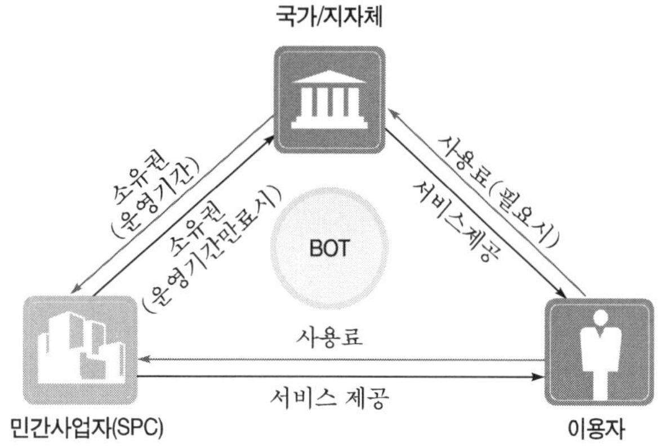

그림 1.23 BTO 방식 민자사업 구조

(5) 건설-소유-운영 방식

BOO(Build-Own-Operate) 방식은 소유형 민자사업으로 공공시설 건설사업에 민간자본을 유치하는 가장 일반적인 방식이다. 민간사업자가 직접 공공시설의 준공(신설·증설·개량)과 동시에 **소유권을 받고,** 사업을 직접운영하면서 투자금을 회수하는 방식이다. 그러나 협약체결기간 동안 **시설사용 용도 제한, 시설 사용료 통제** 등을 받는다는 점에서는 BTO 방식이나 BOT 방식과 차이가 없다.

표 1.26은 민자사업 방식 유형별 소유권, 사업시행자 권리설정, 주요 대상시설을 비교하여 설명하고 있다.

표 1.26 사업유형별 소유권 소유형태

유형	소유권		사업시행자 권리설정	주요 대상시설
	준공시	운영기간 종료 후		
BTL (Build-Transger-Lease) 건설- 양도-임대	주무관청	좌동	관리운영권	학교, 박물관 군인아파트
BTO (Build-Transger-Operate) 건설- 양도-운영	주무관청	좌동	관리운영권	도로, 철도, 항만
BOT (Build-Own-Transger) 건설-소유-운영-양도	사업시행자	주무관청	소유권	복합화물터미널
BOO (Build-Own-Operate) 건설- 소유-운영	사업시행자	사업시행자	소유권	복합화물터미널

MEMO

CHAPTER

02

공사비 적산 총론

1. 적산의 정의
2. 적산의 활용성
3. 공사비 계산방법
4. 공사시행단계와 견적방법
5. 비용계산의 정확도
6. 공사비 적산의 종류
7. 공사비 적산방법
8. 건설공사 단가 등 조사
9. 표준품셈
10. 계약금액 조정

CHAPTER

02 공사비 적산 총론

1. 적산의 정의

적산(積算, cost estimating)이란 시공계획에 따라 발주기관이나 시공회사가 건설공사를 수행하는데 소요되는 공사비를 산정하는 과정이다. 즉, 공사의 공종별로 산출한 시공물량(work quantities)에 단위당 가격(unit price)을 곱한 금액을 합산한 **순공사원가**와 여기에 일정의 일반관리비, 이윤을 가산한 **총공사원가**(총원가)를 계산하고, 공사손해보험료, 부가가치세(10%)를 가산하여 **예정가격**(낙찰 시 계약금액 부분으로 관급자재비를 제외한 금액)을 계산하며, 이 예정가격에 관급자재가, 용지보상비, 설계용역비를 고려하여 **총공사금액**을 계산하는 공사원가 계산한다. 단, 발주자와 시공자가 공사계약을 할 때, 공사계약 금액은 관급자재비를 포함하지 않는다.

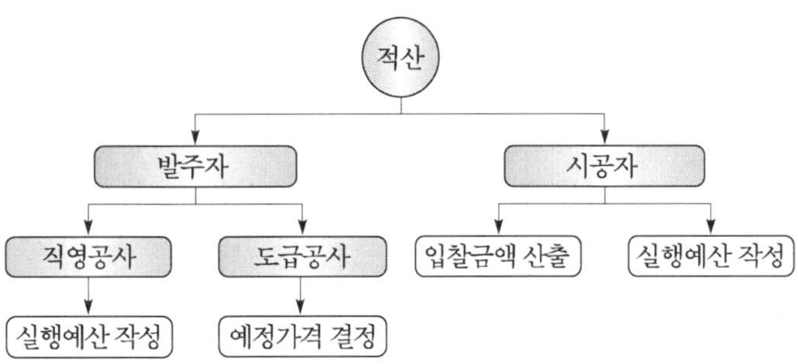

그림 2.1 발주자 및 시공자 적산의 목적

① 발주자 적산의 경우, 정부나 정부투자기관 등의 공공기관이 도급으로 발주하는 건설공사에서 **원가계산방법에 따라 예정가격을 결정**하고, 결정된 예정가격을 근거로 낙찰하한가를 결정하여 낙찰자를 결정하기 위함이다.

② 시공자 적산의 경우, 공공건설공사를 수주하는 시공회사는 발주자의 물량 내역서에 **실적가격이나 실제거래가격을 단가로 적용하여 입찰금액을 산출**하고, 공사실시단계에서 작성하는 실행예산을 작성하기 위함이다. 여기서 실행예산이라 함은 공사에 실제로 소요되는 비용을 추정하여 정한 금액, 즉 실제로 공사를 할 직영공사 발주자나

입찰 : 경쟁매매방법으로 공사의 도급이나 물자의 매매계약체결에 있어 다수의 신청희망자로부터 각자의 낙찰희망 예정가격을 기입한 신청서를 제출 · 입찰하게 하여 그 중에 가장 유리한 내용을 선정하는 일

시공회사가 도면, 문서, 시세가치 등을 총괄해서 계산하는 금액을 말하는 것으로, 시공에 실제로 사용되는 모든 재료, 노무, 기계 등의 자원을 망라하고, 그 비용과 필요한 경비를 포함하여 계산한다.

실무에서는 적산과 견적(bill or pricing)**을 혼돈해서 사용**하고 있지만, **견적**(거래해본 경험, 기왕의 경험에 의해서 매긴 값, 입찰금액이 여기에 해당되는데, 예로 입찰금액은 일일이 콘크리트가 얼마인가를 계산할 필요가 없다. 즉, 경험에 입각해서 제시한 금액은 전체 공사 또는 각 구분에 대하여 주어진 수량에 가격을 제시하는 것을 말하며, **물량내역서에 실적단가를 적용하여 입찰금액을 계산하는 입찰견적**이 여기에 해당된다. 이에 반하여 **적산**은 원가계산방법이라 할 수 있다. 즉, 어떤 물건을 만드는 데 들어가는 **재료의 품, 노무의 품, 기계의 품**을 경험에 입각해서 결정하고, 여기에 **재료단가, 노무단가, 기계사용단가**를 각각 곱해서 **예정가격**을 계산하는 것을 말한다.

2. 적산의 활용성

① **공사비 적산**은 계획과정에 실시되는 기술적 · 경제적 및 재무적인 타당성 분석에 기초가 되는 **공사비 자료를 제공**하고, 공사시행과정에 발주자와 시공자의 **예산과 원가**(어떤 활동을 하는데 소요되는 비용)**를 관리하는 기준을 제시**한다. 공사를 계획해서 시행하는 과정에 따라 **공사비 적산이 활용되는 경우**는 다음과 같다.

㉠ 대안설계의 비교 검토
㉡ 공사비 예산 요구
㉢ **발주자의 예정가격 작성**
㉣ **입찰자의 입찰금액 산출내역서 작성**
㉤ **시공회사의 실행예산서(실제로 소요되는데 추정하여 정한 금액) 작성**
㉥ 공사실시 중의 계약금액 조정기준
㉦ **기성금액 산출기준**

② 적산결과를 이러한 목적에 활용되게 하기 위해서는 적산내용을 집계하여 정리한 공사비 내역서가 정해진 기재양식을 사용해서 정연한 내역 체계를 갖추어야 하며, 전산에 의한 자료처리를 위해서는 자료의 공사분할체계(제4장 참조)를 도입하는 것이 필수적이다.

적산 : 발주자의 입장에서 산출하는 공사비인 예정가격의 산출과정
견적 : 입찰에 참가하는 시공자의 입장에서 산출하는 공사비인 입찰가격의 산출과정

3. 공사비 계산방법

하나의 공사 또는 부분공사에 대한 비용계산은 기본적으로 2단계 과정이다. 처음 단계는 **공사를 비용이 집계되는 비목으로 분류**하여, **비목별로 수량을 결정**하는 것이고, 다음 단계는 각 비목에 적용할 적정한 **단위가격을 결정**하고 이것을 **수량에 곱하여 비목별 비용을 산정**하는 것이다. 공사비는 모든 비목별 비용의 합계이다. 계산절차는 공사 목적물에 따라 달리 하며, 많은 특별한 방법이 개발되어 있다. 다음은 잘 알려져 있는 기본적인 계산방법을 설명한다.

3.1 시설단위에 의한 공사비 견적

계획의 초기단계에서 공사는 개념설계로 나타내고, 예정산출량이나 대체적인 규모로만 정의되어 있으므로 이때의 **개략견적**(order of magnitude estimate)은 시설의 규모에 대하여 **기준 단위 공사비**(basic unit cost)로 나타낸 **유사공사의 공사비 자료**를 사용해서 **개략 공사비를 계산**할 수 있으며 다음 예와 같다.

① 건물은 마루면적단위, 용적단위 또는 수용단위로 나타내며, 단층 또는 다층, 난방공간 또는 비난방공간, 구체형식 등에 따라 구분할 수 있다.
② 산업설비는 산출량 단위로 나타내며, 설비용량에 따라 공사비를 나타낸다.
③ 상하수처리시설은 일처리 단위로 나타내며, 산업설비에 대한 것과 마찬가지로 용량에 따라 공사비를 나타낸다.
④ 도로공사는 노선 연장단위로 나타내며 지형, 토질, 위치, 차선수 및 노면처리 상태에 따라 공사비가 다를 수 있다.

기준 단위 공사비는 여러 원천에서 자료를 구할 수 있다. 어떤 종류의 공사를 전문으로 하는 시공회사는 자체공사에 대하여 이러한 자료를 축적하게 된다. 산업체의 기술부서가 통계자료를 보유하고 있으며, 각종 산업설비에 관련되는 **기준 단위 공사비**를 작성할 수 있다. 많은 간행자료에서 여러 종류의 공사에 대한 공사비 자료를 제공하고 있다. 이러한 방법으로 기왕에 건설된 같은 종류의 설비나 시설물에 대한 **공사비 자료를 기준**으로 계획하고 있는 공사에 대한 초기계획단계의 **계략 공사비를 다음 식**으로 추정할 수 있다.

$$CB = CA \times \left(\frac{QB}{QA}\right)^n \times \frac{PB}{PA}$$

여기서, CB = 추정 공사비 또는 계획 공사비

CA = 기준 공사비

QA = 기준 규모

QB = 계획 규모

PA = 기준년도 공사비 지수

PB = 계획년도 공사비 지수

n = 시설규모-비용지수(0.45-0.65)

지수는 과거실적을 기초로 하여 여러 산업설비에 대하여 설정할 수 있다. 이 공식은 **기준설비(A 설비)로 건설된 년도에 대한 계획설비(B 설비)의 공사비를 추정**하는 것이므로 계산과정에서 다음 단계는 계획설비의 예정건설시점에 대해서 **물가상승에 대한 물가보정**을 하는 것이다. 이것은 해당 공사에 대한 **공사비 지수**가 있다면 바로 적용할 수 있다.

학습 2.1

다음 각 **현장별 착공년도별 실적공사비**와 **건설공사비지수**의 자료를 가지고 **2018년도 기준 개략견적 계획 공사비를 산출**한 후, **예측 식을 도출**하고 **G, H현장을 대상으로 예측 식의 신뢰성을 검증**하라.

표 2.1 실적공사비 자료 현황

산악지역 골프장 공사				
현장구분		현장규모(m^2)	공사금액(원)	착공년도
개략견적 예측 식 도출 현장	A	1,131,204	11,219,520,099	2011
	B	1,245,020	11,848,254,900	2012
	C	1,353,030	16,331,956,257	2015
	D	1,367,971	16,882,578,082	2016
	E	1,474,021	17,748,416,098	2017
	F	1,503,422	17,945,166,134	2017
검증 현장	G	1,525,462	21,992,388,862	2018
	H	1,432,297	20,963,304,570	2018

표 2.2 건설공사비 지수

월 \ 년	2010	2011	2012	2013	2014	2015	2016	2017	2018
1	77.5	79.0	80.7	89.3	93.5	99.7	101.3	104.2	109.9
2	77.4	79.2	80.9	89.7	94.9	99.8	101.2	104.4	111.6

월 \ 년	2010	2011	2012	2013	2014	2015	2016	2017	2018
3	77.6	79.5	81.2	90.3	96.6	100.1	101.4	104.8	114.1
4	77.6	79.6	81.6	90.6	97.0	100.2	102.0	105.7	117.7
5	77.6	79.7	81.8	90.5	97.7	100.0	102.7	105.8	121.6
6	77.8	79.6	82.5	90.4	97.7	99.8	102.8	105.9	125.9
7	77.9	79.4	82.6	90.6	97.9	100.0	102.9	106.0	130.0
8	78.0	79.3	85.7	91.5	98.0	99.9	103.0	106.4	129.9
9	78.6	79.9	85.8	91.4	99.0	100.1	104.1	107.9	132.2
10	78.8	79.7	85.9	91.5	99.4	100.1	104.0	108.0	132.1
11	79.0	79.7	85.9	91.7	99.7	100.1	104.0	108.3	130.2
12	78.9	79.6	88.9	91.8	99.7	100.2	103.8	108.5	128.1
평균	78.1	79.5	83.6	90.8	97.6	100.0	102.8	106.3	123.6

자료 : www.kict.re.kr, 한국건설기술연구원.

해설

1. 개략견적 계획 공사비 추정 식

개략견적 계획 공사비 추정을 위한 규모와 시간(물가보정)을 모두 고려된 보정 식은 다음과 같이 표현된다.

$$CB = CA \times \left(\frac{QB}{QA}\right)^n \times \frac{PB}{PA} \quad \cdots\cdots (1)$$

여기서, CB = 추정 공사비 또는 계획 공사비

CA = 기준 공사비

QA = 기준 규모

QB = 계획 규모

PA = 기준년도 공사비 지수

PB = 계획년도 공사비 지수

n = 시설규모-비용지수(0.45~0.65)

지수 n을 구하기 위하여 (1)식에서 공사비 지수를 제외하여 누가승 회귀분석 식으로 바꾸어 쓰면 다음 (2)식과 같다.

$$y = A \cdot x^B \quad \cdots\cdots (2)$$

이 식을 상용로그 식으로 변수 변환시켜서, 다음 (3)식으로 표현할 수 있다.

$$\log y = \log A + B \log x \quad \cdots\cdots (3)$$

이와 마찬가지로 (1)식을 상용로그 식으로 변수 변환시키면, 다음 (4)식으로 표현할 수 있다.

[참고] 주) $\log_a x \cdot y = \log_a x + \log_a y$

$\log_a x^n = n \log_a x$ (n은 실수)

$\log_a A = \log A$ (상용로그 : 밑 a 생략함)

$$\log CB = \log CA + n\log\left(\frac{QB}{QA}\right) \cdots\cdots (4)$$

여기서, (3)식의 B의 값은 (4)식의 n값과 동일한 값이므로 시설규모와 공사비에 의한 회귀 식을 이용하면 n값을 산출할 수 있으며, 이를 바탕으로 시설규모 및 시간에 의한 개략견적 계획 공사비 예측 식을 개발할 수 있다.

2. 실적공사비 자료 공사비 보정

수집된 실적공사비 자료 중 2018년 이전의 공사비 자료인 골프장 A현장~F현장의 자료를 사용하여 개략견적 계획 공사비 예측 식을 개발해서, 2018년 자료인 골프장 G 및 H현장의 자료를 이용해서 개발된 예측 식을 검증하였다.
이를 위해 먼저 골프장 G현장 및 H현장의 착공년도인 2018년도가 계획기준년도이므로 그 이전 착공년도인 골프장 A현장~F현장의 공사비는 표 2.2의 건설공사비 지수를 보정하여 표 2.4의 2018년도 보정공사비로 환산하였다.

표 2.3은 표 2.2의 건설공사비지수에 근거한 2018년도 공사비 보정방법을 보여주고 있다. 예로 2011년도 A현장의 공사비를 2018년도 A현장 공사비로 보정해 보면, 다음과 같이 비례식으로 보정할 수 있다.

표 2.3 건설공사비 지수에 의한 보정방법(2018 기준)

계략견적 예측 식 도출 현장					검증 현장
2011	2012	2015	2016	2017	2018
79.5	83.6	100	102.8	106.3	123.6
11,219,520,099 A현장	11,848,254,900 B현장	16,331,986,257 C현장	16,882,578,082 D현장	17,748,416,098 E현장	21,992,388,862 G현장
				17,945,166,134 F현장	20,963,304,570 H현장

$$79.5 : 11,219,520,099 = 123.6 : x$$
$$x = 17,443,178,418\text{원}$$

나머지 B~F현장도 이와 동일한 방법으로 보정하여 계산한 골프장 규모별 총공사비 결과는 표 2.4와 같다.

표 2.4 건설공사비 지수를 보정한 현장별 시설규모-보정년도(2018) 총공사비

건설공사비지수 보정 추정공사비			
현장구분	현장규모(m^2)	공사금액(원)	보정년도
A	1,131,204	17,443,178,418	2018
B	1,245,020	17,517,276,383	2018

건설공사비지수 보정 추정공사비			
현장구분	현장규모(m^2)	공사금액(원)	보정년도
C	1,353,030	20,186,335,014	2018
D	1,367,971	20,298,508,278	2018
E	1,474,021	20,636,916,554	2018
F	1,503,422	20,865,687,057	2018

3. 시설규모-비용지수 및 개략견적 계획 공사비 추정 식 산출

먼저 시설규모-비용지수 및 개략견적 계획 공사비 추정 식을 산출하기 위해서 표 2.4를 표 2.5와 같이 log값으로 변환하고, 이 자료를 근거로 $\log CB = \log CA + n\log\left(\frac{QB}{QA}\right)$으로 변수 변환된 식과 일치시켜 시설규모-비용지수 n값을 도출하기 위해 다음 그림 2.2와 같이 회귀분석을 수행한다.

표 2.5 시설규모-보정년도(2018) 총공사비 관계(log)

구분	lgo(골프장 규모)	lgo(공사비)
A현장	6.053540932	10.24162562
B현장	6.095176328	10.24346658
C현장	6.131307426	10.30505748
D현장	6.136076891	10.30746412
E현장	6.168503671	10.31464481
F현장	6.177080901	10.31943269

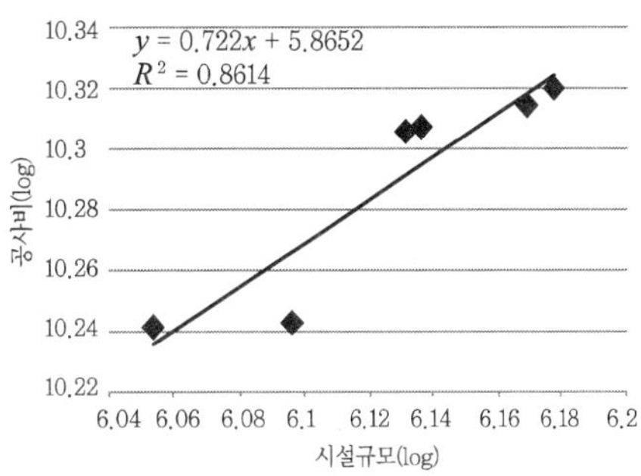

그림 2.2 전체시설규모-총공사비 관계 회귀분석

(1)식에 의하여 **개략견적 추정 공사비**를 **도출**하기 위해서는 CB : **추정 공사비**, QA : **기준 규모**, PB : **계획년도 공사비 지수**를 결정하기 위해 **F현장을 기준**으로 하여 분석하였다.

$$y = 0.722x + + 5.8652$$

여기서, x : 시설규모(log), y : 공사비(log)

표 2.5를 최소자승법으로 회귀분석한 결과 평균기울기는 0.722이다. 즉, 시설규모와 총공사비에 의한 분석에서 시설규모-비용지수 n의 값은 0.722이다. 이 값을 가지고 (1)식으로 각 골프장별 추정 공사비를 골프장 F현장을 기준으로 A현장~E현장을 분석하면, 표 2.6과 같다.

표 2.6의 시설규모-총공사비 관계 n=0.722를 적용한 추정 공사비와 표 2.4의 건설공사비지수 보정 추정 공사비를 비교하여 지수 값을 산정해 보면, 표 2.7과 같이 지수값이 0.95~1.03로 건설공사비지수를 보정한 추정 공사비에 근접해 있어 신뢰성이 있는 결과치로 판단된다. 따라서 위의 결과로부터 다음과 같은 개략견적 계획 공사비 추정식(1)을 제안할 수 있다.

$$CB = 20{,}865{,}687{,}057 \times \left(\frac{QB}{1{,}503{,}422}\right)^{0.722} \times \frac{PB}{123.6} \quad \cdots\cdots\cdots \text{추정식(1)}$$

표 2.6 현장별 시설규모-보정년도(2018) 총공사비

현장	$n = 0.722$ 적용 추정 공사비
A	$20{,}865{,}687{,}057 \times \left(\frac{1{,}131{,}204}{1{,}503{,}422}\right)^{0.722} = 17{,}001{,}369{,}723$
B	$20{,}865{,}687{,}057 \times \left(\frac{1{,}245{,}020}{1{,}503{,}422}\right)^{0.722} = 18{,}216{,}351{,}464$
C	$20{,}865{,}687{,}057 \times \left(\frac{1{,}353{,}033}{1{,}503{,}422}\right)^{0.722} = 19{,}340{,}891{,}155$
D	$20{,}865{,}687{,}057 \times \left(\frac{1{,}367{,}971}{1{,}503{,}422}\right)^{0.722} = 19{,}494{,}396{,}818$
E	$20{,}865{,}687{,}057 \times \left(\frac{1{,}474{,}021}{1{,}503{,}422}\right)^{0.722} = 20{,}571{,}079{,}556$

표 2.7 시설규모-총공사비 2018년 기준 추정 공사비 및 지수

현장	건설공사비 지수 보정 추정 공사비(1)	n=0.722 적용 추정 공사비(2)	지수 (2)÷(1)
A	17,443,178,418	17,001,369,723	0.97
B	17,517,276,383	18,216,351,464	1.03
C	20,186,335,014	19,340,891,155	0.95
D	20,298,508,278	19,494,396,818	0.96
E	20,636,916,554	20,571,079,556	0.99

4. 개략견적 계획 공사비의 검증 및 고찰

앞 절에서 제안한 개략견적 계획 공사비 추정식을 가지고, 착공년도 2018년도 G현장과 H현장의 공사비를 추정하여 비교하면 다음과 같다.

(1) $CB(G) = 20{,}865{,}687{,}057 \times \left(\frac{1{,}525{,}462}{1{,}503{,}422}\right)^{0.722} \times \frac{123.6}{123.6} = 21{,}085{,}477{,}680$

(2) $CB(H) = 20{,}865{,}687{,}057 \times \left(\frac{1{,}432{,}297}{1{,}503{,}422}\right)^{0.722} \times \frac{123.6}{123.6} = 20{,}150{,}148{,}913$

표 2.8 시설규모-총공사비 기준 개략견적 계획 공사비의 검증

현장	실적공사비(1)	2018년도 기준	
		개략견적 계획 공사비(2)	지수((2)÷(1))
G(2018)	21,992,388,862	21,085,477,680	0.95
H(2018)	20,963,304,570	20,150,148,913	0.96

시설규모-총공사비 기준 F현장을 기준으로 **개략견적 계획 공사비**와 G, F **실적공사비**의 투입 비용 지수를 분석한 결과, 표 2.8와 같이 G 및 H현장의 개략견적 계획 공사비는 실제 공사비의 0.95, 0.96로 도출되었다.
국내의 산악지형에 건설된 8개의 골프장을 이용하여 **골프장 공사비 예측**을 위한 **시설규모-총공사비 지수**를 구한 결과 **0.722**로 도출되었다. 다른 건설공사의 여러 공종 및 세부공종에서도 이와 같은 시설규모-총공사비 지수를 이용한 분석을 통해서 개략견적 계획 공사비 추정식과 예산을 추정할 수 있다.

3.2 요소단위에 대한 공사비 견적

공사의 설계가 기본설계단계로 진행됨에 따라 공사의 주요 구성요소(기초, 구체, 형식, 대체적인 치수, 주요 기구품목 등)가 완전하고 치수가 정확한 것은 아니더라도 대체로 정의된다. 이 단계에서 구할 수 있는 개산공사비는 유사한 공사에서 도출한 요소단위 공사비를 적용해서 추정할 수 있다. 요소단위견적(elemental cost estimate)은 공사를 구성하는 전형적인 구성요소를 분할하고, 각 요소의 비용은 기준단위비용이나 요소비용을 적용하여 계산할 수 있다.

공사에 대한 주요 구성요소와 기타 항목은 예비설계단계에서 상당히 정의되므로 유사한 공사에 대한 비용자료를 보유하고 있으며, 이 단계의 개산공사비는 추정할 수 있다. 여기서도 자료는 시설규모와 시간에 대하여 변동하므로 적절한 조정이 필요하다. 한 공사에서 같은 구성요소가 수많이 반복되는 경우에는 1개 요소단위에 대하여 그 특징에 따라서 정확한 비용을 구하면 전체단위 수량에 대하여 비용을 계산할 수 있다.

3.3 계수에 의한 공사비 견적

이 방법은 기본설계단계에서 적용할 수 있는 다른 기법으로 산업설비공사에 특히 적용성이 있다. 이 단계에서 공사는 구조적인 형식에 따라 구성요소를 면적, 용적, 용량 등에 의해서 개략적인 측정단위로 정의할 수 있다. 계수견적(factor estimate)에서는 공사를 전체로 다루거나 구성요소(구조물 또는 계통)로 구분하게 되며, 각 요소에 대하여 부재, 기기 등의 주요 품목을 구분하고 그 비용구성을 요소별로 추정한다. 공사수량은 구조물에 해당하는 도표나 자료를 사용해서 계수를 찾을 수 있다.

예를 들면, 원자력발전 설비의 공사비 견적에서 주요 구조물의 하나는 원자로 수용시설이다. 이것은 원자로, 증기발생장치(해당이 있는 경우), 펌프, 크레인 및 이러한 시설물에서 볼 수 있는 많은 다른 기기 품목을 수용한다. 이들 품목을 개별적으로 나열하면 비용은 적절하게 계산할 수 있다. 다음에 토목, 전기, 기계공사의 수량은 이러한 시설물에 대한 과거의 실적에서 도출한 계수도표를 사용해서 추정한다. 예로 콘크리트의 용적, 철근중량, 배관길이, 전선길이 그리고 다른 항목의 수량은 모두 원자로의 규모에 관련시킬 수 있다. 장비시간, 노무시간 등 품셈은 같은 방법으로 추정한다.

이들 노무, 재료, 기기 및 시공 장비의 수량에 관련되는 단위가격을 적용해서 요소별 비용을 계산하고, 총 직접비를 구하기 위해서는 설비를 구성하는 다른 구조물과 계통의 비용을 합산하면 된다. 설계노무시간, 시공관리노무시간, 가설비 및 기타 현장경비는 과거의 실적에서 작성한 계산 자료를 사용해서 같은 방법으로 추산할 수 있다.

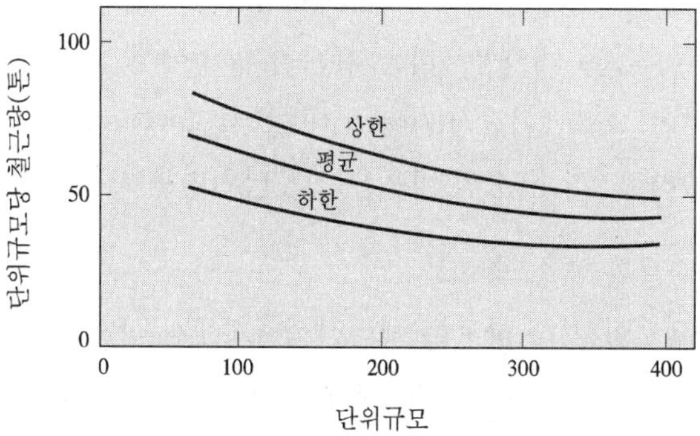

그림 2.3 계수적산에 사용되는 도표의 형식

그림 2.3은 계수견적에 사용되는 도표의 한 형식이다. 이 도표는 어느 가상적인 시설물에 대한 것이며, 측정하려는 수량은 단위규모에 대한 철근의 중량이다. 도표에는 최고, 최저 및 평균을 나타내는 곡선이 있고 각 곡선은 실적자료를 기준으로 하여 타점된 것이다. 200 단위의 설비에 대하여 평균 철근량은 단위규모당 약 50톤이므로 전체 철근량은 10,000톤이며, 시설물의 형식에 따라서 최고와 최저의 범위 내에서 조정할 수 있다. 계수 견적은 시설단위나 요소단위기법과 비교하면 비용보다는 자원수량에 대한 자료를 얻을 수 있는 이점이 있다.

3.4 조합방법에 의한 공사비 견적

공사가 부분적으로 정의되어 있는 경우에는 앞에서 들은 개략견적기법의 여러 방법 중에서 하나 이상의 방법을 조합해서 사용할 수 있다. 구체적으로 정의된 부분에는 상세한 명세서를 작성하여 요소단위 또는 계수견적방법으로 계산하고, 그렇지 않은 부분에는 시설단위견적방법을 사용할 수 있다. 건축공사에서는 최종단계에서 정의되는 전기 및 기계설비부분에 면적단위 비용을 적용하고 있다.

3.5 수량명세에 의한 공사비 견적

수량명세(數量明細)에 의한 상세 견적은 설계도서가 완전하게 작성되고 공사가 완벽하게 정의되어있는 공사실시단계에서 적용할 수 있는 적산방법으로 **설계자**가 작성하는 **예정공사비 내역서, 시공회사의 입찰견적서** 그리고 공사시공단계에서 작성하는 **실행예산서**가 이러한 방법으로 견적하는 예이며, 각각은 명세의 내용에 정도의 차이가 있다. **상세견적**(bill of quantities estimate)에서는 공사를 콘크리트, 조적 등의 작업공종으로 세분해서 분할하고, 각 작업공종에 대하여 소요되는 재료, 노무 및 장비의 **소요수량**을 결정하며, 각각에 해당 **단위가격**을 곱해서 **요소비용**과 **공종금액**을 계산한다. 전체 공사비는 모든 공종금액의 합계액이 된다.

4. 공사시행단계와 견적방법

공사비 견적방법은 공사의 시행단계에 따라 달리한다. 대체적인 공사비 결정은 공사를 대체적으로 정의하고 예산조치를 하는 초기계획단계에 해야 하지만, 이 시기에는 공사의 규모, 내용 및 배치에 관해서 알려진 정보가 적고 사용할 수 있는 공사비 자료는 한정되어 있으므로 활용하는 견적기법도 한정된 정보에 적합한 것이어야 한다.

공사의 정의가 더 구체화되어 가면서 더 많은 공사비 자료와 더 정확한 계산방법이 사용되며, 이때 결정되는 공사비는 공사의 실행가능성 평가에 활용할 수 있다. 공사를 정의하는 각 시행단계별 채용할 수 있는 견적방법은 그림 2.4를 참조할 수 있다.

4.1 사업기획단계

이 단계의 공사비 견적은 최초의 추정치로서 계획수요에 따라서 정해지며 시설단위로 생산량, 수용인원수 또는 주요 기능에 관련시키게 된다. 이때의 견적자료는 과거의 실적이며, 회귀기법을 활용해서 각종 공사에 대한 계약가격에 물가변동을 반영하면 직접적인 상관성을 나타낼 수 있다. 경험이 없는 일반 사업주는 관련 기관의 실적보고서에서 이러한 자료를 입수할 수 있다.

4.2 기본조사단계

기본조사단계에서는 개략설계로 최소한의 정의가 되어 있으므로 공사비는 어떤 종류의 시설단위로 변환될 수 있다. 따라서 공사비 견적에는 시설단위견적을 사용할 수 있지만, 요소단위 또는 계수에 의한 견적방법을 사용할 수도 있다.

이 단계에서는 기본적인 비용에 추가해서 시공단계의 물가변동, 특별비용 그리고 특수한 조건과 문제에 대해서 고려해야 하므로 공사비 견적에는 기기, 비치물 및 다른 요소를 포함시켜야 한다.

4.3 타당성 조사단계

이 단계에서는 기본설계가 작성되므로 평면배치도와 입면도 및 계통도가 제시되고, 부지평면도가 사용될 수 있어야 한다. 이때의 공사비 견적에는 계수와 요소단위에 의한 견적방법이 적합하다. 건축공사에서는 공간계획이 해결되어 있어서 구성요소별로 수량 집계가 상당히 정확하게 될 수 있고, 전기와 기계설비 계통을 다룰 수 있다. 구조물에 대해서는 수량집계가 가능하기 때문에 여러 방법을 조합해서 견적할 수 있으며, 전기와 기계설비에 대해서는 시설단위견적 또는 계수견적을 면적규모에 적용할 수 있다.

4.4 실시설계단계

공사실시를 위한 실시설계에서는 많은 상세도면이 완성되어 있으므로, 적산은 모든 영역에 대하여 수량명세를 기준으로 하는 상세적산으로 할 수 있다. 설계자가 예정공사비 내역서를 작성할 때에는 수량명세의 형식으로 적산할 수 있다. 시공회사가 입찰서를 작성할 때에는 도면과 시방서 등 설계도서나 수량명세를 기준으로 하지만, 하도급계약으로 시행될 부분에 대해서는 하도급회사로부터 가격견적을 받게 된다.

4.5 시공단계

공사착공 전에 시공자가 작성하는 실행예산은 수량명세서의 형식으로 산출하지만, 시공 중에 예상되는 모든 비용을 산출해야 하므로, 예정공사비 내역서에 비하여 비목의 구성은 상당히 구체적이다. 시공기간 중의 비용적산에는 실제비용을 기준으로 하며, 현장에서의 실제비용은 과외작업이나 공사의 설계변경에 대한 비용을 견적하는 자료로 사용된다.

5. 비용계산의 정확도

견적방법은 **개략견적**과 **상세견적**으로 대별되며 **개략견적**에는 시설단위방법이 있고, 요소단위 및 계수와 이들을 조합한 방법이 포함된다. **개략견적**은 기본조사단계와 이후의 설계에 적용되며, 견적자료를 작성하는 데는 유사공사의 실적자료가 사용된다. 견적방법이 공사가 정의되는 상세의 수준에 따라 선택되는 것과 마찬가지로 각 방법에 의한 견적결과의 정도도 달리 하며, **초기단계**에서 작성되는 **공사비 견적**은 실제공사비에서 **40%** 또는 **그 이상**으로 변동한다고 볼 수 있는 반면에, **최종 실시단계**에서 계산되는 **상세견적의 결과**는 **5% 이내**의 확정공사비가 된다. 그림 2.4는 공사의 정의수준에 따른 공사비 견적의 오차 정도를 나타내고 있다.

견적방법	공사시행단계					정확도
	사업기획	예비조사	타당성조사	실시단계	시공단계	
시설단위에 의한 공사비 견적(개략견적)	●	●				±25~50% 오차
계수에 의한 공사비 견적(개산견적)		●	●			±15~25% 오차
요소단위에 대한 공사비 견적(개산견적)		●	●			±15~25% 오차
조합방법에 의한 공사비 견적(개산견적)			●			±10~20% 오차
수량명세에 의한 공사비 견적(상세견적)			●	●	●	±2~7% (평균 4~5%)

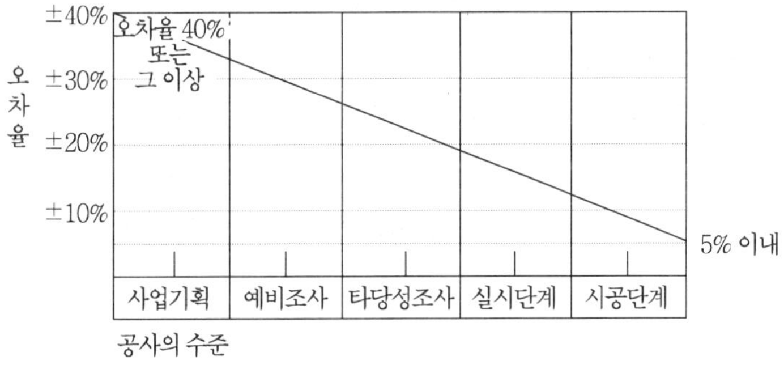

그림 2.4 공사시행단계별 견적방법선택 및 비용계산의 오차 정도

견적의 정도는 공사의 모든 시행단계에서 중요성을 가진다. **계획단계의 공사비**는 **공사의 실행가능성을 평가하는데 영향**을 주고, **입찰견적**은 계약수주를 좌우하고 수주된 후의 시공단계에서 시공회사의 수익성을 결정지게 된다. 비용계산의 정확도는 공사가 정의된 내용에 따라 정확하고 믿을 수 있는 견적자료를 축적해서 활용하고 적절한 계산방법을 선택해서 올바르게 적용함으로서 개선할 수 있다.

지금까지는 **경험에 입각해서 제시한 금액**, 즉 물량내역서에 실적단가를 적용하여 계산하는 **공사비견적**을 중심으로 소개하였다. 이하 본서에서의 **공사비의 적산**은 원가계산방법에 따라 어떤 물건을 만드는데 들어가는 재료의 품, 노무의 품, 기계의 품을 표준품셈에 의해서 결정하고 여기에 재료단가, 노무단가, 기계사용단가를 각각 곱해서 공사비를 산정하는 방식이다. 이하 본서에는 **공사비 적산에 의한 공사비 내역서 작성을 중심**으로 기술한다.

6. 공사비 적산의 기준 및 요령

건설공사의 시행에 있어서 **공사비 적산**은 공정계획의 구성 부분으로 공정계획과 함께 필수적이며, 물리적, 경제적 및 재무적 타당성 분석에 제공되고, **예산**(豫算)과 **원가통제**의 기준을 제공한다. **공사비 적산**은 공사분할체계(WBS : Work Breakdown Structure, 제5장 참조)를 바탕으로 **공사구분(work package)**에 대하여 **비용항목별**로 계산하여 **전체 공사비**를 산정하는 것이다

자원(품셈)기반 공사비 적산방식은 1962년도에 **표준품셈**이 제정되면서 회계예규에서 **원가계산에 의한 예정가격**을 작성하도록 규정하여 65여 년간 건설공사에서 적용하고 있다. 이 방식은 현재의 **자재단가, 노무단가** 등을 근거로 표준적이고 보편적인 공법 및 공종을 가정하여 단위작업당 소요되는 **재료량, 노무량, 경비 소요량**을 수치로 표시한 **표준품셈**을 근간으로 **예정가격을 산정하는 방법**이다. 즉, 표준품셈으로부터 재료량, 노무량, 경비 소요량을 결정하고, **시중노임 및 물가정보지** 등의 조사가격을 적용하여 **일위대가표**를 산출한다. 그리고 도면이나 시방서 기준으로부터 산출한 **공사수량**을 **일위대가표**에 곱해줌으로써 공사비 **예정가격**이 결정된다. **자원(품셈)기반 공사비 적산방식**의 예정가격 산정방식은 그림 2.5와 같다.

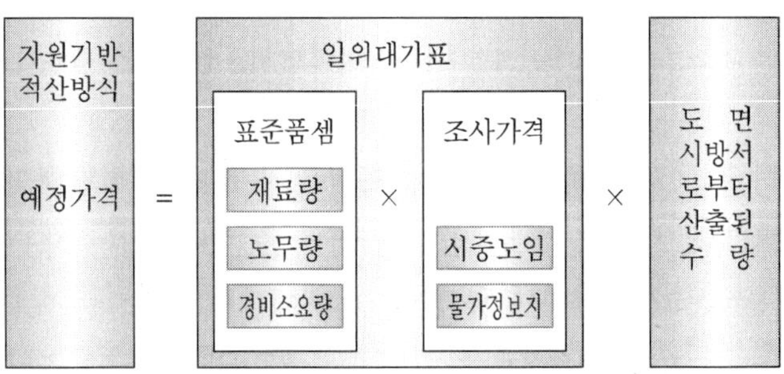

그림 2.5 자원기반 적산방식

(1) 적산의 기준

자원에 대한 공사비 적산은 **공사구분**(work package, 예; A 콘크리트 구조물)을 구성하는 **공종별**(예; 거푸집공, 철근공, 콘크리트공, 양생공)로 노무(인부), 재료(자재), 장비에 대한 **공사비 항목**을 결정해서 **공사비 내역서**를 작성하는 것이다. 그러나 제8장에서 소개하는 건설공정관리를 위한 **공정도표**는 전체공사를 구성하는 **활동**(activity)들의 집합체이고, 이 활동들은 현장에서 진행되는 작업들과 직접적인 관계가 있으므로 **작업과업**(work task, 예; 거푸집 제작, 거품집 설치, 거푸집 해체)까지 더 세분해서 구분한다. 즉, 어느 공사의 **A 콘크리트 구조물**의 **공사구분**은 거푸집공, 철근공, 콘크리트공, 양생공의 **공종별**로 분류되고, 이 중에 거푸집공의 **공종**은 거푸집 제작, 거푸집 설치, 거푸집 해체의 **작업과업**까지 구분하게 된다.

공사비 적산은 **작업과업**에 대하여 단위 작업당 **노무비, 재료비, 장비비(경비)**로 구분해서 **자원소요량(품)**을 곱하여 **일위대가**(unit price)를 계산하고, 여기에 **공사구분**을 구성하는 **공종별**로 도면으로부터 집계된 **시공(작업)수량**을 곱하여 계산된 비용이 **활동비용**(activity cost)이 된다. 이 단위 작업당 소요되는 노무, 재료, 장비의 **자원소요량(품)**의 **산정**에는 편의상 **표준품셈**을 최대한 활용하고, 표준품셈의 적용이 적절하지 못한 외주비 등의 경우는 견적이나 현장에서 입수할 수 있는 과거의 실행예산내역을 참조하여 산정할 수 있다.

(2) 적산의 요령

공사비 적산은 공사분할체계(WBS; work breakdown structure)에 의해서 분할된 **공사구분**을 구성하는 **공종별**로 도면이나 시방서로부터 산출한 **시공(작업)수량**의 **집계**로부터 시작되며, 그 절차는 다음과 같이 요약할 수 있다.

1) 순서 1 – 시공(작업)수량 집계

시공(작업)수량 집계는 **각 공사구분**(work package, 예; A 콘크리트 구조물)을 구성하는 **각 공종별**(예; 거푸집공, 철근공, 콘크리트공, 양생공)로 도면이나 시방서 등을 대상으로 **시공(작업)수량**을 직접 계산해서 집계하고, 그 성질을 기재하는 작업을 말한다.

2) 순서 2 – 자원소요량(품) 적산

자원소요량(품) 적산은 **각 공사구분**(work package, 예; A 콘크리트 구조물)을 구성하는 **각 공종별**(예; 거푸집 공) **작업과업**(거푸집 제작, 거품집 설치, 거푸집 해체)들의 **단위작업당 수량**을 결정하는 작업이다. 작업과업에 소요되는 노무, 재료, 장비의 **자원소요**

량(품) 결정은 원칙적으로 정부의 **표준품셈**을 활용한다.

3) 순서 3 – 비용산정 및 집계

비용산정 및 집계는 먼저 **거푸집 제작, 거품집 설치, 거푸집 해체의 작업과업들**에 대한 **자원소요량(품)**에 **단가**를 적용하여 계산한다. 이렇게 작업과업별로 산정된 비용을 **단위 작업당 소요비용인 단가내역서**(單價內譯書), **즉 일위대가**(一位代價)라고 한다. 이 일위대가를 구성하는 **노무와 장비의 단가**는 공공부분공사에 대해서 발간된 **정부고시단가**를 기준으로 하고, **재료의 단가**는 주로 간행된 **물가조정자료**(가격정보, 물가정보, 거래가격, 물가자료, 유통물가)를 적용하고, 실무에서는 주로 물가조정 자료 중에 **최저단가**를 **적용단가**로 한다. 이와 같이 각 **작업과업**에 대해 1차적으로 **일위대가**를 산정하고, 이 일위대가를 근거로 **각 공사구분**(work package, 예; A 콘크리트 구조물)을 구성하는 **각 공종별**(예; 거푸집공)로 도면 등으로부터 집계된 **시공(작업)수량**을 곱해서 **각 공종별** 노무비, 재료비, 장비비(경비)를 계산한다. 그리고 공사분할체계를 구성하는 상위수준의 공사구분으로 집계하면서 **공사비 내역서**를 작성하고, 최종 단계에서 **단위공사**의 노무비, 재료비, 장비비(경비)로 구성된 **직접공사비**를 계산한다. 최종적인 공사비 산정에는 직접공사비에 간접공사비 등을 가산한다. 또한, **작업과업을 공정에 따라 구분하면, 활동과 일치하고 있으므로 활동을 기준으로 집계한 공사비가 활동비용이 된다.**

4) 순서 4 – 활동의 작업기간 추정

활동의 작업기간 추정은 노무나 장비의 구성과 표준작업능률을 기준으로 하고, 작업과업, 즉 활동의 공사수량에 대하여 시간단위 또는 일단위로 결정할 수 있다. 노무의 구성은 서로 연계되는 작업과정에 대해서는 같은 기준을 적용할 수 있다.

그림 2.6은 위에서 기술한 적산의 요령을 보이고 있다. 먼저, 작업과업별로 1차적으로 자원소요량(품)×단위당 단가를 곱해서 단위당 비용을 산출하는 일위대가(단가내역표)를 구성하고, 이 일위대가에 **각 공사구분**을 구성하는 **각 공종별**로 **시공(작업)수량**을 곱해서 공사구분별로 집계하고 공사분할체계에 따라 상위 공사구분별로 집계해 가면서 **공사비 내역서**(그림 5.18 공사분할체계에 따른 비용집계체계 참조)를 작성한다. 여기에 27종의 경비의 세비목과 일반관리비, 이윤, 부가가치세 등을 반영하여 총공사금액을 계산하는 **공사원가계산서**를 작성한다.

이것을 실무적 관점에서 설명하면, 건설공사의 작업은 노무, 재료, 장비의 3요소로 이루어지는데, 노무는 노무비 항목으로, 재료는 재료비 항목으로, 장비는 (운전)재료비, (운전)노무비, 경비(기계손료)의 항목으로 계상된다. 여기에 **각 공사구분**에 따른 **각 공종별**로 도면이나 시방서를 근거로 산출해서 집계된 **시공(작업)수량**을 곱해서 직접공사비를 산출하고, 공사분할체계에 따라서 상위계층으로 집계해서 **공사비 내역서**를 작성한다. 이 직접공사비에 **원가계산 제비율**(표 2.30, 표 2.31 참조)을 적용하여 예정가격인 총공사금액을 산출하는 방식으로 이를 도식적으로 표현하면 그림 2.7과 같다.

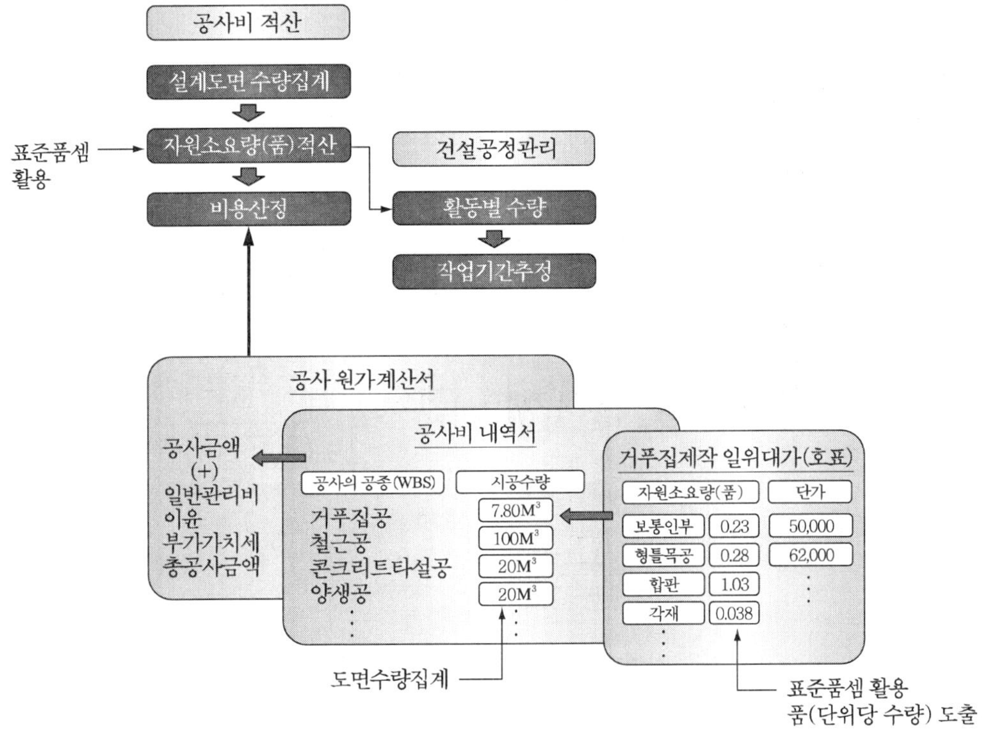

그림 2.6 적산의 요령

다시 말해, 공사비 적산의 최초 작업으로 시간당 (운전)재료비, 시간당 (운전)노무비, 시간당 경비(기계손료)로 구성된 **시간당 기계(장비 혹은 중기)사용료**를 기반으로 산출한 **일위대가(산근)**과 정부의 **표준품셈을 기반**으로 각 작업과업에 소요되는 **단위 작업당 노무량, 재료량, 경비소요량**에 **기초단가**(단위당 노무비, 재료비, 경비의 단가)를 곱해서 **일위대가(호표)**를 작성한다. 이 **일위대가(산근)**과 **일위대가(호표)**에 한 **단위공사**의 **각 공사구분**에 따른 **각 공종별**로 도면이나 시방서로부터 산출해서 집계된 **시공(작업)수량**을 곱하여 각 공종별 직접공사비(직접재료비, 직접노무비, 직접경비)를 산정하고, 공사분할체계에 따라 상위 공사구분을 구성하는 각 공종별로 집계해서 **공사비 내역서**를 작성한다. 이렇게 산정된 **공사비 내역서**의 직접공사비에 **원가계산 제비율**을 적용하여 27개 비목으로 구성된 경비를 계산하고 여기에 일반관리비, 이윤, 부가가치세를 반영하여 **총공사원가**, 예정가격인 **총공사금액(도급금액 혹은 예정가격)**을 산출하는 방식이다(그림 2.7 참조).

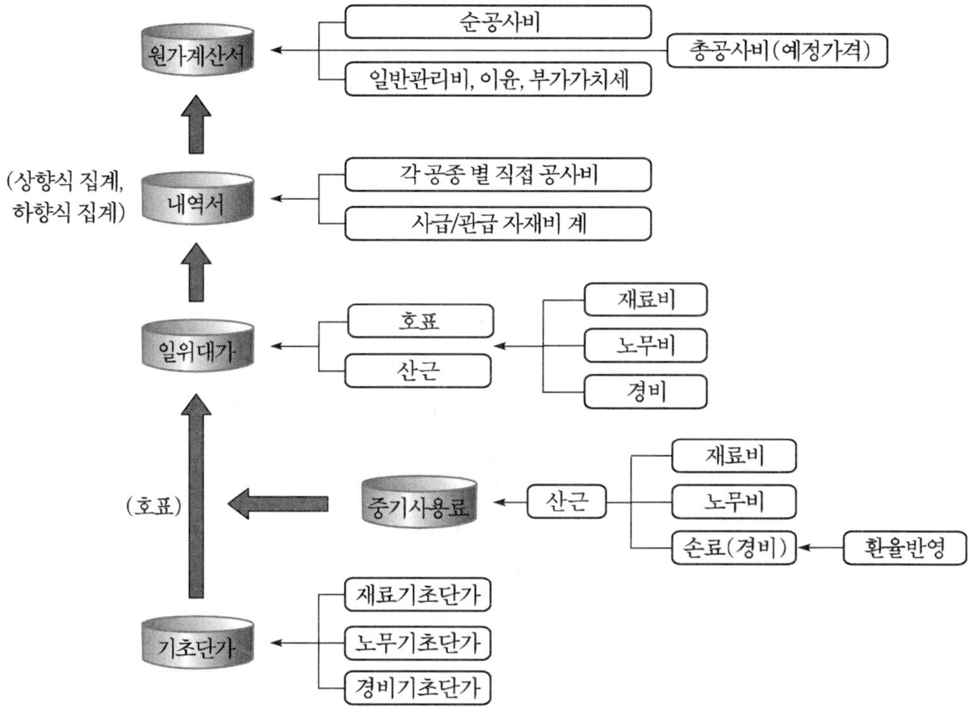

그림 2.7 자원기반 적산방식 흐름도

이 자원기반 적산방식의 **공사비 내역서 집계방식**은 표 2.9의 **상향식 집계방식**과 표 2.10의 **하향식 집계방식**이 있다. **상향식 집계방식**은 2.01 측구터파기, 2.02 되메우기, 2.03 측구뚝쌓기의 금액을 합하여 Ⅱ 배수공 9,710,304원으로 집계되는 방식이며, **하향식 집계방식**은 3.01 콘크리트 소계, 3.02 거푸집 소계로 집계하고, 이 두 소계 금액을 합한 계 금액을 집계하여 상위공종인 Ⅱ. 구조물공 488,947,258원으로 집계하는 방식이다. 보통 건설공사 **실무에서는 주로 표 2.10의 하향식 집계방식을 적용**하고 있다.

표 2.9 상향식 집계방식

코드/순번	*	하위코드	명 칭	규 격	수량	단위	합 계	재료비	노무비	경 비
A01	Y		Ⅰ.토공		1		8,735,757	119,871	8,491,060	124,836
A02	Y		Ⅱ.배수공		1		9,710,304	255,065	8,981,723	473,516
10			.2.01 측구터파기	토사			6,761,016	197,385	6,200,325	363,306
20		H01	..가)인력		867	m³	6,375,918	146,523	6,076,803	152,592
30		G	..나)기계		1038	m³	385,098	50,862	123,522	210,714
40			.2.02 되메우기				2,155,005	57,680	1,987,115	110,210
50		G	..가)인력		768	m³	1,628,150	0	1,628,160	0
60		G	..나)기계		515	m³	526,845	57,680	358,955	110,210
70		G	.2.03 측구 뚝 쌓기	인력	327	m³	794,233	0	794,283	0

표 2.10 하향식 집계방식

코드/순번	*	하위코드	명 칭	규 격	수량	단위	합 계	재료비	노무비	경 비
A01	Y		Ⅰ.토공		1		8,735,767	119,871	8,491,060	124,836
A02	Y		Ⅱ.배수공		1		9,710,304	255,065	8,981,723	473,516
A03	Y		Ⅲ.구조물공		1		488,947,258	116,333,885	343,352,166	29,261,207
10			3.01 콘크리트							
20		X04	가)콘크리트타설	철근구조물	3528.7	m³	39,302,659	3,818,053	22,668,368	12,816,238
30		X02	나)콘크리트타설	무근구조물	4527.8	m³	40,655,115	3,540,739	20,669,407	16,444,969
40			>소계				79,957,774	7,358,792	43,337,775	29,261,207
50			3.02 거푸집							
60		H03	가)원형거푸집	1회사용	4788	m²	366,784,740	98,623,224	268,161,516	0
70		H05	나)합판거푸집	3회사용	2523	m²	42,204,744	10,351,869	31,852,875	0
80			>소계				408,989,484	108,975,093	300,014,391	0
90			>>계				488,947,258	116,333,885	343,352,166	29,261,207

자료 : (주)글로텍 EBS 적산프로그램

다음 표 2.11~표 2.17은 원가계산에 의한 예정가격 작성준칙에 따라 그림 2.7의 자원기반 적산방식 흐름으로 작성된 OOO 건설공사의 **공사비 내역서**를 구성하는 서식의 예시들이다. 이 서식들은 **공사원가계산서**(표 2.11), **공사비 내역서**(표 2.12), 표준품셈과 기초단가에 근거한 **일위대가(호표)**(표 2.13), 시간당 장비 사용에 소요되는 **시간당 기계(장비 혹은 중기) 사용료**(표 2.14), **시간당 기계(장비 혹은 중기)사용료**를 기반으로 작성한 **일위대가(산근)**(표 2.15), 일위대가(산근)과 일위대가(호표)를 작성하는데 필요한 **기초단가**(표 2.16, 표 2.17)로 구성된다.

표 2.11 공사원가계산서 예시

공사원가계산서

공사명: 삼청동길 ○○○보수공사

비목			금액	구성	비고
순공사원가	1. 재료비	직접재료비	64,275,226		
		간접재료비			
		작업설, 부산물등(Δ)	64,275,226		
		소계	66,862,446		
	2. 노무비	직접노무비	33,704,464	직접노무비×16.0%	
		간접노무비	5,486,773		
		소계	39,191,237		
	3. 경비	경비	3,322,299	(재료비+직노+관급)×2.48%	
		안전관리비			
		소모품비	2,515,365	노무×3.3%	
		산재보험료			
		고용보험료			
		퇴직공제부금			
		수도광열비			
		복리후생비			
		여비, 교통비, 통신비			
		세금과공과			
		환경관리비	510,986	순공사비×0.3%	
		기타 경비	7,446,415	(재료비+노무)×5.30%	
		소계	52,986,302		
계(1+2+3)			193,484,716		
4. 일반관리비			7,778,085	(재료비+노무비+경비)×4.02%	
5. 이윤			20,547,199	(노무비+경비+일반관리비)×15.0%	−937원
6. 총계			221,810,000		
7. 부가세			22,181,000		
8. 도급공사비			243,991,000		
9. 교통관리계획 수립비용			13,000,000		
10. 관급자재대			2,826,000		
11. 폐기물 빈입수수료			1,793,000		
12. 이성비			24,990,000		
13. 총공사비			286,600,000		

[참고] 조달철 공사의 공사원가 계산서의 제비율은 표 2.27 토목공사, 표 2.28의 건축 · 산업환경설비공사 원가 계산 제비율 적용기준표를 적용하여 계산함.
설계서의 소계는 지위(止그칠 지, 位자리 위) 1미만 버림, 즉 정수(단위한)로 하고, 설계서의 총액은 1,000원 이하(단, 10,000원 이하 공사는 100원 이하) 버림.

표 2.12 공사비 내역서 예시

공종명	규격	수량	단위	합계		노무비		재료비		경비		비고
				단가	금액	단가	금액	단가	금액	단가	금액	
1. 보수공		1	식		19,999,310		10,613,200		9,114,474		271,636	
1.01 철근노출 및 부식					18,160,890		9,651,840		8,262,474		246,576	
철근노출부식부 콘크리트단면복구	벽체및상부, T=30MM	66	M2	275,165	18,160,890	146,240	9,651,840	125,189	8,262,474	3,736	246,576	No.1
1.02 누수보수					1,838,420		961,360		852,000		25,060	
콘크리트 누수보수	일반누수	20	M2	91,921	1,838,420	48,068	961,360	42,600	852,000	1,253	25,060	No.2
2. 보강공		1	식		121,066,703		46,326,568		49,455,435		25,284,700	
2.01 CP 평면치핑					18,316,136		7,964,124		3,003,380		7,348,632	
슬래브평면치핑	T=20MM, CPH-200	168	M2	47,636	8,002,848	16,220	2,724,960	9,208	1,546,944	22,208	3,730,944	#.1
벽체평면치핑	T=20MM, CPH-200	188	M2	40,410	7,597,080	13,787	2,591,956	7,747	1,456,436	18,876	3,548,688	#.2
표면처리(인력, T=3CM)	치핑 및 면처리	92	M2	29,524	2,716,208	28,774	2,547,208			750	69,000	No.3
2.02 앵커핀 타정					13,631,634		7,166,736		6,082,596		382,302	
앵커핀 타정	ø5.0mm, L=108mm	5,706	개소	2,389	13,631,634	1,256	7,166,736	1,066	6,082,596	67	382,302	No.4
2.03 고압세정					572,271		403,053		89,964		79,254	
고압세정		357	M2	1,603	572,271	1,129	403,053	252	89,964	222	79,254	No.5
2.04 철근방청					466,164		282,900		158,700		24,564	
철근방청	러스트씰	92	M2	5,067	466,164	3,075	282,900	1,725	158,700	267	24,564	No.6
2.05 고정앙카설치					2,061,640						2,061,640	
고정앙카설치(0.16, L=160MM)	견적가	796	공	2,590	2,061,640					2,590	2,061,640	
2.06 철근가공조합					2,934,161		2,913,129		21,032			
철근가공 및 조립	보통	6,004	TON	485,005	2,911,970	481,502	2,890,938	3,503	21,032			#.3
철근 소운반(편도)	리어카: L=100M	2,192	TON	10,124	22,191	10,124	22,191					#.4
2.07 신구콘크리트 접착					18,763,745		16,751,245		2,012,500			
신구콘코리트 접팍프라이머		805	M2	23,309	18,763,745	20,809	16,751,245	2,500	2,012,500			No.7

표 2.13 일위대가(호표) 예시

공종명	규격	수량	단위	합계		노무비		재료비		경비		비고
				단가	금액	단가	금액	단가	금액	단가	금액	
No.1호표 철근노출부식부 콘크리트	벽체및상부, T=30MM	1	M2									T1000250
표면처리(인력, T=3CM)	치핑 및 면처리	1	M2	29,524.00	29,524.0	28,774.00	28,774.0			750.00	750.0	N.3
고압수 물청소	주간	1	M2	2,850.00	2,850.0	2,767.00	2,767.0			83.00	83.0	N.21
철근방향	러스트씰	0.2	M2	4,666.00	933.2	2,674.00	534.8	1,725.00	345.0	267.00	53.4	N.22
RH 프라임 A도표	2회	1	M2	10,071.00	10,071.0	7,293.00	7,293.0	2,560.00	2,560.0	218.00	218.0	N.23
RH 모르터충전	30MM도포	1	M2	167,085.00	167,085.0	66,624.00	66,624.0	98,463.00	98,463.0	1,998.00	1,998.0	N.24
RH 방식피복처리	0.1MM도포	1	M2	30,872.00	30,872.0	13,880.00	13,880.0	16,576.00	16,576.0	416.00	416.0	N.25
RH Top(A) 코트	0.1MM도포	1	M2	14,756.00	14,756.0	7,293.00	7,293.0	7,245.00	7,245.0	218.00	218.0	N.26
위험할증(복개구조물 15%)	노임할증 15%				275,166.0		146,240.6		125,189.0		3,736.4	
계					531,257		273,407		250,378		7,472	
No.2호표 콘크리트 누수보수	일반누수	1	M2									T1000500
표면처리	그라인딩	1	M2	14,901.00	14,901.0	14,467.00	14,467.0			434.00	434.0	N.27
고압수 물청소	주간	1	M2	2,850.00	2,850.0	2,767.00	2,767.0			83.00	83.0	N.21
콘크리트 구조물표면침투	방수, 열화방지, 표면처리	1	M2	25,389.00	25,389.0	7,174.00	7,174.0	18,000.00	18,000.0	215.00	215.0	N.28
일반누수부위 지수처리와단	스프레이뿜칠	1	M2	42,512.00	42,512.0	17,391.00	17,391.0	24,600.00	24,600.0	521.00	521.0	N.29
위험할증(복개구조물 15%)	노임할증 15%				91,921.8		48,068.0		42,600.0		1,253.0	
계					177,573		89,867		85,200		2,506	

표 2.14 시간당 중기사용료(백호 0.7M³) 예시

중 기 명 : 백호우 0.7M³

중기가격 : 77,535천원 분류코드 : E02010070

구분		수량	단위	단가	금액	비고
경비	굴삭기(유입식백호우)	0.2148	천원	77,535	16,654	
	*소계				16,654	
재료비	경유	10.5	L	636.36	6,681.78	
	잡품	25	%		1,670.44	
	*소계				8,352.22	
노무비	중기운전기사	1	인	12,605	12,605	
	중기운전조사	0.5	인	10,525	5,262	
	중기조장	0.2	인	14,214	2,842	
	*소계				20,709	
	**총계				45,715.22	

표 2.15 일위대가(산근) 예시

산출근거	재료비	노무비	경비	합계	비고
산근 #9 되메우기 및 다짐 인력 20%+기계 80%/M³	338	4,471	435	5,244	#.9
1. 기계 되메우기(백호우 0.2M³)					
q=0.20〈M³〉, k=0.90, f=1					
E=0.5, Cm=19〈sec〉					
Q=3600×q×k×f×E/CM=17.05〈M³/HR〉					
노무비 : 20,709/17.05×0.8=971.6		971.6		971.6	E02010020
재료비 : 3,022.7/17.05×0.8=141.8	141.8			141.8	E02010020
경 비 : 7,350/17.05×0.8=344.8			344.8	344.8	E02010020
소계	141.8	971.6	344.8	1,458.2	
2. 다짐(램머 80Kg)					
A=0.28×0.33=0.09, N=36000					
H=0.15, f=1.0, E=0.5, P=57					
Q=N×A×H×f×E/P=4.26〈M³/HR〉					
노무비 : 11,073/Q=2,599.2		2,599.2		2,599.2	E16300080
재료비 : 839.3/Q=197.0	197.0			197.0	E16300080
경 비 : 386/Q=90.6			90.6	90.6	E16300080
소계	197.0	2,599.2	90.6	2,886.8	
3. 되메우기(인력 20%)					
보통인부 : 0.10〈인〉×45,031×0.20=900.6		900.6		900.6	L085
소계		900.6		900.6	
합계	338.8	4,471.4	435.4	5,245.6	
전체 합계	338	4,471	435	5,244	

여기서, **공사비 내역서**는 **여러 개의 일위대가(호표)**와 **일위대가(산근)**으로 구성되어 있고, **한 개의 일위대가(호표)**는 표준품셈에 의한 **단위작업당** 소요되는 재료, 노무, 경비의 **소요품**에 **기초단가, 즉** 재료단가, 노무단가, 경비단가를 곱해서 **단위 작업당** 재료비, 노무비, 경비가 산출된다. **기초단가**란 바로 재료비, 노무비, 경비의 **단가**를 말한다. 또한, **한 개의 일위대가(산근)**은 시간당 기계(장비 혹은 중기)사용료의 시간당 (운전)재료비, (운전)노무비, 경비(기계손료)에 **장비별 단위작업당 사용시간**($\frac{1}{Q}=\frac{hr}{m^3}$) 곱해서 단위작업당 재료비, 노무비, 경비가 산출된다. 이와 같이 **일위대가(一位代價)**는 단위당 작업을 가격으로 표시한 것으로 **재료비, 노무비, 경비**의 비목으로 구성된다.

표 2.16 기초단가(노무비) 예시

직종코드	직종명	규격	단위	단가1	단가2	단가3	비고
L003	건축목공		인	7,806.00			
L004	형틀목공		인	79,997.00			
L008	철근공		인	84,113.00			
L015	비계공		인	80,461.00			
L020	미장공		인	78,939.00			
L021	방수공		인	57,461.00			
L024	연마공		인	68,702.00			
L025	콘크리트공		인	77,157.00			
L032	도장공		인	70,380.00			
L041	포장공		인	64,059.00			
L042	포설공		인	61,070.00			
L047	보링공(지질조사)		인	57,812.00			
L081	작업반장		인	64,905.00			
L083	조력공		인	59,862.00			
L084	특별인부		인	62,902.00			
L085	보통인부		인	45,031.00			
L099	기계공		인	56,132.00			
L114	용접공(일반)		인	69,775.00			
L171	노즐공		인	65,520.00			
L703	중급기술자		인				

본 절에서는 이 서식들에 대한 **개념**만을 소개하고, 구체적인 내역서 작성방법은 제6장 공사비내역서 작성에서 설명하고 있다.

일위대가의 종류는 **일위대가(호표)**와 **일위대가(산근)**으로 대별된다. **일위대가(호표)**는 표(table) 형식으로 표현된 것으로 호표를 지칭할 경우는 **No. 1, No. 2** 등으로 표기한다. 주로 호표는 정형화된 일위대가로 외부조건에 따라 수량이나 단가가 변동되지 않는 경우에 사용된다. 토목 이외의 공사에서는 규격화될 수 있는 일들이 많기 때문에 주로 이런 형식의 일위대가가 대부분이다, 하지만 토목공사에서도 정형화된 공종들이 많아 일위대가(호표)가 많이 사용되고 있다. **일위대가(산근)**는 일위대가 산출근거를 의미하고 자유로이 글 쓰듯이 써 내려간 일위대가 형식이다. 산근을 지칭할 경우는 **#1, #2** 등으로 표기한다. 외부조건이 **일위대가 산정공식**에 영향을 미치는 경우에 주로 이용되며, 토목공사에 주로 사용된다. 어떤 형식의 일위대가도 산근으로 표기할 수 있으며, 참고로 한국도로공사의 일위대가는 모두 산근 형식의 일위대가로 구성되어 있다. **일위대가(산근)**을 산정하는데 사용되는 **중기사용료**는 불도저, 백호우 덤프트럭 등의 장비를 한 시간 사용하기 위해 얼마가 들어가는지를 계산하는 데이터이다. **장비 한 대에 들어가는 비용항목**은 **경비**(상각비, 정비비, 관리비), **노무비**(조정원 인건비), **재료비**(유류대)로 구성된다. 재무회계상으로 외국에서 도입된 장비일 경우, 경비를 구성하는 상각비, 정비비, 관리비는 **현재의 환율**을 적용해서 계산해야 한다.

표 2.17 기초단가(자재비) 예시

직종코드	직종명	규격	단위	적용단가	비고
M0012003	보통철근(부가세 포함)	D13MM SD30	M/T	310,380	조달가
M0012004	보통철근(부가세 포함)	D16MM SD30	M/T	305,200	조달가
M0144009	보통철선	#8 4.0M/M 10.1M/KG	KG	480	물자/66
M0147012	보통철선	#20 0.9M/M 200.4M/KG	KG	539	물자/65
M01647	광산용풍관	D=800MM	M	13,620	물자/116
M0177018	철못	N75 75×3.25M/M 25KG/상자	KG	552	물자/68
M0726006	보조기층(도착도)		M3	12,000	물자/110
M0748000	침투성표면 보강재	C.D.S	L	30,000	업체공급단가
M0748200	우수축수용성폴리머 급결시멘트	렌드록-PLUG(급결지수몰탈)	kg	4,700	물자/101
M0748300	아크릴계플리머시멘트 복합제(T-1MM기준)	BRUSH-BOND(분말)	kg	4,800	물자/100
M0748400	시멘트 플리머	(액상)	L	6,000	업체공급단가
M0748600	RH Top 코트(A)		kg	28,980	업체공급단가
M0748700	RH 방식 피복재(방식용)		kg	7,400	업체공급단가
M0748800	RH 프라임 A		kg	8,000	업체공급단가

표 2.18에 보인 가격정보, 물가정보, 거래가격, 물가자료 그리고 유통물가는 전문가격조사기관에서 월별로 각 재료들의 단가를 조사하여 공표한 책들(107페이지 참조)로 **공사비 적산에 적용되는 자재단가**는 최빈치 가격을 적용하여 기초단가로 한다. 그러나 실무에서는 최저단가를 기초단가로 적용하는 경우가 많다. 표 2.18에서 못 kgf당 단가는 물가정보 632원, 거래가격 640원, 유통물가 740원 중에 최저 단가인 물가정보의 632원이 기초단가로 적용되었다.

표 2.18 전문가격조사기관 자료를 활용한 자재비 적용방법 예

코드	명칭	규격	단위	적용단가	Page	가격정보	Page	물가정보	Page	거래가격	Page	물가자료	Page	유통물가	Page
M0001	박리제(중유)	저유황	ℓ	329	물정/1075			329	1075			329	1177		
M0002	철선	#8	kg	450	거가/78			460	70	450	78	450	66	450	33
M0003	못	N25	kg	632	물정/70			632	70	640	79			740	35
M0005	시멘트	40kg	KG	57	가정/211	57	211	64	97	64	96	66	113	64	63
M0006	철근(SD30)	D16-32MM	TON	277,455	가정/211	277,455	211	295,000	42	288,000	41	295,000	43	296,000	3
M0007	철근(SD40)	D16-32MM	TON	286,864	가정/211	286,864	211	305,000	42	298,000	41	305,000	43	306,000	3
M0882021	각재	3.6*3.9(상품	m3	244,965	유물/75							269,461	139	244,965	75
M0888003	판재	2.7*30(상품	m3	190,000	물자/201	200,000	145	201,000	150	195,000	160	190,000	201	207,000	301
M4332011	내수합판	12cm(1급 T-	M2	5,646	가정/211	5,646	211					6,098	480	6,098	311

7. 공사비 적산방법

공사비 적산방법은 **자원기반 적산방식**과 **실적기반 적산방식**으로 대별되지만, 실적기반 적산방식은 예정가격이 매년 작아지는 문제점(그림 2.8 참조)이 있어 폐지되었다. 따라서 본서에서는 공사비 적산의 기본이 되는 **자원기반 적산방식**을 중심으로 기술한다.

7.1 표준품셈의 정의

① 표준품셈이란 노무 또는 장비를 사용하여 무엇을 만드는 데 필요한 단위당 노무 및 장비의 능력, 재료량으로 구분하여 집계하는 **수량 산정표**로서 공사의 단위당 비용, 즉 단가를 산출하는 기준이다.

② 공사비 적산에서 시공수량에 적용하는 단위당 가격은 적산시점의 **거래실례가격**이나 **견적가격**을 사용하는 것이 원칙이겠지만, 시장가격이 형성되어 있지 않은 건설공사에 대해서는 원가계산방법에 따라 공정별로 재료비, 노무비, 경비 등의 비목별 소요량에 **견적가격** 등을 곱해서 계산하게 된다.

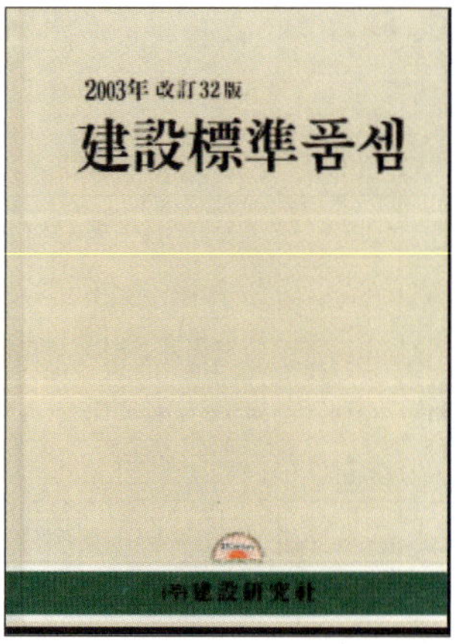

사진 2.1 건설표준품셈도서

③ 우리나라에서는 일찍부터 정부 등 공공기관이 발주하는 건설공사의 예정가격을 작성하는 공사비 적산에는 시공단위당 소요되는 재료량, 노무량, 경비량 등을 수치로 표시한 표준품셈을 국토교통부를 비롯한 건설관련 정부기관이 제정 또는 개정하여 공표하고 이를 기초자료로 적용하고 있다.

④ 이러한 형식의 표준품셈은 시공회사에서도 입찰견적단가나 실행예산단가의 산정에 활용하고 있으며, 외국의 경우에도 민간조사기관이 작성하여 간행자료로 제시하고 있다.

7.2 표준품셈 적용 일반

① 표준품셈은 건설공사에 있어서 대표적이고 보편적인 일반화된 공종, 공법을 기준으로 한 것이며, 현장여건, 기후의 특성 및 기타 조건에 따라 조정하여 적용한다.

② 표준품셈에 명시되지 않은 사항은 사업을 시행하는 기관의 장의 책임하에 적정한 예정가격기준을 적의(適宜) 결정하여 적용한다.

③ 건설공사의 예정가격을 산정할 때는 공사규모, 공사기간 및 현장조건 등을 감안하여 가장 합리적인 공법을 채택 적용한다.

④ 산업안전보건법, 건설기술진흥법, 대기 · 환경보전법, 소음 · 진동규제법 등 관계 법령이나 계약조건에 따라 소요되는 비용은 별도로 계상한다.

7.3 예정가격 결정 및 공사원가계산서 작성

가. 예정가격 결정기준

예정가격 작성은 국가·지방계약법령에서 일반적인 **기준**과 **절차**를 정하고 있고, **구체적인 작성기준**은 국가계약의 경우 **예정가격 작성기준**과 지방계약의 경우 **지방자치단체 입찰 및 계약 집행기준** 제2장 예정가격 작성요령에서 규정하고 있다. **예정가격**의 **결정**은 다음 **방법 중 하나의 방법**으로 해야 하지만, 부득이한 경우 **2가지 이상의 방법**을 혼합하여 산정할 수 있다(국가계약법 시행령 제9조, 지방계약법 시행령 제10조).

① 적정한 거래가 형성된 경우, **거래실례가격에 의한 예정가격 작성**

② 거래실례가 없는 경우, **원가계산에 의한 예정가격 작성**

③ 추정가격 100억원 이상 공사 경우, **표준시장단가에 의한 예정가격 작성**

④ 위의 3가지 방법으로 할 수 없는 경우, 1순위는 **감정가격**, 2순위는 유사한 물품·공사·용역 등의 **거래실례가격**, 3순위는 **견적가격**에 의한 예정가격 작성

(1) 거래실례가격에 의한 예정가격 작성

거래실례가격이란 일반적으로 **시장에서 적정한 거래가 형성된 가격**(덤핑가격이 아닌 시장에서 정상적 거래에 따라 형성된 가격)으로서 **수요와 공급의 원리에 의하여 시장의 가격조절기능을 통하여 형성된 가격**(견적가격은 업체가 제출한 가격으로 거래실례가격이 아님)을 말한다. 거래실례가격을 기준으로 예정가격을 결정할 때에는 '**계약목적물의 특성, 계약수량, 이행기간, 수급상황, 계약조건 등** 기타 제반여건을 고려하여 결정하여야 한다.

거래실례가격으로 예정가격을 작성할 때에는 **다음 어느 하나에 해당하는 가격**으로 하되 거래실례가격에는 이미 **일반관리비**와 **이윤**이 반영되어 있으므로 해당 **거래실례가격에 일반관리비 및 이윤**을 가산해서는 안 된다(국가계약법 시행규칙 제5조, 지방계약법 시행규칙 제5조).

1) **조달청장이 조사하여 통보한 가격**으로 확인방법은 **조달청 나라장터 홈페이지**의 **나라장터 서비스**의 **가격정보**에서 확인할 수 있다. 다만, 해당 가격은 예정가격 작성할 때에 직접 적용하도록 조달청장이 조사하여 통보한 가격은 아니며 **참고자료로 활용**토록 제공하는 가격임에 유의해야 한다.

화면 1. 조달청 가격정보 자료

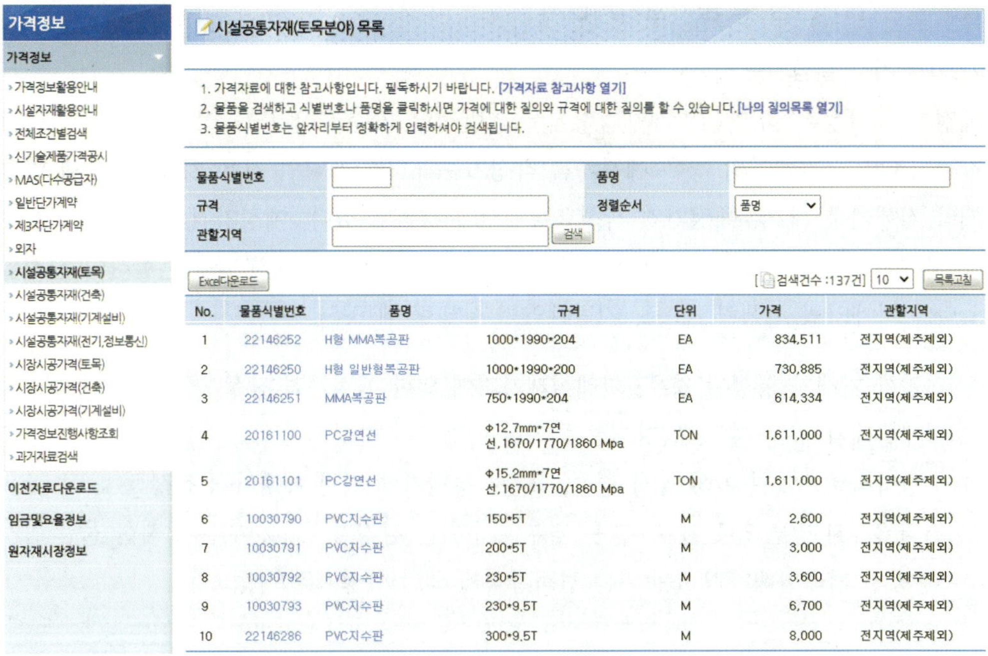

가격정보

가격정보

- 가격정보활용안내
- 시설자재활용안내
- 전체조건별검색
- 신기술제품가격공시
- MAS(다수공급자)
- 일반단가계약
- 제3자단가계약
- 외자
- 시설공통자재(토목)
- 시설공통자재(건축)
- 시설공통자재(기계설비)
- 시설공통자재(전기,정보통신)
- 시장시공가격(토목)
- 시장시공가격(건축)
- 시장시공가격(기계설비)
- 가격정보진행사항조회
- 과거자료검색

이전자료다운로드

임금및요율정보

원자재시장정보

시설공통자재(토목분야) 목록

1. 가격자료에 대한 참고사항입니다. 필독하시기 바랍니다. [가격자료 참고사항 열기]
2. 물품을 검색하고 식별번호나 품명을 클릭하시면 가격에 대한 질의와 규격에 대한 질의를 할 수 있습니다.[나의 질의목록 열기]
3. 물품식별번호는 앞자리부터 정확하게 입력하셔야 검색됩니다.

물품식별번호 / 품명 / 규격 / 정렬순서 품명 / 관할지역 / 검색

Excel다운로드 [검색건수 :137건] 10 목록고침

No.	물품식별번호	품명	규격	단위	가격	관할지역
1	22146252	H형 MMA복공판	1000*1990*204	EA	834,511	전지역(제주제외)
2	22146250	H형 일반형복공판	1000*1990*200	EA	730,885	전지역(제주제외)
3	22146251	MMA복공판	750*1990*204	EA	614,334	전지역(제주제외)
4	20161100	PC강연선	Φ12.7mm*7연선,1670/1770/1860 Mpa	TON	1,611,000	전지역(제주제외)
5	20161101	PC강연선	Φ15.2mm*7연선,1670/1770/1860 Mpa	TON	1,611,000	전지역(제주제외)
6	10030790	PVC지수판	150*5T	M	2,600	전지역(제주제외)
7	10030791	PVC지수판	200*5T	M	3,000	전지역(제주제외)
8	10030792	PVC지수판	230*5T	M	3,600	전지역(제주제외)
9	10030793	PVC지수판	230*9.5T	M	6,700	전지역(제주제외)
10	22146286	PVC지수판	300*9.5T	M	8,000	전지역(제주제외)

2) 기획재정부장관에게 등록한 **전문가격조사기관이 조사하여 공표한 가격**을 적용한다. 확인방법은 **표 2.19**과 같이 6개 기관에서 조사하여 공표한 가격을 비교하여 **합리적**으로 **적용**한다. **표준가격조사요령 제7조(공표가격의 결정)에서는** 조사기관이 조사하여 공표한 가격은 **최빈치가격**으로 한다. 다만 이것이 없을 경우는 조사처의 거래 비중을 고려한 **가중평균가격**으로 할 수 있다고 명시하고 있다. 그러나 국가계약법 제10조에서 최저가격으로 입찰한 자나 국가에 가장 유리하게 입찰한 자를 낙찰자로 결정하도록 한 취지 등을 고려하면, **최저가격을 적용하는 것이 합리적일 것**으로 판단된다.

표 2.19 전문가격조사기관별 물가정보지

전문조사기관	물가정보지	확인방법
대한건설협회	거래가격	매월 발행되는 물가정보지 책자 구입 또는 해당협회 홈페이지 확인(유료)
한국물가정보	물가정보	
한국물가협회	물가자료	
한국응용통계연구소	유통물가	
한국경제조사연구원	물가시세	
건설산업정보연구원	가격정보	

사진 2.2 월간거래가격 표지

사진 2.3 물가정보 표지

사진 2.4 물가자료 표지

3) **중앙관서의 장, 지방자치단체의 장** 또는 **계약담당공무원이 2 이상의 사업자**에 대하여 **당해 물품의 거래실례를 직접 조사하여 확인한 가격**을 적용한다. 확인방법은 2 이상의 사업자에게 직접 요구하여 납품가격을 받아야 한다는 의미이며, 나라장터에서 2개 이상의 동일물품 계약사례를 확인한 가격이나 유권해석과 같이 2 이상의 사업자가 다른 기관과 체결한 계약가격은 거래실례가격으로 볼 수 없다.

4) **법령에 따라 가격이 결정**된 경우는 그 **결정가격의 범위에서의 거래실례가격**(지방계약만 규정, 지방자치단체 입찰 및 계약 집행기준 제2장 예정가격 작성요령 제4절 3)을 적용한다.

위와 같은 거래실례가격에 의한 예정가격 작성과 관련하여, **국가계약**은 기획재정부가 위 어느 하나의 가격을 적용함에 있어 **우선순위는 없으며,** 구체적인 적용 여부는 계약담당공무원이 계약수량, 이행의 전망, 이행기간 등 **제반여건을 참작하여 합리적으로 판단**하면 된다고 유권해석한 바 있고(회계제도과 125-519, ´90. 3. 2.), **지방계약**은 지방자치단체 입찰 및 계약 집행기준 제2장 제1절에서 **우선순위 없이** 계약목적물의 내용, 특성, 현장상황 등을 **종합적으로 고려하여 선택**할 수 있다고 규정하고 있다.
다만, 조사된 가격에 차이가 있을 경우, 예를 들어, **조달청장이 조사하여 통보한 가격**이 **물가정보지 가격**보다 낮거나 높은 경우 또는 각 **물가정보지별로 가격**이 다른 경우 등에 어떤 가격을 적용해야 하는지 의문이 들 수 있다. 이에 대해서는 별도의 규정은 없고, 기획재정부도 유권해석을 통해 물가지 중 어느 하나의 가격에 의하면 된다는 원칙적인 답변을 한 바 있으므로 발주기관의 재량으로 높은 가격을 적용한다고 해도 법령에 위반되는 것은 아니나, **국가계약법 제10조에서 최저가격으로 입찰한 자나 국가에 가장 유리하게 입찰한 자를 낙찰자로 결정하도록 한 취지 등을 고려하여 합리적으로 결정**해야 할 것이다.

(2) 원가계산에 의한 예정가격 작성

원가계산에 의한 예정가격 작성방법은 **국가계약**의 경우 **예정가격 작성기준**에, **지방계약**의 경우 **지방자치단체 입찰 및 계약 집행기준 제2장 예정가격 작성요령**에 자세히 나와 있으므로 여기서는 개략적인 내용만 설명하기로 한다.

1) 공사 · 제조 · 구매 및 용역

공사·제조·구매(수입물품 구매 제외) 및 용역에 대하여 **원가계산에 의한 예정가격**을 결정할 때에 포함해야 할 비목은 다음과 같다.

표 2.20 원가구성 비목

비목	산정방법
재료비	계약목적물의 제조 · 공사 · 용역 등에 소요되는 **규격별** 재료량×단위당 가격
노무비	계약목적물의 제조 · 공사 · 용역 등에 소요되는 **공종별** 노무량×노임 가격

비목	산정방법
경비	계약목적물의 제조 · 공사 · 용역 등에 소요되는 **비목별** 경비의 합계액 소요(소비)량×단위당 가격
일반관리비	(재료비+노무비+경비)×일반관리비율 일반관리비율 상한선(초과 불가)은 공사(100분의 6)
이윤	(노무비+경비+일반관리비)×이윤율 이윤율 상한선(초과 불가)은 공사 100분의 15, 용역 100분의 10

[해설] ① **일반관리비의 상세한 비율**은 국가계약법 시행규칙 제8조, 지방계약법 시행규칙 제8조 참조
② **이윤은 특별한 사유가 있는 경우** 기획재정부(행정안전부)장관과 협의하여 초과계상 가능함

일반적으로 원가계산을 위한 각 비목별 **단위당 가격**은 **거래실례가격**의 경우 조달청장이 조사하여 통보한 가격, 전문가격조사기관이 조사하여 공표한 가격 등을 활용하고, **시중노임**의 경우 공사직종별 대한건설협회에서 연 2회 조사해서 발표한 노임단가를 활용하여 다음의 방법으로 작성한다.

표 2.21 원가구성 비목별 원가계산 방법

비목	산정방법	
재료비	직접재료비	재료량(표준품셈) × 단위가격**(거래실례가격)**
	간접재료비	
	가설재료비	
노무비	직접노무비	노무량(표준품셈) × **시중노임단가**
	간접노무비	직접노무비 × 요율
경비	직접계산비목	표준품셈, 계약서 등에 의해 직접계산
	요율적용비목	법정요율 의해 계산
일반관리비	(재료비+노무비+경비)×일반관리비율**(약 6%)**	
이윤	(노무비+경비+일반관리비)×이윤율**(약 15%)**	

한편, 위 원가계산 비목에 해당하는 비용 외에 다른 법령에 따라 의무적으로 지급해야 하는 비용이 있다면, 이는 계약법규에 명시적으로 규정된 비용이 아니더라도 특수한 사유가 있는 경우 특례를 설정할 수 있도록 한 **예정가격 작성기준 제33조, 지방자치단체 입찰 및 계약 집행기준 제2장 제8절**에 따라 계상할 수 있다. 또한, 계약법규나 다른 법령에서 규정하고 있지 않으나 해당 계약의 이행을 위하여 반드시 필요한 비용 또한 계상할 수 있다.

2) 수입물품 구매

수입물품을 구매하는 경우 원가계산에 의해 예정가격을 결정할 때에는 다음 ⓐ 수입물품의 외화표시원가, ⓑ 통관료, ⓒ 보세창고료, ⓓ 하역료, ⓔ 국내운반비, ⓕ 신용장개설수수료, ⓖ 일반관리비(ⓐ ~ ⓕ의 합계액×100분의 8), ⓗ 이윤(ⓑ ~ ⓖ의 합계액×100분의 10)의 비목을 포함 시켜야 한다.

3) 원가계산 때 단위당 가격의 기준

원가계산을 할 때 **재료비, 노무비, 경비의 단위당 가격을 결정하는 기준과 적용순서**는 다음과 같고(국가계약법 시행규칙 제7조 및 제10조, 지방계약법 시행규칙 제7조 및 제10조), **적용기준 및 단위당 가격 확인방법은 다음과 같다.**

1순위, 거래실례가격 또는 **통계작성지정기관이 조사 · 공표한 가격**을 적용한다. 다만, 기획재정부(행정안전부)장관이 단위당 가격을 별도로 정한 경우 또는 각 중앙관서의 장(지방자치단체의 장)이 기획재정부(행정안전부)장관과 협의하여 단위당 가격을 조사·공표한 경우는 **해당 가격**으로 적용한다.

① **노무비**는 **통계작성지정기관**인 **대한건설협회, 중소기업중앙회 등**에서 건설노임(일급), 제조노임(일급) 등을 조사·발표(해당 기관 홈페이지에서 확인 가능)한다. **건설노임**은 **대한건설협회 건설업 임금실태조사 · 공표**(대한건설협회→건설업무→건설적산기준→건설임금)하고, **제조노임**은 **중소기업중앙회 중소제조업 직종별 임금조사 · 공표**한다.

화면 2. 대한건설협회 건설업 임금실태조사 공표 자료

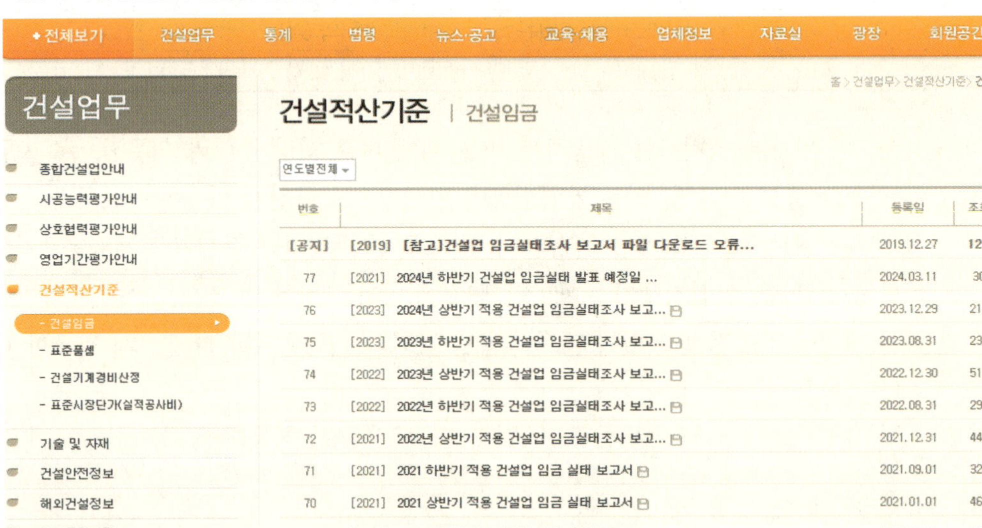

② 단, **노무비 노임단가에 대한 특례** : **1순위**에 따른 **가격**을 **적용**할 때, 국가기술자격법 제10조에 따른 국가기술자격 검정에 합격한 자로서 **기능계 기술자격을 취득한 자**를 특별히 사용하고자 하는 경우 또는 도서지역(제주특별자치도 포함)에서 이루어지는 공사의 경우에는 해당 노임단가에 **15% 이하**에 해당하는 금액을 가산할 수 있다.

③ **승인통계 검색**은 통계청→정책정보→국가승인 통계현황→작성기관 및 승인통계→승인통계에 검색할 수 있다.

2순위, 감정가격을 적용한다. 이 가격은 감정평가법인 또는 감정평가사가 감정평가한 가격을 말한다.

3순위, 유사한 거래실례가격을 적용한다. 이 가격은 기능과 용도가 유사한 물품의 거래실례가격을 말한다.

4순위, 견적가격을 적용한다. 이 가격은 계약상대자 또는 제3자로부터 직접 제출받은 가격을 말한다.

④ **원가계산서 작성**

원가계산에 의한 가격으로 예정가격을 결정할 때는 **원가계산서**를 **작성**(계약담당자가 직접 원가계산 방법에 의해서 예정가격조서를 작성하는 경우는 원가계산서 작성 불필요)하여야 하는데, 계약목적물의 내용·성질 등이 특수하여 각 중앙관서의 장, 지방자치단체의 장 또는 계약담당자가 스스로 원가계산을 하기 곤란한 경우는 다음의 **원가계산용역기관에 원가계산을 의뢰**할 수 있다.

(3) 표준시장단가에 의한 예정가격 작성

표준시장단가에 따라 예정가격을 결정할 때에는 이미 수행한 공사의 종류별 계약단가, 입찰단가와 시공단가 등을 토대로 시장상황과 시공상황을 고려하여 산정한다. **표준시장단가제도**는 기존 **실적공사비제도**의 문제점을 개선하기 위해 2015년 도입된 제도이다. 과거 **실적공사비제도**는 공공건설공사의 계약가격을 향후 유사한 공사에 그대로 적용하는 방식으로 2004년 도입 이후 예산절감, 공사비 산정과정의 신뢰·효율성 제고 등의 성과에도 불구하고 실적공사비에 의할 경우, **예정가격이 매년 작아지는 문제점**이 있어 **과당경쟁 등에 따라 점차 시장가격을 반영**하지 못하게 되었다.

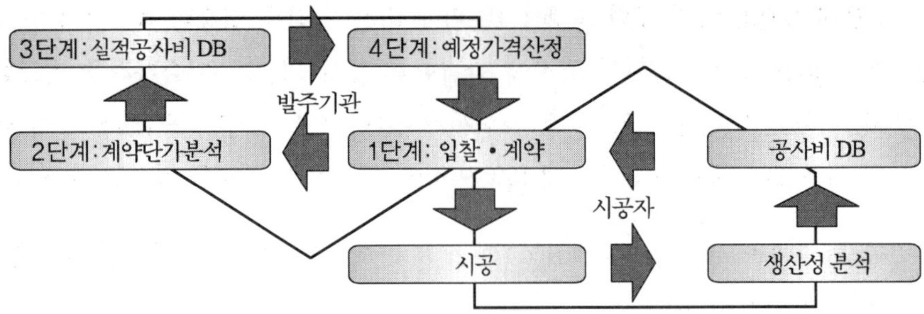

1단계 : 발주자는 시공자가 제시한 입찰금액을 가지고 낙찰 금액을 결정한다.
2단계 : 낙찰금액 자료를 가지고 다음 유사공사를 위하여 계약단가를 분석한다.
3단계: 분석된 계약 단가를 근거로 실적 공사비 DB를 구축한다.
4단계: 실적공사비 DB를 가지고 예정 가격을 산정하고 입찰가격으로 결정한다.

발주기관[1)]시공자[2)] : 입찰 횟수 반복할수록 새로운 Data 구축
입찰·계약[3)] : 공사 낙찰을 위해 합리적인 가격을 제시하지 않을 경우 궁극적으로 시공자에게 손해

그림 2.8 과거 실적공사비제도의 운영체계

이에 가격정보 조사 대상을 계약가격뿐만 아니라 실제 시공가격, 입찰가격 등으로 다양화하여 실제 시장가격을 반영할 수 있도록 **실적공사비제도**를 **표준시장단가제도**로 개편하였다.

현행 **표준시장단가**는 공사비 산정기준 관리기관으로 지정된 **한국건설기술연구원**에서 **건설기술진흥업무 운영규정**(국토교통부 훈령)에 따라 국가, 지방자치단체, 한국수자원공사, 한국도로공사, 한국토지주택공사 등 관리자료 수집기관으로부터 매년 3월 말과 9월 말까지 **표준시장단가 후보공종**에 대해 **예정단가, 계약단가(입찰단가), 시공단가** 등 표준시장단가 자료를 제출받아 **상반기**와 **하반기** 두 차례에 걸쳐 개정하고 있다.
표준시장단가는 도입 후 2016년까지 100억 원 이상 300억 원 미만 공사에 대하여 한시적으로 적용이 유예되었다가 **2017년부터는 100억 원 이상의 모든 건설공사에 대하여 적용**하고 있다.

확인방법은 조달청 나라장터→나라장터 관련사이트→공사원가계산→**공사원가통합관리시스템→표준공사코드메뉴→명칭조회→표준준시장단가**를 검색하면, 다음 화면과 같이 품명별 재료비, 노무비, 경비, 합계를 검색할 수 있다.

화면 3. 조달청 표준시장단가 자료

표준공사코드 분류별조회 명칭조회 코드요청

순수자원 세부공종 **표준시장단가** 시장시공가격 실적공사비 조합자원 정기자재단가

공사구분 토목공사 ▼ 발표일 2024-06-10 ▼ 전체 ▼ 검색어를 입력해 주세요! 검색 찾기 엑셀다운

No	공사구분	발표일자	세부공종코드	품명	규격	단위	재료비	노무비	경비	합계
157	토목공사	2024-06-10	CCG520345100	역T형 옹벽	(H)4.5m, 사면경사:1:1.5, 성토높이:1.13m이하	m	114,692	510,767	21,082	646,541
158	토목공사	2024-06-10	CCG520345200	역T형 옹벽	(H)4.5m, 사면경사:1:1.5, 성토높이:2.25m이하	m	114,285	539,310	20,543	674,138
159	토목공사	2024-06-10	CCG520345300	역T형 옹벽	(H)4.5m, 사면경사:1:1.5, 성토높이:4.50m이하	m	115,044	543,751	20,894	679,689
160	토목공사	2024-06-10	CCG520345400	역T형 옹벽	(H)4.5m, 사면경사:1:1.5, 성토높이:9.00m이하	m	127,176	598,126	22,356	747,658
161	토목공사	2024-06-10	CCG520350100	역T형 옹벽	(H)5.0m, 사면경사:1:1.5, 성토높이:2.50m이하	m	125,216	598,069	24,302	747,587
162	토목공사	2024-06-10	CCG520350200	역T형 옹벽	(H)5.0m, 사면경사:1:1.5, 성토높이:5.00m이하	m	125,332	599,810	24,621	749,763
163	토목공사	2024-06-10	CCG520350300	역T형 옹벽	(H)5.0m, 사면경사:1:1.5, 성토높이:10.00m이하	m	139,575	630,267	27,965	797,807
164	토목공사	2024-06-10	CCG520355100	역T형 옹벽	(H)5.5m, 사면경사:1:1.5, 성토높이:2.75m이하	m	142,887	687,660	29,028	859,575
165	토목공사	2024-06-10	CCG520355200	역T형 옹벽	(H)5.5m, 사면경사:1:1.5, 성토높이:5.50m이하	m	144,120	695,800	29,831	869,751
166	토목공사	2024-06-10	CCG520355300	역T형 옹벽	(H)5.5m, 사면경사:1:1.5, 성토높이:11.00m이하	m	154,388	755,821	34,568	944,777
167	토목공사	2024-06-10	CCG520355400	역T형 옹벽	(H)5.5m, 사면경사:1:1.5, 성토높이:1.38m이하	m	135,873	656,751	28,315	820,939

(4) 감정가격, 유사한 거래실례가격, 견적가격에 의한 예정가격 작성

거래실례가격, 원가계산, 표준시장단가에 의한 방법으로 원가계산을 할 수 없는 경우는 아래의 가격을 순서대로 적용한다.

1순위, 감정가격을 적용한다. 이 가격은 감정평가법인 또는 감정평가사가 감정평가한 가격을 말한다.
2순위, 유사한 물품 · 공사 · 용역 등의 거래실례가격을 적용한다. 이 가격은 기능과 용도가 유사한 물품의 거래실례가격을 말한다.
3순위, 견적가격을 적용한다. 이 가격은 계약상대자 또는 제3자로부터 직접 제출받은 가격을 말한다.

나. 예정가격의 구성

예정가격작성기준에 의해 결정되는 **예정가격**(낙찰자 결정을 위한 기준으로 삼기 위한 금액)은 재료비, 노무비, 경비의 비목 합계액으로 계산된 **순공사원가**와 **일반관리비, 이윤**의 비목을 더하여 **총공사원가(총원가)**을 계산한다. 그리고 이 **총공사원가**에 **공사손해보험료, 부가가치세**의 비목을 더하여 **예정가격(도급금액)**을 계산하고, 여기에 **관급자재대가, 용지비, 설계용역비**의 비목을 더하여 **총공사금액**을 계산한다. 낙찰 때에 발주자와 시공자와의 **공사계약금액**(도급금액)에는 도급자설치 관급자재비는 포함하나, 발주자공급 및 설치 관급자재비는 포함되지 않는다. 이는 낙찰 때에 기준이 되는 **예정가격**에는 발주자공급 및 설치 관급자재비는 제외한다.

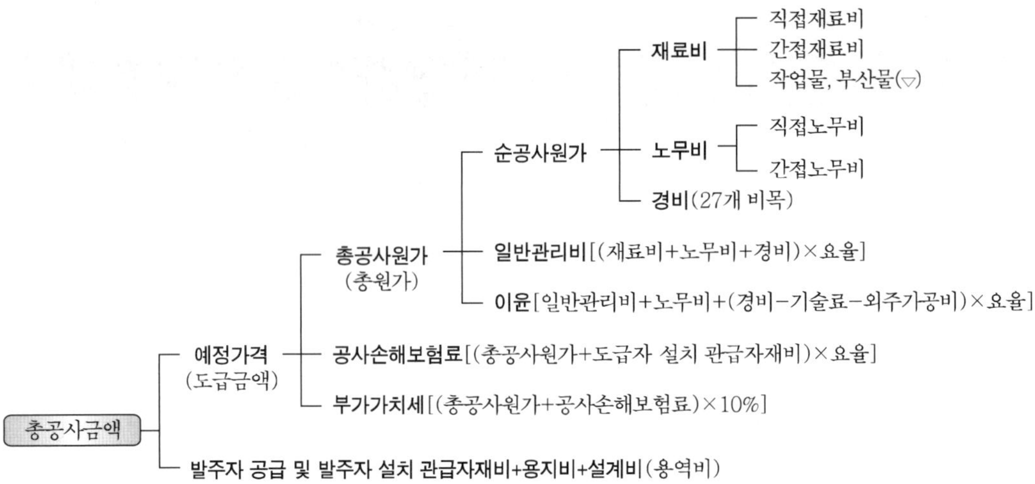

(주) 낙찰 시 발주자와 시공자와의 <u>계약금액</u>(예정가격, 도급금액)은 <u>도급자 설치 관급자재비</u>는 포함하지만, <u>발주자 공급 및 발주자 설치 관급자재비는</u> 비포함

그림 2.9 예정가격과 총공사금액의 비목구성(공사원가 집계 흐름도)

계약예규 예가격작성기준 제3절 공사원가계산에 따라 예정가격과 총공사금액의 비목구성은 그림 2.9와 같고, 예정가격의 비목 구성별 적용기준은 표 2.22와 같다.

표 2.22 예정가격 비목 구성별 적용기준

구분	비목	적용기준	적용 법령
1. 재료비	직접재료비	공사목적물의 실체를 형성하는 물품의 가치 재료량 × 재료단가	제16조
	간접재료비	공사에 보조적으로 소비되는 물품의 가치	
	작업설.부산물(△)	계약목적물의 시공 중에 발생하는 물품의 가치	
2. 노무비	직접노무비	노무량 × 노무단가	제17조
	간접노무비	직접노무비 × 간접노무비율	
3. 경비	기계경비	표준품셈 상의 건설기계경비산정기준에 의한 비용	제18조
	가설비	계약목적물을 시공하는데 필요한 가설물의 설치에 소요되는 비용	
	산업안전보건관리비	작업현장에서 재해예방을 위하여 법령에 요구되는 비용	
	보험료	법령 및 계약조건에 의한 보험료(산재보험료, 고용보험료, 기타보험료 등) 공사손해보험료는 별도계상, 재료비에 계상되는 보험료는 제외	
	전력비	계약목적물을 시공하는데 직접 소요되는 측정경비	
	운반비	재료비에 포함되지 않는 운송비, 하역비, 상하차비, 조작비	
	품질관리비	법령 및 계약조건에 의하여 품질시험이 요구되는 비용	
	안전점검비	건설공사의 안전관리를 위하여 법령에 의한 비용	

구분	비목	적용기준	적용법령
3. 경비(계속)	수도광열비	계약목적물을 시공하는데 직접 소요되는 비용	제18조
	특허권사용료	타인소유의 특허권을 사용하는 경우의 비용	
	기술료	당해 계약목적물을 시공하는데 필요한 KNOW-HOW비용	
	연구개발비	당해 계약목적물을 시공하는데 필요한 기술개발비	
	지급임차료	시공을 위하여 사용되는 토지, 건물, 기계기구의 사용료	
	복리후생비	시공의 작업조건유지에 관련되는 제비용	
	보관비	시공에 소용되는 재료, 기자재의 창고사용료	
	외주가공비	재료를 외부에 가공시키는 실가공비용	
	소모품비	작업현장에 발생되는 소모용품 비용	
	여비 · 교통 · 통신비	시공현장에서 직접 소요되는 여비 · 교통 · 통신비	
	세금과공과	시공현장에서 당해공사에 부담하여 납부하는 공과금	
	도서인쇄비	계약목적물의 시공을 위한 각종 도서구입비 및 인쇄제작비	
	지급수수료	법률로서 규정되어 있거나 의무지워진 수수료	
	환경보전비	계약목적물의 시공을 위한 제반환경오염 방지시설 비용	
	폐기물처리비	당해 공사로 인해 발생되는 폐기물의 처리비용	
	보상비	당해 공사로 인해 발생되는 보상, 보수비용	
	건설근로자퇴직공제부금비	관계법령에 의하여 건설근로자 퇴직공제에 가입하는데 소요되는 비용	
	관급자재관리비	공사현장에서 사용될 관급자재에 대한 보관 및 관리 등에 소요되는 비용	
	법정부담금	관련법령에 의하여 해당 공사와 직접 관련하여 의무적으로 부담하여야 할 부담금	
	기타법정경비	일반경비 이외의 것으로 법령으로 규정 및 의무지워진 경비	
4. 순공사원가	재료비+노무비+경비		
5. 일반관리비	(재료비+노무비+경비) × 일반관리비율		제19조
6. 이윤	{노무비+(경비–기술료–외주가공비)+일반관리비} × 이윤율		제20조
7. 총공사원가	(재료비+노무비+경비+일반관리비+이윤) ▷ 낙찰시 순계약금액 부분		
8. 공사손해보험료	{총공사원가(또는 보험가입대상 공사부분의 총공사원가)+**도급자 설치 관급자재비**} × 요율		제20조
9. 부가가치세	(총공사원가+공사손해보험료) × 10%		
10. 예정가격	(총공사원가+공사손해보험료+부가가치세) ▷ **낙찰시 계약금액 부분**(도급자 설치 관급자재비 포함)		

▶추정가격=(순공사원가+제경비)=(**순공사원가+일반관리비+이윤+공사손해보험료**)
▶예정가격=추정가격+부가가치세(**관급자재비 제외**)
▶기초금액=추정가격+부가가치세(**관급자재비 제외**)
▶추정금액=(추정가격+부가가치세+**도급자설치 관급자재비**)
▶총공사비=(추정가격+부가가치세+**관급자재비**)

주) 공사손해보험료는 시공자 공사금액 내에서 보험을 가입하는 것이므로 **도급자 설치 관급자재비**만 포함됨

자료 : 건설계약관리 연구소

(1) 재료비

직접재료비와 간접재료비의 재료비는 공사물의 시공에 소요되는 **규격별**의 재료량에 해당 재료단가를 곱한 금액의 합계액으로 나타낸다.

재료비 = 재료량×재료단가

(2) 노무비

직접노무비는 공사물의 시공에 소요되는 공종별 노무량에 해당 노무단가를 곱한 금액의 합계액으로 나타낸다 간접노무비는 직접노무비에 해당 간접노무비율을 곱한 금액의 합계액으로 나타낸다.

직접노무비 = 노무량×노무단가
간접노무비 = 직접노무비×간접노무비율

(3) 경비

경비는 기본적으로 공사물의 시공에 소요되는 비목별 경비액의 합계를 나타낸다. 경비는 직접공사경비와 같이 적산기준이나 실비로 **직접 계상하는 경비**와 간접공사경비와 같이 **법정요율(비율)**이나 **기준율**을 적용하여 계상하는 경비로 분류된다.

① **직접공사경비**는 **소요(소비)량 측정이 가능한 경비**로 품셈, 계약서, 관련법령에 의하여 계산이 가능한 비용을 말하고, 다음 산정 식으로 산출해서 비목별 경비액의 합계액으로 나타낸다.

경비 = 소요(소비)량 × 경비 단가

예로, 적산기준에 따라 직접 계상하는 **기계경비**는 주로 운반비나 탁송료 또는 장비의 감가상각비, 관리비, 정비비 등이고, **시간당 기계(장비 혹은 중기)사용료**와 **단위작업량당 기계(장비 혹은 중기)사용료**가 계산된 후에 다음 산정 식으로 산출해서 **기계(장비 혹은 중기)사용료**를 계상한다.

기계(장비 혹은 중기)사용료 =
기계사용수량 × 단위 작업당량 기계(장비 혹은 중기)사용료

② **간접공사경비**는 공사의 시공을 위하여 공통적으로 소요되는 법정경비 및 승률비용, 기타 부수적인 비용으로 **소요(소비)량 측정이 곤란**하여 유사 원가계산자료를 활용한

비율산정의 적용으로 계상하는 경비 및 법정경비를 말한다.

예로, 공사원가계산을 할 때, 실무처리보완자료(회제 2210-591)에서 **복리후생비**는 재료비와 노무비의 합계액에 기준율에 해당하는 **복리후생비율**(대한건설협회, 완성공사원가구성비율 참고)을 적용하여 다음과 같이 산출하여 계상한다.

복리후생비 = (재료비 + 노무비) × 복리후생비율

이 **복리후생비**와 같이 기준율을 적용하여 계산해서 산출하는 기타경비는 **수도광열비, 복리후생비, 소모품비, 여비 · 교통비 · 통신비, 세금과 공과, 도서인쇄비, 지급수수료**의 7개의 비목이 있다. **조달청의 계약관리 대상공사**의 기타경비는 복리후생 비율과 같이 기준율을 계산하기 어려운 점을 고려하여 7개의 비목 중에 **지급수수료**를 제외한 6개 비목의 합계 기준율을 표 2.30~표 2.31의 기타경비 기준율로 정하여 적용하고 있다. 따라서 기타 경비는 재료비와 노무비의 합계액에 기타 경비 기준율을 적용하여 다음과 같은 산식을 적용하여 계상한다.

기타경비 = (재료비 + 노무비) × 기타경비 기준율

(4) 일반관리비

일반관리비는 기업의 유지를 위한 관리활동부문에서 발생하는 비용으로서 **순공사원가**에 **일반관리비율**을 곱하여 산정하되 법령에서 정한 일반관리비율을 초과할 수 없다. 즉, 일반관리비는 **재료비, 노무비, 경비**의 합계액에 **일반관리비율**을 곱한 금액의 합계액으로 나타낸다. **계약예규 예정가격작성기준 제3절 공사원가계산의 제20조**에서 규정한 일반관리비는 **직접공사비와 간접공사비의 합계액(재료비, 노무비, 경비의 합계액)**에 **일반관리비율**을 곱하여 계산한다. 다만, 일반관리비율은 공사 규모별로 **표 2.23**에서 정한 비율을 초과할 수 없다.

일반관리비 = (직접공사비+간접공사비) × 일반관리비율
= (재료비+노무비+경비) × 일반관리비율

일반관리비의 내용은 기업의 유지를 위한 관리활동부문에서 발생하는 제비용으로서 제조원가에 속하지 아니하는 모든 영업비용 중에 **판매비** 등을 제외한 **다음의 비용**, 즉 **임원급료, 사무실직원의 급료, 제수당, 퇴직급여충당금, 복리후생비, 여비, 교통 · 통신비, 수도광열비, 세금과 공과, 지급임차료, 감가상각비, 운반비, 차량비, 경상시험연구개발비, 보험료 등**을 말하며 기업손익계산서를 기준하여 산정한다.

표 2.23 일반관리비율

종합공사		전문·전기·정보통신·소방 및 기타공사	
공사원가	일반관리비율(%)	공사원가	일반관리비율(%)
50억원 미만	6.0	5억원 미만	6.0
50억원~300억원 미만	5.5	5억원~30억원 미만	5.5
300억원 이상	5.0	30억원 이상	5.0

[참고] 원가계산에 의한 예정가격작성기준 제20조(일반관리비)

그러나 정부의 원가계산 간접공사비(제비율) 적용기준은 지난 1989년 당시 건설업 상황에 따라 제정된 것을 일부 조정하며 지금까지 적용해 왔지만, 공사규모에 따른 일반관리비율이 현재의 건설업 구조에 맞지 않는다는 지적이 있어왔다. 따라서 발주자로부터 공사계약관리를 요청받은 **조달청 공사계약관리 대상**의 경우 2011. 6. 20일부터 최근 공사규모의 대형화 추세에서 소형공사임에도 불구하고 대형공사로 분류돼 상대적으로 낮은 요율을 적용받던 일반관리비의 공사규모가 **표 2.24**의 공사 규모로 현실화로 조정되었다. **표 2.24**는 조달청에서 원가계산에 의한 예정가격작성준칙 공사원가계산 제20조에 근거하여 별도로 적용기준을 제시한 자료이다.

표 2.24 공사원가계산 일반관리비율 적용기준(조달청 자료)

일반관리비 (재료비+노무비+경비)×일반관리비율			
공사규모	토목조경	공사규모	전문공사
50억원 미만	6.0	5억원 미만	6.0
50억원~300억원 미만	5.5	5억~30억원 미만	5.5
300억원~1000억원 미만	4.7	30억원~100억원 미만	4.7
1000억원 이상	4.2	100억원 이상	4.2

[참고] 2025년 조달청 자료는 표 2.30~2.31을 참조할 수 있음.

(5) 이윤

계약예규 예정가격작성기준 제3절 공사원가계산의 제20조에서 규정한 이윤은 **영업이익**을 말하며, **공사원가** 중에 **노무비, 경비**와 **일반관리비**의 합계액(이 경우에 **기술료** 및 **외주가공비**는 제외)의 15%를 초과하여 계상할 수 없다. 다만, 각 중앙관서의 장은 15%의 이윤율의 적용으로는 계약의 목적을 달성하기 곤란하다고 인정되는 특별한 사유가 있는 공사는 기획재정부장관과 협의하여 그 이윤율을 초과하여 정할 수 있다.

이윤 = {노무비+(경비-기술료-외주가공비)+일반관리비} × 이윤율

표 2.25는 조달청에서 원가계산에 의한 예정가격작성기준에 근거하여 별도로 적용기준을 제시한 자료이다

표 2.25 공사원가계산 이윤율 적용기준(조달청 자료)

공사 규모	이윤 (노무비+경비+일반관리비)×이윤율
50억원 미만	15.0
50억원 미만~300억원 미만	12.0
300억원 미만~1000억원 미만	10.0
1000억원 이상	9.0

[참고] 2025년 조달청 자료는 표 2.30~1.31을 참조할 수 있음.

(6) 공사손해보험료

공사손해보험료는 사고로 인한 피보험자의 재산상의 손해를 보험자가 보상할 것을 목적으로 하는 보험을 말한다. 공사손해보험료는 계약예규 **공사계약일반조건** 제10조에 의하여 공사손해보험에 가입할 때에 지급하는 보험료를 말하며, 보험가입대상 공사부분의 **총공사원가(재료비, 노무비, 경비, 일반관리비 및 이윤의 합계액)**에 **공사손해보험료율**을 곱하여 계상한다. **공사손해보험료** 산정에 이윤을 포함하고, 안 하고는 사실상 각 보험협회의 반영기준으로 보험지급액 기준이 **이윤**까지 포함함을 의미하는 것으로 **이윤**을 포함한다고 하여 과다계상이라고 할 수 없다고 사료된다.

공사손해보험료=총공사원가 × 공사손해보험요율

만약, 발주기관이 지급하는 **관급자재**가 있을 경우는 보험가입 대상 공사부분의 **총공사원가**와 **관급자재(도급자설치 관급자재비)**를 합한 금액에 **공사손해보험료율**을 곱하여 계상한다. **공사손해보험료**를 계상하기 위한 **공사손해보험료율**은 계약담당공무원이 설계서와 보험개발원, 손해보험회사 등으로부터 제공받은 자료를 기초로 하여 정한다.

공사손해보험료=(총공사원가+도급자설치 관급자재비) × 공사손해보험요율

(7) 부가가치세

부가가치세는 사업에서 생기는 부가가치를 과세표준으로 하여 그 사업을 경영하는 개인이나 법인에게 매기는 세금을 말한다. 원가계산에 의한 예정가격 결정 때에 **세액가산방법**은

재료비, 노무비, 경비, 일반관리비, 이윤의 합계액에 해당 세액을 합하여 계산한다. 이 경우 부가가치세는 당해 계약목적물의 총 공급가액에 **부가가치세율(10%)**을 곱하여 산출한다.

국내의 **내자공사**는 부가가체세가 10% 미만 이지만, 차관공사 등의 **외자공사**는 부가가치세가 0%로 면세가 된다. 따라서 공사물의 공급가액에 100분의 10(10%)으로 규정된 부가가체세율을 곱한 금액으로 산출한다.

부가가치세 = (총공사원가+공사손해보험료) × 부가가치세율

(8) 관급자재

관급자재는 발주기관에서 공사의 수행에 필요한 **시멘트 · 철근 · 레미콘, 아스콘, 흄관, 오수관, 강관 등 50여 품목**을 계약상대자인 시공자에게 공급해주는 자재를 말한다. 이 관급자재는 조달청을 통해 구매가 이루어지는 정부조달물자로 **도급자 관급자재(도급자설치 관급자재)**과 **관급자 관급자재(관급자설치 관급자재)**가 있다.

① **관급자 관급자재**(관급자설치 관급자재) : 발주자가 직접 자재를 구매해서 설치한다. 따라서 시공자는 설치의무나 역할도 없으며, **도급공사비**에도 포함되어 않는다. 여기에는 **표지판**(설치포함), **가구**(설치포함) 등이 있다.

② **도급자 관급자재**(도급자설치 관급자재) : 발주자가 직접 자재를 구매하지만, 현장설치는 도급업체(시공사)가 자신의 책임 하에 직접 시공이 이루어진다. 따라서 **도급공사비**에 **자재설치비**가 **포함**되므로 **공사비 내역서**에 자재설치 **노무비**를 **반영**한다. 여기에는 **철근, 레미콘, 보도블럭 등**이 있다.

따라서 **추정금액=(추정가격+부가가치세+도급자설치 관급자재비)**이며, **관급자설치 관급자재비**는 포함하지 않는다.

관급자재로 설계하면 유리한 점은 제품의 품질을 확보할 수 있고, 필요한 물품을 필요한 때 납품받을 수 있고, 나라장터 종합쇼핑몰을 통해서 필요할 때 구매할 수 있어 계약 과정이 빠르며, 상대적으로 저렴한 가격에 물품을 구매할 수 있어서 시공자에게 공사비 절감의 효과가 있다.

관급자재의 경우, 가격정보에 수록된 **내자**(내국에서 생산하여 공급) 및 **외자**(외국에서 생산하여 수입)의 **단가계약품목**은 조달수수료가 포함되지 않은 가격이다. 따라서 조달요청을 할 때는 조달수수료를 표 2.26~2.29와 같이 납부해야 한다. 단, **저장품 판매가격**은 택배

요금 및 조달수수료(2.0%)가 포함된 가격이다. **관급자재 및 대여품**에 대해서는 공사계약일반조건 제13조에 규정되어 있다.

표 2.26 구매 취급 조달수수료(1)

구분	계약 금액	수수료 요율
비저장 총액 계약품목 일반단가 계약품목 제3자 단가 계약품목	1억원까지 1억원 초과 10억원까지 10억원 초과 100억원까지 100억원 초과	계약금액의 1.4% 계약금액의 1.1% 계약금액의 0.7% 계약금액의 0.4%
철근, 시멘트	1억원까지	계약금액의 1.0%(대금 선납 시) 계약금액의 1.4%(대금 후납 시)
	1억원 초과 10억원까지	계약금액의 0.8%(대금 선납 시) 계약금액의 1.1%(대금 후납 시)
	10억원 초과 100억원까지	계약금액의 0.5%(대금 선납 시) 계약금액의 0.7%(대금 후납 시)
	100억원 초과	계약금액의 0.3%(대금 선납 시) 계약금액의 0.4%(대금 후납 시)
레미콘, 아스콘	1억원까지	계약금액의 0.8%(선징수) 계약금액의 1.0%(후징수)
	1억원 초과 10억원까지	계약금액의 0.6%(선징수) 계약금액의 0.8%(후징수)
	10억원 초과 100억원까지	계약금액의 0.4%(선징수) 계약금액의 0.5%(후징수)
	100억원 초과	계약금액의 0.2%(선징수) 계약금액의 0.3%(후징수)

[비고] 1. 초과분 체감 적용
2. 레미콘 대금 선납시행은 보류(당분간 후납으로만 운용)

표 2.27 외자구매 취급 조달수수료(2)

구분	수수료 요율	비고
계약금액의 U $ 1,000,000까지	1.0%	초과분 체감 적용
계약금액의 U $ 1,000,000 초과 5000000까지	0.8%	초과분 체감 적용
계약금액의 U $ 5,000,000 초과 10000000까지	0.6%	초과분 체감 적용
계약금액의 U $ 10,000,000 초과	0.3%	초과분 체감 적용

표 2.28 외자구매 취급 조달수수료(3)

구분	수수료 요율	비고
계약금액의 5억원까지	0.4%	초과분 체감 적용
계약금액의 5억원 초과 10억원까지	0.3%	초과분 체감 적용
계약금액의 10억원 초과 30억원까지	0.2%	초과분 체감 적용
계약금액의 30억원 초과	0.1%	초과분 체감 적용

표 2.29 외자구매 취급 조달수수료(4)

물자 조작류	구분	수수료 요율	비고
기자재 및 기타	10만불끼	0.3%	초과분 체감 적용
	10만불 초과 100만불까지	0.2%	초과분 체감 적용
	100만불 초과	0.1%	초과분 체감 적용

(9) 용지비

공사목적물에 편입되는 용지의 구매비용으로 용지 구입비, 가옥 이전비, 지장물 이전비, 측량비, 등기비용, 수수료, 광고료 등을 계상한다

(10) 설계용역비

측량, 지반조사, 토질시험 등을 실시해서 설계도서와 설계서를 작성하는데 소요되는 경비이다.

이상에서 살펴본 바와 같이 어느 공사의 **총공사금액**은 **총공사원가**에 **[공사손해보험료+관급자재대가+용지비+설계용역비] 금액**을 합한 것을 말한다.

표 2.30 및 표 2.31은 조달청 계약관리 대상공사의 예정가격(그림 2.9 참조)의 공사원가 계산서를 작성할 때 적용하는 제경비 요율을 보이고 있다. 이 제경비 요율은 간접노무비, 기타경비, 일반관리비, 이윤, 건설기계대여금 지급보증액 발급금액, 산업안전보건관리비, 산재보험료, 고용보험료, 건강보험료, 노인장기요양보험료, 연금보험료, 퇴직공제부금비, 환경보전비, 건설하도급대금지급보증서발급수수료, 공사이행보증수수료로 구성되어 있다. 이 자료는 조달청에서 예정가격을 산정할 때 적용하는 제경비 비율이며, 한국은행 발간 기업경영분석 자료와 대한건설협회 발간 완성공사원가분석을 상호보완적으로 활용하여 조달청이 자체적으로 작성한 것으로 타기관에서 준용할 의무는 없다.

표 2.30 2025년 토목·조경·산업환경설비공사 원가계산 간접공사비(제비율) 적용기준(조달청 자료)

※ 적용시기 : 2025. 1. 1. 기초금액 발표분부터

(참고: 간접노무비율, 기타경비율, 일반관리비율, 이윤율, 공사이행보증수수료율은 조달청 분석요율임)

공사규모 (직접공사비)	공사기간	[간접노무비] (직노) x 율 토목	조경	산업설비(토목)	[기타경비] (재+노) x 율 토목	조경	산업설비(토목)	공사규모 (추정가격)	[일반관리비] (재+노+경) x 율 토목, 조경, 산업·설비(토목)	전문공사	[이윤] (노+경+일) x 율
50억 미만	6개월 이하 (183일)	14.3	14.3	14.3	5.8	5.5	5.8	5억 미만	6.0	6.0	15.0
	7~12개월 (365일)	14.5	14.5	14.5	6.0	5.8	6.0				
	13~36개월 (1095일)	14.6	14.6	14.6	6.3	6.0	6.3				
	36개월 초과 (1096일)	15.0	15.0	15.0	6.8	6.5	6.8	5억 – 30억 미만		5.5	
50억 – 300억 미만	6개월 이하 (183일)	14.0	14.0	14.0	6.2	6.0	6.2				
	7~12개월 (365일)	14.2	14.2	14.2	6.4	6.2	6.4	30억 – 50억 미만		5.0	
	13~36개월 (1095일)	14.3	14.3	14.3	6.7	6.4	6.7				
	36개월 초과 (1096일)	14.7	14.7	14.7	7.2	6.9	7.2	50억 – 100억 미만	5.5		12.0
300억 – 1000억 미만	6개월 이하 (183일)	13.4	13.4	13.4	6.5	6.2	6.5				
	7~12개월 (365일)	13.5	13.5	13.5	6.7	6.5	6.7	100억 – 300억 미만		4.5	
	13~36개월 (1095일)	13.6	13.6	13.6	6.9	6.7	6.9				
	36개월 초과 (1096일)	14.1	14.1	14.1	7.5	7.2	7.5	300억 – 1000억 미만	5.0		10.0
1000억 이상	6개월 이하 (183일)	13.3	13.3	13.3	6.4	6.1	6.4				
	7~12개월 (365일)	13.4	13.4	13.4	6.6	6.3	6.6	1000억 이상	4.5		9.0
	13~36개월 (1095일)	13.5	13.5	13.5	6.8	6.5	6.8				
	36개월 초과 (1096일)	14.0	14.0	14.0	7.3	7.1	7.3				

* 기타경비항목: 수도광열비, 복리후생비, 소모품비, 여비·교통비·통신비, 세금과공과, 도서인쇄비

□ 산업·설비(토목) 해당공종: 수처리시설(오폐수, 하수처리, 분뇨처리, 정수장) 등

[건설기계대여대금 지급보증액 발급금액]

(직접공사비) x 율

종합건설업 구분	요율	전문건설업 구분	요율
토목공사(토건)	0.40	준설공사, 포장공사 토공사, 비계구조물해체공사	0.68
산업·설비공사	0.16	상하수도설비공사, 수중공사 보링그라우팅공사	0.51
조경공사	0.18	석공사, 시설물유지관리공사 철근콘크리트공사	0.32
		조경시설물설치, 조경식재공사 도장공사, 철도궤도공사 철강재설치공사	0.16
		그 외	0.10

* 적용제외: 국가유산수리공사

※ 건설기계대여대금 지급보증서 발급금액 및 업종별 건설기계 투입비율 산정기준(국토부 고시 제2019-286호, 2019.6.19.)

[산업안전보건관리비]

□ 도급자관급자재 미포함: (재+직노) x 요율 + 기초액

□ 도급자관급자재 포함: (재+직노+도급자관급) x 요율 + 기초액과 ((재+직노) x 요율 + 기초액) x 1.2 중 작은 금액

산업안전보건관리비 대상액 주)		구분	요율	기초액(천원)
5억 미만		건축공사	3.11	
		토목공사	3.15	
		중건설공사	3.64	
		특수건설공사	2.07	
5억 ~ 50억 미만		건축공사	2.28	4,325
		토목공사	2.53	3,300
		중건설공사	3.05	2,975
		특수건설공사	1.59	2,450
50억 이상	추정금액 800억 미만 건설공사 (주공종이 토목인 경우 1,000억)	건축공사	2.37	
		토목공사	2.60	
		중건설공사	3.11	
		특수건설공사	1.64	
	추정금액 800억 이상 건설공사 (주공종이 토목인 경우 1,000억)	건축공사	2.64	
		토목공사	2.73	
		중건설공사	3.39	
		특수건설공사	1.78	

* 총 공사금액(도급금액+도급자설치 관급금액) 2천만원 이상 건설공사

주) 산업안전보건관리비 대상액

– 도급자설치 관급금액이 없는 공사 : 재료비와 직접노무비의 합계

– 도급자설치 관급금액을 포함한 공사 : 재료비(도급자관급자재 포함)와 직접노무비의 합계

* 건설공사의 종류

–[건축공사] 「건설산업기본법 시행령」 (별표 1) 제1호 '나'목 / 제2호의 전문공사로서 건축물과 관련하여 분리하여 발주되었고 시간적 · 장소적으로도 독립하여 행하는 공사

–[토목공사] 「건설산업기본법 시행령」 (별표 1) 제1호 '가'목, '라'목 / 제2호의 전문공사로서 건축공사 외의 시설물과 관련하여 분리하여 발주되었고 시간적 · 장소적으로도 독립하여 행하는 공사

–[중건설공사] 「건설산업기본법 시행령」 (별표 1) 제1호 '가'목, '라'목 해당공사 중 다음과 같은 공사 및 이와 함께 부대하여 현장 내에서 행하는 공사

· 고제방 댐 공사 등 – 댐 신설공사, 제방신설공사와 관련한 제반시설공사

· 화력, 수력, 원자력, 열병합 발전시설 등 설치공사 – 화력, 수력, 원자력, 열병합 발전시설과 관련된 신설공사 및 제반시설공사

· 터널신설공사 등 – 도로, 철도, 지하철 공사로서 터널, 교량, 토공사 등이 포함된 복합시설물로 구성된 공사에 있어 터널공사비 비중이 가장 큰 비중을 차지하는 건설공사

–[특수건설공사] 「건설산업기본법 시행령」 (별표1) 제1호 '마'목로서 시행규칙(별표3)에서 구분한 조경공사 /아래 각목에 따른 건설공사 중 다른 공사와 분리하여 발주되었고 시간적 · 장소적으로도 독립하여 행하는 공사

· 「전기공사업법」, 「정보통신공사업법」, 「소방공사업법」, 「문화재수리공사업법」에 의한 공사

비고 1 건축물과 관련하여 공사가 수행된다 하더라도 독립하여 행하는 공사가 토목공사, 중건설공사가 명백한 경우 해당 공사 종류로 분류

2 건축공사, 토목공사 및 중건설공사와 함께 부대하여 현장 내에서 이루어지는 공사는 개별 법령에 따라 수행되는 공사를 포함

※ 건설업 산업안전보건관리비 계상 및 사용기준 (고용노동부 고시 제2023-49호, 2024.1.1.)

[산재보험료]

(노) x 3.56

* 모든 건설공사 적용, 노동부 고시 제2024-1호(2024. 1. 5.), 산업재해보상보험법시행령

※ 사회보험의 보험료 적용기준 (국토부 고시 제2021-905호, 2021.7.1.)

[고용보험료]

(노) x 율

공사배정규모(추정금액)	요율
[1등급] 1400억 이상	1.57
[2등급] 900억 ~ 1400억 미만	1.30
[3등급] 570억 ~ 900억 미만	1.13
[4등급] 370억 ~ 570억 미만	1.06
[5등급] 220억 ~ 370억 미만	1.03
[6등급] 140억 ~ 220억 미만	1.02
[7등급] 고시금액 ~ 140억 미만	1.01
7등급 미만	

* 모든 건설공사에 적용, 국토부 고시 제2021-905호(2021.7.1.), 고용보험법 시행령

* 총공사금액[(도급금액+관급금액)에서 부가세 제외] 2천만원 미만의 건설공사를 건설업자가 아닌 자가 시공 시 미적용

※ 등급기준: 조달청 등급별 유자격자 명부 등록 및 운용기준(조달청 공고 제2023-235호, 2023.7.6.)

※ 사회보험의 보험료 적용기준 (국토부 고시 제2021-905호, 2021.7.1./산자부 고시 제2023-131호, 2023.7.1.)

[건강보험료]	[노인장기요양보험료]	[연금보험료]
(직노) x 3.545	(건강보험료) x 12.95	(직노) x 4.5

* 공사기간 1개월(30일) 이상 모든 건설공사 (노인장기요양보험료는 소수점 다섯째자리에서 반올림)

※ 사회보험의 보험료 적용기준 (국토부 고시 제2021-905호, 2021.7.1.)

[퇴직공제부금비]

(직노) x 2.3

* 추정금액이 1억 이상인 건설공사

※ 국토부 고시 제2015-610호(2015.8.20.) 요율 적용

[환경보전비]

(직접공사비) x 율

공사의 종류		요율
토목	도로 (예시: 교량,터널,활주로 등)	0.9
	플랜트 (예시: 발전소,쓰레기소각장 등)	0.4
	지하철	0.5
	철도	1.5
	상하수도 (예시: 폐수, 하수처리장, 정수장 등)	0.5
	항만	0.8
	(오탁방지막 또는 준설토방지막을 설치하는 경우)	(1.8)
	댐	1.1
	택지개발	0.6
	그 밖의 토목공사 (하천 등)	0.8
조경	조경	0.3
건축	주택 (재개발 및 재건축)	0.7
	주택 (신축)	0.3
	그 밖의 건축공사	0.5

* 환경관리비의 산출기준 및 관리에 관한 지침 (국토부 고시 제2018-528호, 2018.8.30.)

. (환경보전비 내 직접공사비) 환경오염방지시설 설치 · 운영 · 철거에 직접 소요되는 비용을 계상하고 표준시장단가, 표준품셈 등에 의해 산출

. (환경보전비 내 간접공사비) 시험검사비, 점검비, 교육훈련비 등 설계시 산출이 곤란한 금액을 반영하고, 직접공사비에 최저요율을 적용한 금액 이상을 계상

※ 적용제외: 전기공사, 정보통신공사, 소방시설공사, 국가유산 수리공사

[건설하도급대금지급보증서발급수수료]

(직접공사비) x 율

공사규모(추정가격)	요율
50억 미만	0.081
50억 이상 – 100억 미만	0.080
100억 이상 – 300억 미만	0.075
300억 이상 종심 ·종평제 (토목 및 산업설비)	0.071
300억 이상 종심 ·종평제 (건축)	0.068
턴키·대안공사	0.084

* 적용제외: 전문공사, 국가유산수리공사

※ 하도급대금 지급보증서 발급금액 적용기준 (국토부 고시 제2016-921호, 2016.12.19.)

[공사이행보증수수료]

공사규모 (직접공사비)	수수료
70억 미만	[직공비x0.0141%]x공기(년)
70억 이상 – 120억 미만	[100만원+(직공비–75억원)x0.0102%]x공기(년)
120억 이상 – 250억 미만	[150만원+(직공비–130억원)x0.0077%]x공기(년)
250억 이상 – 500억 미만	[240만원+(직공비–250억원)x0.0063%]x공기(년)
500억 이상	[400만원+(직공비–500억원)x0.0050%]x공기(년)

* 「지방계약법 시행령」 제51조제1항에 따른 적용 의무 대상

– (시행령 제42조 제1항) 추정가격 300억 이상인 공사의 계약

– (시행령 제6장) 대형공사계약(대안입찰, 일괄입찰), 특정공사의 계약

– (시행령 제9장) 기술제안 입찰에 의한 계약

□ 전기·통신·소방·전문 및 기타공사의 경우 일반관리비요율을 제외한 각종 요율은 토목, 건축 등 관련 공사업종에 따라 적용 (단, 공사규모 및 기간은 해당공종〈전기·통신·소방·전문 및 기타공사〉을 기준으로 함)

표 2.31 2025년 건축·산업환경설비공사 원가계산 간접공사비(제비율) 적용기준(조달청 자료)

※ 적용시기 : 2025. 1. 1. 기초금액 발표분부터

공사규모 (직접공사비)	공사기간	[간접노무비] (직노) x 율: 건축	[간접노무비] (직노) x 율: 산업설비(건축)	[기타경비] (재+노) x 율: 건축	[기타경비] (재+노) x 율: 산업설비(건축)
50억 미만	6개월 이하 (183일)	12.6	12.6	5.2	5.2
	7~12개월 (365일)	12.6	12.6	5.2	5.2
	13~36개월 (1095일)	12.8	12.8	5.6	5.6
	36개월 초과 (1096일)	12.9	12.9	5.8	5.8
50억 – 300억 미만	6개월 이하 (183일)	12.3	12.3	5.5	5.5
	7~12개월 (365일)	12.4	12.4	5.5	5.5
	13~36개월 (1095일)	12.5	12.5	5.8	5.8
	36개월 초과 (1096일)	12.7	12.7	6.0	6.0
300억 – 1000억 미만	6개월 이하 (183일)	11.6	11.6	5.5	5.5
	7~12개월 (365일)	11.7	11.7	5.5	5.5
	13~36개월 (1095일)	11.8	11.8	5.9	5.9
	36개월 초과 (1096일)	11.9	11.9	6.0	6.0
1000억 이상	6개월 이하 (183일)	11.3	11.3	5.8	5.8
	7~12개월 (365일)	11.4	11.4	5.8	5.8
	13~36개월 (1095일)	11.5	11.5	6.2	6.2
	36개월 초과 (1096일)	11.7	11.7	6.4	6.4

* 기타경비 항목: 수도광열비, 복리후생비, 소모품비, 여비·교통·통신비, 세금과공과, 도서인쇄비

□ 산업설비(건축) 해당공종 : 지열공사, 소각시설 등

공사규모 (추정가격)	[일반관리비] (재+노+경) x 율: 건축, 산업설비	[일반관리비] (재+노+경) x 율: 전문·전기·통신·소방·기타	[이윤] (노+경+일) x 율
5억 미만	6.0	6.0	15.0
5억 – 30억 미만		5.5	
30억 – 50억 미만		5.0	
50억 – 100억 미만	5.5		12.0
100억 – 300억 미만		4.5	
300억 – 1000억 미만	5.0		10.0
1000억 이상	4.5		9.0

[건설기계대여대금 지급보증액 발급금액]

(직접공사비) x 율

종합건설업: 구분	요율	전문건설업: 구분	요율
건축공사	0.07	비계·구조물해체공사	0.68
산업·설비공사	0.16	석공사, 시설물유지관리, 철근콘크리트공사, 가스시설공사(1종)	0.32
		도장공사, 철강재설치공사	0.16
		기계설비공사업 및 그 외	0.10

* 적용제외: 국가유산수리공사, 전기, 정보통신, 소방시설

※ 건설기계대여대금 지급보증서 발급금액 및 업종별 건설기계 투입비율 산정기준(국토부 고시 제2019–286호, 2019.6.19.)

[산업안전보건관리비]

□ 도급자관급 미포함 공사: (재+직노) x 율 + 기초액

□ 도급자관급 포함 공사: (재+직노+도급자관급) x 율 + 기초액과 [(재+직노) x 율 + 기초액] x 1.2 중에 작은 금액

안전관리비 대상액 주)		구분	요율	기초액(천원)
5억 미만		건축공사	3.11	
		토목공사	3.15	
		중건설공사	3.64	
		특수건설공사	2.07	
5억 ~ 50억 미만		건축공사	2.28	4,325
		토목공사	2.53	3,300
		중건설공사	3.05	2,975
		특수건설공사	1.59	2,450
50억 이상	추정금액 800억 미만 건설공사	건축공사	2.37	
		토목공사	2.60	
		중건설공사	3.11	
		특수건설공사	1.64	
	추정금액 800억 이상 건설공사	건축공사	2.64	
		토목공사	2.73	
		중건설공사	3.39	
		특수건설공사	1.78	

* 총 공사금액(도급금액+도급자설치 관급금액) 2천만원 이상 건설공사

주) 안전관리비(산업안전보건관리비) 대상액
– 공사원가계산서 구성항목 중 직접재료비, 간접재료비와 직접노무비, 도급자설치 관급금액을 합한 금액

* 건설공사의 종류

–[건축공사] 「건설산업기본법 시행령」 (별표 1) 제1호 '나'목 / 제2호의 전문공사로서 건축물과 관련하여 분리하여 발주되었고 시간적 · 장소적으로도 독립하여 행하는 공사

–[토목공사] 「건설산업기본법 시행령」 (별표 1) 제1호 '가'목, '라'목 / 제2호의 전문공사로서 건축공사 외의 시설물과 관련하여 분리하여 발주되었고 시간적 · 장소적으로도 독립하여 행하는 공사

–[중건설공사] 「건설산업기본법 시행령」 (별표 1) 제1호 '가'목, '라'목 해당공사 중 다음과 같은 공사 및 이와 함께 부대하여 현장 내에서 행하는 공사

· 고제방 댐 공사 등 – 댐 신설공사, 제방신설공사와 관련한 제반시설공사
· 화력, 수력, 원자력, 열병합 발전시설 등 설치공사 – 화력, 수력, 원자력, 열병합 발전시설과 관련된 신설공사 및 제반시설공사
· 터널신설공사 등 – 도로, 철도, 지하철 공사로서 터널, 교량, 토공사 등이 포함된 복합시설물로 구성된 공사에 있어 터널공사비 비중이 가장 큰 비중을 차지하는 건설공사

–[특수건설공사] 「건설산업기본법 시행령」(별표 1) 제1호 '마'목로서 시행규칙 (별표 3)에서 구분한 조경공사 / 아래 각목에 따른 건설공사 중 다른 공사와 분리하여 발주되었고 시간적 · 장소적으로도 독립하여 행하는 공사

· 「전기공사업법」, 「정보통신공사업법」, 「소방공사업법」, 「문화재수리공사업법」에 의한 공사

비고 1 건축물과 관련하여 공사가 수행된다 하더라도 독립하여 행하는 공사가 토목공사, 중건설공사가 명백한 경우 해당 공사 종류로 분류

2 건축공사, 토목공사 및 중건설공사와 함께 부대하여 현장 내에서 이루어지는 공사는 개별 법령에 따라 수행되는 공사를 포함

※ 건설업 산업안전보건관리비 계상 및 사용기준 (고용노동부 고시 제2023–49호, 2024.1.1.)

[산재보험료]

(노) x 3.56

* 모든 건설공사 적용, 노동부 고시 제2024–1호(2024. 1. 5.), 산업재해보상보험법시행령

※ 사회보험의 보험료 적용기준 (국토부 고시 제2021–905호, 2021.7.1.)

[고용보험료]

(노) x 율

공사배정규모(추정금액)	요율
[1등급] 1200억 이상	1.57
[2등급] 800억 ~ 1200억 미만	1.30
[3등급] 520억 ~ 800억 미만	1.13
[4등급] 340억 ~ 520억 미만	1.06
[5등급] 210억 ~ 340억 미만	1.03
[6등급] 130억 ~ 210억 미만	1.02
[7등급] 고시금액 ~ 130억 미만 7등급 미만	1.01

* 모든 건설공사에 적용, 국토부 고시 제2021–905호(2021.7.1.), 고용보험법 시행령

* 총공사금액[(도급금액+관급금액)에서 부가세 제외] 2천만원 미만의 건설공사를 건설업자가 아닌 자가 시공 시 미적용

※ 등급기준: 조달청 등급별 유자격자 명부 등록 및 운용기준(조달청 공고 제2023–235호, 2023.7.6.)

※ 사회보험의 보험료 적용기준 (국토부 고시 제2021–905호, 2021.7.1./산자부 고시 제2023–131호, 2023.7.1.)

[건강보험료]	[노인장기요양보험료]	[연금보험료]
(직노) x 3.545	(건강보험료) x 12.95	(직노) x 4.5

* 공사기간 1개월(30일) 이상인 모든 건설공사

※ 사회보험의 보험료 적용기준 (국토부 고시 제2021–905호, 2021.7.1.)

[퇴직공제부금비]

(직노) x 2.3

* 추정금액이 1억 이상인 건설공사

※ 국토부 고시 제2015–610호(2015.8.20.) 요율 적용

[환경보전비]

(직접공사비) x 율

구분	요율
도로(예시: 교량, 터널, 활주로 등)	0.9
플랜트(예시: 발전소, 쓰레기소각장 등)	0.4
지하철	0.5
철도	1.5
상하수도(예시: 폐수, 하수처리장, 정수장 등)	0.5
항만(간척, 준설): 오탁 또는 준설토 방지막 설치	1.8
항만(간척, 준설): 오탁 또는 준설토 방지막 미설치	0.8
댐	1.1
택지개발	0.6
기타 토목(하천 등)	0.8
주택(재개발, 재건축)	0.7
주택(신축)	0.3
주택 외 건축	0.5
조경, 기타(전문, 개보수 공사)	0.3

* 환경관리비의 산출기준 및 관리에 관한 지침 (국토부 고시 제2018–528호, 2018.8.30.)

. (환경보전비 내 직접공사비) 환경오염방지시설 설치 · 운영 · 철거에 직접 소요되는 비용을 계상하고 표준시장단가, 표준품셈 등에 의해 산출

. (환경보전비 내 간접공사비) 시험검사비, 점검비, 교육훈련비 등 설계시 산출이 곤란한 금액을 반영하고, 직접공사비에 최저요율을 적용한 금액 이상을 계상

※ 적용제외: 전기공사, 정보통신공사, 소방시설공사, 국가유산 수리공사

[건설하도급대금지급보증서발급수수료]

(직접공사비) x 율

공사규모(추정가격)	요율
50억 미만	0.081
50억 이상 – 100억 미만	0.080
100억 이상 – 300억 미만	0.075
300억 이상 종심 ·종평제(토목 및 산업설비)	0.071
300억 이상 종심 ·종평제(건축)	0.068
턴키·대안공사	0.084

* 적용제외: 전문공사, 국가유산수리공사

※ 하도급대금 지급보증서 발급금액 적용기준 (국토부 고시 제2016–921호, 2016.12.19.)

[공사이행보증수수료]

공사규모 (직접공사비)	수수료
70억 미만	[직공비x0.0141%]x공기(년)
70억이상~120억미만	[1백만원+(직공비–75억)x0.0102%]x공기(년)
120억이상~250억미만	[1.5백만원+(직공비–130억)x0.0077%]x공기(년)
250억이상~500억미만	[2.4백만원+(직공비–250억)x0.0063%]x공기(년)
500억 이상	[4백만원+(직공비–500억)x0.0050%]x공기(년)

* 「지방계약법 시행령」 제51조제1항에 따른 적용 의무 대상
– (시행령 제42조 제1항) 추정가격 300억 이상인 공사의 계약
– (시행령 제6장) 대형공사계약(대안입찰, 일괄입찰), 특정공사의 계약
– (시행령 제9장) 기술제안 입찰에 의한 계약

□ 수의계약 시 1차 낙찰률, ( )은 2000.7.31.이전 (「정부입찰계약집행기준」 제9조)
– 추정가격10억미만으로 87.75%(85%)미만인 경우: 87.75%(85%)
– 추정가격10억 ~ 50억미만으로 86.75%(83%)미만인 경우: 86.75%(83%)
– 추정가격50억 ~ 100억미만으로 85.5%(80%)미만인 경우: 85.5%(80%)

□ 전기·통신·소방·전문 및 기타공사의 경우 일반관리비요율을 제외한 각종 요율은 건축, 토목 등 관련 공사업종에 따라 적용
(단, 공사규모 및 기간은 해당공종(전기·통신·소방·전문 및 기타공사)을 기준으로 함)

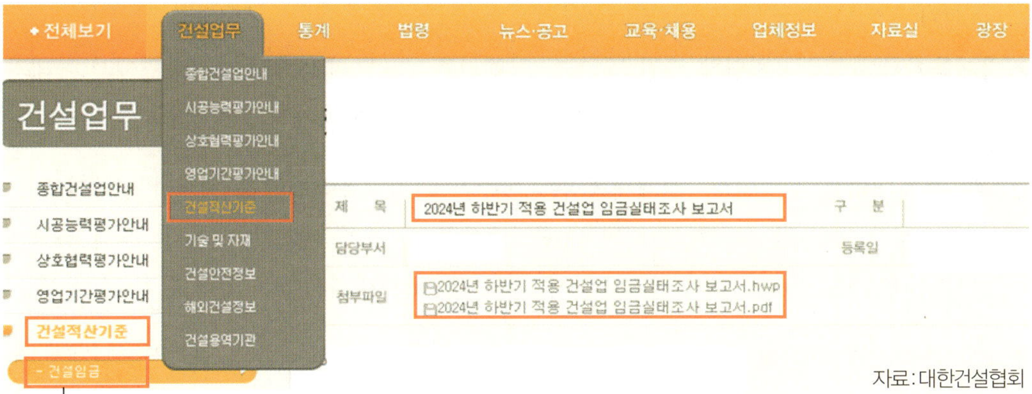

자료 : 대한건설협회

■ 통합 및 명칭변경 직종(일부)

연번	당초	통합직종	연번	당초	통합직종
1	수작업반장+작업반장	작업반장	19	계령공+모래분사공 +도장공	도장공
2	선부+검조부+양생공+보통인부	보통인부	20	기와공+슬레이트공	지붕잇기공
3	갱부+특별인부	특별인부	21	함석공+덕트공	덕트공
4	조림인부+조력공	조력공	22	철도궤도공 + 궤도공	궤도공
5	특수비계공+비계공	비계공	23	기계설치공+기계공	기계설비공

⋮

■ 직종해설(일부)

직종	직종명	해설
1001	작업반장	각 공종별로 인부를 통솔하여 작업을 지휘하는 사람(십장)
1002	보통인부	기능을 요하지 않는 경작업인 일반잡역에 종사하면서 단순육체노동을 하는 사람
1003	특별인부	보통 인부보다 다소 높은 기능정도를 요하며, 특수한 작업조건하에서 작업하는 사람
1004	조력공	숙련공을 도와서 그의 지시를 받아 작업에 협력하는 사람
1005	제도사	고안된 설계도면에 따라 도면을 깨끗하게 제도하거나 컴퓨터 프로그램으로 도면을 그리는(작업하는) 사람

⋮

■ 개별직종노임단가(총 127개 직종 중 일부) (단위 : 원)

번호	직종명 \ 공표일	2024.9.1	2024.1.1	2023.9.1	2023.1.1
1001	작업반장	209,949	208,713	204,626	197,546
1002	보통인부	167,081	165,545	161,858	157,068
1003	특별인부	219,321	214,222	208,527	197,450
1004	조력공	178,077	176,618	171,630	165,635
1005	제도사	230,134	223,779	217,544	209,231
1006	비계공	282,352	280,472	281,721	278,151
1007	형틀목공	275,108	274,978	274,955	259,126
1008	철근공	261,934	260,137	261,936	252,113
1009	철공	237,480	233,754	230,289	223,124
1010	철판공	216,258	211,998	208,846	202,901
1011	철골공	247,269	243,126	238,762	230,145
1012	용접공	270,724	267,021	262,551	249,748
1013	콘크리트공	264,080	261,283	255,373	245,223

⋮

그림 2.12 대한건설협회 통합직종 및 해설, 개별직종노임단가 자료

다. 예정가격 작성 절차

지방계약에서는 지방자치단체 입찰 및 계약 집행기준 제2장 **예정가격 작성요령**에서 아래와 같은 내용을 상세하게 규정하고 있고, 다음의 절차를 거쳐 **예정가격**을 작성한다.

1단계, 설계내역서 작성이다. **설계내역서**는 발주자와 기술용역계약을 체결한 **설계자**(원가계산 용역기관 포함)가 설계서에 따라 거래실례가격, 원가계산에 따른 가격, 직접 조사하여 작성한 **내역서**를 말한다. 이 **설계내역서**는 다음의 **조사내역서**를 작성하는 기준이 된다.

참고로 **추정가격 산정**은 **예산에 계상(計上)된 금액**이나 **해당 목적물의 규격서 · 설계서 등에 따라 산출된 금액** 등을 기준으로 산정하는데, **예산에 계상(計上)된 금액으로 추정가격을 산정**할 경우, **먼저 예산에 계상된 금액**과 그 **산출내역**을 확인해야 하는데, **예산은 보통 개략적으로 편성**하는 경우가 많으므로 예산확정 후 추정가격 산정 시점까지 여건변화 등을 확인하여 예산편성 내역을 그대로 인정할 만한 경우는 예산액에서 **부가가치세와 관급자재비를 제외한 금액**으로 산정한다. **설계내역서를 기준으로 추정가격을 산정**할 경우, 일괄입찰을 제외하고는 입찰 전에 설계가 별도로 이루어지므로 **설계금액 중 부가가치세와 관급자재비를 제외한 금액**이 추정가격이 된다.
따라서 위의 설계내역서를 기준으로 부가가치세와 관급자재비를 제외하면 추정가격이 산정된다.

2단계, 조사내역서 작성이다. **조사내역서**는 조달청 담당부서에서 **설계내역서**를 근거로 **관급자재비**를 **제외**하고, 공종 **물량**이 **과다 · 과소 반영**되었거나 **입찰공고 시점**으로 **단가**가 **과다 · 과소 반영**되었을 경우 이를 가감 조정한 후 합산하여 **최신화한 내역서**를 말한다.

3단계, 기초금액 작성이다. **기초금액**은 **조달청 계약심사부서**에서 **조사내역서**를 원가 심사하여 가격의 과다·과소 여부를 다시 검토 및 확인해서 최종 확정한 **조사내역서**를 말한다. **조달청 계약심사부서**는 최종 확정한 **조사내역서**를 **조사금액**(관급자재비 제외)이라 한다. 이 **조사금액**이 곧 15개의 복수예비가격을 산출하는 데 근간이 되는 **기초금액**이고, 이를 입찰공고 시에 **공개**한다. 만약, 최종 확정되기 전(前)의 **조사내역서**가 가감 조정된 경우에는 **예정가격조서**에 그 조정내용과 사유를 명시한다.

4단계, 복수예비가격 작성이다. **복수예비가격**은 **기초금액**을 가지고 국가계약은 **기초금액의 ±2%** 지방계약은 **기초금액의 ±3%** 상당금액 범위 내에서 서로 다른 15개의 **예비가격**을 작성하는데, 이 15개의 예비가격을 **복수예비가격**이라 한다.

5단계, 예정가격 및 낙찰하한가 결정이다. **예정가격**은 **현장 입찰의 경우**, **입찰실시 후**, 참가자 중에서 **4인**을 선정하여 **15개**의 **복수예비가격** 중 **4개**를 추첨토록 한 후, 이들의 **산술평균가격**을 **예정가격**으로 확정한다. **전자입찰의 경우**, 모든 전자입찰자가 복수예비가격 번호 중 **2개**를 추첨하고, **예정가격**은 전자입찰자가 선택한 예비가격번호 중 가장 많이 추첨된 번호순으로 **4개를 선정**하여 **산술평균**하여 **예정가격**을 확정한다. 이때 복수예비가격 4개를 산술평균한 결과 1원 미만이 있을 경우는 **절상**한다.

라. 공사원가계산서 작성

국가기관이 당사자가 되는 공사계약에서 계약담당공무원은 계약예규 예정가격작성준칙 제5조 제3항에 정한 바에 따라 재료비, 노무비, 경비의 **각 세비목**과 재료량, 노무량, 소요량의 **그 물량** 산출은 계약목적물에 대한 규격서, 설계서 등에 의하거나 동 예규 예정가격작성기준 **제3절 공사원가계산서**를 근거로 하여 산정하여야 한다. 또한, **조달청 공사계약관리 대상**은 일정률로 계상하는 **일반관리비**, **간접노무비** 등에 대해서는 사전 공고한 표 2.30 및 표 2.31 **공사원가 제비율 적용기준**을 준수하여 표 2.32의 **공사원가계산서 서식**에 따라 예정가격을 작성하여야 한다.

신기술, 신공법을 적용하는 공사나 **정부제정 표준품셈을 적용하는 것이 적절하지 못한 공사**의 경우에는 원가계산자료나 견적자료를 활용할 수밖에 없다. 비율분석방법이 적용되는 간접노무비와 경비 중 일부 비목의 산출에 활용하는 완성공사의 원가구성분석자료는 **매년 대한건설협회**가 지난 연도의 완성공사 원가자료를 수집· 분석하여 완성공사 원가구성비율을 작성해서 간행하고 있다.

표 2.32 공사원가계산서 작성기준 원칙

공사원가계산서

공사명: 공사기간:

구분 비 목			금 액	구 성 비	비고
순공사원가	재료비	직접재료비 간접재료비 작업설 · 부산물 등(Δ)			
		소계			
	노무비	직접노무비 간접노무비			
		소계			

비목 \ 구분			금 액	구 성 비	비고
	경비	전력비			
		수도광열비			
		운반비			
		기계경비			
		특허권사용료			
		기술료			
		연구개발비			
		품질관리비			
		가설비			
		지급임차료			
		보험료			
		복리후생비			
		보관비			
		외주가공비			
		산업안전보건관리비			
		소모품비			
		여비·교통비·통신비			
		세금과공과			
		폐기물처리비			
		도서인쇄비			
		지급수수료			
		환경보전비			
		보상비			
		안전관리비			
		건설근로자퇴직공제부금비			
		기타법정경비			
		소계			
일반관리비[{재료비+노무비+경비}×(　)%]					
이윤[{노무비+경비+일반관리비}×(　)%]					
총원가					
공사손해보험료[보험가입대상공사비부분의 총원가×(　)%]					

7.5 비목별 적산기준

순공사원가를 구성하는 재료비, 노무비, 경비 등의 비목은 재무부장관이 따로 이를 정하며, 그 내용은 다음과 같다.

(1) 재료비

1) 재료비의 세비목

재료비는 시공과정에서 소요되는 모든 재료비의 합계액을 말한다. 즉 재료의 구입과정에서 재료에 직접 관련되어 재료가 공사현장에 도착하기까지 발생하는 운임, 보험료, 보관비 등의 부대비용을 포함한다. 재료구입 후에 발생되는 부대비용은 경비의 해당 비목으로 계산한다.

재료비 = (직접재료비+간접재료비)−작업설 및 부산물

① 직접재료비

공사가 완성되었을 때, 발주자에게 인도되는 공사목적물의 실체를 형성하는 물품의 가치로서 주요 재료비, 부분품비 등을 포함한다.

② 간접재료비

공사목적물의 실체를 형성하지는 않으나 시공과정에 보조적으로 소비되는 물품의 가액(價額, 값)을 말하며, 소요재료비, 소모공구, 기구, 비품비를 포함하고, 시공에 필요한 가설재의 가액인 가설재료비를 포함한다.

③ 작업설, 부산물

공사목적물의 시공 중에 발생하는 작업설, 부산물 등은 그 매각액 또는 이용가치를 추산하여 재료비에서 공제한다. 설계당시 미리 공제하여야 하지만, 시공도중에 발생하거나 수량이 변동되면, 설계변경을 하여야 한다.

2) 재료량 산출

재료량의 산출은 공사를 구조물 단위의 주요 기능요소와 각 기능요소에 대한 부재단위인 부분요소의 분할로부터 시작하며, 이러한 분할에 따라 설계도 위에서 각 구분에 대한 규격과 공사수량을 결정할 수 있다. 구성요소는 그것을 구성하는 특정한 재료나 공법으로 구별할 수 있으므로 재료량은 설계도 외에 시방서와 표준품셈을 참조하여 재료의 종류별, 구조형식별, 규격(치수, 무게)별로 분류하여 산출하게 된다. 표준품셈의 적용기준에서 재료량의 산출에 관계되는 사항은 다음과 같다.

① 수량계산기준
② 설계서의 단위 및 소수의 기준
③ 주요 자재의 관급
④ 재료의 할증률
⑤ 재료의 단위중량
⑥ 공구손료 및 잡재료
⑦ 발생재의 처리

기기 및 재료의 수량산출을 할 때 그 구분방법은 다음과 같다.

① 대상에 의한 구분

㉠ 기기수량 : 대수(臺數), 조수 등으로 셀 수 있는 기계, 계기류의 수량

ⓛ 재료수량 : 길이, 넓이, 부피, 개수 등으로 나타내는 재료의 수량

ⓒ 노무수량 : 시공에 소요되는 노무공 수

ⓔ 기타수량 : 계약목적물의 시공 중에 소비되거나 소모되어 비용을 발생시키는 요소들의 양

② 범위에 의한 구분

㉠ 설계수량 : 설계수치나 도면에 나타낸 치수를 기준한 계산수량 또는 설계도서에 표시된 길이, 넓이, 부피, 개수, 대수, 조수 등 수량

ⓛ 소요수량 : 시공치수에 기인한 불필요한 손실, 시공상 불가피한 소모, 추가 등을 포함한 예측수량

ⓒ 계획수량 : 시공계획을 기준하여 계산한 수량

3) 재료단가

실무에 있어서 재료단가는 거래실례가격을 원칙으로 하여 재무부 고시가격, 조달청이 발행하는 가격정보지(현재는 발간하지 않고 조달청 홈페이지에 공종별로 게재된 단가 참조), 재무부장관이 가격조사기관으로 지정한 전문가격조사기관이 조사하여 발행하는 물가지(대한건설협회의 거래가격, 한국물가협회의 물가자료, 한국물가정보의 물가정보, 한국응용통계연구소의 유통물가 등)에 게재된 가격을 적용하고 있으며, 여기에 게재되지 않은 재료의 단가는 견적서 또는 세금계산서에 의한 가격을 적용하고 있다.

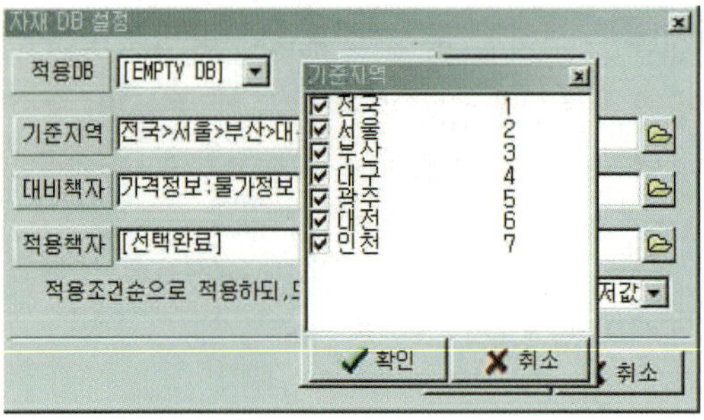

그림 2.11 자재단가 적용지역

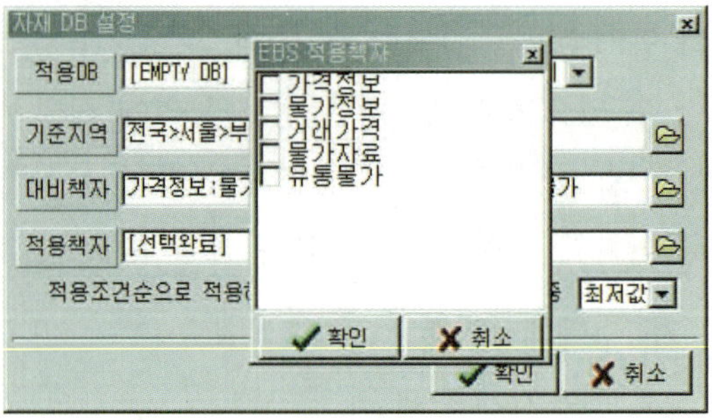

그림 2.12 자재단가 적용책자

자료 : (주)글로텍 EBS 적산프로그램

4) 재료의 할증률

공사용 재료의 할증률이란 시방서 및 도면에 의하여 산출된 정미량(正味未)에 재료의 운반, 절단, 가공 및 시공 중에 발생되는 손실량을 가산해주는 비율(%)로서 표 2.33~표 2.39의

값 이내로 적용한다.

표준품셈에서의 단위당 소요품은 재료의 절대소요량을 기준으로 하여 정한 것이므로 가공 및 시공품을 적용할 때에는 할증량에 대해 추가로 적용해서는 안 되며, 설계수량만 적용해야 한다. 재료비는 단가에 할증량을 포함한 총 소요량을 곱하여 산출한다.

표 2.33 콘크리트 포장용 재료의 할증률

종류	정치식(%)	기타(%)
시멘트	2	3
잔골재 · 채움재	10	12
굵은골재	3	5
아스팔트	3	
석분	2	3
혼화재	2	–

주) 속채움 재료의 경우도 이 값을 준용한다.

표 2.34 노상 및 노반재료(선책층, 보조기층, 기층 등)의 할증률

종류	할증률(%)	종류	할증률(%)
모래	6	부순돌, 자갈, 막자갈	4
석분	0	점질토	6

표 2.35 해상작업시 토사의 할증률

종류	할증률(%)	비고
치환모래	20	표면건조포화상태의 모래에 대한 할증률
깔모래	30	
사항용 모래	20	
압입모래	40	

표 2.36 해상작업시 토사의 할증률

종류 \ 지반 / 사석두께	보통지반		모래치환지반		연약지반	
	2m 미만	2m 이상	2m 미만	2m 이상	2m 미만	2m 이상
기초사석	25%	20%	30%	25%	50%	40%
피복석	15%	15%	15%	15%	20%	20%
뒤채움사석	20%	20%	20%	20%	25%	25%

표 2.37 해상작업시 속채움재의 할증률

종류	할증률(%)	비고
모래	10	케이슨 또는 세로 블록 등의 속채움 시 단, 블록 또는 콘크리트이 속채우재는 제외
사석	10	

표 2.38 가재류의 할증률

종류	할증률(%)	종류	할증률(%)
원형철근	5	대형 형강	7
이형철근*	6~7	소형 형강	5
일반볼트	5	봉강	5
고장력 볼트(HTB)	3	평강 대강	5
강판	10	경량형강 각 파이프	5
강관(옥외 수도용 강관 제외)	5	리벳(제품)	5

주) *교량, 지하철 및 이이와 유사한 복잡한 구조물의 주철근을 말하며, 해당공사 또는 구조물의 시공실적에 따라 조정하여 적용할 수 있다.

표 2.39 해상작업시 속채움재의 할증률

재료별		할증률(%)
목재	각재	5
	판재	10
합판	일반용 합판	3
	수장용 합판	5
쉬스관		8
조립식 구조물(U형 플름관 등)		3
레디믹스트 콘크리트 타설 (현장플랜트 포함)	무근 구조물	2
	철근 구조물	1
	철골 구조물	1
도료		2
벽돌	붉은 벽돌	3
	시멘트 벽돌	5
	내화 벽돌	3
	경계 블록	3
	호안 블록	5
원석(마름돌용)		30
석재판 붙임 용재	정형돌	10
	부정형돌	30
조경용 수목		10

재료별		할증률(%)
잔디		10
현장 혼합 콘크리트 타설 (인력 및 믹서)	무근 구조물	3
	철근 구조물	2
	소형 구조물	5
아스팔트 콘크리트 포설(현장 프랜트 포함)		2
졸대		20
텍스		5
석고판	못붙임용	5
	본드붙임용	8
콜크판		5
단열재		10
유리		1
테라코타		3
블록		4
기와		5
슬레이트		3
콘크리트 포장 혼합물의 포설		4
원심력 철근콘크리트판		3

5) 공구손료 및 잡재료

① 공구손료

공구손료는 일반공구 및 시험용 계측기구류의 손료로서 공사 중 상시 일반적으로 사용하는 것을 말하며, 별도의 동력을 필요로 하지 않는 것을 말하고, 직접노무비(노임할증과 작업시간 증가에 의하지 않은 품할증 제외)의 3%까지 계상하며, 철골공사 및 석공사 등의 특수공수 및 검사용 특수 계측기류의 손료는 별도 계상한다.

여기서 일반공구 및 일반시험용 계측기구에는 스패너류, 렌치류, 턴버클, 샤클, 스프레이건, 바이스, 클립 또는 클래프류, 용접봉 건조통, 게이지류, 마이크로미터, 버니어캘리퍼스 등이 포함된다.

② 잡재료 및 소모재료

잡재료 및 소모재료는 설계내역에 표시하여 계상하되 주재료비의 2~5%까지 계상한다.

6) 발생재의 처리

사용고재 및 기타 발생재의 처리는 표 2.40에 의해 적용하고, 그 대금은 설계당시 미리 제공한다. 또한 시공 도중에 발생되었거나 수량의 변동이 있을 경우에는 설계 변경을 해야 한다.

표 2.40 발생재의 공제율

품명	공제율
사용고재(시멘트 공대 및 공드럼 제외)	90%
강재 스크랩(scrap)	70%
기타 발생재	발생량

주) 공제금액 계산 = 발생량×공제율×고재단가

(2) 노무비

1) 노무비의 세비목

노무비는 공사원가를 구성하는 다음의 직접노무비와 간접노무비를 포함하며, 상여금, 퇴직급여 충당금 등을 합한 노임을 말한다.

노무비 = 직접노무비+간접노무비

① 직접 노무비

계약목적물을 완성하기 위하여 직접 작업에 종사하는 종업원 또는 노무자에 의하여 제공되는 노동력의 대가로서 다음의 과목을 포함한다.

㉠ 기본급 : 재무부장관이 결정하여 고시하는 정부노임단가로서 이 단가에는 기본급의 성격을 갖는 정근수당, 가족수당, 위험수당이 포함된다.

㉡ 제수당 : 기본급의 성격을 가지지 않은 시간외 수당, 야간수당, 휴일수당 등 작업상 통상적으로 지급되는 금액을 포함한다.

㉢ 상여금 : 연간 기본급 월액의 400%로 한다.

㉣ 퇴직급여 충당금 : 연간 기본 월액의 100%로 한다.

제수당, 상여금 및 퇴직급여 충당금은 근로기준법에서 규정하는 범위 내에서 계상하며, 제수당에 포함되는 시간외수당, 야간수당 및 휴일수당은 근로기준법에서 규정하는 임금에 대한 할증으로서 근로시간에 대하여 통상임금의 50/100 이상을 지급하도록 되어 있다. 시간외수당은 1일 주간 8시간을 초과한 연장시간근로, 야간수당은 하오 10시부터 다음날 상오 6시까지 사이의 야간근로 그리고 휴일수당은 휴일근로에 각각 적용된다. 통상시간임금을 기준했을 때, 시간외수당은 매 근로시간에 대하여 1+0.5=1.5배, 야간수당은 1+0.5+0.25=1.75배, 휴일수당은 주작업에 대하여 매시간 1.5배로 계상할 수 있다.

근로기준법은 근로시간, 근로조건, 휴식시간, 유해작업 규정, 휴일, 각종 유급휴가, 노임할증, 미성년자의 근로기준 등에 대하여 자세히 규정하고 있다. 노임계산은 이를 감안해서

하는데 근로자 측에서는 매년 이 법의 개정을 요구하고 있어 노사에 쟁점이 되고 있는 사항이다. 여기서는 현재 시행되고 있는 규정을 발췌해서 활용해보기로 한다.

① 근로시간은 휴게시간을 제외하고 1일에 8시간, 1주에 44시간을 기준으로 한다. 다만, 당사자 간 합의에 의하여 1주에 12시간 한도로 연장근로할 수 있다. 즉, 1일 10시간, 1주 56시간까지는 연장근로할 수 있다. 사용자는 특별한 사정이 있어 규정 이상의 연장근로할 경우 노동부장관의 허가와 본인의 동의에 의하여 위의 근로시간을 연장할 수 있다.
이때, 시간외수당 및 휴일 근무 시에는 통상임금에 50%를 가산하여 지급하여야 한다.

② 13~18세 미만자의 근로시간은 1일에 7시간, 1주에 42시간을 초과하지 못한다. 다만, 당사자 간의 합의에 의하여 1일 1시간, 1주에 6시간을 연장근로할 수 있다.

③ 여자와 18세 미만자는 하오 10시부터 상오 6시까지와 휴일에 근로시키지 못한다. 다만, 노동부장관의 인가를 얻은 경우는 그렇지 않다. 18세 이상의 여자에 대해서는 단체협약이 있는 경우라도 1일에 2시간, 1주에 6시간, 1년에 150시간을 초과하는 시간 외의 근로를 시키지 못한다.

④ 유해, 위험작업에 종사하는 자는 1일 6시간, 1주에 34시간을 초과하지 못하도록 되어 있는데 유해업소는 다음과 같다. 다량의 고열 물체를 취급하는 작업과 현저히 덥고 뜨거운 장소에서 가동하는 작업, 다량의 저온 물체를 취급하는 작업과 현저히 춥고 차가운 장소에서 가동하는 작업, 방사선, 엑스선 등 기타 유해한 장소에서 가동하는 작업, 흙이나 먼지, 짐승의 틀 등이 현저히 비산하는 장소에서 가동하는 작업, 잠수부, 케이션 속 등 이상 가압에서 가동하는 작업, 착암기, 항타기 등 신체에 현저히 진동을 주는 작업, 무겁고 힘든 중량물의 취급하는 작업 등이다.

⑤ 사용자는 근로시간 4시간에 30분, 8시간에 1시간 이상의 휴게시간을, 1주에 평균 1회 이상의 유급휴일을, 1월에 1일의 유급휴가(월차)를, 1년을 개근한 자에게는 10일간, 9할 이상 출근한 자에게는 8일의 유급휴가를, 2년 이상의 근속자에게는 매년 1년에 1일의 유급휴가를 따로 더 주어야 한다.

⑥ 공민권 행사를 위한 휴일, 주휴일, 법정공휴일 및 유급휴가 등은 근로일수에 산입한다.

⑦ 근로시간은 휴식을 제외하고 실제로 근로한 시간을 말하며, 지하작업을 하는 근로자는 입갱과 출갱에 요하는 시간은 근로시간에서 제외한다.

상여금 400%, 퇴직급여 100%의 조건을 기준으로 노무비 산정방법을 살펴본다. 휴일을 계산해 보면, 주휴일(365/7=52.14일), 월차(1년 12달=12일), 년차(10~8일=9일), 법정공휴일 및 임시공휴일 등(17일)로 총 90.14일이 된다. 1년 취로일수(노동일수) (365−90=275일), 월공용 일수는 30일로 보고 1년의 취로일수를 계산해보면 1월의 취로일수는 275/12=22.9일≒23일로 할 수 있을 것이다. 취로일수율은 월취로일수(23일)/월공용일수(30일)로 되는데, 현재 우리나라의 취로일수율을 20/25으로 하고있는 것은 정부노임단가가 1월 25일로 계산하여 산정된 단가로서 1월의 월가동일수를 25일로 하고 있기 때문이다. 그러나 앞에서 살펴본 바와 같이 취로일수율은 23/30으로 보는 것이 타당하다고 본다. 시간당 노무비 산정은 일시 고용인 경우는 기본급(노임단가)을 1/8로 나누어주면 되지만, 상시고용인 경우는 아래와 같이 제수당, 상여금, 퇴직급여수당 등을 고려해야 한다.

시간당 노무비(원/hr)

= **노임 단가(원/일)**×**시간당 노무품(노임산출계수)**

= **노임 단가(원/일)**×**년을 월로 보정×월을 일로 보정×일을 시간으로 보정**

= **노임 단가(원/일)**×$[(\frac{12}{12}+\frac{5}{12})\times\frac{25}{20}\times\frac{1}{8}]$

여기서, 상여금=400%, 퇴직충당금=100%, 일반작업근로자(일 8시간, 즉 $\frac{1}{8}$)의 예이며, 유해, 위험 작업 근로자(일 6시간 즉, $\frac{1}{6}$)는 일 6시간을 적용한다.

① 일시 고용인의 시간당 노무비

㉠ 보통작업 : 일반인부 및 중기운전사=A×1/8=0.125A(원/h)

㉡ 유해, 위험작업 : 잠수부=A×1/6=0.166A(원/h) 잠수부는 조로 편성된다. 잠수부 1인, 송기 특별인부 2인, 선부 1인 등 4인, 작업반장은 별도로 구성한다.
여기서 A는 **노임단가(원/일)**를 의미한다.

② 상시 고용인의 시간당 노무비

㉠ 보통작업 : 일반인부 및 중기운전사=A×25/20×1/8×17/12=0.22135A(원/h)

㉡ 유해, 위험작업 : 잠수부=A×25/20×1/6×17/12=0.2951A(원/h)

부득이한 사정으로 야간작업을 해야 할 때에는 작업능률의 저하를 20%까지 계산한다. 즉 야간작업의 능률은 80%이므로 같은 양의 일을 하더라도 주간보다 125%(1/0.8)의 품이 들어가므로 25% 품의 할증을 계상하여야 한다. 이에 대한 예를 들어보면 다음과 같다.

① 주간 6시간 보통작업 시의 노임=A(6/8×1)=0.75A

② 주간 8시간 보통작업 시의 노임=A(8/8×1)=A

③ 주간 10시간 보통작업 시 의노임=A[(8/8×1)+(2/8×1.5)]=1.375A

④ 야간 6시간 보통작업 시의 노임=A[(6/8×1)×(1+0.5+0.25)]=1.3125A

⑤ 야간 8시간 보통작업 시의 노임=A[(8/8×1)×(1+0.5+0.25)]=1.75A

⑥ 야간 10시간 보통작업 시의 노임=A[(8/8×1)×(1+0.5+0.25)+(2/8×1+0.5)]=2.125A

2) 간접 노무비

직접 작업에 종사하지는 않으나 작업 현장에서 보조작업에 종사하는 노무자, 종업원과 현장 감독자 등에 대한 기본급과 근로기준법에서 규정하는 범위 내에서 계상하는 제수당, 상여금 및 퇴직급여 충당금을 포함한다. 원가계산에 의한 예정가격작성준칙에 의하여 간접노무비를 계산하는 데는 직접계산방법, 비율분석방법 및 보완적용방법이 선택적으로 적용된다.

① 직접계산방법

발주 목적물의 노무량을 예정하고 노무단가를 적용하여 계산한다. 즉 [**간접노무비=노무량×노무비단가**]로 되며, 계상방법은 다음과 같다.

노무비 단가는 정부노임단가를 기준으로 하며, 노무량은 표준품셈에 따라 계상되는 노무량을 제외한 현장시공과 관련하여 현장관리사무소에 종사하는 인원의 노무량을 계상한다.

즉, 간접노무비의 대상으로 볼 수 있는 배치인원은 현장소장, 현장사무원(총무, 경리, 급사 등), 기획·설계부문종사자, 노무관리원, 자재·구매 관리원, 공구담당원, 시험관리원, 경비원, 청소원 등이다. 단가의 적용은 시중노임단가를 기준으로 하여 제수당, 상여금, 퇴직급여 충당금은 근로기준법에 따라 일정기간 이상 근로하는 상시근로자에 대하여 계상한다.

② 비율분석방법

발주목적물에 대한 직접노무비를 표준품셈에 따라 계상하고 직접노무비에 원가계산자료를 이용하여 계산된 **간접노무비율(간접노무비/직접노무비)**을 곱하여 계상한다.

간접노무비=[직접노무비×간접노무비율(간접노무비/직접노무비)]

첫째, 노무비 명세서(임금대장)를 이용하는 방법으로 개별(현장별) 공사원가 명세서에 대한 임금대장을 확보하고, 확보된 임금대장에서 직접·간접노무비를 구분하되 구분할 자료가 많은 경우에는, 간접노무비율은 객관성있게 산정할 수 있는 기간에 해당하는 자료를 사용해서 분석한다. 이 임금대장에서 표준품셈에 따라 계상되는 노무량을 제회한 현장시공과 관련하여, 현장관리사무소의 종사자에 대한 노무비(간접노무비)를 계상한다. 이 경우, 대규모공사의 현장관리사무소의 인력배치표를 참조할 수 있다. 이렇게 계산된 간접노무비를 직접 노무비로 나누어 간접노무비율을 결정한다.

둘째, 직접·간접 노무비 명세서를 이용하는 방법으로 시공업체로부터 직접·간접 노무비가 구분된 명세서를 확보한 경우에는, 위의 임금대장을 이용하는 방법에 따라 자료 및 내용을 검토하여 간접노무비율을 계산한다.

계약목적물의 특성(규모, 내용, 공급, 기간 등)을 고려하여 이와 유사한 실적이 있는 시공업체의 원가계산자료, 즉 개별(현장별) 공사원가명세서, 노무비명세서(임금대장) 또는 직접·간접노무비 명세서를 확보하여 계산한다.

표 2.41은 조달청에서 원가계산에 의한 예정가격작성준 공사원가계산 제9조 ④, ⑤항을 근거로 공사규모별, 공사기간별, 간접노무비율 적용기준을 별도로 제시한 자료이다.

표 2.41 공사원가계산 간접노무비율 적용기준(조달청 자료)

공사규모	공사기간	간접노무비 (직접노무비)×간접노무비율			
		토목	조경	건축	건축산업비
50억원 미만	6개월 이하(183일)	10.5	9.9	8.9	10.4
	7~12개월(365일)	10.0	9.4	8.4	9.9
	13~36개월(1095일)	9.7	9.1	8.0	9.5
	37개월 이상(1096일)	10.4	9.8	8.2	9.5
50억원 이상~ 300억원 미만	6개월 이하(183일)	9.4	8.8	7.6	9.1
	7~12개월(365일)	8.9	8.3	7.1	8.6
	13~36개월(1095일)	8.6	8.0	6.7	8.2
	37개월 이상(1096일)	9.3	8.7	6.9	8.4
300억원 이상~ 1000억원 미만	6개월 이하(183일)	9.1	8.5	7.7	9.1
	7~12개월(365일)	8.6	8.0	7.2	8.6
	13~36개월(1095일)	8.3	7.7	6.8	8.2
	37개월 이상(1096일)	9.0	8.4	6.9	8.4
1000억원 이상	6개월 이하(183일)	9.0	8.4	7.4	8.9
	7~12개월(365일)	8.5	7.9	6.9	8.4
	13~36개월(1095일)	8.2	7.6	6.5	8.0
	37개월 이상(1096일)	8.8	8.3	6.7	8.1

[참고] 2025년 조달청 자료는 표 2.30, 표 2.31을 참조할 수 있음.

③ 보완적용방법

계약담당공무원은 위에서 제시한 직접계산방법 또는 비율분석방법에 의하여 간접노무비를 계산하는 것을 원칙으로 하되, 계약 목적물의 내용, 특성 등으로 인하여 원가계산자료를 확보하기가 곤란하거나 확보된 자료가 신빙성이 없어 원가계산자료로서 활용하기가 곤란한 경우에는 다음의 원가계산자료(공사종류 등에 따른 간접노무비율)를 참고로 이 비율을 당해 계약목적물의 공사 규모, 내용, 공종, 공사기간 등의 특성에 따라 해당 비율의 평균치를 적용하여 간접노무비(**직접노무비×간접노무비율**)를 계상할 수 있다.

표 2.42 간접노무비율 보완적용 자료

규모		간접노무비율
공사종류별	건축공사	14.5
	토목공사	15
	특수공사(포장, 준설 등)	15.5
	기타(전문, 전기, 통신 등)	15
공사규모별 (품셈에 의하여 산출되는 공사원가기준)	50억원 미만	14
	50~300억원	15
	300억원 이상	16
공사기간별	6개월 미만	13
	6~12개월	15
	12개월 이상	17

1) 자료 : (계약예규) 예정가격작성기준(기획재정부계약예규)
2) 공사규모는 재료비, 직접노무비, 경비(보험료와 안전관리비를 제외한 직접계상경비)의 합을 의미한다.

예로, 공사규모가 10억원이고, 공사기간이 15개월인 건축공사의 경우, 적용비율은 다음과 같다.

$$\textbf{간접노무비율} = (15\% + 17\% + 14.5) \div 3 = 15.5\%$$

3) 노무량 산출

노무량은 일반적으로 주어진 공정에 배치된 기능직종별, 등급별 인원구성을 하고 이 인원이 주어진 조건에 시간, 일 등 단위작업시간에 완성하는 평균 시공물량, 즉 작업생산성을 역수로 하여 시공물량단위당 노무시간을 나타낸 노무품을 말하며, 원가계산 기초자료로 작성된 표준품셈이 여기에 해당된다.

원가계산에 있어서 비목별 가격결정원칙에 따라 노무량을 결정하는 기준이 되는 표준품셈은 작업공정별로 기준이 되는 현장조건과 작업조건(취급하는 재료, 사용하는 장비 및 공구)

등에 대하여 다음과 같은 문제점을 갖고 있다.

① 기준조건에 변동이 있거나 신기술이나 신공법이 적용되는 공사에 있어서는 새로운 품셈을 제정하거나 기존 표준품셈을 개정해서 보완해야 하기 때문에 실무적용에 번거로움이 많고, 표준품셈이 모든 조건을 반영하지 못할 경우 표준품셈을 적용하여 직접노무비에 대한 적정성의 의문이 제기될 수 있다.

② 직접노무비는 표준품셈으로 제시된 노무량에 재무부고시 노임단가를 곱해서 계산되는 것이므로 노무량과 노임단가가 현실성이 없을 경우 이렇게 계산된 시공물량 단위당 노무단가는 실제로 예상할 수 있는 실제단가와 큰 차이를 갖게 된다.

4) 노임단가

① 정부고시 노임단가

㉠ 정부노임단가는 재무부의 회계제도과가 주관하여 130여개 직종에 대하여 년 1회 실사하여 결정하는데, 50~60개 현장을 대상으로 년말 현장노임지급대장을 기준으로 조사하며, 조사한 내용을 경제기획원 등 관련정부부처와 협의 조정하여 다음해 년초에 공표, 1월 1일부터 소급적용한다.

㉡ 노임단가는 1일 8시간을 기준으로 일급으로 지불하는 기본급여액이며, 산업안전보건법 제46조 및 동법시행령 제33조에 규정된 작업에 종사하는 직종 1일 6시간을 기준으로 한다. 그러므로 제수당, 상여금 및 퇴직급여 충당금에 대해서는 근로기준법에서 규정하고 있는 방법에 따라 별도로 계상하게 된다.

㉢ 도서지역의 공사부문(광, 전자통신, 문화재, 원자력부문 포함)에 대해서는 이 노임단가의 100분의 15범위 내에서 일정액을 가산 적용하도록 하며, 공사부문의 직종 중 기준에 명시되어있지 않은 것은 유추 적용할 수 있도록 규정하고 있다.

② 건설부문 시중노임단가

㉠ 건설업 임금실태 조사기관으로 지정된 대한건설협회가(1990. 11. 27 통계청 지정) 156개 직종에 대하여 조사를 실시하고 있으며, 1992년 5월의 경우 시중노임단가의 정부고시 노임단가(1일 8시간 기준)에 대한 비율은 1.55배로서 시중노임단가의 64.7%에 불과한 큰 격차를 보이고 있다. 그러나 1993년에 고시한 정부노임단가는 전년도에 비하여 26.8% 인상 책정되어 시중노임단가의 80%로 접근하고 있다.

㉡ 시중노임단가는 정부기관의 예정가격 작성에는 적용되지 않으나 정부의 임금 통계자료로 활용되고 있으며, 미군극동건설공병단이 발주하는 공사나 민간공사에

적용되고 있다.

이렇게 정부가 발표한 정부고시노임단가를 2013년 현재 대한건설협회에 이관하여 대한건설협회에서 시중노임을 조사발표하고 있다(그림 2.12 참조).

(3) 경비

1) 경비의 세비목

경비는 공사의 시공을 위하여 소요되는 공사원가 중에 재료비, 노무비를 제외한 원가를 말하며, 기업의 유지를 위한 관리활동부문에서 발생하는 일반관리비와 구분되며, 경비를 구성하는 세비목은 다음 27개로 규정되어 있다.

① 전력비, 수도광열비는 계약목적물을 시공하는데 직접 소요되는 당해 비용을 말한다.

② 운반비는 재료비에 포함되지 않은 운반비로서 원재료, 반재료 또는 기계기구의 운송비, 하역비, 상하차비, 조작비 등을 말한다.

③ 기계경비는 각 중앙관서의 장 또는 그가 지정하는 단체에서 제정한 "표준품셈"상의 건설기계의 경비산정기준에 의한 비용을 말한다.(제2장 기계경비의 적산 참조)

④ 특허권 사용료는 타인 소유의 특허권을 사용한 경우에 지급되는 사용료로서 그 사용비례에 따라 계산한다.

⑤ 기술료는 당해 계약목적물을 시공하는데 직접 필요한 노우·하우비(Know-how비) 및 동 부대비용으로서 외부에 지급되는 비용을 말하며 세법(법인세법상의 시험연구비)에서 정한 바에 따라 계상하여 사업초년부터 이연(차례로)상각하되 그 사용비례를 기준으로 배분 계산한다.

⑥ 연구 개발비는 당해 계약목적물을 시공하는데 직접 필요한 기술개발 및 연구비로서 시험 및 시범제작에 소요된 비용 또는 연구기관에 의뢰한 기술개발 용역비와 법령에 의한 기술개발 촉진비 및 직업훈련비를 말하며 세법(법인세법상의 시험연구비)에서 정한 바에 따라 이연상각하되 그 사용비례를 기준하여 배분계산한다. 다만, 연구개발비 중 장래 계속시공으로서의 연결이 불확실하여 미래수익의 증가와 관련이 없는 비용은 특별상각할 수 있다.

⑦ 품질관리비는 당해 계약목적물의 품질관리를 위하여 관련법령 및 계약조건에 의하여 요구되는 비용(품질시험인건비를 포함한다)을 말하며, 간접노무비에 계상(시험관리인)되는 것은 아니다.

⑧ 가설비는 공사목적물의 실체를 형성하는 것은 아니나 현장사무소, 창고, 식당, 숙사,

화장실 등 동시공을 위하여 필요한 가설물의 설치에 소요되는 비용을 말한다.

⑨ 지급임차료는 계약목적물을 시공하는데 직접 사용되거나 제공되는 토지, 건물, 기계기구(건설기계를 제외한다)의 사용료를 말한다.

⑩ 보험료는 산업재해보험, 고용보험, 국민건강보험 및 국민연금보험 등 법령이나 계약조건에 의하여 의무적으로 가입이 요구되는 보험의 보험료를 말하며, 재료비에 계상되는 보험료는 제외한다. 다만, 공사손해보험료는 제20조의 2에서 정한 바에 따라 별도로 계상한다.

⑪ 복리후생비는 계약목적물을 시공하는데 종사하는 노무자, 종업원, 현장사무소직원 등의 의료위생약 품대, 공상치료비, 지급피복비, 건강진단비, 급식비 등 작업조건 유지에 직접 관련되는 복리후생비를 말한다.

⑫ 보관비는 계약목적물의 시공에 소요되는 재료, 기자재 등의 창고사용료로서 외부에 지급되는 비용만을 계상하여야 하며 이 중에서 재료비에 계상되는 것을 제외한다.

⑬ 외주가공비는 재료를 외부에 가공시키는 실가공비용을 말하며, 외주가공품의 가치로서 재료비에 계상되는 것은 제외한다.

⑭ 산업안전보건관리비는 작업현장에서 산업재해 및 건강장해 예방을 위하여 법령에 의거 요구되는 비용을 말한다.

⑮ 소모품비는 작업현장에서 발생되는 문방구, 장부대 등 소모용품을 말하며, 보조재료로서 재료비에 계상되는 것은 제외한다.

⑯ 여비 · 교통비 · 통신비는 시공현장에서 직접 소요되는 여비 및 차량유지비와 전신전화사용료, 우편료를 말한다.

⑰ 세금과공과는 시공현장에서 당해 공사와 직접 관련되어 부담하여야 할 재산세, 차량세등의 세금 및 공공단체에 납부하는 공과금을 말한다.

⑱ 폐기물처리비는 계약목적물의 시공과 관련하여 발생되는 오물, 잔재물, 폐유, 폐알칼리, 폐고무, 폐합성수지 등 공해유발물질을 법령에 의거 처리하기 위하여 소요되는 비용을 말한다.

⑲ 도서인쇄비는 계약목적물의 시공을 위한 참고서적구입비, 각종 인쇄비, 사진제작비(VTR 제작비를 포함한다) 및 공사시공 기록책자 제작비 등을 말한다.

⑳ 지급수수료는 시행령 제52조 제1항 단서의 규정에 의한 **공사이행보증수수료**, 건설산업기본법 제30조 및 하도급거래공정화에 관한 법률 제13조의 2의 규정에 의한 **건설하도급대금 지급보증서 발급수수료**, 국토부고시(제2019-286호, 2019.6.19)의 규정에 의한 **건설기계대여대금 지급보증액 발급금액**의 법령으로서 지급이 의무화된 수수

료를 말한다. 이 경우 보증서 발급수수료는 보증서 발급기관이 최고 등급업체에 대해 적용하는 보증요율 중 최저요율을 적용하여 계상한다.

㉑ 환경보전비는 계약목적물의 시공을 위한 제반환경 오염방지시설을 위한 것으로서, 관련법령에 의하여 규정되어 있거나 의무로 지워진 비용을 말한다.

㉒ 보상비는 당해 공사로 인해 공사현장에 인접한 도로·하천, 기타 재산에 훼손을 가하거나 지장물을 철거하게 됨에 따라 발생하는 보상·보수비를 말한다. 다만, 당해공사비를 위한 용지보상비는 제외한다.

㉓ 안전관리비(안전점검비)는 건설공사의 안전관리를 위하여 건설안전 전문기관에 의뢰하여 실시하는 정기안전점검 또는 정밀안전점검에 소요되는 비용을 말한다.

㉔ 건설근로자 퇴직공제부금비는 관계법령에 의하여 건설근로자 퇴직공제에 가입하는데 소요되는 비용을 말한다. 다만, 제9조 제1항 제4호 및 제17조의 규정에 의하여 퇴직급여 충당금을 산정하여 계상한 경우에는 동금액을 제외한다.

㉕ 관급자재관리비는 공사현장에서 사용될 관급자재에 대한 보관 및 관리 등에 소요되는 비용을 말한다.

㉖ 법정부담금은 관련법령에 따라 해당 공사와 직접 관련하여 의무적으로 부담하여야 할 부담금을 말한다.

㉗ 기타 법정경비는 위에서 열거한 이외의 것으로서 법령으로 규정되어 있거나 의무로 지워진 경비를 말한다.

2) 경비 산출

경비는 공사의 시공을 위하여 소요되는 공사원가 중 **재료비, 노무비**를 제외한 원가를 말하며, 기업의 유지를 위한 관리활동부문에서 발생하는 일반관리비와 구분된다. 이를 세부적으로 살펴보면, **직접공사경비**와 **간접공사경비**로 구분된다.

① **직접공사경비**는 **소요(소비)량**의 측정이 가능한 경비를 말한다. 즉, 품셈이나 계약서 그리고 법정요율에 의해서 계산이 가능한 경비를 말한다.

② **간접공사경비**는 **소요(소비)량** 측정이 곤란하여 유사원가계산자료를 활용한 비율산정의 적용이 불가피한 경비, 공사의 시공을 위하여 공통적으로 소요되는 **법정경비**와 **승률비용** 그리고 기타 부수적인 비용을 말한다.

소요(소비)량의 측정이 가능한 **직접공사경비**와 소요(소비)량의 측정이 곤란한 **간접공사경비**에 대한 구체적인 경비의 세비목을 나타내면 다음과 같다.

① **직접공사경비 세비목 및 산출**

직접공사경비에는 계약목적물을 시공하는데 직접 소요되는 경비로서 (계약예규) 예정가격작성기준 제38조 제2항 제3호의 **기계경비, 운반비, 전력비, 가설비, 지급임차료, 보관비, 외주가공비, 특허권 사용료, 기술료, 보상비, 연구개발비, 품질관리비, 폐기물처리비 및 안전관리비**를 말한다. 직접공사경비의 세비목별 경비산정은 다음 산출 식으로 계상된다.

경비 = 소요(소비)량 × 경비 단가

② **간접공사경비 세비목 및 산출**

간접공사경비에는 (계약예규) 예정가격작성기준 제39조 제2항의 **산재보험료, 고용보험료, 국민건강보험료, 국민연금보험료, 건설근로자퇴직공제부금비, 산업안전보건관리비, 환경보전비**, 기타 관련 법령에 규정되어 있거나 의무로 지워진 경비로서 공사원가계산에 반영토록 명시된 **법정경비** 그리고 **기타 간접공사경비**(수도광열비, 복리후생비, 소모품비, 여비·교통비·통신비, 세금과 공과, 도서인쇄비, 지급수수료)의 **7개 비목**으로 분류해서 다음 산정 식을 적용하여 계산하고 있고, 조달청은 지급수수료를 제외한 6개 비목으로 분류하여 **기타 간접공사경비**의 용어를 **기타경비**로 칭하여 계상하고 있다.

기타경비 = (재료비 + 노무비) × 기타경비 기준율

표 2.43은 (계약예규)예정가격작성기준 제39조 간접공사비에 제시된 간접공사경비의 근거를 나타내고 있다.

표 2.43 (계약예규) 예정가격작성기준 제39조 간접공사비 분류

제39조**(간접공사비)**

① **간접공사비**란 공사의 시공을 위하여 공통적으로 소요되는 법정경비 및 기타 부수적인 비용을 말하며, 직접공사비 총액에 비용별로 **일정 요율**을 곱하여 산정한다.

② **간접공사비**는 다음 각호의 비용을 포함하며, 비용에 대한 구체적인 정의는 제10조 제2항 및 제19조를 준용한다.
1. 간접노무비, 2. 산재보험료, 3. 고용보험료, 4. 국민건강보험료, 5. 국민연금보험료, 6. 건설근로자퇴직공제부금비, 7. 산업안전보건관리비, 8. 환경보전비, 9. 기타 관련법령에 규정되어 있거나 의무로 지워진 경비로서 공사원가계산에 반영토록 명시된 법정경비, 10. **기타간접공사경비**(수도광열비, 복리후생비, 소모품비, 여비, 교통비, 통신비, 세금과 공과, 도서인쇄비 및 지급수수료를 말한다.)

③ 제1항의 **일정 요율**이란 관련법령에 의해 각 중앙관서의 장이 정하는 **법정 요율**을 말한다. 다만 법정 요율이 없는 경우에는 다수기업의 평균치를 나타내는 공신력이 있는 기관의 통계자료를 토대로 각 중앙관서의 장 또는 계약담당공무원이 정한다.

④ 제38조에 따라 산정되지 아니한 공종에 대하여도 간접공사비 산정은 제1항 내지 제3항을 적용한다.

그러나 조달청에서는 지급수수료에 해당하는 **건설기계대여금 지급보증액 발급금액, 건설하도급대금 지급보증서 발급수수료, 공사이행보증 수수료**를 표 2.30~2.31로 별도로 제시하고 있어서 기타경비에 **지급수수료**를 제외한 **수도광열비, 복리후생비, 소모품비, 여비 · 교통비 · 통신비, 세금과 공과, 도서인쇄비**의 **6개 항목**으로 분류해서 다음 산정 식으로 공종별로 공사규모와 공사기간에 따라 **표 2.44**의 **기타경비 기준율**을 적용하여 승률비용으로 계상하고 있다.

$$기타경비 = (재료비 + 노무비) \times 기타경비\ 기준율$$

표 2.44 공사원가계산 기타경비 기준율 적용기준(조달청 자료)

공사규모	공사기간	간접노무비 (재료비+노무비)×기타 경비율			
		토목	조경	건축	산업설비
50억원 미만	6개월 이하(183일)	6.2	6.1	5.4	5.9
	7~12개월(365일)	6.2	6.1	5.7	6.7
	13~36개월(1095일)	6.3	6.2	6.4	6.0
	37개월(1096일)	6.3	6.2	6.5	7.4
50억원 이상~ 300억원 미만	6개월 이하(183일)	6.3	6.2	6.4	6.1
	7~12개월(365일)	6.4	6.3	6.6	6.9
	13~36개월(1095일)	6.5	6.4	7.3	6.2
	37개월(1096일)	6.5	6.4	7.4	7.6
300억원 이상~ 1000억원 미만	6개월 이하(183일)	6.3	6.2	6.1	4.8
	7~12개월(365일)	6.3	6.2	6.4	5.6
	13~36개월(1095일)	6.4	6.3	7.1	4.9
	37개월(1096일)	6.4	6.3	7.2	6.3
1000억원 이상	6개월 이하(183일)	6.2	6.1	5.8	4.6
	7~12개월(365일)	6.3	6.2	6.0	5.4
	13~36개월(1095일)	6.4	6.3	6.7	4.7
	37개월(1096일)	6.4	6.3	6.8	6.1

1) 기타 경비항목 : 수도광열비, 복리후생비, 소모품비, 여비 · 교통비 ·통신비, 세금과공과, 도서인쇄비
[참고] 2025년 조달청 자료는 표 2.30, 표 2.31을 참조할 수 있음.

따라서 실무에서는 기타경비를 산정할 때 대부분 조달청 발주공사에 준하여 기타경비를 산출하고 있는 실정이다.

예전에는 이 **기타경비 비목**에 직접 소요되는 비용의 산출이 어려워서 **대한건설협회의 완성공사 원가분석자료**를 분석하여 **표 2.45**와 같이 공종별로 공사규모와 공사기간에 따라 경비

의 기준율을 정해서 활용해 왔었지만, 지금은 조달청에서 제시한 **기타경비 기준율**을 적용하고 있다.

표 2.45 기타경비 기준율 (단위 : %)

구분	공종			공사규모			공사기간		
	건축	토목	특수	5억원 미만	5억원 이상 30억원 미만	30억원 이상	6개월 미만	6개월 이상 12개월 미만	12개월 이상
경비	3.8644	6.1406	5.9429	3.3297	4.5221	5.2655	4.5206	5.0062	4.692

주) 특수공사 : 철강재 설치공사, 준설공사, 포장공사, 조경공사
공사금액 규모 : 재료비+노무비+경비(품셈이나 법정요율을 적용하여 직접 계상되는 경비)

참고로 정부 원가계산 간접공사비(제비율) 적용기준은 지난 1989년 당시 건설업 상황에 따라 제정된 것을 일부 조정하면서 지금까지 적용해 왔지만, 기준율을 적용하여 계상하는 기타경비 비목의 기준율 적용기준인 공사규모와 공사기간이 공사규모의 대형화 변화 추세에 있는 현재의 건설업 구조에 맞지 않는다는 지적에 따라 **표 2.44**의 기타경비 기준율로 건설산업 현실에 맞게 조정됐다. 즉, 공사규모에 따라 소형공사는 종전 5억 원 미만에서 **50억 원 미만**으로 중형공사는 5억~30억 원 미만에서 **50억 원 ~ 300억 원 미만**, 대형공사는 30억 원 이상에서 **300억 원 ~1,000억 원 미만**, 그리고 **1,000억 원 이상**을 새로이 추가하여 조정했다.

또한, 경비산정의 편의를 위해 (계약예규) 예정가격작성기준 제19조 제3항 **경비**(제1호에서 제27호까지)**의 세비목**은 적산 기준, 관련 계약서, 실비, 법정 요율에 의하여 **직접 계상해서 산출하는 경비의 비목**과 **기타경비 기준율 적용으로 계상해서 산출하는 경비의 비목**으로 구분해 볼 수 있다. **직접 계상해서 산출하는 경비의 비목**은 운반비, 기계경비, 가설비, 산업안전보건관리비(별도비용)의 **적산 기준에 따라 계상하는 경비 비목**, 특허권 사용료, 기술료, 연구개발비, 안전관리비의 **관련 계약서에 따라 계상하는 경비 비목**, 전력비, 품질관리비, 지급임차료, 보관비, 외주가공비, 폐기물처리비, 보상비, 관급자재비의 **실비로 계상하는 경비 비목** 그리고 보험료, 산업안전보건관리비(기본비용), 환경보전비, 기타법정경비, 퇴직공제부금비, 법정부담금, 지급수수료(조달청 공사 지급수수료 : 건설기계 대여금지급보증액 발급금액, 건설하도급 대금지급보증서 발급수수료, 공사이행보증수수료)의 **법정요율에 따라 계상하는 경비 비목**의 4종류로 분류할 수 있다. 또한, **기타경비 기준율 적용으로 계상해서 산출하는 경비의 비목**은 수도광열비, 복리후생비, 소모품비 및 사무용품비, 여비·교통·통신비, 세금과 공과, 도서인쇄비의 6개의 비목이 있다.

한편, (계약예규) 예정가격작성기준 제19조 제3항 경비(제1호에서 제26호까지)의 **세비목**에 대한 계상은 **해당 계약목적물 시공기간의 소요(소비)량**을 **측정**하거나 (계약예규) 예정가격작성기준 제34조에 의한 **표준품셈 등 원가계산자료**나 (계약예규) 예정가격작성기준 제19조 제2항에 의한 **계약서, 영수증 등**을 근거로 산정 한다.

예를 들면, **공사용 임시전력 비용**, 즉 터널공사용 장비 운용에 소요되는 **전력료**, 철강재 교량공사의 용접교 제작 등 용접에 소요되는 공사용 **전기료** 등은 소요량 측정(산출)이 가능한 경비로서 직접 계상경비 중에 (계약예규) 예정가격작성기준 제19조 제3항 제1호의 **전력비**의 비목에 해당한다. 그러나 **가설물의 설치**(가설사무소, 숙소 등)**에 소요되는 비용**, 즉 오폐수처리시설 등 위생시설, **전기** 및 수도 인입시설 등은 **소요량 측정(산출)이 가능한 경비**로서 **직접계상경비** 중에 (계약예규) 예정가격작성기준 제19조 제3항 제8호의 **가설비**의 비목에 계상하고, **공사용 전력비**는 (계약예규) 예정가격작성기준 제19조 제3항 제1호의 **전력비**의 비목에 계상하는 것이 원칙이다. **수도광열비**(상하수도료, 전기료, 냉난방 가스대, 유류 등에 소요되는 비용)는 공사현장 내 사무실 등에서 소요되는 경비로서 품셈 또는 관련법령에 의하여 산출이 곤란하므로 각 중앙관서의 장이 정하는 법정요율에 따라 공사원가에 계상하는 **간접공사경비** 중에 (계약예규) 예정가격작성기준 제19조 제3항 제10호의 **기타경비**에 해당한다. 따라서 **전력비**는 **계약목적물을 시공하는데 직접적으로 소요되는 해당 비용**으로서 전력 소요량을 측정하여 이를 근거로 공사원가를 산정하고, **수도광열비**(상하수도료, 전기료, 냉난방 가스대, 유류 등에 소요되는 비용)는 공사현장 내 사무실 등에서 소요되는 경비로서 품셈 또는 관련법령에 의하여 산출이 곤란하므로 각 중앙관서의 장이 정하는 **법정요율**에 따라 공사원가를 계상한다. 또한, 국가기관이 당사자가 되는 공사계약에서 (계약예규) 예정가격작성기준 제19조 제3항 제21호의 **환경관리비(환경보전비)**는 **직접공사비×요율 이상**을 적용하여 산정한다. **환경보전비**는 건설공사현장에 설치하는 **환경오염 방지시설의 설치 및 운영**에 필요한 비용과 건설공사현장에서 발생하는 **폐기물의 처리 및 재활용**에 필요한 비용을 말한다. 이때 **환경보전비**는 직접공사비에 건설기술진흥법 시행규칙 별표 8의 **환경관리비 세부산출기준**에서 정한 **요율 이상**을 적용하여 계상하되, **표준품셈 등 원가계산에 따라 산출한 환경보전비를 포함**한다. 이때 **직접공사비**는 계약목적물의 시공에 직접적으로 소요되는 비용을 말하는 것으로 예정가격작성기준 제38조 제2항에 따라 **재료비, 직접노무비 및 직접공사경비(조달청 발주공사는 표 2.47의 산출경비)**를 포함하는 것이며, 이는 발주기관이 예정가격 작성을 위해 산출하는 비용인 것이지만, **계약상대자의 입장**에서는 결국 입찰금액 중에 **직접공사비**를 기준으로 산출하는 것이 타당하다.

표 2.46 (계약예규) 예정가격작성기준 제38조 직접공사비 분류

제38조(**직접공사비**)
① 직접공사비란 계약목적물의 시공에 직접적으로 소요되는 비용을 말하며, 계약목적물을 세부 공종(계약예규 「정부 입찰 · 계약 집행기준」 제19조 등 관련 규정에 따른 **수량산출기준**에 따라 공사를 작업단계별로 구분한 것을 말한다)별로 구분하여 **공종별 단가**에 **수량**(계약목적물의 설계서 등에 의해 그 완성에 적합하다고 인정되는 합리적인 단위와 방법으로 산출된 공사량을 말한다)을 곱하여 산정한다.
② **직접공사비**는 다음 각호의 비용을 포함한다.

1. **재료비**
재료비는 계약목적물의 실체를 형성하거나 보조적으로 소비되는 물품의 가치를 말한다.
2. **직접노무비**
공사현장에서 계약목적물을 완성하기 위하여 직접작업에 종사하는 종업원과 노무자의 기본급과 제수당, 상여금 및 퇴직급여충당금의 합계액으로 한다.
3. **직접공사경비**
공사의 시공을 위하여 소요되는 **기계경비, 운반비, 전력비, 가설비, 지급임차료, 보관비, 외주가공비, 특허권 사용료, 기술료, 보상비, 연구개발비, 품질관리비, 폐기물처리비 및 안전관리비**를 말하며, 비용에 대한 구체적인 정의는 제19조를 준용한다.

③ 제1항의 공종별 단가를 산정함에 있어 재료비 또는 직접공사경비 중의 일부를 제외할 수 있다. 이 경우에는 해당 계약목적물 시공 기간의 **소요(소비)량**을 측정하거나 **계약서, 영수증** 등을 근거로 금액을 산정하여야 한다.
④ 각 중앙관서의 장 또는 각 중앙관서의 장이 지정하는 기관은 직접공사비를 공종별로 직접조사 · 집계하여 산정할 수 있다.

조달청 발주공사의 **환경보전비** 산정은 원가계산에 의한 예정가격작성준칙, 공사원가계산 제18조 ㉑항의 표 2.46의 **직접공사비**에 **환경보전비 적용기준율**을 적용하여 산정한다.

환경보전비 = 직접공사비(재료비+직접노무비+산출경비)×환경보전비율

표 2.47 공사원가계산 환경보전비 적용기준율(조달청 자료)

공사내용	환경보전비 (재료비+직접노무비+산출경비)×환경보전비율
도로(교량, 터널, 활주로)	0.9
플랜트(발전소, 쓰레기소각로)	0.4
지하철	0.5
철도	1.5
상하수도(폐수, 하수처리장, 정수장)	0.5
댐	1.1
택지개발	0.6
주택(재개발, 재건축)	0.7
주택(신축)	0.3
주택 외 건축	0.5
기타 토목(하천 등)	0.8
항만(오탁, 준설토, 방지막 설치 필요 시 간척, 준설)	1.8
항만(방지막 불필요 시 간척, 준설)	0.8

[참고] 2025년 조달청 자료는 표 2.30, 표 2.31을 참조할 수 있음.

특히, **공사원가계산서**를 작성할 때, 27개의 경비 비목 중에 기계손료(일반적으로 경비라 칭함)와 운전 경비(운전 노무비 및 운전 재료비)로 구성된 **기계경비**는 기계사용수량에 단위 작업당 기계(장비 혹은 중기 사용료)를 곱해서 계산한 후 다음의 방식으로 집계하여 순공사원가를 계상하여야 한다. 즉, **기계손료**는 기계경비로 집계하고, 운전경비 중에 **운전 노무비**는 노무비 비목 중에 직접노무비로 집계하며, **운전 재료비**는 재료비 비목 중에 직접 재료비로 집계하여 계상한다.

기계(장비 혹은 중기)사용료 = 기계사용수량×단위작업당 기계(장비 혹은 중기)사용료

참고로 기계(장비 혹은 중기)사용료는 공사비 적산에서 자주 사용되는 용어이므로 명확한 구분을 할 수 있어야 혼선이 없다. 기계(장비 혹은 중기)사용료는 다음과 같이 3종류의 개념으로 표현될 수 있다.

① **시간당 기계(장비 혹은 중기)사용료** : 시간당 (운전)재료비, 시간당 (운전)노무비, 시간당 경비(기계손료)로 구성된 기계(장비 혹은 중기)사용료이다. 이 사용료는 다음의 단위작업량당 기계(장비 혹은 중기)사용료를 산정하는 데 필요한 자료이다.

② **단위작업량당 기계(장비 혹은 중기)사용료** : 일위대가(산근)을 말하며, 단위작업량당 (운전)재료비= $\frac{1}{Q}$ ×시간당 (운전)재료비, 단위작업량당 (운전)노무비= $\frac{1}{Q}$ ×시간당 (운전)노무비, 단위작업량당 경비(기계손료)= $\frac{1}{Q}$ ×시간당 경비(기계손료)로 구성된 기계(장비 혹은 중기) 사용료를 말한다. 이 사용료는 다음의 기계(장비 혹은 중기)사용료를 산정하는데 필요한 자료이다.

③ **기계(장비 혹은 중기)사용료** : 기계사용수량 × 단위작업량당 기계(장비 혹은 중기)사용료로 산정되며, 장비를 사용했을 때 산정되는 기계사용공종과 관련된 공사비 내역서를 말한다.

그림 2.13은 **기계손료**와 **운전경비**로 구성된 **일위대가(산근)의 산출과정**을 보이고 있으며, 일위대가(산근)의 산출방법은 제3장 건설기계 시공능력 및 적산에서 구체적으로 설명하고있다. 특히, **일위대가(산근)**은 **기계손료**와 **운전경비**(운전재료비 및 운전노무비)로 구성된다.
여기서, 운전재료비를 **재료비**, 운전노무비를 **노무비**, 기계손료를 **경비**라 한다. 그림 2.13의 일위대가(산근)의 (운전)재료비, (운전)노무비, 경비(기계손료)와 관련된 비용을 원가계산서의 **순공사비**에 집계할 때 특히 주의하여야 한다.

일위대가(산근#)

산출근거	재료비	노무비	경비	합계	비고
1. 운반(덤프트럭)					
$q_t = 5.527\text{m}^3$					
$t_1 = 4.52$분					
$t_2 = 44.0$분					
$t_3 = 0.8$분					
$t_4 = 0.42$분					
$L = 1.15$					
$C_m = t_1 + t_2 + t_3 + t_4 = 49.79$분					
$Q = \dfrac{60 \times q_t \times f \times f}{C_m} = \dfrac{60 \times 4.57 \times 1 \times 0.9}{49.79} = 4.96\text{m}^3/\text{hr}$					
· 재료비 $= \dfrac{8,923}{4.96} = 1,800.0$원/m³	1,800.0 (직접재료비)			1,800.0	
· 노무비 $= \dfrac{11,306}{4.96} = 2,279.4$ 원/m³		2,279.4 (직접노무비)		2,279.4	
· 경 비 $= \dfrac{7,404}{4.96} = 1,492.7$ 원/m³			1,492.7 (기계경비)	1,492.7	
	1,800.0	2,279.4	1,492.7	5,572.1	
	1,888.5	2,546.1	1,703.2	6,137.8	
	1888	2,546	1,703	6,137	

일위대가(산근)의 순공사비 집계 방식

시간당 중기사용료

중기명 : 덤프트럭 8톤 중기가격: 21,849천원 분류코드 :

구분		단위	수량	단가	금액	비고
경 비	덤프트럭	원	0.3389	21,849	7,404	
	소계				7,404	
재료비	경유	L	12.4	500	6,200	
	잡품	%	44		2,728	
	소계				8,928	
노무비	중기운전사		1.0	11,306	11,306	
	소계				11,306	
	총계				27,638	

그림 2.13 시간당 중기사용료를 적용한 일위대가(산근) 산출과정

다시 말해서 **그림 2.14**와 같이 **공사원가계산서**를 구성하고 있는 **순공사비**는 재료비, 노무비, 경비로 구성되고, 이 중에 **재료비**는 직접재료비와 간접재료비, **노무비**는 직접노무비와 간접노무비, **경비**는 기계경비를 포함한 27개의 비목으로 구성되는데, **그림 2.14**의 **일위대가(산근)**의 (운전)**재료비** 1,800.0원/m^3과 관련된 비용 **Σ[수량 OO(m^3)×재료단가(1,800.0원/m^3)]**는 **직접재료비**로 집계되고, (운전)**노무비** 2,279.4원/m^3과 관련된 비용 **Σ[수량 OO(m^3)×노무단가(2,279.4원/m^3)]**는 **직접노무비**로 집계되며, **경비**(기계손료) 1,492.7원/m^3과 관련된 비용 **Σ[수량 OO(m^3)×경비단가(1,492.7원/m^3)]**는 27개 세비목 중에 **경비**로 집계되어 계산되는 것에 주의해야 한다.

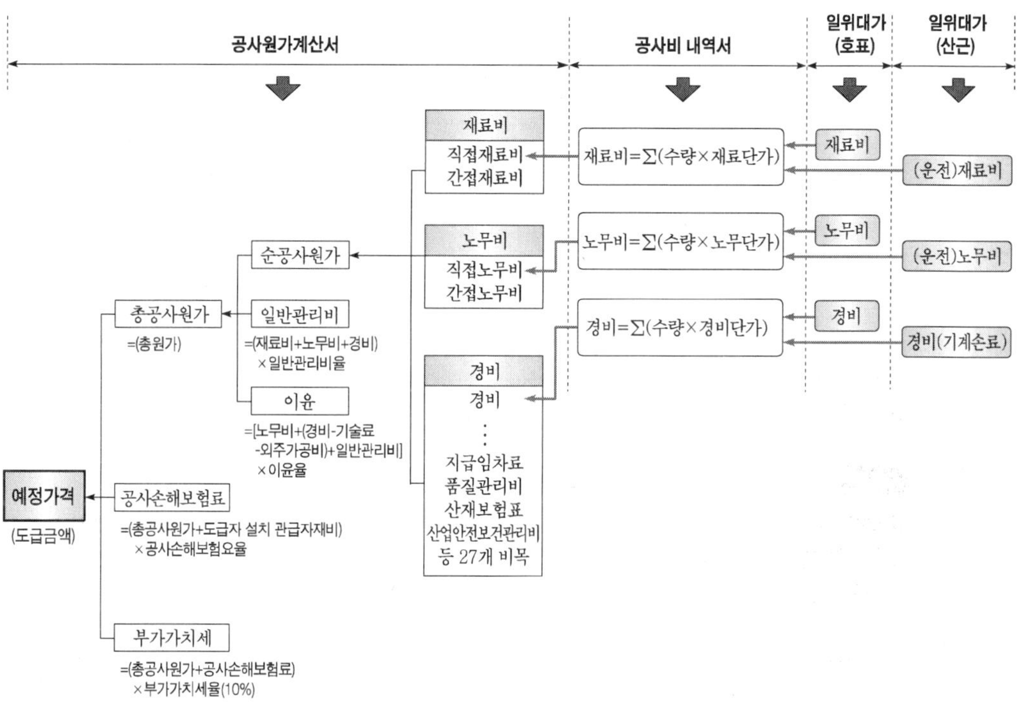

그림 2.14 자원기반 적산방식 공사비 내역서 집계도

3) 법정요율 적용

관련법령에 의하여 규정된 경비에 대한 조달청 토목공사 간접공사비(제비율) 법정요율을 예시하면 다음과 같다.

① **산업안전보건관리비**

건설업 표준 산업안전보건관리비 계상 및 사용기준에 따른 **기본비용**과 현장사정에 따라 **별도 계상한 비용**을 합하여 계상한다.

㉠ **기본비용 :** 건설업에 있어서 법에 규정된 사항의 이행을 위하여 공통적으로 필요한 비용으로 법령에 의거한 안전보건 관계자의 인건비, 안전보호구, 위생보호구, 안전장구 등 각종 안전장구에 소요되는 비용, 각종 안전보건교육에 소요되는 비용, 보건안전진단, 작업환경측정, 안전점검, 정리정돈 등에 소요되는 비용, 기타 법령에 의한 각종 안전조치 이행을 위한 안전보건관리비 등을 말한다.

ⓐ 기본비용=[재료비(관급자재비 포함)+직접노무비]×산정기준요율

ⓑ 기본비용=[재료비(관급자재비 비포함)+직접노무비]×산정기준요율×1.2

ⓐ, ⓑ중 작은 금액을 적용

산업안전보건관리비는 공사금액(도급금액+관급금액) 2천만원 이상 건설공사에 적용한다.

표 2.48 산업안전보건관리비의 기본비용 산정기준표(조달청 자료)

재료비+직접노무비 / 공사분류	5억원 미만(%)	5억원 이상 50억원 미만		50억원 이상(%)
		비율(%)	기초액(천원)	
일반건설공사(갑)	2.48	1.81	3,294천원	1.88
일반건설공사(을)	2.66	1.92	3,498천원	2.02
중건설공사	3.18	2.15	5,148천원	2.26
철도 또는 궤도신설공사	2.33	1.49	4,211천원	1.58
특수 및 기타 건설공사	1.24	0.91	1,647천원	0.94

[참고] 2025년 조달청 자료는 표 2.30, 표 2.31을 참조할 수 있음.

해설

① 일반건설(갑) : 건축건설, 도로신설, 기타건설, 철도 · 궤도의 보수복구공사, 기설로면에 레일만 부설하는 공사
② 일반건설(을) : 기계장치공사, 삭도건설공사
③ 철도 또는 궤도신설 : 철도 또는 궤도, 고가 및 지하철도(지하 10m 이내 복개식 지하도, 지하철도, 지하상가, 통신선로 등 인입통신구)신설공사
④ 중건설 : 고제방(댐), 수력발전시설, 터널신설(지하 10m이상 복개식 지하철도, 지하도, 지하상가 및 통신선로 등의 인입통신구 등)신설공사
⑤ 특수 및 기타건설 : 준설, 조경(전문포함), 택지조성(경리정리 포함), 포장, 전기 및 정보통신공사 등 다공사와 분리 발주되어 시간 · 장소적으로 독립하여 행하는 공사(타공사와 병행하는 경우는 일반건설(갑) 적용)

ⓐ 발주자는 설계변경 등으로 인하여 대상액(재료비+직접노무비)이 변동될 때는 지체없이 산업안전보건관리비를 조정해야 한다.

ⓑ 특수 및 기타 건설공사

준설공사, 조경공사, 택지조성공사(경지정리공사포함), 포장공사 등

ⓒ 건설업의 종류는 산업재해보상보험법상 나누어 적용한다.

ⓓ 산업안전보건관리비 대상액(재료비+직접노무비)이 5억원 미만과 50억원 이상은 (재료비+직접노무비)×기본비율, 5억원 이상 50억원 미만은 (재료비+직접노무비)×기본비율+기초액으로 계상한다.

ⓔ 공사진척에 따른 산업안전보건관리비 사용기준은 공정률에 따르고, 공정률은 기성공정률 기준으로 한다.

표 2.49 공사진척에 따른 산업안전보건관리비 사용기준

공정률	30~50% 미만	50~70% 미만	70~90% 미만	90~100%
사용기준	30% 이상	50% 이상	70% 이상	공정률 이상

ⓛ **별도계상비용** : 기본비용 이외의 각 건설공사현장 특성에 따라 법에 규정된 사항의 이행을 위하여 실제로 필요한 비용으로 법정요율을 적용하지 않고 적산기준에 의해 산출한다.

ⓐ 안전탑, 안전표시, 경고시설 설치비용

ⓑ 교통정리, 안전감시에 소요되는 경비

ⓒ 붕괴, 산사태, 추락, 낙하에 대비한 시설 및 방호책, 바리케이드, 건설기계안전장치, 조명시설 등 법령상의 안전설비 소요비용

ⓓ 건강진단비, 위생설비, 급수설비, 구급기재 등의 확보에 소요되는 경비

ⓔ 현장조건에 따라 법령에 의한 안전조치 이행을 위한 소요비용

② **보험료**

㉠ **산업재해보상보험료**

ⓐ 산업재해보상보험료는 공사원가 계산에서 간접노무비, 경비, 일반관리비, 이윤, 산업재해보상보험료 및 기타 이와 유사한 사항은 재정경제원 회계예규와 산업재해보상보험법 등 관계규정에 따른다.

ⓑ 시공과정에서 필요로 하는 보상비(직접, 간접 및 일시보상 등)는 현장 실정에 따라 별도로 계상한다.

ⓒ 산업재해보험료는 노무비×산업재해보험 요율로 계상한다.

산업재해보험료 = 노무비 × 산업재해보험 요율

ⓓ 2000년도 이후에는 노동부고시(99-34호, 1999.12.30)에 의해 건설업사업 종류는 4종류에서 1종으로 통합하여 적용하고 있고 그 내용은 표 2.50과 같다.

표 2.50 년도별 건설업종 산업재해보상보험 적용요율표(조달청 자료)

일반건설공사(갑)	일반건설공사(을)	중건설공사	철도 또는 궤도신설공사
3.75%(1개월 이상 모든 공사)			

[참고] 2025년 조달청 자료는 표 2.30, 표 2.31을 참조할 수 있음.

㉡ **고용보험료, 건강보험료, 노인장기요양보험료, 연금보험료**

사회보험의 보험료 적용기준 국토부고시 제2021-905호 고용보험법 시행령에 따른 고용보험료, 건강보험료, 노인장기요양보험료, 연금보험료도 표 2.30, 표 2.31 조달청 원가계산 제비율 적용기준에 따른다.

학습 2.2

순공사원가가 150억원 중 재료비 70억원, 노무비 60억원, 공사기간이 15개월인 토목현장의 비목별 경비와 직접 계상할 수 있는 경비액수를 계산하라.

해설

① 기타경비 비목별 평균 기준율
=(6.1406+5.2655+4.692) / 3=5.366%

② 기준율적용 계상 기타경비 비목
=(재료비+노무비)×기타경비 비목별 평균기준율=(70억원+ 60억원)×0.05366
=697,580,000원

③ 직접계상(적산기준+관련계약서+실비+관련법령) 경비 비목
=순공사원가-(재료비+노무비+기준율적용 계상 기타경비 비목)
=150억원-(70억원+60억원+697,580,000원)
=1,302,420,000원

학습 2.3

재료비 20억원, 직접노무비 20억원, 공기 35개월인 토목공사현장에 교통정비, 안전장치 등 별도계상비용이 2,000만원이 소요된다면 이 현장의 산업안전보건관리비 및 간접노무비는 얼마나 되는지 계산하라.

해설

① 산업안전보건관리비 기본비용=(20억원+20억원)×0.0181+3,294,000=75,694,000원

② 총 산업안전보건관리비= 기본비용+ 별도계상비용
=75,694,000+20,000,000=95,694,000원

③ 간접노무비 = 직접노무비×간접노무비율
= 20억원×(15+16+17 / 3) = 20억원×0.16 = 320,000,000원

학습 2.4

교량슬래브의 19mm 보통철근 1tf을 가공 및 조립할 때, 자원소요량 적산을 표준품셈을 근거로 일위대가표(단가내역표)를 작성하라.

기초단가 가정 단위당

품명	규격	단가	품명	규격	단가
철근	19mm	360,000	철근공	인	77,839
결속선	0.9mm	550	보통인부	인	37,736

철근공은 철근가공공, 철조조립공 같은 단가로 함.

해설

일위대가표(단가내역표) (tf당)

품명	규격	수량	단위	재료비		노무비				합계
						가공		조립		
				단가	금액	단가	금액	단가	금액	
철근	19mm	1.0	tf	360,000.00	360,000.0					360,000.0
결속선	0.9mm	8.0	kgf	550.00	4,400.0					4,400.0
철근공(가공)		2.0	인			77,839.00	155,678.0			155,678.0
철근공(조립)		3.0	인					77,839.00	233,517.0	233,517.0
보통 인부		2.8	인			37,736.00	45,283.2	37,736.00	60,377.6	105,660.8
계					364,400		200,961		293,894	859,255

① 교량의 슬래브, 암거, 우물통, 부벽식옹벽 등은 복잡한 구조로 본다.

참조

표준품셈(철근가공 및 조립) (tf당)

구분 / 구조별	가공		조립		계	
	철근공(인)	인부(인)	철근공(인)	인부(인)	철근공(인)	인부(인)
간단	1.0	0.6	1.9	1.0	2.9	1.6
보통	1.5	0.9	2.5	1.3	4.0	2.2
복잡	2.0	1.2	3.0	1.6	5.0	2.8
매우 복잡	2.2	1.4	3.3	1.8	5.5	3.2

① 철골과 병용하는 가공 및 조립은 복잡한 가공 및 조립에 준한다.
② PSC 강선인 경우에는 복잡한 가공 및 조립품의 40%까지 가산할 수 있다. 다만, 정착에 소요되는 기구의 손료는 노력품의 2%를 계상한다.

해설

① 결속선은 0.9mm를 표준으로 하고, 간단한 구조에서는 5kgf, 보통 구조에서는 6.5kgf, 복잡한 구조에서는 8kgf을 표준사용량으로 한다. 건축품은 간단구조 없음.

② 간단한 것이란 측구, 간단한 기초 및 중력식 옹벽 등을 말하며, 보통의 것이란 수문, 반중력식 옹벽 및 교대 등을 말하고, 복잡한 것이란 교량의 슬래브, 암거, 우물통 부벽식 옹벽 등을 말하며, 매우 복잡한 것이란 구주식(기둥형) 교대, 교각, 지하철, 터널 등을 말한다.

③ 산재되어 있는 소형구조물(콘크리트 $10m^3$ 미만)에서는 그 조립에 대한 품을 50%까지 가산할 수 있다.

④ 수직고 7m 이상에서 크레인 등 장비 사용이 기계경비는 별도 계상한다.

⑤ 복잡한 가공조립은 직경 13mm 이하의 철근이 전 철근중량의 50% 이상인 경우를 말한다(건축).

학습 2.5

용적배합비 1:2:4인 콘크리트 $1m^3$를 손 비비기할 때, 자원소요량 적산을 표준품셈을 근거로 일위대가표(단가내역표)를 작성하라.

해설

일위대가표(단가내역표) (m^3)

품명	규격	수량	단위	재료비		노무비		합계
				단가	금액	단가	금액	
시멘트	보통	320	kgf	680.00	217,600.0			217,600.0
모래	강모래	0.45	m^3	16,000.00	7,200.0			7,200.0
자갈	자연자갈	0.90	m^3	18,000.00	16,200.2			16,200.0
콘크리트공		0.90	인			71,184.00	64,056.6	64,065.6
보통인부		1.0	인			37,736.00	37,736.0	37,736.0
계					241,000		101,801	342,801

참조

표준품셈(배합비 품) (m^3)

배합비	재료(m^3)			손 비비기	
	시멘트	모래	자갈	콘크리트공(인)	인부(인)
1:2:4	320	0.45	0.90	0.9	1.0
1:3:6	220	0.47	0.94	0.9	0.9
1:4:8	170	0.48	0.96	0.9	0.7

해설

① 특수양생(하중, 서중, P·S, 피막기타)이 필요한 경우에는 양생의 품을 별도 계상할 수 있다.

② 본 품에는 재료 및 콘크리트의 소운반, 타설, 다짐 및 양생의 품이 포함되어 있다.
③ 재료량에는 할증률이 포함되어 있다.

학습 2.6

목재거푸집의 경우 품과 사용횟수별 기준량에 대한 비율이 다음과 같을 때, 2회 사용횟수 · 일위대가표를 계산하여 작성하라.

목재거푸집(토·건) (m^2당)

종별	단위	기준수량 (1회 사용 시)	사용횟수별 기준수량에 대한 비율(%)			비고
			횟수별	재료비(%)	노무비(%)	
판재	m^3	0.03	1회 사용 시	100	100	
각재	m^3	0.038	2회 사용 시	57.7	63.0	
철선	kgf	0.29	3회 사용 시	46.6	51.6	
못	kgf	0.25	4회 사용 시	39.7	45.9	
박리재	ℓ	0.19				
형틀목공	인	0.50				제작 조립
보통인부	인	0.40				철거 포함
사용고재량 $m^3$0.068 (평가기준 %)		23	판재와 각재의 설계단가를 기준으로 함			

해설

일위대가표(단가내역표) (m^2당)

사용횟수	공종명	규격	단위	수량	재료비		노무비		경비		계
					단가	금액	단가	금액	단가	금액	
1회 사용	판재		m^3	0.03	360,000.00	10,800.0					10,800.0
	각재		m^3	0.038	285,000.00	10,830.0					10,830.0
	철선	#8	kgf	0.29	620.00	179.8					179.8
	못		kgf	0.25	650.00	162.5					162.0
	박리제	경유	ℓ	0.19	380.00	72.2					72.2
	형틀목공		인	0.50			64,943.00	32,471.5			32,471.0
	보통인부		인	0.40			37,483.00	14,993.2			14,993.2
	고재처리					(−)4,974.9					(−)4,974.9
계						17,069		47,464			64,533
2회 사용											
	목재거푸집	2회사용	m^2	1							
	목재거푸집	1회사용	m^2	1	17,069.00	9,848.8	47,464.00	29,902.3			39,750.0
		적용비율	%		(57.7)		(63.0)				
계						9,848		29,902			39,750

[참고] · 일위대가표의 단가 0.01(이하 버림)
· 일위대가표의 재료비, 노무비 금액 0.1(이하 버림)
· 일위대가표의 계금액 : 1(이하 버림)

注) 거푸집에 폐유를 바르는 이유 ① 물이 스며들지 않게 하기 위함
② 부착 방지(콘크리트가 굳을 때, 거푸집과 콘크리트가 부착되는 것을 방지)

注) 거푸집은 4회를 전용할 수 있다 하더라도 1회 쓰고 회수하는데 문제가 있음. 따라서 1회 쓰고 나서 약 58~40% 정도 회수된다고 가정함.

학습 2.7

합판거푸집의 경우 품과 사용횟수별 기준량에 대한 비율이 다음과 같을 때, 다음을 계산하라.

합판거푸집(토·건) (m²당)

종별	단위	기준수량 (1회 사용 시)	사용횟수별 기준수량에 대한 비율(%)			비고
			횟수별	재료비(%)	노무비(%)	
합판	m²	1.03	1회 사용 시	100	100	12mm 내수
각재	m³	0.038	2회 사용 시	57.0	60.0	합판 기준
철선	kgf	0.29	3회 사용 시	46.1	47.1	
못	kgf	0.20	4회 사용 시	40.1	40.0	
박리재	ℓ	0.19	5회 사용 시	37.1	34.2	
형틀목공	인	0.30	6회 사용 시	34.7	32.0	제작 조립
보통인부	인	0.25				철거 포함
사용고재 평가기준	%	23			각재와 합판의 설계단가를 기준으로 함	

해설

일위대가표(단가내역표) (m²당)

사용횟수	공종명	규격	단위	수량	재료비		노무비		합계
					단가	금액	단가	금액	
1회	합판	내수합판 12mm	m²	1.03	5,434.10	5,597.1			
	각재		m³	0.038	285,000.00	10,830.0			
	철선	#8	kgf	0.29	620.00	179.8			
	못		kgf	0.20	650.00	130.0			
	박리제	중유	ℓ	0.19	380.00	72.2			
	형틀목공		인	0.30	64,943.00		64,943.00	19,482.9	
	보통인부		인	0.25	37,483.00		37,483.00	9,370.7	
	고재처리	23%				(−)3,778.2			
계						13,030		28,853	

2회 : 1회 사용재료비의 57.0%, 노무비의 60.0%		7,427		17,311	24,738
3회 : 1회 사용재료비의 46.1%, 노무비의 47.1%		6,006		13,589	19,595
4회 : 1회 사용재료비의 40.1%, 노무비의 40.0%		5,225		11,541	16,766
5회 : 1회 사용재료비의 37.1%, 노무비의 34.2%		4,834		9,867	14,701
6회 : 1회 사용재료비의 34.7%, 노무비의 32.0%		4,521		9,232	13,753

8. 표준품셈

(1) 표준품셈의 관리

일정치하에서부터 사용해오던 품셈은 당시 정부 각 부서별로 개별적으로 제정하여 사용하던 것을 1970. 1. 20 경제기획원의 주도로 토목, 건축, 기계설비, 전기 및 통신 등 부문별로 통일된 표준품셈을 제정하여 경제기획원이 관리해 오다 1976. 12. 6 이후 품셈관리를 부문에 따라 해당 관장부서에 이관하게 되었다.

표준품셈의 제정, 개정보완, 폐지 및 관리에 관한 업무는 관계정부부처의 소관사항으로 1992년 8월 현재 부문별 소관부처는 아래와 같으며, 토목 · 건축 · 기계설비부문은 건설부, 전기부문은 상공자원부, 통신부문 은체신부가 주관하고, 전기부문 중 신호보안설비는 철도청에서 담당하고 있다.

정부 표준품셈의 소관부처를 지정한 법령은 달리 없었고 1968. 8. 26 대통령 특별지시에 의거하여 건설공사단가(품셈)를 경제기획원주관(예산관리관실)으로 검토하도록 하여 1970. 1. 16 통일적으로 채택된 표준품셈 680종목을 의결하고 이를 1970년도부터 정부 표준품셈으로 사용한 것이 우리나라 통일표준품셈제정의 시초이다. 그 이후 매년도마다 보완한 표준품셈을 확정하여 사용하고 있다.

표 2.51 부문별 표준품셈 소관부처

부문별	소관부처	실무기관
토목	국토부	건교부기술관리관실
건축	국토부	건교부기술관리관실
기계설비	국토부	건교부기술관리관실
전기설비	상공자원부	대한전기협회
전기(신호보완설비)	철도청	철도청
통신설비	체신부	한국통신공사

(2) 표준품셈의 운영

1) 토목, 건축, 기계설비부문

① 표준품셈 심의위원회

토목·건축·기계설비부문은 경제기획원으로부터 건설부에 품셈의 보완업무가 이관된 후 1983. 2. 23. 표준품셈 관리규정이 제정되었고 부내에 품셈의 제정·개정 및 관리에 관한 사항을 심의하기 위하여 기술관리 소속하에 품셈심의위원회를 두고 있으며, 위원장은 기술관리관, 부위원장은 감리담당관이 되고, 위원은 기술관리관의 제청으로 장관이 임명하는 4급 이상의 공무원과 이에 준하는 자로 구성하게 되어 있다.

② 품셈의 보완 및 제정

토목·건축·기계설비부문은 매년 보통 90~100개 종목을 보완대상으로 선정되는데, 4월 초 또는 중순경에 제안자가 참가하는 관계관 회의를 열어 종목을 선정하고 선정된 종목에 대하여 대상공중이 관계되는 공사시행기관에 실사를 요청하고 대략 5월중순경부터 9월말 또는 10월 중순까지 실사를 한다. 또 이 실사기간 중에는 국토부에서 실사상황을 점검을 위하여 현장 확인을 하고 건설협회는 회원사에 나가 확인한다. 수집된 자료는 협회가 정리하여 품셈안을 작성하고 업체의 평가를 기초로 평가자료가 나오면 평균에 의한 조정 및 외국의 관련품셈과도 비교한 조정안을 만들어 국토부에 제출하고 국토부의 개정안이 성안되면 분과별로 사전심의 및 심의위원외의 종합심의를 거쳐 최종안이 결정되고 국토교통부장관이 확정한다.

(3) 표준품셈의 편성

표준품셈은 부분별로 관련 중앙관서가 보완하여 매년 발간하고 있으며, 간행본으로는 모든 부분을 망라한 대한건설진흥회 등의 건설공사 표준품셈과 한국물가협회가 전기통신부문만을 다룬 전기통신 표준품셈 등이 있어, 공공기관은 물론 일반 기술분야와 건축분야의 설계사무소, 시공회사 등이 활용하고 있다. 표준품셈은 표 2.52에 보인 것과 같이 4개 부문별로 구성되어 있다.

표 2.52 표준품셈의 구성

부문별	공종 수	종목 수	비고
공통부문	8	308	괄호 내의 숫자는 통신설비에 대한 것임
토목부문	22	280	
건축부문	23	153	

부문별	공종 수	종목 수	비고
기계설비부문	12(7)	236(216)	
전기통신부문	21	639	
계	86	1,616	

표준품셈의 내용은 각 부문별로 적용기준과 공종별 종목에 대한 품셈으로 편성되어 있으며, 4개부문을 각각 별개의 편으로 구분하고 부문별로 해당 공종을 망라하고 있다.

우리나라의 표준품셈은 건설공사에 관련되는 모든 시설을 망라하고 있으며 토목 및 건축공사만을 다루고 있는 일본 건설성의 표준보괘와는 그 구성을 달리하고 있으나 토목, 건축공사에 관한 품셈의 분류체계에 있어서는 큰 차이가 없는 것으로 판단되며 품셈의 작업공종과 관계되고 있는 점에 비추어 표준품셈의 현행 분류체계는 큰 문제가 없다. 다만 적산이 시공계획과 시공조건을 기초로 하는 점에서 본다면 세부적으로는 표준품셈의 분류체계가 공종별로 제정되어 있는 표준시방서와 유사한 체계를 갖도록 정하는 것이 필요하다.

다음 자료는 2021년 건설공사표준품셈 구성자료로 공통부문 274종, 토목부문 280종, 건축부문 153종을 제시하고 있다.

○ <u>공통부문</u>

제1장 적용기준(34개항) 제2장 가설공사(57)
제3장 토공사(36) 제4장 조경공사(30)
제5장 기초공사(15) 제6장 철근콘크리트공사(57)
제7장 돌공사(9) 제8장 건설기계(70)

○ <u>토목부문</u>

제1장 도로포장공사(77) 제2장 하천공사(8)
제3장 터널공사(11) 제4장 궤도공사(36)
제5장 강구조공사(9) 제6장 관부설 및 접합공사(41)
제7장 항만공사(20) 제8장 지반조사(15)
제9장 측량(63)

○ <u>건축부문</u>

제1장 철골공사(16) 제2장 조적공사(8)
제3장 타일공사(5) 제4장 목공사(12)
제5장 수장공사(14) 제6장 방수공사(19)

제7장 지붕 및 홈통공사(13)	제8장 금속공사(11)
제9장 미장공사(12)	제10장 창호 및 유리공사(13)
제11장 칠공사(19)	제12장 유지보수공사(11)

(4) 표준품셈 적용실태

1) 표준품셈 등의 적용

예정가격 결정에 있어 공사가격은 비목별 가격결정의 원칙에 따라 재료비, 노무비, 경비, 일반관리비, 이윤 등의 비목별로 원가계산을 하여야 하며 재료비, 노무비, 경비 등 비목의 세비목 및 물량(재료량, 노무량, 소요량)의 산출은 계약목적물의 내용 및 특성 등에 따라 그 완성에 적합한 합리적인 방법을 적용하고, 계약목적물에 대한 설계서 또는 원가계산자료를 근거하여 예정한다.

건설공사의 원가계산자료는 정부제정의 표준품셈을 비목 가격결정에 기초자료로 활용하며 품셈적용 대상공사가 아니거나 품셈을 적용할 수 없는 비목의 계산에는 2개 이상의 업체로부터 받은 원가계산자료의 관련 수치를 활용한다.

정부가 제정하여 건설공사의 원가계산에 적용하는 표준품셈은 단위시공에 소요되는 재료량, 노무량, 기계운전시간 등을 수치로 나타낸 것으로 토목공사, 건축공사, 전기·통신공사, 기계설비공사 등의 수많은 공종을 망라하여 제정되어 활용되고 있으나 그 복잡성에도 불구하고 현장의 시공조건을 반영하는데 미흡하고, **표준이라는 엄격성 때문에 실무자의 적용상 재량이 저해되고 있어 현실적인 가격계산이 어렵고 새로운 기술과 공법적용을 주저하게 하는 등 문제점이 지적되고 있다.**

2) 품셈활용의 적정성

품셈은 공사원가계산에서 비목별 물량을 산출하는 데 활용하는 기초자료이므로 설계서(설계도면, 시방서, 물량내역서 등)에 나타내지 않은 재료량, 노무량, 소요(소비)량 등을 각각의 규격, 공종, 세비목별로 단위당 표준치로 정하고 있다. 품셈은 정부 등 공공기관이 수많은 건설공사를 시행하면서 품셈을 개정하고 새로운 품셈을 제정하여 보완되어 왔지만 양적으로 증대하고 복잡성을 더하여 실무적인 적용에 어려움이 있고, 현장시공조건의 다양성, 신기술·신공법의 도입·적용, 시공실태의 변화, 사회 경제적 환경변화 등에 적시적응이 불가능하며, 특히 법제상의 제약조건으로 실무자의 임기응변적 재량이 허용되지 않은 여건에서 원가계산방법에 의한 공사가격 적산에 요구되는 적정성을 만족할 수 없는 실정이다.

그러므로 법규에서는 품셈을 보완하는 원가계산에 의한 견적자료를 계약상대자나 경험 있는 제3자로부터 받아 적용하도록 하고 있고, 필요한 경우에는 지정된 원가계산용역기관의 원가계산자료를 활용할 수 있게 하고 있지만 그 계산의 적정성에 문제가 있을 수 있으며 이러한 보완적인 수단을 뒷받침하는 제도적인 운용이 미흡하다.
표준품셈의 적용기준에는 표준품셈에 명시되지 않은 사항은 발주기관이 예정가격 산정기준을 정해서 적용하도록 하고 있어 임시적인 품셈의 운용이 허용되고 있다.

그러나 발주기관의 적산결과에 대한 평가는 요소별 단가에 대한 집적된 자료가 없는 한 입찰결과가 기준으로 할 수밖에 없다. 즉, 최저가 입찰금액이 예정가격을 초과하여 입찰이 유찰되는 경우에는 계정가격의 적산이 정정하지 못한 것이 된다.

품셈의 활용에 적정성이 보장되지 못하는 다른 이유로는 품셈을 실무에서 적용하는 적산실무자의 자질을 들 수 있으며 대학교육 과정에서 교과내용이 미흡하고 기왕의 계산서를 모방·답습하고 있는 실정이므로 정확한 품셈의 적용과 창의적인 개발을 기대하기 어렵다. 이것을 탈피하기 위해서는 대학교육과정의 교과내용을 보완하고 국가검정에 의한 적산전문기술자의 배출과 표준계산서식 등의 자료정비와 적산지원전산프로그램의 개발·활용 등이 당면 과제가 된다.

3) 신기술 · 신공법 채용에 따르는 적산방법

기왕에 사용하지 않은 자재, 장비, 공법 등을 시공단계에서 채용하는 경우에는 시공조건과 공정이 다르므로 기존의 품셈을 전적이거나 부분적으로 적용할 수 없게 된다. 현재의 관행으로는 이러한 경우에 계약상대자나 제3자로부터 받을 원가계산자료를 적용하거나 지정원가 계산용역기관의 계산자료를 준거하여 변경설계서를 작성하고 있다.

이러한 신기술이나 신공법이 설계단계에서 채용되는 경우에는 견적자료나 참고도서에 의한 원가계산이 불가피하며 이것을 규제하는 경우에는 이러한 종류의 신기술이나 신공법은 채용될 수 없게 되고 공사비 절감을 위한 노력은 무산될 것이다.
건설기술진흥법(구 건설기술관리법) 제18조와 주택건설촉진법 제45조의 2의 규정에서는 건설부장관이 신기술과 시공법의 성능을 인정 고시하고, 외자도입법 제23조의 규정에는 외국으로부터 도입된 신공법을 신고하도록 되어 있으므로 이러한 신기술·신공법에 대한 적산기초자료에 대해서 다음의 조치를 취함으로서 신기술의 적용을 유도·권장할 수 있을 것이다.

① 지정원가계산용역기관이나 관련 전문기관의 원가계산자료 의뢰
② 원가계산자료의 수치를 기초로 잠정적인 품셈을 제정 · 공표
③ 잠정적인 품셈으로 계산된 해당 공사금액을 개산계약에 따라 사후정산
④ 시공이 완료된 후 시공자와 시공자가 작성한 원가계산에 따라 사후정산
⑤ 몇 개의 공사를 거쳐 수집된 자료를 기초로 신규 품셈 제정

4) 민간공사의 적산

민간이 시행하는 부지조성공사, 건축공사, 산업설비공사 등은 관련법규에 의한 인허가수속 등 법정수속을 위해서 공사비와 그 계산내역서를 제시하게 되어 있는 경우 등에는 정부제정 표준품셈을 활용한 원가계산을 적용하고 있다. 이러한 시설물에 대하여 관련법규에 의한 감정평가법인의 감정평가가 필요한 경우에는 실제가격조사에 의한 평가보다 표준품셈에 의한 원가계산이 선호되고 있다. 민간의 이러한 시설물에 대한 공사설계는 건축공사에 대하여 법규에 따라 건축사무소에 설계를 의뢰해야 하는 경우가 아니더라도 최근에는 조사설계를 관련분야의 설계회사에 의뢰하고 있고, 설계회사는 계약에서 요구하는 공사비 계산을 표준품셈을 활용하여 원가계산방법으로 하는 것이 관행으로 되어 있다. 그러므로 정부 등의 공공기관이 발주하는 공사뿐만 아니라 민간이 시행하는 공사에서도 정부제정의 표준품셈은 공사비 적산에 활용할 수 있는 유일한 공인자료로 수용되고 있다.

민간시공회사의 입찰견적 및 실행예산내역서를 검토한 결과 현행 표준품셈제도와 특별히 다른 기준은 없으며, 유사공사의 견적자료나 간행물에 게재된 일위대가 자료를 활용하고 있으며, 실행예산의 작성에는 마찬가지로 유사공사에 대한 예산서를 참조하거나 계약금액 내역서를 조정하여 예산금액을 결정하고 있다.

CHAPTER 03

건설기계 시공능력 및 적산

1. 기계(장비 혹은 중기) 사용료
2. 건설기계손료 및 운전경비의 산정
3. 건설기계 작업능력 산정

CHAPTER

03 건설기계 시공능력 및 적산

1. 건설기계 적산

1.1 기계(장비 혹은 중기)사용료

기계(장비 혹은 중기)사용료는 **직접 기계(장비 혹은 중기)사용료**와 **간접 기계(장비 혹은 중기)사용료**로 구성된다. **직접 기계(장비 혹은 중기)사용료**는 경비(기계손료)와 운전경비(운전 재료비, 운전 노무비)를 말하고, **간접 기계(장비 혹은 중기)사용료**는 조립 및 분해 비용과 수송비(현장 반입·출입)를 말한다. 따라서 **기계(장비 혹은 중기)사용료**는 경비(기계손료), 운전경비, 수송비의 합계액으로 하며, 필요한 경우에는 조립 및 분해 비용을 포함한다.

직접 기계(장비 혹은 중기)사용료

1) 경비(기계손료)
   ① 상각비
   ② 정비비
   ③ 관리비
2) 운전경비
   ① 운전 노무비
   ② 운전 재료비

간접 기계(장비 혹은 중기)사용료

1) 수송비(현장 반입·반출)
2) 조립 및 해체비(조립 및 해체를 요하는 기계)

그러나 보편적으로 **기계(장비 혹은 중기)사용료**라고 함은 **경비(기계손료)**, 운전경비인 **(운전)재료비**, **(운전)노무비**를 말한다.

다음은 **기계(장비 혹은 중기)사용료**를 산정하는데 필요한 기본 개념을 소개하면 다음과 같다.

취득가격이란 외국산 기계는 연초에 최초로 외국환은행이 고시하는 환율을 적용하여 결정한다. 다만, 5% 이상의 증감이 있으면, 가격을 조정할 수 있다. 원화로 환산할 때는 1,000원 미만은 절사(絶嗣)한다. 외국산 기계는 운임 및 보험료의 포함가격인 C.I.F(Cost Insurance Freight) 가격에 인정되는 수입에 따르는 제경비를 포함한 가격(US $)이고, 국산기계는 표준규격에 대한 표준시가(공장도가격)로 한다. 불도저의 경우, 경제적 내용시간은 잔존율이 10%로 될 때까지의 운전시간을 뜻하며, 10,000시간을 말한다. 연간 표준가동시간은 기계를 연간 운전하는데 표준이 되는 운전시간을 뜻하며, 2,000시간을 말한다. 경제적 내용년수는 경제적 내용시간을 연간 표준가동시간으로 나눈 값을 의미하며 다음 식을 적용하면,

$$경제적\ 내용연수 = \frac{경제적\ 내용시간}{연간\ 표준가동시간} = \frac{10,000}{2,000} = 5년이\ 된다.$$

1.2 기계(장비 혹은 중기)사용료 적산 기준

가. 표준건설기계

건설공사 설계 시 적정한 공사비 산정과 기계화 시공의 합리적인 발전을 위해서 당해 건설공사의 제반사항을 감안하고 공사규모, 시공조건에 따라 건설기계를 선정하여 작업능력과 경비를 산정한다.

나. 시간당 경비(기계손료)산정

시간당 경비(기계손료)산정은 시간당(상각비+정비비+관리비)의 합계액으로 하며, 관리비의 경우는 1일 8시간을 초과하더라도 8시간으로 계산한다.

1) 상각비

상각이란 기계사용에 따른 가치의 감가액을 말하는데 이익을 위해서는 손익계산을 계상하여야 한다. 상각비 계산에는 정액법과 정률법이 있으나 현재 적산이 편리한 정액법을 적용하고, 기계의 잔존가치를 취득가격의 10%로 보고 0.9의 감가비율을 적용하여 감가액을 취득가격의 90%로 계산하고 있다.

정액법(Fixed Amount Method)이란 건설기계의 취득가격에서 잔존가치를 공제한 금액을 내용연수로 나눈 금액을 당해 사업년도의 상각비로 정하는 방법을 말하며, 타 상각법에 비

하여 초기의 상각액이 적은 것이 특징이다. 정액법에 의한 상각률(연간 상각비계수, 시간당 상각비계수)과 상각비(시간당 감가상각비)는 다음 식으로 정의된다.

① 연간 상각비계수 =(취득가격(100%)−잔존율(10%))/경제적 내용연수
=(1−0.1)/경제적 내용연수
=0.9 /경제적 내용연수

② 시간당 상각비계수 =(취득가격(100%)−잔존율(10%))/경제적 내용시간
=(1−0.1)/경제적 내용시간
=0.9 /경제적 내용시간

③ 시간당 (감가)상각비 =취득가격×시간당 상각비계수

학습 3.1

내용연수가 5년인 불도저 19tf 무한궤도식의 시간당 상각비계수를 구하라.

해설

(1) 연간 표준가동시간 2,000시간이므로 내용연수가 5년인 경제적 내용시간은 5×2,000=10,000시간이 된다.

(2) 시간당 상각비계수=0.9/경제적 내용시간=0.9/10,000=900×10^{-7}

정률법이란 매년 일정률로서 감가상각하는 방법으로, 취득가격에서 상각하는 방법이며 취득가격에서 상각액을 공제한 잔존가격을 차기 감가상각대상액으로 하여 상각률을 곱하기 때문에 상각비는 년차적으로 체감된다. 정률법에 의한 상각률은 다음 식으로 정의된다.

$$\text{상각률} = 1 - \sqrt[n]{\frac{S}{P}} = 1 - \sqrt[n]{\frac{\text{잔존가치}}{\text{취득가격}}} = 1 - \sqrt[n]{\frac{10\%}{100\%}} = 1 - \sqrt[n]{\frac{0.1}{1}}$$

여기서, P는 취득가격, S는 잔존가치, n은 내용년수를 의미한다. 위 식에서 잔존가치를 취득가격의 10%로 보면 내용년수에 따른 연간상각률은 다음과 같다.

표 3.1 정률법에 의한 상각률

내용연수	3	4	5	6	7	8	9	10
상각률	0.536	0.438	0.369	0.319	0.280	0.250	0.226	0.206

(예) 5년인 경우 상각률 $= 1-\sqrt[5]{\frac{0.1}{1}} = 1-\sqrt[5]{0.1} = 1-0.1^{\frac{1}{5}} = 0.369$

표 3.2 주요기계의 경제적 내용연수

기계명	불도저	로더	크레인 (무한궤도)	크레인 (타이어)	모터 그래이더	모터 스크레이퍼	덤프트럭	아스팔트 플랜트	콘크리트 플랜트
경제적 내용연수	5	5	7~10	6~10	6	5	3~5	6~10	10

학습 3.2

건설장비의 취득가격이 10,000만원인 불도저를 정률법과 정액법에 의하여 감가상각하면 연도별 상각비는 얼마가 되는지를 알아보자. 단, 불도저의 경제적 내용년도를 5년으로 하고, 잔존율을 10%로 한다.

해설

정률법에 의한 상각률표에서 내용년수가 5년인 경우 0.369로 계산되고, 이 값을 적용하여 계산한다.

경제적 내용연수가 5년인 경우 정률법에 의한 감각상각비 및 잔존가치 계산

내용연수		감가상각비	잔존가치
1차년도	시작	–	100,000,000원
	종료	100,000,000원×0.369 = 36,900,000원	100,000,000원–36,900,000원 = 63,100,000원
2차년도	시작	–	63,100,000원
	종료	63,100,000원×0.369 = 23,283,900원	63,100,000원–23,283,900원 = 39,816,100원
3차년도	시작	–	39,816,100원
	종료	39,816,100원×0.369 = 14,492,140원	39,816,100원–14,492,140원 = 25,123,960원
4차년도	시작	–	25,123,960원
	종료	25,123,960원×0.369 = 9,270,741원	25,123,960원–9,270,741원 = 15,853,219원
5차년도	시작	–	15,853,219원
	종료	15,853,219원×0.369 = 5,849,837원	15,853,219원–5,849,837원 = 10,003,382원

따라서, 5년 후의 잔존가격은 15,853,219원–5,849,837원 = 10,003,382원, 즉 취득가격 100,000,000원 10%에 해당하는 금액으로 계산한다.

정률법과 정액법에 의한 연도별 상각액 ( )내는 잔존가치

구분 / 년수	연간표준가동시간	연간상각비(원)		시간당 상각비(원)	
		정률법	정액법	정률법	정액법
1차년도	2000	36,900,000	18,000,000	18,450	9,000
2차년도	2000	23,283,900	18,000,000	11,642	9,000
3차년도	2000	14,692,140	18,000,000	7,346	9,000
4차년도	2000	9,270,741	18,000,000	4,635	9,000
5차년도	2000	5,849,837	18,000,000	2,925	9,000
계	10000	(10,003,382) 100,000,000	(10,000,000) 100,000,000	–	–

2) 정비비

정비비는 기계를 사용함에 따라 발생되는 고장이나 성능저하를 원상 회복을 목적으로 하는 분해, 수리 등 정비와 기계성능 유지를 위한 정기 또는 수시 정비에 소요되는 비용을 말하며, 정비비율이란 기계의 경제적 내용시간 동안에 소요되는 정비비 누계액의 기계 취득가격에 대한 비율로서 일정한 정비비율을 적용하여 계산한다.

· 시간당 정비비계수 =정비비율/경제적 내용시간
=(정비비 누계/취득가격)/경제적 내용시간
=0.8 /경제적 내용시간

· 시간당 정비비 =취득가격×시간당 정비비계수

$$=\text{취득가격}\times\frac{\text{정비비율}}{\text{경제적 내용시간}}$$

학습 3.3

내용연수가 5년인 불도저 19tf 무한궤도식의 시간당 정비비계수를 구하라.

해설

(1) 연간 표준가동시간 2,000시간이므로 내용연수가 5년인 경제적 내용시간은 5×2,000=10,000시간이 된다.

(2) 시간당 정비비계수=0.8/경제적 내용시간=0.8/10,000= 800×10^{-7}

3) 관리비

관리비는 보유한 기계를 관리하는데 필요한 이자, 보관 격납비용, 제세금, 보험료 등을 말하는데 연간 소요되는 기계관리비는 기계별로 기계의 내용기간 중 평균 취득가격에 14%(연이자 12%+보관격납비 2%)의 연간 관리비율을 적용하여 연간 관리비로 계산한다. 여기서, 평균 취득가격은 기계의 잔존가치비율을 0.1로 보고 직선상각법을 적용하면 취득가격에 대하여 다음의 계수를 곱하여 산정한다.

① 평균취득가격은 (취득가격 ; P), (잔존가치 ; 0.1P), (기계내용연수 ; N)이라 하면, 다음 식으로 결정된다.

$$= \frac{P + P - 1\left(\frac{0.9P}{N}\right) + P - 2\left(\frac{0.9P}{N}\right) + P - 3\left(\frac{0.9P}{N}\right) + \cdots + P - (N-1)\left(\frac{0.9P}{N}\right)}{N}$$

$$= \text{취득가격} \times \left(\frac{1.1N + 0.9}{2N}\right)$$

② 시간당관리비계수 $= \frac{1.1N + 0.9}{2N} \times \frac{\text{연간관리비율}(14\%)}{\text{연간표준운전시간}}$

③ 시간당관리비 = 취득가격×시간당관리비계수

$$= \text{취득가격} \times \frac{1.1N + 0.9}{2N} \times \frac{\text{연간관리비율}(14\%)}{\text{연간표준운전시간}}$$

여기서, 관리비의 경우 평균취득가격 개념을 도입한 것은 건설기계를 보유하고 있으면, 그 기계가 가동되거나 휴지에 관계없이 적절한 관리가 필요하게 되고, 이에 수반하여 기지에서의 격납보관비와 기계취득에 따르는 금리의 지불 등 관리비가 필요하게 된다. 기계손료의 구성상 관리비는 기계의 격납, 보관비, 금리, 보험료, 제세 등의 합계액으로 이들 경비는 1년을 단위로 하여 산정하기 때문에 연간관리비를 기준으로 한다. 이 연간관리비는 년차적으로 감가 되는 취득가격과 연간관리비율에 의하여 계산되고 그 값은 연도별로 상이함으로 관리비를 산정할 때에는 내용년수에 의한 그 기계의 평균가격을 계산하여 적용한다.

상각비와 정비비는 1일 8시간 이상 작업하게 되면 전체작업시간에 비례해서 계상하지만, 관리비는 시간의 경과에 따라 기계를 가동하지 않아도 기계의 노후, 구형 등으로 경제적 사용가치가 저하되므로 기계의 가동에 관계없이 연간관리비를 초과하여 작업을 할 경우라도 8시간으로 계산하여야 한다.

학습 3.4

내용연수가 5년인 불도저 19tf 무한궤도식의 시간당 관리비계수를 구하라.

해설

(1) 관리비는 1년을 단위로 산정하기 때문에 연간 관리비를 기준으로 한다. 따라서 연간표준가동시간 2000시간이므로 시간당 관리비계수는 다음과 같다.

(2) 시간당관리비계수

$$=\left(\frac{1.1N+0.9}{2N}\right)\times\frac{\text{연간관리비율}(14\%)}{\text{연간표준운전시간}}=\left(\frac{1.1\times5+0.9}{2\times5}\right)\times\frac{0.14}{2000}=448\times10^{-7}$$

학습 3.5

기계의 취득가격이 100,000,000원이고 내용연수가 5년인 경우의 평균 취득가격은 얼마인가?

해설

$100{,}000{,}000$원$\times\frac{1.1\times5+0.9}{2\times5}=64{,}000{,}000$원, 즉 5년간 평균취득가격은 64,000,000원이라는 뜻이다.

---

4) 시간당 기계손료

시간당 경비(기계손료)는 **취득가격**에 **시간당 기계손료계수**를 곱하여 **시간당 경비(기계손료)**를 계산한다. 여기서 주의해야 할 점은 장비의 취득가격은 1,000원 이하는 절사하면서 10^3을 시간당 기계손료계수에 곱하여 원 단위로 산정하는 것이다.

시간당 기계손료계수 = 시간당 상각비계수+시간당 정비비계수+ 시간당관 리비계수

시간당 경비(기계손료) = 취득가격 × 시간당 기계손료계수

= 취득가격 × (기계손료계수 × 10^{-7})

= 천원 × 10^3 × (기계손료계수 × 10^{-7})

= 천원 × (기계손료계수 × 10^{-4})

다. 운전경비 산정

1) 운전경비구성

운전경비는 기계를 사용하는데 필요한 다음 경비의 합계액으로 한다.

① 연료, 전력, 윤활유등
② 운전수 및 조수의 급여 또는 임금과 기타의 운전노무비
③ 정비비에 포함되지 않는 소모품비

2) 유류비

운반기계의 유류산정에 있어서 트럭 또는 기타 운반기계로 기자재를 운반할 경우, 적사에 소요되는 시간이 10분을 초과할 때에는 주행거리에 해당하는 유류만을 계상한다.

3) 운전사 노임

운전사(중기운전사, 운전사, 기계운전사, 중기조장 및 조수포함)의 노임은 상시고용일 경우에 월 전액을 지급함을 원칙(104~107페이지 노무비 참조, 그림 2.2 참조)으로 하며, 원가계산에 의한 예정가격 작성준칙(재무부 회계예규)에 의거 계상한다.

라. 수송 운반비

1) 운반차량의 구분

공사용 자재의 운반차량은 덤프트럭을 원칙으로 하되 덤핑(dumping)으로 인하여 훼손 또는 파괴되거나 위험이 수반되는 기자재(드럼들이 아스팔트, 석유류, 시멘트, 관류등)는 화물자동차로 운반하는 것으로 한다. 화물자동차의 운반비는 자동차 운수사업법에 의한 교통부 관계규정에 따르고 싣기 및 부리기에 대한 경비는 별도 가산한다.

2) 수송비

건설기계의 공사현장까지의 왕복수송비는 건설공사장에서 가장 가까운 도청소재지(서울특별시, 직할시 포함)로부터 공사현장까지의 수송에 필요한 경비(공인된 수속비, 인건비 등 포함)를 계상한다. 다만, 부득이 곤란하다고 인정되는 기종에 대하여는 그 기종이 소재한다고 인정되는 가장 가까운 도청소재지로부터 수송비를 계상할 수 있다. 자주식 건설기계로서 이동할 경우의 수송비는 이동속도를 기준으로 하여 수송비를 계상하며, 이때의 경비는 건설기계 사용료와 운전경비의 합계액으로 한다.

3) 회항비

작업선의 회항비는 공사에 제공되는 피예인선의 편도 수송시간에 대한 선원의 노임, 예인선의 왕복운항시간에 대한 손료, 운전경비와 예인선 및 피예인선의 회항보험금의 합계액으로 한다. 다만, 공사현장에 투입되는 예인선의 회항비는 편도 운항경비만을 계상한다. 자항작업선의 경우에는 편도수송시간에 대한 손료 및 운전경비와 회항보험금의 합계액으로 한다.

마. 분해 조립비

분해 및 조립을 필요로 하는 기계는 이에 소요되는 경비를 계상한다.

① 아스팔트 믹싱플랜트(정치식)
② 크럿싱 플랜트(정치식)
③ 콘크리트 플랜트(정치식)
④ 벨트 컨베이어(정치식)
⑤ 디젤 파일해머
⑥ 크레인류
⑦ 기타 분해조립이 필요하다고 인정되는 기계

바. 손료보정

1) 기계손료보정

다음 건설기계가 암석굴착, 암석적재, 암석운반 등의 가혹한 작업에 사용되는 경우에는 그 손료(관리비 제외)를 다음 표 3.3과 같이 보정 가산할 수 있다.

표 3.3 건설기계의 손료보정

기종	가산비율(%)	
	암석작업(연암, 보통암, 경암)	전석섞인 토사
불도저(19톤 이상 제외)	25	10
파워소벨 및 로우더(무한궤도)	20	10
덤프트럭	25	10

(주) 전용 덤프트럭(18톤 이상)과 불도저(19톤 이상)의 경우는 보정하지 않는다. 단, 타이어 불도저, 습지 불도저는 보정할 수 있다. 전석섞인 토사는 전석(0.5m^3 이상)의 혼합물이 30% 이상을 말한다.

2) 관리비 보정

건설기계의 운전시간이 현장조건 및 공정계획상 연간 표준가동시간보다 현저하게 저하될 때에는 관리비 계수를 조정할 수 있다.

3) 기타보정

① 펌프식 준설선으로 자갈 및 역전석과 쇄암된 암이 포함된 흙을 준설할 때에는 과다마모로 인한 수리비의 증가를 고려하여 손료를 보정 계상할 수 있다.
② 손료산정에서 동력이 포함되어 있지 않은 경우에는 해당되는 디젤, 가솔린 엔진 또는 모우터의 손료 및 운전경비를 적용한다.
③ 유류가격은 해당지역의 고시가격으로 한다. 타이어, 삽날 등 기타 가격은 공신력 있는 기관에서 인정하는 가격으로 한다.
④ 불도저의 집토거리는 최소 20m를 표준으로 하며, 현장여건에 따라 증가할 수 있다.
⑤ 사석적재 및 투하 시의 기중기 효율사석을 적재할 때의 효율은 0.8로 하고, 해상작업 시에는 0.75로 한다.

1.3 공구 및 경장비 손료

공구손료는 일반공구 및 시험용 계측기구류의 손료로서 공사 중 상시 일반적으로 사용하는 것을 말하며, 직접노무비(노임할증 제외)의 3%까지 계상한다. 특수공구 및 특수시험검사용 기구류의 손료산정은 경장비 손료에 준한다. 중장비에 속하지 않은 동력장치에 의해 구동되는 장비류인 경장비의 손료는 별도로 계상하는데 경장비의 시간당 손료에 대하여는 기계경비 산정표에 명시된 가장 유사한 장비의 제수치(내용시간, 연간 표준가동시간, 상각비율, 정비 비율, 연간 관리비율 등)를 참조하여 계상한다.

1.4 기계(장비 혹은 중기)의 공사비 내역서 산출

건설기계가 투입되는 기계화 시공의 **기계(장비 혹은 중기) 공사비 내역서** 산출을 위한 **단위작업당 기계(장비** 혹은 **중기)사용료를 나타내는 일위대가 산근**의 산출방법은 건설기계를 사용하지 않은 작업공종의 **단위작업당 소요금액(일위대가 호표)**의 산출방법과는 다르다. 즉, 건설기계를 사용하지 않은 작업공종은 표준품셈에서 제시된 **단위작업당 소요품**에 **단위작업당 단가**를 곱해서 산출된다.

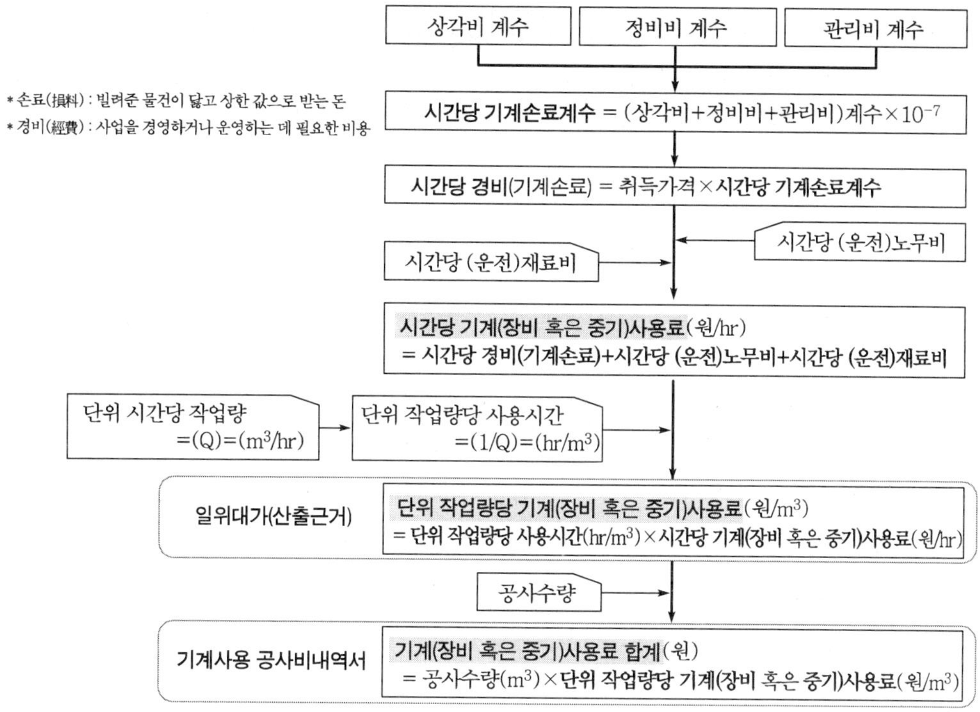

그림 3.4 기계(장비 혹은 중기)의 공사비 내역서 산출과정

그러나 **기계화 시공**은 현장조건별로 대상 장비에 대한 **단위 시간당 작업량**(Q)을 산정하고, 이 값의 역수인 **단위작업량당 사용시간**($\frac{1}{Q}$)을 **시간당 기계(장비 혹은 중기)사용료**에 곱해서 **일위대가 산근**[단위작업량당 기계(장비 혹은 중기) 사용료]을 산출한다.

단위 작업량당 기계(장비 혹은 중기)**사용료**

$$= \frac{\text{시간당 기계(장비 혹은 중기)사용료}(\frac{원}{hr})}{\text{시간당 작업량}(\frac{m^3}{hr})}$$

$$= \text{시간당 기계(장비 혹은 중기)사용료}(\frac{원}{hr}) \times \text{단위 작업량당 사용시간}(\frac{hr}{m^3})$$

① **단위 작업량당 경비(기계손료)** $= \dfrac{\text{시간당 경비(기계손료)}(\frac{원}{hr})}{\text{시간당 작업량}(\frac{m^3}{hr})}$

$$② \textbf{ 단위 작업량당 (운전)재료비} = \frac{\text{시간당 (운전)재료비}(\frac{원}{hr})}{\text{시간당 작업량}(\frac{m^3}{hr})}$$

$$③ \textbf{ 단위 작업량당 경비(기계손료)} = \frac{\text{시간당 (운전)노무비}(\frac{원}{hr})}{\text{시간당 작업량}(\frac{m^3}{hr})}$$

이렇게 산출된 **일위대가(산근)**에 **공사수량**을 곱해서 **기계(장비 혹은 중기)의 공사비 내역서**가 작성된다. 따라서 작업량 산정에 적용된 산정 식의 각 계수와 수치가 타당한 값으로 적용되어야 하며, 특히, 기계화 시공은 인력을 주도한 공사보다 작업능률의 변화가 심하고 건설기계 적산이 복잡하기 때문에 공사비를 보다 정확히 견적하기 위해서는 건설기계 적산에 직접적인 영향을 미치는 다음과 같은 요소들을 사전에 충분히 검토할 필요가 있다.

① 작업조건(현장조건)
② 장비의 선정(공법의 선정)
③ 기상조건에 의한 작업가능일수와 작업가능시간
④ 공사기간
⑤ 기계관리의 양부(良否)
⑥ 운전원의 기능 숙련도 등

학습 3.6

다음 조건일 때, 기계손료와 운전경비로 구성된 시간당 기계(장비 혹은 중기) 사용료를 산정해 보자. 불도저 19tf 무한궤도식이고, 취득가격은 108,424천원이다.(단, 상여금 300%, 퇴직급여 충당금 100%, 운전노무비의 단가는 조종원 56,603원/일, 조수 43,994원/일, 조장 68,228원/일, 재료비 단가는 주연료 ℓ 당 680원으로 가정한다.)

불도저 19tf 시간당 손료계수

장비명	내용시간	연간표준 가동시간	상각비율	정비비율	관리비율	시간당 손료계수(×10^{-7})			
						상각비 계수	정비비 계수	관리비 계수	계
불도저	10,000	2,000	0.9	0.8	0.14	900	800	448	2,148

운전경비

장비명	주연료	잡품(주연료의 비)	조종원	조수	건설기계조장
불도저	23.8(l)	27%	1	0.5	0.2

해설

(1) 시간당 손료계수 계

① 상각비 계수$=\dfrac{0.9}{10,000}=900\times10^{-7}$

② 정비비 계수$=\dfrac{0.8}{10,000}=800\times10^{-7}$

③ 관리비 계수$=\dfrac{1.1\times5+0.9}{2\times5}\times\dfrac{0.14}{2,000}=448\times10^{-7}$

2148×10^{-7}

(2) 경비(기계손료)

기계경비

① 108,424천원×2,148×10^{-4}=23,289원/h

소계 23,289원/h

(3) 운전경비

운전 재료비

① 주연료 =23.8×680= 16,184원/h

② 잡품 =16,184×27%= 4,369원/h

소계(①+②) 20,553원/h

운전 노무비

③ 조종원 =56,603원/일×1인×1/8×25/20×16/12= 11,792원/h

④ 조수 =43,994원/일×0.5인×1/8×25/20×16/12= 4,582원/h

⑤ 조장 =68,228원/일×0.2인×1/8×25/20×16/12= 2,842원/h

소계(③+④+⑤) 19,216원/h

합계 63,058원/h

학습 3.7

다음 조건일 때, 기계손료(기계경비)와 운전경비(운전재료비, 운전노무비)를 계산하라.

조건 (1) 불도저 12tf 무한궤도식이고 취득가격은 1억원이다.

(2) 무한궤도식 불도저는 10시간/일, 25일/월, 4개월간 보통암을 싣기 작업한다.

(3) 상여금 400%, 퇴직급여 충당금 100%로 한다.

(4) 단위당 주연료, 조종원, 조수, 중기조장의 단가와 운전경비 산정은 다음 표와 같다.

단위당 단가

종류	단위	단가
주연료	l	500원
조종원	일	56,603원
조수	일	43,994원
중기조장	일	68,228원

운전경비 산정

규격	주연료	잡품 (주연료비의 %)	조종원 (인/일)	조수 (인/일)	중기조장 (인/일)
12tf	13.9l	27%	1	0.5	0.2

불도저 12tf 시간당 손료계수

장비명	내용시간	연간표준 가동시간	상각비율	정비비율	관리비율	시간당 손료계수($\times 10^{-7}$)			
						상각비 계수	정비비 계수	관리비 계수	계
불도저	10,000	2,000	0.9	0.8	0.14	900	800	448	2,148

해설

(1) 시간당 손료계수

① 상각비 계수$= \dfrac{0.9}{10,000} = 900 \times 10^{-7}$

② 정비비 계수$= \dfrac{0.8}{10,000} = 800 \times 10^{-7}$

③ 관리비 계수$= \dfrac{1.1 \times 5 + 0.9}{2 \times 5} \times \dfrac{0.14}{2,000} = 448 \times 10^{-7}$

(2) 경비(기계손료)

기계경비

① 4개월의상각비+정비비

100,000천원×1,700×10^{-4}×10시간×25일×4월 = 17,000,000원/4월

② 4개월의 관리비

100,000천원×448×10^{-4}×8시간×25일×4월 = 3,584,000원/4월

③ 손료보정(보통암 작업 시 관리비를 제외하고 25% 가산비율을 준다)

17,000,000원/4월×0.25 = 4,250,000원/4월

기계손료(기계경비) 계 [24,834,000원/4월]

(3) 운전경비

운전 재료비

① 주연료=13.9 L×500원×10시간×25일×4월 = 6,950,000원/4월

② 잡품 =6,950,000원/4월×0.27 = 1,876,500원/4월

운전재료비 소계 [8,826,500원/4월]

운전 노무비

① 조종원=56,603원×1인×1/8×25/20×17/12×8시간×25일×4월 =10,023,448원/4월

조종원의 시간외 수당=56,603원×1인×1/8×25/20×17/12×2시간×25일×4월×1.5

= 3,758,793원/4월

② 조수=43,994원×0.5인×1/8×25/20×17/12×8시간×25일×4월 = 3,895,302원/4월

조수의 시간외 수당=43,994원×0.5인×1/8×25/20×17/12×2시간×25일×4월×1.5

= 1,460,738원/4월

③ 중기조장=68,228원×0.2인×1/8×25/20×17/12×8시간×25일×4월

= 2,416,408원/4월

중기조장의 시간외 수당=68,228원×0.2인×1/8×25/20×17/12×2시간×25일×4월×1.5

= 906,153원/4월

운전노무비 소계 [22,460,842원/4월]

합계 [56,121,342원/4월]

2. 건설기계손료계수 및 운전경비 산정

건설기계손료계수 산정은 앞 절에서 설명한 각 장비별 시간당 상각비, 시간당 정비비, 시간당 관리비를 산정한 방식으로 2.1절의 **건설기계손료계수 산정표**를 도출하였고, 이것을 근거로 **시간당 기계(장비 혹은 중기)사용료**의 **경비(기계손료)**를 산정한다. 또한, 2.2절의 **운전경비 산정자료**를 근거로 **시간당 기계(장비 혹은 중기)사용료**의 **(운전)재료비**와 **(운전)노무비**를 산정한다. 즉, 2.1절의 **건설기계손료계수 산정표**와 2.2절의 **운전경비 산정표**를 근거로 각 장비별 시간당 **경비(기계손료), (운전)재료비, (운전)노무비**를 구성하는 **시간당 기계(장비 혹은 중기)사용료**가 산정된다.

2.1 건설기계손료계수 산정

건설기계적산에서 시간당 기계(장비 혹은 중기)사용료는 경비(기계손료), (운전)재료비, (운전)노무비로 구성된다. 그중에 각 장비별 경비(기계손료)를 산정하는데 필요한 시간당 기계손료 산정식을 근거로 각 장비별 건설기계손료계수 산정표는 다음과 같다.

(1) 불도저(무한궤도)의 손료

(0101)

규격 (tf)	가격	내용 시간	연간표준 가동시간	상각 비율	정비 비율	연간 관리 비율	시간당(10^{-7})			
							상각비 계수	정비비 계수	관리비 계수	계
7		10,000	2,000	0.9	0.8	0.14	900	800	448	2,148
10		10,000	2,000	0.9	0.8	0.14	900	800	448	2,148
12		10,000	2,000	0.9	0.8	0.14	900	800	448	2,148
19		10,000	2,000	0.9	0.8	0.14	900	800	448	2,148
32		10,000	2,000	0.9	0.8	0.14	900	800	448	2,148

해설 ① 규격은 작업상태에서의 중량을 말한다.
② 삽날(귀삽날 포함)은 운전경비항 잡품비에 계상되어 있다.
※ 삽날, 귀삽날을 사용하지 않을 때에는 주연료의 20%를 계상한다.
(예 : 도저+리퍼의 조합작업 등)

(2) 불도저(타이어)의 손료

(0102)

규격 (tf)	가격	내용 시간	연간표준 가동시간	상각 비율	정비 비율	연간 관리 비율	시간당(10^{-7})			
							상각비 계수	정비비 계수	관리비 계수	계
15		10,000	2,000	0.9	0.55	0.14	900	550	448	1,898
28		10,000	2,000	0.9	0.55	0.14	900	550	448	1,898
33		10,000	2,000	0.9	0.55	0.14	900	550	448	1,898

해설 ① 규격은 작업상태에서의 중량을 말한다.
② 삽날(귀삽날 포함) 및 타이어는 운전경비항 잡품비에 계상되어 있다.
※ 삽날, 귀삽날을 사용하지 않을 때에는 주연료의 20%를 계상한다.

(3) 습지 불도저의 손료

(0121)

규격 (tf)	가격	내용 시간	연간표준 가동시간	상각 비율	정비 비율	연간 관리 비율	시간당(10^{-7})			
							상각비 계수	정비비 계수	관리비 계수	계
4		10,000	2,000	0.9	0.8	0.14	900	800	448	2,148
13		10,000	2,000	0.9	0.8	0.14	900	800	448	2,148

해설 ① 규격은 작업상태에서의 중량을 말한다.
② 삽날(귀삽날 포함)은 운전경비항 잡품비에 계상되어 있다.
※ 삽날, 귀삽날을 사용하지 않을 때에는 주연료의 20%를 계상한다.
(예 : 도저+리퍼의 조합작업 등)

(4) 유압식 리퍼의 손료(주기관의 운전경비는 별도계상)

(0103)

규격(tf)	가격	내용시간	시간당(10^{-7})
16		12,000	883
19		12,000	883
23		12,000	883
27		12,000	883
32		12,000	883

해설 ① 규격의 숫자(tf)는 해당 불도저 및 트랙터 등의 규격을 말한다.
② 불도저의 부수물로서 사용한다.
※ 규격 이외의 불도저 등에 장착될 때의 시간당 손료계수도 이에 준한다.

[참고] 대한건설협회 "건설표준품셈(토목, 건축, 기계설비)"

(5) 굴삭기(유압식 백호)의 손료

(0201)

규격 (m^3)	가격	내용 시간	연간표준 가동시간	상각 비율	정비 비율	연간 관리 비율	시간당(10^{-7})			
							상각비 계수	정비비 계수	관리비 계수	계
0.12		10,000	2,000	0.9	0.8	0.14	900	800	448	2,148
0.2		10,000	2,000	0.9	0.8	0.14	900	800	448	2,148
0.4, 0.7 1.0, 2.0 }		10,000	2,000	0.9	0.8	0.14	900	800	448	2,148

(6) 굴삭기(유압식 · 타이어형)의 손료

(0211)

규격 (m^3)	가격	내용 시간	연간표준 가동시간	상각 비율	정비 비율	연간 관리 비율	시간당(10^{-7})			
							상각비 계수	정비비 계수	관리비 계수	계
0.14		10,000	2,000	0.9	0.8	0.14	900	800	448	2,148

(7) 습지 굴삭기(유압식 백호)의 손료

(0221)

규격 (m^3)	가격	내용 시간	연간표준 가동시간	상각 비율	정비 비율	연간 관리 비율	시간당(10^{-7})			
							상각비 계수	정비비 계수	관리비 계수	계
0.4		10,000	2,000	0.9	0.8	0.14	900	800	448	2,148
0.7		10,000	2,000	0.9	0.8	0.14	900	800	448	2,148

(8) 대형 브레이커 손료(운전경비는 주기관에 따른다)

(0230)

규격 (m^3)	가격	내용 시간	연간표준 가동시간	상각 비율	정비 비율	연간 관리 비율	시간당(10^{-7})			
							상각비 계수	정비비 계수	관리비 계수	계
0.2용		3,000	1,000	0.9	1.0	0.14	3,000	3,333	980	7,313
0.4		3,000	1,000	0.9	1.0	0.14	3,000	3,333	980	7,313
0.7		3,000	1,000	0.9	1.0	0.14	3,000	3,333	980	7,313

(9) 로우더(무한궤도)의 손료

(0301)

규격 (m^3)	가격	내용 시간	연간표준 가동시간	상각 비율	정비 비율	연간 관리 비율	시간당(10^{-7})			
							상각비 계수	정비비 계수	관리비 계수	계
0.57		10,000	2,000	0.9	0.8	0.14	900	800	448	2,148
0.76		10,000	2,000	0.9	0.8	0.14	900	800	448	2,148
0.95		10,000	2,000	0.9	0.8	0.14	900	800	448	2,148
1.15		10,000	2,000	0.9	0.8	0.14	900	800	448	2,148
1.34		10,000	2,000	0.9	0.8	0.14	900	800	448	2,148
1.53		10,000	2,000	0.9	0.8	0.14	900	800	448	2,148
1.72		10,000	2,000	0.9	0.8	0.14	900	800	448	2,148

해설 ① 규격은 버킷용량을 말한다.
② 삽날은 운전경비항 잡품비에 계상되어 있다.

(10) 로우더(타이어)의 손료

(0302)

규격 (m^3)	가격	내용 시간	연간표준 가동시간	상각 비율	정비 비율	연간 관리 비율	시간당(10^{-7})			
							상각비 계수	정비비 계수	관리비 계수	계
0.25		10,000	2,000	0.9	0.55	0.14	900	550	448	1,898
0.59		10,000	2,000	0.9	0.55	0.14	900	550	448	1,898
0.95		10,000	2,000	0.9	0.55	0.14	900	550	448	1,898
1.34		10,000	2,000	0.9	0.55	0.14	900	550	448	1,898
1.72		10,000	2,000	0.9	0.55	0.14	900	550	448	1,898
2.29		10,000	2,000	0.9	0.55	0.14	900	550	448	1,898
2.87		10,000	2,000	0.9	0.55	0.14	900	550	448	1,898
3.5		10,000	2,000	0.9	0.55	0.14	900	550	448	1,898
5.0		10,000	2,000	0.9	0.55	0.14	900	550	448	1,898

해설 ① 규격은 버킷용량을 말한다.
② 삽날 및 타이어는 운전경비항 잡품비에 계상되어 있다.

(11) 크레인(무한궤도)의 손료

(2101)

규격 (tf)	가격	내용 시간	연간표준 가동시간	상각 비율	정비 비율	연간 관리 비율	시간당(10^{-7})			
							상각비 계수	정비비 계수	관리비 계수	계
10(0.29)		11,200	1,600	0.9	0.8	0.14	804	714	538	2,056
15(0.38)		12,800	1,600	0.9	0.8	0.14	703	625	530	1,858
20(0.57)		12,800	1,600	0.9	0.8	0.14	703	625	530	1,858
25(0.76)		12,800	1,600	0.9	0.8	0.14	703	625	530	1,858
30(1.15)		12,800	1,600	0.9	0.8	0.14	703	625	530	1,858
35(1.34)		12,800	1,600	0.9	0.8	0.14	703	625	530	1,858
40(1.53)		14,000	1,400	0.9	0.9	0.14	642	642	595	1,879
50(1.91)		14,000	1,400	0.9	0.9	0.14	642	642	595	1,879
70(2.29)		14,000	1,400	0.9	0.9	0.14	642	642	595	1,879
80(2.68)		14,000	1,400	0.9	0.9	0.14	642	642	595	1,879
100		14,000	1,400	0.9	0.9	0.14	642	642	595	1,879
150		14,000	1,400	0.9	0.9	0.14	642	642	595	1,879

해설 ① 규격은 표준 붐을 사용하였을 때 최대 인양하중을 말하며, ( )내는 버킷용량을 m^3로 표시한 것이다.

② 위의 표는 기중기 작업상태인 때를 기준으로 한 것이다.

(12) 크레인(트럭)의 손료

(2104)

규격 (tf)	가격	내용 시간	연간표준 가동시간	상각 비율	정비 비율	연간 관리 비율	시간당(10^{-7})			
							상각비 계수	정비비 계수	관리비 계수	계
10		8,400	1,400	0.9	0.7	0.14	1,071	833	621	2,525
15		8,400	1,400	0.9	0.7	0.14	1,071	833	621	2,525
20		8,400	1,400	0.9	0.7	0.14	1,071	833	621	2,525
25		9,800	1,400	0.9	0.7	0.14	918	714	614	2,246
30		12,600	1,400	0.9	0.7	0.14	714	556	600	1,870
35		12,600	1,400	0.9	0.7	0.14	714	556	600	1,870
40		12,600	1,400	0.9	0.7	0.14	714	556	600	1,870
45		12,600	1,400	0.9	0.7	0.14	714	556	600	1,870
50		12,600	1,400	0.9	0.7	0.14	714	556	600	1,870
60		14,000	1,400	0.9	0.7	0.14	643	500	595	1,738
70		14,000	1,400	0.9	0.7	0.14	643	500	595	1,738
80, 100		14,000	1,400	0.9	0.7	0.14	643	500	595	1,738

(13) 트럭 탑재형 크레인

(2105)

규격 (tf)	가격	내용 시간	연간표준 가동시간	상각 비율	정비 비율	연간 관리 비율	시간당(10^{-7})			
							상각비 계수	정비비 계수	관리비 계수	계
2		7,000	1,000	0.9	0.45	0.14	1,285	642	860	2,787
3		7,000	1,000	0.9	0.45	0.14	1,285	642	860	2,787
5		7,000	1,000	0.9	0.45	0.14	1,285	642	860	2,787

해설 ① 규격은 표준 붐을 사용하였을 때의 최대 인양하중을 말한다.
② 위의 표는 기중기 작업상태인 때를 기준으로 한 것이다.
③ 타이어는 운전경비항 잡품비에 계상되어 있다.

(14) 트랙터(타이어)의 손료

(2105)

규격 (tf)	가격	내용 시간	연간표준 가동시간	상각 비율	정비 비율	연간 관리 비율	시간당(10^{-7})			
							상각비 계수	정비비 계수	관리비 계수	계
1.5		9,000	1,500	0.9	0.8	0.14	1,000	889	583	2,472
2.5		9,000	1,500	0.9	0.8	0.14	1,000	889	583	2,472
3.5		9,000	1,500	0.9	0.8	0.14	1,000	889	583	2,472
4.5		9,000	1,500	0.9	0.8	0.14	1,000	889	583	2,472

(15) 트럭 트랙터 및 트레일러의 손료

(2702)

규격 (tf)	가격	내용 시간	연간표준 가동시간	상각 비율	정비 비율	연간 관리 비율	시간당(10^{-7})			
							상각비 계수	정비비 계수	관리비 계수	계
20		7,000	1,400	0.9	0.9	0.14	1,286	1,286	640	3,212
30		7,000	1,400	0.9	0.9	0.14	1,286	1,286	640	3,212
40		7,000	1,400	0.9	0.9	0.14	1,286	1,286	640	3,212
60		7,000	1,400	0.9	0.9	0.14	1,286	1,286	640	3,212

(16) 타워 크레인의 손료

(2208)

규격 (tf, m)	가격	내용 시간	연간표준 가동시간	상각 비율	정비 비율	연간 관리 비율	시간당(10^{-7})			
							상각비 계수	정비비 계수	관리비 계수	계
3×40		10,000	2,000	0.9	0.5	0.14	900	500	448	1,848
5×40		10,000	2,000	0.9	0.5	0.14	900	500	448	1,848
10×40		10,000	2,000	0.9	0.5	0.14	900	500	448	1,848

해설 ① 규격은 권상능력(tf)×작업반경(m)을 말한다.
② 부수물과 조립볼트는 별도로 계상한다.
③ 권상용 와이어 소모는 1세트(18mm×120m)를 기준으로 하여 시간당 소모율을 0.003으로 계상한다.

(17) 스크레이퍼(자주식)의 손료

(0406)

규격 (m^3)	가격	내용 시간	연간표준 가동시간	상각 비율	정비 비율	연간 관리 비율	시간당(10^{-7})			
							상각비 계수	정비비 계수	관리비 계수	계
5.4		10,000	2,000	0.9	0.8	0.14	900	800	448	2,148
11.5		10,000	2,000	0.9	0.8	0.14	900	800	448	2,148
16.1		10,000	2,000	0.9	0.8	0.14	900	800	448	2,148
20.6		10,000	2,000	0.9	0.8	0.14	900	800	448	2,148

해설 ① 규격은 적재함 용량을 말한다.
② 삽날(귀삽날 포함), 타이어는 운전경비항 잡품비에 계상되어 있다.

(18) 스크레이퍼(견인식)의 손료

(0407)

규격 (m^3)	가격	내용 시간	연간표준 가동시간	상각 비율	정비 비율	연간 관리 비율	시간당(10^{-7})			
							상각비 계수	정비비 계수	관리비 계수	계
5.4		10,000	2,000	0.9	0.35	0.14	900	350	448	1,698
9.2		10,000	2,000	0.9	0.35	0.14	900	350	448	1,698
10.7		10,000	2,000	0.9	0.35	0.14	900	350	448	1,698
16.1		10,000	2,000	0.9	0.35	0.14	900	350	448	1,698
20.6		10,000	2,000	0.9	0.35	0.14	900	350	448	1,698

(운전경비는 주기관에 따른다)

해설 ① 규격은 적재함 용량을 말한다.
② 시간당 소모율은 자주식과 같다.
③ 견인용 트랙터의 경비는 별도 계상한다.

(19) 모터 그레이더의 손료

(0502)

규격 (m^3)	가격	내용 시간	연간표준 가동시간	상각 비율	정비 비율	연간 관리 비율	시간당(10^{-7})			
							상각비 계수	정비비 계수	관리비 계수	계
3.6		12,000	2,000	0.9	0.65	0.14	750	542	438	1,730

해설 ① 규격은 삽의 폭(길이)을 말한다.
② 삽날(귀삽날 포함), 타이어는 운전경비항 잡품비에 계상되어 있다.

(20) 덤프트럭의 손료

(0602)

규격 (tf)	가격	내용 시간	연간표준 가동시간	상각 비율	정비 비율	연간 관리 비율	시간당(10^{-7})			
							상각비 계수	정비비 계수	관리비 계수	계
2.5		6,000	2,000	0.9	0.96	0.14	1,500	1,600	490	3,590
4.5		6,000	2,000	0.9	0.96	0.14	1,500	1,600	490	3,590
6		6,000	2,000	0.9	0.96	0.14	1,500	1,600	490	3,590
8		6,400	2,000	0.9	0.96	0.14	1,406	1,500	483	3,389
10.5		8,000	2,000	0.9	0.86	0.14	1,125	1,075	464	2,664
15		8,000	2,000	0.9	0.86	0.14	1,125	1,075	464	2,664
20		10,000	2,000	0.9	0.76	0.14	900	760	448	2,108
32		10,000	2,000	0.9	0.76	0.14	900	760	448	2,108

해설 규격은 적재중량을 말한다.

(21) 머캐덤 롤러(자주식)의 손료

(적용기종 : 8~10tf, 10~12, 12~15 전기종) (1106)

규격 (tf)	가격	내용 시간	연간표준 가동시간	상각 비율	정비 비율	연간 관리 비율	시간당(10^{-7})			
							상각비 계수	정비비 계수	관리비 계수	계
8~10(외)		12,000	1,200	0.9	0.8	0.14	750	667	694	2,111

해설 규격의 최소치는 자체중량을, 최대치는 드럼에 중량을 추가한(ballast 등으로) 때를 말한다.

(22) 탬덤 롤러(자주식)의 손료

(적용기종 : 5~8tf, 8~10, 10~14 전기종) (1206)

규격 (tf)	가격	내용 시간	연간표준 가동시간	상각 비율	정비 비율	연간 관리 비율	시간당(10^{-7})			
							상각비 계수	정비비 계수	관리비 계수	계
5~8(외)		12,000	1,000	0.9	0.7	0.14	750	583	822	2,155

해설 규격의 최소치는 자체중량, 최대치는 드럼에 중량을 추가한 때를 말한다.

(23) 탬덤 롤러(진동 자주식)의 손료

(적용기종 : 1tf, 2, 4, 6, 7, 8, 13 전기종) (1209)

규격 (tf)	가격	내용 시간	연간표준 가동시간	상각 비율	정비 비율	연간 관리 비율	시간당(10^{-7})			
							상각비 계수	정비비 계수	관리비 계수	계
1(외)		9,000	1,500	0.9	0.8	0.14	1,000	889	583	2,472

(24) 진동 롤러(자주식)의 손료

(적용기종 : 2.5tf, 4.4, 6, 10 전기종) (1306)

규격 (tf)	가격	내용 시간	연간표준 가동시간	상각 비율	정비 비율	연간 관리 비율	시간당(10^{-7})			
							상각비 계수	정비비 계수	관리비 계수	계
2.5(외)		6,000	1,000	0.9	0.8	0.14	1,500	1,333	875	3,708

(25) 진동 롤러(견인식)의 손료

(적용기종 : 1tf, 2, 3, 4, 5, 6, 8, 9, 10, 11 전기종) (1307)

규격 (tf)	가격	내용 시간	연간표준 가동시간	상각 비율	정비 비율	연간 관리 비율	시간당(10^{-7})			
							상각비 계수	정비비 계수	관리비 계수	계
1(외)		10,000	1,000	0.9	0.7	0.14	900	700	833	2,433

해설 규격은 자체중량을 말한다.

※ 노체 시공재료로서 암·버력재료를 사용할 때의 다짐기계는 마무리 두께 30~60cm인 때, 진동롤러 13tf급 이상, 마무리두께 60~90cm인 때에는 진동롤러 20tf급 이상으로 시공되도록 도로공사 표준시방서 2.23 노체해설 2.2에 규정하고 있다.

(26) 타이어 롤러(자주식)의 손료

(적용기종 : 5~8tf, 8~15, 15~25 전기종) (1406)

규격(tf)	가격	내용시간	연간표준 가동시간	상각비율	정비비율	연간관리비율	시간당(10^{-7})			
							상각비계수	정비비계수	관리비계수	계
5~8(외)		12,000	1,200	0.9	0.8	0.14	750	667	694	2,111

해설 ① 손료에는 타이어 경비가 포함된 것이다.
② 규격의 최소치는 자체중량을 말하며, 최대치는 작업 시 모래 등 하중을 추가한 중량을 말한다.

(27) 타이어 롤러(견인식)의 손료

(적용기종 : 1tf, 2, 7, 8, 10, 14, 17, 18, 19, 34 전기종) (1407)

규격(tf)	가격	내용시간	연간표준 가동시간	상각비율	정비비율	연간관리비율	시간당(10^{-7})			
							상각비계수	정비비계수	관리비계수	계
1(외)		10,000	1,000	0.9	0.4	0.14	900	400	833	2,133

해설 ① 규격은 자체중량을 말한다.
② 모래 등 하중을 추가하면 능력이 증가되므로 함의 용적을 고려한 중량으로 환산하여야 한다.

(28) 래머의 손료

(1630)

규격(tf)	가격	내용시간	연간표준 가동시간	상각비율	정비비율	연간관리비율	시간당(10^{-7})			
							상각비계수	정비비계수	관리비계수	계
80		5,000	1,000	0.9	0.8	0.14	1,800	1,600	896	4,296

(29) 플레이트 콤팩터의 손료

(1730)

규격 (tf)	가격	내용 시간	연간표준 가동시간	상각 비율	정비 비율	연간 관리 비율	시간당(10^{-7})			
							상각비 계수	정비비 계수	관리비 계수	계
1.5(외)		5,000	1,000	0.9	0.8	0.14	1,800	1,600	896	4,296

해설 ① 원동기(전동기)가 부착되어 있는 것으로 운전경비는 별도 계상한다.
② 규격은 전압력(Impacting force)을 말한다.

(30) 아스팔트 믹싱플랜트의 손료

(3108)

규격 (tf/h)	가격	내용 시간	연간표준 가동시간	상각 비율	정비 비율	연간 관리 비율	시간당(10^{-7})			
							상각비 계수	정비비 계수	관리비 계수	계
40tf (80kw)		8,000	1,000	0.9	1.0	0.14	1,125	1,250	849	3,224
60tf (120kw)		10,000	1,000	0.9	1.0	0.14	900	1,000	833	2,733
80tf (160kw)		10,000	1,000	0.9	1.0	0.14	900	1,000	833	2,733
100tf (200kw)		10,000	1,000	0.9	1.0	0.14	900	1,000	833	2,733
120tf (240kw)		10,000	1,000	0.9	1.0	0.14	900	1,000	833	2,733

해설 ① 원동기(전동기)가 부착되어 있는 것으로 정치식을 말하며, 운전경비는 별도 계상한다.
② 자동기록장치 등의 부착이 필요한 때는 이에 상당한 경비를 별도 계상할 수 있다.

(31) 아스팔트 스프레이어의 손료

(3430)

규격 (l)	가격	내용 시간	연간표준 가동시간	상각 비율	정비 비율	연간 관리 비율	시간당(10^{-7})			
							상각비 계수	정비비 계수	관리비 계수	계
300		7,000	1,000	0.9	0.8	0.14	1,286	1,143	860	3,289
400		7,000	1,000	0.9	0.8	0.14	1,286	1,143	860	3,289

해설 ① 규격은 아스팔트 탱크의 용량을 말한다.
② 수동 견인식이다.

2.2 운전경비 산정

건설기계 적산에서 시간당 기계(장비 혹은 중기)사용료는 경비(기계손료), (운전)재료비, (운전)노무비로 구성된다. 그 중에 각 장비별 (운전)재료비와 (운전)노무비를 산정하는데 필요한 운전경비산정표는 다음과 같다.

구분 / 기계명	규 격 (tf)	주연료 (l/hr)	잡 품 (주연료비의 %)	조종원 (인/일)	조 수 (인/일)	건설기계 조 장 (인/일)
불도저(무한궤도)	7	8.6	27	1	0.5	0.2
	10	11.9	27	1	0.5	0.2
	12	13.9	27	1	0.5	0.2
	19	23.8	27	1	0.5	0.2
	32	39.6	27	1	0.5	0.2
불도저(타이어)	15	20.7	70	1	0.5	0.2
	28	38.9	70	1	0.5	0.2
	33	45.8	70	1	0.5	0.2
습지불도저	4	5.1	38	1	0.5	0.2
	13	13.9	38	1	0.5	0.2
유압식 백호	0.12	2.4	25	1	0.5	0.2
	0.2	3.8	25	1	0.5	0.2
	0.4	9.0	25	1	0.5	0.2
	0.7	10.5	25	1	0.5	0.2
	1.0	17.7	25	1	0.5	0.2
	2.0	29.8	25	1	0.5	0.2
굴삭기 (유압식 · 타이어형)	0.14	3.1	40	1	0.5	0.2
습지굴삭기(유압식)	0.4	9.0	35	1	0.5	0.2
	0.7	10.5	35	1	0.5	0.2
로우더(무한궤도)	0.57	5.9	35	1	0.5	0.2
	0.76	7.8	35	1	0.5	0.2
	0.95	9.1	35	1	0.5	0.2
	1.15	11.7	35	1	0.5	0.2
	1.34	13.9	35	1	0.5	0.2
	1.53	16.3	35	1	0.5	0.2
	1.72	18.0	35	1	0.5	0.2

구분 / 기계명	규 격 (tf)	주연료 (l/hr)	잡 품 (주연료비의 %)	조종원 (인/일)	조 수 (인/일)	건설기계 조 장 (인/일)
로우더(타이어)	0.25	4.1	73	1	0.5	0.2
	0.57	4.3	73	1	0.5	0.2
	0.95	7.6	73	1	0.5	0.2
	1.34	9.5	73	1	0.5	0.2
	1.72	12.1	73	1	0.5	0.2
	2.29	16.3	73	1	0.5	0.2
	2.87	20.2	73	1	0.5	0.2
	3.5	24.4	73	1	0.5	0.2
	5.0	36.2	73	1	0.5	0.2
덤프트럭	2.5	3./hr8	44	1	–	–
	4.5	6.7	44	1	–	–
	6	10.7	44	1	–	–
	8	12.4	44	1	–	–
	10.5	18.8	44	1	–	–
	15	21.1	44	1	–	–
	20	23.2	73	1	–	–
	32	33.8	73	1	–	–
모터그레이더	3.6(일반용)	15.4	66	1	0.5	0.2
	3.6(사리도)	15.4	189	1	0.5	0.2
리프트 트럭	2.0	5.0	35	1	–	–
	2.5	5.0	35	1	–	–
	3.5	7.2	35	1	–	–
	5.0	7.2	35	1	–	–
	7.5	8.3	35	1	–	–
트랙터(타이어)	1.5	5.7	28	1	0.5	0.2
	2.5	8.6	28	1	0.5	0.2
	3.5	11.6	28	1	0.5	0.2
	4.5	14.3	28	1	0.5	0.2
트럭트랙터 및 트레일러	20	20.8	38	1	–	–
	30	21.7	38	1	–	–
	40	25.8	38	1	–	–
	60	33.2	38	1	–	–
스크레이퍼(자주식)	5.4	18.6	36	1	0.5	0.2
	11.5	39.6	36	1	0.5	0.2
	16.1	51.0	36	1	0.5	0.2
	20.6	60.0	36	1	0.5	0.2
머캐덤롤러(자주식)	8~10	8.4	20	1	–	0.2
	10~12	10.2	20	1	–	0.2
	12~15	12.0	20	1	–	0.2

구분 / 기계명	규 격 (tf)	주연료 (l/hr)	잡 품 (주연료비의 %)	조종원 (인/일)	조 수 (인/일)	건설기계 조 장 (인/일)
탬덤롤러(자주식)	5~8 8~10 10~14	5.5 7.5 9.2	20 20 20	1 1 1	– – –	0.2 0.2 0.2
탠덤진동롤러(자주식)	1 2 4 6 7 8 13	2.7 4.6 9.0 11.2 12.3 12.3 18.5	8 8 8 8 8 8 8	1 1 1 1 1 1 1	– – – – – – –	0.2 0.2 0.2 0.2 0.2 0.2 0.2
진동롤러 (핸드가이드식)	0.7	1.8	20	1	–	–
진동롤러(자주식)	2.5 4.4 6 10	1.8 2.6 9.4 11.7	20 20 45 45	1 1 1 1	– – – –	– – 0.2 0.2
타이어롤러(자주식)	5~8 8~15 15~25	7.2 11.7 14.6	20 20 20	1 1 1	– – –	0.2 0.2 0.2
양족식롤러(자주식)	11 12 15 19 25 30 37	12.4 15.0 24.7 29.9 29.9 35.8 45.5	20 20 20 20 20 20 20	1 1 1 1 1 1 1	– – – – – – –	0.2 0.2 0.2 0.2 0.2 0.2 0.2
양족식진동롤러 (견인식)	2 3 4 6 8 9	4.7 5.3 5.3 5.3 7.7 10.0	8 8 8 8 7 7	– – – – – –	– – – – – –	– – – – – –

기계명 \ 구분	규 격 (tf)	주연료 (l/hr)	잡 품 (주연료비의 %)	조종원 (인/일)	조 수 (인/일)	건설기계 조 장 (인/일)
크레인(무한궤도)	10(0.29m^3)	7.1	20	1	1	0.2
	15	8.9	20	1	1	0.2
	20	10.6	20	1	1	0.2
	25	11.8	20	1	1	0.2
	30	13.0	20	1	1	0.2
	35	13.8	20	1	1	0.2
	40	14.2	20	1	1	0.2
	50	14.8	20	1	1	0.2
	70	21.2	20	1	1	0.2
	80	23.6	20	1	1	0.2
	100	29.5	20	1	1	0.2
	150	30.1	20	1	1	0.2
타워크레인	3×40	–	–	1	–	–
	5×40	–	–	1	–	–
	10×40	–	–	1	–	–
크레인(트럭)	10	4.8	38	1	1	0.2
	15	5.9	38	1	1	0.2
	20	6.8	38	1	1	0.2
	25	7.7	38	1	1	0.2
	30	9.7	38	1	1	0.2
	35	9.7	38	1	1	0.2
	40	10.7	55	1	1	0.2
	45	12.6	55	1	1	0.2
	50	12.6	55	1	1	0.2
	60	13.3	55	1	1	0.2
	70	15.5	55	1	1	0.2
	80	15.5	55	1	1	0.2
	100	20.0	55	1	1	0.2
트럭탑재형크레인	2	3.6	20	1	–	–
	3	3.9	20	1	–	–
	5	6.4	20	1	–	–
플레이트콤팩터	1.5	휘발유 1.0	20	1	–	–
래머	80	휘발유 0.7	10	1	–	–

기계명 \ 구분	규 격 (tf)	주연료 (l/hr)	잡 품 (주연료비의 %)	조종원 (인/일)	조 수 (인/일)	건설기계 조 장 (인/일)
아스팔트믹싱플랜트	40tf/h(80kw) 60(120kw) 80(160kw) 100(200kw) 120(240kw)	중유 535 중유 675 중유 745 중유 820 중유 900	– – – – –	2 2 2 2 2	1 1 1 1 1	1 1 1 1 1
아스팔트 디스트리뷰터	3,000 (800G/A) 3,800 (1,000G/A) 4,700 (1,250G/A) 5,700 (1,500G/A)	9.8 12.0 12.4 15.7	28 28 28 28	1 1 1 1	– – – –	– – – –
아스팔트페이버	3	8	20	1	0.5	0.2
콘크리트배칭플랜트	–	(전동식)	–	1	1	1
콘크리트 믹서트럭	6.0 6.0(L)	21.1 21.1	33 33	1 1	– –	– –
콘크리트슬리폼페이버	100 215 250	8.3 17.8 20.7	20 20 20	1 1 1	0.5 0.5 0.5	0.2 0.2 0.2
콘크리트피니셔 (중앙분리대용)	142	11.6	20	1	0.5	0.2
콘크리트펌프카	$80m^3/h$	18	39	1	–	–
콘크리트배칭플랜트	40~120	–	–	1	1	1
콘크리트믹서	0.1(3.5cft) 0.17(6cft) 0.20(7cft) 0.30(11cft) 0.40(14cft) 0.45(16cft)	휘발유 1.3 1.3 1.3 2.0 3.9 3.9	20 20 20 20 20 20	1 1 1 1 1 1	– – – – – –	– – – – – –
커터 (콘크리트 및 아스팔트용)	320~400	휘발유 5.6	20	1	–	–

학습 3.8

덤프트럭의 손료와 운전경비가 다음과 같을 때, 덤프트럭 8tf의 일위대가(산출근거)를 산정하라. (단, 덤프트럭의 시간당 작업량(Q)은 84.50포, 덤프트럭 8tf 가격, 21,849천원, 상여금 400%, 퇴직급여 충당금 100%, 일근로시간 8시간, 중기운전사(D/T) 51,077원/일, 경유 500원/l임.)

덤프트럭의 손료

규격 (tf)	시간당(10^{-7})			계
	상각비 계수	정비비 계수	관리비 계수	
2.5	1,500	1,600	490	3,590
4.5	1,500	1,600	490	3,590
6	1,500	1,600	490	3,590
8	1,406	1,500	483	3,389
10.5	1,125	1,075	464	2,664
15	1,125	1,075	464	2,664
20	900	760	448	2,108
32	900	760	448	2,108

덤프트럭의 운전경비

규격 (tf)	주연료 (l/hr)	잡품 (주연료비의 %)	조종원 (인/일)	조수 (인/일)	건설기계조장 (인/일)
2.5	3.8	44	1	–	–
4.5	6.7	44	1	–	–
6	10.7	44	1	–	–
8	12.4	44	1	–	–
10.5	18.8	44	1	–	–
15	21.1	44	1	–	–
20	23.2	73	1	–	–
32	33.8	73	1	–	–

해설

1. 덤프트럭 8tf의 시간당 기계경비[시간당 손료(경비), 시간당 재료비, 시간당 노무비] 산정

중기명 : 덤프트럭 8톤　　　　　　　　　　　　　　　　　　중기가격 : 21,849천원

구분		단위	수량	단가	금액
경비	덤프트럭	원	0.3389	21,849	7,404
	소계				7,404
재료비	경유	l	12.4	500	6,200
	잡품		44		2,728
	소계				8,928
노무비	중기운전사	인	1.0	11,306	11,306
	소계				11,306
총 계					27,638

시간당(hr) 경비, 재료비, 노무비

주) 일반근로자 시간당 노무비(원/hr) = 기본급(원/일) $\times(\frac{12}{12}+\frac{5}{12})\times\frac{25}{20}\times\frac{1}{8}$

$$51,077\times(\frac{12}{12}+\frac{5}{12})\times\frac{25}{20}\times\frac{1}{8}=11,306\text{원/hr}$$

2. 덤프트럭 8tf의 일위대가 산출

일위대가 : 산출근거

산출근거	재료비	노무비	경비	합계	비고
1. 운반(덤프트럭) $q=200$포 $f=1$ $E=0.9$ $t_1+t_3=83.4$분 $t_2=44.0$분 $C_m=83.4+44.0+0.42=127.8$분 $Q=\frac{60\times q\times f\times E}{C_m}=\frac{60\times 200\times 1\times 0.9}{127.8}=84.50$포/hr					
· 재료비$=\frac{8,928}{84.50}=105.6$원/포	105.6			105.6	
· 노무비$=\frac{11,306}{84.50}=133.7$원/포		133.7		133.7	
· 경　비$=\frac{7,404}{84.50}=87.6$원/포			87.6	87.6	
소 계	105.6	133.7	87.6	326.9	
전체 합계	105	134	87	326	

일위대가 : 단위당 단가

3. 건설기계 작업능력 산정

3.1 기본식

건설기계 작업능력을 산정할 때, 적용되는 기본 식은 다음과 같고, 모든 건설장비의 작업량 산정 식은 이 식을 적용하여 장비의 특성에 따라 시간당 작업량을 유도할 수 있다.

$$Q = n \times q \times f \times E$$

여기서, Q : 시간당작업량(m^3/hr)

n : 시간당 작업 사이클 수

q : 1회 작업 사이클당 표준작업량(m^3 또는 tf)

f : 토량환산계수

E : 작업효율

1) 시간당 작업량(Q)

토공에 있어서의 작업능력은 일반적으로 m^3/hr로 표시되고 자연상태의 토량, 흐트러진 상태의 토량, 다져진 후의 토량의 3가지 표시방법이 있으며 기계종류에 따라 (tf/hr), (m^2/hr), (m/hr) 등으로 작업량을 표시할 때도 있다.

2) 1회 작업 사이클당 표준작업량(q)

기계는 일련의 동작을 되풀이하는 작업을 하게 되고, 이때 1회 사이클의 동작으로 이루어지는 표준적인 작업조건과 작업관리 상태에 있어서의 작업량을 1회 작업 사이클당 표준작업량이라고 하며, 토량인 경우에는 흐트러진 상태에서 취급되는 것이 일반적이고 보통 m^3 또는 tf으로 표시한다.

3) 시간당 작업 사이클 수(n)

사이클 시간인 C_m은 기계의 작업속도나 주행속도에 따라서 분(min) 또는 초(sec)로 표시한다. 시간당 작업 사이클 수 $n = 60/C_m$(min) 또는 $3,600/C_m$(sec)로 표시한다.

4) 작업효율(E)

기계의 시간당 작업량은 그 기계 고유의 일정한 값이 아니고 작업현장의 제반조건에 따라 변화하는 것이므로 표준적인 작업능력에 작업현장의 여러 가지 여건에 알맞는 효율을 고려하여 선정함이 필요하며, 이 작업효율은 일반적으로 능력적 요소와 시간적 요소로 구분된다.

$$\text{작업효율}(E) = \text{현장작업능력계수} \times \text{실작업시간율}$$

표 3.4 현장조건별 작업효율

구분 / 현장조건	현장 작업능력계수 (E1)	실작업 시간율 (E2)	작업효율 (E)
양호	0.9	0.9	0.81
보통	0.8 0.7	0.8 0.7	0.64 0.49
불량	0.6 0.5	0.6 0.5	0.36 0.25
극히 불량	0.4	0.4	0.16

① 현장 작업능력계수

기계의 표준적인 작업에 영향을 미치는 기상, 지형, 지질, 토질, 공사규모, 시공방법, 기계의 종류, 조종원의 기능도, 해상에서는 파도 및 풍향 등의 작업현장여건을 고려한 계수를 말한다.

② 실작업 시간율

기계의 상태, 공사규모, 시공방법 등에 의하여 변화하며, 다음과 같이 표시한다.

$$\text{실작업 시간율} = \frac{\text{실작업시간}}{\text{운전시간}}$$

5) 흙의 체적 변화와 토량 환산 계수(f)

① 흙의 체적 변화

흙은 자연상태, 굴착해놓은 상태 그리고 다져놓은 상태에서의 체적은 각각 다르다. 자연상태의 굴착하여 흐트러진 상태로 전환하면, 체적은 팽창하게 되고, 흐트러진 상태의 흙을 다져서 다짐상태로 전환하면 체적은 감소하게 된다. 이 3가지 상태에서의 체적변화를 나타내기 위하여 자연상태에서의 흙을 1로 취한 흙의 체적 변화를 흐트러진 상태 L과 다져진 상태 C로 나타낸다.

$$L = \frac{\text{흐트러진 토량}}{\text{자연상태 토량}} = \text{흐트러진 상태}$$

$$C = \frac{\text{다져진 후의 토량}}{\text{자연상태 토량}} = \text{다져진 상태}$$

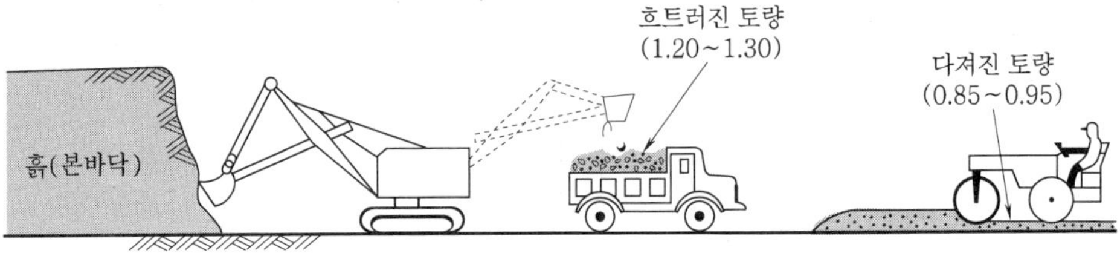

그림 3.5 토량의 체적변화

① 토량 환산 계수(f)

토량이 흐트러졌을 때와 다져졌을 때의 체적이 다른데 토량환산계수는 기준이 되는 토량을 구하고자 하는 토량으로 또는 구하고자 하는 토량을 기준이 되는 토량으로 고치고자 할 때 적용하는 토량의 변화값을 말한다.

표 3.5 토량환산계수 표

구하는 토량 / 기준 토량	자연상태 토량	흐트러진 토량	다져진 후의 토량
자연상태 토량	1	L	C
흐트러진 토량	1/L	1	C/L
다져진 후의 토량	1/C	L/C	1

표 3.6 종별 토량변화율

종별	L	C
모래	1.10~1.20	0.85~0.95
모래질흙	1.20~1.30	0.85~0.90
점토질	1.25~1.35	0.85~0.95
풍화암	1.30~1.35	1.00~1.15
연암	1.30~1.50	1.00~1.30
보통암	1.55~1.70	1.20~1.40

표 3.7 작업상태별 f의 적용

구분	대상기준	깎기	집토	적사	운반	크러샤 투입	정리	적사	운반	포설
토사	자연상태	1/L	1/L	1/L	1/L	–	–	–	–	1
리핑암	자연상태	1	1/L	1/l	1/L	–	–	–	–	1
발파암	자연상태	1	1/L	1/L	1/L	–	–	–	–	1
선택층/보조기층(원석)	다짐상태	–	C/L	C/L	C/L	–	–	–	–	1
선택층/보조기층(그러싱)	흐트러진 상태	–	1	1	1	1	1	C/L	C/L	1
포장용 골재생산	흐트러진 상태	–	1	1	1	1	1	1	1	–
선택층/보조기층 구입	다짐상태	–	–	–	–	–	–	C/L	C/L	1

주) 1. 골재운반(모래, 자갈), 쇄석골재 생산 : 흐트러진 상태에서 흐트러진 상태의 목적물을 생산하는 것이므로 $f = 1$을 적용
2. 쇄석 선택층/보조기층재의 운반 : 다짐상태의 수량이므로 $f = C/L$을 적용
3. 구입 선택층/보조기층재 : 흐트러진 상태로 구입하므로 다짐 포설량에 $f = C/L$을 적용

6) 기계의 작업시간

기계의 시간당 작업량은 기계의 운전시간당 작업량으로 하고, 이 운전시간은 기계의 주기관이 회전하거나 주작동부가 가동하는 시간을 말하며, 주목적의 작업을 하는 실작업시간 외에 작업 중의 기계이동, 기관 또는 주작동부의 예비가동, 운전시간 중의 점검 또는 조정, 주유 조합기계 때의 대기 등이 포함된다.

3.2 불도저

불도저(Bulldozer)는 단거리 절토운반에 적합하고, 그 유효거리는 50m~70m 이하이다. 불도저는 바퀴의 형태로서 무한계도형(크로러형)과 고무타이어형(휠형)이 있다. 경사지나 연약한 지반에서는 크로러형을, 평탄하고 운행에 지장이 없는 지형에는 휠형을 사용한다.

사진 3.1 불도저

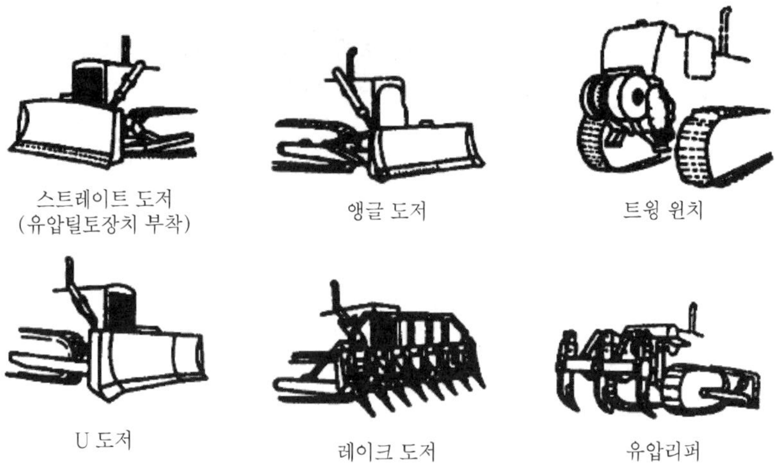

그림 3.6 불도저의 종류(2)

$$Q = \frac{60 \cdot q \cdot f \cdot E}{C_m}, \qquad q = q_o \times e$$

여기서, Q : 시간당 작업량(m^3/hr)

q : 배토판의 용량(m^3)

q_o : 거리를 고려하지 않은 배토판의 용량(m^3)

e : 운반거리계수

f : 토량환산계수

E : 작업효율

C_m : 1회 사이클 시간(분)

1) q_o의 값(m^3)

종별 \ 급수(tf)	4 초습지	7	10	12	13 (습지)	15	19	28	32	33
무한궤도	0.5	1.1	1.5	2.0	1.5	–	3.2	–	5.5	–
타이어	–	–	–	–	–	31	–	4.0	–	5.7

거리를 고려하지 않는 배토판의 용량 q_o의 값은 흙의 성질에 따라 다음 식으로 계산한다.

$$q_o = l\frac{\mu \cdot \mathrm{H}^2}{2\tan\alpha}$$

μ : 흙의 점성에 관한 계수(0.8)

l : 배토판의 길이

α : 흙의 안식각(35°)

H : 배토판의 높이

또는 $q = 0.457\mathrm{BH}^2$의 식도 있다.

여기서, B : 배토판의 폭(m)

H : 배토판의 높이(m)

2) e의 값

경사(%) \ 운반거리(m)		10 이하	20	30	40	50	60	70m
평탄한 곳	0	1.0	0.96	0.92	0.88	0.84	0.80	0.76
하향작업	5	1.12	1.08	1.03	0.99	0.94	0.90	0.85
	10	1.28	1.23	1.18	1.13	1.08	1.02	0.97
상향작업	5	0.89	0.85	0.82	0.78	0.75	0.71	0.68
	10	0.80	0.77	0.74	0.70	0.67	0.64	0.61

3) E의 값

토질명 \ 현장조건	자연상태			흐트러진 상태		
	양호	보통	불량	양호	보통	불량
모래, 사질토	0.80	0.65	0.50	0.85	0.70	0.55
자갈섞인 흙, 점성토	0.70	0.55	0.40	0.75	0.60	0.45
파쇄암	–	–	–	–	0.35	0.25

해설

1. 양호 : 작업현장이 넓고(배토판 폭의 3배 이상), 지반의 요철(凹凸) 등에 의한 미끄럼이 없고, 또한 하향 구배 등으로 작업속도가 충분히 기대되는 조건인 경우
2. 보통 : 작업현장은 넓으나 작업 속도가 기대되지 않는 경우, 작업현장은 좁으나(배토판 폭의 3배 미만) 작업속도가 충분히 기대되는 등 제조건의 중간으로 판단되는 경우
3. 불량 : 작업현장이 좁고 지반상태를 고려한 미끄럼이 많고, 또 상향구배 등으로 작업속도를 저

해하는 조건인 경우
4. 정지작업을 겸하는 경우는 0.1을 뺀 값으로 한다.
5. 터파기에 대해서는 0.05를 뺀 값으로 한다.
6. 리핑한 것은 리핑된 고려하여 그 상태에 해당되는 토질에서의 값을 취한다.

4) 1회 사이클 시간

$$C_m = \frac{L}{V_1} + \frac{L}{V_2} + t$$

여기서, C_m : 1회 사이클 시간(분)
L : 운반거리(m)
V_1 : 전진속도(m/분)
V_2 : 후진속도(m/분)
t : 기어변속시간(0.25분), 시공 실행 예산을 구할 때에는 t의 값을 0.2분으로 수정할 수도 있다.

5) 토량 변화율 "f"

토질별 / 변화율	모래	모래질흙 (보통토)	점질토	력이섞인 점질토	호박돌섞인 점질토	연암	보통암
자연상태가 흐트러진 상태 L	1.10~1.20	1.20~1.30	1.25~1.35	1.30~1.40	1.40~1.45	1.30~1.50	1.55~1.70
자연상태가 다져진 상태 C	0.85~0.95	0.85~0.95	0.85~0.95	0.90~0.95	0.90~0.95	1.00~1.30	1.20~1.40

6) 무한궤도형의 V_1 및 V_2의 값

구분 / 규격(tf)	전진속도(m/분)				후진속도(m/분)		
	1단	2단	3단	4단	1단	2단	3단
4(초습지)	40	57	100	–	63	85	–
7	43	67	92	116	53	78	107
10	42	64	88	116	50	75	105
12	40	55	75	107	48	70	100
13(습지)	40	55	75	–	48	70	–
19	40	55	75	103	46	70	98
32	40	52	70	91	43	58	78

해설 1. 굴착 또는 굴착운반, 발근, 석재류의 집적 작업 등에는 전진 1단, 후진 1단을 사용한다.
2. 흐트러진 상태의 토사운반 작업 등에는 전진 2단, 후진 2단을 사용한다.
3. 평탄하고 흐트러진 상태의 정지, 전압작업 등의 작업에는 전진 3단, 후진 3단을 사용한다.
4. 제방과 같은 상향 작업 시에는 전진 1단, 후진 2단을 사용한다.
5. 수중작업 시에는 전진 1단, 후진 1단을 사용한다.
6. 작업현장에서의 이동에는 전진 3단 또는 4단을 사용한다.

7) 타이어형의 V_1 및 V_2의 값

구분 / 규격(tf)	전진속도(m/분)			후진속도(m/분)	
	1단	2단	3단	1단	2단
15	83	200	415	92	125
28	92	200	482	92	200
33	92	210	546	110	250

해설 1. 흐트러진 상태의 토량운반, 연한지반의 굴착 운반작업 등에는 전진 1단, 후진 1단을 사용한다.
2. 평탄하고 흐트러진 상태의 정지 및 전압작업 등에는 전진 2단, 후진 2단을 사용한다.
3. 작업현장에서의 이동에는 전진 2단 또는 3단을 사용한다.

학습 3.9

본바닥 토량 30,000m^{3}을 굴착하여 평균운반거리 40m까지 11tf급 불도저 2대를 사용하여 성토작업을 하고자 한다. 아래의 시공조건을 이용하여 시간당 작업량과 전체 공사를 끝내는 데 필요한 공기를 구하라.(단, 시공조건은 사이클 타임(C_m) = 2.1분 , 1회 굴착압토량(q) = 1.89m^3, 토량환산계수(f) = 0.85, 현장작업능력계수($E1$) = 0.80, 1일 평균작업시간(t_d) = 6hr, 실제 가동일수율($E2$):50%이다.)

해설

1) 시간당작업량(dozer 2대)

① 효율(E) = 작업능력계수($E1$)×실작업시간율($E2$) = 0.8×0.5 = 0.4

② $Q = \dfrac{60 \cdot q \cdot f \cdot E}{C_m} \times 2 = \dfrac{60 \times 1.89 \times 0.85 \times 0.4}{2.1} \times 2 = 36.72\text{m}^3/\text{hr}$

2) 공기 $= \dfrac{30,000}{36.72 \times 6} = 136.17 ≒ 137$일

학습 3.10

배토량 4,000m^{3}의 굴착작업을 다음과 같은 조건의 불도저 2대를 사용할 때 본바닥토량의 소요작업일수를 구하라.

〈조건〉

- 도저의 굴착용량: 2.4m^3
- 도저의 전진속도: 4km/hr
- 도저의 후진속도: 6km/hr
- 도저의 기어변환시간: 30초
- 토량변화율 L : 1.2
- 작업효율: 80%
- 1일 작업시간: 8시간
- 흙의 운반거리: 60m
- 거리 및 구배계수: 0.85

해설

1) dozer 1대 작업량

① $Q=\dfrac{60\cdot q\cdot f\cdot E}{C_m}=\dfrac{60\cdot q_o\cdot e\cdot \dfrac{1}{L}\cdot E}{C_m}$

② $C_m=\dfrac{l}{V_1}+\dfrac{l}{V_2}+t=\dfrac{60}{4\times\dfrac{1,000}{60}}+\dfrac{60}{6\times\dfrac{1,000}{60}}+\dfrac{30}{60}=2$분

$\therefore Q=\dfrac{60\times(2.4\times0.85)\times\dfrac{1}{1.2}\times0.8}{2}=40.8\text{m}^3/\text{hr}$

2) dozer 2대 작업량= 40.8×2 = 81.6m^3/hr

3) 작업일수일 $\dfrac{4,000}{81.6\times8}=6.13\fallingdotseq7$일

학습 3.11

9tf bulldozer의 작업거리가 30m, 전지속도 53m/min, 후진속도 58m/min, 기어변환시간 0.33분, 1회 굴착토공량 3.2m^3, 토량환산계수 0.72, 작업효율 0.637일 때, 시간당 작업량(m^3/hr)은 얼마인가? (단, bulldozer는 평탄한 곳에서 경지정리작업을 하며, 구배계수(e=0.92)이다.)

해설

$Q=\dfrac{60\cdot q\cdot f\cdot E}{C_m}=\dfrac{60\cdot(q_o\cdot e)\cdot f\cdot E}{C_m}$

$C_m=\dfrac{l}{V_1}+\dfrac{l}{V_2}+t=\dfrac{30}{53}+\dfrac{30}{58}+0.33=1.41$분

$$\therefore Q = \frac{60 \times (3.2 \times 0.92) \times 0.72 \times 0.637}{1.41} = 57.46\text{m}^3/\text{hr}$$

3.3 유압식 리퍼

유압식 리퍼(Ripper)는 전면에는 배토판이 있고, 후면에는 갈고리 형태인 찢거나 세로로 켜는 톱 역할을 하는 리퍼가 1본~3본이 장착되어 있어 연질, 중질, 경질의 지층을 굴착하는 데 사용된다.

사진 3.2 리퍼

$$Q = \frac{60 \cdot A_n \cdot l \cdot f \cdot E}{C_m}$$

여기서, Q : 운전시간 1시간당 파쇄량(m^3/hr)

l : 1회의 작업거리(m)

A_n : 1회 리핑의 단면적(m^2)

f : 토량환산계수

E : 작업효율

C_m : 1회 사이클 시간(분)

$C_m = 0.05l + 0.25$

참고

불도저 1단 40m/분의 75%=30m/분임.

1÷30=0.033으로 현장실행 예산 시 $C_m = 0.033l + 0.2 \sim 0.25$도 가능함.

1) A_n의 값

트랙터의 규격	1회당 리핑단면적(m)		
	1본	2본	3본
20tf 급	0.15	0.30	0.45
30tf 급	0.20	0.40	0.60

해설 리퍼의 C_m은 불도저의 C_m산정식과 같으며, 파쇄되는 암질과 상태에 따라 다르고, 작업(전진)시에는 1단 속도가 0.6~0.9 정도로 감소되므로 일반적으로 위의 산정식을 사용토록 한다.

참고 리핑작업 Q_1(m³/hr)과 굴착집토작업, Q_2(m³/hr)의 조합작업량을 구할 때의 $Q=\dfrac{Q_1 \times Q_2}{Q_1+Q_2}$는 (m³/hr)로 구한다.

2) E의 값

암질 \ 발톱 수 \ 속도 \ 규격 및 탄성파		20tf 급		30tf 급	
암질	발톱 수	탄성파속도(m/sec)	E	탄성파속도(m/sec)	E
연질	3본	500	0.85	600	0.85
		700	0.65	800	0.65
		900	0.50	1,000	0.45
중질	2본	700	0.80	900	0.70
		900	0.60	1,200	0.50
		1,200	0.40	1,400	0.40
경질	1본	1,000	0.70	1,200	0.80
		1,300	0.50	1,500	0.50
		1,300	0.30	1,800	0.30

암질과 탄성파 속도와의 관계는 다음과 같다.

암의 종류 \ 암질 \ 구분	탄성파 속도(m/sec)		
	연질	중질	경질
사암(砂岩)	1,000 이하	1,000~1,500	1,500~2,000
점판암(粘板岩)	1,000 이하	1,000~1,500	1,500~2,000
석영반암(石英班岩)	900	900~1,200	1,200~1,500
석회암, 혈암(石灰岩, 頁岩)	600	600~1,000	1,000~1,500
화강암(花崗岩)	600	600~1,000	1,000~1,500

학습 3.12

리퍼(ripper)와 불도저(bulldozer)의 조합으로 풍화암지반의 굴착작업을 실시하려고 한다. 리퍼의 작업능력이 140m^3/hr이고 불도저의 작업능력이 45m^3/hr일 때 이들 기계의 조합작업 능력을 계산하라.

해설

$$Q = \frac{Q_1 \times Q_2}{Q_1 + Q_2} = \frac{45 \times 140}{45 + 140} = 34.05\,\mathrm{m^3/hr}$$

[참고] $\frac{Q}{Q_1} + \frac{Q}{Q_2} = 1\mathrm{hr}$, $\therefore Q = \frac{Q_1 \times Q_2}{Q_1 + Q_2}$

학습 3.13

탄성파 속도가 1,100m/s인 사암으로 된 수평한 지반을 1개의 리퍼날이 부착된 21tf급의 불도저(q_o = 3.3m^3)로 리핑하면서 작업을 할 때, 1시간당 작업량을 본바닥 토량으로 구하라.(단, 소수 3자리에서 반올림)

〈조건〉

- 1개 날의 1회 리핑 단면적: 0.14m^2
- 작업거리: 40m
- 불도저의 구배계수: 0.90
- 리퍼의 사이클 타임 C_m = 0.05ℓ +0.33
- 불도저의 사이클 타임 C_m = 0.037ℓ +0.25
- 리퍼의 작업효율: 0.9
- 불도저의 작업효율: 0.4
- 토량변화율 L = 1.6, C = 1.1

해설

① dozer 작업량

$$Q = \frac{60 \cdot q \cdot f \cdot E}{C_m} = \frac{60 \cdot (q_o \cdot e) \cdot \frac{1}{L} \cdot E}{0.037l + 0.25} = \frac{60 \times (3.3 \times 0.9) \times \frac{1}{1.6} \times 0.4}{0.037 \times 40 + 0.25} = 25.75\mathrm{m^3/hr}$$

② ripping 작업량

$$Q_2 = \frac{60 \cdot A_n \cdot l \cdot f \cdot E}{C_m} = \frac{60 \times 0.14 \times 40 \times 1 \times 0.9}{0.05 \times 40 + 0.33} = 129.79\mathrm{m^3/hr}$$

③ 1시간당 작업량

$$Q = \frac{Q_1 \times Q_2}{Q_1 + Q_2} = \frac{25.75 \times 129.79}{25.75 + 129.79} = 21.49\,\mathrm{m^3/hr}$$

학습 3.14

32tf급 리퍼(ripper)장치 불도저로 리핑 단면적 $A_n=0.4\text{m}^2$, 작업거리 $l=50\text{m}$, 토량환산계수 $f=1$, 작업효율 $E=0.8$일 때, 리퍼(ripper)의 시간당 작업량을 계산하라.(단, 사이클 타임은 $C_m=0.05\ell+0.33$로 한다.)

해설

$$Q=\frac{60\cdot A_n\cdot l\cdot f\cdot E}{C_m}=\frac{60\times0.4\times50\times1\times0.8}{0.05\times50+0.33}=339.22\text{m}^3/\text{hr}$$

3.4 셔블계 굴삭기(파워 셔블, 백호, 드래그 라인, 크램셀)

셔블(Shovel)계 굴삭기는 굴착, 싣기를 하는 기계로 상부선회대, 하부기구, 작업체의 3부분으로 구성되어 있어, pile driver, drag line, drag shovel(back hoe) 등을 교환변화시켜서 각종 작업에 널리 이용될 수 있다.

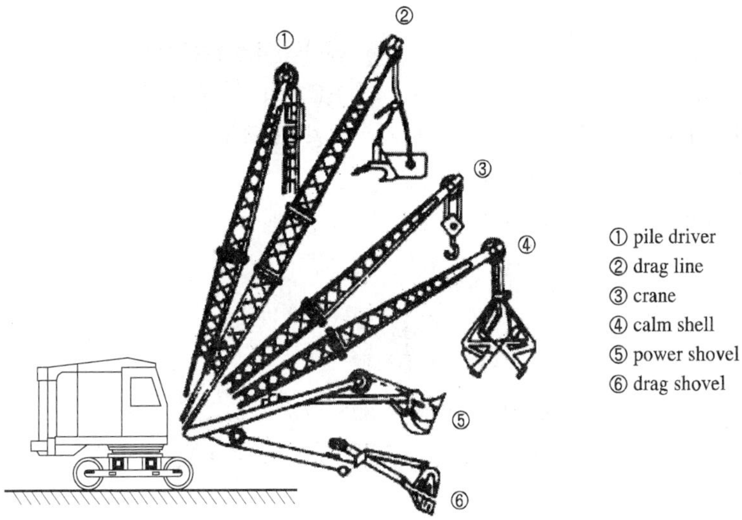

그림 3.7 셔블계 굴삭기

$$Q=\frac{3{,}600\cdot q\cdot K\cdot f\cdot E}{C_m}$$

여기서, Q : 시간당 작업량(m^3/hr)　　q : 디퍼 또는 버킷용량(m^3)
f : 토량환산계수　　K : 디퍼 또는 버킷계수
E : 작업효율　　C_m : 1회 사이클 시간(초)

1) K의 값

현장조건	파워셔블	백호, 크램쉘, 드래그라인
용이하게 굴착할 수 있는 연한 토질로서 버킷에 산적으로 가득 찰 때가 많은 조건이 좋은 모래, 보통토인 경우	1.20	1.10
위의 토질보다 약간 단단한 토질로서 버킷에 거의 가득 찰 수 있는 모래, 보통토 및 조건이 좋은 점토인 경우	0.95	0.90
버킷에 가득 채우기가 어렵거나 가벼운 발파를 필요로 하는 것으로서 단단한 점질토, 점토, 력질토인 경우	0.75	0.70
버킷에 넣기 어렵고 불규칙한 공극이 생기는 것으로서 발파 또는 리퍼 작업 등에 의하여 얻어진 암괴, 파쇄암, 호박돌, 력 등인 경우	0.60	0.55

해설 1. 파워셔블은 위치한 지면보다 높은 데 있는 토량의 굴착에 적합하고, 백호, 드래그라인, 크램쉘 등은 특수한 경우를 제외하고는 위치한 지면보다 낮은데 있는 토량굴착에 사용되는 것이 일반이다.
2. 디퍼 또는 버킷계수는 굴착하는 토질과 굴착작업의 높이 또는 깊이에 따라 다르나 작업현장 조건을 고려하여 기종이 선택되므로 특수한 경우를 제외하고는 굴착작업의 높이 또는 깊이는 디퍼 또는 버킷 계수에 영향을 주지 않는 것으로 한다.
3. 굴착기계는 굴착된 토량을 운반하는 기계와의 상태가 작업상 균형이 유지되고 굴착기계에 대한 운반기계의 적재 높이가 적합토록 이루어져야 좋다.

2) 파워셔블 E의 값

토질명	현장조건		
	양호	보통	불량
모래	0.85	0.70	0.60
사질토, 보통토	0.60	0.50	0.40
역질토, 호박돌	0.50	0.40	0.30
점질토, 점토	0.40	0.30	0.20
파쇄암	0.40	0.30	0.20

해설 1. 양호 : 작업현장이 넓고 굴착 높이가 2~5m로서 지형, 배수, 운반기계의 적재 높이, 운반기계의 조합 등이 좋은 상태.
2. 보통 : 위의 조건보다는 못하나 작업진행에 지장이 없는 상태.
3. 불량 : 작업현장이 넓지 않고 굴착높이가 너무 낮거나 높으며 지형, 배수, 운반기계의 조

합 등이 불량하여 작업에 영향을 주는 상태.

3) 백호 E의 값

토질명	현장조건		
	양호	보통	불량
모래, 사질토, 보통토 역질토, 호박돌, 점질토, 점토, 파쇄암	0.75	0.60	0.45

해설 1. 양호 : 굴착 깊이 1~4m 정도에서 토질이 단단하지 않으며 장애물이 없어 작업이 순조롭게 진행될 때
2. 보통 : 양호한 현장조건과 불량한 현장조건의 중간으로 판단되는 상태
3. 불량 : 굴착 깊이가 너무 깊거나 얕고 토질이 단단하며 장애물 등이 있어서 작업에 곤란을 느끼는 상태

4) 드래그라인, 크램쉘 E의 값

토질명	현장조건		
	양호	보통	불량
사질토, 보통토	0.75	0.60	0.45
역질토, 호박돌	0.60	0.50	0.40
점질토, 점토, 파쇄암	0.30	0.25	0.20

해설 1. 양호 : 작업현장이 넓고 토질이 단단하지 않으며 굴착깊이 0~3m 정도에서 작업이 순조롭게 진행될 때
2. 보통 : 양호한 현장조건과 불량한 현장조건의 중간으로 판단되는 상태
3. 불량 : 작업장소가 협소하고 수중굴착으로 굴착깊이가 깊으며 토질이 단단하여 작업에 곤란을 느끼는 상태
4. 파쇄암은 크램쉘 작업인 경우에만 해당된다.

5) 백호 C_m 의 값(초)

선회각도	45°	90°	135°	180°
C_m(초)	27	30	33	36

6) 파워셔블 C_m의 값(초)

굴착정도 \ 용량(m^3) / 선회각도	90°								
	0.38	0.57	0.76	0.95	1.15	1.53	1.91	2.29	3.06
용이한 굴착	15	18	18	18	18	18	20	22	24
보통의 굴착	18	20	20	20	20	20	22	24	26
곤란한 굴착	24	26	26	26	26	26	28	30	32

7) 드래그라인 및 크램쉘 C_m의 값(초)

굴착정도 \ 용량(m^3) / 선회각도	110°								
	0.38	0.57	0.76	0.95	1.15	1.53	1.91	2.29	3.06
용이한 굴착	20	22	24	24	24	28	28	30	32
보통의 굴착	24	26	28	28	28	33	34	35	38
곤란한 굴착	30	32	35	35	35	41	41	42	45

8) 선회각도에 따른 C_m의 보정계수

구분 \ 선회각도	45°	60°	75°	90°	120°	150°	180°
파워셔블	0.80	0.86	0.93	1.00	1.14	1.27	1.41
드래그라인 및 크램쉘	0.78	0.85	0.90	0.95	1.03	1.12	1.17

해설 크램쉘의 우물통 작업인 경우 90° 선회각도에서 사이클 작업에 소요되는 시간은 크램쉘 규격에 따라 다음 표와 같다.

작업단계	단위 \ 버킷표준 용량(m^3)	0.57 이하	0.76	1.15	1.53	1.91	2.29	2.67	3.06
기본동작기간	초	22~27	25~31	25~31	28~34	30~36	32~39	32~39	33~41
사이로에 넣는 시간	초	3~4	4~5	4~5	4~5	4~5	5~6	5~6	5~6
낙하 후 굴착에 소요되는 추가시간	초	5~6	6~8	6~8	7~8	7~8	8~10	8~10	8~11
굴착깊이 1m마다의 추가시간	초	1.5	1.45	1.3	1.25	1.25	0.9	0.85	0.8

9) 토량변화율 "f"

토질별 / 변화율	모래	모래질흙 (보통토)	점질토	력이섞인 점질토	호박돌섞인 점질토	연암	보통암
자연상태가 흐트러진 상태 L	1.10~1.20	1.20~1.30	1.25~1.35	1.30~1.40	1.40~1.45	1.30~1.50	1.55~1.70
자연상태가 다져진 상태 C	0.85~0.95	0.85~0.90	0.85~0.95	0.90~0.95	0.90~0.95	1.00~1.30	1.20~1.40

학습 3.15

다음의 조건에 있어서 0.6m^3 파워셔블의 2일 간 작업량은 본바닥으로 대략 얼마인가?

〈조건〉

· 셔블의 사이클 타임 : 20sec
· 흙의 토량변화율 : 1.2
· 작업효율 : 0.75
· 디퍼 계수 : 1.0
· 1일의 운전시간 : 6시간

해설

① $Q=\dfrac{3{,}600\cdot q\cdot K\cdot f\cdot E}{C_m}=\dfrac{3{,}600\cdot q\cdot K\cdot \dfrac{1}{L}\cdot E}{C_m}=\dfrac{3{,}600\times 0.6\times 1\times \dfrac{1}{1.2}\times 0.75}{20}=67.5\text{m}^3/\text{hr}$

② power shovel 2일 작업량= 67.5×6×2 =810m^3

학습 3.16

0.6m^{3}의 백호(back hoe) 한 대를 사용하여 10,000m^{3}의 기초 굴착을 할 때, 굴착에 요하는 일수를 다음 조건에 의하여 구하라.(단, 소수 3자리에서 반올림하라. C_m=24초, dipper 계수 : 0.9, 토량환산율 : 0.8, 작업능률: 0.8, 1일 운전시간: 8시간)

해설

① $Q=\dfrac{3{,}600\cdot q\cdot K\cdot f\cdot E}{C_m}=\dfrac{3{,}600\times 0.6\times 0.9\times 0.8\times 0.8}{24}=51.846\,\text{m}^3/\text{hr}$

② bcak hoe 1일 작업량일= 51.84×8 = 414.72m^3/일

③ 굴착일수일$=\dfrac{10{,}000}{414.72}=24.11 ≒ 25$일

3.5 유압식 굴삭기(백호)

유압식 굴삭기 백호(Back hoe)는 지반보다 낮은 부분을 굴착하는 기계이며, 또 수중굴착에도 사용할 수 있고, 기초굴착과 좁은 구거의 굴착에 유효한 기계이다.

사진 3.3 굴삭기

$$Q = \frac{3{,}600 \cdot q \cdot K \cdot f \cdot E}{C_m}$$

여기서, Q : 시간당 작업량(m^3/hr)　　q : 버킷용량(m^3)
f : 토량환산계수　　E : 작업효율
K : 버킷계수　　C_m : 1회 사이클 시간(초)

1) K의 값

현장조건	K
용이하게 굴착할 수 있는 연한 토질로서 버킷에 산적으로 가득 찰 때가 많은 조건이 좋은 모래, 보통토인 경우	1.10
위의 토질보다 약간 단단한 토질로서 버킷에 거의 가득 채울 수 있는 모래, 보통토 및 조건이 좋은 점토인 경우	0.90
버킷에 가득 채우기가 어렵거나, 가벼운 발파를 필요로 하는 것으로서 단단한 점토질, 점토, 력질토인 경우	0.70
버킷에 넣기 어렵고, 불규칙한 공극이 생기는 것으로서 발파 또는 리퍼작업 등에 의하여 떨어진 암과 파쇄암, 호박돌, 력 등인 경우	0.55

해설 1. 굴삭기(유압식 백호)는 위치한 지면보다 낮은데 있는 토량의 굴착에 사용되는 것이 일반이다.
2. 버킷계수는 굴착하는 토질과 굴착 작업의 높이 또는 깊이에 따라 다르나 작업현장 조건을 고려하여 기종이 선택되므로, 특수한 경우를 제외하고는 굴착작업의 깊이는 버킷계수에

영향을 주지 않는 것으로 한다.

3. 굴삭기(유압식 백호)는 굴착된 토량을 운반하는 기계와의 상태가 작업상 균형이 유지되고, 굴삭기(유압식 백호)에 대한 운반기계의 적재높이가 적합토록 이루어져야 한다.

2) E의 값

토질별 \ 현장조건	자연상태			흐트러진 상태		
	양호	보통	불량	양호	보통	불량
모래, 사질토	0.85	0.70	0.55	0.90	0.75	0.60
자갈섞인 흙, 점성토	0.75	0.60	0.45	0.80	0.65	0.50
파쇄암	–	–	–	–	0.45	0.35

해설 1. 자연상태의 굴착 시 작업효율

① 양호 : 자연지반이 무르고, 절토작업이 최적으로 연속작업이 가능하고, 작업 방해가 없는 등의 조건인 경우

② 보통 : 자연지반은 단단하지만 절토작업이 최적인 경우, 또는 자연지반은 무르지만 절토작업이 곤란한 경우 등 제조건이 중간으로 판단되는 경우

③ 불량 : 자연지반이 단단하고, 또한 연속작업이 곤란하며, 작업방해가 많은 등의 조건인 경우

2. 흐트러진 상태의 토사 싣기인 경우는 상기의 조건 중 단단한 조건을 뺀 기타의 조건을 감안하여 수치를 정하는 것으로 한다.

3. 터파기에 대하여는 0.05를 뺀 값으로 한다.

4. 리핑한 것은 리핑된 상태를 고려하여 그 상태에 해당되는 토질에서의 값을 취한다.

3) C_m의 값(초)

규격(m^3) \ 선회각도(도)	사이클 타임(sec)			
	45	90	135	180
0.12	14	16	19	21
0.2	14	16	19	21
0.1	14	16	19	21
0.7	17	19	21	23
1.0	19	21	23	25
2.0	24	27	29	32

4) 토량변화율 "f"

변화율 \ 토질별	모래	모래질흙 (보통토)	점질토	력이섞인 점질토	연암	보통암
자연상태가 흐트러진 상태 L	1.10~1.20	1.20~1.30	1.25~1.35	1.30~1.40	1.30~1.50	1.55~1.70
자연상태가 다져진 상태 C	0.85~0.95	0.85~0.90	0.85~0.95	0.90~0.95	1.00~1.30	1.20~1.40

학습 3.17

유압식 크롤러(crawler)형의 백호(back hoe)를 사용해서 12,000m^{3}의 기초 굴착을 할 때 완료하는데 몇 일이 소요되는가? (단, 표준버킷용량 : 0.9m^3, 백호의 사이클 타임 : 24초, dipper 계수 : 0.9, 토량환산계수: 0.85, 작업능률: 0.7, 1일 운전시간: 8시간)

해설

① back hoe 시간당 작업량

$$Q = \frac{3,600 \cdot q \cdot K \cdot f \cdot E}{C_m} = \frac{3,600 \times 0.9 \times 0.9 \times 0.85 \times 0.7}{24} = 72.29\,\mathrm{m^3/hr}$$

② 굴착일수일$= \dfrac{12,000}{72.29 \times 8} = 20.75 \fallingdotseq 21$ 일

3.6 로더

로더(Loader)는 트랙터 셔블(Tractor shovel)이라고도 하며, 트랙터 전면에 달린 버킷으로 흙을 담아서 싣는 기계로서, 느슨한 흙 신기 작업에 적합하다.

사진 3.4 로더

$$Q = \frac{3,600 \cdot q \cdot K \cdot f \cdot E}{C_m} (\mathrm{m^3/hr})$$

여기서, Q : 운전 시간당 작업량($\mathrm{m^3/hr}$) q : 버킷용량($\mathrm{m^3}$)

f : 토량환산계수 E : 작업효율

K : 버킷계수

C_m : 1회 사이클 시간(초), $C_m = m \cdot l + t_1 + t_2$

m : 계수(초/m) · (무한궤도식: 2.0, 타이어식: 1.8)

l : 편도 주행거리(표준을 8m로 한다.)

t_1 : 버킷에 토량을 담는 데 소요되는 시간(초)

t_2 : 기어변환 등 기본시간과 다음 운반기계가 도착될 때까지의 시간(14초)

1) t_1의 값

현장조건 \ 작업방법 \ 기종별	무한궤도식		타이어식	
	산적상태에서 담을 때	지면부터 굴착집토하여 담을 때	산적상태에서 담을 때	지면부터 굴착집토하여 담을 때
용이한 경우	5	22	6	24
보통인 경우	8	32	10	35
약간 곤란한 경우	10	40	15	45
곤라한 경우	12	–	20	–

2) K의 값

현장조건	K
다른 굴착기계로 깎거나, 즉 쌓아 모은 산적상태에서 적재하는 것으로 굴착력을 필요로 하지 않고 쉽게 버킷에 산적할 수 있는 것. 즉, 조건이 좋은 모래, 보통토 등	1.2
흐트러진 산적상태에서 적재하는 것으로 위의 상태보다 약간 삽날이 들어가기 어려운 토질로서 버킷에 가득 채울 수 있는 것. 즉, 점토, 력질토	1.0
모래, 사력, 보통토, 점토, 력질토 등 직접 자연상태에서 굴착적재할 수 있는 여건으로 버킷에 평적에 약간 미달되게 채울 수 있는 것	0.9
버킷에 가득 채울 수 없는 것으로 다른 기계로 쌓아 모아 놓은 부순돌 및 점질토나 력질토로서 굳어진 덩어리 상태로 되어 있는 것	0.7
버킷에 담기 어렵고, 허술하여 불규칙한 공극이 생긴 것. 예를 들면, 발파 또는 리퍼로 깎은 암괴, 호박돌, 력 등	0.55

해설 1. K값의 적용에 있어 토질 분류에 의한 판단보다는 실제 적재 가능한 양의 판단에 따라 적용하여야 한다.
2. 위 표는 타이어식 로더를 기준으로 한 것임.(단, 발파암 및 암괴 등을 적재할 경우는 무판궤도식 로더로 계상할 수 있다.)
3. 함수조건에 따라 차이가 있는 것으로 저지대 작업 등 특별한 경우는 현실에 맞게 조정할 수 있다.

3) E의 값

토질별 \ 현장조건	자연상태			흐트러진 상태		
	양호	보통	불량	양호	보통	불량
모래, 사질토	0.70	0.55	0.40	0.75	0.60	0.45
자갈섞인 흙, 점성토	0.60	0.45	0.30	0.60	0.50	0.35
파쇄암	–	–	–	–	0.35	0.25

해설 1. 양호 : 자연지반이 무르고 적입(積込) 형식이 덤프트럭 이동형으로써 작업방해가 없고 절토 높이가 최적(1~3m) 등의 조건인 경우
2. 보통 : 적입형식은 덤프트럭 이동형이지만 작업방해 등이 있는 경우, 또는 적입형식은 덤프트럭 정치형이지만 작업방해가 없는 경우 등 제조건이 중간으로 판단되는 경우
3. 불량 : 자연지반이 단단하여 굴착이 곤란하고, 적입형식은 덤프트럭 정치형으로서 작업방해가 많고, 절토 높이가 최적이 아닌 경우
4. 흐트러진 상태의 토사적재의 경우는 상기의 조건 중 단단한 조건을 뺀 기타의 조건을 감안하여 수치를 정하는 것으로 한다.
5. 터파기에 대하여는 0.05를 뺀 값으로 한다.
6. 리핑한 것은 리핑된 상태를 고려하여 그 상태에 해당되는 토질에서의 값을 취한다.
7. 작업방해란 도로 개량공사 등에서 시간당 최대 교통량이 100대 정도 이상이거나 현장조건이 이와 유사하다고 판단되는 경우를 말한다.
8. 타이어식 로더의 적용은 흐트러진 상태에서 파쇄암 이외의 토질 적재시 현장조건은 양호한 것으로 한다.

(주) loader의 C_m에서 품셈은 $m \cdot l$의 계수로거, 타이어식 m=1.8초/m, 무한궤도 2.0초/m로 하고, l의 값은 편도작업거리 8m로 고정하였으나 이는 작업현장의 여건을 고려하지 아니한 것일 뿐만 아니라 퍼 담기위한 전진작업속도 V_1과 싣기를 위한 V_2의 속도를 고려하지 아니한 계수이다. 즉, 작업속도를 8~12km/hr 상당으로 조정하고 l의 값은 작업현장의 평균거리를 적용해야 한다고 본다. 예를 들면, V_1과 V_s를 8km/hr로, l의 값을 왕복 20m로 한때(t_1과 t_2는 별도 고려)

$\frac{3{,}600\text{초}}{3{,}600\text{초}}$ = 0.45초/m×20m = 9초(왕복)이다(품셈 상으로는 8m 왕복에 14.4초임).

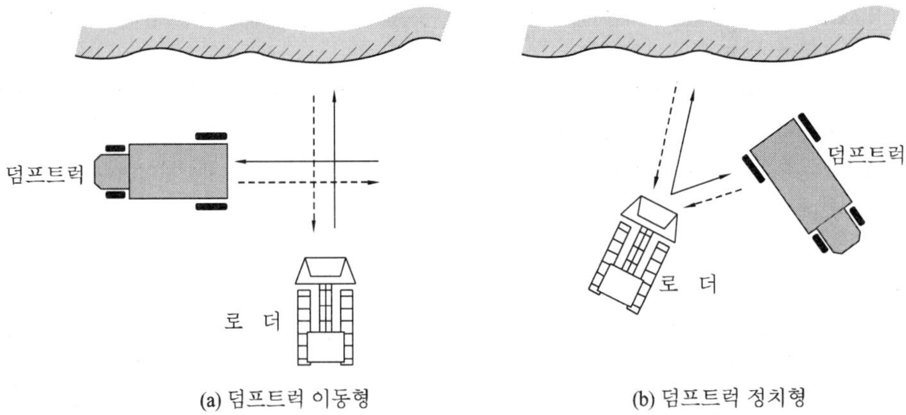

그림 3.8 적입방식

4) 토량변화율 "f"

변화율 \ 토질별	모래	모래질흙 (보통토)	점질토	호박돌섞인 점질토	연암	보통암
자연상태가 흐트러진 상태 L	1.10~1.20	1.20~1.30	1.25~1.35	1.40~1.45	1.30~1.50	1.55~1.70
자연상태가 다져진 상태 C	0.85~0.95	0.85~0.90	0.85~0.95	0.90~0.95	1.00~1.30	1.20~1.40

학습 3.18

$q=1.2\text{m}^3$인 트랙터 셔블로 쇄석의 싣기 작업에 있어서 1시간당의 작업량을 구하라.(단, 버킷계수 $K=0.65$, 토량환산계수 $f=1$, 작업효율 $E=0.75$, 계수 $m=2\text{sec/m}$, 운반거리 $l=8\text{m}$, 버킷으로 재료를 담아 올리는 시간 $t_1=10\text{sec}$, 기어변속시간 $t_2=12\text{sec}$임.)

해설

① $C_m = m \cdot l + t_1 + t_2 = 2 \times 8 + 10 + 12 = 38(\text{sec})$

② $Q = \dfrac{3{,}600 \cdot q \cdot K \cdot f \cdot E}{C_m} = \dfrac{3{,}600 \times 1.2 \times 0.65 \times 1 \times 0.75}{38} = 55\,\text{m}^3/\text{hr}$

3.7 모터 스크레이퍼

모터 스크레이퍼(Motor scraper)는 굴착, 적재, 운반, 사토, 때로는 다짐, 정지 등의 작업을 1사이클 동안에 하면서도 대량의 토사를 고속으로 원거리에 운반할 수 있는 장점이 있으므로 택지조성, 공항건설, 고속도로건설 등 대규모 토목공사에 사용된다.

사진 3.5 모터 스크레이퍼

$$Q = \frac{60 \cdot q \cdot K \cdot f \cdot E}{C_m}$$

여기서, Q : 시간당 작업량(m^3/hr)

q : 볼의 용적(m^3)

f : 토량환산계수

E : 보울의 효율

K : 보울의 계수

C_m : 1회 사이클 시간(분)

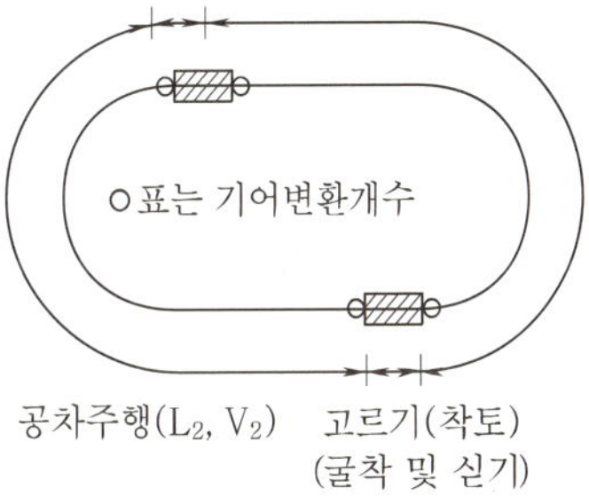

그림 3.9 스크레이퍼 기본동작

1) K의 값

토질상태	적재계수 "K"
조건이 좋은 보통토	1.13
조건이 좋은 모래, 보통토	1.00
력질토, 모래, 력이 섞인 점질토, 점토	0.90
조건이 좋은 점질토, 점토	0.90
조건이 나쁜 점질토, 점토, 암괴, 호박돌, 력	0.80

해설 1. 30cm 이상의 호박돌이 있을 때에는 사용하지 않는 것이 좋다.
2. 좋은 조건이란 적재함에 산적이 되고, 공극(空隙)이 적은 경우
3. 나쁜 조건이란 함수비가 극히 높고, 적재된 토질이 덩어리가 되어 공극이 많은 경우

2) E의 값

현장조건	E
작업현장이 넓으며 지형과 토질조건이 좋고 어느 정도 모여 있으므로 작업이 순조롭게 될 때	0.85
작업현장이 넓으나 함수비로 토질의 변화가 일어나기 쉬운 때 등으로 작업이 보통으로 진행될 때	0.80
작업현장이 넓지 않고 다른 작업기계와의 교차가 많으며, 토질조건도 좋지 않아 작업이 순조롭지 못할 때	0.70
작업현장이 좁고 작업이 복잡할 때 또는 토질조건이 나쁘므로 작업진행이 불량할 때	0.60

3) 1회 사이클 시간

$$C_m = \frac{L_1}{V_1} + \frac{L_2}{V_2} + t$$

여기서, C_m : 1회 사이클 시간(분)
L_1 : 적재시의 주행거리(m)
L_2 : 공차시의 주행거리(m)
V_1 : 적재시의 주행속도(m/분)
V_2 : 공차시의 주행속도(m/분)
t : 굴착 및 싣기, 사토 및 기어변속시간(푸쉬도저를 사용할 때 1.6분, 사용하지 않을 때 2.8분)

4) 토량변화율 "f"

변화율 \ 토질별	모래	모래질흙(보통토)	점질토	버럭이 섞인 점질토	호박돌 섞인 모래	호박돌 섞인 점질토	연암	보통암
자연상태가 흐트러진 상태 L	1.10 ~1.20	1.20 ~1.30	1.25 ~1.35	1.30 ~1.40	1.15 ~1.20	1.40 ~1.45	1.30 ~1.50	1.55 ~1.70
자연상태가 다져진 상태 C	0.85 ~0.95	0.85 ~0.90	0.85 ~0.95	0.90 ~0.95	0.90 ~1.00	0.90 ~0.95	1.00 ~1.30	1.20 ~1.40

5) V_1 및 V_2의 값

구분 / 도로상태	적재 시 주행속도 (m/분)	공차 시 주행속도 (m/분)
노면이 단단하고 안전한 도로로서 주행 시 타이어가 노면에 침투되지 않고 살수 등 잘 유지된 도로	400	600
노면 상태가 별로 좋지 않고 주행 시 타이어가 노면에 약간 침투되며 살수된 도로	300	400
노면 상태가 잘 정비되어 있지 않으므로 다소 정비는 하나 주행 시 타이어가 노면에 약간 침투되는 도로	200	300
노면이 차량에 의하여 울퉁불퉁해졌고 잘 정비되어 있지 않아 주행 시 타이어가 노면에 심하게 침투되는 도로	150	200
흐트러진 모래 또는 자갈	100	150
노면이 극히 불량한 상태	80	100

3.8 피견인식 스크레이퍼

피견인식 스크레이퍼는 스스로 작업을 할 수 있는 모터 스크레이퍼와 동일한 작업을 하며, 다른 점은 특정장비에 매달려져 작업을 한다는 점이 모터 스크레이퍼와 다르다.

사진 3.6 피견인식 스크레이퍼

$$Q = \frac{60 \cdot q \cdot K \cdot f \cdot E}{C_m} (\mathrm{m^3/hr})$$

여기서, Q : 운반토량($\mathrm{m^3/hr}$)
q : 볼의 용적($\mathrm{m^3}$)
f : 토량환산계수
E : 작업효율
K : 보울의 효율
C_m : 1회 사이클 시간(분)

1) 작업 순서

피견인식 스크레이퍼의 굴착작업 순서는 볼(bowl)을 내림 → 에어프런(apron)을 올림 → 날을 땅속에 박아 끌고 → 볼에 흙이 적재되는 순으로 진행되며, 배토는 에어프런 올림 → 볼을 성토 두께만큼 내림 → 인젝터 내림 → 배출의 순으로 진행된다. 사토거리는 30m 이내가 좋고 배토시간은 30초 이내, 싣기 시간 1분(지질 단단한 경우 rooter 사용), 운반속도 6.4km/hr 이내, 방향변화 15초 이내가 좋다.

2) 1회 사이클 시간

$$C_m = \frac{D}{V_D} + \frac{H}{V_h} + \frac{S}{V_s} + \frac{R}{V_r} + t$$

여기서, D : 싣기에 요하는 거리(m)

H : 운반 거리

S : 사토 거리(m)

R : 돌아오는 거리(m)

V_D : 적재속도(m/min)

V_h : 운반속도(m/min)

V_s : 사토속도(m/min)

V_r : 돌아오는 속도(m/min)

t : 기어 변속시간(min)

학습 3.19

트랙터 D-120에 견인된 스크레이퍼 RSD9의 1일당 작업량 Q를 평균운반거리 100m로 하여 구하라.

〈조건〉

- 굴착싣기 속도 V=40m/min
- 운반속도 V_2=75m/min
- 사토속도 V_3 = 54m/min
- 돌아오는 속도 V_4 = 75m/min
- 기어 바꾸어 넣기 t = 0.25min
- 토량환산계수 f = 1.0
- 1일 작업시간 : 6시간
- 볼 용적: 평적 9.2m^3, 산적 11.5m^3
- 커터 폭: 2.68m
- 굴착 깊이 : 0.2m
- 볼 적재계수 K = 0.8
- 사토 두께 : 0.2m
- 작업효율 E = 0.83

해설

① 굴착거리$=\dfrac{\text{볼 용적}}{\text{커터폭}\times\text{굴착깊이}}=\dfrac{9.2}{2.68\times0.2}=17.16(\text{m})$

② 굴착시간$=\dfrac{D}{V_1}=\dfrac{17.16}{40}=0.43(\text{min})$

③ 운반시간$=\dfrac{H}{V_2}=\dfrac{100-17.16}{75}=1.10(\text{min})$

④ 사토시간$=\dfrac{S}{V_3}=\dfrac{17.16}{54}=0.32(\text{min})$

⑤ 돌아오는 시간$=\dfrac{R}{V_4}=\dfrac{100+17.16}{75}=1.56(\text{min})$

⑥ $C_m=0.43+1.10+0.32+1.56+0.25=3.66(\text{min})$

⑦ $Q=\dfrac{60\cdot q\cdot K\cdot f\cdot E}{C_m}=\dfrac{60\times11.5\times0.8\times1.0\times0.83}{3.66}=125.18(\text{m}^3/\text{hr})$

⑧ 1일 작업량$=125.18\times6=751.08\text{m}^3/\text{day}$

참고: 평적$(9.2\text{m}^3)=$산적$(11.5^3)\times$적재계수(0.8)

학습 3.20

11.5m^3 용량의 모터 스크레이퍼를 가지고 토질은 보통토, 평균 주행거리 800m, 현장조건이 양호한 상태에서 작업하는 경우 운전시간당 작업량을 구하라.(단, 소수 3자리에서 반올림. $K=1.13$, $E=0.85$, $t=1.6$, 주행속도는 적재 시 : 300m/min, 공차 시 : 400m/min, 토량은 흐트러진 상태로 나타낼 것)

해설

$$Q=\frac{60\cdot q\cdot K\cdot f\cdot E}{C_m}$$

$$C_m=\frac{L_1}{V_1}+\frac{L_2}{V_1}+t=\frac{800}{300}+\frac{800}{400}+1.6=6.27\text{분}$$

$$\therefore Q=\frac{60\times11.5\times1.13\times1\times0.85}{6.27}=105.70\,\text{m}^3/\text{h}$$

3.9 모터 그레이더

모터 그레이더(Motor grader)는 앞바퀴와 뒷바퀴 중앙부에 흙을 밀거나 깎는 배토판(blade)이 장착되어 있어 주로 평탄작업인 정지작업에 많이 쓰이는 기계이다.

사진 3.7 모터 그레이더

$$A=\frac{60\cdot D\cdot W\cdot E}{p_1C_{m1}+p_2C_{m2}+\cdots+p_iC_{mi}}$$

$$Q=\frac{60\cdot l\cdot D\cdot H\cdot f\cdot E}{p\cdot C_m}$$

여기서, A : 1시간당 작업량(m^2/hr)　　Q : 1시간당 작업량(m^3/hr)

D : 1회의 작업거리(편도m)　　W : 작업장 전체의 폭(m)

E : 작업효율　　P : 부설횟수

p_i : 작업장 전체의 폭을 V_i속도로 행하는 작업횟수

C_{mi}: 작업속도 V_i때의 사이클 시간(분)

H : 굴착 깊이 또는 흙 고르기 두께(cm)

l : 블레이드의 유효길이(m)

f : 토량환산계수

1) 방향변환 또는 블레이드를 선회하여 왕복작업을 할 때의 C_m 산출공식

$$C_m=\frac{D(\mathrm{m})}{V_1(\mathrm{km/hr})}+t=\frac{D(\mathrm{m})}{V_1\left(\frac{1{,}000(\mathrm{m})}{60(\text{분})}\right)}+t$$

$$C_m = 0.06 \times \frac{D}{V_1} + t$$

2) 전진작업만을 하고 후진으로 되돌아오거나 회송이 필요할 때의 C_m 산출공식

$$C_m = \frac{D(\text{m})}{V_1(\text{km/hr})} + \frac{D(\text{m})}{V_2(\text{km/hr})} + 2t = \frac{D(\text{m})}{V_1\left(\frac{1{,}000(\text{m})}{60(\text{분})}\right)} + \frac{D(\text{m})}{V_2\left(\frac{1{,}000(\text{m})}{60(\text{분})}\right)} + 2t$$

$$C_m = 0.06 \times \left(\frac{D}{V_1} + \frac{D}{V_2}\right) + 2t$$

여기서, D : 작업거리 또는 되돌아오는 거리(편도 m)

V_1 : 작업속도(km/hr)

V_2 : 후진 또는 회송속도(km/hr)

t : 방향변환 또는 블레이드 선회 기어변속에 소요되는 시간(분)

3) V_1 및 V_2의 값(km/hr)

작업종류 \ 현장조건 \ 속도	작업			후진			회송		
	양호	보통	불량	양호	보통	불량	양호	보통	불량
토사도 보수	10	7	4	9	6.5	4	24	18	12
측구굴착	4	3	2						
비탈면의 마무리	3	2.5	2						
흙 고르기	8	6	4	–	–	–	–	–	–
마무리	8	6	4						
혼합	10	7	4						
제설	10	8	6						

해설 1. 작업 및 후진속도에 있어서의 현장조건

(1) 양호 : 작업현장이 넓고 토질의 상태, 지형, 교통량, 함수비 등 조건이 좋아서 목적하는 대로 순조롭게 작업이 진행될 때

(2) 보통 : 작업현장이 작업에 지장을 주지 않을 정도로 넓고 토질의 상태, 지형, 교통량, 함수비등 조건이 고르지 않아서 작업속도에 약간의 변동이 있을 때

(3) 불량 : 작업현장이 협소하고 토질의 상태, 지형, 교통량, 함수비 등 조건이 불량하여 작업속도에 영향을 가져올 때

2. 회송속도의 현장조건

(1) 양호 : 2차선 이상으로 완전한 포장도로 또는 노면이 좋은 토사도인 경우

(2) 보통 : 2차선 미만이나 교차가 가능하고 노면보수가 좋은 도로인 경우

(3) 불량 : 작업현장 내의 도로 또는 노면보수가 불량한 경우

4) E의 값

작업종류 \ 구분	현장조건		
	양호	보통	불량
토사도의 보수 및 정지 등	0.8	0.7	0.6
흙 고르기 등	0.7	0.6	0.5

해설 1. 양호 : 작업현장이 넓고 지형 및 토질상태 기타 작업을 위한 여건이 좋아서 기대하는 작업속도를 충분히 얻을 수 있을 때
2. 보통 : 작업현장이 작업에 지장을 주지 않을 정도의 넓이로서 작업속도에 영향을 주는 장애물이 없을 때
3. 불량 : 작업현장이 좁고 지형 및 토질상태가 나쁘며, 작업속도에 영향을 주는 장애물이 있을 때

5) t의 값

작업종류	t(분)
작업거리가 비교적 짧은 경우	2.5
도로 보수	1.5
흙 고르기	0.5

6) l의 값

작업종류	블레이드의 작업각도	블레이드의 길이(3.6m)
단단한 토질에서의 깎기	45°	2.3
부드러운 토질에서의 깎기	55°	2.7
흙밀기, 제설(除雪)	60°	2.9
마무리	90°	3.4

7) 토량변화율 "f"

변화율 \ 토질별	모래	모래질흙(보통토)	점질토	버럭이 섞인 점질토	호박돌 섞인 모래	호박돌 섞인 점질토	연암	보통암
자연상태가 흐트러진 상태 L	1.10 ~1.20	1.20 ~1.30	1.25 ~1.35	1.30 ~1.40	1.15 ~1.20	1.40 ~1.45	1.30 ~1.50	1.55 ~1.70
자연상태가 다져진 상태 C	0.85 ~0.95	0.85 ~0.90	0.85 ~0.95	0.90 ~0.95	0.90 ~1.00	0.90 ~0.95	1.00 ~1.30	1.20 ~1.40

학습 3.21

그레이더로 노상을 고르기(grading)할 때 작업량을 계산하라.

〈조건〉

- 블레이드의 유효길이 $l = 2.9$m
- 작업효율 = 0.6
- 1회 작업거리 $D = 50$m
- 부설횟수(P) = 2회
- 흙 고르기 두께 $H = 20$cm
- 토량환산계수 : 0.75
- $C_m = 1.96$

해설

$$Q = \frac{60 \cdot l \cdot D \cdot H \cdot f \cdot E}{PC_m} = \frac{60 \times 2.9 \times 50 \times 0.2 \times 0.75 \times 0.6}{2 \times 1.96} = 199.74\ \text{m}^3/\text{hr}$$

학습 3.22

blade 길이 3.7m인 모터 그레이더 1대를 사용하여 표토제거작업을 시행할 때, 편도작업거리 80m, 전진작업속도 12km/hr, 후진작업속도 20km/hr, 굴착 깊이 0.2m로 하면 시간당 작업량은 얼마인가?(단, $f = 0.75$, 기어변속시간 = 1.5분, 유효 blade의 유효길이 = 2.3m, $E = 0.6$)

해설

$$Q = \frac{60 \cdot l \cdot D \cdot H \cdot f \cdot E}{C_m}$$

$$C_m = 0.06 \times \left(\frac{D}{V_1} + \frac{D}{V_2}\right) + 2t = 0.06 \times \left(\frac{80}{12} + \frac{80}{20}\right) + 2 \times 1.5 = 3.64\text{분}$$

$$\therefore Q = \frac{60 \times 2.3 \times 80 \times 0.2 \times 1 \times 0.6}{3.64} = 363.96\,\text{m}^3/\text{hr}$$

참고: 표토제거 작업의 의미는 작업량이 본 바닥상태이므로 $f = 1$이다.

학습 3.23

모터 그레이더로서 폭 $W = 600$m, $D = 200$m의 성토를 1회 정지하는 데 필요한 시간(hr)은 얼마인가?(단, 블레이드는 유효길이(l) = 3m, 전진속도(V_1) = 5km/hr, 후진속도(V_2) = 6.5km/hr, 작업계수(E) = 0.8, 소수점 2자리에서 반올림하라.)

해설

① 통과횟수 $= \dfrac{600}{3} = 200$회

② 작업소요시간 $= \dfrac{\text{통과횟수} \times \text{거리}}{\text{평균 작업속도} \times \text{작업효율}} = \dfrac{200 \times 200}{5{,}000 \times 0.8} + \dfrac{200 \times 200}{6{,}500 \times 0.8} = 17.69$시간

학습 3.24

그레이더를 사용하여 도로연장 20km의 정지작업을 한다. 2단 기어속도(6km/hr)로 1회, 3단 기어속도(10km/hr) 2회, 4단 기어속도(15km/hr) 2회 통과 작업을 행할 때 소요작업시간은?(단, 기계의 작업효율: 0.7)

해설

① 작업소요시간$=\dfrac{\text{통과횟수}\times\text{거리}}{\text{평균 작업속도}\times\text{작업효율}}$

② 평균작업속도$=\dfrac{(1\times 6)+(2\times 10)+(2\times 15)}{1+2+2}=11.2(\text{km/hr})$

③ 작업소요시간$=\dfrac{5\times 20}{11.2\times 0.7}=12.76$시간

3.10 덤프 트럭

덤프 트럭(Dump truck)은 기동성이 좋고 도로상이면 어느 곳이나 자유롭게 왕복하게 되고, 운반능력도 좋다. 또, 산지나 야외등지에서도 통행할 수 있으며, 어느 현장이나 다양하게 사용할 수 있는 기계이다.

사진 3.8 덤프트럭

$$Q=\frac{60\cdot q_t\cdot f\cdot E}{C_m},\quad q_t=\frac{T}{r_t}\cdot L$$

여기서, Q : 1시간당 흐트러진 상태의 작업량(m^3/hr)

q_t : 흐트러진 상태의 덤프트럭 1대의 적재량(m^3)

r_t : 자연상태에서의 토석의 단위중량(습윤밀도)(tf/m^3)

T : 덤프트럭의 적재중량(tf)

L : 토량환산계수에서의 토량변화율

$$L = \frac{\text{흐트러진 상태의 토량}(\text{m}^3)}{\text{자연상태의 토량}(\text{m}^3)}$$

f : 토량환산계수

E : 작업효율(0.9)

C_m : 1회 사이클 시간(분), $C_m = t_1 + t_2 + t_3 + t_4 + t_5$

1) 적재시간(t_1)

적재시간(t_1)은 적재방법에 따라 산출한다.

2) 왕복시간(t_2)

$$\text{왕복시간(분)} = \frac{\text{운반거리}}{\text{적재 시 평균주행속도}} + \frac{\text{운반거리}}{\text{공차 시 평균주행속도}}$$

3) 운반도로와 평균주행속도(km/hr)

도로상태	평균속도	
	적재	공차
· 토취장 또는 토사장 등의 운행	5	7
· 성토장 내의 미정비된 불량한 노면 · 1차선의 미개수된 교차대기가 필요한 산간지 도로	7	10
· 1차선의 교차가 힘든 산간지 도로 · 1차선의 교차대기가 필요한 공사용 가설도로 · 1차선의 제방 등의 도로	10	10
· 교차가 가능한 제방 등의 도로 · 2차선의 미개수된 산간지 미포장도로	12	12
· 2차선 이상의 개수된 산간지 미포장도로 · 2차선 이상의 공사용 가설도로	15	15
· 2차선 이상의 교통량 및 교통대기가 많은 시가지 포장도로 (7,000대/일 이상) · 2차선 이상의 미포장도로	20	20

도로상태	평균속도	
	적재	공차
· 2차선 이상의 시가지 포장도로(7,000~2,000대/일) · 2차선 이상의 유지관리 상태가 극히 양호한 공사용 도로	25	25
· 2차선 이사의 교외 포장도로(2,000대/일 이상) · 2차선 이사의 극히 양호한 미포장도로	25	30
· 2차선 이상의 노면이 고르지 못한 포장도로(2,000대/일 미만)	30	35
· 2차선 이상의 포장도로(2,000대/일 미만)	35	35
· 고속도로 2차선 · 고속도로 4차선	50 60	50 60

해설 1. 교통제한구간의 제한속도가 운반로 상에 있을 때에는 제한속도 이내에서 적용하여야 한다.
2. 위 표를 적용할 수 없는 경우에는 도로폭, 경사, 노면상태, 교통량, 교차점, 곡선, 가옥 등을 고려하여 정한다.
3. 공사현장 내 또는 공사용 도로는 유지보수의 상태가 중요하다.

4) 적하시간(t_3)

적재한 토량을 내리는데 소요되는 시간으로 차례를 기다리는 시간이 포함된다.

구분 / 토질	작업조건(분)		
	양호	보통	불량
모래, 력, 호박돌	0.5	0.8	1.1
점질토, 점토	0.6	1.05	1.5

해설 1. 양호 : 사토장이 넓고 정지된 상태에서 일시에 적하할 경우
2. 보통 : 사토장이 넓으나 움직이는 상태에서 적하하는 경우
3. 불량 : 사토장이 넓지 않고 천천히 움직이는 상태에서 적하하는 경우

5) 적재장소에 도착한 때로부터 적재작업이 시작될 때까지의 시간(t_4)

① 적재장소가 넓어서 트럭이 자유로이 목적장소에 진입할 수 있을 때 : 0.15분
② 적재장소가 넓지는 않으나 목적장소에 불편없이 진입할 수 있을 때 : 0.42분
③ 적재장소가 좁아서 목적장소에 진입하는데 불편을 느낄 때 : 0.70분

6) 적재함 덮개설치 및 해체시간(t_5) : 3.77분

7) 적재기계를 사용할 경우의 사이클 시간

사진 3.9 덤프트럭과 적재기계의 조합 사용전경

$$C_{mt} = \frac{C_{ms}}{60} \cdot n \cdot \frac{1}{E_s} + (t_2 + t_3 + t_4 + t_5)$$

여기서, C_{mt} : 덤프트럭의 1회 사이클 시간(분)

C_{ms} : 적재기계의 1회 사이클 시간(초)

E_s : 적재기계의 작업효율

n : 덤프트럭 1대에 토량을 적재하는데 소요되는 적재기계의 사이클 횟수

$$n = \frac{q_t}{q \cdot K}$$

q_t : 덤프트럭 1대의 적재토량(m^3)

q : 적재기계의 디퍼 또는 버킷용량(m^3)

K : 디퍼 또는 버킷계수

8) 인력 적재를 할 경우의 사이클 시간 및 적재비 산정

구분 / 종류	적재시간(분/m^3)	조건
토사류 석재류	10 12	적재인부 5인 기준 평지인 경우

9) 토량변화율 "f"

변화율 \ 토질별	모래	모래질흙 (보통토)	점질토	버럭이 섞인 점질토	호박돌 섞인 모래	호박돌 섞인 점질토	연암	보통암
자연상태가 흐트러진 상태 L	1.10 ~1.20	1.20 ~1.30	1.25 ~1.35	1.30 ~1.40	1.15 ~1.20	1.40 ~1.45	1.30 ~1.50	1.55 ~1.70
자연상태가 다져진 상태 C	0.85 ~0.95	0.85 ~0.90	0.85 ~0.95	0.90 ~0.95	0.90 ~1.00	0.90 ~0.95	1.00 ~1.30	1.20 ~1.40

학습 3.25

불도저로 밀어 놓은 단위체적중량 1.8tf/m^{3}인 사질토 10,000m^{3}이 있다. 싣기 기계 셔블을 이용하여 10km 떨어져 있는 사토장에 10tf(적재량) 덤프를 이용하여 사토 시키고자 한다. 셔블의 총 작업시간과 셔블이 쉬지 않고 작업하기 위한 덤프트럭 대수를 구하라. (단, 셔블의 조건 : 버킷의 평적용량 1.48m^3, 버킷계수 1.1, 토량환산계수 1.0, 작업효율 0.75, 사이클 타임 48초, 덤프의 조건: 토량변화율 1.0, 작업효율 0.9, 적재시간 3.65분, 왕복평균시속 50km/hr, 적재시간과 왕복주행 이외의 기타 소요시간 5분)

해설

① 셔블 $Q_s = \dfrac{3600 \cdot q \cdot K \cdot f \cdot E}{C_m} = \dfrac{3600 \times 1.48 \times 1.1 \times 1 \times 0.75}{48} = 91.575(\mathrm{m^3/hr})$

② 덤프 $Q_t = \dfrac{60 \cdot q_t \cdot f \cdot E}{C_m} = \dfrac{60 \times 5.56 \times 1 \times 0.9}{32.65} = 9.20(\mathrm{m^3/hr})$

$[\because q_t = \dfrac{T}{\gamma_t} \times L = \dfrac{10}{1.8} \times 1 = 5.56(\mathrm{m^3}),\quad C_m = 3.65 + \dfrac{10}{50} \times 60 \times 2 + 5 = 32.65(\mathrm{min})]$

③ 셔블의 총 작업시간(시간) $= \dfrac{10,000}{91.572} = 109.2 ≒ 110$(시간)

④ 덤프트럭 대수 $M = \dfrac{Q_s}{Q_t} + 1 = \dfrac{91.575}{9.20} + 1$대 $= 11$(대)

학습 3.26

불도저로 밀어놓은 단위체적 중량 1.8tf/m^{3}인 사질토 10,000m^{3}가 있다. 트랙터셔블을 이용하여 10km 떨어져있는 사토장에 10tf 덤프를 이용하여 사토시키고자 한다. 셔블의 총 작업시간과 셔블이 쉬지 않고 작업하기 위한 덤프트럭 대수를 구하라.(단, 셔블의 조건 : 버킷의 평적용량 1.48m^3,

버킷계수 1.1, 토량환산계수 1.0, 작업효율 0.75, 사이클 타임 48초, 덤프의 조건 : 토량변화율 1.0, 작업효율 0.9, 적하시간 3.65분, 왕복평균시속 50km/hr, 적재시간과 왕복주행 이외의 기타 소요시간 5분)

해설

1) tractor shovel의 시간당 작업량

$$Q_s = \frac{3{,}600 \cdot q \cdot K \cdot f \cdot E}{C_{ms}} = \frac{3600 \times 1.48 \times 1.1 \times 1.0 \times 0.75}{48} \fallingdotseq 91.6(\mathrm{m^3/hr})$$

$$C_{ms} = ml + t_1 + t_2 = 48\text{초}$$

2) tractor shovel의 총 작업시간(t_s)

$$t_s = \frac{10{,}000\mathrm{m^3}}{91.6\mathrm{m^3/hr}} = 109.2(\mathrm{hr})$$

3) dump truck의 시간당 작업량

$$Q_t = \frac{60 \cdot q_t \cdot f \cdot E}{C_{mt}}$$

① $q_t = \dfrac{T}{\gamma_t} \cdot L = \dfrac{\text{dump truck의 적재량}}{\text{자연상태의 습윤밀도}} \times \text{토량환산계수의 변화율} = \dfrac{10}{1.8} \times 1.0 = 5.56\mathrm{m^3}$

② $n = \dfrac{q_t}{q \cdot K} = \dfrac{\text{dump truck 1대의 적재용량}}{\text{적재기계의 버킷용량} \times \text{버킷계수}} = \dfrac{\frac{10}{1.8} \times 1.0}{1.48 \times 1.1} = \dfrac{5.56}{1.628} = 3.41 \fallingdotseq 4\text{회}$

③ $C_{mt} = \dfrac{C_{ms}(\text{초})}{60} \cdot n \cdot \dfrac{1}{E_s} + (t_2 + t_3 + t_4 + t_5)$

· $t_1 = \dfrac{C_{ms}}{60} \cdot n \cdot \dfrac{1}{E_s} = \dfrac{48}{60} \times 4 \times \dfrac{1}{0.75} = 4.27\text{분}$

· $t_2 = \dfrac{L}{V_1} + \dfrac{L}{V_2} = \dfrac{10{,}000}{\frac{50{,}000}{60}} + \dfrac{10{,}000}{\frac{50{,}000}{60}} = 24\text{분}$

· $t_3 = 3.65\text{분}$

· $t_4 + t_5 = 5\text{분}$

$C_m = 4.27 + 24 + 3.65 + 5 \fallingdotseq 37\text{분}$

④ $Q_t = \dfrac{60 \cdot q_t \cdot f \cdot E}{C_m} = \dfrac{60 \times 5.56 \times 1.0 \times 0.9}{37} = 8.11(\mathrm{m^3/hr})$

⑤ dump truck 대수$= \dfrac{Q_s}{Q_t} + 1 = \dfrac{91.6}{8.11} + 1 = 13\text{대}$

학습 3.27

bucket 용량이 $2m^3$인 back hoe를 사용하여 15tf dump truck에 흙을 적재하여 운반하고자 할 때, 다음을 구하라.(단, 흙의 단위중량 : $1.5tf/m^3$, 토량변화율(L) = 1.4, bucket 계수 : 0.7, back hoe의 cycle time : 30초, back hoe의 작업효율: 0.8)

1) back hoe의 적재횟수는?
2) dump truck에 적재하는데 걸리는 소요시간은?

해설

① 적재횟수, $n = \dfrac{q_t}{q \times K}$, $q_t = \dfrac{T}{\gamma_t} \cdot L = \dfrac{15}{1.5} \times 1.4 = 14\text{m}^3$ $\quad\therefore n = \dfrac{14}{2 \times 0.7} = 10$회

② 적재하는데 걸리는 시간

$$C_m = \frac{C_{ms}}{60} \cdot n \cdot \frac{1}{E_s} = \frac{30}{60} \times 10 \times \frac{1}{0.8} = 6.25\text{분}$$

학습 3.28

백호 $0.7m^3$로 적재하고 덤프 8tf으로 흙을 운반할 때 단위시간당의 작업량을 계산하라.
(단, 백호 : $(K) = 0.9$, $E_s = 0.45$, $C_{ms} = 23$초, $f = 1/L = 1/1.15 = 0.87$, 덤프트럭 : 운반거리 20km, $V_1 = 15$km/hr, $V_2 = 20$km/hr, $t_3 + t_4 = 2$분, $E_t = 0.9$, $\gamma_t = 1.8tf/m^3$이고 소수점 첫째 자리까지만 계산)

해설

1) 백호 작업량

$$Q_1 = \frac{3,600 \cdot q \cdot K \cdot f \cdot E_s}{C_{ms}} = \frac{3,600 \times 0.7 \times 0.9 \times 0.87 \times 0.45}{23} = 38.6\text{m}^3/\text{hr}$$

2) 덤프트럭 작업량

$$Q_2 = \frac{60 \cdot q_t \cdot f \cdot E_t}{C_{mt}}$$

① $q_t = \dfrac{T}{\gamma_t} \cdot L = \dfrac{8}{1.8} \times 1.15 = 5.1\text{m}^3$

② $n = \dfrac{q_t}{q \times K} = \dfrac{5.1}{0.7 \times 0.9} \times 8.1 = 9$회

$$③\ C_m = \frac{C_{ms}}{60} \cdot n \cdot \frac{1}{E_s} + t_2 + t_3 + t_4 + t_5$$

$$= \frac{23}{60} \times 9 \times \frac{1}{0.45} + \left(\frac{20}{15} \times 60\right) + \left(\frac{20}{20} \times 60\right) + 2 + 0 = 149.7$$

$$\therefore Q_2 = \frac{60 \times 5.1 \times 0.87 \times 0.9}{149.7} = 1.6\text{m}^3/\text{hr}$$

3) 단위시간당 작업량

$$Q = \frac{Q_1 \times Q_2}{Q_1 + Q_2} = \frac{38.6 \times 1.6}{38.6 + 1.6} = 1.5\text{m}^3/\text{hr}$$

학습 3.29

흐트러진 상태의 $L=1.15$, 자연상태의 단위중량이 1.7tf/m^3인 토사를 싣기는 1.34m^3의 payloader 1대를 사용하고 운반은 8tf 덤프트럭을 사용하여 운반로 10km인 공사현장까지 운반하고자 한다. 이때, 조합토공에 있어서 덤프트럭의 소요대수를 구하라.(단, payloader 사이클 타임(C_m)=44.4초, 버킷계수(K)=1.15, 작업효율(E_p)=0.70이고, 덤프트럭의 적재 시 주행속도 : 15km/hr, 공차 시 주행속도: 20km/hr, t_3=0.5분, t_4=0.4분, 작업효율(E_t)=0.90이다.)

해설

1) payloader 작업량

$$Q = \frac{3{,}600 \cdot q \cdot K \cdot f \cdot E_p}{C_{mp}} = \frac{3{,}600 \times 1.34 \times 1.15 \times \frac{1}{1.15} \times 0.7}{44.4} = 76.05\,\text{m}^3/\text{hr}$$

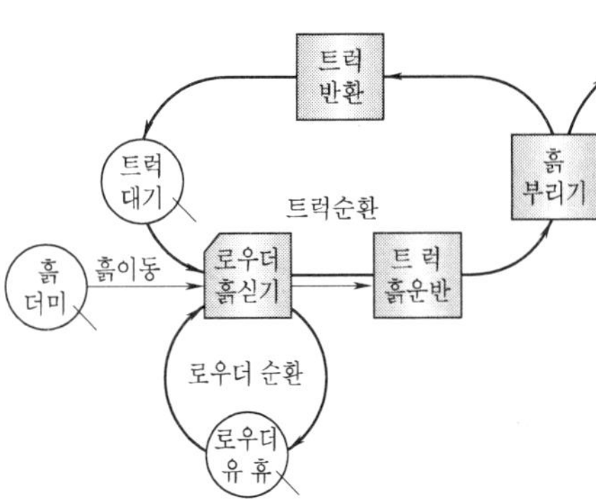

흙운반 작업에 대한 CYCLON모형

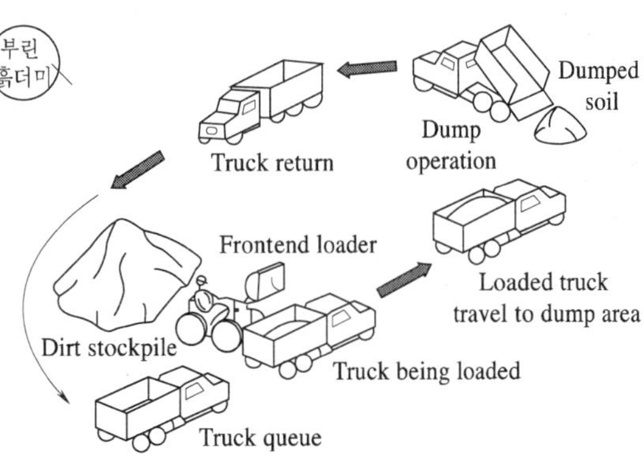

Payloader와 덤프트럭의 장비조합

2) 덤프트럭의 작업량

$$Q=\frac{60 \cdot q_t \cdot f \cdot E_t}{C_{mt}}$$

① $q_t=\frac{T}{\gamma_t} \cdot L=\frac{8}{1.7}\times 1.15=5.41\text{m}^3$

② $n=\frac{q_t}{q\times K}=\frac{5.41}{1.34\times 1.15}=3.5=4$회

③ $C_{mt}=\frac{C_{mp}}{60} \cdot n \cdot \frac{1}{E_s}+t_2+t_3+t_4+t_5$

$=\frac{44.4}{60}\times 4\times \frac{1}{0.7}+\left(\frac{10}{15}\times 60\right)+\left(\frac{10}{20}\times 60\right)+(0.5+0.4)+0=75.13$분

$\therefore Q=\frac{60\times 5.41\times \frac{1}{1.15}\times 0.9}{75.13}=3.38\text{m}^3/\text{hr}$

④ 덤프트럭 소요대수$=\frac{76.05}{3.38}+1=22.5=24$대

학습 3.30

사질토사 50,000m^3(원지반 상태)를 굴착하여 2km 지점에 운반 사토 시 장비조합 및 1일 8시간 가동 시 실작업일수는?

〈조건〉

- dozer : 1cycle당 작업량(흐트러진 토량)=3m^3, E=0.5, 토량변화율 C=0.9, L=1.25, cycle time=1.1분
- shovel : 1cycle당 작업량(흐트러진 토량)=1.9m^3, K=0.8, E=0.6, cycle time=42초
- truck : 8tf=5.25m^3(실적재함 용량), E=0.9, cycle time=18분임

해설

1) 장비조합

① dozer 작업량

$$Q=\frac{60 \cdot q \cdot f \cdot E}{C_m}=\frac{60\times 3\times \frac{1}{1.25}\times 0.5}{1.1}=65.45\text{m}^3/\text{hr}$$

② shovel 작업량

$$Q=\frac{3{,}600 \cdot q \cdot K \cdot f \cdot E}{C_m}=\frac{3{,}600\times 1.9\times 0.8\times \frac{1}{1.25}\times 0.6}{42}=62.54\text{m}^3/\text{hr}$$

③ truck 작업량

$$Q=\frac{60\cdot q_t\cdot f\cdot E}{C_m}=\frac{60\times 5.25\times \frac{1}{1.25}\times 0.9}{18}=12.60\text{m}^3/\text{hr}$$

④ truck의 대수$=\frac{62.54}{12.60}+1=6$대

∴dozer 1대, shovel 1대, truck 6대

2) 작업일수$=\frac{50,000}{62.54\times 8}=99.94=100$대

3.11 롤러

롤러(Roller)는 도로의 아스팔트 포장, 자갈 및 쇄석 포장, 기층 등을 한 다음 주행성(trafficability)을 좋게 하기 위하여 다짐기를 사용하여 밀도를 증대시켜서 지지력을 크게 하고, 흡수성을 적게 하는데 사용하는 기계이다. 이 다짐기계는 다짐방법에 따라 자중식, 진동식, 충격식이 있다.

사진 3.10 마캐덤 롤러

사진 3.11 진동 롤러

사진 3.12 타이어 롤러

$$Q=1,000\cdot V\cdot W\cdot D\cdot E\cdot \frac{f}{N} \qquad A=1,000\cdot V\cdot W\cdot E\cdot \frac{1}{N}$$

여기서, Q : 시간당 다짐토량(m^3/hr)
A : 시간당 다짐면적(m^2/hr)
W : 롤러의 유효폭(m)
D : 펴는 흙의 두께(m)
f : 토량환산계수
N : 소요다짐횟수
V : 다짐속도(km/hr)
E : 작업효율

다짐기계는 토질 및 지형 조건에 따라 다음의 표를 참조하여 다짐효과를 얻을 수 있도록 선정하여야 한다.

1) 다짐기계 종류별 다짐효과

다짐기계의 종류 \ 토질별	암괴 호박 돌력	역질토	모래	사질토	점토 및 점질토	역이 섞인 점토 및 점질토	연약한 점토 및 점질토	단단한 점토 및 점질토
로드 롤러	B	A	A	A	B	B	C	C
자주식 타이어 롤러	B	A	A	A	A	A	C	B
견인식 타이어 롤러	B	A	A	A	A	A	C	B
탬핑 롤러	C	C	B	B	B	B	C	A
진동 롤러	A	A	A	A	C	B	C	C
콤팩터	A	A	A	A	C	B	C	C
램머	B	A	A	A	B	B	C	C
불도저	A	A	A	A	B	B	C	A
습지 불도저	C	C	C	C	B	B	A	C

해설 1. 여기서 A는 효과적이고 적당한 방법이며, B는 따로 적당한 기계가 없을 때 사용하여야 하고, C는 부적당하다.
2. 로드 롤러(머캐덤, 탠덤)는 노면 등의 마무리에 사용한다,
3. 타이어 롤러는 흙쌓기 부분의 다짐에는 일반적으로 자주식을 사용하는 것이 경제적이나, 지형이 복잡하고 여러 공구를 동 시에 작업할 경우 등에는 견인식을 사용하는 것도 검토할 필요가 있다.
4. 견인식 타이어 롤러를 흙쌓기 비탈면의 다짐에 사용할 때에는 비탈면의 길이가 5~6m 정도일 경우에 작업이 능률적이다.
5. 불도저를 흙쌓기 비탈면의 다짐에 사용할 경우에는 비탈면의 경사가 1:1.8보다 낮아질 경우에 능률적이다.
6. 램머, 콤팩터는 구조물의 뒤채움 등 국부적인 장소의 다짐에 사용한다.
7. 습지 불도저를 흙쌓기 비탈면의 다짐에 사용할 경우에는 q_c(콘지수)=4 이하의 대단히 연약한 점질토, 점토 등에 적용된다.

2) 다짐기계의 유효다짐 폭(W)과 다짐 속도(V)

다짐기계 \ 구분	규격 (tf)	유효다짐폭 (m)	표준다짐속도(km/hr)		
			노체, 축제, 노상	기층, 보조기층	표층
머캐덤 롤러	6~8	0.7	2.0	2.5	3.0
	8~10	0.8			
	10~12	0.8			
	12~15	0.9			

다짐기계 \ 구분	규격(tf)	유효다짐폭(m)	표준다짐속도(km/hr)		
			노체, 축제, 노상	기층, 보조기층	표층
탬덤 롤러	6~8 8~10 10~13	1.1 1.1 1.2	2.0	–	3.0
타이어 롤러	5~8 8~15 15~25	1.4 1.8 2.0	2.5	4.0	4.0
불도저	12 19	0.7 0.8	4.0	–	–
자주식, 양종식 롤러	19	18	4.0	–	–
견인식, 양족식 롤러 (드럼 2개 기준)	3~6 7~10 11~20	2.7 3.1 3.4	4.0	–	–
진동 롤러 (자주식)	2.5 4.4 6.0 10.0	0.7 0.8 1.5 1.9	1.0 1.0 3.0 4.0	보 1.0 조 1.0 기 3.0 층 4.0	

3) 소요다짐횟수(N) 및 다짐두께(D)

공종		다짐두께(cm)	다짐기계	규격(ton)	다짐횟수	다짐도(%)
노체		30	진동 롤러 타이어 롤러	10 8~15	6 4	90 이상
노상		20	진동 롤러 타이어 롤러	10 8~15	6 4	95 이상
보조기층		30	진동 롤러 타이어 롤러	10 8~15	8 4	95 이상
기층(아스팔트 안정처리)		7.5~10	머캐덤 롤러 타이어 롤러 탠덤 롤러	10~12 8~15 10~14	4 10 4	96 이상
표층		5	머캐덤 롤러 타이어 롤러 탠덤 롤러	8~10 8~15 10~14	2 10 4	96 이상
저수지	심벽(점토)	20	양족식 롤러 (자주식)	19	10	95 이상
	성토	30	양족식 롤러 (자주식)	19	8	95 이상
축제		30~50	불도저	12~19	6	80 이상

해설 1. 다짐횟수는 동일지점을 하중륜이 통과한 횟수로 한다.
2. 다짐두께는 다져진 상태의 두께이다.

3. 다짐기계의 규격 및 조합은 보편화된 규격 및 조합방법을 기준한 것이다.
4. 성토용 다짐재료는 다짐이 용이한 실트질흙, 보조기층 재료는 부순자갈을 기준한 것이다.
5. 다짐횟수는 보편화된 조건에서 표준적인 횟수를 정한 것이다.
6. 다짐횟수에 따른 다짐도는 다짐장비의 조합, 토질의 종류, 함수비, 입도 분포 등에 따라 각기 상이하므로 실제 적용 과정에서는 공사규모, 현장조건 등에 따라 다짐 기계규격 및 조합방법을 결정하고 시험시공을 통하여 규정된 다짐효과를 얻도록 다짐횟수를 결정한다.
7. 다짐도는 최대건조밀도에 대한 다짐 후 건조밀도의 백분율이다.

4) E의 값

공종	다짐기계 \ 현장조건	양호	보통	불량
표층	머캐덤 롤러, 타이어 롤러 탠덤 롤러	0.75 0.65 0.60	0.55 0.45 0.45	0.35 0.25 0.30
기층 보조기층	진동 롤러, 머캐덤 롤러 타이어 롤러	0.80 0.70 0.60	0.60 0.50 0.40	0.40 0.30 0.20
노체 축제 노상	불도저, 타이어 롤러 진동 롤러 양족식 롤러(자주 · 견인식)	0.80	0.60	0.40

해설 작업효율의 결정은 다음 사항을 고려하여 이들의 조건이 보통의 경우보다 좋은 때에는 양호측으로, 나쁜 때에는 불량측의 값을 택한다.

1. 흙쌓기 재료 또는 노반 재료의 공급능력과 다짐작업과의 균형(평형 또는 공급능력이 상회하였을 때에는 작업효율은 양호)
2. 흙쌓기 재료 또는 노반 재료의 토질, 함수비, 입도, 배합 등의 적정
3. 작업현장에서의 작업방해의 정도
4. 작업현장의 요철(凹凸)굴곡 등 지형 상황

학습 3.31

유효다짐폭 2m의 10tf macadam roller 1대를 사용하여 성토다짐을 할 때 1층의 끝손질 다짐두께 20cm, 평균 작업속도 2km/hr, 다짐횟수 6회, 토량환산계수($\frac{C}{L}$) 0.8, 작업효율 0.6으로 하면 1시간당 작업량은 얼마인가?

해설

$$Q=\frac{1{,}000 \cdot V \cdot W \cdot H \cdot f \cdot E}{N}=\frac{1{,}000\times 2\times 2\times 0.2\times 0.8\times 0.6}{6}=64\,\mathrm{m^3/hr}\ (\text{다짐토량})$$

[참고] 흐트러진 상태의 토량에서 다짐상태의 토량으로 작업을 한다는 의미임.

학습 3.32

로드 롤러(road roller : KS D 5410)를 사용하여 전압횟수 8회, 전압 두께 0.5m, 유효 전압폭 2.04m, 전압속도 저속으로 1.7km/hr라고 할 때, 시간당의 전압토량 Q와 시간당의 전압면적 A를 구하라.(단, 롤러의 효율 : 0.8, $f=1$)

해설

$$Q=\frac{1,000\cdot V\cdot W\cdot D\cdot f\cdot E}{N}=\frac{1,000\times 1.7\times 2.04\times 0.5\times 1\times 0.8}{8}=173.4\ \mathrm{m^3/hr}$$

$$A=\frac{1,000\cdot V\cdot W\cdot E}{N}=\frac{1,000\times 1.7\times 2.04\times 0.8}{8}=34.8\,\mathrm{m^3/hr}$$

[참고] $f=1$은 성토된 현장을 다짐한다는 뜻임. 즉, 다져진 후의 토량에서 다져진 후의 토량으로 작업한다는 의미임.

학습 3.33

1일에 1500m^3(흐트러진 토량)의 흙이 운반되어 오는 성토공사에 있어서 유효다짐폭 2.0m tire roller 1대를 사용하여 다짐을 행하는 경우, 평균 까는 두께 30cm, 평균작업속도 4km/hr, 다짐횟수를 8회로 하면, 이 공사에 있어서 tire roller가 1일에 소비하는 연료는 어느 정도인가?(단, tire roller의 1시간당 연료 소비량은 5l이다.)

해설

① $Q=\dfrac{1,000\cdot V\cdot W\cdot D\cdot f\cdot E}{N}=\dfrac{1,000\times 4\times 2\times 0.3\times 1\times 1}{8}=300\ \mathrm{m^3/hr}$

② tire roller 1시간당 흐트러진 토량 작업량이 300m^{3}가 된다.

300m^3/hr×작업시간= 1500 m^3

∴작업시간= 5시간

③ 1일에 소비하는 연료= $5\times 5l=25l$

참고 흐트러진 토량에서 다진 상태로 작업을 해야 하나 토량환산계수가 주어지지 않았으므로 흐트러진 상태에서 흐트러진 상태로 작업량(Q)을 계산해야 함.

3.12 탬핑 램머

탬핑 램머(Tamping Rammer)는 국부적인 다짐이나 작업장소가 협소한 곳에 주로 쓰이며, 중량이 80~100kgf으로 내연기관의 폭발에 의하여 30~50cm 정도 튀어오를 때의 반력과 낙하중력으로 다짐을 하는 기계이다.

$$Q = \frac{A \times N \times H \times f \times E}{P}$$

여기서, Q : 1시간당 작업량(다짐상태)(m³/hr)

A : 1회당 유효 다짐면적(m^2)

N : 1회당 유효 타격횟수(회/hr)

H : 다짐두께(m)

f : 토량환산계수

E : 작업효율(0.3~0.7)

P : 중복 다짐횟수(57회)

사진 3.13 탬핑 램머

1) 탬핑 램머의 유효 다짐면적과 타격횟수

중량(kgf)	1회당 유효 다짐면적(m^2)	타격횟수(회/hr)
80	280mm×330mm	36,000

2) 다짐 두께

성토 15cm, 점토 10cm

3.13 플레이트 콤팩터

플레이트 콤팩터(Plate compacter)는 두꺼운 강판 또는 강철판에 장착한 가진기를 진동시켜 다지는 기계로 보도포장다짐, 소규모다짐, 구조물 주변 등의 다짐에 많이 사용되는 기계이다.

$$Q = 1{,}000 \cdot V \cdot W \cdot D \cdot E \cdot \frac{f}{N}$$

$$A = 1{,}000 \cdot V \cdot W \cdot E \cdot \frac{1}{N}$$

여기서, Q : 시간당 다짐토량(m^3/hr)
A : 시간당 다짐면적(m^2/hr)
W : 유효 다짐폭(m)
D : 펴 까는 흙의 두께(m)
f : 토량환산계수
N : 소요다짐횟수
V : 다짐속도(km/hr)
E : 작업효율

사진 3. 14 플레이트 콤팩터

1) 유효 다짐폭(W)과 다짐속도(V)

규격	유효 다짐폭(m)	표준다짐속도(km/hr)	비고
1.5	0.45	1.0	

2) 소요다짐횟수(N) 및 다짐두께(D)

N : 3회, $D=10$ (여기서, 다짐횟수는 보편화된 조건에서 표준적인 횟수를 정한 것으로서 다짐도에 따라 증가할 수 있다.)

3) E의 값

양호	보통	불량
0.80	0.60	0.40

해설 롤러 E의 값 해설을 준용한다.

학습 3.34

60kgf의 래머를 이용하여 하층 노반의 다짐작업을 하는데 시간당 작업능력 Q를 구하라.
(단, 1층의 끝 손질두께 : 0.3m, 토량환산계수(f) = 0.8, 작업효율 : 0.5, 중복다짐 횟수 : 6회, 1회의 유효다지기 면적 : 0.029m^2, 작업속도: 3,900회/hr)

해설

$$Q=\frac{A \cdot N \cdot H \cdot f \cdot E}{P}=\frac{0.029 \times 3{,}900 \times 0.3 \times 0.8 \times 0.5}{6}=2.26\,m^3/hr\,(\text{다짐토량})$$

참고 $f=0.8$은 흐트러진 토량의 상태에서 다져진 후의 토량으로 작업한다는 뜻임.

즉, $\frac{C}{L}=0.8$ 또는 자연상태에서 다져진 후의 토량으로 작업한다는 뜻이기도 함.

즉, $C=0.8$

학습 3.35

충격식 다짐기 중량 80kgf의 래머로 구조물과 접속 부분의 도로 노체를 다짐 작업할 때, 래머의 1시간당의 작업량(다짐상태)을 계산하라.(단, 계산결과는 소수점 3자리에서 반올림하고, 1회당 유효 다짐면적$(A)=0.0924\text{m}^2$, 1시간당 타격횟수$(N)=36{,}000$회/hr, 1층의 다짐두께$(H)=0.15$m, 중복다짐횟수$(P)=57$회, 토량변화율$(L)=1.3$, $C=0.9$, 작업효율$(E)=0.6$)

해설

$$Q=\frac{A\cdot N\cdot H\cdot f\cdot E}{P}=\frac{0.0924\times 36{,}000\times 0.15\times\dfrac{0.9}{1.3}\times 0.6}{57}=3.64\,\text{m}^3/\text{hr}\,(\text{다짐토량})$$

참고 토량변화율 L값과 C값이 제시된 것은 구조물과 접속부분의 도로 노체는 흐트러진 토량 상태임.

CHAPTER 04 도면 수량 산출

1. 개요
2. 공종별 수량산출
3. 적산 세부적용기준

CHAPTER 04 도면 수량 산출

1. 개요

건설공사의 수량산출은 공사의 각 공종에 대한 분할로부터 시작되며, 설계도서와 미리 결정된 수량산출기준에 의해서 객관적이고 합리적으로 산출되어야 한다. 이를 위해서 국토교통부에서는 공종별 목적물의 물량내역서 및 산출내역서를 작성할 때, 적용하도록 수량산출기준을 제정하여 사용하도록 하고 있다.

수량이란 설계치수에 따른 설계도서에 의한 설계수량과 생산치수 또는 시공상 부득이한 손실에 따른 할증을 포함한 소요수량으로 구분해야 한다. 수량계산은 단순한 반복 산술계산이지만, 다양하고 많은 공종을 계산해야 함으로 실수하지 않도록 유의해야 하며, 수량산출서 및 수량산출근거를 명확히 작성해야 한다.

이들 근거는 국가계약법 시행령 제14조 및 내역입찰 집행요령 제3조를 참조하여 작성할 수 있다.

2. 공종별 수량산출

2.1 토공사 수량산출

토공사는 터파기, 되메우기, 잔토처리, 절토, 성토 등이 있으며, 토공의 단면과 형상에 따라 양단면적 평균법, 중앙단면적법, 주상체의 체적법, 각주법, 등고선법 등이 사용되므로 가장 적정한 방법으로 산출해야 한다. 이들 방법으로 산출된 토공량(기준토량)에 구하고자 하는 조건(자연상태의 토량, 흐트러진상태의 토량, 다져진상태의 토량)에 따라 토량환산지수를 곱해서 토량을 계산한다.

(1) 횡단면도를 사용하는 방법

이 방법에는 양단면적 평균법, 중앙단면적법, 주상체의 체적법이 있으며 정밀도가 가장 높은 방법은 주상체의 체적법이다.

1) 양단면적 평균법

이 방법은 상단면적과 하단면적이 평균값을 계산하여 나온 면적에 높이를 곱하여 체적을 산정하는 방법이다.

$$V=\frac{A_1+A_2}{2}\cdot l$$

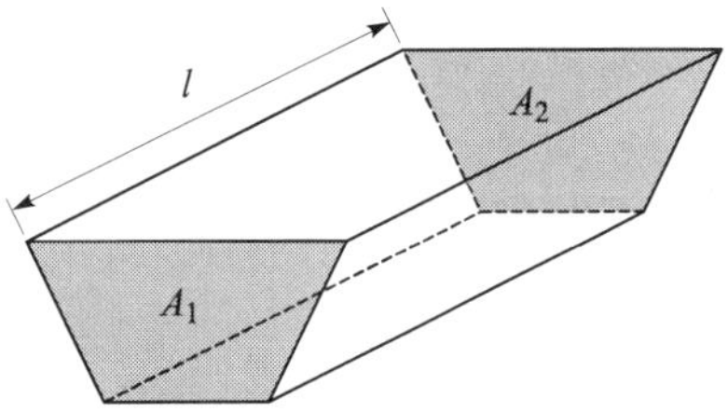

그림 4.1 양단면적 평균법

2) 중앙단면적법

이 방법은 양단면의 평균값을 이용하여 중앙단면적을 구하고, 이를 거리와 곱해 체적을 계산하는 방법이다.

$$V=\frac{1}{2}\left(\frac{h_1+h_2}{2}\times\frac{b_1+b_2}{2}\right)\cdot l$$
$$=\frac{l}{8}(h_1+h_2)(b_1+b_2)l$$

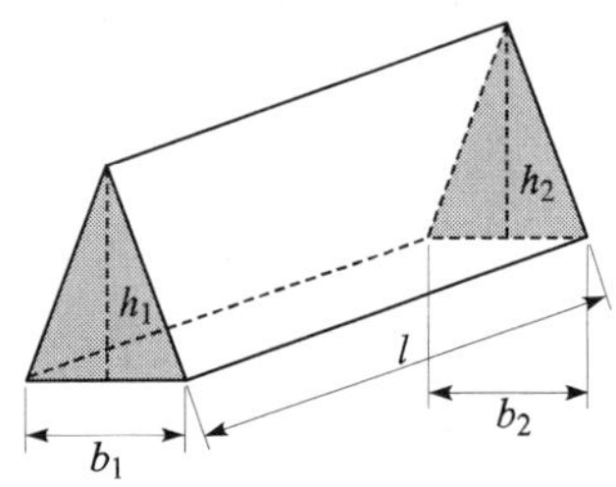

그림 4.2 중앙단면적법

3) 각주 공식

이 방식은 양단면의 면적이 A_1, A_2이고 중앙단면의 면적이 A_m인 지형의 체적을 구하는 각주공식(角柱公式) 혹은 각뿔대 공식으로 다음 식과 같이 계산되는 방식이다. 여기서 각뿔대란 두 밑면의 크기는 다르고 옆면의 모양이 사다리꼴이다.

$$V=\frac{l}{6}(A_1+4A_m+A_2)$$

여기서, A_m : A_1, A_2의 중앙단면적
A_1, A_2 : 양면적의 단면적
l : 길이

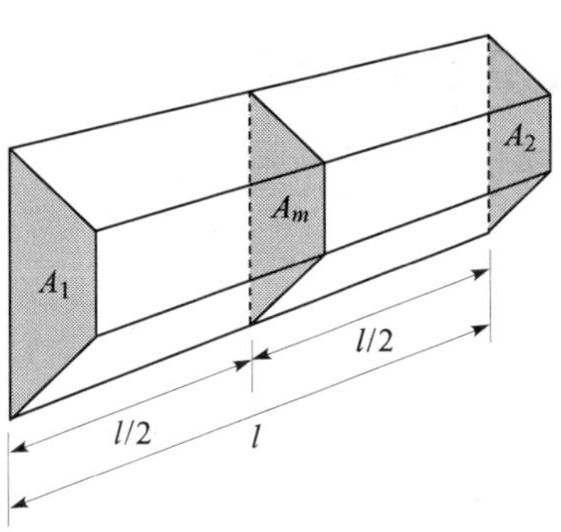

그림 4.3 주상체의 체적법

(2) 각주법

각주법은 넓은 지면의 토공량을 계산할 때, 다수의 직사각형 기둥 또는 삼각기둥으로 분할하여 체적을 계산하는 방법과 등고선을 이용하는 방법으로 각 등고선의 면적 A_1, A_2, A_3, … A_n를 구하고 그것과 각 등고선 간의 표고차 h를 사용하여 주상체의 체적을 구하는 방식으로 토량을 산출한다.

1) 사각주법

$$V = A \cdot y$$
$$= a \cdot b \cdot \left(\frac{y_1 + y_2 + y_3 + y_4}{4}\right) \ (y \text{ : 평균높이})$$

$V = \frac{ab}{4}(y_1 + y_2 + y_3 + y_4)$에서 $A \times h = V$ 개념

$$V_1 = \frac{ab}{4}(h_1 + h_2 + h_3 + h_4)$$

$$V_2 = \frac{ab}{4}(h_1 + h_2 + h_3 + h_4)$$

$$\vdots$$

$$V_5 = \frac{ab}{4}(h_1 + h_2 + h_3 + h_4)$$

$$\therefore V = \frac{ab}{4}(\Sigma h_1 + 2\Sigma h_2 + 3\Sigma h_3 + 4\Sigma h_4)$$

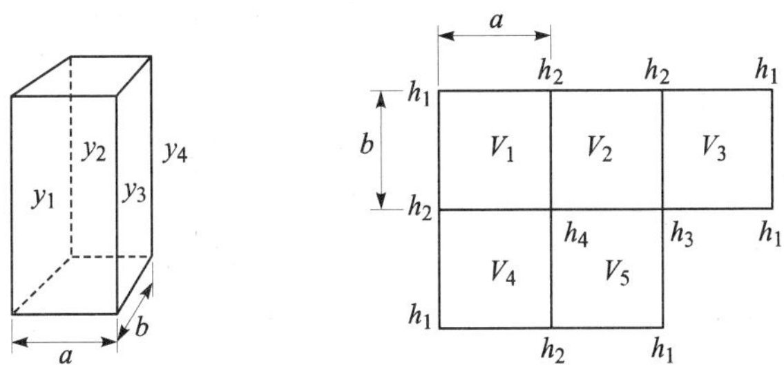

(a) 직사각형 기둥 (b) 절토장을 직4각형기둥으로 분할

그림 4.4 사각주법

여기서, h_1 : 1개의 직사각형에 속하는 높이

h_2 : 2개의 직사각형에 공통된 높이

h_3 : 3개의 직사각형에 공통된 높이

h_4 : 4개의 직사각형에 공통된 높이

2) 삼각주법

$$V = A \cdot y$$

$$= \frac{a \cdot b}{2} \cdot \left(\frac{y_1 + y_2 + y_3}{3} \right) \ (y \ : \ \text{평균높이})$$

$$V = \frac{ab}{6}(y_1 + y_2 + y_3) \text{에서}$$

$$V_1 = \frac{ab}{6}(h_1 + h_4 + h_4)$$

$$V_2 = \frac{ab}{6}(h_3 + h_4 + h_4)$$

$$\vdots$$

$$V_6 = \frac{ab}{6}(h_1 + h_2 + h_4)$$

$$\therefore V = \frac{ab}{6}(\Sigma h_1 + 2\Sigma h_2 + 3\Sigma h_3 + \cdots + 8\Sigma h_8)$$

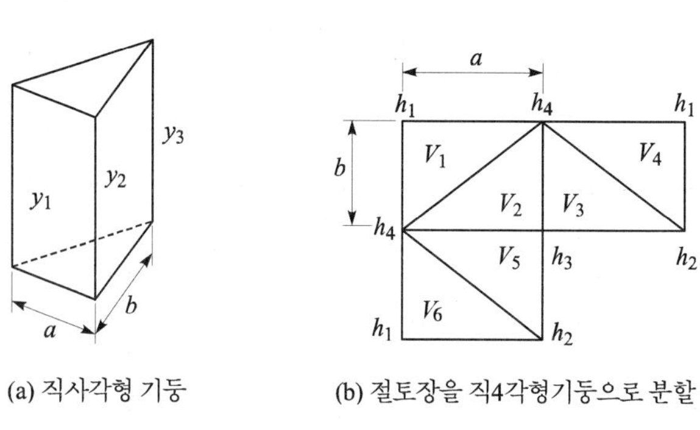

(a) 직사각형 기둥

(b) 절토장을 직4각형기둥으로 분할

그림 4.5 삼각주법

2.2 콘크리트 수량 산출

콘크리트 수량은 구조부위별로 계산순서를 정하여 구조물의 최하부에서부터 상부로 이동하면서 구조물 기초, 기둥, 벽체, 슬래브 등으로 산출하며, 레미콘의 규격인 콘크리트의 굵은 골재의 크기, 설계기준강도(fck), 슬럼프의 치수(레미콘 규격 예: 25-240-12) 등 같은 규격끼리 합산하고 중복산출하거나 누락되지 않도록 해야 한다. 다음의 면적공식과 체적공식은 콘크리트 수량을 산출하는데 활용되는 공식이다.

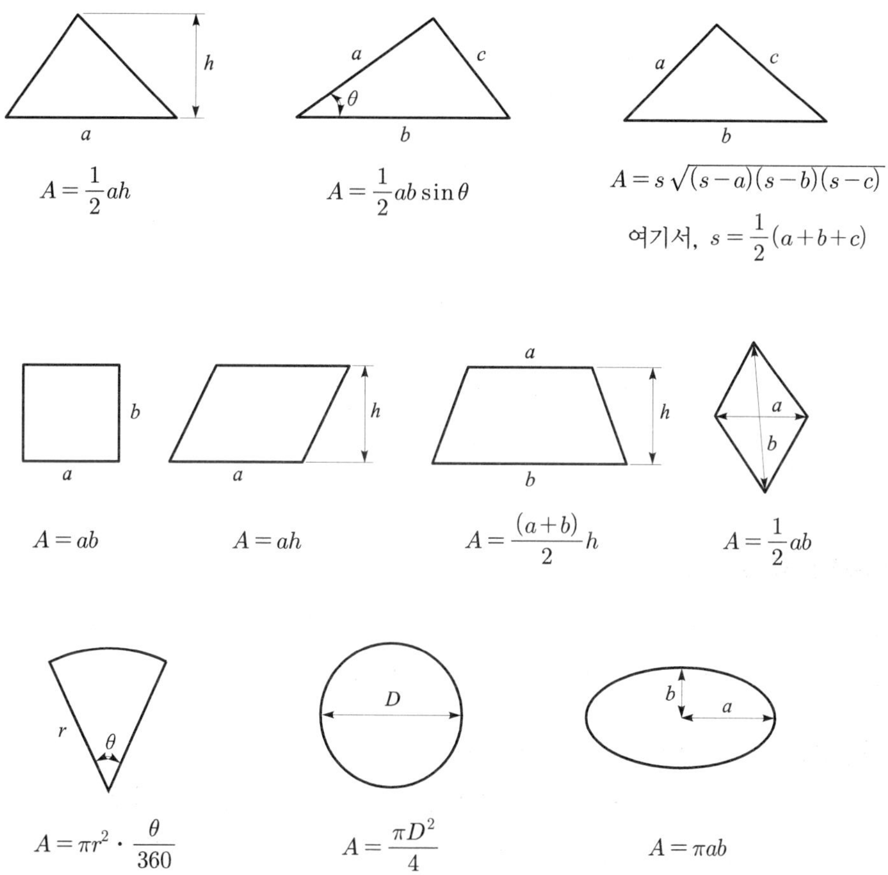

그림 4.6 각 도형의 단면적 공식

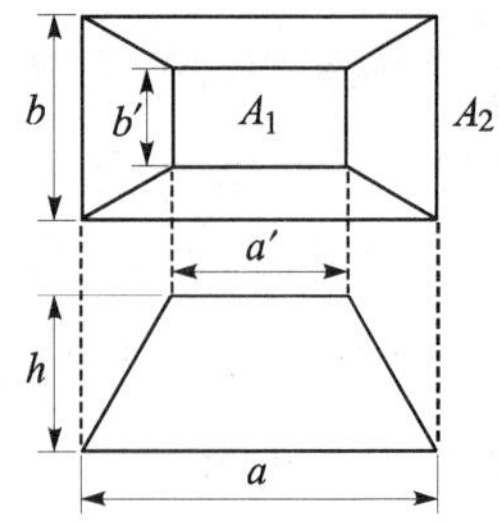

$$V=\frac{h}{6}\left[(2a+a')b+(2a'+a)b'\right] \text{ 또는 } V=\frac{h}{3}\left(A_1+\sqrt{A_1A_2}+A_2\right)$$

여기서, $A_1=a'b'$, $A_2=ab$

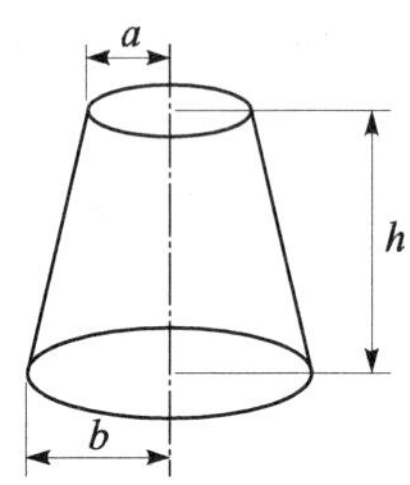

$$V=\frac{\pi a^2+\pi b^2}{2}h \text{ 또는 } V=\frac{\pi h}{3}\left(a^2+ab+b^2\right)$$

그림 4.7 체적공식

2.3 거푸집 수량 산출

거푸집 수량은 종류별로 합판거푸집, 목재거푸집, 강재거푸집, 치장거푸집 등으로 구분하고, 사용장소 및 사용횟수 등으로 구분하여 산출한다.

(1) 거푸집은 표준품셈의 적용에 따라 면적(m^2)으로 산출한다.
(2) 특별한 요구가 없는 한 표준단면에 의한 종방향의 마구리면(양쪽 측면)은 계산하지 않는다.
(3) 상향으로 노출된 부분의 거푸집은 산출하지 않으나 기초에서 비탈면 경사가 30° 이상 되는 부분만 산출하는 경우도 있다.
(4) 빈배합의 버림 콘크리트는 계산하지 않는 경우가 많다.
(5) 보와 슬래브의 연결부에 설치하는 헌치와 사면부분의 거푸집은 구배가 1 : 0.5 이상인 경우에 설치하며, 개구부의 면적이 1개소당 $1m^2$ 이상이면 공제한다.

2.4 철근의 물량 산출

(1) 철근 상세도에서 철근의 종류(기호)별로 길이(mm)로 산출한다.

(2) 조건에 주어진 철근 간격 및 단면도상에서 철근 수량을 산출한다.

(3) 총 길이에 단위중량을 곱하여 총 중량(kgf)으로 계산한다.

(4) 단면도에 종방향으로 배근되는 철근수량은 소수 3자리에서 반올림하여 구한다.

(5) 특별한 요구가 없는 한, 철근의 할증률은 계산하지 않으나 할증을 계산한다면 원형철근은 5%, 이형철근은 3%의 할증을 한다.

(6) 특별한 요구가 없는 한, 겹이음 길이는 계산하지 않으나 계산할 시에는 콘크리트 표준시방서에 의한 겹이음 길이를 계산한다.

2.5 비계의 물량 산출

(1) 비계는 직고 2m 미만의 경우에는 계산하지 않는다.

(2) 면적(m^2)으로 산출한다.

(3) 비계 및 동바리와 구조물과의 최소 이격거리는 50cm로 한다.

(4) 비계매기는 기초상단으로부터 매는 것으로 한다.

(5) 성토부의 석축, 블록쌓기에는 원칙적으로 비계매기를 계산하지 않는다.

2.6 동바리 물량 산출

(1) 직고 2m 미만의 경우에 교대, 교각, 암거 및 돌쌓기 등에는 계상하지 않으며, 아치구조의 새들 등 특수 구조물이나 구조적으로 하중이 크게 작용하여 동바리가 필요하다고 인정될 때에는 예외로 한다.

(2) 동바리의 자재비는 동바리의 높이별 m^3 체적의 합계수량이며, 설치비는 동바리 높이가 7m 이상일 때는 매 3m 증가마다 20% 할증한다.

(3) 동바리에 대한 수량산출은 공 m^3으로 산출하며, 내부면적에 길이를 곱하여 산출하고 헌치부 면적은 공제한다.

3. 적산 세부적용기준

3.1 단가의 단위표준

공사비 적산을 수행할 때, 단가의 단위표준은 일위대가표의 재료비, 노무비, 경비의 금액, 소계, 합계의 지위는 달리하고 있으며, 그 내용은 다음 표 4.1과 같다. 또한 표 4.1 단가의 단위표준에 따라 도식으로 표현한 것이 표 4.2와 표 4.3이다.

표 4.1 금액 단위의 표준((2021, 표준품셈)

구분	단위	소수	비고
일위대가표의 단가란	원	0.01(2위)	미만 버림
일위대가표의 금액란	원	0.1(1위)	미만 버림
일위대가표의 소계	원	0.1(1위)	미만 버림
일위대가표 계(합계)	**원**	**정수(단위한)**	미만 버림
설계서 또는 내역서의 단가란	원	정수(단위한)	미만 버림
설계서 또는 내역서의 금액란	원	정수(단위한)	미만 버림
설계서 또는 내역서의 소계	원	정수(단위한)	미만 버림
설계서 또는 내역서의 계(합계)	원	정수(단위한)	미만 버림
설계서의(원가계산서) 총액	원	1,000	이하 버림

해설 ① 지위(止位) : 자릿수 이하 버림을 의미함. 위(位)−자릿수, 지(止)−버림
② 일위대가표의 단가란 : 재료비, 노무비, 경비의 단가의 란을 의미함
③ 일위대가표의 금액란 : 재료비, 노무비, 경비의 금액의 란과 이들 모두 합계한 란을 의미함
④ 일위대가표 금액란 또는 기초계산금액에서 소액이 산출되어 공종이 없어질 우려가 있어 소수위 1위 이하의 산출이 불가피할 경우에는 소수위의 정도를 조정 계산할 수 있음
⑤ 일위대가표나 공사비 내역서에서 가로의 합계(재료비+노무비+경비)와 세로의 합계(재료비+노무비+경비) 미세한 차이가 있을 경우 보통 노무비의 비용이 크므로 미세한 차이를 노무비에서 보정함
⑥ 단위한의 적용 : 수량은 소수 첫째자리에서 반올림, 금액은 소수 첫째자리 이하 버림 함.
⑦ 설계서의 소계는 지위(止그칠치, 位자리위) 1미만 버림, 즉 정수(단위한)로 하고, 설계서의 총액은 1,000원 이하(단, 10,000원 이하 공사는 100원 이하) 버림 함.

다음 표 4.2와 표 4.3은 이해를 돕기 위해 표 4.1의 일위대가표의 단가란, 금액란, 소계 그리고 계(합계)의 소수(자위)를 일위대가표의 양식으로 표현하여 나타낸 것이다.

표 4.2 일위 대가표 (호표)

공종명	규격	단위	수량	재료비		노무비		경비		합계
				단가	금액	단가	금액	단가	금액	
○○○				0.01(미만 버림)	0.1(미만 버림)					0.1(미만 버림)
					⋮					
소계					0.1(미만 버림)					0.1(미만 버림)
○○○				0.01(미만 버림)	0.1(미만 버림)					
					⋮					
소계					0.1(미만 버림)					0.1(미만 버림)
○○○				0.01(미만 버림)	0.1(미만 버림)					
					⋮					
소계					0.1(미만 버림)					0.1(미만 버림)
계					정수(단위한)					정수(단위한)

표 4.3 일위 대가표 (호표)

공종명	규격	단위	수량	재료비		노무비		경비		합계
				단가	금액	단가	금액	단가	금액	
○○○				0.01(미만 버림)	0.1(미만 버림)					0.1(미만 버림)
					⋮					
계					정수(단위한)					정수(단위한)

3.2 품의 계산

품셈 계산 시에 인력품은 작업종류별 표준 소요품을 기준으로 하고, 기계품은 작업별 표준 장비 및 규격을 기준으로 한다.

3.3 품의 할증

① 군 작전지구 내에서 작업능률에 현저한 저하를 가져올 때에는 품할증률을 20%까지 가산할 수 있다.

② 島嶼지구, 1일 이착륙이 20회 이상의 공항작업 및 도로개설이 불가능한 산악지역 등에서는 품할증(인력품)을 50%까지 가산할 수 있다.

③ 할증의 중복가산 방식은 W=기본품×$(1+a_1+a_2+a_3+,\cdots,+a_n)$으로 적용하며, W는 할증이 포함된 품을 의미한다.

④ 작업의 중요성 또는 특별한 시방서에 따라 특별한 기술과 안전관리 등을 위하여 기술자 및 감독원이 투입될 때에는 필요에 따라 본 작업에 대하여 5~10%까지 계상할 수 있다.

⑤ 원거리 작업, 계속 이동작업, 분산작업 시에는 집합장소로부터 작업장소까지 도달하기 위하여 상당한 왕복시간이 필요하거나 또는 작업장소가 분산되어 있어 이동에 상당한 시간이 필요하여 실작업시간이 현저하게 감소될 경우 50%까지 가산할 수 있다. 단, 상기 도달시간(왕복) 또는 이동시간이 1시간 이내의 경우는 특별한 경우를 제외하고는 적용할 수 없다.

3.4 수량의 계산

수량은 C.G.S(Centimeter Gram Second) 단위로 하며, 수량의 단위 소수위는 표준품셈 단위표준에 의한다. **수량의 계산**은 품셈상의 지정 소수(표 4.4 참조) 이하에서 사사오입(예; $1.26m^3$ → 1위일 때 $1.3m^3$)하여 구한다. 곱하거나 나눗셈에 있어서는 기재된 순서에 의하여 계산하고 분수는 약분법을 쓰지 않으며, 각 분수마다 그의 값을 구한 다음 전부를 계산한다.

표 4.4 설계서의 단위 및 소수의 표준(2021, 표준품셈)

종목	규격		단위수량		비고
	단위	소수	단위	소수	
공사연장	m	2위	m	단위한	
공사폭원			m	1 위	대가표에서는 2위까지 이하버림
직공인부			인	2 위	
공사면적			m^2	1 위	
용지면적			m^2	단위한	
토적(높이, 너비)			m	2 위	
토적(단면적)			m^2	1 위	단면적
토적(체적)			m^3	2 위	체적
토적(체적합계)			m^3	단위한	집계체적
떼	cm	단위한	m^2	1 위	
모래, 자갈	mm	단위한	m^3	2 위	
조약돌	cm	단위한	m^3	2 위	
견치돌, 깬돌	cm	단위한	m^2	1 위	
견치돌, 깬돌	cm	단위한	개	단위한	
야면석(野面石)	cm	단위한	개	단위한	
야면석(野面石)	cm	단위한	m^3	1 위	
야면석(野面石)	cm	단위한	m^2	1 위	
돌쌓기 및 돌붙임	cm	단위한	m^3	1 위	
돌쌓기 및 돌붙임	cm	단위한	m^2	1 위	
사석(捨石)	cm	단위한	m^2	1 위	
다듬돌(切石, 板石)	cm	단위한	개	2 위	
벽돌	mm	단위한	개	단위한	
블록	mm	단위한	개	단위한	
시멘트			kg	단위한	
모르타르			m^3	2 위	대가표에서는 3위까지 이하버림
콘크리트			m^3	2 위	
석분			kg	단위한	
석회			kg	단위한	
화산회			kg	단위한	
아스팔트			kg	단위한	
목재(판재)	길이m	1 위	m^2	2 위	
목재(판재)	폭, 두께	1 위	m^3	3 위	
목재(판재)	cm	1 위	m^3	3 위	
합판	mm	단위한	장	1 위	
말뚝	길이m	1 위	개	단위한	
말뚝	지름mm	1 위	개	단위한	
철강재	mm	단위한	kg	3 위	총량표시는 ton으로 하고 단위는 3위까지 이하버림

종목	규격		단위수량		비고
	단위	소수	단위	소수	
용접봉	mm		kg	1 위	
구리판, 함석류			m^2	2 위	
철근	mm	단위한	kg	단위한	
볼트, 너트	mm	단위한	개	단위한	
꺽쇠	mm	단위한	개	단위한	
철선류	mm	1 위	kg	2 위	
PC강선			kg	2 위	
돌망태	길이m	1 위	m	1 위	
	지름, 높이 } m	단위한	개	단위한	망눈(網目)cm
로프류	mm		m	1 위	
못	길이cm	1 위	kg	2 위	
석유, 휘발유, 모빌유			ℓ	2 위	대가표에서는 3위까지 이하버림
구리스			kg	2 위	
넝마			kg	2 위	
화약류			kg	3 위	
뇌관			개	단위한	대가표에서는 1위까지 이하버림
도화선			m	1 위	
석탄, 목탄, 코크스			kg	2 위	대가표에서는 2위까지 이하버림
산소			ℓ	단위한	
카바이트			kg	1 위	
도료(塗料)			ℓ 또는 kg	2 위	
도장(塗裝)			m^2	1 위	
관류(管類)	길이m	2 위	개	단위한	
	지름 mm, 두께 mm	단위한	개	단위한	
수로연장			m	1 위	
옹벽			m^2	1 위	
승강장옹벽 및 울타리			m	1 위	
궤도부설			km	3 위	
시험하중			ton	단위한	
보오링(試錐)			m	1 위	
방수면적			m^2	1 위	
건물(면적)			m^2	2 위	
건물(지붕, 벽붙이기)			m^2	1 위	
우물	깊이		m	1 위	
마대			매	단위한	

[주] ①설계서 수량의 단위와 소수위 표시는 본 표에 따르고, 본 표에서 지정한 소수위 미만은 버리는 것으로 한다.
② 일위 대가표 또는 설계기초 계산 과정에서 표준품셈의 내용에 따른 것으로 한다.
③ 본 표에 없는 품종에 대하여는 C.G.S 단위로 하는 것을 원칙으로 하며 단위는 그 가격에 따라 의사(疑似) 품종의 소수위의 정도를 채용토록 한다.

표 4.4 설계서의 단위 및 소수의 표준에서 **규격**의 **단위**와 **소수**, **단위수량**의 **단위**와 **소수**의 의미는 다음과 같다.

(1) 규격의 단위/소수의 의미

① 단위 : 공종에 대한 **규격의 단위**를 말한다.

예) **철근** 및 **철강재**의 **규격 표기**는 "mm" 단위, **관류** 및 **돌망태**의 **규격 표기**는 "m" 단위로 표현하는 기준을 의미한다.

② 소수 : 공종에 대한 **규격의 숫자 단위**를 말한다.

예) **철근** D16mm는 숫자 16은 **소숫자리가 없음(단위한)**, **관류**의 길이 9.64m의 표현은 **소수점 두 자리(2위)**로 표현하는 기준을 의미한다.

(2) 단위수량의 단위/소수의 의미

① 단위 : 공종에 대한 **수량의 단위**를 말한다.

예) **철근** 및 **철강재**의 **수량을 표기하는 단위**는 "kg" **단위**, **관류**의 **수량을 표기하는 단위**는 "개" 단위, **돌망태**의 **수량을 표기하는 단위**는 "m" 단위를 표현하는 기준을 의미한다.

② 소수 : 공종에 대한 **수량의 숫자 단위**를 말한다.

예) **철근** 및 **철강재**의 수량(ton)을 표현할 때는 **소수 3자리(3위)**까지 표현하는 것을 말하고, **관류**의 수량을 표현할 때는 **소수점 없이(단위한)** 표현하는 기준을 의미한다.

참고로, **조달청 시설공사의 일위대가**는 단가 소수점 2위, 소계 1위, 계 정수(단위한), **조달청 시설공사의 내역서**는 정수, 그리고 **조달청 시설공사의 단위수량 산출**은 레미콘 소수점 3자리, 철근 3자리, 거푸집 2자리, 콘크리트 2자리로 한다.

또한, **표준품셈에 표기되어 있는 필요 인부 숫자의 의미**는 품셈 상의 **1인**은 **인/일**을 말하는 것이고, **1일**은 **8시간**이다. 즉, 품셈에서 **1인**은 **8시간**의 노동시간을 말한다. 예로, $1m^3$당 0.2**인**이 소요되면, **일(8시간)**당 0.2**인**이 $1m^3$을 작업한다는 의미이다.

학습 4.1

주어진 도면 및 조건에 따라 다음 L형 옹벽구조물에 대한 수량을 산출하라. 단, 주어진 도면의 치수는 축척에 맞지 않을 수 있으며, 주어진 치수로만 수량을 산출할 것)

(1) 철근 배근 간격조건

1) W_1, W_2, W_3, W_4, F_2, F_3 철근은 250mm 간격으로 배근한다.

2) H, F_1 철근은 125mm 간격으로 배근한다.

3) 문제도면

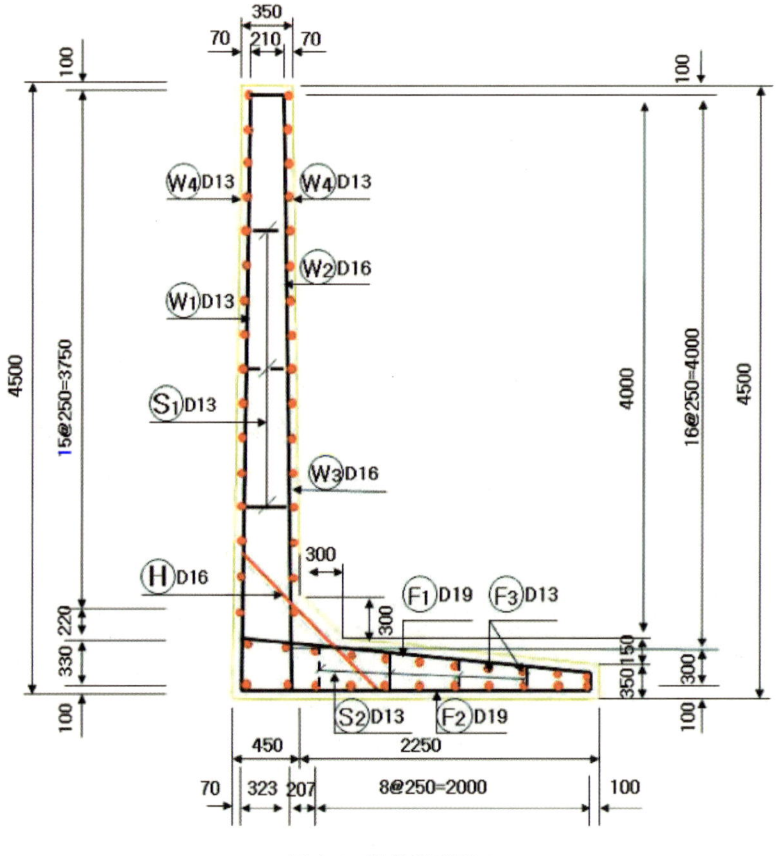

그림 4.8 L형 옹벽 단면도

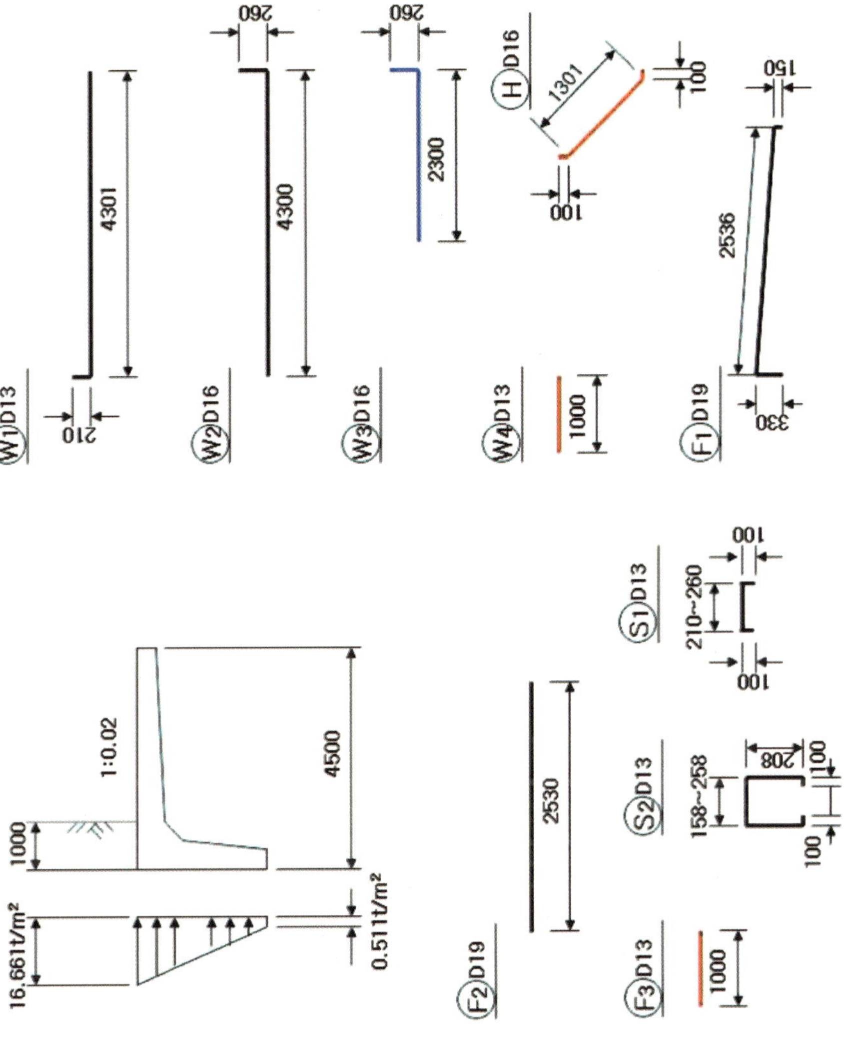

그림 4.9 L형 옹벽 상세도

해설

1. 정답도면

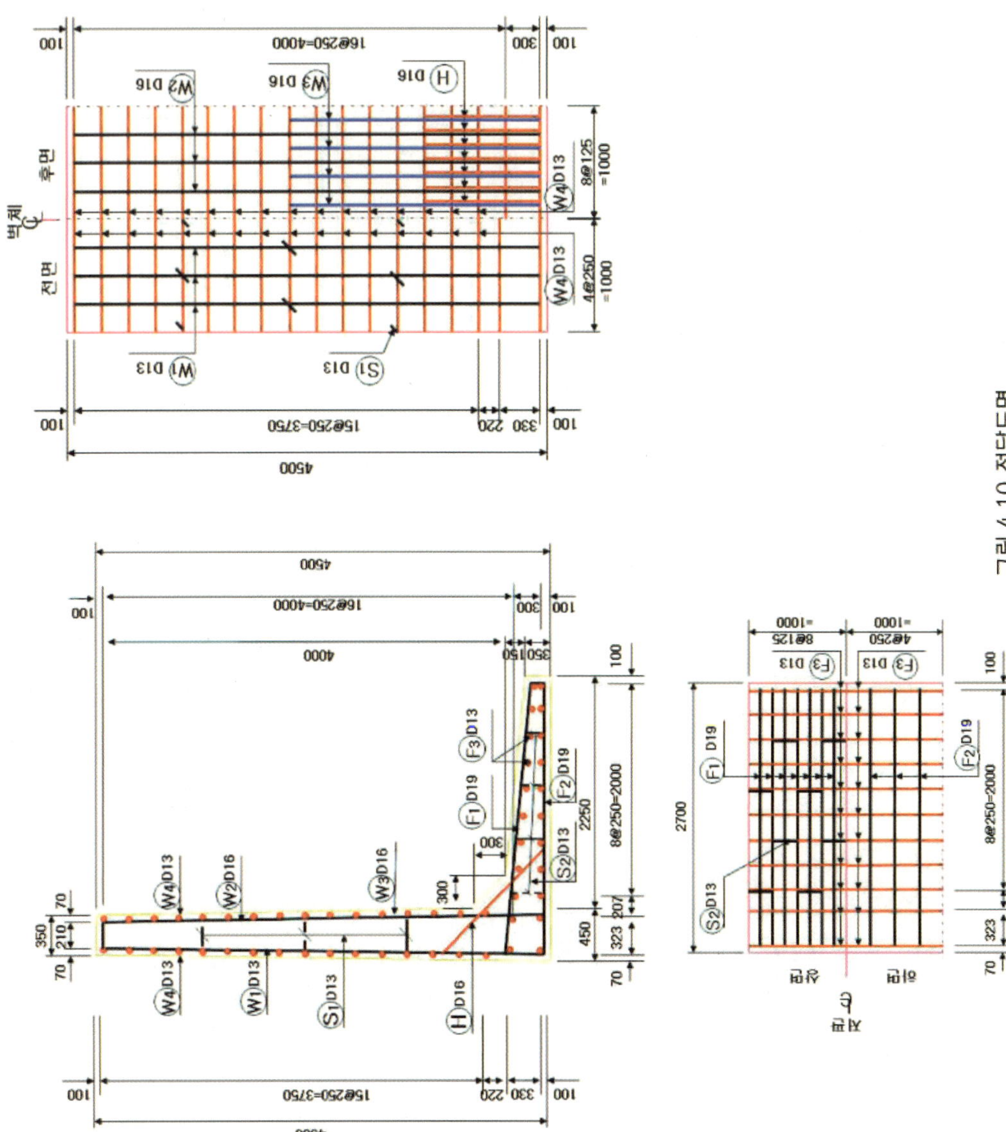

그림 4.10 정답도면

2. L형 옹벽 수량산출

1) 콘크리트량

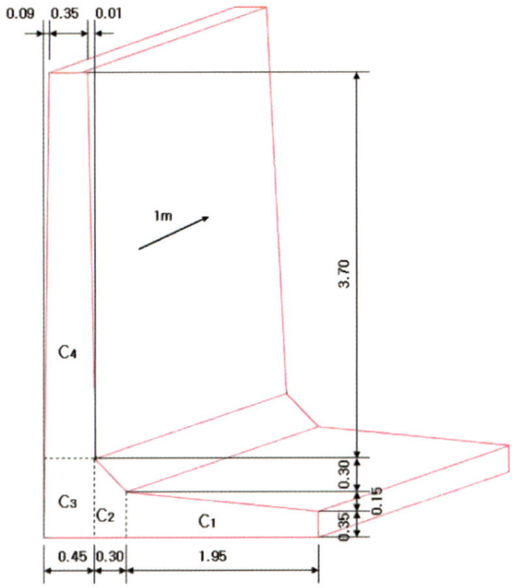

그림 4.11 콘크리트량 산출도면

① $C_1 = \dfrac{0.35+0.50}{2} \times 1.95 = 0.83\text{m}^2$

② $C_2 = \dfrac{0.50+0.80}{2} \times 0.30 = 0.20\text{m}^2$

③ $C_3 = \dfrac{0.45+(0.45-0.016)}{2} \times 0.80 = 0.35\text{m}^2$

Tip(0.016=0.02×0.8)

④ $C_4 = \dfrac{0.35+(0.45-0.016)}{2} \times 3.7 = 1.45\text{m}^2$

$C = C_1 + C_2 + C_3 + C_4$

$= 0.83 + 0.20 + 0.35 + 1.45 = 2.83\text{m}^3$

따라서 단위길이 1m당 콘크리트량은

$2.83\text{m}^2 \times 1\text{m} = 2.83\text{m}^3$

2) 거푸집량

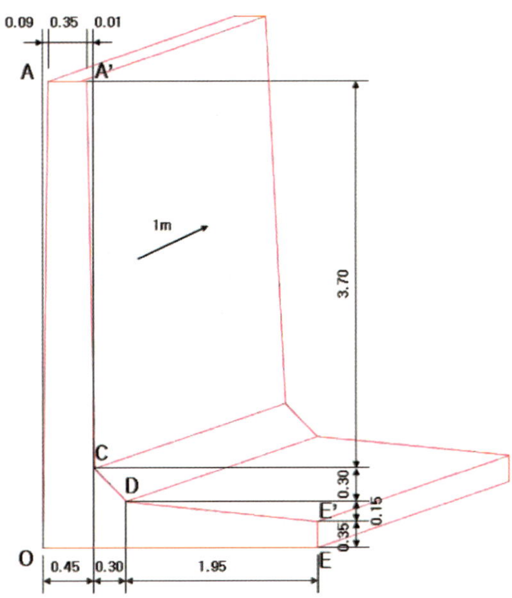

그림 4.12 거푸집 산출도면

① $\overline{EE'}$ 면의 거푸집 면적

$A_1 = 0.35\text{m} \times 1\text{m} = 0.35\text{m}^2$

② $\overline{AO}$ 면의 거푸집 면적

$A_2 = \sqrt{4.50\text{m}^2 + 0.09\text{m}^2} \times 1\text{m} = 4.50\text{m}^2$

③ $\overline{CD}$ 면의 거푸집 면적

$A_3 = \sqrt{0.30\text{m}^2 + 0.30\text{m}^2} \times 1\text{m} = 0.42\text{m}^2$

④ $\overline{A'C}$ 면의 거푸집 면적

$A_4 = \sqrt{0.01\text{m}^2 + 3.70\text{m}^2} \times 1\text{m} = 3.70\text{m}^2$

따라서 단위길이 1m당 거푸집량은

$0.35\text{m}^2 + 4.50\text{m}^2 + 0.42\text{m}^2 + 3.70\text{m}^2 = 8.97\text{m}^2$

3) 철근량

L형 옹벽의 단위길이 1m당 철근량 산출은 단면도와 철근상세도를 근거로 다음과 같이 산출된다.

표 4.4 철근량 산출표

기호	철근지름	길이	수량	총길이	비고
W_1	D_{13}	4511	4	18044	1000/250 = 4
W_2	D_{16}	4560	4	18240	1000/250 = 4
W_3	D_{16}	2560	4	10240	1000/250 = 4
W_4	D_{13}	1000	32	32000	10×2 = 32
H	D_{16}	1501	8	12008	1000/125 = 8
F_1	D_{19}	3016	8	24128	1000/125 = 8
F_2	D_{19}	2530	4	10120	1000/125 = 8
F_3	D_{13}	1000	22	22000	2×9+4 = 22
S_1	D_{13}	435	6	2610	
S_2	D_{13}	690	8	5520	

학습 4.2

다음은 국토교통부에서 발표한 도로옹벽 표준도 중 반중력식 옹벽의 재료 집계표이다. 이 자료를 가지고 내역서의 수량을 작성하라.

- 옹벽 높이: 2.5m
- 성토 높이: 0.00m
- 사면 경사: 수평

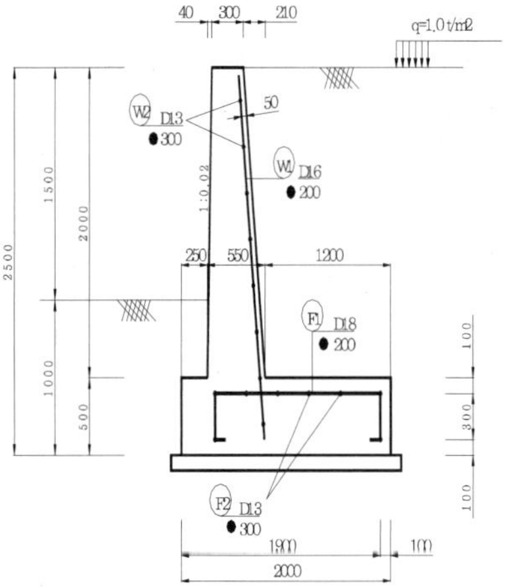

그림 4.13 반중력식 옹벽 단면도

표 4.5 재료표(1m당)

항목		단위	수량	비고
콘크리트	옹벽	m^3	0.850	$\sigma_{ck}=180$
	기초	m^3	1.000	
	계	m^3	1.850	
버림 콘크리트		m^3	0.220	$\sigma_{ck}=150$
거푸집	전벽면	m^2	2.000	
	벽체면	m^2	2.011	
	기초	m^2	1.000	
	마감	m^2	1.850	개소당
비계	강관	m^2	0.000	
배수관	PVCϕ100	EA		
철근	계	TON	0.054	

표 4.6 철근집계표(1m당)

부호	호칭	길이 (m)	개수	총길이 (m)	단위중량 (kg/m)	총 무게 (t)	비고
W1	D16	2.470	5	12.350			3% 할증
F1		2.380	5	11.900			
소계				24.250	1.560	0.038	
W2	D13	1.040	8	8.320			
F2		1.040	7	7.280			
소계				15.600	0.995	0.016	
총계					0.053	0.054	

참고 : 이형철근 호칭경에 따른 단위중량

호칭경	단위중량(kgf/m)	공칭지름(mm)	공칭단면적(cm^2)
D6	0.249	6.35	0.3167
D10	0.560	9.53	0.7133
D13	0.995	12.70	1.2670
D16	1.560	15.90	1.9810
D19	2.250	19.10	2.8650
D22	3.040	22.20	3.8710
D25	3.980	25.40	5.0670
D29	5.040	28.60	6.4240
D32	6.230	31.80	7.9420
D35	7.510	34.90	9.5660
D38	8.950	38.10	11.4000
D41	10.50	41.30	13.4000

해설

재료표와 철근 집계표를 근거로 내역서 수량을 산출하여 작성한다. 공종별 수량 산출결과는 표 4.7과 같고, 이 결과는 수량 산출 근거를 바탕으로 하였다.

표 4.7 반중력식 옹벽(H = 2, 성토 H1 = 0.00m)의 공종별 수량 산출표

공종	규격	수량	단위	비고
		1M		
1. 콘크리트 타설				
1.01 철근콘크리트	VIB 포함	1.850	M3	진동다짐 포함[주]
1.02 무근콘크리트	VIB 제외	0.220	M3	진동다짐 제외
2. 합판거푸집				
2.01 무늬거푸집	전면	2.000	M2	
2.02 4회 사용	배면 및 기초	3.011	M2	
2.03 3회 사용	마감 거푸집	0.185	M2	
3. 철근가공 및 조립				
3.01 보통		0.054	TON	
4. 철근운반	L = 10.0km 구역	0.056	TON	
5. 주요 자재비				
5.01 레미콘				
a. 레미콘	40–180–12	1.869	M3	
b. 레미콘	40–150–8	0.224	M3	
5.02 이형철근				
a. 연강	D13	0.016	TON	
b. 연강	D16	0.039	TON	

주) 'VIB 포함' 콘크리트 타설시 밀실하게 충진되고, 양질의 콘크리트 시공을 위하여 진동다짐까지 포함시킨 금액임.

설명 수량 산출 근거

① 옹벽과 기초는 철근콘크리트로 타설함. 따라서 수량은 1.85임.

② 버림콘크리트는 무근콘크리트로 타설함. 따라서 수량은 0.22임.

③ 옹벽의 전면은 무늬거푸집으로 배면 및 기초는 합판거푸집 4회 사용으로 함.

④ 거푸집에서 마감거푸집의 수량이 1개소당 1.85임.
신축이음의 간격을 최대 10m 이하(설계도에 나타나 있음. 여기서는 생략함)로 하므로 마감거푸집은 1m당 설치할 때의 수량은 1.85/10＝0.185임

⑤ 철근가공 및 조립의 수량은 철근 집계표의 합계인 0.054이고, 철근운반의 수량은 3%할증을 준 0.056으로 함.

⑥ 레미콘(40–180–12)은 철근콘크리트 타설에 들어가는 레미콘임. 철근콘크리트 타설할 때 재료비 할증이 1%이므로 수량은 1.85×1.01＝1.869임.(품셈 제1장 표준품셈 적용기

준의 ‘기타재료 할증’ 참조)

⑦ 레미콘(40-150-8)은 무근콘크리트 타설에 들어가는 레미콘임. 무근콘크리트 타설할 때 재료비 할증이 2%이므로 수량은 10.22×1.02=0.224임(품셈 제1장 표준품셈 적용 기준의 ‘기타재료 할증’ 참조).

⑧ 철근의 수량은 철근 집계표를 참고(3% 할증 적용)함.

D13 : 0.016×1.03=0.016

D16 : 0.038×1.03=0.039

다음은 공종별 수량 산출표를 근거로 표 4.8의 내역서를 산출하였다. 내역서 산출은 재료비, 노무비, 경비로 구성된 일위 대가표를 근거로 작성되지만, 본서에서는 일위 대가표는 생략하고, 결과만 제시하였다.

표 4.8 반중력식 옹벽(H=2, 성토 H1=0.00m)의 공종 내역서 산출표

코드/순번	*	하위코드	명칭	규격	수량	단위	합계	재료비	노무비	경비
A0002	Y		◈ 반중력식옹벽(H=2,	성토 H1-0.00m,	1	M	272,193	142,708	128,661	824
10			1. 콘크리트타설공				44,776	375	44,351	50
20		Y01	1.01 철근콘크리트	VIB 포함	1.85	M3	40,459	375	40,034	50
30		Y02	1.02 무근콘크리트	VIB 제외	0.22	M3	4,317	0	4,317	0
40			2. 합판거푸집				112,377	46,545	65,832	0
50		Y06	2.01 무늬거푸집	전면	2	M2	50,994	22,426	28,568	0
60		Y05	2.02 4회 사용	배면 및 기초	3.011	M2	57,278	22,528	34,750	0
70		Y04	2.03 3회 사용	마감거푸집	0.185	M2	4,105	1,591	2,514	0
80			4. 철근가공 및 조립				18,772	190	18,218	364
90		Y07	4.01 보통		0.054	TON	18,772	190	18,218	364
100		Y08	5. 철근운반	L=10.0km, 구역	0.056	TON	670	0	260	410
110			6. 주요자재비				95,598	95,598	0	0
120			6.01 레미콘				79,982	79,982	0	0
130		M0768033	a. 레미콘	40-180-12	1.869	M3	71,990	71,990	0	0
140		M0768009	b. 레미콘	40-150-8	0.224	M3	7,992	7,992	0	0
150			6.02 이형철근				15,616	15,616	0	0
160		M0012006	a. 연강	D 13	0.016	TON	4,796	4,796	0	0
170		M0012009	b. 연강	D 16	0.039	TON	10,820	10,820	0	0

MEMO

CHAPTER 05 공사분할체계 활용 공사비 적산

1. 토목공사용 공사분할체계의 정보분류기준과 구성

2. 토목공사 공사분할체계의 병용 활용

3. 토목공사 공사분할체계 분류

4. 공사분할체계의 전개 및 집계 과정

5. 공사분할체계 활용 공사비 적산 구현

6. 공사분할체계 활용 공사비 적산 사례

CHAPTER

05 공사분할체계 활용 공사비 적산

1. 토목공사용 공사분할체계의 정보분류기준과 구성

공사비 적산은 먼저 **작업분할체계**의 최하위 공종에 대한 단위 작업당 재료비, 노무비, 경비와 합계 금액을 담고 있는 **일위대가(一位代價)의 호표 및 산근**을 산출한다. 그리고 산출된 일위대가의 **합계 금액**에 공사구분에 대한 작업공종별 **공사물량**을 곱해서 **비용**을 산정한 후, 작업분할체계의 상위 공종으로 집계하면서 **공사비 내역서**를 구성하고 **예정가격**을 구성하는 **공사원가 계산서**를 작성하는 것이다. 이와 같이 **공사비 적산**은 전적으로 **공사분할체계**에 의존하면서 비용집계가 이루어지므로 **공사분할체계**는 정보분류기준 내에서 토목공사의 특성을 반영한 **표준성, 완벽성, 유형성** 그리고 **통일성** 있게 분류되어야 한다. 그래야 과학적이고 체계적인 공사비 적산이 가능하게 된다.

① **표준성** : 내용이나 성격이 서로 다른 정보를 구별하는 **식별기능**, 즉 공통적인 정보를 같은 부류로 모으는 **분류기능** 등을 갖도록 전체의 정보체계를 **표준화**해야 한다.

② **완벽성** : 해당 분류의 **모든 조건에 적용**이 가능할 수 있어야 한다.

③ **유형성** : 유사한 정보를 같은 요령으로 구별하는 **식별기능**을 갖고 있어야 한다.

④ **통일성** : 정보의 축적과 교환 및 활용을 위해서 정보중심이 되는 공사분할체계는 **통일된 체계로 구성**되어야 한다.

상술한 공사분할체계의 정보분류기준을 근거로 해서 다음과 같이 토목공사용 공사분할체계를 구성하였다.

건축공사가 건축물만을 대상으로 하는 것과는 달리 **토목공사는 사용하는 목적에 따라 기능을 달리하는 여러 종류의 시설물을 대상으로 하며, 각 시설물은 구조적인 형식이 다른 여러 종류의 구조물로 구성된다. 또한 각 구조물들은 개별적으로 특정한 작업과 관련되고, 작업은 사용하는 인부, 자재, 장비를 포함하는 자원을 수반한다.** 이러한 사항을 종합하면 그림 5.1과 같이 토목공사는 **각 시설요소별**로 기본적인 구성을 나타내는 **구조요소**로 구분할 수 있으며, 이 **구조요소**는 개별적으로 특정한 **작업요소**와 관련된다. 또한, **작업요소**는 사용하는 재료에 따라 특정한 기능과 장비 등의 **자원요소**를 수반하게 된다. 이들 4개 구분을 계층적으로 복합하면 공사분할체계의 분류를 체계화할 수 있으며 이것은 파셋트 분류법과 유사한 형식이 된다.

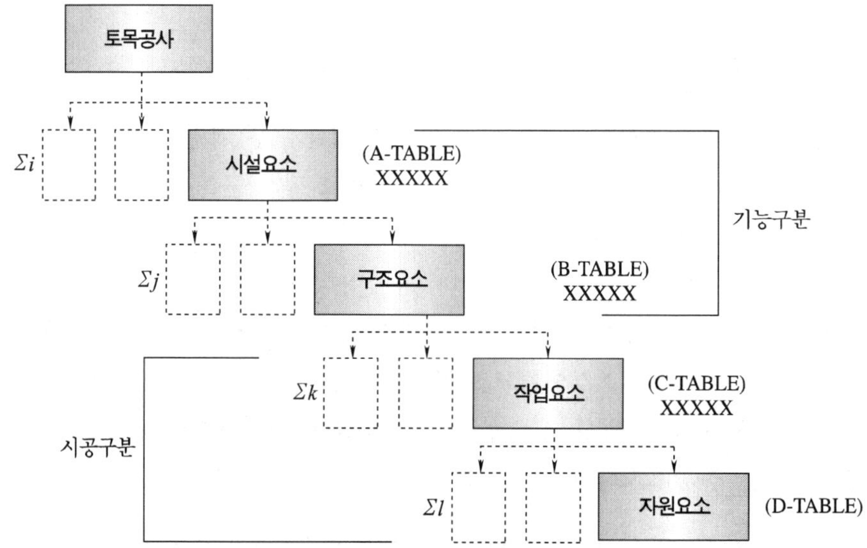

그림 5.1 토목공사용 공사분할체계의 기본 구성[1]

2. 토목공사 공사분할체계의 병용 활용

토목공사의 도로공사는 성토부의 **축조**, 산악지역의 **터널**, 하천지역의 **교량** 등이 한 공사에 모두 포함되어 진행되기 때문에 이들 모두를 하나의 기능요소 틀 또는 하나의 시공요소 틀에 맞추어 분류하는 것이 불가능하다. 즉, 이와 같이 하나의 시설물이라도 독립적인 기능을 갖는 수 개의 하부구조물들로 구성이 되므로 공사분할 자체를 **기능요소별** 또는 **작업요소별**로 구분하여 이들을 **병용**하는 것이 바람직하다. 그러므로 토목공사 내의 모든 공종을 이와 같은 4단계 분류체계로 표현할 수 있다. 예로, 도로시설은 일반적으로 흙으로 축제한 **토공시설물**, **터널시설물**, **교량시설물** 등으로 구성된다. 이들 시설물은 다시 형식이 다른 **여러 구조물**로 구성되며, **각 구조물**은 다시 공통된 기능을 갖는 구조물의 뼈대를 이루는 데 중요한 요소가 되는 여러 가지 재료인 **부재(部材)**로 구성되어 있다. 또한, 여러 형식의

1) 이배호, 공사정보분류체계의 정보분류기준, 1990

부재 구조물을 만드는 작업과정은 사용하는 재료와 작업에 참여하는 기능이나 장비에 따라 **작업요소의 작업공종들**로 분류할 수 있으며, **굴착공**, **거추집공**, **콘크리트공**, **철근공** 등이 이 분류에 속한다. 이러한 작업공종은 다시 작업하는 조건과 장소에 따라 세분되어 진다. 마지막으로 이렇게 분류된 **작업공종**에는 관련되는 시공수단, 즉 **방법**, **노력**, **재료**, **장비**, **비용**에 관한 물량이 관련된다. 이러한 분류과정을 도로공사 예로 공사분할체계를 나타내면 그림 5.2와 같다.[2)]

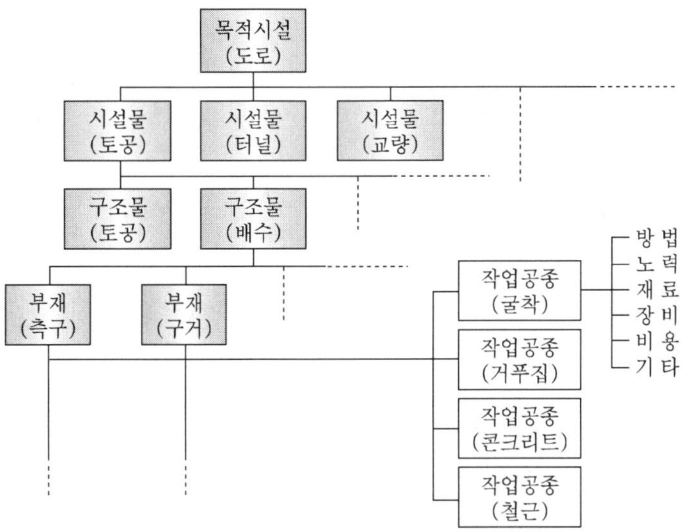

그림 5.2 공사분할체계 - 도로공사 예

3. 토목공사 공사분할체계 분류

앞 절에서 언급한 토목공사용 공사분할체계의 기본 구성의 기준을 활용하여 **도로공사**를 **대상**으로 공사분할체계를 체계화하면 다음과 같이 전개된다.[3)]

(1) 시설요소분류

시설요소분류(Facility Classification)는 토목공사를 구성하는 공사분할체계에서 최상위 레벨이 되며, **부지시설**, **도로공사시설**, **철도시설**, **항만 및 해안시설**, **공항시설**, **댐**, **하천 및 수로시설**, **상하수도 및 하수처리시설**로 대단위 시설물을 나타내는 **단위시설물 종류들로**

2), 3) 강인석, 공사분할체계를 지식기반으로 한 토목공사비 적산체계에 관한 연구, 중앙대학교 대학원, 1990. 2

분류된다. 여기서, **도로공사 시설물을 대상으로 분류**하며, 3100 **총칙**은 특정 시설물에 한정하지 않는 공통적인 사항으로 공사개요, 공사입찰 및 계약, 공사입지조건 등에 관련되는 사항이다.

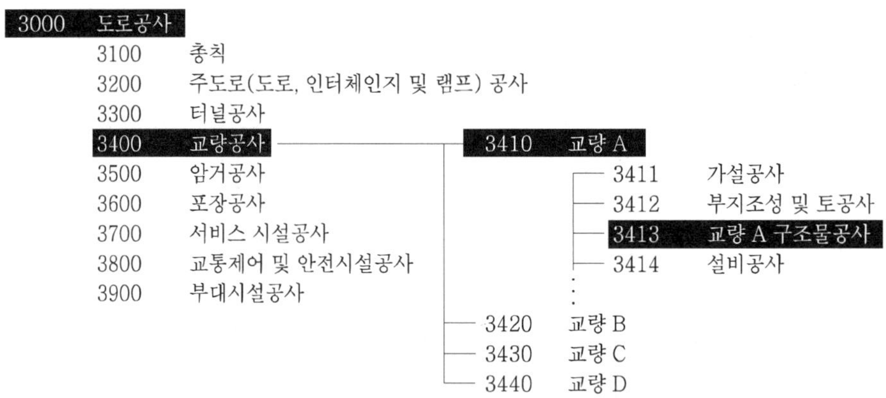

그림 5.3 도로공사의 시설요소분류(A-TABLE)

(2) 구조요소분류

구조요소분류(Functional Component Classification)는 시설요소분류의 최하위 항목들과 연동되며 **가설공사, 부지조성 및 축제공사, 포장공사, 배수공사, 옹벽구조물공사, 암거구조물공사, 교량공사, 터널공사, 철도궤도공사** 등의 독자적인 기능을 갖는 독립된 구조물의 수준으로 구성된다. 구조요소분류의 **최상위 레벨**은 시설요소분류의 **최하위 레벨**에 연결되며, 시설요소의 종류에 관계없이 공통적으로 사용되어 반복 호출될 수 있는 구조물 단위의 항목이다. 예로, 7000 **교량공사**는 **시설요소코드** 중 **3413 교량 A 구조물공사**에 연결되며, 도로공사 중 **3413-7000 도로 교량공사**가 된다. 또한, 73A0 교대A, 73B0 교대B 등의 예에서 코드 내의 A, B 등의 알파벳 문자의 의미는 같은 공종이 반복되는 의미를 나타낸다.

독립된 구조물의 수준으로 구성된다. 구조요소분류의 최상위 레벨은 시설요소분류의 최하위 레벨에 연결되며, 시설요소의 종류에 관계없이 공통적으로 사용되어 반복 호출될 수 있는 구조물 단위의 항목이다. 예로, 7000 교량공사는 시설요소코드 중 3413 교량 A 구조물공사에 연결되며, 도로공사 중 3413-7000 도로 교량공사가 된다. 또한, 73A0 교대A, 73B0 교대B 등의 예에서 코드 내의 A, B 등의 알파벳 문자의 의미는 같은 공종이 반복되는 의미를 나타낸다.

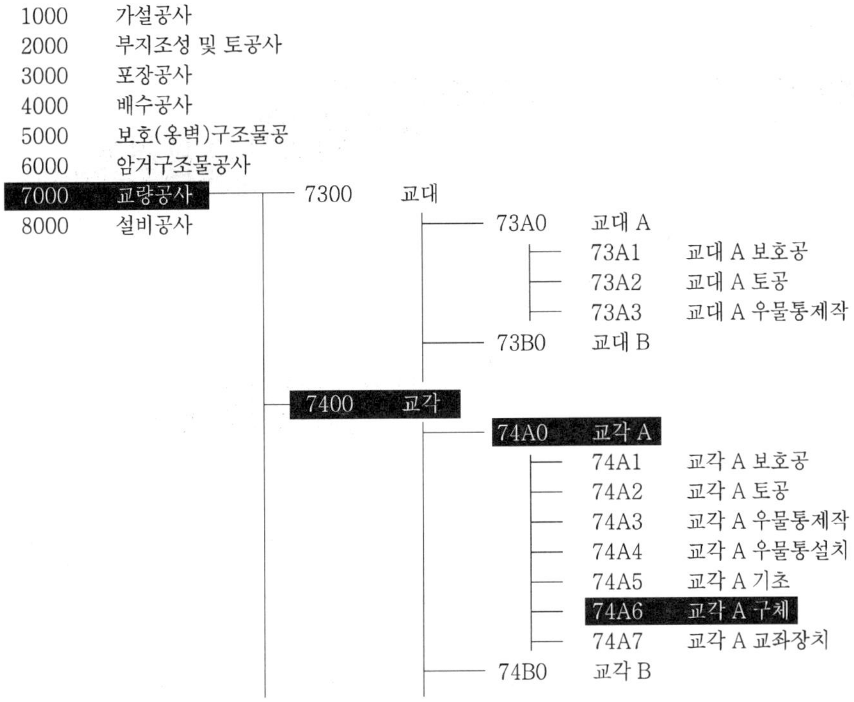

그림 5.4 도로공사의 구조요소분류(B-TABLE)

(3) 작업요소분류

작업요소분류(Work Classification)는 토목공사를 구성하는 공종들 중에서 **직접 현장에서 작업이 수행되는 소공종들**로 구성된다.

작업요소분할의 **최하위 레벨들**은 적산의 비목분류로 활용할 때 **품셈**이 적용되는 **공종(일위대가 공종)**이고, 공정의 공정도표를 관리할 때 공정도표를 구성하는 활동(activity)수준이 된다. 작업요소의 **최상위 레벨들**은 미국, 캐나다 등에서 사용되는 UCI(Uniform Construction Index)**분류체계** 내의 분할항목들과 연결될 수 있도록 UCI[주)] 체계 내의 16개 분할항목 중에 도로공사에 사용되는 **가설공사, 부지조성공사, 콘크리트공사, 포장공사, 벽돌 및 돌공사, 관공사, 금속공사, 방시 및 마감공사, 전기공사**의 9개 분할(division)을 발췌하여 국내실정에 맞도록 수정하여 작성하였다.

주) 건설공사 분할체계로서 북미지역에서 활용되고 있는 UCI(Uniform Construction Index) 분할체계는 정보를 공사의 기능요소와 관계없이 16개 분류(부지조성공사, 콘크리트공사, 조적공사, 금속공사, 목공 및 플라스틱공사, 단열 및 방수공사, 창호공사, 마감공사, 특수시설공사, 설비공사, 수장 및 가구설치공사, 특수공사, 운송설비공사, 기계설비공사, 전기설비공사)의 시공내용에만 관련시켜 분류, 배열하고 있다.

- 1000 가설공사
- 2000 부지조성공사
- **3000 콘크리트공사**
  - **31000 콘크리트공사**
    - **31100 거푸집**
      - **31110 목재거푸집(1회)**
        - **31111 목재거푸집 제작**
        - 31112 목재거푸집 설치
        - 31113 목재거푸집 해체
    - 31200 철근
      - 31210 간단
        - 31211 철근가공(간단)
        - 31212 철근조립(간단)
    - **31400 콘크리트타설**
      - **31410 레미콘타설**
      - ⋮
      - 31440 펌프카타설
        - 41441 무근구조물(18cm, 붐)
        - 41442 무근구조물(18cm, 배관)
      - ⋮
    - 31500 양생
      - 31510 비닐양생
      - 31520 마대양생
    - ⋮
  - 73000 교좌설치공
    - 73100 RC용
      - 73110 고정단용
        - 73111 고정단용교좌장치(75T)
        - 73112 고정단용교좌장치(100T)
      - 73120 가동단용(일방향)
        - 73121 가동단용교좌장치(50T)
        - 73122 가동단용교좌장치(100T)
- 4000 포장공사
- 5000 벽돌 및 돌공사
- 6000 관공사
- 7000 금속공사
- 8000 방수 및 마감공사
- 9000 전기공사

그림 5.5 도로공사의 작업요소분류(C-TABLE)

(4) 자원요소분류

토목공사에 관련되는 공사분할은 작업요소분류로서 완료되며, 이 작업요소분류의 최하위 공종의 레벨에는 공사용 자원이 투입된다. 이 공사용 자원을 분류하는 **자원요소분류**(Resource Classification)는 [M- 재료종류별, 재료규격별], [L-은 노무종류별], [E-는 장비종류별, 장비규격별]로 코드를 분류하여 적용하였다.

- M 재료비
  - M001 철근
    - M001-1 보통철근 D10
    - M001-2 보통철근 D23
  - M002 콘크리트
    - M002-1 콘크리트(100-25-12)
    - M002-2 콘크리트(135-25-15)
    - M002-3 콘크리트(170-25-12)
    - M002-4 콘크리트(180-25-12)

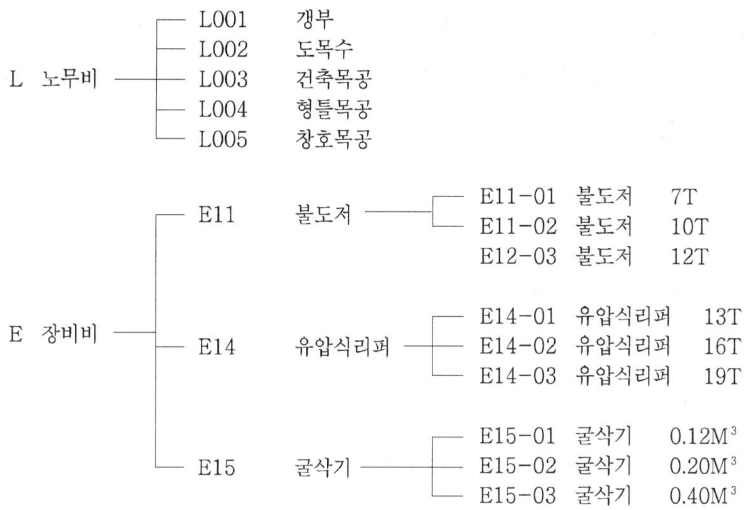

그림 5.6 도로공사의 자원요소분류(D-TABLE)

4. 공사분할체계의 전개 및 집계 과정

앞 절에서 분류한 시설요소, 구조요소, 작업요소별로 각 분할체계 내의 분류항목은 대공종인 경우는 시설요소 단독으로서, 중공종인 경우는 시설요소-구조요소가 연결되며, 소공종인 경우는 시설요소-구조요소-작업요소가 연결되어 사용된다. 이와 같이 하위계층으로 내려가면서 공사 전체의 **공사분할체계**가 **전개**된다. 또한, **공사실적자료가 집계되는 과정**은 작업요소-구조요소-시설요소의 상향으로 이루어지며 공사분할체계 내에서 전개와 집계의 개념적 연결은 그림 5.7과 같다.

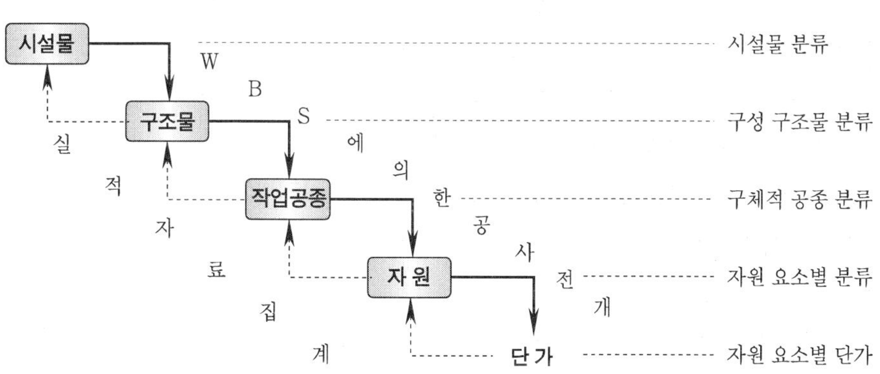

그림 5.7 작업분할체계 내의 전개 및 집계 개념의 연결

그림 5.7의 내용을 지금까지 예로 들었던 **도로시설의 교량공사 부분에 적용**하면 그림 5.8과 같으며, 여기서는 공사구성단계별로 시설, 구조, 작업, 자원요소분할체계가 적용되는 과정을 나타내고 있다.

분류	코드	명칭
시설요소 분류	3000	도로공사
	3400	교량공사
	3410	교량 A
	3413	교량 A 구조물공사
구조요소 분류	3413-7000	교량공사
	3413-7400	교각
	3413-74A0	교각 A
	3413-74A6	교각 A 구체
작업요소 분류	3413-74A6-31000	교각 A 구체 콘크리트공사
	3413-74A6-31100	거푸집공사
	3413-74A6-31110	목재거푸집
	3413-74A6-31111	목재거푸집제작
자원요소 분류	M001 (단가)	
	L002 (단가)	
	L003 (단가)	

그림 5.8 연결된 공사분할체계의 예

5. 공사분할체계 활용 공사비 적산 구현

적산 절차는 공사분할체계에 따라 분할된 **공사구분**에 대한 **작업공종별**로 공사**물량**(work quantities)을 산출한다. 또한, 표준품셈으로부터 **단위당 자원소요량**(unit work quantities)을 결정하여 **단가**(unit price)를 적용해서 직접재료비, 직접노무비, 경비를 포함하는 **일위대가**를 산정한다. 그리고 이 **일위대가**에 공사구분에 대한 **작업 그리고** 27개의 비목으로 구성된 **경비**를 더해서 **순공사원가**를 계산하고, 일반관리비, 이윤을 가산하여 **총공사원가**와 부가가치세를 가산하여 **예정가격**을 계산하게 된다. 이러한 적산처리과정은 **공사구분**에 대한 작업공종별로 공사물량을 반영하여 1차 적으로 비용을 산정하고, 공사분할체계에 따라서 상위수준으로 집계해서 최종단계에서 직접공사비를 계산한다. 이와 같이 공사비 적산에서 작업을 분할하여 공사비를 집계하는 과정에 필수적으로 수반되는 것이 **공사분할체계**이다.

본 절에서는 그림 5.1 **토목공사용 공사분할체계의 기본 구성**에 따라 분할된 그림 5.3, 5.4, 5.5의 **도로공사 공사분할체계**를 활용한 **공사비 적산을 구현**한다. 먼저, 공사분할체계를 활용한 공사비 적산을 구현하기 위해서는 **공사분할체계(WBS) D/B정보**와 **일위대가 D/B 정보**가 구축되어 있어야 한다.

(1) 공사분할체계 D/B 정보

공사분할체계(WBS) D/B 정보는 시설요소(A-TABLE) D/B 정보(그림 5.3), **구조요소(B-TABLE) D/B 정보**(그림 5.4) 그리고 **작업요소(C-TABLE) D/B 정보**(그림 5.5)로 구성된다.

(2) 일위대가 D/B 정보

일위대가(一位代價) D/B 정보는 작업요소(C-TABLE) D/B 정보의 최하위 작업공종에 대한 **일위대가(호표)**를 산정하기 위한 **자원요소(PUM DATA 및 REQOURCE DATA) D/B 정보**와 작업요소(C-TABLE) D/B 정보의 최하위 작업공종에서 장비를 사용할 경우 **일위대가(산근)**을 산정하기 위한 **작업량 산정 식(EQUATION OF WORK AMOUNT) D/B 정보**를 구축해야 한다.

(3) 작업공종별 작업물량 정보

작업공종별 작업물량(Quantity) 정보는 (C-TABLE) D/B 정보의 최하위 작업공종의 일위대가(호표) 및 일위대가(산근)를 근거로 작업요소프레임→구조요소프레임→시설요소프레임으로 연결된 **통합 프레임 공사분할체계**(그림 5.9 참조)에 따라 상위계층으로 비용을 집계해서 공사비 내역서를 작성하기 위해서 작업구분에 대한 **작업공종별 작업물량(Quantity) 정보**를 구축해야 한다.

이와 같이 **공사분할체계 D/B 정보, 일위대가 D/B 정보** 그리고 **작업공종별 작업물량 정보가** 구축되어 있을 때, 구축된 D/B 정보를 기반으로 공사분할체계를 활용한 공사비 적산의 구현이 가능하게 된다. 구축된 D/B 정보들을 활용하여 공사비 적산 구현 프로세스를 표현하면 그림 5.9와 같은 프로세스로 구성되고, 이를 3개 영역으로 구분하여 설명할 수 있다.

4) 박홍태, NAS system 구축을 위한 자동화 전산 모형에 관한 연구, 중앙대학교 대학원, 1995. 2..

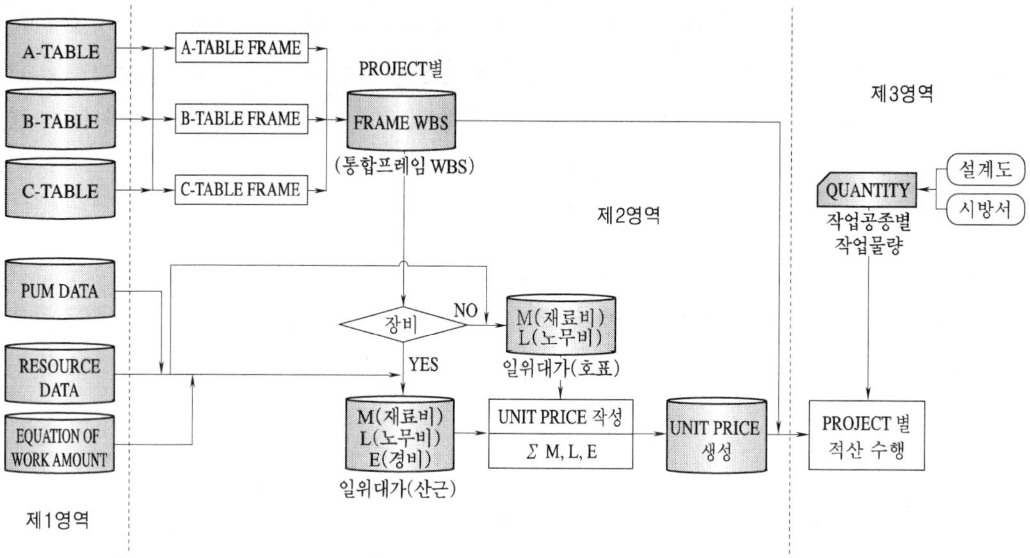

그림 5.9 공사분할체계 활용 공사비 적산 구현 프로세스[4)]

① <u>**제1영역**</u> : 시장조사나 전문가들로부터 정보를 추출하여 분류 가능한 형태의 정보로 저장한 것으로서 여기에는 **공사분할체계 D/B 정보, 일위대가 D/B 정보** 그리고 **작업공종별 작업물량 정보가 있다. 이 D/B 정보들이 공사비 적산 구현을 위한 원천정보가 된다.**

② <u>**제2영역**</u> : 제1영역의 정보들을 기반으로 공사비 적산 기능을 수행하면서 **전체적산처리**에 필요한 **통합 프레임 공사분할체계**을 형성하고, **자원요소(PUM DATA 및 REQOURCE DATA) D/B 정보**와 **작업량 산정 식(EQUATION OF WORK AMOUNT) D/B 정보**를 이용하여 작업요소(C-TABLE) D/B 정보의 최하위 작업공종에 대한 **일위대가(一位代價, unit price)의 호표와 산근**을 산정하여 저장된다.

③ <u>**제3영역**</u> : 설계도면 등으로부터 산출한 **작업구분**에 대한 **작업공종별 작업물량**을 사용자가 **직접 입력**하는 영역으로 제2영역에서 작업요소(C-TABLE) D/B 정보의 최하위 작업공종에 대한 **일위대가(산근과 호표)**에 **작업공종별 작업물량을 곱해서 통합 프레임 공사분할체계**에 따라 공사비 집계를 통해서 공사비 내역서 작성 등을 수행하는 적산체계의 CPU로서 처리결과는 원가관리에 이용된다.

(4) 통합 프레임 공사분할체계의 생성

먼저, 하부공종코드를 키 필드(key field)로 상호 연결되어 있는 시설요소(A-TABLE) D/B 정보, 구조요소(B-TABLE) D/B 정보 그리고 작업요소(C-TABLE) D/B 정보에서 **사용자**가 **도로 교량공사 작업공종들**을 선택하여 **시설요소(A-TABLE) 프레임**(그림 5.10), **구조요소(B-TABLE) 프레임**(그림 5.11) 그리고 **작업요소(C-TABLE) 프레임**(그림 5.13)을 생성시키다. 이렇게 형성된 각 요소별 프레임들은 키 필드(key field)로 상호 연결된 **하부공종코드**에 따라 자동적으로 시설요소 프레임, 구조요소 프레임 그리고 작업요소 프레임이 연결된 **통합 프레임 작업분할체계**가 형성된다.

이렇게 생성된 시설요소(A-TABLE) 프레임(그림 5.10), 구조요소(B-TABLE) 프레임(그림 5.11) 그리고 작업요소(C-TABLE) 프레임(그림 5.13)의 **음영 처리된 부분**을 **설명**하면, 시설요소 프레임의 ACODE **3413** 교량 A 구조물공사 공종은 구조요소 프레임의 BCODE **7000 교량공사**에 연결된다. 즉, 구조요소 프레임에서 7000에 관련되는 모든 공종을 연결시키고 있다. 또한, 구조요소 프레임에서 **3413-74A6 교각 A 구체**는 작업요소 프레임의 **31000 콘크리트 공사**에 관련되는 모든 공종을 연결하며, 그 중 **31111과 31410**을 선택한 것이다. 이와 같은 체계로 수행한 관련 코드를 모두 연결하면 **3413-74A6-311111 목재거푸집 제작**과 **3143-74A6-31410 콘크리트 레미콘 타설**이 되고, 이들 공종은 **교량공사-교각 A 구체 콘크리트 공사**를 위한 **목재거푸집 제작**과 **콘크리트 레미콘 타설**을 의미하는 것이다.

ACODE	DES	BCODE1	BCODE2
3000	도로공사		
3400	교량공사		
3410	교량 A		
3413	교량 A 구조물공사	7000	

그림 5.10 시설요소(A-TABLE) 프레임

BCODE	DES	CCODE1	CCODE2
7000	교량공사		
7400	교각		
74A0	교각 A		
74A6	교각 A 구체	31000	

그림 5.11 구조요소(B-TABLE) 프레임

CCODE	DES	PCODE	UNIT
31000	콘크리트공사		
31100	거푸집		
31110	목재거푸집(1회)		
31111	목재거푸집제작	콘-010	SM
31112	목재거푸집설치	콘-011	SM
31113	목재거푸집해체	콘-012	SM
31200	철근		
31210	간단		
31211	철근가공(간단)		
31212	철근조립(간단)		
31400	콘크리트타설		
31410	레미콘타설	콘-002	QM

그림 5.12 작업요소(C-TABLE) 프레임

(5) 일위대가 품셈 및 단가 생성

1) 일위대가의 품셈

작업요소(C-TABLE) 프레임(그림 5.12)의 **최하위 작업공종**에서 장비를 사용하지 않는 경우는 **일위대가(호표)**를 산정해야 한다. 이 일위대가(호표)를 산정하기 위하여, 제1영역에서 사전에 구축해 놓은 **작업요소(C-TABLE) D/B 정보**의 **품셈코드**(PCODE)와 **자원요소**(PUM DATA) D/B **정보의 품셈코드(PCODE)**가 키 필드(key field)로 상호 연결되어 있어 **일위대가 구성 품셈**(그림 5.13)이 자동생성된다. 일위대가(호표)는 **자원코드(RCODE)의 [L-]과 [M-]과 연동**된다.

PCODE	DES	RQTYT	RCODE
콘-002	레미콘타설	0.1700	L026
콘-002	레미콘타설	0.2900	L088
콘-010	목재거푸집제작(1회)	0.0210	
콘-010	목재거푸집제작(1회)	0.0210	M015-6
콘-010	목재거푸집제작(1회)	0.0266	M015-2
콘-010	목재거푸집제작(1회)	0.1500	M0120
콘-010	목재거푸집제작(1회)	0.1848	L004
콘-010	목재거푸집제작(1회)	0.1480	L008
장-010	불도저 운반		E11-03

그림 5.13 일위대가 구성 품셈

만약 **작업요소(C-TABLE) 프레임**(그림 5.12)의 **최하위 작업공종**에서 장비를 사용하는 경우 **일위대가(산근)**을 산정해야 한다. 이 일위대가(산근)을 산정하기 위해서 제1영역에서 사전에 구축해 놓은 **작업요소(C-TABLE) D/B 정보**의 **품셈코드**(PCODE)와 **자원요소(PUM DATA) D/B 정보의 품셈코드(PCODE)가** 키 필드(key field)로 상호 연결되어 있어 **일위대가 구성 품셈**(그림 5.13)이 자동생성된다. 일위대가(산근)은 **자원코드(RCODE)의 [E-]와 연동**된다.

2) 일위대가(호표)의 자원단가

작업요소(C-TABLE) 프레임(그림 5.12)의 **최하위 작업공종**에서 장비를 사용하지 않는 경우는 **일위대가(호표)**를 산정해야 하는데, **일위대가(호표)**는 일위대가 구성 품셈(그림 5.13)의 **자원코드(RCODE) [L-]과 [M-]**이 연동된다. 이 **자원코드(RCODE)**는 품셈별 자원(노무, 재료) 단가(그림 5.14)의 **자원코드(RCODE)**와 키 필드(key field)로 상호 연결되어 있다. 따라서 일위대가 구성 품셈(그림 5.13)의 **자원코드(RCODE) [L-]과 [M-]**은 품셈별 자원(노무, 재료) 단가(그림 5.14)의 **자원코드(RCODE) [L-]과 [M-]**을 호출하고, 호출된 **자원코드**(RCODE) [L-]과 [M-]은 **단가코드**(COST)로부터 [L-]과 [M-]의 **단가**를 불러와서 **자원(노무, 재료) 단가(그림 5.14)**가 자동생성된다.

RCODE	DES	UNIT	COST
L004	형틀목공	M/D	40,200
L088	보통인부	M/D	21,200
L008	철근공	M/D	38,900
L026	콘크리트공	M/D	36,300
M015-6	판재	M2	36,000
M015-2	각재	M3	28,000

그림 5.14 품셈별 자원(노무, 재료) 단가

3) 일위대가(산근) 자원단가

작업요소(C-TABLE) 프레임(그림 5.12)의 **최하위 작업공종**에서 장비를 사용하는 경우는 **일위대가(산근)**를 산정해야 하는데, **일위대가(산근)**는 일위대가 구성 품셈(그림 5.13)의 **자원코드(RCODE) [E-]**와 연동된다. 이 **자원코드(RCODE)**는 장비 종류(그림 5.15)의 **자원코드(RCODE)**와 키 필드(key field)로 상호 연결되어 있다. 따라서 일위대가 구성 품셈(그림 5.13)의 **자원코드(RCODE) [E-]**는 장비 종류(그림 5.15)의 **자원코드(RCODE) [E-]**를 호출하고, 호출된 **자원코드**(RCODE) [E-]는 **작업량 산정 식 코드**(EQCODE)의 Q1, **싸이클타임**

코드(CMCODE)의 CM_1, **적재량코드(qCODE)**의 q_2를 호출하여 **장비 종류**(그림 5.15)를 자동 생성한다.

이렇게 생성된 장비 종류(그림 5.15)의 **작업량 산정 식 코드(EQCODE)**, **싸이클타임코드(CMCODE)**, **적재량코드(qCODE)**는 **작업량 산정 식**(그림 5.16)의 **작업량 산정 식 코드(EQCODE)**, **싸이클타임코드(CMCODE)**, **적재량코드(qCODE)**와 키 필드(key field)로 상호 연결되어 있다. 따라서 장비 종류(그림 5.15)의 **작업량 산정 식 코드(EQCODE)**의 Q1, **싸이클타임코드(CMCODE)**의 CM_1, **적재량코드(qCODE)**의 q_2는 **작업량 산정 식**(그림 5.16)의 **작업량 산정 식 코드(EQCODE)의** $Q1=60\times q_2\times f\times E/CM_1$, **싸이클타임코드(CMCODE)의** $CM_1=(L/V+L/V)+t$, **적재량코드(qCODE)의** $q_2=qo\times e$**를** 호출하여 **작업량 산정 식**(그림 5.16)을 자동생성한다.

이렇게 생성된 **작업량 산정 식**(그림 5.16)의 **작업량 산정 식 코드(EQCODE)의** $Q1=60\times q_2\times f\times E/CM_1$, **싸이클타임코드(CMCODE)의** $CM1=(L/V+L/V)+t$, **적재량코드(qCODE)의** $q_2=qo\times e$**를** 호출하여 산정된 단위시간당 **작업량**(Q1)을 시간당 장비사용에 들어가는 M07 재료비, L034 노무비, G001 경비(손료)를 나누어 주면 **단위당 재료비, 노무비, 경비**가 계산되어 **장비종류별 재료비, 노무비, 경비(손료) 산출**(그림 5.17)을 자동생성한다.

(6) 작업공종별 작업물량 산출

작업공종별 작업물량 산출은 작업요소 프레임의 최하위 작업공종을 대상으로 미리 정해진 **측정단위**에 따라 작업**물량**을 측정하게 된다. 공사도면에 나타낸 본 공사의 주요 부분은 도면에 보인 **순치수를 사용해서 작업물량**(quantities)**을 계산**할 수 있다. 이때 계산된 수치는 적어도 세 자리까지는 유효해야 적절한 정도를 가질 수 있다. 그러나 도면에는 나타내지 않았으나 채용하는 시공방법에 따라 공사의 내용을 달리하는 터파기와 같은 경우에는 시방서에서 정하고 있는 흙막이공법에 따라 시공도면을 작성하고 토질조사자료를 참조해서 토질별로 굴착토량을 계산할 수 있다. 이러한 방법으로 **집계된 작업물량**은 **작업요소(C-TABLEe) 프레임**의 최하위 작업공종**의 입력자료**(Input Data)로 직접 입력(그림 5.9 제3영역)하게 된다. 이렇게 입력한 물량이 공사계획단계에서 필요한 각종 공사비 내역서를 **작업요소 프레임-구조요소 프레임-시설요소 프레임**으로 연결된 **통합 프레임 공사분할체계**에 따라 자동으로 작성된다.

RCODE	DES	DIM	UPRICE	EQCODE	CMCODE	qCODE
E11-01	불도저(무한궤도)	7 TON	HOUR	Q1	CM_1	q_2
E11-02	불도저(무한궤도)	10 TON	HOUR	Q1	CM_1	q_2
E11-03	불도저(무한궤도)	12 TON	HOUR	Q1	CM_1	q_2
E11-04	불도저(무한궤도)	19 TON	HOUR	Q1	CM_1	q_2
E11-05	불도저(무한궤도)	32 TON	HOUR	Q1	CM_1	q_2
E11-06	불도저(타이어)	15 TON	HOUR	Q1	CM_1	q_2

그림 5.15 장비 종류

EQCODE	CMCODE	qCODE
$Q1=60\times q\times f\times E/CM$	$CM_1=(L/V_1+L/V_2)+t$	$q_1=T/\gamma_1$
$Q2=3600\times q\times f\times E/CM$	$CM_2=t_1+t_2+t_3+t_4$	$q_2=q_0\times e$
$Q3=60\times L\times D\times H\times f\times E/CM$	$CM_3=0.05\ell+0.25$	$q_3=A_n\times \ell$

그림 5.16 작업량 산정 식

$$Q1=(60\times q\times f\times E)/Cm = (\quad)m^3/hr$$
$$q_2 = q_0\times e$$
$$q_0= \{?\}$$
$$e = \{?\}$$
$$f = 1/L$$
$$E = \{?\}$$
$$Cm=(L/V_1+L/V_2)+t = \{?\}\ sec$$
$$L = \{?\}$$
$$V_1= \{?\}$$
$$V_2= \{?\}$$
$$t = \{?\}$$

분 석 결 과

M007: 재료비 = 재료비의 단가×1/Q1=1,112원/m³

L034: 노무비 = 노무비의 단가×1/Q1=2,345원/m³

G001: 경　비 = 경　비의 단가×1/Q1=2,145원/m³

그림 5.17 장비종류별 재료비, 노무비, 경비(손료) 산출

(7) 일위대가 및 공종별 비용집계

작업요소(C-TABLE) 프레임(그림 5.12)의 **최하위 작업공종**에서 장비를 사용하지 않는 경우는 **일위대가(호표)**를 산정해야 한다. 일위대가 및 공종별 비용집계과정을 **음영처리 된 부분**으로 **설명**하면 작업요소(C-TABLE) 프레임(그림 5.12)의 최하위 작업공종 **31111 목재**

거푸집 제작의 **일위대가(호표)**는 **목재거푸집 제작(1회)** 자원수량코드(RQTYT) 0.0210M2과 자원코드(RCODE) M015-6의 **36,000**원이 곱해져 756.0원이 계산된다. 나머지 **목재거푸집 제작(1회)**도 동일한 방법으로 계산해서 합계하면, **목재거푸집 재작(1회)의 단위당 재료비, 노무비, 경비**가 계산된다. 이 목재거푸집 제작(1회)의 단위당 재료비, 노무비, 경비에 **작업 요소(C-TABLE) 프레임의 단위당 코드**(UNIT)에 **작업물량**을 **입력**하면 **목재거푸집 제작**에 소요되는 **재료비 합계, 노무비 합계, 경비 합계**가 계산되고, 이 결과가 **31110** 목재거푸집(1회)→**3100** 거푸집→**3000** 콘크리트공사로 집계되고, 이 결과는 다시 **74A6** 교각 A구체→7400 교각→**7000** 교량공사로 집계된다. 그리고 집계된 이 결과는 다시 **3413** 교량 A구조물 공사→**3410** 교량 A→**3400** 교량공사→**3000** 도로공사로 최종 집계된다.

작업요소(C-TABLE) 프레임(그림 5.12)의 **최하위 작업공종**에서 장비를 사용하는 경우는 **일위대가(산근)**를 산정해야 한다. 만약 작업요소(C-TABLE) 프레임(그림 5.12)의 최하위 작업공종 **31111 목재거푸집 제작** 대신 **불도저 운반이라고 가정하면, 일위대가(산근)**는 일위대가 구성 품셈(그림 5.13)의 **자원코드(RCODE) E11-03**과 연동된다. 이 **자원코드(RCODE)**는 장비 종류(그림 5.15)의 **자원코드(RCODE) E11-03 불도저(무한궤도) 12tf과 연결되고, 작업량 산정 식 코드**(EQCODE) Q1, **싸이클타임코드**(CMCODE) CM_1, **적재량코드**(qCODE) q_2가 하부공종코드 작업량 산정식(그림 5.16)에서 **작업량 산정 식 코드**(EQCODE) Q1, **싸이클타임코드**(CMCODE) CM_1, **적재량코드**(qCODE) q_2을 호출한다. 그리고 호출된 Q1, CM_1, q_2에 따라 단위시간당 작업량(Q1)이 계산(그림 5.17)되고, 이 작업량(Q1)을 근거로 **단위작업(m^3)당 재료비(시간당 재료비 단가×1/Q), 노무비(시간당 노무비 단가×1/Q), 경비(시간당 경비 단가×1/Q)**를 산출하여 **일위대가(산근) 재료비** M007 1,112원/m^3, **노무비** L034 2,345원/m^3, **경비** G001 2,145원/m^3**가 계산된다. 여기에 작업요소(C-TABLE) 프레임의 단위당 코드**(UNIT)에 입력한 **작업물량**을 **곱해서 재료비 합계, 노무비 합계, 경비 합계**가 계산되고, 이 결과가 **3110** 불도저 운반→**3100** 거푸집→**3000** 콘크리트공사로 집계되며, 이 결과는 다시 **74A6** 교각 A구체→7400 교각→**7000** 교량공사로 집계된다. 그리고 집계된 이 결과는 다시 **3413** 교량 A구조물공사→**3410** 교량 A→3400 교량공사→**3000** 도로공사로 최종 집계된다.

6. 공사분할체계 활용 공사비 적산 구현 사례

다음은 앞 절에서 언급한 절차와 방법으로 공사분할체계 활용 공사비 적산을 구현했을 때, **교량 A 구조물공사**에 대한 **일위대가(호표) 및 구조물 공사비 내역서**의 작성 예(표 5.1)를 보이고 있다.

공종코드 3413-74A6-31410인 콘크리트 타설의 일위대가, 즉 콘크리트 타설의 단위당 재료비, 노무비, 경비(손료)를 계산하여 일위대가의 총비용을 계산하고, 이 일위대가는 **공종코드** 3413-74A6-31212인 철근조립의 일위대가와 함께 **철근조립 수량** 60tf과 **콘크리트 타설 수량** 400m^{3}와 곱해서 **상위 공종코드** 3413-73A6인 교각 A 구체공사의 비용으로 집계된다. 또한, **공종코드** 3413-74A6인 교각 A 구체공사는 **공종코드** 3413-73A2 토공공사 금액과 합산되어 **상위 공종코드** 3413-7400 교각 A의 비용으로 집계되고, 이 비용이 **공종코드** 3413-7300 교대 금액과 합산되어 **상위 공종코드인** 3413 교량A 구조물공사의 직접 공사비로 산출되는 적산 과정을 보이고 있다. 그림 5.18은 표 5.1의 공사비 내용을 그림 5.3, 5.4, 5.5의 공사분할체계와 연계하여 도식적으로 표현하고 있다.

표 5.1 일위대가(호표) 및 구조물 공사비 내역서 집계표

■ 구조물 직접공사비 집계표

공종코드 : 3413 공종명 : 교량A 구조물공사

공종코드	공종	금액	요소비용				비고
			재료비	노무비	외주비	경비	
3413-7300	교대	651,120,000	141,503,600	178,728,000	2,500,000	328,388,400	
3413-7400	교각A	624,041,200	134,918,000	173,983,200	2,453,000	312,647,000	
		⋮	⋮	⋮	⋮	⋮	
	계	3,180,121,200	1,176,421,600	852,711,200	9,953,000	1,141,035,400	

공종코드 : 3413-7400 공종명 : 교각A

공종코드	공종	금액	요소비용				비고
			재료비	노무비	외주비	경비	
3413-73A2	토공공사	221,120,000	1,503,600	21,728,000	0	184,356,000	
3413-74A6	교각A 구체공사	82,393,200	48,722,800	30,053,600	981,200	2,635,600	
		⋮	⋮	⋮	⋮	⋮	
	계	624,041,200	134,918,000	173,983,200	2,453,000	312,647,000	

Ⓐ

Ⓐ

공종코드 : 3413-74A6 　공종명 : 교각A 구체공사

공종코드	공종	수량	단위	단가	금액	재료비		노무비		외주비		경비	
						단가	금액	단가	금액	단가	금액	단가	금액
3413-73A6-31212	철근조립	60	tf	55,680	3,340,800	47,280	2,836,800	8,400	504,000	0	0	0	0
3413-73A6-31410	콘크리트타설	400	m^3	60,000	24,000,000	50,320	20,128,000	8,000	3,200,000	0	0	1,680	672,000
		⋮	⋮	⋮	⋮	⋮	⋮	⋮	⋮	⋮	⋮	⋮	⋮
	계				82,393,000		48,722,800		30,053,600		981,200		2,635,600

■ 일위대가(단가내역표)

공종코드 : 3413-74A6-31410 　공종명 : 콘크리트 타설공 　m^3

요소구분	항목	규격	수량	단위	단가	금액	비고
재료비	콘크리트	f_{28}=210kgf/cm²	1.03	m^3	48,000	49,440	손실 3%
	잡재료	양생시트, 벨트콘베어 등	1	식		880	
	소계					50,320	
노무비	십장		0.020	인	40,000	800	1/10(인부 2.0인+운반공 1.0인)/15m³/일
	보통인부		0.133	인	28,000	3,724	2.0인/일15m³/일
	운반공		0.067	인	36,000	2,412	1.0인/일/15m³/일
	공구손료		1	식		1.064	
	소계					8,000	
경 비	포타블콘베어	7m	1	식		1,400	2대×4월×15일/월×4,800원/일 · 대/m³
	플렉시블 바이브레이터	45mm	1	식		240	1대×4월×15일/월×1,600원/일 · 대/m³
	소계					1,680	
계						60,000	

재료비 : 50,320 노무비 : 8,000 경 비 : 1,680 총비용 : 60,000

내역정보체계

■ 구조물 직접공사비 집계표

공종코드 : 3413 공종명 : 교량A 구조물공사

공종코드	공 종	금 액	요소비용				비고
			재료비	노무비	외주비	경비	
3413-7300	교대	651,120,000	141,503,600	178,728,000	2,500,000	328,388,400	
3413-7400	교각A	624,041,200	134,918,000	173,983,200	2,453,000	312,647,000	
		⋮	⋮	⋮	⋮	⋮	
	계	3,180,121,200	1,176,421,600	852,711,200	9,953,000	1,141,035,400	

공종코드 : 3413-7400 공종명 : 교각A

공종코드	공 종	금 액	요소비용				비고
			재료비	노무비	외주비	경비	
3413-73A2	토공공사	221,120,000	1,503,600	21,728,000	0	184,356,000	
3413-74A6	교각A 구체공사	82,393,200	48,722,800	30,053,600	981,200	2,635,600	
		⋮	⋮	⋮	⋮	⋮	
	계	624,041,200	134,918,000	173,983,200	2,453,000	312,647,000	

공종코드 : 3413-74A6 공종명 : 교각A 구체공사

공종코드	공 종	수량	단위	단가	금액	재료비		노무비		외주비		경 비	
						단가	금액	단가	금액	단가	금액	단가	금액
3413-73A6-31212	철근소립	60	t	55,680	3,340,800	47,280	2,836,800	8,400	504,000	0	0	0	0
3413-73A6-31410	콘크리트타설	400	m^3	60,000	24,000,000	50,320	20,128,000	8,000	3,200,000	0	0	1,680	672,000
		⋮	⋮	⋮	⋮	⋮	⋮	⋮	⋮	⋮	⋮	⋮	⋮
	계				82,393,000		48,722,800		30,053,800		981,200		2,635,600

■ 일위대가(단가내역표)

공종코드 : 3413-74A6-31410 공종명 : 콘크리트 타설공 m^3

요소구분	항목	규 격	수량	단위	단가	금액	비 고
재료비	콘크리트	f_{28}=210kgf/cm²	1.03	m^3	48,000	49,440	손실 3%
	잡재료	양생시트, 벨트콘베어 등	1	식		880	
	소계					50,320	
노무비	십장		0.020	인	40,000	800	1/10(인부 2.0인+운반공 1.0인)/15m³/일
	보통인부		0.133	인	28,000	3,724	2.0인/일15m³/일
	운반공		0.067	인	36,000	2,412	1.0인/일/15m³/일
	공구손료		1	식		1,064	
	소계					8,000	
경 비	포타블콘베어	7m	1	식		1,400	2대×4월×15일/월×4,800원/일 · 대/m³
	플렉시블 바이브레이터	45mm	1	식		240	1대×4월×15일/월×1,600원/일 · 대/m³
	소계					1,680	
계						60,000	

재료비 : 50,320 노무비 : 8,000 경 비 : 1,680 총비용 : 60,000

(a) 일위대가 및 공사비내역서 집계표

공사분할체계

표준 WBS	
3413	교량 A 구조물 공사
3413-7400	교각 A
3413-74A6	교각 A 구체공사
3413-74A6-**31110**	**거푸집공**
31111	거푸집 제작
31112	거푸집 설치
31113	거푸집 해체
31210	**철근공**
31211	철근 가공
31212	철근 조립
31410	**콘크리트 타설공**
31510	양생공

(b) 추출된 공사분할체계

그림 5.18 공사분할체계에 따른 비용집계 체계

MEMO

CHAPTER 06 공사비 내역서 작성

1. 내역서 구성 항목
2. 예정가격 내역서 작성 실례

CHAPTER 06

공사비 내역서 작성

1. 내역서 구성 항목

발주자의 공사비 적산에 의한 내역서 작성은 **예정가격**을 산출하기 위한 것이고, **시공자**의 공사비 적산에 의한 내역서 작성은 **입찰금액(투찰금액)**을 산출하기 위한 것이다. 이들 공사비 적산에 의한 내역서 작성은 예정가격 산출이든 입찰금액 산출이든 산출 목적만 다를 뿐, 즉 공사비 내역서 작성방법은 동일하다.

공사비 내역서는 정부의 위임을 받은 대한건설협회가 발간한 시중노임단가와 재료 비목별 가격결정원칙(원가준칙 제4조 및 제5조)에 따라 가격정보, 물가정보, 거래가격, 물가자료, 유통물가, 월간거래가격의 정기간행물에 게재된 거래실례가격 중에 **최저단가**로 구성된 기초단가와 시간당 (운전)재료비, 시간당 (운전)노무비, 시간당 경비(기계손료)로 구성된 **시간당 기계(장비 혹은 중기)사용료**($\frac{원}{hr}$), **시간당 기계사용료**에 **각종 장비별 단위작업당 사용시간**($\frac{1}{Q}=\frac{hr}{m^3}$)을 곱하여 단위작업량당 기계(장비 혹은 중기) 사용료($\frac{원}{m^3}$)인 **일위대가(산근)**, **기초단가**와 **표준품셈**을 적용하여 단위작업량당 소요비용을 산출한 **일위대가(호표)**, **일위대가(호표)**와 **일위대가(산근)**을 요약한 **일위대가목록표**, **작업 공종별 수량**에 해당 **일위대가(호표, 산근)**를 호출하여 재료비, 노무비, 경비의 **단가**를 곱해서 구성되는 **공사비 내역서**, 직접재료비와 간접재료비, 직접노무비와 간접노무비, 경비의 합계액으로 계산된 **순공사비**와 일반관리비, 이윤을 더한 **총공사원가** 그리고 총공사원가에 공사손해보험료와 부가가치세를 더하여 예정가격을 산출하는 **공사원가계산서**의 총 일곱 개로 구성되어 있다.

여기서, **공사비 내역서(工事費內譯書)**란 각 공사에 대한 공사비를 세목별(細目別)로 자세하게 기재한 문서로 공사비 총액의 산출근거를 명확히 하기 위해 작성한 서류를 말하고, **공사원가계산서(工事原價計算書)**는 위에서 설명한 방식으로 한 프로젝트에 소비된 경제가치를 화폐 액으로 표시한 서류를 말한다. 이 항목들이 그림 2.7과 같이 서로 연동되어 한 프로젝트에 소요되는 수량과 단가, 금액을 정의해 놓은 프로젝트 명세서(明細書)인 **내역서(內譯書**, BOQ, Bill Of Quantity)로 꾸며져서 **예정가격**인 총공사금액이 산출된다.

참고로 **실무에서 사용되고 있는 내역서**는 설계내역서, 공내역서, 입찰내역서, 산출내역서, 도급내역서, 실행내역서, 사기성내역서, 관기성내역서, 설계변경내역서, 계약금액조정내역서 그리고 준공내역서 등이 있고, 이들 내역서들을 간략하게 정의하면 다음과 같다.

먼저, **설계내역서**는 설계단계에서 뽑은 **공사비 예산서(발주자의 주체로 설계자가 설계도서에 따라 산출한 내역서)**를 말하고, **공내역서**는 발주자를 위해 단가와 금액을 없애고 **수량만 정의한 내역서(발주자의 주체로 설계자가 설계도서에 따라 산출한 공내역서로 일위대가가 없이 BOQ의 수량만 제시한 내역서)**를 말하며, **입찰내역서(入札內譯書)**는 시공자가 입찰을 위해 **공내역서**에 **입찰단가**를 기입한 내역서(**입찰자가 입찰을 볼 때, 발주자가 교부한 공내역서에 입찰단가를 기입한 내역서**)를 말한다. 또한 **산출내역서(産出內譯書)**는 발주자가 교부한 **물량내역서**에 입찰자가 **단가**를 기재하여 제출한 내역서(**발주자가 교부한 물량내역서에 입찰자**가 **낙찰 금액에 맞춰서 일위대가에 근거하여 작성한 내역서로 총공사금액에 부가가치세와 관급자재비를 제외한 추정가격이 100억원 미만 공사는 착공계 제출 시 산출내역서를 첨부하고, 추정가격이 100억원 이상 공사는 입찰할 때 입찰서에 산출내역서를 첨부함**)를 말하고, **도급내역서**는 시공자가 발주자와 공사체결 시 계약한 **계약내역서**를 말하며, **실행내역서**는 시공자가 해당 계약내역서를 기준으로 자사의 실행 가능한 단가를 입력한 내역서를 말한다. 그리고 **사기성내역서**는 (계약단가×완료수량)으로 계산한 기성내역서를 말하고, **관기성내역서**는 (계약단가×발주자 인정수량)으로 계산한 기성내역서 말하며, **설계변경내역서**는 설계변경에 의한 변경물량을 원계약 물량과 대비해 놓은 내역서를 말한다. **계약금액조정내역서**는 물가변동에 따른 공사비 변동 내역서를 말하고, **준공내역서**는 공사 준공 시 작성된 내역서를 말한다.

1.1 기초단가

한 공사의 **공사비 내역서**는 **여러 개의 일위대가**로 구성되어 있다. 또한, **한 개의 일위대가**는 표준품셈의 단위당 소요되는 재료, 노무, 경비의 **소요품**에 재료단가, 노무단가, 경비단가를 곱해서 산출된다. **기초단가**란 바로 이러한 재료, 노무, 경비의 **단가(單價)**를 말하는 것이다.

한 공사의 예정가격 내역서를 작성할 때, **최초 작업**이 표 6.1~표 6.3의 재료, 노무, 경비의 기초단가 데이터베이스(D/B, Data Base)의 구축이다.

표 6.1 재료 기초단가 예시

자재코드	직종명	규격	단위	단가1	단가2	단가3	비고
M0001	박리제(중유)	저유황	ℓ	263.00	155.00	150.00	
M0002	철선	#8	kgf	450.00	440.00	430.00	
M0003	못	N25	kgf	580.00	600.00	595.00	
M0882021	각재	3.6×3.9 (상품)	M^3	204,137.00	204,100.00	204,000.00	
M0888003	판재	2.7×30 (상품)	M^3	272,100.00	272,100.00	272,000.00	
M4332011	내수합판	12CM (1급 T-1)	$	3.50	6.00	5.00	

표 6.2 노무 기초단가 예시

직종코드	직종명	규격	단위	단가1	비고
L004	형틀목공		인	61,483.00	
L025	콘크리트공		인	62,281.00	
L081	작업반장		인	57,379.00	
L085	보통인부		인	34,360.00	
L119	할석공		인	65,634.00	

표 6.3 경비 기초단가 예시

코드	명칭	규격	단위	재료비	노무비	경비	합계
G01	전력비		KWH			58.13	58.13
G02	구역화물 운반비(2TON 미만)	20KM 미만	대			21,366.00	21,366.00

노무단가는 매년 상반기 하반기 발표하는 정부고시 노임단가를 기준으로 하고, **재료단가**는 거래실례가격을 재료단가로 게재하고 있는 **가격정보, 물가정보, 거래가격, 물가자료** 그리고 **유통물가**의 정기간행물의 단가 중에 **최저단가**로 결정된 표 6.4를 기초단가로 적용한다.

표 6.4 재료 적용단가 예시

자재코드	명 칭	규 격	단위	가격정보		물가정보		거래가격		물가자료		유통물가		적용단가	비고
				단가	페이지	단가	페이지	단가	페이지	단가	페이지	단가	페이지		
M0001	박리제(중유)	저유황	ℓ			263	1042			263	1161			263	물정/1042
M0002	철선	#8	kgf			450	70	450	38	450	66	450	33	450	물정/70
M0003	못	N25	kgf	580	500	612	70	640	39	780	69	740	35	580	가정/500
M01	철근(SD30)	D16-32MM	TON											254,336	
M02	철근(SD40)	D16-32MM	TON											215,874	
M0882021	각재	3.6×3.9(상품)	M^3							204,137	139	244,965	75	204,137	물자/139
M0888003	판재	2.7×30(상품)	M^3											272,100	유물/75
M4332011	내수합판	12CM(1급 T-1)	$	5,373.7	338	5,434.1	368	5,736	293	6,098.3	464	6,098.3	311	3.5	가정/338

1.2 기계사용료

시간당 기계(장비 혹은 중기)사용료는 **경비(기계손료)**, **운전경비** 및 **수송비**의 합계액으로 하고, 필요한 경우에는 조립 및 해체 비용을 포함한다. **경비(기계손료)**는 감가상각비, 정비비, 관리비를 말하고, **운전경비**는 **(운전) 노무비**와 **(운전) 재료비**를 말한다. 기계사용료 적산 방법은 제3장 건설기계 시공 능력 및 적산을 참조할 수 있다.

1.2.1 경비

시간당 경비(기계손료), 시간당 (운전)노무비, 시간당 (운전)재료비로 구성된 **시간당 기계(장비 혹은 중기)사용료**의 **시간당 경비(기계손료) 산출 기초자료**는 환율, 주간, 야간, 주야간 작업에 따른 시간당 **수량**(시간당 기계손료계수) 및 **금액**의 산정, **소수점 처리**가 있다.

주간 시간당 경비 산정 식 :

경비(원/hr) = 환율×취득가격×**시간당 수량**(**시간당 기계손료계수**)

야간, 주야간 시간당 경비 산정 식 :

경비(원/hr) = 환율×취득가격×**시간당 수량**(**시간당 기계손료계수**)× **{(상각비계수+정비비계수+관리비계수)** $\times 10^{-4}$ × **할증}**

1) 환율

환율은 수입장비의 도입 가격이 「**천원**」 단위가 아닌 미화, 일본화폐, 유로화폐 등인 경우, 그 수입장비의 단가를 「**천원**」단위로 지정해주기 위해 사용된다.

미화

- 장비가격이 10만불 이하 : 1$=1134.5원
- 장비가격이 10만불 이상 : 1$=1134.5원

일본화폐

- 1 YEN=10.13원

EUR화폐

- 1 EUR=1,356.92원

SDR(SPECIAL DRAW RIGHTS, IMF의 특별인출권)

- 1 SDR=1,000원

2) 시간당 기계손료계수 산정

시간당 기계손료계수는 상각비계수(SANG), 정비비계수(JUNG), 관리비계수(KWAN)의 합에 10^{-4}를 곱한 값, 즉 (상각비계수 + 정비비계수 + 관리비계수)×10^{-4}을 말한다. 예로, 불도저 32톤의 상각비계수=900, 정비비계수=800, 관리비계수=448이다. 따라서 따라서 **시간당 기계손료계수**는 (900+800+448)×10^{-4}=0.2148이 된다. 여기서 시간당 기계손료계수는 10^{-7}이지만, 10^{-4}인 이유는 장비취득가격의 단위가 「**천원**」이기 때문이다. 이 때문에 취득가격의 **천원 미만은 절사된다는 점**을 주의해야 한다.

- 주 간 : (SANG+JUNG+KWAN)×10^{-4}
- 야 간 : (SANG+JUNG+KWAN)×10^{-4}
- 주야간 : (SANG+JUNG+int(KWAN/3))×10^{-4}

3) 야간, 주야간의 경비 산정

(주간)**시간당 경비 산정**은 무관하지만, **야간, 주야간의 시간당 경비 산정**은 (주간)**시간당 경비**에 야간 및 주야간 **할증계수**를 적용하여 산정해야 한다. 즉, (주간)**시간당 경비**에 **[(상각비계수+정비비계수+관리비계수)×10^{-4}×할증]**을 곱해서 산정된다.

- 야 간 할증계수 =1.25
- 주야간 할증계수 =1.071

4) 소수점 처리

시간당 기계(장비 혹은 중기)사용료의 **단가, 금액, 계금액, 총계금액** 계산에 있어서 **소수이하 자릿수**를 지정하는 것이다. 소수점 처리에 대한 참고 사항은 대부분 주요 발주처들의 소수점 처리 방식에 준한다.

- 단가 소수점 : 소수 0자리 이후 절사
- 금액 소수점 : 소수 0자리 이후 절사
- 계 금액 소수점 : 소수 0자리 이후 절사

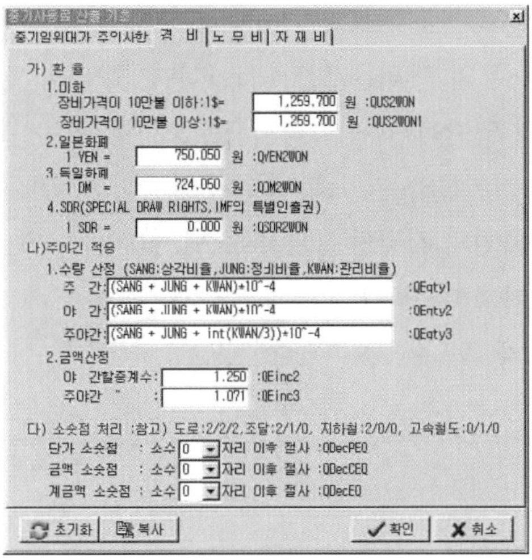

그림 6.1 경비(기계손료) 산출 기초자료 적용 화면

자료 : (주)글로텍 EBS 적산프로그램

여기서, **경비(원/hr)=환율**×취득가격×시간당 수량(**시간당 기계손료계수**)×**[(상각비계수+정비비계수+관리비계수) × 10^{-4} ×할증]**의 경비 산정 식에서 **환율 적용**은 **국산 장비인 경우** 1원, 장비 단가 = 천원으로 적용하고, **달러로 도입한 외국산 장비인 경우** 가령 1달러 1,134.5원, 장비 단가 = 9,000달러 일 때, 9달러를 적용하여 천원 단위로 환산한다. 즉, 1,134.5원×9달러=10,210천원으로 계산된다. 이때 시간당 수량(**시간당 기계손료계수**)는 **[(상각비계수+정비비계수+관리비계수)**×10^{-4}], **할증** 적용은 **[(상각비계수+정비비계수+관리비계수)**×10^{-4}×**할증**]으로 계산한다.

1.2.2 노무비

시간당 경비(기계손료), 시간당 (운전)노무비, 시간당 (운전)재료비로 구성된 **기계(장비 혹은 중기)사용료**의 (운전)**노무비 산출 기초자료**는 **시간당 노무품**, 야간 및 주야간 할증과 소수점 처리가 있다.

시간당 노무비 산정 식 :

> **노무비(원/hr)**
> = 노무 단가**(원/일)**×**시간당 노무품(hr)**×시간당 수량(인)×**할증**
> = 노무 단가**(원/일)**×$[(\frac{12}{12}+\frac{4}{12})\times\frac{25}{20}\times\frac{1}{8}]$×시간당 수량(인)×**할증**

1) 시간당 노무품

일위대가에서 취급하는 노무의 단위는 **일당**(day)이다. 그러나 장비가격의 단위는 **시간당**(hour)으로 계산되는 것이 일반적이다. 따라서 장비에 투입되는 노무은 시간당으로 변환해야 한다. 그러나 단순히 하루를 8시간으로 나누어 계산하면, 현실적인 가격과 많은 차이가 발생한다. 따라서 **상시고용인의 시간당 노무비**는 **년/월/일**에 대한 **시간당 노무품(노임산출계수)**를 적용하여 산출해야 한다.

시간당 노무품(hr)
- 일반구간 : 25/20 × 16/12 × 1/8
- 터널구간 : 25/20 × 16/12 × 1/8
- 장대터널 : 25/20 × 16/12 × 1/8
- 해상장비 : 펌　프 준설선 25/20 × 16/12 × 1/8
  글라브 준설선 25/20 × 16/12 × 1/8
  버　켓 준설선 25/20 × 16/12 × 1/8

2) 주간, 야간, 주야간 노무비 산정

주간 노무비 산정은 무관하지만, 야간과 주야간은 주간 노무비에 다음의 **할증계수**를 적용하여 야간 및 주야간의 노무비를 산정한다.

① 일반구간
- 주간 할증계수 : 1.0
- 야간 할증계수 : 1.5
- 주야간 할증계수 : 1.16

② 터널구간
- 주간 할증계수 : 1.6
- 야간 할증계수 : 1.6
- 주야간 할증계수 : 1.6

③ 장대터널구간
- 주간 할증계수 : 1.94
- 야간 할증계수 : 1.94
- 주야간 할증계수 : 1.94

④ 해상장비

- 주간 할증계수 : 1.0
- 야간 할증계수 : 1.0
- 주야간 할증계수 : 1.0

3) 소수점 처리

시간당 기계(장비 혹은 중기)사용료의 **단가, 금액, 계금액, 총계금액** 계산에 있어서 **소수이하 자릿수**를 지정하는 것으로 다음에 준하여 계산한다.

- 단가 소수점 : 소수 0자리 이후 절사
- 금액 소수점 : 소수 0자리 이후 절사
- 계금액 소수점 : 소수 0자리 이후 절사

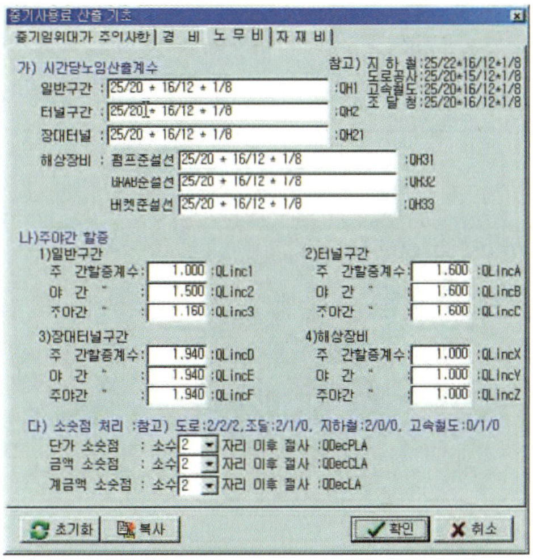

그림 6.2 (운전)노무비 산출 기초자료 적용 화면

자료 : (주)글로텍 EBS 적산프로그램

여기서, 시간당 노무비(원/hr)=노무 단가(원/일)×**시간당 노무품(hr)**×시간당 수량(인)×**할증** = 노무 단가**(원/일)**×$[(\frac{12}{12}+\frac{4}{12})\times\frac{25}{20}\times\frac{1}{8}]$×시간당 수량(인)×**할증**의 노무비 산정 식에서 $(\frac{12}{12}+\frac{4}{12})$은 **년을 월로 보정한 것**으로 1년 12달을 상여금 등 400%를 고려하여 16개월로 보정한 것이고, $\frac{25}{20}$는 **월을 일로 보정한 것**으로 한 달 30일을 기준으로 공용일수 25

일을 취로일수 20일로 보정한 것이며, $\frac{1}{8}$는 **일을 시간으로 보정 것**으로 일근로시간 8시간을 기준으로 보정한 것이다. 다시 말해, $(\frac{12}{12}+\frac{4}{12})\times\frac{25}{20}\times\frac{1}{8}$을 모두 고려하면, 1년을 12개월에서 16개월로, 월로 환산하면 1개월→1.33개월로, 1일(공용일수 30/취로일수 30)→1.25일(공용일수 25/취로일수 20일)로 보정되어서 **0.125시간**(1개월×1일×$\frac{1}{8}$시간)→**0.208시간**(1.33개월×1.25일×$\frac{1}{8}$시간)으로 변환돼서 **시간당 노무비(원/hr)**가 산정된다.

1.2.3 재료비

시간당 경비(기계손료), 시간당 (운전)노무비, 시간당 (운전)재료비로 구성된 **시간당 기계(장비 혹은 중기)사용료**의 **시간당** (운전)**재료비 산출 기초자료**는 재료비에 대한 야간, 주야간 할증과 소수점 처리가 있다.

시간당 재료비 산정 식 :

재료비((원/hr) = 자재 단가 × 시간당 수량 × **할증**

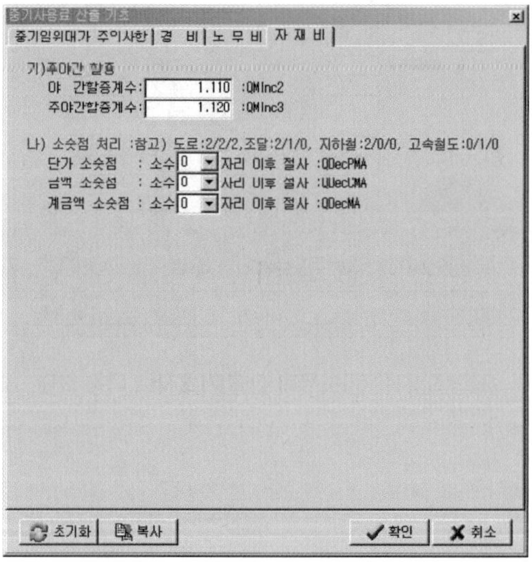

그림 6.3 (운전)재료비 산출 기초자료 적용 화면

자료 : (주)글로텍 EBS 적산프로그램

1) 주간, 야간, 주야간 재료비 산정

주간 재료비 산정은 무관하지만, 야간과 주야간은 재료비에 다음의 **할증계수**를 적용하여 야간 및 주야간의 재료비를 산정한다.

- 야간 할증계수 : 1.11
- 주야간 할증계수 : 1.12

2) 소수점 처리

시간당 기계(장비 혹은 중기)사용료의 단가, 금액, 계금액, 총계금액 계산에 있어서 **소수이하 자릿수**를 지정하는 것으로 다음에 준하여 계산한다.

- 단가 소수점 : 소수 0자리 이후 절사
- 금액 소수점 : 소수 0자리 이후 절사
- 계금액 소수점 : 소수 0자리 이후 절사

위에서 설명한 **시간당 기계(장비 혹은 중기)사용료**인 시간당 경비(기계손료), 시간당(운전) 노무비, 시간당 (운전)재료비의 산정 식과 기본 지식을 근거로 「**불도저(무한궤도) 32TON, 콘크리트 펌프차 80m^3/hr, 콘크리트 진동기 45D(3.5HP) 엔진식**」의 중기에 대한 시간당 경비, 재료비, 노무비의 금액을 산정한 결과는 표 6.5 ~ 표 6.7과 같다.

다음은 표 6.5 ~ 표 6.7의 시간당 **기계(장비 혹은 중기)사용료**를 근거로 표 6.8 **일위대가(산근)**, **기초단가**와 **표준품셈**을 근거로 표 6.9 **일위대가(호표)**, **일위대가(산근)과 일위대가(호표)**를 요약한 표 6.10 **일위대가목록표**, 그리고 **일위대가(산근)**과 **일위대가(호표)**를 호출하여 작업요소의 **작업 공종별 수량**과 곱해져 산출된 표 6.11 **공사비 내역서** 그리고 이 공사비 내역서의 직접재료비, 직접노무비, 경비와 간접재료비, 간접노무비의 합계액으로 계산된 **순공사비**와 여기에 일반관리비, 이윤을 더한 **총공사원가** 그리고 총공사원가에 공사손해보험료와 부가가치세를 더한 최종 **예정가격**을 산출한 표 6.12 **공사원가계산서**이다.

표 6.5 32톤 불도저(무한궤도) 시간당 기계(장비 혹은 중기)사용료 예시

중기명 : 불도저(무한궤도) 32 TON　　중기가격: 144,000천원　　분류코드 : E01010032

구분		단위	수량	단가	금액	비고
경비	불도저(무한궤도)	$	0.2148	144,000	30,931	
	*소계				30,931	
재료비	경유	L	39.6	505	19,998	
	잡품	%	27		5,399	
	*소계				25,397	
노무비	중기운전기사	인	1	11,774	11,774	
	중기운전조수	인	0.5	8,859	4,429	
	중기조장	인	0.2	13,247	2,649	
	*소계				18,852	
	**총계				75,180	

표 6.6 콘크리트 펌프카 $80m^3$/hr 시간당 기계(장비 혹은 중기)사용료 예시

중기명 : 콘크리트 펌프차 80 M^3/hr　　중기가격: 247,500천원　　분류코드 : E45040080

구분		단위	수량	단가	금액	비고
경비	콘크리트 펌프차	$	0.3913	247,500	96,846	
	*소계				96,846	
재료비	경유	L	18	505	9,090	
	잡품	%	39		3,545	
	*소계				12,635	
노무비	중기운전기사	인	1	11,774	11,774	
	*소계				11,774	
	**총계				121,255	

표 6.7 콘크리트 진동기 45D(3.5H) 시간당 기계(장비 혹은 중기)사용료 예시

중기명 : 콘크리트 진동기 45 D(3.5HP) 엔진식　　중기가격: 250천원　　분류코드 : E46110350

구분		단위	수량	단가	금액	비고
경비	콘크리트 진동기	$	0.5313	250	132	
	*소계				132	
재료비	휘발유	L	1	1,064	1,064	
	잡품	%	10		106	
	*소계				1,170	
노무비						
	*소계					
	**총계				1,302	

표 6.8 일위대가(산근) 예시

산 출 근 거	재료비	노무비	경 비	합 계	비 고
산근 #1 집토 토사/M^3	145	107	177	429	X01
사용장비 : 불도저 32 TON					
D = 20M , QO = 5.5×0.95 = 5.23					
F = 1/1.28 = 0.78 , E = 0.7					
V1 = 52, V2 = 58					
CM = 20 / 52+20 / 58+0.25 = 0.98 MIN					
Q = 60×5.23×0.78×0.7 / 0.98 = 174.83 M^3/HR					
재료비 : 25,397 / 174.83 = 145.2	145.2			145.2	E01010032
노무비 : 18,852 / 174.83 = 107.8		107.8		107.8	E01010032
경　비 : 30,931 / 174.83 = 176.9			176.9	176.9	E01010032
전체합계	145	107	177	429	

산 출 근 거	재료비	노무비	경 비	합 계	비 고
산근 #2 콘크리트타설(펌프카붐타설) 무근구조물/M^3	675	4,428	3,632	8,735	X02
콘크리트 펌프차 : $80M^3/HR$					
시간당 타설능력 : Q = 26.7 M^3/HR(100M3이상)					
B/P 생산능력 : Q1 = 20.0 M^3/HR					
1. 펌프카 사용료					
재료비 : 12,635/(20/26.7)/26.7 M^3 = 631.7	631.7			631.7	E45040080
노무비 : 11,774/26.7 M^3 = 440.9		440.9		440.9	E45040080
경비 : 96,846/26.7 M^3 = 3,627.1			3,627.1	3,627.1	E45040080
소계 :	631.7	440.9	3,627.1	4,699.7	
2. 타설인건비(배관타설)					
콘크리트공 : 0.6 인×62,281 / 10 M^3 = 3,736.8		3,736.8		3,736.8	L025
보통인부 : 0.4 인×34,360 / 10 M^3 = 1,374.4		1,374.4		1,374.4	L085
소계		5,111.2		5,111.2	
소계의 78% 적용		3,986.7		3,986.7	
3. 다짐기계 경비(진동기 엔진식 3.5HP)					
재료비 : 1,170/26.7 M^3 = 43.8	43.8			43.8	E46110350
경비 : 132/26.7 M^3 = 4.9			4.9	4.9	E46110350
소계 :	43.8		4.9	48.7	
계 :	675.5	4,427.6	3,632	8,735.1	
전체 합계	675	4,428	3,632	8,735	

산 출 근 거	재료비	노무비	경 비	합 계	비 고
산근 #3 집토 리핑암/M^3	197	147	240	584	X03
사용장비 : 불도저 32 TON					
D = 20M , QO = 5.5×0.84 = 4.62					
F = 1/1.30 = 0.769 , E = 0.6					
V1 = 50, V2 = 58					
CM = 20 / 50+20 / 58+0.25 = 0.995 MIN					
Q = 60×4.62×0.769×0.6 / 0.995 = 128.54 M^3/HR					
재료비 : 25,397 / 128.54 = 197.5	197.5			197.5	E01010032
노무비 : 18,852 / 128.54 = 146.6		146.6		146.6	E01010032
경비 : 30,931 / 128.54 = 240.6			240.6	240.6	E01010032
전체합계	197	147	240	584	

산 출 근 거	재료비	노무비	경 비	합 계	비 고
산근 #4 콘크리트타설(펌프카붐타설) 철근구조물/M^3	964	6,214	3,632	10,810	X04
콘크리트 펌프차 : $80M^3/HR$					
시간당 타설능력 : Q = 26.7 M^3/HR($100M^3$이상)					
B/P 생산능력 : Q1 = 20.0 M^3/HR					
1. 펌프카 사용료					
재료비 : 12,635/(20/26.7)/26.7 M^3 = 631.7	631.7			631.7	E45040080
노무비 : 11,774/26.7 M^3 = 440.9		440.9		440.9	E45040080
경비 : 96,846/26.7 M^3 = 3,627.1			3,627.1	3,627.1	E45040080
소계 :	631.7	440.9	3,627.1	4,699.7	
2. 타설인건비(배관타설)					
콘크리트공: 0.7인×62,281/10 M3 = 4,359.6		4,359.6		4,359.6	L025
보통인부 : 0.5인×34,360 /10 M3 = 1,718.0		1,718		1,718	L085
소계		6,077.6		6,077.6	
소계의 95% 적용		5,773.7		5,773.7	
3. 다짐기계 경비(진동기 엔진식 3.5HP)					
재료비 : 1,170/26.7 M^3 = 43.8	43.8			43.8	E46110350
경비 : 132/26.7 M^3 = 4.9			4.9	4.9	E46110350
소계	43.8		4.9	48.7	
4. 잡재료비(타설인건비의 5%)					
5,773.7×0.05=288.6					
소계 :	288.6			288.6	
계 :	964.1	6,214.6	3,632	10,810.7	
전체합계	964	6,214	3,632	10,810	

표 6.9 일위대가(호표) 예시

공 종 명	규 격	단위	수량	재료비		노무비		경 비		합 계		비고
				단가	금액	단가	금액	단가	금액	단가	금액	
No.1호표 측구터파기(인력)	토사	M^3	1									H01
보통인부		인	0.17			34,360.00	5,841.2			34,360.00	5,841.2	
작업반장		인	0.008			57,379.00	459.0			57,379.00	459.0	
집토	토사	M^3	1	145.00	145.0	107.00	107.0	177.0	177.0	429.00	429.0	#.1
계					145		6,407		177		6,729	
No.2호표 측구터파기(인력)	리핑암	M^3	1									H02
보통인부		인	0.8			34,360.00	27,488.0			34,360.00	27,488.0	
할석공		인	1.6			65,634.00	105,014.4			65,634.00	105,014.4	
집토	리핑암	M^3	1	197.00	197.0	147.00	147.00	240.00	240.0	584.00	584.0	#.3
계					197		132,649		240		133,086	
No.3호표 원형거푸집	1회사용	M^2	1									H03
내수합판	12CM(1급 T-1)	$	1.03	3,970.75	4,089.8					3,970.75	4,089.8	
각재	3.6×3.9(상품)	M^3	0.053	204,137.00	10,819.2					204,137.00	10,819.2	
판재	2.7×30(상품)	M^3	0.05	272,100.00	13,605.0					272,100.00	13,605.0	
철선	#8	kgf	0.29	450.00	130.5					450.00	130.5	
못	N25	kgf	0.25	580.00	145.0					580.00	145.0	
박리제(중유)	저유황	ℓ	0.19	263.00	49.9					263.00	49.9	
형틀목공		인	0.62			61,483.00	38,119.4			61,483.00	38,119.4	
보통인부		인	0.42			34,360.00	14,431.2			34,360.00	14,431.2	
고재처리	30%				-8,554.2						-8,554.2	
계					20,285		52,550				72,835	

공 종 명	규 격	단위	수량	재료비		노무비		경 비		합 계		비고
				단가	금액	단가	금액	단가	금액	단가	금액	
No.4호표 합판거푸집	1회사용	M^2	1									H04
내수합판	12CM(1급 T-1)	$	1.03	3,970.75	4,089.8					3,970.75	4,089.8	
각재	3.6×3.9(상품)	M^3	0.038	204,137.00	7,757.2					204,137.00	7,757.2	
철선	#8	kgf	0.29	450.00	130.5					450.00	130.5	
못	N25	kfg	0.2	580.00	116.0					580.00	116.0	
박리제(중유)	저유황	ℓ	0.19	263.00	49.9					263.00	49.9	
형틀목공		인	0.28			61,483.00	17,215.2			61,483.00	17,215.2	
보통인부		인	0.23			34,360.00	7,902.8			34,360.00	7,902.8	
고재처리	30%				-3,554.1						-3,554.1	
계					8,589		25,118				33,707	
No.5호표 합판거푸집	3회사용	M^2	1									H05
합판거푸집	1회사용	M^2	1	8,589.00	3,959.5[주1)]	25,118.00	11,830.6			33,707.00	15,790.1	N.4
	적용비율	%		46.10		47.10						
계					3,959		11,831				15,790	

참고 1) 일위대가표의 금액은 원단위, 0.1 (이하 버림)(소숫점 첫째자리 이하 버림)
2) 일위대가표의 계금액은 원단위, 1 (이하 버림) (소숫점 버림)

표 6.10 일위대가 목록 예시

일위대가 목록표 : 산출근거

공 종 명	규 격	단위	수량	재료비	노무비	경 비	합 계	비고
X01 집토	토사	M^3	1	145	107	177	429	#.1
X02 콘크리트타설(펌프카붐타설)	무근구조물	M^3	1	675	4,428	3,632	8,735	#.2
X03 집토	리핑암	M^3	1	197	147	240	584	#.3
X04 콘크리트타설(펌프카붐타설)	철근구조물	M^3	1	964	6,214	3,632	10,810	#.4

일위대가 목록표 : 호표

공 종 명	규 격	단위	수량	재료비	노무비	경 비	합 계	비고
H01 측구터파기(인력)	토사	M^3	1	145	6,407	177	6,729	No.1
H02 측구터파기(인력)	리핑암	M^3	1	197	132,649	240	133,086	No.2
H03 원형거푸집	1회사용	M^2	1	20,285	52,550		72,835	No.3
H04 합판거푸집	1회사용	M^2	1	8,589	25,118		33,707	No.4
H05 합판거푸집	3회사용	M^2	1	3,959	11,831		15,790	No.5

표 6.11 공사비내역서(1-1) 예시

공 종 명	규 격	단위	수량	재료비		노무비		경 비		합 계	비고
				단가	금액	단가	금액	단가	금액		
I. 토공											
1.01 터파기											
1) 인력	측구터파기										
가) 토사		M^3	678.5	145	98,382	6,407	4,347,150	177	120,094	4,565,626	No.1
나) 리핑암		M^3	30.8	197	6,067	132,649	4,085,589	240	7,392	4,099,048	No.2
II. 배수공			1		234,257		8,459,789		474,383	9,168,429	
2.01 측구터파기	토사				176,577		5,678,391		364,173	6,219,141	
가) 인력		M^3	867	145	125,715	6,407	5,554,869	177	153,459	5,834,043	No.1
나) 기계		M^3	1,038	49	50,862	119	123,522	203	210,714	385,098	
2.02 되메우기					57,680		1,987,115		110,210	2,155,005	
가) 인력		m^3	768			2,120	1,628,160			1,628,160	
나) 기계		m^3	515	112	57,680	697	358,955	214	110,210	526,845	
2.03 측구 뚝 쌓기	인력	m^3	327			2,429	794,283			794,283	
III. 구조물공			1		113,517,069		323,435,453		29,261,208	466,267,730	
3.01 콘크리트											
가) 콘크리트 타설	철근구조물	M^3	3,528.7	964	3,401,667	6,214	21,927,342	3,632	12,816,238	38,145,247	#.4
나) 콘크리트타설	무근구조물	M^3	4,527.8	675	3,056,265	4,428	20,049,098	3,632	16,444,970	39,550,333	#.2
소계					6,457,932		41,976,440		29,261,208	77,695,580	

공 종 명	규 격	단위	수량	재료비		노무비		경 비		합 계	비고
				단가	금액	단가	금액	단가	금액		
3.02 거푸집											
가) 원형거푸집	1회사용	M^2	4,788	20,285	97,124,580	52,550	251,609,400			348,733,980	No.3
나) 합판거푸집	3회사용	m^2	2,523	3,959	9,988,557	11,831	29,849,613			39,838,170	No.5
소계					107,113,137		281,459,013			388,572,150	
계					113,571,069		323,435,453		29,261,208	466,267,730	
IV. 자재비			1		485,791,964					485,791,964	
4.01 시멘트	40kgf	포	4,954	2,090	10,353,860					10,353,860	
4.02 철근											
(1) 철근(SD30)	D16-32MM	TON	990	254,336	251,792,640					251,792,640	
(2) 철근(SD40)	D16-32MM	TON	1,036	215,874	223,645,464					223,645,464	

표 6.11 공사비내역서(1-2) 예시

공 종 명	규 격	단위	수량	재료비		노무비		경 비		합 계	비고
				단가	금액	단가	금액	단가	금액		
00지구 도로건설공사			1		599,701,739		391,377,178		375,348,663	1,366,427,580	
I. 토공			1	104,449	104,449	8,432,739	8,432,739	127,486	127,486	8,664,674	
II. 배수공			1	234,257	234,257	8,459,789	8,459,789	474,383	474,383	9,168,429	
III. 구조물공			1	113,571,069	113,571,069	323,435,453	323,435,453	29,261,208	29,261,208	466,267,730	
IV. 자재비			1	485,791,964	485,791,964					485,791,964	

표 6.12 공사원가계산서 예시

비목			금액	구성비
순공사원가	재료비	직접재료비	492,588,602	
		간접재료비	107,113,137	
		작업설 · 부산물(△)		
		소계	599,701,739	
	노무비	직접노무비	340,327,981	
		간접노무비	51,049,197	
		소계	391,377,178	
	경 비	기계경비	29,863,077	
		산재보험료	14,480,955	노무비의 3.7%
		안전관리비	9,180,738	(직공사비+재료비)의 2.48%
		기타경비	58,473,656	(재료비+직간노무비)의 5.9%
		품질관리비	162,536	(재료비+직간접노무비)의 0.0164%
		소계	112,160,962	
일반관리비			56,161,993	순공사비의 5%
이윤			83,805,019	(순공사비−재료비+일반관리비)의 15%
총공사원가			1,243,206,891	
부가가치세			124,320,689	10%
총공사비 (예정가격 · 도급금액)			1,367,427,580	

2. 공사비 내역서 작성 실례

본 절의 **공사비 내역서 작성**의 **실례(實例)**는 앞 장, 절에서 학습한 원가계산방법에 따라 공사비 적산을 수행하여 **공사비 내역서 작성방법을 익히는 학습**이다.

2.1 공사비 산출 내역서 작성 공사조건

공사비 내역서 작성의 **공사조건**은 **보통토사지반**에서 시공되는 도로공사 중 배수공사의 노면배수공 **U형 측구**[양쪽, 연장(L)=600m] **상세설계 도면**(그림 6.4) 및 ①~⑩과 같다.

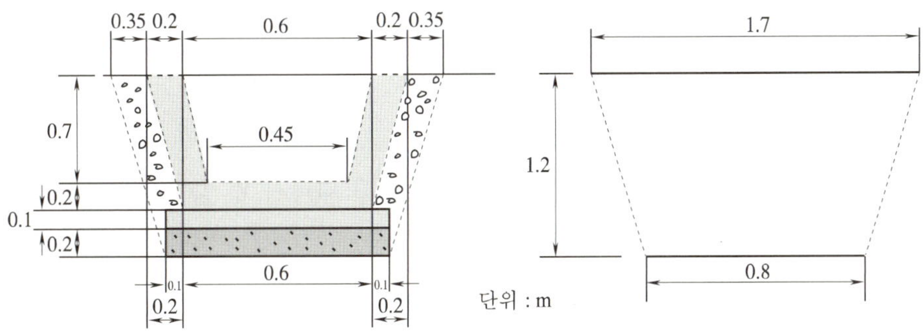

그림 6.4 U형 측구 상세설계 도면

사진 6.1 U형 측구 시공 전경

① U형 **측구 구조물**의 시공은 콘크리트 용적 배합비 1 : 2 : 4의 무근 콘크리트로 한다.
② **거푸집**은 합판거푸집(**6회**)을 사용하고, **버림 콘크리트**와 측구 **마구리면**은 거푸집을 사용 않는다.
③ 덤프트럭(8톤) **자재 운반거리**는 10km로 도로상태는 2차선 이상의 극히 양호한 미포장도로적재 때와 공차 때의 평균 주행속도는 각각 25km/hr, 30km/hr이다.
④ **일위대가 산정**은 본 사례에서 제시된 **기초단가**와 **표준품셈**을 적용한다.
⑤ **공사기간**은 11개월 미만으로 한다.
⑥ **적재장소**는 넓지 않으나 목적장소에 불편 없이 진입할 수 있다.
⑦ **시간당 노무품(hr)**은 상여금 **400%**, 퇴직급여 충당금 **100%**, 일 근로시간 **8시간**을 적용하여 산정한다.
⑧ **모래 · 자갈**은 **흐트러진 상태**를 기준으로 한다.
⑨ **기계 토공 비용**은 **본바닥 토량(자연상태 토량)**을 기준으로 계산한다.
⑩ **공종별 단위수량 산출은 품셈상의 지정소수를 고려하지 않고, 단위한(정수)로 산출한다.**

(1) 기초단가 내역서

기초단가의 **노임**은 정부의 위임을 받은 대한건설협회가 고시한 **시중노임단가**와 **재료**는 비목별 가격결정원칙(원가준칙 제4조 및 제5조)에 따라 가격정보, 물가정보, 거래가격, 물가자료, 유통물가, 월간거래가격의 정기간행물에 게재된 거래실례가격 중에 **최저단가**를 재료적산에 적용한다.

표 6.13 노무 기초단가표

직종명	단위	단가	비고
보통인부	**인**	37,736.00	OO년도 정부고시노임단가 기준
조종원(B/H)	인	56,951.00	
조수	인	42,762.00	
조장	인	**55,484.00**	
조종원(D/T)	인	51,077.00	
콘크리트공	인	71,184.00	
형틀목공	인	75,306.00	

표 6.14 자재 기초단가표

명칭	규격	단위	단가	비고
자갈	**강 자 갈**	m^3	18,000.00	물가정보, 가격정보, 물가자료, 유통물가, 월간거래가격 중 최저단가 기준
모래	자연모래	m^3	16,000.00	
합판	두께 12mm	m^2	6,600.00	
각재	4.5×4.5×360	m^3	**294,118.00**	
못	N75, ∅3.25mm	kgf	660.00	
철 선	#20, ∅0.9mm	kgf	495.00	
박리제	목재용(수성)	ℓ	280.00	
휘발유	–	ℓ	1,200.00	
경유	–	ℓ	500.00	
시멘트		kgf	67.05	
레미콘	40–240–10		50,640.00	

표 6.15 기계 기초단가표

명칭	규격	단위	단가	비고
백호	**0.7m^3**	**대**	72,720,000	
덤프트럭	8톤	**대**	21,849,600	

(2) 표준품셈 자료

자원기반 적산방식에 의한 공사비 내역서 작성에 소요되는 **품**의 **적용**은 **표준품셈**을 적용하여 산정하고, 본 실례의 **공사비 내역서 작성**에 적용되는 **인력운반 품**(지게 운반량 조견표 참조), **인력터파기 품, 콘크리트 배합비 품, 콘크리트 타설 품** 그리고 **거푸집(합판거푸집) 품**은 OO년도 **표준품셈**을 적용한 것이다.

인력 시멘트 운반 비용은 다음 식으로 **인력 1일 운반**(덤프트럭에 싣고 부리기 포함) **작업량**을 산정해서 도로공사 중 배수공사의 노면배수공 U형 측구[양쪽, 연장(L)=600m] 공사에 소요되는 비용을 산정한다. **운반수단**에 따른 **거리별 운반횟수**(N)와 **수량**은 표 6.16 지게 운반량 조견표(早見表)를 활용할 수 있다.

$$Q = N \times q$$

여기서, Q : 1일 운반량(m^3 또는 kgf)　　N : 1일 운반횟수

q : 1회 운반량(m^3 또는 kgf)

$$N = \frac{T}{\dfrac{60 \times L \times 2}{V} + t} = \frac{V \times T}{120L + V \times t}$$

여기서, T: 1일 실작업시간(480분 − 30분) L: 운반거리(m)
V: 왕복평균속도(m/hr) t: 적재 적하 소요시간(분)

단, 삽으로 적재할 수 없는 자재(목재, 철근, 말뚝, 전주, 관, 큰 석재 등)의 인력 적사(積卸, 짐을 싣거나 부림)는 **인력운반 작업량 산정 식**을 준용하고, **50kgf를 1인의 비율로 계산**하되, 1회 운반량(**kgf**) 및 왕복평균속도(V)는 자재 및 현장여건을 감안하여 산정한다.

표 6.16 지게 운반량 조건표

운반수단 \ 운반거리 m / 1일 횟수 및 수량		20m		30m		40m		50m		60m	
		횟수	수량	횟수	수량	횟수	수량	횟수	수량	횟수	수량
토사	1회 0.0294m^3 $N = \frac{450 \times 2,500}{120 \times L + 2,500 \times 1.5}$	183	m^3 5.4	153	4.5	132	3.9	115	3.4	103	3
자갈	1회 50kgf $N = \frac{450 \times 2,500}{120 \times L + 2,500 \times 2}$	152	톤 7.6	131	6.6	115	5.8	102	5.1	92	4.6
모래	1회 50kgf $N = \frac{450 \times 2,500}{120 \times L + 2,500 \times 1.5}$	183	톤 9.2	153	7.7	132	6.6	115	5.8	103	5.2
시멘트	$N = \frac{450 \times 2,500}{120 \times L + 2,500 \times 1}$	230	포 230	184	184	154	154	132	132	116	116

표 6.17 인력 터파기의 품 (m^{3}당)

깊이(원지반선 기준)(m)		0~1	1~2	2~3	3~4	4~5	5~6
구분	직종(인)						
보통토사	보통인부	0.20	0.27	0.34	0.41	0.48	0.55
경질토사	보통인부	0.26	0.35	0.44	0.53	0.62	0.71
고사점토 및 자갈 섞인 토사	보통인부	0.32	0.43	0.54	0.65	0.76	0.87
호박돌 섞인 토사	보통인부	0.57	0.77	0.97	1.17	1.37	1.57
연암 및 풍화암	할석공	1.60	1.80	2.00	2.20	2.40	2.60
	보통인부	1.80	0.90	1.00	1.10	1.20	1.30
보통암	할석공	2.40	2.60	2.80	3.00	3.20	3.40
	보통인부	1.20	1.30	1.40	1.50	1.60	1.70
경 암	할석공	4.40	6.10	7.80	9.50	11.20	12.90
	보통인부	1.80	2.50	3.20	3.90	4.60	5.30

해설 ① 본 품은 자연상태를 기준으로 하고 소운반을 포함하지 않았다.
② 본 품에는 흙막이 및 물푸기 품을 포함하지 않았다.
③ 협소한 장소와 용수가 있는 곳은 본 표의 50%까지 가산할 수 있고 수중의 터파기는 2배로 한다.
④ 주위에 장애물(가시설물, 인접건물 및 기타 시설물)이 있을 때와 협소한 독립기초파기일 때에는 품은 50%까지 가산할 수 있다.
⑤ 되메우기에 있어서는 m3당 0.1인을 별도 가산한다.
⑥ 현장 내에서 소운반하여 깔고 고르는 잔토처리는 m^3당 0.2인을 별도로 가산한다.
⑦ 깊이 3m 이상의 터파기는 본 품에 준하여 가산한다.
⑧ 화강암의 풍화토에 대하여는 현지 설정에 따라 별도 계상할 수 있다.

표 6.18 콘크리트 배합비의 품 (m^3당)

배합비	재료			손비비기	
	시멘트(kgf)	모래(m^3)	자갈(m^3)	콘크리트공(인)	인부(인)
1:2:4	320	0.45	0.90	0.9	1.0
1:3:6	220	0.47	0.94	0.9	0.9
1:4:8	170	0.48	0.96	0.9	0.7

해설 흐트러진 상태의 모래(m^3)), 자갈(m^3))을 의미한다.

표 6.19 콘크리트 타설의 품 (m^3당)

공종	직종	구분	무근구조물	철근구조물	소형구조물
레미콘 타설	콘크리트공	(인)	0.15	0.17	0.24
	보통인부	(인)	0.27	0.29	0.42
기계비빔 타설	콘크리트공	(인)	0.15	0.17	0.24
	보통인부	(인)	0.62	0.84	1.10
인력비빔 타설	콘크리트공	(인)	0.85	0.87	1.29
	보통인부	(인)	0.82	0.99	1.36

해설 ① 본 품은 재료 및 콘크리트의 소운반, 타설, 다짐 및 양생의 품에 포함된 것이다.(레미콘의 경우 재료 제외)
② 기계비빔 타설시 재료의 소운반, 콘크리트 소운반, 타설, 다짐, 양생의 품이 포함되어 있으며, 기계 운전경비는 별도로 계상한다.
③ 인력비빔 품에는 인력비빔 재료의 소운반, 콘크리트 소운반, 타설, 다짐 및 양생의 품이 포함되어 있다.

표 6.20 거푸집(합판거푸집)의 품 (m^2당)

종별	단위	기준수량 (1회 사용 시)			사용횟수별 기준수량에 대한 비율(%)			비고
					횟수별	재료비(%)	노무비(%)	
합판	m^2	1.03			1회 사용 시	100	100	12mm 내수 합판 기준
각재	m^3	0.038			2회 사용 시	57.0	60.0	
철선	kgf	0.29			3회 사용 시	46.1	47.1	
못	kgf	0.20			4회 사용 시	40.1	40.0	
박리제	ℓ	0.19			5회 사용 시	37.1	34.2	
형틀목공	인	0.28	건축	0.30	6회 사용 시	34.7	32.0	제작 조립 철거 포함
인부	인	0.23	건축	0.25				
사용고재 평가기준	%	30					각재와 합판의 설계단가를 기준으로 매회 계산된 값	

해설 ① 본표에서 2회 이상의 사용고재량은 각 횟수별 재료비 비율속에 기포함되어 있다.

② 본 표의 기준수량은 합판거푸집 1회 사용시를 기준한 것이며. 사용횟수별로 재료 및 노무비를 계상하고자 할 때는 횟수별 비율만을 적용한다.

③ 동바리 재료 및 품은 포함되지 않았다.

④ P.C빔 제작용 볼트, 긴장기 및 세퍼레이터를 사용할 때의 재료는 별도 계상할 수 있다.

⑤ 곡면 부분의 거푸집은 자재 및 품을 별도 계상할 수 있다.

⑥ 수직고 7m 이상인 경우에는 7m를 초과하는 3m 증가마다 품을 10%까지 별도 가사한다. 다만, 현장여건에 따라 장비가 필요하다고 판단되는 구조물에서는 장비로 계상할 수 있다.

⑦ 수중에서 거푸집을 조립 및 해체할 때는 별도 계상할 수 있다.

⑧ 산재되어 있는 소형구조물(콘크리트 10m3 미만)인 경우에는 인력품을 30%까지 별도 가산할 수 있다.

⑨ 폼 타이 사용시 소요수량은 콘크리트의 측압에 따라 정하되 목재거푸집 해설⑨에 의거 계상한다.

2.2 작업 공종별 수량 산출 및 집계

2.2.1 공사분할체계의 분류

공사비 적산의 첫 단계는 작업 공종별 수량과 비용를 체계적으로 집계하기 위한 **공사분할체계**(WBS, Work Breakdown Structure)**의 분류 기준** 및 그 기준에 따라 분류된 **공사분할체계**의 구축이다. 본 실례에서 적용한 토목공사의 공사분할체계의 분류 기준은 다음과 같다. 즉, 토목공사는 사용하는 목적에 따라 기능을 달리하는 많은 종류의 시설물을 대상으로 하며, **각 시설물들**은 구조적 형식이 다른 **여러 구조물들**로 구성된다. 또한 **각 구조물**들은 개별적으로 특정한 **작업들**과 관련된다. 이들 **시설, 구조, 작업**의 3개 구분을 계층적으로 조합하면 공사분할체계를 체계화할 수 있다.

따라서 본 실례(實例)에 적용하는 공사분할체계의 분류기준은 **시설요소→구조요소→작업요소**로 구분하여 분류하였다. 즉, **도로공사 시설물**을 구성하는 **배수공사 시설물**을 **노면 배수공 구조물**에 해당하는 **U형 측구 구조물**로 구축하고, 이 **U형 측구 구조물** 구축은 현장에서 직접 작업이 수행되는 **토공 작업, 콘크리트공 작업, 거푸집공 작업**의 행위로 완성된다. 이 중에 **토공 작업**은 측구 터파기, 잔토처리, 되메우기의 작업 공종으로 구분되고, **콘크리트공**은 시멘트 운반(인력), 시멘트 운반(덤프트럭), 모래 싣기(백호), 자갈 싣기(백호), 모래 운반(덤프트럭), 자갈 운반(덤프트럭), 콘크리트 배합(인력), 콘크리트 타설(인력비빔)의 작업 공종으로 구분되며, **거푸집공**은 합판거푸집(6회)의 작업 공종으로 구분된다. 이 체계로 분류한 것이 표 6.21 공사분할체계의 분류표이다.

표 6.21 공사분할체계의 분류표

시설요소			
공종코드	공종명	코드	공종명
1.	**도로공사**	1.1	가설공사
		1.2	부지조성 및 토공사
		1.3	포장공사
		1.4	**배수공사**
		1.5	보호구조물공사
		1.6	암거구조물공사
		1.7	교량공사
		1.8	설비공사

구조요소			
공종코드	공종명	코드	공종명
1.4.1	**노면배수공**	1.4.1.1	L형 측구
		1.4.1.2	V형 측구
		1.4.1.3	**U형 측구**
		1.4.1.4	측용수로공
1.4.2	관암거용	1.4.2.1	배수관 암거 토공
		1.4.2.2	배수관 암거 관부설
		1.4.2.3	배수관 암거 취수구 및 유출구

작업요소			
공종코드	공종명	코드	공종명
1.4.1.3.1	토공	1.4.1.3.1.1	측구 터파기
		1.4.1.3.1.2	잔토처리
		1.4.1.3.1.3	되메우기
1.4.1.3.2	콘크리트공	1.4.1.3.2.1	시멘트 운반(인력)
		1.4.1.3.2.2	시멘트 운반(덤프트럭)
		1.4.1.3.2.3	모래 싣기(백호)
		1.4.1.3.2.4	자갈 싣기(백호)
		1.4.1.3.2.5	모래 운반(덤프트럭)
		1.4.1.3.2.6	자갈 운반(덤프트럭)
		1.4.1.3.2.7	콘크리트 배합(인력)
		1.4.1.3.2.8	콘크리트 타설(인력비빔)
1.4.1.3.3	거푸집공	1.4.1.3.3.1	합판거푸집(6회)

또한, **시설요소→구조요소→작업요소**의 공사분할체계 내의 각 **공종구분**은 체계적으로 부여된 **코드번호**에 의해 구분된다. 즉, 표 6.21의 **공종별 코드번호**의 **기능**은 **대공종**인 경우 **시설요소** 단독으로서, **중공종**인 경우 **시설요소⇆구조요소**가 연결되며, **소공종**인 경우 **시설요소⇆구조요소⇆작업요소**가 연결되어 **공사**의 **전개** 및 **비용**의 **집계**가 이루어진다. 이와 같이 공종별 코드번호에 따라 **상위분류**에서 **하위분류**로 내려가면서 **공사**가 **전개**되고, **하위분류**에서 **상위분류**로 올라가면서 **비용**이 **집계**된다.

예로, **작업요소** 최하위 공종의 [1.4.1.3.1.1] **측구 터파기**, 1.4.1.3.1.2] **잔토처리**, [1.4.1.3.1.3] **되메우기**와 관련되는 비용은 작업요소 상위 공종의 [1.4.1.3.1] **토공**으로 집계되고, 집계된 이 비용은 **구조요소** [1.4.1.3] **U형 측구** → [1.4.1] **노면배수공**으로 집계되며, 이 비용은 다시 **시설요소** [1.4] **배수공사** → [1] **도로공사**로 집계된다. 나머지 작업요소인 [1.4.1.3.2] **콘크리트공**과 [1.4.1.3.3] **거푸집공**도 동일한 방법으로 집계되어 [1] **도로공사**의 총비용이 결정된다.

2.2.2 작업 공종별 수량 산출

다음 **작업요소**의 [1.4.1.3.1] **토공**, [1.4.1.3.2] **콘크리트공**, [1.4.1.3.3] **거푸집공**의 작업공종은[1.4.1.3] **U형 측구**를 형성하는 **대분류 작업공종**이다. 그러나 현장 작업에 투입되는 공사 수량은 **대분류** 보다 세분화된 **단위작업(일위대가)공종**의 **수량을 산출해야 자원기반 적**

산방식에 의한 **공사비 집계**가 가능해진다.

단, 본 실례에서 수량 산출은 편의상 표준품셈에 제시된 **지정소수**를 고려하지 않고, 임의로 **단위한(정수)**로 산출한다. 그러나 실무에서는 표준품셈에 제시된 지정소수를 반영하여 수량을 산출해야 한다.

1.4.1.3.1 토공

1.4.1.3.1.1 측구 터파기 수량

$$V_1 = 2 \times 600 \times (\frac{1.7 + 0.8}{2} \times 1.2) = 1,800m^3$$

1.4.1.3.1.2 잔토처리 수량

$$V_2 = 2 \times 600 \times [(\frac{1.0 + 0.6}{2} \times 0.9) + (0.1 \times 0.8) + (0.2 \times 0.8)] = 1,152m^3$$

1.4.1.3.1.3 되메우기 수량

$$V_3 = V_1 - V_2 = 1,800 - 1,152 = 648m^3$$

1.4.1.3.2 콘크리트공

1.4.1.3.2.1 시멘트 운반(인력) 수량

배합비 1:2:4일 때, 콘크리트 $1m^3$ 타설에 소요되는 시멘트량은 320kgf

$$V_C = 320kgf \times 711m^3 = 227,520kgf$$

$$= \frac{227,520kgf}{40kgf} = 5,688\text{포}$$

1.4.1.3.2.2 시멘트 운반(덤프트럭) 수량

$\therefore$ **시멘트 운반(덤프트럭) 수량 = 시멘트 운반(인력) 수량(5,688포)**

1.4.1.3.2.3 모래 싣기(백호) 수량

배합비 1:2:4일 때, 콘크리트 $1m^3$ 타설에 소요되는 모래량은 $0.45m^3$

$$V_C = 0.45m^3 \times 711m^3 = 320m^3$$

1.4.1.3.2.4 자갈 싣기(백호) 수량

배합비 1:2:4일 때, 콘크리트 $1m^3$ 타설에 소요되는 자갈량은 $0.90m^3$

$$V_C = 0.90m^3 \times 711m^3 = 640m^3$$

1.4.1.3.2.5 모래 운반(덤프트럭) 수량

$$V_C = 0.45m^3 \times 711m^3 = 320m^3$$

1.4.1.3.2.6 자갈 운반(덤프트럭) 수량

$$V_C = 0.90m^3 \times 711m^3 = 640m^3$$

1.4.1.3.2.7 콘크리트 배합(인력) 수량

∴ **총 콘크리트 배합(인력) 수량** $V = V_1 + V_2 + V_3 = 423 + 96 + 192 = 711m^3$

(총 콘크리트 타설 수량 = 총 콘크리트 배합 수량)

1.4.1.3.2.8 콘크리트 타설(인력비빔) 수량

① 측구 콘크리트 타설 수량

$$V_1 = 2 \times 600 \times [(\frac{0.6 + 1.0}{2} \times 0.9) - (\frac{0.45 + 0.6}{2} \times 0.7)] = 423m^3$$

② 기초 콘크리드 타설 수량

$$V_2 = 2 \times 600 \times (0.8 \times 0.1) = 96m^3$$

③ 버림 콘크리트 타설 수량

$$V_3 = 2 \times 600 \times (0.2 \times 0.8) = 192m^3$$

∴ **총 콘크리트 타설(인력비빔) 수량** $V = V_1 + V_2 + V_3 = 423 + 96 + 192 = 711m^3$

1.4.1.3.3 거푸집공

1.4.1.3.3.1 거푸집

① 기초 콘크리트 합판 거푸집 수량

$$V_1 = 2 \times (2 \times 600 \times 0.1) = 240m^2$$

② 측구 외부 합판 거푸집 수량

$$V_2 = 2\times(\sqrt{0.2^2+0.9^2}\times600\times2) = 2,213m^2$$

③ 측구 내부 합판 거푸집 수량

$$V_3 = 2\times(\sqrt{0.075^2+0.7^2}\times600\times2) = 1,690m^2$$

$\therefore$ **총 거푸집 수량** $V = V_1 + V_2 + V_3 = 240+2,213+1,690 = 4,4143m^2$

2.2.3 작업 공종별 수량 집계

작업 공종별 수량 집계는 2.2.2 절에서 산출한 **수량**을 **작업요소 해당 공종**에 기입한다(표 6.22 참조). 기입된 **공종별 수량**은 **일위대가**(품셈의 수량에 단가를 곱하여 산출한 단위공사에 소요되는 가격)의 단위당 **단가**와 곱해져서 **작업요소→구조요소→시설요소**로 집계되어 [1] **도로공사**의 **공사비 내역서**가 작성된다.

표 6.22 공사분할체계의 작업공종별 수량집계표

시설요소			
코드	공종명	코드	공종명
1	도로공사	1.1	가설공사
		1.2	부지조성 및 토공사
		1.3	포장공사
		1.4	**배수공사**
		1.5	보호구조물공사
		1.6	암거구조물공사
		1.7	교량공사
		1.8	설비공사

구조요소			
코드	공종명	코드	공종명
1.4.1	**노면배수공**	1.4.1.1	L형 측구
		1.4.1.2	V형 측구
		1.4.1.3	**U형 측구**
		1.4.1.4	측용수로공
1.4.2	관암거용	1.4.2.1	배수관 암거 토공
		1.4.2.2	배수관 암거 관부설
		1.4.2.3	배수관 암거 취수구 및 유출구

작업요소					
공종코드	공종명	코드	공종명	수량	단위
1.4.1.3.1	토공	1.4.1.3.1.1	측구 터파기	1,800	m^3
		1.4.1.3.1.2	잔토처리	1,152	m^3
		1.4.1.3.1.3	되메우기	648	m^3
1.4.1.3.2	콘크리트공	1.4.1.3.2.1	시멘트 운반(인력)	5,688	포
		1.4.1.3.2.2	시멘트 운반(덤프트럭)	5,688	포
		1.4.1.3.2.3	모래 싣기(백호)	320	m^3
		1.4.1.3.2.4	자갈 싣기(백호)	640	m^3
		1.4.1.3.2.5	모래 운반(덤프트럭)	320	m^3
		1.4.1.3.2.6	자갈 운반(덤프트럭)	640	m^3
		1.4.1.3.2.7	콘크리트 배합(인력)	711	m^3
		1.4.1.3.2.8	콘크리트 타설(인력비빔)	711	m^3
1.4.1.3.3	거푸집공	1.4.1.3.3.1	합판거푸집(6회)	4,143	m^2

즉, **작업요소**의 측구 터파기, 잔토처리, 되메우기에 소요되는 비용은 **[1.4.1.3.1] 토공**으로, 시멘트 운반(인력), 시멘트 운반(덤프트럭), 모래 싣기(백호), 자갈 싣기(백호), 모래 운반(덤프트럭), 자갈 운반(덤프트럭), 콘크리트 배합(인력), 콘크리트 타설(인력비빔)에 소요되는 비용은 [1.4.1.3.2] **콘크리트공**으로, 그리고 합판거푸집(6)회에 소요되는 비용은 [1.4.1.3.3] **거푸집공**으로 집계된다. 또, 집계된 **토공, 콘크리트공** 그리고 **거푸집공**의 비용은 다시 **구조요소**의 [1.4.1.3] **U형 측구**로 집계된다. 이 **U형 측구**에 집계된 비용과 함께 L형측구, V형측구 그리고 측용수로공에 집계된 비용은 다시 [1.4.1] **노면배수공**으로 집계되고, 배수관 암거 토공, 배수관 암거 관부설 그리고 배수관 암거 취수구 및 유출구로 집계된 비용은 [1.4.2] **관암거용**으로 집계된다. 또한 **노면배수공**과 **관암거용**에 집계된 비용은 **시설요소**의 [1.4] **배수공사**로 집계되고, 이 **배수공사**로 집계된 비용과 더불어 같은 방식으로 집계된 가설공사, 부지조성공사 및 토공사, 포장공사, 보호구조물공사, 암거구조물공사, 교량공사 그리고 설비공사의 비용은 [1] **도로공사**로 집계되면서 **도로공사의 재료비, 노무비, 경비로 구성된 공사비 내역서**(공사금액산출내역) **작성이 완성**된다.

2.3 [1.4.1.3] U형 측구 공사비 산정

2.3.1 [1.4.1.3.1] 토공 비용

현장에서의 **토공 작업**은 **인력 토공 작업**나 **기계 토공 작업**으로 할 수 있다. 따라서, 본 실례의 **U형 측구** 공사의 토공 작업은 **인력 토공 작업**에 소요되는 비용과 **기계 토공 작업**에 소요되는 비용을 산정해서 더 경제적인 토공 작업을 선정한다.

가. 인력 토공 작업

U형 측구 공사를 위한 **인력 토공 작업**의 **인력 터파기 품**은 보통토사지반에서 0~1m까지는 **보통인부 0.2인/m^3**이 소요되므로 **0~1.2m**까지 보통인부 0.2인/m^{3}으로 간주해서 산정한다.(표 6.17 참조) **참고로** 표준품셈의 0.2**인**은 **1일(day)**를 말하는 것이고, **1일**은 **8시간**이다. 즉, 표준품셈에서 0.2**인**은 **8시간**의 노동시간을 말한다. 예로, 1m^{3}당 **0.2인**이 소요되면, **1일 8시간**에 **0.2인**이 1m^{3}를 작업한다는 의미이다.

(1) 측구 터파기 작업

1) 측구 터파기 단위 작업당 비용

측구 터파기 단위 작업당 비용을 나타내는 **표 6.23 측구 터파기의 일위대가(호표)**는 **측구 터파기 단위수량** 0.2인 · 일/m^{3}에 **보통인부 단가 37,736원/인 · 일**을 곱하여 다음과 같이 산정된다.

$$0.2\text{인}\cdot\text{일}/m^3 \times 37{,}736\text{원}/\text{인}\cdot\text{일} = 7{,}547\text{원}/m^3$$

표 6.23 측구 터파기 일위대가(호표)

공종명	규격	단위	수량	노무비		합계
				단가	금액	
측구터파기(인력)	**보통토사**	m^3	1			
보통인부		인	0.2	37,736.00	7,547.2	7,547.2
계					**7,547**	**7,547**

[참고] 일위대가(호표) 양식은 재료비, 노무비, 경비의 비목으로 구성되지만, 측구 터파기와 관련된 노무비의 비목만 산정하였음.

2) 측구 터파기 비용

측구 터파기 비용은 **측구 터파기 수량** 1,800m^{3}에 **측구 터파기 단위 작업당 비용** **7,547원/m^3**을 곱해서 다음과 같이 산정된다.

$$1,800\text{m}^3 \times 7,547\text{원}/\text{m}^3 = 13,584,600\text{원}$$

(2) 잔토처리 작업

1) 잔토처리 단위 작업당 비용

현장 내에서 소운반으로 깔고 고르는 **잔토처리 작업**은 **터파기의 단위수량 0.2인 · 일/m^3**에 **0.2인**을 별도로 가산(+)하여 **잔토처리 단위 작업당 단위수량**으로 정하고 있다. 따라서 **잔토처리 단위 작업당 비용**을 나타내는 **표 6.24 잔토처리의 일위대가(호표)**는 **단위수량 0.4인 · 일/m^3**에 **보통인부 단가 37,736원/인 · 일**을 곱하여 다음과 같이 산정된다.

$$0.4\text{인}\cdot\text{일}/\text{m}^3 \times 37,736\text{원}/\text{인}\cdot\text{일} = 15,094\text{원}/\text{m}^3$$

표 6.24 잔토처리 일위대가(호표)

공종명	규격	단위	수량	노무비		합계
				단가	금액	
잔토처리(인력)	보통토사	m^3	1			
보통인부		인	0.4	37,736.00	15,094.4	15,094.4
계					**15,094**	**15,094**

[참고] 일위대가(호표) 양식은 재료비, 노무비, 경비의 비목으로 구성되지만, 잔토처리와 관련된 노무비의 비목만 산정하였음.

2) **잔토처리 비용**

잔토처리 비용은 **측구 터파기 수량 1,152m^3**에 **잔토처리 단위 작업당 비용 15,094원/m^3**을 곱해서 다음과 같이 산정된다.

$$1,152\text{m}^3 \times 15,094\text{원}/\text{m}^3 = 17,388,288\text{원}$$

(3) 되메우기 작업

1) 되메우기 단위 작업당 비용

되메우기 작업은 **터파기의 단위수량 0.2인 · 일/m^3**에 **0.1인**을 별도로 가산(+)하여 **되메우기 단위 작업당 단위수량**으로 정하고 있다. 따라서 **되메우기 단위 작업당 비용**을 나타내는 **표 6.25 되메우기의 일위대가(호표)**는 **단위수량 0.3인 · 일/m^3**에 **보통인부 단가 37,736원/인 · 일**을 곱하여 다음과 같이 산정된다.

$$0.3\text{인}\cdot\text{일}/\text{m}^3 \times 37,736\text{원}/\text{인}\cdot\text{일} = 11,320\text{원}/\text{m}^3$$

표 6.25 되메우기 일위대가(호표)

공종명	규격	단위	수량	노무비		합계
				단가	금액	
잔토처리(인력)	보통토사	m^3	1			
보통인부		인	0.3	37,736.00	11,320.8	11,320.8
계					**11,320**	**11,320**

[참고] 일위대가(호표) 양식은 재료비, 노무비, 경비의 비목으로 구성되지만, 되메우기와 관련된 노무비의 비목만 산정하였음.

2) 되메우기 비용

되메우기 비용은 **되메우기 수량 648m^3**에 **되메우기 단위 작업당 비용 11,320원/m^3**을 곱해서 다음과 같이 산정된다.

$$648m^3 \times 11,320원/m^3 = 7,335,360원$$

따라서, **인력 토공에 소요되는 총비용**은 **[측구 터파기 비용+잔토처리 비용+되메우기 비용]**의 **합계 금액**으로 다음과 같이 **38,308,248원**이 소요된다.

► 인력 토공 작업 총비용
= (측구 터파기+잔토처리+되메우기) 비용
= (13,584,600원+17,388,288원+7,335,360원)
= **38,308,248원**

나. 기계 토공 작업

U형 측구 공사를 위한 **기계 토공 작업**은 **백호(0.7m^3 타이어)**를 사용하는 것으로 **가정**한다. **기계 토공 작업의 공사비 산정**은 먼저, **시간당 기계(장비 혹은 중기)사용료**와 **백호의 시간당 작업량**을 산정해서 **백호의 시간당 작업량**으로 **시간당 기계(장비 혹은 중기)사용료**를 나눠주면, **백호(0.7m^3 타이어) 기계 터파기의 단위 작업당 비용(일위대가 산근)**이 산정되고, 여기에 **터파기 수량**을 곱해주면, **백호(0.7m^3 타이어) 기계 터파기의 비용**이 산정된다.

(1) 백호(0.7m^3 타이어)의 기계(장비 혹은 중기)사용료

① **시간당 경비**(기계손료)는 **기계수량×취득가격**으로 계산된다. 여기서 **기계수량**은 **시간당기계손료계수**를 말한다. 즉, **시간당기계손료계수×취득 가격=시간당(상각비 계수+정비비 계수+관리비 계수)의 합계×취득 가격**으로 계산되고, **취득 가격**은 기계 경비

산정 규정에 따라 **1,000원 이하는 절사**한다. 따라서, 이에 대한 보정방법으로 백호(타이어)의 **시간당(상각비 계수+정비비 계수+관리비 계수)의 합계**의 **계수 값** **$2,148 \times 10^{-7}$**에서 **10^{-3}**을 감(−)해서 **보정**한다. 다시 말해 백호의 **시간당 경비**(기계손료)는 **시간당(상각비 계수+정비비 계수+관리비 계수)의 합계**인 **$2,148 \times 10^{-7} \times$ 72,720,000원**으로 산정되어야 하지만, 취득가격의 1,000원(**10^{-3}**) 이하의 절사(切捨)에 대한 보정으로 **0.2148**($2,148 \times 10^{-4}$)**×72,720천원**으로 계산해서 **원**단위로 산정한다.

표 6.26 백호(0.7m³ 타이어) 시간당 기계(장비 혹은 중기)사용료

중기명 : 백호(0.7m³ 타이어) 중기가격 : 72,720천원						분류코드 :
구분		단위	수량	단가	금액	비고
경비	백호(타이어)	원	0.2148	72,720	15,620	
	소계				**15,620**	
재료비	경유	ℓ	10.5	500	5,250	
	잡품	%	25		1,313	
	소계				**6,563**	
노무비	중기운전사	인	1.0	12,606	12,606	
	중기운전조수	인	0.5	9,465	4,732	
	중기조장	인	0.2	12,281	2,456	
	소계				**19,794**	
총계					**41,977**	

② **시간당** (운전)**노무비(원/hr)**는 **노임 단가(원/일)×시간당 노무품(hr)**, 여기서 **시간당 노무품(hr)** 산정은 본 실례의 **내역서 작성 공사조건**에서 제시한 바와 같이 상여금 400%, 퇴직급여 충당금 100%, 일 근로시간 8시간을 적용하여 산정하므로 **노임단가(원/일)**$\times(\frac{12}{12}+\frac{5}{12})\times\frac{25}{20}\times\frac{1}{8}$로 계산한다. 따라서, **시간당** (운전)**노무비**는 중기운전사 노임단가인 **56,951원/일**$\times(\frac{12}{12}+\frac{5}{12})\times\frac{25}{20}\times\frac{1}{8}$**=12,606원**으로 계산된다.

③ **시간당** (운전)**재료비**는 주연료인 **경유비**와 **잡품비**로 구성된다. 주연료인 **경유비**는 **수량×단가**로 계산된다. **백호(0.7m³ 타이어)**에 소요되는 주연료인 **경유비**는 10.5ℓ/hr×500원 그리고 **잡품비**는 경유비의 25%를 적용해서 계산한다(**2.2 운전경비 산정 참조**).

모든 건설기계의 시간당 경비(기계손료), **시간당** (운전)**노무비, 시간당** (운전)**재료비**로 구성된 **시간당 기계(장비 혹은 중기)사용료**는 백호 **시간당 기계(장비 혹은 중기)사용료**의 산출방법과 같은 방법으로 산출되고, **백호(0.7m³ 타이어) 시간당 기계(장비 혹은 중기)사용료는**

표 6.26과 같다.

(2) 백호(0.7m^3 타이어) 시간당 터파기 작업량

백호(0.7m^3 타이어) 시간당 터파기 작업량 산정은 **백호(0.7m^3 타이어) 시간당 기계(장비 혹은 중기)사용료**에 **백호(0.7m^3 타이어) 시간당 터파기 작업량**을 나누어서 **백호(0.7m^3 타이어)의 터파기 단위 작업당 소요 비용**을 산정하기 위한 것이다. 터파기의 작업량 산정조건은 본 실례의 **내역서 작성 공사조건**에 제시된 바와 같이 본바닥 토량(자연상태 토량) 기준이다.

$$Q = \frac{3,600 \times q \times f \times E}{C_m} = \frac{3,600 \times 0.77 \times \dfrac{1}{1.25} \times 0.65}{19} = 75.87 m^3/hr$$

여기서, $q = q_o \times k = 0.7 \times 1.10 = 0.77$

$f = \frac{1}{L} = \frac{1}{1.25}$ (흐트러진 상태 → 자연상태)

$E = 0.7 - 0.05 = 0.65$ (자연상태에서 터파기는 -0.05)

$C_m = 19$초 (선회각도 90^o로 가정)

(3) 백호(0.7m^3 타이어) 기계 터파기의 단위 작업당 비용

백호(0.7m^3 타이어) 기계 터파기의 **단위 작업당 비용**은 표 6.26의 백호(0.7m^3 타이어)의 시간당 **기계(장비 혹은 중기)사용료**와 백호(0.7m^3 타이어) **시간당 작업량**을 근거로 산정된다. 즉, 시간당 **기계(장비 혹은 중기)사용료**를 백호(0.7m^3 타이어) **시간당 작업량**으로 나누어 주면, 다음과 같이 단위 작업당 (운전)**재료비**, (운전)**노무비**, **경비**(기계손료)가 산정된다.

$$\text{재료비} = \frac{6,563\text{원}/hr}{75.87 m^3/hr} = 86.5\text{원}/m^3$$

$$\text{노무비} = \frac{19,794\text{원}/hr}{75.87 m^3/hr} = 260.8\text{원}/m^3$$

$$\text{경 비} = \frac{15,620\text{원}/hr}{75.87 m^3/hr} = 205.8\text{원}/m^3$$

합 계 $553.1\text{원}/m^3$

위의 **(1) 백호($0.7m^3$ 타이어)의 시간당 기계(장비 혹은 중기)사용료**와 **(2) 백호($0.7m^3$ 타이어)의 시간당 터파기 작업량**이 조합되어 표 6.27 **백호($0.7m^3$ 타이어) 터파기의 일위대가(산근)**이 작성된다. **덤프트럭(8톤)**을 사용할 때도 백호($0.7m^3$ 타이어)와 동일한 방법으로 **(1) 덤프트럭(8톤)의 시간당 기계(장비 혹은 중기)사용료**와 **(2) 덤프트럭(8톤)의 시간당 작업량**을 조합하여 **덤프트럭(8톤) 일위대가(산근)**을 **작성**하여야 한다.

표 6.27 터파기(백호, $0.7m^3$ 타이어) 일위대가(산근)

산 출 근 거	재료비	노무비	경비	합계
1. 터파기(백호 $0.7m^3$)				
$q = q_o \times k = 0.7 \times 1.10 = 0.77$				
$f = \frac{1}{L} = \frac{1}{1.25}$(흐트러진상태 → 자연상태)				
$E = 0.7 - 0.05 = 0.65$(자연상태에서 터파기는 -0.05)				
$C_m = 19$초(선회각도 90^o로 가정)				
$Q = \frac{3,600 \times q \times f \times E}{C_m} = \frac{3,600 \times 0.77 \times \frac{1}{1.25} \times 0.65}{19} = 75.87m^3/hr$				
· 재료비 $= \frac{6,563원/hr}{75.87m^3/hr} = 86.5원/m^3$	86.5			86.5
· 노무비 $= \frac{19,794원/hr}{75.87m^3/hr} = 260.8원/m^3$		260.8		260.8
· 경　비 $= \frac{15,620원/hr}{75.87m^3/hr} = 205.8원/m^3$			205.8	205.8
계	86	262	205	553

[참고] 일위대가표나 공사비 내역서에서 가로의 합계(재료비+노무비+경비)와 세로의 합계(재료비+노무비+경비)에서 미세한 차이가 있을 경우, 보통 노무비의 비용이 크므로 노무비에서 미세 한 차이를 보정함.

(4) 백호($0.7m^3$ 타이어) 기계 터파기의 비용

백호($0.7m^3$ 타이어) **기계 터파기 비용**은 백호($0.7m^3$ 타이어) 기계 터파기의 **단위 작업당 비용(단가)** 553원/m^3에 **터파기 수량** $1,800m^3$를 곱해주면, **995,400원**이 소요된다.

► 백호($0.7m^3$ 타이어) 기계 터파기 비용
= 터파기 수량 × 백호($0.7m^3$ 타이어) 기계 터파기의 단위 작업당 비용
= $1,800m^3$ × 553원/m^3
= **995,400원**

기계 터파기의 비용의 산정결과 **995,400원**이지만, **왕복 기계투입 비용 600,000원**을 추가되는 것으로 가정하여 산정하였다. 단, **기계 터파기 작업**을 하여도 **잔토처리**와 **되메우기**는

인력으로 작업으로 한다.

따라서 **기계 토공에 소요되는 총비용**은 **[기계 터파기 비용+왕복 기계투입 비용+잔토처리 비용+되메우기 비용]**의 **합계 금액**으로 다음과 같이 **26,319,048원**이 소요된다.

► 기계 토공 작업 총비용
= (기계 터파기 + 왕복 기계투입 + 잔토처리 + 되메우기) 비용
= (995,400원+600,000원+17,388,288원+7,335,360원)
= **26,319,048원**

다. 인력 토공 작업과 기계 토공 작업의 총비용 분석

공사비 적산은 **인력 토공 작업**과 **기계 토공 작업**에 소요되는 **총비용을 비교 분석**해서 더 경제적인 작업 공종을 **공사비 내역서 작성에 적용하는 것이 원칙**(단, 부득이 인력 토공만을 사용하거나 기계 토공 작업만을 사용해야 하는 경우는 예외로 함)이다.

► 비교 분석 결과
= 인력 토공 작업 총비용 – 기계 토공 작업 총비용
= 38,308,248원 - 26,319,048원
= **11,989,200원**

따라서, **토공 작업**에 소요되는 두 공종의 **총비용을 비교 분석한 결과 11,989,200원**만큼 더 경제적인 **기계 토공 작업**으로 **공사비 내역서**를 **작성**한다.

2.3.2 [1.4.1.3.2] 콘크리트공 비용

콘크리트 타설 작업은 **인력 타설 작업**과 **레미콘 타설 작업**으로 할 수 있지만, 본 실례의 **U형 측구** 공사의 콘크리트 타설 작업은 **인력 타설 작업**에 소요되는 비용과 **레미콘 타설 작업**에 소요되는 비용을 산정해서 더 경제적인 콘크리트 타설 작업을 선정한다.

가. 인력 타설 작업

인력 타설 작업에 소요되는 비용 항목은 크게 **인력 자재운반 비용**과 **인력 콘크리트 배합 비용**, **인력비빔 콘크리트 타설 비용**이 있다. 여기서, **인력 자재운반 비용**은 시멘트, 모래, 자갈을 **싣고 운반**하고 **부리**는데 소요되는 비용이고, **인력 콘크리트 배합 비용**은 용적 1 : 2 : 4의 무근 콘크리트 배합으로 하는데 소요되는 비용이며, **인력비빔 콘크리트 타설 비용**은

무근 콘크리트의 현장 인력 타설에 소요되는 비용이다.

(1) 인력 시멘트 운반

U형 측구 공사의 **콘크리트 타설에 소요되는 자재**는 시멘트, 모래, 자갈이며, **시멘트**는 적치장에서 덤프트럭까지 **인력**으로 **운반**해서 **싣고**, 덤프트럭으로 운반하며, 덤프트럭에서 하역장(U형 측구 공사현장의)까지 다시 **인력**으로 **부려서 운반**한다.

1) 인력 일당 시멘트 운반 작업량

인력 일당 시멘트 운반 작업량은 시멘트를 운반하는 **보통인부**의 **일당 단가**에 **인력 일당 시멘트 운반 작업량**을 나누어서 **인력 시멘트 단위 작업(포)당 운반 비용**을 산정하기 위한 것이다. 여기서, **인력 일당 시멘트 운반 작업량을 산정할 때** 적치장에서 덤프트럭까지, 덤프트럭에서 하역장까지 **인력 시멘트(포,** 40kgf) **운반거리**를 각각 20m로 가정해서 산정한다.

$$Q = N \cdot q = 230\text{회}/\text{일} \times 1\text{포}/\text{회} = 230\text{포}/\text{일}$$

여기서, Q : 일당 시멘트 운반 작업량(포, 보통인부 1인당 일 230포 운반함)
N : 일당 싣고 부리는 운반횟수
q : 1회 시멘트 운반량 (m^3 혹은 kgf, 혹은 포)

$$N = \frac{T}{\frac{60 \times L \times 2}{V} + t} = \frac{V \times T}{120L + V \times t} = \frac{2,500 \times 450}{120 \times 20 + 2,500 \times 1} \fallingdotseq 230\text{회}/\text{일}$$

여기서, T : 1일 실 작업시간(480−30분=450분)
L : 운반거리(20m)
V : 왕복평균운반속도(2,500m/hr)
t : 싣고 부리는 시간(토사에서 지게운반일 때 t=1.5분, 시멘트이므로 2/3정도 고려 1분으로 함)

2) 인력 시멘트 단위 작업당 운반 비용

인력 시멘트 단위 작업(포)당 운반 비용은 **인력**으로 **시멘트(포, 40kgf)**를 적치장에서 덤프트럭까지, 덤프트럭에서 하역장까지 **운반**과 덤프트럭에 **싣고, 부리**는데 소요되는

비용이다. 따라서 **인력 시멘트 단위 작업(포)당 운반 비용**은 시멘트를 운반하는 **보통 인부 일당 단가**에 **인력 일당 시멘트 운반 작업량**을 나누어 주면, 다음과 같이 **인력 시멘트 단위 작업(포)당 운반 비용**이 산정된다.

$$노무비 = 보통인부\ 단가 \times \frac{1}{Q}$$

$$노무비 = \frac{37,736원/일}{230포/일} = 164.0원/포$$

3) 인력 시멘트 운반 비용

인력 시멘트 운반 비용은 **인력 시멘트 단위 작업(포)당 운반 비용**에 시멘트 운반 수량 **5,688포**를 곱해주면, 다음과 같이 **932,832원**이 소요된다.

► 인력 시멘트 운반 비용
= 시멘트 운반 수량 × 인력 시멘트 단위 작업당 운반 비용
= 5,688포 × 164.0원/포
= **932,832원**

(2) 덤프트럭(8톤) 시멘트 운반

적치장에서 덤프트럭까지, 덤프트럭에서 하역장까지 단거리는 **인력**으로 **시멘트(포,** 40kgf)를 **운반**하지만, 적치장에서 하역장까지 **장거리**의 시멘트 운반 작업은 **덤프트럭(8톤)**을 사용하고, 운반거리는 공사조건과 같이 10km이다. 따라서 **덤프트럭(8톤) 시멘트 운반 비용**은 먼저, **덤프트럭(8톤)의 시간당 기계(장비 혹은 중기)사용료**와 **시간당 작업량**을 산정해서 **시간당 작업량**으로 **시간당 기계(장비 혹은 중기)사용료**를 나눠주면, **덤프트럭(8톤)의 시멘트 단위 작업(포)당 운반 비용**이 계산되고, 여기에 **시멘트 수량**을 곱해주면, **덤프트럭(8톤) 시멘트 운반 비용**이 산정된다.

1) 덤프트럭(8톤) 기계(장비 혹은 중기)사용료

8톤 덤프트럭 기계(장비 혹은 중기)사용료 산정은 백호(0.7m^3 타이어) 기계(장비 혹은 중기)사용료 산출방식과 같은 방식으로 한다.

① **시간당 경비**(기계손료)는 **시간당 기계손료계수×취득 가격(원)**=0.3389(3,389 $\times 10^{-4}$)× **21,849(천원)**으로 계산해서 **원 단위**로 산정한다.

② **시간당** (운전)**노무비(원/hr)**는 노임 단가(원/일)×시간당 노무품(hr)으로 본 실례의

내역서 작성 공사조건에 따라 51,077원/일×$(\frac{12}{12}+\frac{5}{12})\times\frac{25}{20}\times\frac{1}{8}$로 산정한다.

③ **시간당** (운전)**재료비**는 주연료인 **경유비**는 수량×단가로 계산된다. 덤프트럭(8톤)에 소요되는 주연료인 **경유비**는 12.4ℓ/hr×500원 그리고 **잡품비**는 경유비의 44%를 반영하여 계산된다.(표 참조)

위에서 설명한 방법으로 산정된 시간당 **경비**(기계손료), **시간당** (운전)**노무비** 그리고 시간당 (운전)**재료비**의 **덤프트럭(8톤) 시간당 기계(장비** 혹은 **중기)사용료**는 표 6.28과 같다.

표 6.28 덤프트럭(8톤) 시간당 기계(장비 혹은 중기)사용료

중기명 : 덤프트럭(8톤) 중기가격 : 21,849천원						분류코드 :
구분		단위	수량	단가	금액	비고
경비	덤프트럭	원	0.3389	21,840	7,404	
	소계				7,404	
재료비	경유	ℓ	12.4	500	6,200	
	잡품	%	44		2,728	
	소계				8,928	
노무비	중기운전사	인	1.0	11,306	11,306	
	소계				11,306	
	총계				27,638	

2) 덤프트럭(8톤) 시간당 시멘트 작업량

덤프트럭(8톤) 시간당 시멘트 작업량 산정은 표 6.28의 **덤프트럭(8톤) 시간당 기계(장비 혹은 중기)사용료**에 **덤프트럭(8톤) 시간당 시멘트 작업량**을 나누어서 **덤프트럭(8톤) 시멘트 단위 작업(포)당 소요 비용**을 계산하기 위한 것이다.

$$Q=\frac{60\times q_t\times f\times E}{C_m}=\frac{60\times 200\times 1\times 0.9}{127.8}=84.51\text{포}/hr$$

여기서, q_t : 덤프트럭의 1대 적재량

$$q_t=\frac{T}{\gamma_t}\times L=\frac{8{,}000kgf}{40kgf/\text{포}}\times 1=200\text{포}$$

T : 덤프트럭의 적재 중량(tf)

L : 1(시멘트포, 시멘트 체적변화 없음)

γ_t : $40kgf$/포(시멘트 단위중량)

f : 1

E : 0.9(작업효율)

Cm: $t_1 + t_2 + t_3 + t_4$

① 싣고(t_1) 부리는 (t_3) 시간

인부 5인 1조 1시간당 싣고 부리는 양

$$= 5\text{인} \times 230\text{포}/\text{일}(\text{인}) \times \frac{1}{8} = 143.8\text{포}/hr(5\text{인})$$

$$t_1 + t_3 = \frac{\text{덤프트럭 1대 적재량}}{\text{인부 5인 1조 1시간당 싣고 부리는 양}} = \frac{200\text{포}}{143.8\text{포}/hr}$$

$$= 1.39hr \times 60 = 83.4\text{분}$$

② 왕복시간(t_2)

$$t_2 = \frac{\text{운반거리}}{\text{적재시 평균주행속도}} + \frac{\text{운반거리}}{\text{공차시 평균주행속도}}$$

$$= (\frac{10}{25} + \frac{10}{30}) \times 60 = 44.0\text{분}$$

③ 적재대기시간(t_3)=0.42분

④ 적재함 덮개 설치 및 해체시간(t_5)은 없는 것으로 함

$$C_m = 83.4 + 44.0 + 0.42 = 127.8\text{분}$$

3) 덤프트럭(8톤) 시멘트 단위 작업당 운반 비용

덤프트럭(8톤) **시멘트 단위 작업(포)당 운반 비용**은 표 6.28의 덤프트럭(8톤)의 시간당 **기계(장비 혹은 중기)사용료**와 덤프트럭(8톤)의 **시간당 시멘트 작업량**을 근거로 산정된다. 즉, 덤프트럭(8톤)의 시간당 **기계(장비 혹은 중기)사용료**를 덤프트럭(8톤)의 **시간당 시멘트 작업량**으로 나누어 주면, 다음과 같이 시멘트 단위 작업당 (운전)**재료비**, (운전)**노무비**, **경비**(기계손료)가 산정된다.

$$\text{재료비} = \frac{8,928\text{원}/hr}{84,51\text{포}/hr} = 105.6\text{원}/\text{포}$$

$$\text{노무비} = \frac{11,306\text{원}/hr}{84,51\text{포}/hr} = 133.7\text{원}/\text{포}$$

$$\text{경 비} = \frac{7{,}404\text{원}/hr}{84{,}51\text{포}/hr} = 87.6\text{원}/\text{포}$$

합 계 326.9원/포

4) 덤프트럭(8톤) 시멘트 운반 비용

덤프트럭(8톤)의 시멘트 운반 비용은 **덤프트럭의 시멘트 단위 작업(포)당 운반 비용**에 시멘트 운반 수량 **5,688포**를 곱해주면, 다음과 같이 **1,859,407원**이 소요된다.

► 덤프트럭(8톤)의 시멘트 운반 비용
= 시멘트 운반 수량 × 덤프트럭(8톤) 시멘트 단위 작업(포)당 운반 비용
= 5,688포×326.9원/포
= **1,859,407원**

(3) 백호(0.7m³ 타이어) 모래, 자갈 싣기

모래, 자갈 싣기 비용 산정은 본 실례의 **내역서 작성 공사조건**에 제시한 바와 같이 **흐트러진 상태**를 기준으로 산정하고, 모래, 자갈의 싣기는 **백호(0.7m³ 타이어)** 작업한다. 단, 본 실례에서는 **모래와 자갈을 별도로 싣지 않고, 혼합된 모래와 자갈을 싣는 것으로 하여 공사비 적산**을 수행한다.

1) 백호(0.7m³ 타이어) 시간당 모래, 자갈 작업량

백호(0.7m³ 타이어) **시간당 모래, 자갈 작업량** 산정은 표 6.26의 백호(0.7m³ 타이어) **시간당 기계(장비 혹은 중기)사용료**에 백호(0.7m³ 타이어) **시간당 모래, 자갈 작업량**을 나누어서 **백호(0.7m³ 타이어) 모래, 자갈의 단위 작업당 싣기의 소요 비용**을 계산하기 위한 것이다.

$$Q = \frac{3{,}600 \times q \times f \times E}{C_m} = \frac{3{,}600 \times 0.56 \times 1 \times 0.7}{19} = 74.27m^3/hr$$

여기서, $q = q_o \times K = 0.7 \times 0.8 = 0.56m^3$ (흐트러진 상태)

(모래, 자갈이므로 $K = \frac{0.9 + 0.7}{2} = 0.8$)

E : 0.70 (흐트러진 모래, 자갈의 보통일 때를 기준으로 하여

$\frac{0.75 + 0.65}{2} = 0.70$)

C_m : 19초 (회전각도 90˚로 가정)

2) 백호(0.7m^3 타이어) 모래, 자갈 단위 작업당 싣기 비용

백호(0.7m^3 타이어) 단위 작업당 모래, 자갈 싣기 비용은 백호(0.7m^3 타이어)가 모래, 자갈 단위 작업당 **덤프트럭에 싣는데 소요되는 비용**이다. **백호 모래, 자갈 단위 작업당 싣기 비용**은 백호 **시간당 기계(장비 혹은 중기)사용료**에 **백호 시간당 모래, 자갈 작업량**을 나누어 주면, 다음과 같이 백호가 모래, 자갈을 싣는데 소요되는 **단위 작업당** (운전)재료비, (운전)노무비, 경비(기계손료)가 산정된다.

$$재료비 = \frac{6,563원/hr}{74.27m^3/hr} = 88.3원/m^3$$

$$노무비 = \frac{19,794원/hr}{74.27m^3/hr} = 266.5원/m^3$$

$$경\quad 비 = \frac{15,620원/hr}{74.27m^3/hr} = 210.3원/m^3$$

합 계 $565.1원/m^3$

3) 백호(0.7m^3 타이어) 모래 싣기 비용

백호(0.7m^3 타이어) 모래 싣기 비용은 **백호(0.7m^3 타이어) 모래, 자갈 단위 작업당 싣기 비용 565.1원/m^3**에 **모래 수량 320m^3**을 곱해주면, 다음과 같이 **180,832원**이 소요된다.

► 백호(0.7m^3 타이어) 모래 싣기 비용
= 모래 수량 × 모래, 자갈 단위 작업당 싣기 비용
= 320m^3 × 565.1원/m^3
= **180,832원**

4) 백호(0.7m^3 타이어) 자갈 싣기 비용

백호(0.7m^3 타이어) 자갈 싣기 비용은 **백호(0.7m^3 타이어) 모래, 자갈 단위 작업당 싣기 비용 565.1원/m^3**에 **자갈 수량 640m^3**을 곱해주면, 다음과 같이 **361,664원**이 소요된다.

► 백호(0.7m^3 타이어) 자갈 싣기 비용

= 자갈 수량 × 모래, 자갈 단위 작업당 싣기 비용

= 640m^3 × 565.1원/m^3

= 361,664원

(4) 덤프트럭(8톤) 모래, 자갈 운반

혼합된 모래와 자갈은 **백호(0.7m^3 타이어)**로 **덤프트럭(8톤)**에 **적재**하고, 적재된 **덤프트럭(8톤)**으로 U형 측구 공사현장까지 **운반**한다.

1) 덤프트럭(8톤) 시간당 모래, 자갈 작업량

덤프트럭(8톤) 시간당 모래, 자갈 작업량 산정은 표 6.28의 **덤프트럭(8톤) 시간당 기계(장비 혹은 중기)사용료**에 **덤프트럭(8톤) 시간당 모래, 자갈 작업량**을 나누어서 **덤프트럭(8톤) 모래, 자갈의 단위 작업당 운반 비용**을 산정하기 위한 것이다.

$$Q = \frac{60 \times q_t \times f \times E}{C_m} = \frac{60 \times 4.57 \times 1 \times 0.9}{49.29} = 5.01 m^3/hr$$

여기서, $q_t = \dfrac{T}{\gamma_t} \times L = \dfrac{8}{1.75} \times 1 = 4.57 m^3$

T : 덤프트럭의 적재 중량(tf)

L : 1(흐트러진 상태의 모래, 자갈 토량 변화율)

γ_t : $1.75 tf/m^3$(흐트러진 상태의 모래, 자갈 습윤밀도)

E : 0.9(작업효율)

f : 1(흐트러진 상태)

$Cm = t_1 + t_2 + t_3 + t_4 = 4.07 + 44 + 0.8 + 0.42 = 49.29$분

① 싣는 시간(t_1)

$$t_1 = \frac{C_{ms}}{60} \times n \times \frac{1}{E_S} = \frac{19 ses}{60} \times 9\text{회} \times \frac{1}{0.70} = 4.07\text{분}$$

$$n = \frac{q_t}{q_s \times K} = \frac{\frac{T}{\gamma_t} \cdot L}{q_s \times K} = \frac{4.57}{0.7 \times 0.8} = 9\text{회}$$

여기서, n : 8톤 덤프트럭 1대의 토량을 적재하는데 소요되는 적재기계의 사이클 횟수

q_t : 덤프트럭 1대의 적재토량(m^3)

q_s : 백호의 버켓용량(m^3)

K: $\frac{0.9+0.7}{2}=0.8$(모래, 자갈인 경우 버켓계수)

E_s : 0.7(백호 작업의 모래, 자갈 작업효율)

② 왕복운전시간(t_2) $=(\frac{10}{25}+\frac{10}{30})\times 60=44$分 ($t_2$)

③ 하역대기시간(t_3) $=0.8$分

④ 적재대기시간(t_4) $=0.42$分

2) 덤프트럭(8톤) 모래, 자갈 단위 작업당 운반 비용

덤프트럭(8톤) 모래, 자갈 단위 작업당 운반 비용은 앞에서 산정된 표 6.28의 **덤프트럭(8톤) 시간당 기계(장비 혹은 중기)사용료**에 **덤프트럭(8톤) 시간당 모래, 자갈 작업량**을 나누어주면, 다음과 같이 덤프트럭(**8톤**)이 모래, 자갈을 운반하는데 소요되는 **단위 작업당** (운전)재료비, (운전)노무비, 경비(기계손료)가 산정된다.

$$재료비 = \frac{8,928원/hr}{5.01m^3/hr} = 1,782,0원/m^3$$

$$노무비 = \frac{11,306원/hr}{5.01m^3/hr} = 2,256.6원/m^3$$

$$경\quad 비 = \frac{7,404원/hr}{5.01m^3/hr} = 1,477.8원/m^3$$

합 계 $5,516.4원/m^3$

3) 덤프트럭(8톤) 모래 운반 비용

덤프트럭(8톤) 모래 운반 비용은 **덤프트럭(8톤) 모래, 자갈 단위 작업당 운반 비용 5,516.4원/m³**에 **모래 수량 320m³**를 곱해주면, 다음과 같이 **1,765,248원**이 소요된다.

► 덤프트럭(8톤) 모래 운반 비용

= 모래 수량 × 모래, 자갈 단위 작업당 운반 비용

= $320m^3 \times 5,516.4원/m^3$

= **1,765,248원**

4) 덤프트럭(8톤) 자갈 운반 비용

덤프트럭(8톤) 자갈 운반 비용은 **덤프트럭(8톤) 모래, 자갈 단위 작업당 운반 비용 5,516.4원/m^3**에 **자갈 수량** **640m^3**를 곱해주면, 다음과 같이 **3,530,496원**이 소요된다.

► 덤프트럭(8톤) 자갈 운반 비용
= 모래 수량 × 모래, 자갈 단위 작업당 운반 비용
= 640m^3 × 5,516.4원/m^3
= **3,530,496원**

(5) 인력 콘크리트 배합

1) 인력 콘크리트 단위 작업당 배합 비용

인력 콘크리트 배합비(比)는 본 실례의 **내역서 작성 공사조건**에 제시한 바와 같이 용적 1:2:4의 무근 콘크리트 배합비(표 6.18 참조)의 **재료**(시멘트, 모래, 자갈), **손비비기**(콘크리트공, 인부)를 적용하여 표 6.29의 **인력 콘크리트 배합 일위대가(호표)**를 산정한다.

표 6.29 인력 콘크리트 배합 일위대가(호표)

공종명	규격	단위	수량	재료비		노무비		합계
				단가	금액	단가	금액	
콘크리트 배합(인력)	**1:2:4**	**m^3**	**1**					
시멘트	보통	kgf	320	67.05	21,456.0			21,456.0
모래	강모래	m^3	0.45	16,000.00	7,200.0			7,200.0
자갈	자연자갈	m^3	0.90	18,000.00	16,200.0			16,200.0
콘크리트공		인	0.9			71,184.00	64,065.6	64,065.6
보통인부	보통	인	1.0			37,736.00	37,736.0	37,736.0
계					**44,856**		**101,801**	**146,657**

[참고] 일위대가(호표) 양식은 재료비, 노무비, 경비의 비목으로 구성되지만, 인력 콘크리트 배합과 관련된 재료비, 노무비의 비목만 산정하였음.

2) 인력 콘크리트 배합 비용

인력 콘크리트 배합에 소요되는 비용은 **콘크리트 배합 수량 711m^3**에 표 6.29 **인력 콘크리트 배합 일위대가(호표)의 재료비, 노무비의 합계 146,657원/m^3**을 곱해주면, 다음과 같이 **104,273,127원**이 소요된다.

► 콘크리트 배합 비용

= 콘크리트 배합 수량 × 인력 콘크리트 배합 일위대가(호표)의 재료비, 노무비의 합계

= 711m^3 × 146,657원/m^3

= **104,273,127원**

(6) 인력비빔 콘크리트 타설

1) 인력비빔 콘크리트 단위 작업당 타설 비용

U형 측구 공사의 **인력비빔 콘크리트 타설 작업**을 위한 무근 구조물 **콘크리트 타설 품(m^{3}당)**은 **콘크리트공 0.85인**, **보통인부 0.82인**이 소요된다(표 6.19 참조). 이 품을 적용하여 표 6.30의 **콘크리트 인력비빔 타설 일위대가(호표)**를 산정한다.

표 6.30 인력비빔 콘크리트 타설 일위대가(호표)

공종명	규격	단위	수량	노무비		합계
				단가	금액	
콘크리트 타설	**무근**	m^3	1			
콘크리트공		인	0.85	71,184.00	60,506.4	60,506.4
보통인부	보통	인	0.82	37,736.00	30,943.5	30,943.5
계					**91,449**	**91,449**

[참고] 일위대가(호표) 양식은 재료비, 노무비, 경비의 비목으로 구성되지만, 인력비빔 콘크리트 타설과 관련된 노무비의 비목만 산정하였음.

2) 인력비빔 콘크리트 타설 비용

인력비빔 콘크리트 타설에 소요되는 비용은 **인력비빔 콘크리트 타설 수량** 711m^{3}에 표 6.30 **인력비빔 콘크리트 타설 일위대가(호표)의 노무비의 합계 91,449원/m^3**을 곱해주면, 다음과 같이 **65,020,239원**이 소요된다.

► 콘크리트 인력 타설 비용

= 인력비빔 콘크리트 타설 수량 × 인력비빔 콘크리트 타설 일위대가(호표)의 노무비의 합계

= 711m^3 × 91,449원/m^3

= **65,020,239원**

결론적으로 **인력 타설 작업에 소요되는 총비용**은 **(인력 시멘트 운반 비용)+(덤프트럭의 시멘트 운반 비용)+(백호 모래 싣기 비용)+(백호 자갈 싣기 비용)+(덤프트럭 모래**

운반 비용)+(덤프트럭 자갈 운반 비용)+(인력 콘크리트 배합 비용)+(인력비빔 콘크리트 타설 비용)을 합계한 비용이다. 따라서 **인력 타설 작업에 소요되는 총비용**은 다음과 같이 **177,923,845원**이 소요된다.

► 인력 타설 작업에 소요되는 총비용
 = 932,832원+1,859,407원+180,832원+361,664원+1,765,248원+3,530,496원 +104,273,127원+65,020,239원
 = **177,923,845원**

나. 레미콘 타설 작업

다음은 레미콘 타설작업으로 **레미콘 타설 작업에 소요되는 총비용**을 산정해서 **인력 타설 작업에 소요되는 총비용**과 비교하여 더 경제적인 작업으로 **공사비 내역서**를 작성한다.

(1) 레미콘 구입

1) 레미콘 단위 작업당 구입 비용

U형 측구 공사의 **레미콘 구입**[레미콘 규격은 굵은 골재 최대치수 40mm, 압축강도 240kgf/cm^2, 슬럼프 10cm(40-240-10)로 가정함] **품(m^{3}당) 비용**은 다음 표 6.31의 레미콘 구입 일위대가(호표)와 같이 산정된다.

표 6.31 레미콘 구입 일위대가(호표)

공종명	규격	단위	수량	재료비		합계
				단가	금액	
레미콘 구입	40-240-10	m^3	1			
레미콘		m^3	1	50,640.00	50,640.0	50,640.0
계					**50,640**	**50,640**

[참고] 일위대가(호표) 양식은 재료비, 노무비, 경비의 비목으로 구성되지만, 레미콘 구입과 관련된 재료비의 비목만 산정하였음.

2) 레미콘 구입 비용

레미콘 구입 비용은 **레미콘 구입 수량** 711m^{3}에 표 6.31 **레미콘 구입 일위대가(호표)의 재료비 합계 50,640원/m^3**을 곱해주면, 다음과 같이 **36,005,040원**이 소요된다.

► 레미콘 구입 비용
 = 레미콘 구입 수량 × 레미콘 구입 일위대가(호표)의 재료비 합계

= $711m^3$ × 50,640원/m^3

= **36,005,040원**

(2) 레미콘 타설

1) 레미콘 타설 단위 작업당 비용

U형 측구 공사의 **레미콘 타설 작업의 품(m^3당)**은 **콘크리트공 0.15인, 보통인부 0.27인**이 소요된다.(표 6.19 참조) 이 품을 적용하여 표 6.32의 레미콘 타설 일위대가(호표)를 산정한다.

표 6.32 레미콘 타설 일위대가(호표)

공종명	규격	단위	수량	노무비		합계
				단가	금액	
레미콘 타설	40-240-10	m^3	1			
콘크리트공		인	0.15	71,184.00	10,677.6	10,677.6
보통인부	보통	인	0.27	37,736.00	10,188.7	10,188.7
계					**20,866**	**20,866**

[참고] 일위대가(호표) 양식은 재료비, 노무비, 경비의 비목으로 구성되지만, 레미콘 타설과 관련된 노무비의 비목만 산정하였음.

2) 레미콘 타설 비용

레미콘 타설 비용은 **레미콘 타설 수량** $711m^3$에 표 6.32 **레미콘 타설 일위대가(호표)의 노무비 합계 20,866원/**m^3를 곱해주면, 다음과 같이 **14,835,726원**이 소요된다.

► 레미콘 타설 비용

= 레미콘 타설 수량 × 레미콘 타설 일위대가(호표)의 노무비 합계

= $711m^3$ × 20,866원/m^3

= **14,835,726원**

결론적으로 **레미콘 타설에 소요되는 총비용**은 **[레미콘 구입 비용]+[레미콘 타설 비용]**을 합계한 비용이다. 따라서 **레미콘 타설 작업에 소요되는 총비용**은 다음과 같이 **50,840,766원**이 소요된다.

► 레미콘 타설에 소요되는 총비용

= 36,005,040원+14,835,726원

= **50,840,766원**

다. 인력 타설 작업과 레미콘 타설 작업의 총비용 분석

공사비 적산은 **인력 타설 작업**과 **레미콘 타설 작업**에 소요되는 총비용을 비교 분석해서 더 경제적인 작업 공종을 **공사비 내역서 작성에 적용하는 것이 원칙**(단, 부득이 인력 타설 작업만을 사용하거나 레미콘 타설 작업만을 사용해야 하는 경우는 예외로 함)이다.

► 비교 분석 결과
= 인력 타설 작업에 소요되는 총비용 − 레미콘 타설 작업에 소요되는 총비용
= 177,923,845원 − 50,840,766원
= **127,083,079원**

따라서, 두 가지 **콘크리트 타설 작업**에 소요되는 총비용을 비교 분석한 결과 **127,083,079원**만큼 더 경제적인 **레미콘 타설 작업**으로 공사비 내역서를 작성한다.

2.3.3 [1.4.1.3.3] 거푸집공 비용

거푸집은 콘크리트 구조물을 소정의 형태 및 치수로 만들기 위하여 **일시적으로 설치하는 구조물**로, 일반적으로는 콘크리트 거푸집용 합판을 사용하는데, 공사에 따라 경질섬유판, 합성수지, 알루미늄 패널, 강판 등을 쓰기도 한다. 본 실례에서 **U형 측구 공사**는 **본 실례의 내역서 작성 공사조건**에 제시한 바와 같이 **합판 거푸집(6회)**의 작업으로 실시한다.

(1) 합판 거푸집

1) 합판 거푸집(1회) 단위 작업당 비용

합판 거푸집(6회) 작업에 소요되는 단위 작업당 비용은 **합판 거푸집(1회) 단위 작업당 비용**을 산정한 후, 여기에 **합판 거푸집(6회) 작업**에 해당하는 **요율**을 적용하여 산정한다.

표 6.33 합판거푸집(1회) 사용 일위대가(호표)

공종명	규격	단위	수량	재료비		노무비		합계
				단가	금액	단가	금액	
합판거푸집	**1회**	**m^2**	**1**					
합판	두께 12mm	m^2	1.03	6,600.00	6,798.0			6,798.0
각재	45×45×360cm	m^3	0.038	294,118.00	11,176.4			11,176.4
철선	#20. ∅=0.9mm	kgf	0.29	495.00	143.5			143.5
못	N75. ∅=3.25mm	kgf	0.20	660.00	132.0			132.0

공종명	규격	단위	수량	재료비		노무비		합계
				단가	금액	단가	금액	
박리제	목재성(수성)	ℓ	0.19	280.00	53.2			53.2
형틀목공	–	인	0.28			75,306.00	21,085.6	21,085.6
보통인부	보통	인	0.23			37,736.00	8,679.2	8,679.2
고재처리	–	%	30		–5,392.3			–5,392.3
계					**12,910**		**29,765**	**42,675**

[참고] 일위대가(호표) 양식은 재료비, 노무비, 경비의 비목으로 구성되지만, 합판거푸집(1회)과 관련된 재료비, 노무비의 비목만 산정하였음.

U형 측구 공사에 사용되는 **합판 거푸집(1회) 작업의 품(m^2당)**은 표 6.20과 같이 합판 1.03m^2, 각재 0.038m^3, 철선 0.29kgf, 못 0.20kgf, 박리제 0.19ℓ, 형틀목공 0.28인, 보통인부 0.23인이 소요되고, 여기에 **사용고재**가 **합판**과 **각재**의 합계 금액에 **30%**를 재료비에서 감(–)해서 표 6.33의 **합판거푸집(1회) 사용 일위대가(호표)**를 산정한다.

2) 합판 거푸집(6회) 단위 작업당 비용

합판 거푸집(6회) 작업에 소요되는 단위 작업당 비용은 표 6.33의 **합판 거푸집(1회) 작업**에 소요되는 **일위대가(호표)**에 합판 거푸집(6회) 작업의 적용 비율 **34.7%**를 반영하여 다음 표 6.34와 같이 **합판 거푸집(6회) 사용 일위대가(호표)**를 산정한다.

표 6.34 합판거푸집(6회) 사용 일위대가(호표)

공종명	규격	단위	수량	재료비		노무비		합계
				단가	금액	단가	금액	
합판거푸집	6회	m^2	1					
합판거푸집	1회사용	m^2	1	12,910.80		29,765.00		14,004
	(적용비율)		%	(34.7)		(32.0)		
계					**4,480**		**9,524**	**14,004**

[참고] 일위대가(호표) 양식은 재료비, 노무비, 경비의 비목으로 구성되지만, 합판거푸집(6회)과 관련된 재료비, 노무비의 비목만 산정하였음.

3) 합판 거푸집(6회) 비용

합판 거푸집 작업에 소요되는 비용은 **거푸집 수량 4,143m^2**에 표 6.34 **합판 거푸집(6회) 사용 일위대가(호표)**의 **재료비**와 **노무비**의 **합계 14,004원/m^3**을 곱해주면, 다음과 같이 **58,018,572원**이 소요된다.

► 합판 거푸집(6회) 비용

= 거푸집 수량 × 합판 거푸집(6회) 사용 일위대가(호표)의 재료비 및 노무비의 합계

= 4,143m^2 × 14,004원/m^3

= **58,018,572원**

2.3.4 공사비 내역서 작성 공종 선정

U형 측구[양쪽, 연장(L)=600m]의 공사비 산정결과 **토공**과 **콘크리트공**은 공사비가 적게 소요되는 **기계 토공 작업**과 **레미콘 타설 작업**을 대상으로 **공사비 내역서**를 작성하는 것이 맞다. 하지만, 본 실례에서 **공사비 내역서 작성**에 **적용된 공종**은 학습효과를 높이기 위하여 경제성과 관계없이 임의로 다양한 작업공종으로 구성된 **인력 토공 작업**과 **인력 타설 작업**을 선정하였고, 여기에 **거푸집 공**을 더하여 **공사비 내역서**를 작성하였다. 또한, **공사비 내역서 구성항목** 중에 **공사원가계산서**에 적용된 **원가계산 제비율**은 제2장 **7. 공사비 적산 방법**(104~154페이지)절에서 제시한 제비율을 적용하였다.

가. 순공사비

(1) 재료비

1) 직접 재료비

직접 재료비는 U형 측구 공사를 **시공함에 있어서 필요한 모든 재료 비용의 합계 금액**이다. 즉, 공사목적물 실제를 형성하는 물품의 가치로서 주로 재료비, 부품비 등을 말한다.

[인력 타설 작업]

직접 재료비

= (덤프트럭의 시멘트 운반+백호 모래 신기+백호 자갈 신기+덤프트럭 모래 운반 +덤프트럭 자갈 운반+인력 콘크리트 배합)

= $(5,688포×105.6원/포)_{덤시운}$+$(320m^3×88.3원/m^3)_{백모신}$+$(640m^3×88.3원/m^3)_{백자신}$ +$(320m^3×1,782.0원/m^3)_{덤모운}$+$(640m^3×1,782.0원/m^3)_{덤자운}$ +$(711m^3×44,856원/m^3)_{콘배}$

= (600,652원+28,256원+56,512원+570,240원+1,140,480원+31,892,616원)

= 34,288,756원

2) 간접 재료비

간접 재료비는 U형 측구 공사 목적물의 실제를 형성하지는 않으나 U형 측구 공사에

보조적으로 소비되는 물품의 가치로서 소모 재료비(거푸집 재료비, 기계오일, 접착제, 용접가스, 장갑, 연마제 등), 소모공구, 기구, 비품비, 가설 재료비 등을 말한다. 따라서 **거푸집은 U형 측구를 완성하는데 소요되는 직접 재료가 아니고, 사용횟수(최대 6회)에 따라서 소비되는 물품이므로 간접 재료비로 분류**된다.

[합판 거푸집(6회)]

간접 재료비 = 합판 거푸집(6회)

= (4,143m^2 × 4,480원/m^3)

= 18,560,640원

(2) 노무비

1) 직접 노무비

직접 노무비는 공사현장에서 계약 목적물의 U형 측구 공사를 시공하기 위하여 **직접 작업에 종사하는 종업원 및 노무자에 의하여 제공되는 노동력의 대가**로서 기본급, 제수당, 상여금, 퇴직급여충당금의 합계액으로 한다.

[인력 토공 작업]

직접 노무비 = **(측구 터파기+잔토처리+되메우기)**

= (13,584,600원+17,388,288원+7,335,360원)

= **38,308,248원**

[인력 타설 작업]

직접 노무비

= **(인력 시멘트 운반 + 덤프트럭의 시멘트 운반+백호 모래 싣기+백호 자갈 싣기+ 덤프트럭 모래 운반+덤프트럭 자갈 운반+인력 콘크리트 배합+ 인력비빔 콘크리트 타설)**

= (5,688포×164,0원/포)$_{인시운}$+(5,688포×133.7원/포)$_{덤시운}$+(320m^3×266.5원/m^3)$_{백모싣}$ +(640m^3×266.5원/m^3)$_{백자싣}$+(320m^3×2,256.6원/m^3)$_{덤모운}$ +(640m^3×2,256.6원/m^3)$_{덤자운}$+(711m^3×101,801원/m^3)$_{콘배}$ +(711m^3×91,449원/m^3)$_{인콘타}$

= (932,832원 + 760,485원 + 85,280원 + 170,560원 + 722,112원 + 1,444,224원 + 72,380,511원 + 65,020,239원)

= **141,516,243원**

[합판 거푸집(6회)]

직접 노무비 = 합판 거푸집(6회)

$= (4,143m^2 \times 9,524원/m^3)$

$= 39,457,932원$

∴ **직접 노무비 합계 = (38,308,248원+141,516,243원+39,457,932원)=219,282,423원**

2) 간접 노무비

간접 노무비는 공사현장에서 계약 목적물의 U형 측구 공사 시공에 직접 종사하지는 않으나, 공사현장에서 **보조작업에 종사하는 노무자, 종업원과 현장 감독자** 등의 기본급과 제수당, 상여금, 퇴직충당금의 합계액으로 한다. 공사 기간이 연장될수록 간접 노무비의 증가로 공사비가 상승하는 요인이 된다.

본 실례에서 U형 측구 공사의 **공사비 내역서** 작성의 **간접 노무비율**은 **보완적용방법**을 적용하여 계산한다. 간접 노무비율의 보완적용 자료(**표 2.42**)를 근거로 본 U형 측구 공사의 간접 노무비율을 산정하면, **공사종류**는 토목공사, **공사규모**는 5억 원 미만, **공사기간**은 6~12개월에 해당되므로 다음과 같이 산정된다.

① **간접 노무비율** = $(\frac{15\% + 14\% + 15\%}{3}) = 14.7\%$

② 간접 노무비 = 직전 노무비 × **간접 노무비율**

► 간접 노무비 = (**219,282,423원** × 14.7%) = **32,234,516원**

(3) 경비

경비는 제2장 「7. 공사비 적산 방법」에서와 같이 **직접공사경비**와 **간접공사경비**의 **합계액**으로 계산되고, 직접공사경비와 간접공사경비의 비목 다음과 같다.

직접공사경비는 계약목적물을 시공하는데 직접 소요되는 경비로서 **기계경비, 운반비, 전력비, 가설비, 지급임차료, 보관비, 외주가공비, 특허권 사용료, 기술료, 보상비, 연구개발비, 품질관리비, 폐기물처리비 및 안전관리비**가 있나.

간접공사경비는 **산재보험료, 고용보험료, 국민건강보험료, 국민연금보험료, 건설근로자퇴직공제부금비, 산업안전보건관리비, 환경보전비**, 기타 관련 법령에 규정되어 있거나 의무로 지워진 경비로서 공사원가계산에 반영토록 명시된 **법정경비** 그리고 **7개 항목**을 묶은 **기**

타경비(수도광열비, 복리후생비, 소모품비, 여비·교통비·통신비, 세금과 공과, 도서인쇄비 및 지급수수료)가 있으며, 기타경비는 다음 산정 식을 적용하여 계산하고 있다.

기타경비 = (재료비 + 노무비) × 기타경비 기준율

그러나 조달청에서는 **지급수수료**에 해당하는 **건설기계대여금 지급보증액 발급금액, 건설하도급대금 지급보증액 발급수수료, 공사이행보증 수수료**를 표 2.30~2.31로 제시하고 있어서 **기타경비**에 **지급수수료**를 제외한 **수도광열비, 복리후생비, 소모품비 및 사무용품비, 여비 · 교통비 · 통신비, 세금과 공과, 도서인쇄비**의 **6개 항목**으로 묶어서 **표 2.44** 공사원가계산 기타경비 기준율 적용기준율을 적용하여 다음 산정 식에 따라 계산하고 있다.

기타경비 = (재료비 + 노무비) × 기타경비 기준율

본서의 **U형 측구공사 공사비 내역서 작성 실례의 경비 비목**은 직접공사경비 비목과 간접공사경비 비목 중에 U형 측구공사에 소요되는 **기계경비**와 임의로 가정한 **지급임차료, 품질관리비, 산재보험료, 산업안전보건관리비**만을 적용하여 공사원가계산서를 작성한다.

① 지급임차료

지급임차료로 계상되는 현장사무소 임차료는 **900,000원**으로 임의로 가정하여 계상한다.

② 품질관리비

품질관리비로 계상되는 토질시험비는 **1,800,000원**으로 임의로 가정하여 계상한다.

③ 산재보험료

산재보험료로 계상을 위한 **산업재해보험요율** 산정은 연도별 건설업종 산업재해보상보험적용 요율표(**표 2.50**)에서「**공사기간 1개월 이상 모든 공사는 3.75%**」를 적용하도록 규정되어 있고, 본 U형 측구 공사의 산업재해보험요율도 3.75%를 적용한다.

$$\textbf{산재보험료} = \text{노무비} \times \text{산업재해보험요율}$$
$$= (\text{직접 노무비} + \text{간접 노무비}) \times \text{산재보험요율}\left(\frac{3.75}{100}\right)$$

► 산재보험료 $= (219,282,423\text{원}_{\text{직노}} + 32,234,516\text{원}_{\text{간노}}) \times \frac{3.75}{100}$

$= 251,516,939\text{원} \times \frac{3.75}{100}$

$= 9,431,885\text{원}$

④ 산업안전보건관리비

산업안전보건관리비는 기본비용과 별도계상비용의 합계액으로 한다. 토목공사 현장의 교통정리비, 안전장치 등에 소요되는 **별도계상비용**은 **1,000,000원**으로 임의로 가정하여 계상한다.

산업안전보건관리비 = 기본비용+별도계상비용

기본비용 = (재료비+직접 노무비)×산정기준율
= (직접 재료비+간접 재료비+직접 노무비)×0.0248

► 산업안전보건관리비(기본비용+별도비용)

= {(34,288,756원$_{직재}$+**18,560,640원**$_{간재}$+219,282,423원$_{직노}$)×0.0248}
+1,000,000원$_{별도비용}$
= 6,748,869원 + 1,000,000원
= **7,748,869원**

⑤ 기계경비

본 U형 측구 공사의 공사비 내역서 작성 실례는 앞에서 언급하였듯이 다양한 작업공종으로 구성된 공사비 내역서를 작성하기 위하여 경제성과 관계없이 임의로 **토공**은 **인력 토공 작업**과 **콘크리트공**은 **인력 타설 작업**을 선정하였고, 여기에 **거푸집공 합판거푸집(6회)**를 더하여 공사비 내역서를 작성하였다. 따라서 **기계경비**는 **인력 타설 작업**과 관련된 자재운반, 즉 [**시멘트 운반(덤프트럭)+모래 신기(백호) 및 운반(덤프트럭)+자갈 신기(백호) 및 운반(덤프트럭)**]에 소요되는 **기계손료비와 관련된 경비**를 산정하여 **공사원계계산서**의 재료비, 노무비, 경비로 구성된 **순공사원가**의 **경비**에 **기계경비** 비목으로 작성한다.

► 기계경비

= 인력 타설 작업의 백호와 덤프트럭으로 자재 운반에 소요되는 경비(기계손료)와 관련된 경비 합계
= (덤프트럭의 시멘트 운반+백호 모래 신기+백호 자갈 신기+덤프트럭 모래 운반 +덤프트럭 자갈 운반)
= (5,688포×87.6원/포)$_{덤시운}$+(320m^3×210.3원/m^3)$_{백모신}$+(640m^3×210.3원/m^3)$_{백자신}$
+(320m^3×1,477.8원/m^3)$_{덤모운}$+(640m^3×1,477.8원/m^3)$_{덤자운}$

= (498,268원+67,296원+134,592원+472,896원+945,792원)

= 2,118,844원

만약, 본 U형 측구 공사의 비용 산출에서 더 경제적인 **기계 토공 작업 비용**과 **레미콘 타설 작업 비용**, 여기에 **거푸집공**으로 공사비 내역서를 작성한다면, **기계경비**는 **기계 토공 비용**과 관련된 **기계 터파기**에 소요되는 **경비(터파기 수량 × 터파기 단위 작업당 경비 = 1,800m^3 × 205.8원/m^3 = 370,440원)**만을 산정하여 공사원계계산서의 순공사원가의 경비에 **기계경비** 비목으로 작성하여야 한다.

⑥ 기타경비

기타경비를 산정하기 위한 **기타경비 기준율 산정**은 조달청 발주공사의 경우 **표 2.44**의 조달청 자료를 적용하고, 조달청 발주공사가 아니라도 **표 2.44**를 적용하고 있는 추세여서 실무에서 합리적으로 활용할 수 있을 것으로 판단된다. **표 2.45**는 대한건설협회의 완성공사 원가분석자료를 분석하여 제시한 자료로 공사규모가 5억 원 미만, 5억 원 이상~30억 원 미만, 30억 원 이상으로 분류하고 있는 것으로 보아 **표 2.44**와 달리 현재 건설산업 현실에 맞게 조정되기 이전의 자료임을 알 수 있다. 이 점을 고려해 볼 때, **표 2.45**는 활용할 수 없는 자료로 판단되지만, 본서에서는 **U형 측구공사의 실례**가 **공사금액이 매우 적은 학습 예제임을 고려하여 표 2.45**를 적용해서 **기타경비 기준율**을 산정하였다. 만약, 독자들이 조달청 자료를 기준으로 **기타경비 기준율**을 산정하고 싶다면, 어렵지 않게 **표 2.44**를 활용하여 산정할 수 있다.

표 2.45를 활용하여 **기타경비 기준율**을 산정해보면, **공종**은 토목, **공사규모**는 5억 원 미만, **공사기간**은 6개월 이상 ~ 12개월 미만으로 다음과 같이 산정된다.

$$\textbf{기타경비 기준율} = \left(\frac{6.1406 + 3.3297 + 5.0062}{3}\right) = 4.825\%$$

▸ 기타경비

= (재료비+노무비)×기타경비 기준율

= (직접 재료비+간접 재료비+직접 노무비+간접 노무비)×0.04825

= (34,288,756원$_{직재}$+18,560,640원$_{간재}$+219,282,423원$_{직노}$+32,234,516원$_{간노}$) × 0.04825

= 14,685,675원

나. 총공사원가

총공사원가(총원가)는 재료비, 노무비, 경비로 구성된 **순공사원가**에 **일반관리비 6% 이내**와 **이윤**을 금액을 말한다. 이윤율은 15% 이내로 **보통 10%를 적용**한다.

총공사원가(총원가)=재료비+노무비+경비+일반관리비+이윤

① **일반관리비=순공사원가(재료비+노무비+경비)×일반관리비율(6%)**

② **이윤=(노무비+경비**(기술료와 외주가동비 제외)**+일반관리비)×이윤율(10%)**

► 총공사원가(총원가)

= 재료비+노무비+경비+일반관리비+이윤

= 재료비+노무비+(직접 계상 경비 비목+기준율 적용 계상 경비)+일반관리비+이윤

= **재료비+노무비+{(지급임차료+품질관리비+산재보험료+산업안전보건관리비 +기계경비)+기준율 적용 계상 경비)}+{(재료비+노무비+경비)×일반관리비율(6%)} +{(노무비+경비+일반관리비)×이윤율)}**

= {(34,288,756원+18,560,640원)재료비+(219,282,423원+32,234,516원)노무비+ +{(900,000원지급임차+1,800,000원품질관리+9,431,885원산재보+7,748,869원산안보 +2,118,844원기계경비)+14,685,675원기준율}경비 +{(52,849,396원+251,516,939원+36,685,273원)재+노+경×0.06}일반관리비 +{(251,516,939원+36,685,273원+20,463,096원)노+경+일×0.1}이윤

= 52,849,396원재료비+251,516,939원노무비+36,685,273원경비 +(341,051,608원×0.06)일반관리비+(308,665,308 ×0.1)이윤

= 341,051,608원재+노+경 + 20,463,096원일반관리비 + 30,866,530원이윤

= 392,381,234원

다. 예정가격

예정가격은 **총공사금액**에 **관급자재비**를 제외한 금액(공사손해보험료를 계상할 때는 도급자 설치 관급자재비를 고려한 금액)으로 계약 담당 공무원이 **낙찰자** 또는 **계약자**를 결정하기 위한 기준으로 삼는 금액을 말한다. **예정가격**은 **총공사원가**에 **공사손해보험료[(총공사원가+도급자설치 관급자재비)×요율]**와 **부가가치세**를 더한 금액으로 계상하는 것이 원칙이지만, 본 실례에서는 **공사손해보험료는 고려하지 않고 계상**한다.

예정가격(도급금액) = (총공사원가+공사손해보험료)+부가가치세
=총공사원가+부가가치세

여기서, **부가가치세**란 사업에서 생기는 부가가치를 과세표준으로 하여 그 사업을 경영하는 개인이나 법인에게 매기는 세금으로 공사원가에 **10%**로 규정된 부가가치세율을 곱한 금액으로 한다.

부가가치세=총공사원가(총원가) × 10%

► 예정가격(도급금액) = (총공사원가+공사손해보험료)+부가가치세
= 392,381,234원+0원+(392,381,234원×0.1)
= 431,619,357원

2.3.5 공사비 내역서 작성

공사비 내역서를 구성하고 있는 **시간당 기계(장비 혹은 중기)사용료**, **일위대가(산근)**, **일위대가(호표)**, **공사비 내역서** 그리고 **공사원가계산서** 작성에 적용된 공종들은 **토공**은 **인력토공 작업**, **콘크리트공**은 **인력 타설 작업**, **거푸집공**은 **합판거푸집(6회) 비용**이며, 이 3가지 공종을 대상으로 **공사비 내역서**가 작성되었고 그 결과는 표 6.36(1) ~ 표 6.41과 같다.

단, **공사비 내역서 작성 실례**의 금액 **431,619,357원**과 **공사원가계산서**의 금액 **431,613,130원**에서 약간의 차이 발생하는데, 이 차이의 원인은 표 6.35 일위대가의 금액 단위의 표준의 반영유무(反映有無), 즉 표 6.35의 기준을 미반영한 **공사비 내역서 작성 실례의 금액**과 표 6.35의 기준을 반영한 표 6.36(1) **공사원가계산서의 금액**에 의한 것이다.

표 6.35 금액 단위의 표준(표준품셈)

구분	단위	소수	비고
일위대가표의 단가란	원	0.01(2위)	미만 버림
일위대가표의 금액란	원	0.1(1위)	미만 버림
일위대가표의 소계	원	0.1(1위)	미만 버림
일위대가표 계(합계)	**원**	**정수(단위한)**	미만 버림
설계서 또는 내역서의 단가란	원	정수(단위한)	미만 버림
설계서 또는 내역서의 금액란	원	정수(단위한)	미만 버림
설계서 또는 내역서의 소계	원	정수(단위한)	미만 버림
설계서 또는 내역서의 계(합계)	원	정수(단위한)	미만 버림
설계서의(원가계산서) 총액	원	1,000	이하 버림

표 6.36(2)는 표 6.36(1) 공사원가계산서의 총액에 표 6.35 금액 단위의 표준 1,000원 이하 버림하여 계산한 공사원가계산서이다. 계산방법은 표 6.36(2)의 [해설]을 참고하기 바란다.

표 6.36(1) 공사원가계산서

비목			금액	구성비
순공사원가	재료비	직접재료비	34,285,056	
		간접재료비	18,560,640	
		작업설 · 부산물(△)		
		소계	**52,845,696**	
	노무비	직접노무비	219,284,994	
		간접노무비	32,234,894	직접노무비 × 14.7%
		소계	**251,519,888**	
	경비	경비[주1)]	2,114,376	
		지급임차료	900,000	
		품질관리비	1,800,000	
		산재부험류	9,431,995	노무비 × (3.75/100)
		산업안전보건관리비	7,748,841	기본비용{(재료비+직접노무비)×0.0248} + 별도계상비용
		기준율 적용 계상 경비	14,685,639	(재료비+노무비)×4.825%
		소계	**36,680,851**	
일반관리비			20,462,786	순공사비(재료비+노무비+경비) × 6%
이윤			30,866,352	(순공사비–재료비+일반관리비) × **10%**
총공사원가			**392,375,573**	
부가가치세			39,237,557	총공사원가 × 10%
총공사비 (예정가격 · 도급금액)			**431,613,130**	주) **공사비 내역서 작성 실례의 431,619,357(431,613, 130)**원와 약간의 차이는 소수처리에 의한 것임

주 1) 경비 비목에는 기계경비가 포함되어 있음

표 6.36(2) 공사원가계산서

비목			금액	구성비
순공사원가	재료비	직접재료비	34,285,056	
		간접재료비	18,560,640	
		작업설 · 부산물(△)		
		소계	**52,845,696**	
	노무비	직접노무비	219,284,994	
		간접노무비	32,234,894	직접노무비 × 14.7%
		소계	**251,519,888**	
	경비	경비	2,114,376	
		지급임차료	900,000	
		품질관리비	1,800,000	
		산재보험료	9,431,995	노무비 × (3.75/100)
		산업안전보건관리비	7,748,841	기본비용{(재료비+직접노무비)×0.0248} + 별도계상비용
		기준율 적용 계상 경비	14,685,639	(재료비+노무비)×4.825%
		소계	**36,680,851**	
일반관리비			20,462,786	순공사비(재료비+노무비+경비)×6%
이윤			30,860,779	(순공사비−재료비+일반관리비)×**10%(이내)** **= 30,866,352−5,573**
총공사원가			**392,370,000**	
부가가치세			39,237,000	총공사원가 × 10%
총공사비 (예정가격 · 도급금액)			**431,607,000**	주) **공사비 내역서 작성 실례의 431,619,357(431,607, 000)**원와 약간의 차이는 소수처리와 1,000이하 버림에 의한 것임

해설 총공사원가 392,375,573원의 **5,573원**을 이윤 30,866,352원에 **5,573원**을 감해서 천단위 이하 버림하여 계산함. 즉 30,866,352원-5,573원=**30,860,779원**으로 계산하고 부가가치세와 총공사비를 집계하면 총공사비 천단위 이하를 버림하여 계산됨.

단, 이윤구성비란에 이윤을 **10% 이내**로 표기해야 함.

표 6.37 공사비내역서

공종명	규격	단위	수량	재료비		노무비		경 비		합 계	비 고
				단가	금액	단가	금액	단가	금액		
OO 도로공사			**1**		**52,845,696**		**219,284,994**		**2,114,376**	**274,245,066**	
1.4.1.3 U형 측구			**1**		**52,845,696**		**219,284,994**		**2,114,376**	**274,245,066**	
1.4.1.3.1 토공			**1**				**38,308,248**			**38,308,248**	
1.4.1.3.1.1 측구 터파기	보통토사	m^3	1,800			7,547	13,584,600			13,584,600	Ho. 1
1.4.1.3.1.2 잔토처리	보통토사	m^3	1,152			15,094	17,388,288			17,388,288	Ho. 2
1.4.1.3.1.3 되메우기	보통토사	m^3	648			11,320	7,335,360			7,335,360	Ho. 3
1.4.1.3.2 콘크리트공			**1**		**34,285,056**		**141,518,814**		**2,114,376**	**177,918,246**	
1.4.1.3.2.1 시멘트 운반	보통 (인력)	포	5,688			164	932,832			932,832	산근 # 1
1.4.1.3.2.2 시멘트 운반	보통 (덤프트럭)	포	5,688	105	597,240	134	762,192	87	494,856	1,854,288	산근 # 2
1.4.1.3.2.3 모래 싣기	강모래	m^3	320	88	28,160	267	85,440	210	67,200	180,800	산근 # 3
1.4.1.3.2.4 자갈 싣기	자연자갈	m^3	640	88	56,320	267	170,880	210	134,400	361,600	산근 # 3
1.4.1.3.2.5 모래 운반	강모래	m^3	320	1,782	570,240	2,257	722,240	1,477	472,640	1,765,120	산근 # 4
1.4.1.3.2.6 자갈 운반	자연자갈	m^3	640	1,782	1,140,480	2,257	1,444,480	1,477	945,280	3,530,240	산근 # 4
1.4.1.3.2.7 콘크리트 배합	1:2:4	m^3	711	44,856	31,892,616	101,801	72,380,511			104,273,127	Ho. 4
1.4.1.3.2.8 콘크리트 타설	보통	m^3	711			91,449	65,020,239			65,020,239	Ho. 5
1.4.1.3.3 거푸집공			**1**		**18,560,640**		**39,457,932**			**58,018,572**	
합판거푸집	6회	m^2	4,143	4,480	18,560,640	9,524	39,457,932			58,018,572	Ho. 7

표 6.38 일위대가(호표)

공종명	규격	단위	수량	재료비		노무비		경 비		합 계		비 고
				단가	금액	단가	금액	단가	금액	단가	금액	
Ho.1 호표 측구터파기(인력)	**보통토사**	m^3	1									
보통인부		인	0.2			37,736.00	7,547.2			37,736.00	7,547.2	
계							**7,547**				**7,547**	

공종명	규격	단위	수량	재료비		노무비		경 비		합 계		비 고
				단가	금액	단가	금액	단가	금액	단가	금액	
Ho.2 호표 잔토처리(인력)	**보통토사**	m^3	1									
보통인부		인	0.4			37,736.00	15,094.4			37,736.00	15,094.4	
계							**15,094**				**15,094**	

공종명	규격	단위	수량	재료비		노무비		경 비		합 계		비 고
				단가	금액	단가	금액	단가	금액	단가	금액	
Ho.3 호표 되메우기(인력)	**보통토사**	m^3	1									
보통인부		인	0.3			37,736.00	11,320.8			37,736.00	11,320.8	
계							**11,320**				**11,320**	

공종명	규격	단위	수량	재료비		노무비		경 비		합 계		비 고
				단가	금액	단가	금액	단가	금액	단가	금액	
Ho.4 호표 콘크리트 배합(인력)	**1:2:4**	m^3	1									
시멘트	보통	kgf	320	67.05	21,456.0					67.05	21,456.0	
모래	강모래	m^3	0.45	16,000.00	7,200.0					16,000.00	7,200.0	
자갈	자연자갈	m^3	0.90	18,000.00	16,200.0					18,000.00	16,200.0	
콘크리트공		인	0.9			71,184.00	64,065.6			71,184.00	64,065.6	
보통인부	보통	인	1.0			37,736.00	37,736.0			37,736.00	37,736.0	
계					**44,856**		**101,801**				**146,657**	

공종명	규격	단위	수량	재료비		노무비		경 비		합 계		비 고
				단가	금액	단가	금액	단가	금액	단가	금액	
Ho.5 호표 콘크리트 타설(인력비빔)	**무근**	**m^3**	**1**									
콘크리트공		인	0.85			71,184.00	60,506.4			71,184.00	60,506.4	
보통인부	보통	인	0.82			37,736.00	30,943.5			37,736.00	30,943.5	
계							**91,449**				**91,449**	

공종명	규격	단위	수량	재료비		노무비		경 비		합계		비 고
				단가	금액	단가	금액	단가	금액	단가	금액	
Ho.6 호표 합판거푸집	**1회사용**	**m^2**	**1**									
합판	두께 12mm	m^2	1.03	6,600.00	6,798.0					6,600.00	6,798.0	
각재	45×45×360cm	m^3	0.038	294,118.00	11,176.4					294,118.00	11,176.4	
철선	#20. ∅=0.9mm	kgf	0.29	495.00	143.5					495.00	143.5	
못	N75. ∅=3.25mm	kgf	0.20	660.00	132.0					660.00	132.0	
박리제	목재성 (수성)	ℓ	0.19	280.00	53.2					280.00	53.2	
형틀목공	–	인	0.28			75,306.00	21,085.6			75,306.00	21,085.6	
보통인부	보통	인	0.23			37,736.00	8,679.2			37,736.00	8,679.2	
고재처리	–	%	30		–5,392.3						–5,392.3	
소계					**12,910.8**		**29,764.8**				**42,675.6**	
Ho.7 호표 합판거푸집	**6회사용**	**m^2**	**1**									
합판거푸집	1회사용	m^2	1	12,910.8		29,764.8				42,675.6		
	적용비율			(34.7)		(32.0)					14,004.7	
계					**4,480**		**9,524**				**14,004**	

표 6.39 일위대가(산근)

산 출 근 거	재료비	노무비	경 비	합 계	비 고
산근 # 1. 시멘트 운반(인력) Q: 1일 운반량(포, 보통인부 1인당 일 230포 운반함) N: 1일 운반횟수 q : 1회 운반량(m^3 혹은 kgf, 혹은 포) $N=\dfrac{T}{\dfrac{60\times L\times 2}{V}+t}=\dfrac{V\times T}{120L+V\times t}=\dfrac{2,500\times 450}{120\times 20+2,500\times 1}\fallingdotseq 230$회/일 T: 1일 실작업시간(480 − 30분 = 450분) L : 운반거리(20m) V: 왕복평균 운반속도(2,500m/hr) t : 싣고 부리는 시간(토사에서 지게운반일 때 $t=1.5$분, 시멘트이므로 2/3정도 고려 1분으로 함) $Q=N\cdot q=230$회/일 × 1포/회 = 230포/일 · 노무비 $=\dfrac{37,736\text{원/일}}{230\text{포/일}}=164.0$원/포		164.0		164.0	
계		164		164	

산 출 근 거	재료비	노무비	경 비	합 계	비고
산근 # 2. 시멘트 운반(덤프트럭 8톤) q_t : 덤프트럭의1대적재량 $q_t = \frac{T}{\gamma_t} \times L = \frac{8,000kgf}{40kgf/포} \times 1 = 200포$ T: 덤프트럭의적재중량(tf) L: 1(시멘트포, 시멘트체적변화 없음) γ_t: $40kgf/포$(시멘트 단위중량) f : 1 E : 0.9(작업효율) $Cm: t_1 + t_2 + t_3 + t_4$ ① 싣고(t_1) 부리(t_3)는 시간 인부 5인 1조 1시간당 싣고 부리는 양 $= 5인 \times 230포/일(인) \times \frac{1}{8} = 143.8포/hr(5인)$ $t_1 + t_3 = \frac{덤프트럭1대적재량}{인부5인1조1시간당싣고부리는양} = \frac{200포}{143.8포/hr}$ $= 1.39hr \times 60 = 83.4분$					

산 출 근 거	재료비	노무비	경 비	합 계	비 고
② 왕복시간(t_2) $t_2 = \frac{\text{운반거리}}{\text{적재시 평균주행속도}} + \frac{\text{운반거리}}{\text{공차시 평균주행속도}}$ $= (\frac{10}{25} + \frac{10}{30}) \times 60 = 44.0$분 ③ 적재대기시간($t_3$) = 0.42분 ④ 적재함 덮개설치 및 해체시간(t_5)는 없는 것으로 함 $C_m = 83.4 + 44.0 + 0.42 = 127.8$분 $Q = \frac{60 \times q_t \times f \times E}{C_m} = \frac{60 \times 200 \times 1 \times 0.9}{127.8} = 84.51$포$/hr$ · 재료비 = $\frac{8,928\text{원}/hr}{84,51\text{포}/hr}$ = 105.6원/포 · 노무비 = $\frac{11,306\text{원}/hr}{84,51\text{포}/hr}$ = 133.7원/포 · 경　비 = $\frac{7,404\text{원}/hr}{84,51\text{포}/hr}$ = 87.6원/포	105.6	133.7	87.6	105.6 133.7 87.6	
계	105	134	87	326	

산 출 근 거	재료비	노무비	경 비	합 계	비 고
산근 # 3. 모래, 자갈 싣기(백호 0.7m³)					
$q = q_o \times K = 0.7 \times 0.8 = 0.56m^3$(흐트러진상태)					
(모래, 자갈이므로 $K = \frac{0.9+0.7}{2} = 0.8$)					
E: 0.70(흐트러진모래, 자갈의 보통일 때를 기준으로 하여 $\frac{0.75+0.65}{2} = 0.70$)					
C_m : 19초(회전각도 90° 로가정)					
$Q = \frac{3,600 \times q \times f \times E}{C_m} = \frac{3,600 \times 0.56 \times 1 \times 0.7}{19} = 74.27m^3/hr$					
· 재료비 = $\frac{6,563\text{원}/hr}{74.27m^3/hr} = 88.3\text{원}/m^3$	88.3			88.3	
· 노무비 = $\frac{19,794\text{원}/hr}{74.27m^3/hr} = 266.5\text{원}/m^3$		266.5		266.5	
· 경　비 = $\frac{15,620\text{원}/hr}{74.27m^3/hr} = 210.3\text{원}/m^3$			210.3	210.3	
계	88	267	210	565	

산 출 근 거	재료비	노무비	경 비	합 계	비 고

산근 # 4. 모래, 자갈 운반(덤프트럭 8톤)

$$q_t = \frac{T}{\gamma_t} \times L = \frac{8}{1.75} \times 1 = 4.57m^3$$

T: 덤프트럭의 적재중량(tf)

L: 1(흐트러진 상태의 모래, 자갈 토량변화율)

γ_t: $1.75tf/m^3$(흐트러진 상태의 모래, 자갈 습윤밀도)

E: 0.9(작업효율)

f: 1(흐트러진 상태)

$$Cm = t_1 + t_2 + t_3 + t_4 = 4.07 + 44 + 0.8 + 0.42 = 49.29\text{분}$$

① 실는 시간(t_1)

$$t_1 = \frac{C_{ms}}{60} \times n \times \frac{1}{E_S} = \frac{19ses}{60} \times 9\text{회} \times \frac{1}{0.70} = 4.07\text{분}$$

$$n = \frac{q_t}{q_{s \times K}} = \frac{\frac{T}{\gamma_t} \cdot L}{q_s \times K} = \frac{4.57}{0.7 \times 0.8} = 9\text{회}$$

n: 8톤 덤프트럭 1대의 토량을

적재하는데 소요되는 적재기계의 사이클 횟수

q_t: 덤프트럭 1대의 적재토량(m^3)

q_s: 백호의 버켓용량(m^3)

K: $\frac{0.9+0.7}{2} = 0.8$(모래, 자갈인 경우 버켓계수)

E_s: 0.7(백호 작업의 모래, 자갈 작업효율)

산출근거	재료비	노무비	경 비	합 계	비 고
② 왕복운전시간$(t_2) = (\frac{10}{25}+\frac{10}{30})\times 60 = 44$분$(t_2)$					
③ 하역대기시간$(t_3) = 0.8$분					
④ 적재대기시간$(t_4) = 0.42$분					
$Q=\frac{60\times q_t\times f\times E}{C_m}=\frac{60\times 4.57\times 1\times 0.9}{49.29}=5.01m^3/hr$					
· 재료비 $=\frac{8,928원/hr}{5.01m^3/hr}=1,782,0원/m^3$	1,782.0			1,782.0	
· 노무비 $=\frac{11,306원/hr}{5.01m^3/hr}=2,256,6원/m^3$		2,256.6		2,256.6	
· 경 비 $=\frac{7,404원/hr}{5.01m^3/hr}=1,477.8원/m^3$			1,477.8	1,477.8	
계	1,782	2,257	1,477	5,516	

표 6.40 백호($0.7m^3$ 타이어)시간당 기계(장비 혹은 중기)사용료

중기명 : 백호($0.7m^3$ 타이어) 중기가격 : 72,720천원						분류코드 :
구분		단위	수량	단가	금액	비고
경비	백호(타이어)	원	0.2148	72,720	15,620	
	소계				**15,620**	
재료비	경유	ℓ	10.5	500	5,250	
	잡품	%	25		1,313	
	소계				**6,563**	
노무비	중기운전사	인	1.0	12,606	12,606	
	중기운전조수	인	0.5	9,465	4,732	
	중기조장	인	0.2	12,281	2,456	
	소계				**19,794**	
	총계				**41,977**	

표 6.41 덤프트럭(8톤) 시간당 기계(장비 혹은 중기)사용료

중기명 : 덤프트럭(8톤) 중기가격 : 21,849천원						분류코드 :
구분		단위	수량	단가	금액	비고
경비	덤프트럭	원	0.3389	21,840	7,404	
	소계				**7,404**	
재료비	경유	ℓ	12.4	500	6,200	
	잡품	%	44		2,728	
	소계				**8,928**	
노무비	중기운전사	인	1.0	11,306	11,306	
	소계				**11,306**	
	총계				**27,638**	

과 제

앞의 공사비 내역서 작성 실례에서 더 경제적인 토공(기계 토공 작업)과 콘크리트공(레미콘 타설 작업) 그리고 거푸집공의 합판푸집공(6회)로 공사비 내역서를 작성하라.

MEMO

CHAPTER 07

계약 금액의 조정

1. 물가변동에 의한 계약금액 조정 제도
2. 설계변경에 의한 계약금액 조정제도
3. 용어정리
4. 지수조정률 산정방법
5. 품목조정률 산정방법

CHAPTER 07

계약 금액의 조정

건설공사는 공사 수행 중에 물가변동이나 현장조건과 당초 설계조건이 상이하여 계약금액의 조정이 불가피하다. 이 계약금액의 조정은 물가변동에 의한 조정과 설계변경에 의한 조정이 있다. 또한 물가변동에 의한 조정방법에는 지수조정률에 의한 조정과 품목조정률에 의한 조정방법이 있다.

본 장에서는 물가변동에 의한 계약금액 조정과 설계변경에 의한 계약금액 조정의 법적인 근거[5)]를 살펴보고, 그에 따른 계약금액의 조정 내용을 학습예제로 살펴본다.

1. 물가변동에 의한 계약금액 조정 제도

물가변동에 의한 계약금액 조정은 국가계약법 제19조, 국가계약법시행령 제64조(물가변동으로 인한 계약금액조정), 국가계 약법시행령 제65조(설계변경으로 인한 계약금액조정), 국가계약법시행령 제66조(기타계약내용 변경으로 인한 계약금액조정), 국가계약법시행규칙 제74조, 회계예규 "지수조정률 산출 요령", 회계예규 "공사계약일반조건 제20조, 제22조, 제23조", 물품구매계약 일반 조건, 기술용역계약 일반조건 관련 조문, 기타 회계통첩 등에 규정되어 있다.

1.1 조정신청 및 조정이행 의무

가. 조정신청의 전제

(1) 이해관계가 대립되는 공사도급계약에서 상대방의 신청 또는 주장없이 계약금액이 조정된다고 보기는 현실적으로 어려우며, 이해관계가 있는 자(계약금액이 증액된 경우: 계약상대자, 감액된 경우: 발주기관)가 조정을 요청, 청구권을 행사하여야 한다고 보아야 할 것이다.

5) 계약금액 조정실무, 현대산업정보연구원, 적산연구센터, 2005.

(2) 공사계약 일반조건의 개정('93.10.20)으로 증액금의 경우에는 계약자의 신청에 의하여 조정하도록 명시하였다.

(3) 물가변동신청이란 국가를 당사자로 한 계약에 관한 법률(국가계약법) 시행령 제64조 및 시행규칙 제74조에서 정한 계약금액조정요건의 성립을 증명할 수 있는 관계서류를 첨부하여 조정신청을 하는 경우 성립되며, 단순히 조정요구 공문을 제출하는 경우에는 신청행위로 볼 수 없다고 본다.

(4) 특히, 건설기술진흥법(구, 건설기술관리법)의 규정에 의거 책임감리를 수행중인 현장의 경우에는 감리회사가 계약상대가 아니므로 재정경제부에서는 반드시 계약담당 공무원에게 제출하는 것만을 비로소 조정신청이라고 하고 유권해석을 내리고 있으므로 책임감리제도 하의 현장에서도 우선적으로 계약금액조정 신청서는 계약담당 공무원에게 접수하여야 한다.

나. 조정신청할 때 이행 의무

(1) 종전의 규정에서는 [······조정할 수 있다]는 임의 규정으로서 조정요건이 충족되어 계약상대자가 신청을 하여도 발주관서에서 거부하는 사례가 발생되었으나 이러한 조정 기피 사례를 방지토록 한 업계의 건의를 반영하여 ['83.3.28 개정 시에는 … 조정한다]로 강행 규정으로 개정하였다.

(2) 또한 개정된 시행규칙에 의해 특별한 사유가 없는 한 계약금액 증액신청을 받은 계약담당공무원은 접수 후 30일 이내에 계약금액을 조정하여야 한다. 다만, 예산배정의 지연 등 불가피한 경우 계약 상대자와 합의연장도 가능하다.

(3) 계약자의 조정요구에 대한 조정지급은 발주처의 의무사항이며, 따라서 국가계약법 시행령 제64조에 규정한 조정요건이 충족되면 발주관서는 의무적으로 물가변동으로 인한 계약금액조정을 하도록 하고 있으며, 계약금액조정을 배제하는 특약규정은 국가계약법령에 위배되는 것이다.

다. 예산이 부족할 때 공사량 조정

(1) 물가변동으로 인한 계약금액 조정사유가 발생되어 계약금액을 조정함에 있어 계약금액을 증액하여야 할 경우로서 이를 증액할 예산이 없는 때에는 공사량을 조정하여 대가를 지급할 수 있도록 되어 있다.

(2) 장기계속공사일 때 각 차수별 예산이 한정되어 있는 경우 해당차수의 물가증액분에 해당되는 일부 공사물량을 다음 차수 또는 잔여차수 분으로 이월하는 방법으로 해당차수의

물가변동증액 분을 반영할 수 있다. 즉, 증액할 때에는 예산확보가 불가능하더라도, 공사량 또는 제조량을 조정하여 실질적인 계약금액조정이 이루어지도록 하여야 한다. 그러나 실무상으로는 공사량의 조정이 용이하지 않으며 발주관서에서는 추경 등을 통해서라도 부족한 예산을 확보하여 실질적인 계약금액조정이 이루어지도록 해야 한다고 본다.

1.2 기간요건

가. 계약체결 후 90일 이상 경과

(1) 물가변동으로 인한 계약금액의 조정은 계약체결 후 60일 이상 경과했을 때, 즉, 계약체결일(직전 조정기준일)을 불산입하고 그 익일부터 가산하여 61일이 되는 날부터 적용한다. 그러나 재정경제부에서 발표('05.7.1.) 공시한 조정기준일은 체약체결일 또는 전차 조정기준일로부터 90일을 경과하고 지수 또는 품목조정률이 3% 이상 증가된 시점으로 변경하여 시행하고 있다.

(2) 계약금액조정 전에 설계변경을 하더라도 기간산정시점은 당초 계약체결일이다. 단, 신규 단가의 등락률의 기산일로 이용한다. 계약체결 시 계약 체결일 대신 입찰일을 기준 시점으로 하는 특약을 정할 수 있다.

나. 기간요건 경과의 취지

(1) 일정기간의 기간요건을 둔 것은 계약당사자는 계약체결 시점으로부터 일정기간 동안의 물가 변동을 어느 정도 예측하여 계약에 반영한 것으로 간주하고, 그 기간 이상이 되는 경우에만 물가변동을 반영할 수 있도록 한 것이라 하겠다. 이것은 예측에 어려움이 있어도 정해진 기간 이내에 변경하는 것은 절차상 번잡하여 물가변동은 반영하지 않겠다는 취지이다.

(2) 현행 기간요건은 89년 12월 예산회계법 시행령을 개정할 때, 90일에서 120일로 더 강화하였으나 물가급등으로 인한 업체의 자금 부담을 완화하기 위하여 '98년 3월 24일부터 기간요건을 당분간 60일로 단축하였다. 그러나 '05년 7월 법령을 개정하여 다시 90일로 조정하여 적용하고 있다. 이것은 경제 여건에 따라 기간요건은 법령 개정을 통해 신축적으로 운영하고 있음을 알 수 있다.

다. 장기계속계약의 기산일

(1) 장기계속계약의 경우 총공사금액을 부기하고 당해 연도 예산범위 내에서 수차에 걸쳐 분할 계약을 체결하게 된다.

(2) 종전에는 각 차수별 계약체결일을 기산일로 하였으나 '86년 4월 1차 계약체결일에 총공사금액으로 계약을 체결한 것으로 간주하여 물가연동제를 개선하였다. 따라서, 장기계속계약의 경우 기간요건 기산일은 1차 계약체결일이 된다.

라. 발주자 측의 사정으로 중지된 기간포함

계약상대자의 책임이 없는 사유로 공사가 중지된 경우 그 중지된 기간도 기간요건을 산정할 때 포함된다(회제125-63, '92.09.25).

마. 2차 이후의 조정

(1) 계약체결 후 물가변동으로 인한 계약금액조정 요건이 충족되어 계약금액을 조정한 후, 다시 계약금액 일부를 조정하려면 직전조정기준일로부터 기산(起算; 일정한 때나 장소를 기점으로 잡아서 계산을 시작함)하여 다시 90일 이상 경과하고 품목 또는 지수조정률이 3% 이상의 증감요건이 충족되어야 한다.

(2) 여기서 "직전조정기준일"이란 물가변동으로 인한 계약금액조정 요건이 충족된 날(즉, 90일 이상 경과하고 조정률이 3% 이상의 요건이 동시에 충족한 날)을 의미하며, 계약금액을 조정신청한 날 또는 실제로 조정하였거나 지급한 날과는 무관하다.

1.3 등락요건 및 조정방법

가. 등락요건

등락요건은 변경 전 조정률(품목 또는 지수)이 100분의 3 이상 증감이 있어야한다. 이것은 계약을 체결한 후 물가 변동으로 인하여 증감된 금액을 조정함에 있어 품목 또는 지수조정률이 최소한 100분의 3 이상(±3%)은 등락이 있어야 이를 반영한다는 취지이다.

나. 조정방법의 선택과 명시

(1) 동일한 계약에서 품목 조정방법과 지수조정방법을 동시에 적용할 수 없으며 계약을 체결할 때 하나의 방법을 선택하여 계약서에 명시하여야 한다. 계약을 할 때 미리 구체적인 조정방법을 명시하지 아니하였을지라도 추후 계약당사자 간에 조정방법을 합의하여 적용할 수 있다.

(2) 계약서에 명시된 조정방법을 이행도중 당사자 간의 합의로 변경할 수 있는지에 대하여는 명문의 규정이 없으나, 변경을 허용할 경우 조정에 일관성이 없어질 뿐만 아니라 당사자 일방에게 유리한 방법으로 운용될 소지가 있어 금지된다고 봄이 타당할 것이다.

(3) 공사계약 일반조건('93.5.20.) 및 예산회계법 시행령('93.9.23.)의 개정에 따라 예정가격 100억 원 이상의 공사는 특별한 사유가 없는 한 지수조정방법을 적용하여야 한다고 규정했으나, 개정된 현행법 시행령('99.9.9)에서는 물가변동으로 인한 계약금액 조정방법의 선택은 계약체결 시 또는 계약체결 후 계약당사자간의 협의에 의해서만 선택이 가능하도록 하였다. 현재 조달청 등 관리의 편리성으로 10억 미만의 공사도 대부분 지수방법을 적용하는 추세이다.

1.4 조정기준일

조정기준일은 계약체결 후 90일 이상 경과하고 품목 또는 지수조정률이 100의 3 이상이 되는 날, 즉 기간 요건과 등락 요건이 두 가지의 요건이 동시에 충족되는 최초의 날을 "조정기준일"이라 한다. 그래서 조정기준일은 발주처 및 계약 당사자가 임의로 선택하여 정하는 것이 아니라 두 가지의 요건을 충족하는 시기에 자동적으로 정해지는 것임을 각별히 유의해야 한다.

(1) 조정기준일은 정부측상에 의하여 지연시킬 수 없다. 따라서, 계약상대자가 조정을 신청한 날이나 발주기관이 조정을 승인한 날과도 관계가 없다. 또한 '93년 2월 예산회계법 시행령 개정 전에는 물가변동일이라고 하던 용어가 조정기준일로 변경되었다.

(2) 조정신청일이나 조정승인일 등은 조정기준일이 아니며, 조정률 계산은 총액 계약금액 중 조정기준일 전에 이행이 완료되어야할 부분을 제외한 금액(물가변동적용대가)을 대상으로 산정한다.

1.5 물가변동적용대가 및 예정공정도표

물가변동으로 인한 계약금액을 조정할 때 조정금액의 산출에 적용되는 물가변동적용대가 및 조정률은 조정기준일을 기준으로 하므로 조정률 및 물가변동적용대가도 계약당사자가 임의로 선택할 여지가 없는 것이다.

(1) 물가변동적용대가는 계약금액 중 조정기준일 이후에 이행되어야 하는 부분의 대가를 의미하며 조정기준일 이전에 이행이 완료되어야 할 부분이 지체되어 이행되지 못하고 조정기준일 이후에 이행되었다고 하더라도 이는 적용대상에서 제외한다. 즉, 계약상 조

주) 조정기준일은 경제적 여건에 따라 신축적으로 운영하고 있으므로 기존 규정은 계약체결 후 60일 이상 경과한 품목 또는 지수조정률에 100의 5 이상 되는 날을 말하지만, '05.7.1.부터 계약체결 후 90일 이상 경과한 품목 또는 지수조정률에 100의 3(3%) 이상되는 날을 조정기준일이라 함.

정기준일 전에 이행이 완료되어야 할 부분은 이를 물가변동적용대가에서 제외한다. 다만, 이행지체의 사유가 계약상대자의 책임 없는 사유(발주기관의 귀책사유 또는 천재지변 기타 사회적, 인위적 사태 등 불가항력의 사유로 이행이 지연된 경우)에는 물가변동적용대가산정에 이를 포함한다.

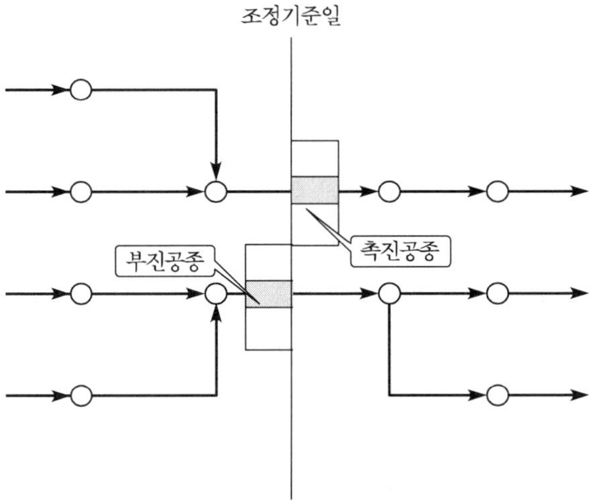

그림 7.1 예정공정도표 적용기준 예

(2) 물가변동적용대가는 공사 예정공정도표(제8장 참조)를 기준으로 산출한다. 즉, 계약상대자가 계약담당공무원에게 제출하여 승인을 얻은 공사 예정공정도표를 기준으로 하여 조정기준일 이전에 이행되어 완료되어야 할 부분을 제외한 대가를 산출한다. 조정기준일 전에 설계변경 또는 기타 계약내용의 변경으로 인하여 계약이행기간이 변경된 경우 수정된 예정공정도표를 제출하게 되며, 이 경우에는 수정하여 승인된 예정공정도표를 기준으로 물가변동적용대가를 산정한다. 에스컬래이션(escallation)이나 디스컬래이션(discallation)을 적용함에 있어 실제 진행된 기성수량을 기준으로 하는 것이 아니라, 이미 제출한 착공예정공정도표를 기준으로 한다. 따라서 물가변동을 적용할 때 착공예정공정도표를 근거로 조정기준일 기준 부진공종은 적용시점까지 완료된 것으로 간주하여 부진한 만큼 에스컬래이션 적용에서 제외시키고, 적용시점에서 앞서가는 공종은 앞선 물량만큼 에스컬래이션 대상에서 제외시킨다.

이와 같이, 시공자의 일방적인 손해는 명백하나 상기의 경우 재경부에 대한 질의의 회신은 "예정공정도표를 원칙으로 하는 것이 타당하나 이해당사자가 상호 협의 하에 처리하는 것이 원만할 것이고 갑과 을이 협의하지 못할 시에는 갑의 해석에 따른다"라는 애

매모호한 경우가 있다. 이것은 착공 시에 제출한 착공계 예정공정도표가 현실적으로 신뢰성이 없는 데에도 모든 법적인 근거를 대신할 수 있음을 의미한다.

(3) 장기계속공사의 경우에는 1차 계약을 할 때 부기한 총공사 금액을 대상으로 물가변동적용대가를 산출한다.

1.6 선급금, 기성대가 및 에스컬래이션 공제 기준

선급금, 기성대가 그리고 에스컬래이션 공제 기준은 선급금 수령을 조정기준일 이전과 이후, 기성신청을 조정신청일 이전과 이후, 준공신청을 에스컬래이션 신청일 이전과 이후에 따라 결과가 달리 적용되며 그 내용은 표 7.1과 같다.

표 7.1 선급금, 기성대가 및 에스컬래이션 공제기준

시점		실시내용	결과
조정 기준일	이전	선급금 수령	선급금 공제
	이후		공제하지 않음
조정 신청일	이전	기성신청	기성대가 공제
	이후		공제되지 않음
E/S 신청일	이전	준공신청	E/S해당 없음
	이후		준공대가 지급여부와 관계없이 계약금액조정

가. 선급금 공제

① 공제 이유는 계약 상대자가 선금을 받은 경우 동선금으로 물가 상승 전에 자재 등을 미리 확보함으로써 선금부분 만큼은 물가상승에 따른 추가 부담이 없게 되므로 조정금액에서 공제하는 것이다.

② 공제금액의 산출은 계약상대자에게 선금을 지급한 경우, 다음 식에 의하여 산출된 금액을 조정 금액에서 공제한다.

$$\text{선급금공제금액} = \text{물가변동적용대가} \times \text{조정률} \times \text{선급금지급률}$$

여기서, 선급금지급률은 당해 계약금액에 대해 조정기준일 이전에 지급한 선급금의 비율이며, 장기계속공사의 선금을 공제할 때 물가변동적용대가는 당해 연도 계약체결분만을 대상으로 산정한 금액이다.

③ 조정기준일 이후 실제조정 지급일 전에 선급금을 수령하는 경우가 있으나 선급금부분 공제제도의 취지상 조정기준일 전에 수령한 선급금만 공제대상이 되며 조정기준일 후

에 수령하는 선급금은 공제대상이 아니다.

나. 기성대가 공제

기성대가는 원칙적으로 공제하되, 기성대가 지급신청 전에 물가변동으로 인한 계약금액 조정신청을 한 경우에는 물가변동적용대가에 포함한다. 하지만 조정신청일 이전에 기성수령금액이 이미 확정되었거나 수령했다면 물가변동으로 인한 계약금액 조정에서 공제한다. 따라서 조정신청일을 가급적 조정기준일에 맞추어 주는 것이 시공자에게 유리할 수 있다.

다. 준공신청과 에스컬래이션 관계

준공금 지급 신청 전에 물가 변동으로 인한 계약 금액 조정 신청을 한 경우 준공대가 지급여부 및 준공여부와 관계없이 계약금액을 조정하여야 한다.

라. 개산급 제도의 활용

계약담당 공무원은 물가 변동, 설계변경 및 기타 계약 내용의 변경으로 인하여 계약 금액이 당초 계약금액보다 증감될 것이 예상되는 경우로써 기성대가를 지급하고자 하는 경우에는 예산회계법 시행령 제57조 제1항 제7호 및 회계예규 "정부회계의 수입 · 지출 · 보고 등에 관한기준" 제27조의 규정에 의하여 당초 산출내역서를 기준으로 산출한 기성대가를 개산급으로 지급할 수 있다.

다만, 감액이 예상되는 경우에는 예상되는 감액금액을 제외하고 지급한다. 계약상대자는 에스컬래이션 신청 전 기성대가를 개산급으로 지급받고자 하는 경우에는 기성대가 신청 시 개산급 신청사유를 서면으로 작성하여 첨부하여야 한다. 주의할 사항은 신청을 할 때는 개산급이었으나 수령 시 기성금으로 수령하면 확정금이 되어버려 공제대상이 된다.

1.7 조정신청관련 서류

계약금액조정신청은 이해관계가 있는 자가 청구권을 행사하여야 한다. 관련 유권해석(계약금액이 증액되는 경우 계약상대자가 감액되는 경우 발주기관이 조정을 요청함)을 살펴보면, 물가변동신청이란 단순히 조정요구 공문만을 제출하는 경우에는 신청행위로 볼 수 없으며 시행령 제64조 및 시행규칙 제74조에서 정한 계약금액 조정요건의 성립을 증명할 수 있는 관계서류를 첨부하여 조정신청을 하는 경우 성립된다. 관련서류로는 산출근거가 되는 조정(등락)금액 산출내역서, 단가산출서 및 일위대가표 등이 있을 수 있으며, 지수조정과 품목조정 등 조정방법에 따라 구성이 달라진다.

일반적으로 지수조정률법과 품목조정률법에서 요구되는 계약금액의 조정에 관련된 산출자료의 구성요소는 다음과 같다.

가. 지수조정률 – 시공사(건설사)에서 설계변경

① 물가변동으로 인한 계약금액 조정보고서
② 물가변동으로 인한 공사비 변경 총괄표
③ 조정금액 산출 총괄표
④ 지수조정률[K] 산출서 및 산식
⑤ 비목군별 공사비 산출내역서
⑥ 물가변동적용대가 산출내역서
⑦ 이행, 미이행분 산출서
⑧ 계약단가 비목군 분류 산출서
⑨ 단가 비목군 산출근거
⑩ 일위대가 및 단가산출서, 중기사용료 등
⑪ 각종 적용지수 및 요율 근거자료
⑫ 적용 관련법규 및 법률적 근거자료- 각종 적용지수 및 요율 근거자료
⑬ 평균 노임, 물가지수, 환율, 산재보험요율, 안전관리비율 등
⑭ 건설장비 평균단가 산출서
⑮ 적용 근거자료

나. 품목조정률 – 감리, 용역 · 설계변경

① 물가변동으로 인한 계약금액 조정보고서
② 물가변동으로 인한 공사비 변경총괄표
③ 조정금액 및 품목조정률 산출총괄표
④ 공사비 등락금액 산출내역서
⑤ 물가변동적용대가 산출내역서
⑥ 이행, 미이행분 산출서
⑦ 조정(변경)단가 산출내역서
⑧ 단가 산출서는 일위대가 및 단가산출서, 중기사용료(기준시점/비교시점 2부)
⑨ 단가조사서는 노임 및 재료비, 중기사용료, 노임, 환율 등의 조사 근거자료

1.8 계약금액조정과 특약

가. 관계규정

국가계약법 시행령 제4조(계약의 원칙)에 의거 각 중앙관서의 장 또는 그 위임을 받은 공무원은 계약을 체결함에 있어서 국가계약법, 동법시행령 및 관계법령에 규정된 계약상대자의 계약상의 이익을 부당하게 제한하는 특약 또는 조건을 정해서는 안 된다.

국가계약법 시행규칙 제49조(계약서의 작성) 제2항에 의거 각 중앙관서의 장 또는 계약담당공무원은 표준계약서에 기재된 계약 일반사항 외에 계약에 필요한 특약사항을 명시하여 계약을 체결할 수 있다.

나. 특약인정범위

특약으로 정한 모든 사항을 유효한 것으로 인정하게 되면 사실상 정부계약제도가 유명무실하게 될 우려가 많으므로 국가계약법 시행령 제4조에 규정한 계약의 원칙에 어긋나지 않고 계약관계 법령상 물가변동의 근본규정을 부정하지 않는 한도 내에서의 특약은 가능하다. 즉, 계약금액을 조정할 때 산출하는 등락률은 계약체결당시를 기준으로 산정한 가격과 물가변동 당시를 기준으로 산정한 가격을 비교하여 산출하는 것이 원칙이나, 입찰일과 계약체결일간의 기간이 장기화 되어 노임과 수입원자재의 가격 등이 변동된 때에는 가능한 한 입찰당시의 가격을 계약체결 당시의 가격으로 인정하여 계약금액을 조정키로 한다는 내용을 계약 체결할 때 당사자간의 계약특수조건으로 정하여 약정하면 계약금액 조정이 가능하다.

다. 부당한 특약의 금지

국가계약법 시행규칙 제49조의 규정에 의거 일반조건 외에 특약사항을 명시하여 계약을 체결할 수는 있으나, 이 경우에도 특약은 동 시행령 제4조의 규정에 의거 원가계산시 단가 또는 물량 등을 잘못 계상하여 계약금액을 과다 계상한 사실이 사후감사 등에 의거 발견되면 계약 상대방에게 동 차액을 물가변동으로 인한 계약금액조정을 하지 않는다는 등 계약상대자의 계약상의 이익을 부당하게 제한하는 내용을 조건으로 붙여서는 아니 된다.

1.9 설계변경 및 물가변동의 관계

(1) 설계변경으로 인한 계약금액조정과 물가변동으로 인한 계약금액 조정은 서로 독립적으로 적용된다. 즉, 당초 계약체결 후 설계변경을 한 후에 물가변동으로 인한 계약금액을 조정하고자 할 경우 기준시점의 기산일은 설계변경일이 아닌 당초 계약체결일이 되며, 이 때 물가변동 적용대가도 설계변경으로 조정된 금액을 대상으로 한다.

표 7.2 조정기준일 이전 이후 설계변경 결과

시점		실시내용	결과
조정 기준일	이전	설계변경	설계변경내역으로 계약금액조정
	이후		기준일 이전 내역으로 계약금액조정 후 정산

설계변경으로 신규비목이 발생되었을 경우 신규비목에 대한 물가변동으로 인한 계약금액 조정시의 기산점도 기존의 비목과 마찬가지로 설계변경일이 아닌 당초계약체결일로 보도록 하고 있다.

(2) 물가변동으로 인한 계약금액조정 요건이 충족된 날의 조정기준일 이후에 물가변동으로 인한 계약금액조정을 하지 않는 상태에서 설계변경으로 인한 계약금액조정을 한 후에 물가변동으로 인한 계약금액조정을 할 경우 물가변동적용대가는 비록 설계변경으로 계약금액이 증액되었을지라도 조정기준일을 시점으로 하여 그날 이후 이행되어야 할 부분의 금액을 그 대상으로 하도록 하고 있다.

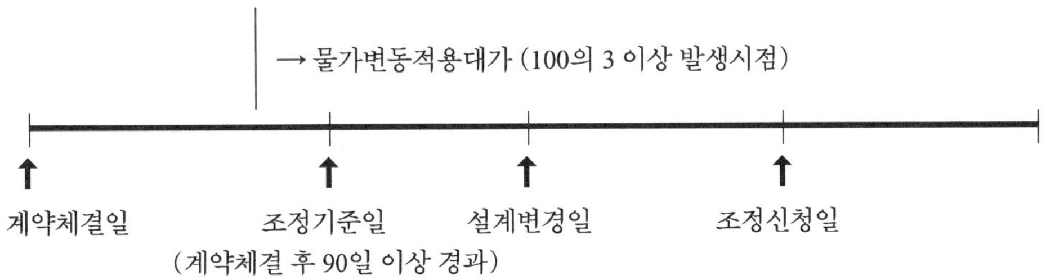

(3) 설계변경이 예상된다는 이유만으로 과다 설계분을 등락폭 산출대상에서 제외할 수 없다. 이때 미리 설계변경을 한 것이 물가 변동으로 인하여 조정된 금액이 반영되지 못한 결과가 되어버린 것처럼 보이나, 물가변동으로 인하여 조정된 금액을 추후 정산절차 등을 통해서 설계변경으로 조정된 금액에 반영한다.

2. 설계변경에 의한 계약금액 조정제도

2.1 설계변경의 의의

(1) 설계변경이라 함은 공사의 시공 도중에 예기치 못했던 사태의 발생이나 공사물량이 증감, 계획의 변경 등으로 당초의 계약내용을 변경시키는 것을 말한다. 이와 같이 설계변경으로 공사량의 증감이 발생한 때에는 계약금액을 조정하게 된다.

(2) 설계변경은 성격상 당초 계약의 목적, 본질을 바꿀 만큼의 변경이어서는 아니 되며, 이와 같은 경우는 오히려 새로운 계약으로 보는 것이 타당하다 하겠다.

(3) 설계·시공 일괄입찰 방식에 의한 대형공사 계약에 있어서는 설계서, 도면 등의 작성, 이에 따른 시공이 모두 계약 상대자의 책임하에 이루어지므로 설계변경을 하게 되더라도 계약금액의 조정은 정부측 귀책사유, 천재지변 등의 불가항력 사유로 인한 경우에만 가능하다.

2.2 설계변경과 추가공사의 구분

(1) 계약목적물이 시공과정에서 공사물량의 증가나 당초공사 내용의 일부를 변경하여야 하는 경우 이를 설계 변경으로 볼 것인지, 아니면 별개의 추가공사로 볼 것인지가 자주 문제점으로 제기되고 있다. 그러나 이에 대해서는 개별공사에 따라 계약의 목적, 특성, 주변여건 등이 상이하므로 일률적으로 구분하기는 어렵다.

(2) 일반적으로 설계변경에 해당되는지 또는 추가공사에 해당되는지를 구분할 수 있는 기준은 다음과 같다.

① 설계변경은 주로 당초 계약할 때 예기치 못했던 사태의 발생으로 설계내용을 변경시키는 경우라 할 수 있다. 이것은 당초 계약을 할 때 이미 예기하였던 사항은 비록 계약 후 설계내용의 변경을 가져오는 경우라도 설계변경으로 볼 수 없음을 의미한다.

② 설계변경은 당초 설계내용의 일부를 변경하는 것이므로 성질상 당초 계약의 본질을 바꾸지 않는 범위 내에서의 변경만을 설계변경으로 보아야 할 것이다.

③ 당초 설계내용의 변경을 수반하지 않고, 증가되는 공사와 무관하게 당초 계약목적물을 시공할 수 있는 경우의 증가되는 공사는 설계변경으로 보기보다는 추가공사로 보는 것이 타당하다 하겠다.

2.3 설계변경의 범위 및 사유

가. 설계변경의 한계

(1) 계약목적물의 시공과정에서 관련된 공사물량이 증가되고 당초 공사내용의 일부를 변경하여야 하는 경우, 이를 계약된 공사의 설계변경으로 볼 것인지, 추가공사로 볼 것인지가 문제가 된다.

(2) 설계변경이란 증가되는 공사가 당초 설계내용의 변경을 수반하는 경우에는 설계변경에 해당되나, 당초 설계내용의 변경을 수반하지 않고 증가되는 공사와 관계없이 당초 계약목적물을 시공할 수 있는 경우에는 사례변경이 아닌 추가공사로 본다.

(3) 설계변경은 성질상 당초 계약의 본질이 바뀌지 않는 범위내의 변경만을 설계변경으로 보아야 할 것이다.

나. 설계변경과 기타 계약내용변경과의 구분

(1) 공사계약내용 변경의 유형은 구조, 규모, 재료 등 공사목적물이 변경되는 경우, 공사목적물의 변경 없이 가설, 공법 등만 변경되는 경우, 토취장, 시공상의 제약 등 계약내용이 변경되는 경우로 구분할 수 있다.

(2) 토취장, 시공상의 제약 등 계약내용이 변경되는 경우에는 예산회계법령에서는 (3)과 같은 경우를 설계변경에서 제외시켜 기타 계약내용의 변경으로 다루고 있다.

(3) 시행령 제66조에서는 설계변경, 물가변동 외에 계약내용의 변경이 있는 경우 설계변경과는 다른 기준에 의하여 계약금액을 조정토록 규정하고 있다.

다. 설계변경의 사유

(1) 설계서의 내용이 불분명, 누락, 오류, 상호 모순되는 점이 있을 경우

① 사업계획 변경 없이 설계서 자체에 흠이 있는 경우, 즉 설계서의 내용이 불명하거나, 오류 또는 상호 모순되는 점이 있는 경우

② 설계도면과 내역서간에 차이가 있는 경우 (총액단가계약의 경우에는 내역서가 설계서의 일부이므로 설계서의 누락, 오류 등에 해당함)

③ 총액계약(추정가격 1억 원 미만)의 경우에는(내역서가 설계서에 포함되지 않으므로 이를 설계서의 누락, 오류로 볼 수 없음)

④ 설계도면과 현장설명서 간의 차이가 있을 경우 (총액계약이든 총액단가계약이든 현장설명서가 설계서에 포함되기 때문에 설계변경이 가능함)

(2) 설계서와 지질, 용수 등 공사현장 상태의 불일치

① 설계서와 현장상태의 불일치의 경우, 공사현장상태의 예로서 연약지반, 지하수위 등 자연적 조건, 지하매설물, 지하공작물, 토사장 등 인위적조건, 굴착할 지반의 높이, 매립할 수심 등 지표면의 상태 등을 들 수 있다.

② 설계서와 공사현장 상태가 다른 경우, 설계변경 현상이 일어나더라도 공사량의 증감 발생여부에 따라 설계변경에 의한 계약금액의 조정 대상이 될 수 있다.

(3) 신기술 및 신공법을 적용할 경우

정부설계와 동등 정도의 기능, 효과 등을 가진 새로운 기술, 공법, 기자재 등을 사용함으로써 공사비의 절감, 시공기간의 단축 등에 효과가 현저 할 경우 설계변경이 가능하다. 이것은 신기술 개발의욕 고취목적으로 도입되었다.

(4) 기타 발주 기관이 설계서를 변경할 필요가 있다고 인정할 경우

① 당해공사의 일부변경이 수반되는 추가공사의 발생

② 특종 공종의 삭제

③ 공정 계획의 변경

④ 시공 방법의 변경

⑤ 기타 공사의 적정한 이행을 위한 변경

라. 설계변경으로 볼 수 없는 조건

① 품셈이나 일위대가 표의 변경

② 산출내역서 상의 단가의 과다, 과소 산정의 경우

③ 과다 원가계산의 경우

2.4 설계변경의 절차 및 방법

가. 설계서의 불분명, 누락, 오류 및 설계서 간의 상호 모순

설계변경이 필요한 부분의 이행 전에 당해사항을 명확하게 한 서류를 작성하여 공사감독관을 경유하여 계약담당공무원에게 이를 통지한다.

(1) 설계서의 내용이 불문명한 경우(설계서만으로는 시공방법, 투입자재 등을 확정할 수 없는 경우) 설계자의 의견 및 발주기관이 작성한 단가산출서 또는 수량산출서 등의 검토를 통하여 당초 설계서에 의한 시공방법, 투입자재 등을 확인하고 이를 기준으로 설계변경 여부를 결정한다.

(2) 설계서에 누락, 오류가 있는 경우 그 사실을 조사 확인하고 계약목적물의 기능 및 안전을 확보할 수 있도록 설계서를 보완한다.
(3) 설계도면과 공사시방서는 서로 일치하나 물량내역서와 상이한 경우 설계도면 및 공사시방서에 물량내역서를 일치한다.
(4) 물량내역서가 설계도면과 상이하거나 공사시방서와 상이한 경우 설계도면과 공사시방서 중 최선의 공사시공을 위하여 우선 되어야 할 내용으로 설계도면 또는 공사시방서를 확정한 후, 그 확정된 내용에 따라 물량내역서를 일치시킨다.
(5) 상기 3항 및 4항은 제19조 제2항 (계약문서의 종류 ⑥ 산출내역서 참조의 규정에 정한 공사의 경우에는 적용되지 아니한다. 다만, 제19조 제2항이 규정에 정한 공사의 경우로서 설계도면과 공사시방서가 상호 모순되는 경우에는 관련 법령 및 입찰에 관한 서류 등에 정한 내용에 따라 우선여부를 결정하여야 한다.

나. 현장상태와 설계서의 상이로 인한 설계변경

(1) 공사의 이행 중에 지질, 용수 지하매설물 등 공사현장의 상태가 설계서와 다른 사실을 발견하였을 때는 지체 없이 설계서에 명시된 현장상태와 상이하게 나타난 현장상태를 기재한 서류를 작성하여 공사 감독관을 경유하여 계약 담당 공무원에게 이를 통지하여야 한다.
(2) 계약담당 공무원은 상기 토지를 받은 즉시 현장을 확인하고 현장 상태에 따라 설계서를 변경하여야 한다.

다. 신기술 및 신공법에 의한 설계변경

발주기관의 설계와 동등 정도의 기능, 효과 등을 가진 새로운 기술, 공법, 기자재 등을 사용함으로써 공사비의 절감, 시공기간의 단축 등에 효과가 현저할 것으로 인정되는 경우, 다음 항목을 첨부하여 공사감독관을 경유하여 계약담당공무원에게 서면으로 설계변경 요청할 수 있다.

① 제안사항에 대한 구체적인 설명서
② 제안사항에 대한 산출내역서
③ 수정 공정 예정공정도표
④ 공사비의 절감 및 단축효과
⑤ 기타참고사항

(1) 계약담당 공무원은 상기내용에 대한 설계변경을 요청받은 경우에는 이를 검토하여 그 결과를 계약상대자에게 통지하고 신기술, 신공법 등의 범위와 한계에 대하여 이의가 있을 때에는 설계자문 위원회에 청구하여 심의를 받아야 한다.(설계자문위원회가 설치되어 있지 아니한 경우에는 건설기술관리법시행령 제39조의 규정에 정한 바에 따라 심의를 청구)

(2) 계약상대자는 상기 (1)항에 의한 계약담당 공무원의 결정에 대하여 이의를 제기할 수 없으며 또한 새로운 신기술 신공법의 개발에 소요된 비용 및 신기술, 신공법에 의한 설계변경 후 동 기술, 공법에 의한 시공이 불가능한 것으로 판명된 경우 시공에 소요된 비용을 발주기관에 청구할 수 없다.

(3) 설계변경을 승인할 때 신기술, 신공법으로 수행할 공사에 대한 시공상세도면을 공사감독관을 경유하여 계약담당공무원에게 제출하여야 한다.

라. 발주기관의 필요에 의한 설계변경

(1) 설계변경을 통보할 때 첨부서류는 설계변경 개요서, 수정설계도면 및 공사시방서, 기타 필요한 서류를 계약상대자에게 통보한다.

(2) 발주기관이 설계서를 변경 작성할 수 없을 경우에는 설계변경 개요서만 첨부하여 설계변경에 대한 수정설계서를 계약상대자에게 작성하도록 할 수 있다.

(3) 계약 상대자는 설계변경 통보를 받은 경우 공사이행 상황 및 자재 수급 상황 등을 검토하여 이행가능 여부를 공사감독관을 경유하여야 계약담당 공무원에게 통지하여야 한다.

2.5 설계변경으로 인한 계약금액 조정 요건 및 방법

가. 조정 요건

(1) 설계변경에 따라 공사량의 증감이 수반되어야 한다. 예컨대, 당초 설계 시 도로 100미터를 2차선으로 건설하는 것으로 계획하였으나 차량 증가 등에 대처하기 위해 4차선으로 변경함에 따라 공사물량이 증가되는 경우와 같이 설계변경에 따라 시공방법의 변경, 투입자재의 변경 등으로 인하여 반드시 공사량의 증감이 발생한 경우이어야 계약금액을 조정할 수 있다.

(2) 일정기준 이상은 소속중앙관서의 장의 승인을 얻어야 한다. 예정가격의 100분의 88 미만으로 낙찰된 공사로서 증액 조정될 금액이 당초계약금액의 100분의 10 이상인 경우에는 소속중앙관서의 장의 승인을 얻도록 규정하고 있다. 이는 낮은 금액으로 낙찰 받

은 후 시공과정에서 부당하게 설계변경을 통해 공사비를 받으려는 사례를 미리 방지하기 위한 것이라 할 수 있다.

(3) 규격이 상이하거나 새로운 비목의 추가 등 당초 내역서 상에 없던 비목은 신규비목으로 보아 설계변경 대상에 포함한다.

(4) 신기술, 신공법이 적용된 설계변경의 경우는 비록 공사비가 절감 되더라도 계약금액을 감액하지 않는다.

나. 조정 방법

(1) 계약된 공사물량의 증감이 있는 경우

① 원칙적으로는 계약자가 제출한 산출내역서 상의 단가인 계약단가에 의한다.

② 예외로 계약단가가 예정가격조서상의 단가(예정가격단가)보다 높고 물량이 증가하는 경우에는 예정 가격단가를 적용한다.

③ 다만, 발주기관에서 설계변경을 요구한 경우(계약상대자의 책임 없는 사유로 인한 경우 포함)에는 설계변경 당시를 기준으로 산정한 단가와 동 단가에 낙찰률을 곱한 금액 범위 안에서 발주기관과 계약상대자가 협의하여 결정한다. (공사계약일반조건 제20조 제2항)

(2) 신규 비목의 경우

산출내역서에 없는 품목 또는 비목에 대해서는 설계변경 당시를 기준으로 산정한 단가에 낙찰률을 곱한 금액으로 한다. 다만, 발주기관이 설계변경을 요구하는 경우에는 설계변경 당시를 기준으로 하여 산정한 단가와 동 단가에 낙찰률을 곱한 금액의 범위 안에서 계약당사자가 협의하여 결정한다.

① 신규비목의 범위는 산출내역서상에 단가 (계약단가)가 없는 비목은 모두 신규 비목으로 간주한다. 즉, 당초 계약상의 품목, 성능, 규격, 단가 등이 다르면 신규비목으로 인정한다.

② 일부 공종 단가가 세부공종별로 분류되어 작성되지 아니하고 총계방식으로 작성되어 있는 경우 설계도면 또는 공사시방서가 변경되어 1식 단가의 구성내용이 변경되는 경우에는 계약금액 조정한다.

③ 낙찰률(예정가격에 대한 낙찰금액에 대한 비율)의 경우 대형공사계약에 있어서 원안입찰부분에 대해서는 당해 원안부분에 대한 예정가격대비 계약금액비율(낙찰률)을 곱하게 되나, 대안 부분에 대하여는 낙찰률이 없다.

(3) 발주기관이 설계변경을 요구하는 경우

계약당사자간의 협의에 의하여 낙찰률을 곱하지 않은 금액까지 적용할 수 있다. 즉, 낙찰률 적용의 예외를 두고 있다.

① 일반관리비, 이윤, 물량의 증감 또는 신규비목의 발생으로 인한 계약금액의 증감분에 대한 일반관리비, 이윤은 계약자가 제출한 산출내역서 상의 일반관리비, 이윤의 율에 의하되 관계법령 및 제정경제부장관이 정한 한도율(일반관리비 5%, 이윤 15%)을 초과할 수 없다.

② 간접노무비 등 계약금액 증가분에 대한 간접노무비, 산재보험료, 안전관리비 등 승률비용은 산출내역서 상의 간접노무비율, 산재보험률, 안전관리비율에 의하되 관계법령 및 재정경제부 장관이 정한 율을 초과할 수 없다.

(4) 금액조정의 예외의 경우

① 기술개발보상은 계약상대자가 발주기관의 설계와 동등 이상의 기능, 효과를 가진 신기술, 신공법 등을 제시하여 설계변경을 한 경우 설계변경에 따른 공사비 감액요인이 있더라도 이를 감액하지 아니한다.

② 대형공사에 있어서 대안입찰 중 대안이 채택된 부분과 설계시공일괄입찰(턴키) 부분에 대해서는 설계변경을 하는 경우에도 계약금액을 증액 조정하지 아니한다.

(5) 계약금액 조정 전의 기성대가를 지급한 경우

① 계약담당공무원은 물가변동, 설계변경 및 기타 계약내용의 변경으로 인하여 당초 계약금액보다 증감될 것이 예상되는 경우로서 기성대가를 지급하고자 하는 경우에는 예산회계법 시행령 제57조 제1항 제7호(개산급의 지급) 및 회계예규 "정부회계의 수입, 지출, 보고 등에 관한 기준" 제27조(개산급의 범위지정)의 규정에 의하여 당초 산출내역서를 기준으로 산출한 기성대가를 개산급으로 지급할 수 있다. 다만, 감액이 예상되는 경우에는 예상되는 감액금액을 제외하고 지급한다.

② 계약상대자는 기성대가를 개산급으로 지급받고자 하는 경우에는 기성대가를 산정할 때 개산급 신청사유를 서면으로 작성하여 첨부하여야 한다.

3. 용어정리

설계변경이나 물가변동으로 인해 계약금액을 조정할 때, 반복해서 쓰이는 용어들을 정리하면 다음과 같다.

표 7.3 용어정리 표

구분	해설
물가변동으로 인한 계약금액 조정	Escalation(간단히 ESC 라고 표시) 품목조정률과 지수조정률 두 가지 방법이 있다.
등락률을 산정하기 위한 물가변동 적용대가	조정기준일 이후에 예정공정상 끝나야 할 금액을 제외한 나머지 금액
등락금액을 산정하기 위한 물가변동 적용대가	조정신청일 전까지 수령한 기성금액이 예정공정상 끝나야할 금액 보다 많은 경우는 기성금액을 제외한 나머지 금액 (단, 기성금을 개산급으로 수령하였을 경우와 발주관서의 책임이 있는 사유, 또는 천재지변 등 불가항력적인 경우는 적용대가에 해당금액을 포함시킨다.)
조정기준일	조정사유가 발생한날 계약체결일(또는, 전차조정기준일)로부터 60(90)일이 경과하고 지수 또는 품목조정률이 5%(3%)이상 증감된 시점[주1)]
조정신청일	물가변동 신청서류 (60(90)일 경과조건과 상승률5%(3%) 이상 임을 증명할 수 있는 제반 서류)를 계약서의 내용에 따라 처음으로 접수하는 기관에 제출된 시점.
기타경비	지수조정률에서 기타경비는 산재보험료, 기계경비, 안전관리비를 제외한 법정 경비이다.
기타재료비	지수조정에서 재료비 분류상 어떤 비목에도 속하지 않는 품목 예] 공구손료, 잡자재비
직접공사비	직접재료비, 직접노무비, 직접경비의 합계금액
순공사비	직접공사비, 간접노무비, 산재보험료, 안전관리비, 기타경비의 합계금액
조정금액	(물가변동적용대가 × 조정률) – 선금급공제액
선금급공재액	물가변동적용대가 × 조정률 × 선금급률 장기계속공사에서 물가변동 적용대가는 당해연도 계약체결분을 기준으로 한다.

주1) 2005년 7월 1일부터 제정경제부에서 발표공시한 조정기준일을 계약체결일(또는 전차조정기준일)로부터 90일이 경과하고 지수 또는 품목조정률이 3% 이상 증가된 시점으로 변경되었음.

4. 지수조정률 산정방법

4.1 지수조정률에 의한 조정금액 산정방법

지수조정률(시공사 설계 변경 방법)은 기준시점(계약일 또는 전차 조정기준일)과 비교시점(조정기준일 또는 금차조정기준일)의 지수와 비목군 분류 금액만 알면 각각의 지수를 대입하여 조정률을 알 수 있다.

표 7.4 지수조정률 산정방법 표

비목군		계수	기준시점지수	비교시점지수	지수변동계수 (비목군 조정계수)	비고
A	노무비	a	A0	A1	$a\times(\frac{A1}{A0})$=①	
B	기계경비	b	B0	B1	$b\times(\frac{B1}{B0})$= ②	
C	광산품	c	C0	C1	$c\times(\frac{C1}{C0})$= ③	
D	공산품	d	D0	D1	$d\times(\frac{D1}{D0})$= ④	
E	전력 · 수도 · 도시가스	e	E0	E1	$e\times(\frac{E1}{E0})$= ⑤	
F	농림수산품	f	F0	F1	$f\times(\frac{F1}{F0})$= ⑥	
G	산재보험료	g	G0	G1	$g\times(\frac{G1}{G0})$= ⑦	
H	산업안전보건관리비	h	H0	H1	$h\times(\frac{H1}{H0})$= ⑧	
Z	기타	z	Z0	Z1	$z\times(\frac{Z1}{Z0})$= ⑨	
	순공사비				K=①~⑨의 合=⑩	

지수조정률에 의한 방법은 계약금액을 구성하는 비목을 유형별로 정리하여 「비목군」을 편성, 각 비목군의 순공사금액에 대한 가중치(계수)를 산정한 후 비목군별로 한국은행이 매월 발행하는 통계월보 상의 생산자물가 기본분류지수(대분류) 등을 비교하여 지수조정률(K)을 산출, 계약금액을 조정하는 것으로서, K가 100분의 3 이상일 때, 그 증감액을 산출하여 계약금액을 조정하는 것이며, 회계예규 「지수조정산출요령」에 그 산출방법이 자세히 규정되어 있다.

4.2 지수산정 (A0~Z0, A1~Z1)

지수는 정부가 공인하는 기관에서 공표하는 지수를 사용하여야 하며, 자세한 지수는 참고자료를 이용할 수 있다.

표 7.5 비목군별 발표기관 및 발표 시기

비목군	분류기호		발표기관	발표 시기	게재자료
	기준시점	비교시점			
노무비	A0	A1	대한건설협회	반기별로 매년 1.1, 9.1 발표	일간건설
기계경비	B0	B1	한국건설기술연구원(품셈)	매년 1.1, 8.1	표준품셈
광산품	C0	C1	한국은행	매 월 말 단, 지수는 익월 3번째주 발표	조사 통계 월보 월간물가
공산품	D0	D1	한국은행	상동	–
전력 · 수도 · 도시가스	E0	E1	한국은행	상동	–
농림수산품	F0	F1	한국은행	상동	–
산재보험료	G0	G1	고용노동부	매년 1.1	–
산업안전보건관리비	H0	H1	고용노동부	–	–
기타	Z0	Z1		산출식에 의해서 계산	

4.3 계수산정(a ~ z)

주1)의 계수는 순공사금액(물가변동 적용대가 중 재료비, 노무비, 기계경비, 산재보험료, 산업안전보건관리비, 기타 경비의 합계)에서 각각의 비목이 차지하는 비율을 말하며, 계수를 소수점 몇 자리로 정하느냐는 정해진 계산이 없지만 정확히 K치 산정을 위하여 소수 점 자리까지는 계산되어야 한다.

또한, 주2)의 계수는 순공사비를 1로 계산한 것이므로 계수의 합은 항상 1이 되어야 함을 주의하여야 한다.

표 7.6 비목군별 계수산정방법

비목군	물가변동적용대가	계수[주1)]	비고
① 노무비	①÷⑩ =	a	
② 기계경비	②÷⑩ =	b	
③ 광산품	③÷⑩ =	c	
④ 공산품	④÷⑩ =	d	
⑤ 전력 · 수도 · 도시가스	⑤÷⑩ =	e	
⑥ 농림 수산품	⑥÷⑩ =	f	
⑦ 산재 보험료	⑦÷⑩ =	g	
⑧ 산업안전 보건관리비	⑧÷⑩ =	h	
⑨ 기타	⑨÷⑩ =	z	
⑩ 순공사비		a+b+c+d+e+f+g+h+z+ = 1[주2)]	

4.4 한국은행 물가총람에 의한 재료비 분류기준 예시

재료비의 분류기준은 재료비 지수를 발표하는 한국은행의 재료비 분류기준에 따라야 하며, 한국은행에서는 물가총람에 품목을 세분류하여 게재 하였으므로 물가총람의 분류표를 이용하는 것이 옳다. 또한 물가 총람에 게재되지 않은 품목은 기타재료비로 구분하여 지수상승률이 없이 계산함이 타당하다.

표 7.7 분류기호별 명칭 및 기본 분류비목

분류기호	명칭	기본 분류비목
C	광산품	연료광물, 금속광물, 기타 비금속 광물 예] 모래, 자갈, 원석대 등
D	공산품	코크스 및 석유제품, 화학제품, 고무 및 플라스틱 제품, 비금속 광물제품, 공산품 금속 1차 제품, 조립금속제품, 일반기계 및 장치 전기기계 및 장치, 영상음향 및 통신장비, 정밀기기, 운송장비, 가구 및 기타 공산품. 예] 강관동바리, 철근, 시멘트 등
E	전력 · 수도 · 도시가스	전력 · 수도 · 도시가스 예] 전력비, 물사용비, 가스비 등
F	농림수산품	농산식품, 수산식품. 비식용 농림수산품 예] 잔디, 원목 등

학습 7.1

다음 조건일 때, 지수조정률법에 의한 조정계약 금액을 산출하라.

〈조건〉

① 계약일자 : '23. 09. 10

② 공사기간 : '23. 09. 10 ~ '24. 12. 31

③ **도급금액 : 4,000원**

④ 선금수령일자 : '23. 09. 20

⑤ **선금수령액 : 800원**

⑥ 조정기준일 : '24. 09. 01

⑦ 조정신청일 : '24. 10. 01

⑧ 물가변동적용대가('24. 09. 01. 까지는 예정공정도표 상 완료되어야 할 부분을 제외한 금액) : 1,238원

⑨ **기성수령액 : 3,000원**

⑩ 기성수령일자 : '24. 09. 20

해설

(1) K치 산정

비목군	물가변동적용대가	계 수	기준시점지수 (2023.9.10)	비교시점지수 (2024.9.1)	지수변동계수 (비목군 조정계수)
A : 노 무 비	500	0.500000	100.00	108.53	0.5426
B : 기계경비	200	0.200000	100.00	108.59	0.2171
C : 공산품	10	0.010000	108.40	110.60	0.0102
D : 공산품	180	0.180000	118.30	121.20	0.1844
E : 전력 · 수도 · 도시가스	5	0.005000	116.80	124.70	0.0053
F : 농림수산품	5	0.005000	140.60	144.90	0.0051
G : 산재보험료	10	0.010000	100.00	124.03	0.0124
H : 산업안전보건관리비	10	0.010000	100.00	106.81	0.0106
Z : 기타	80	0.080000	100.00	106.58	0.0852
순공사원가	1,000				
일반관리비	42				
이윤	84				
공사원가	1,126				
부가가치세	112				
계약금액	2,364				

1) 물가조정의 기본 요건
   ① 기간요건 : 90일 ② 물가 등락 3%이 두 가지 동시충족 시점에서 자동적으로 조정기준일이 정해진다. 이 조정기준일은 누구도 임의로 조정할 수 없다.
2) 물가변동적용대가 = 착공예정공정률 기성취하내역서, 실행공정 등을 고려하여 조정기준일 이후 이행분의 순공사비를 대상으로 함.
3) 순공사원가 1,000원 = [계약금액 4,000원 – 기성수령액 3,000원]에 해당하는 금액
4) 기준시점지수 : 입찰일 또는 직전조정기준일의 각 발표기관에서 발표한 지수
5) 비교시점지수 : 기간요건(90일 경과), 등락요건(3% 이상)이 충족하는 조정기준일의 각 발표기관에서 발표한 지수
6) 공사금액조정은 기본적으로 조정기준일로부터 잔여공사금액(4,000원=1,238원)에 대해서 조정하는 것이 원칙이나 조정신청일 이전에 기성수령금액이 이미 확정되어 그 금액으로 자재를 구입하여 공사가 진행 중이거나 이미 완료된 공사금액에 대해서는 고려하지 않는다. 따라서 조정신청일을 가급적 조정기준일에 맞추어 주는 것이 시공자에게 유리함.

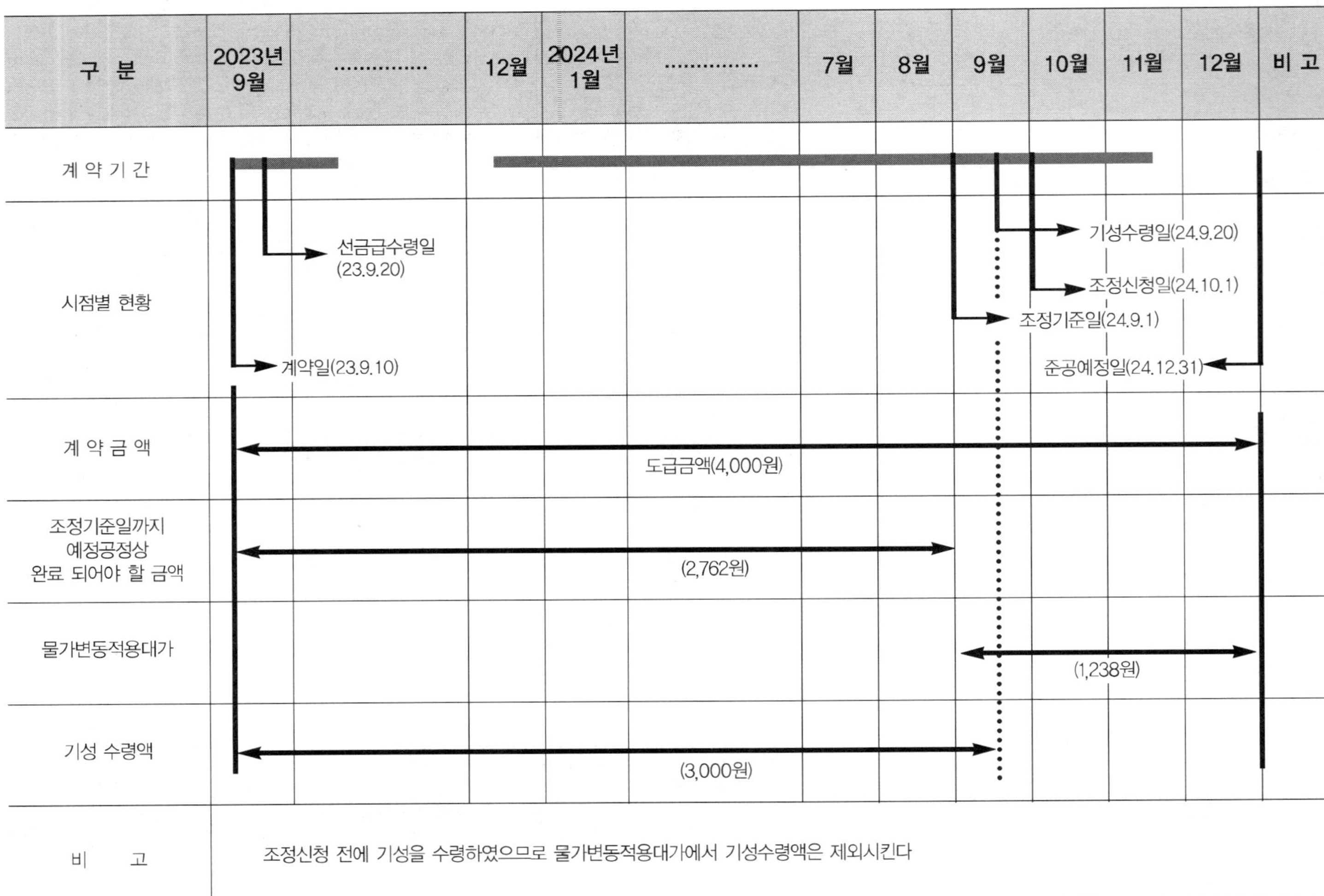

구 분
2023년 9월
12월
2024년 1월
7월
8월
9월
10월
11월
12월
비 고
계 약 기 간
시점별 현황
선금급수령일 (23.9.20)
계약일(23.9.10)
기성수령일(24.9.20)
조정신청일(24.10.1)
조정기준일(24.9.1)
준공예정일(24.12.31)
계 약 금 액
도급금액(4,000원)
조정기준일까지 예정공정상 완료 되어야 할 금액
(2,762원)
물가변동적용대가
(1,238원)
기성 수령액
(3,000원)
비 고
조정신청 전에 기성을 수령하였으므로 물가변동적용대가에서 기성수령액은 제외시킨다

(2) 지수조정률 산출(K치) = 조정기준일 각 비목별 조정계수의 합계-1

K={(0.5426+0.2171+0.0102+0.1844+0.0053+0.0051+0.0124+0.0106+0.0852)-1}×100

=7.29%

(3) 물가변동금액(등락금액) 산출=물가변동적용대가×지수조정률

=(4,000-3,000)×7.29% = 72원

(4) 선금급공제금액 산출=물가변동적용대가×지수조정률×선금급률(장기계속공사는 차수별 적용)

=(4,000-3,000)×7.29%×20% = 14원(기지불 금액을 감함)

(5) 순수등락금액 산출 =등락금액-선금급공제액

= 72-14=58원

(6) 조정계약금액 산출(ESC) = 도급금액(계약금액)+순수등락금액 = 4,000+58 = 4,058원

참고 선금급 공제이유는 계약상대자가 선급을 받을 경우 동 선금으로 **물가상승 전에 자재 등을 미리 확보함**으로써 선금부분 만큼은 물가상승에 따른 추가부담이 없게 되므로 조정금액에서 공제하는 것임.

---

5. 품목조정률 산정방법

품목조정률에 의한 조정금액의 산정방법 다음의 산식들이 필요하며, 이들 산식으로써 조정금액을 산정한다.

① 품목조정률 = $\dfrac{\text{(등락폭×수량)의 합계액+(동합계액에 대한 일반관리비, 부가가치세 등)}}{\text{계약금액(조정기준일 이전에 이행이 완료되어야 할 부분을 제외한 금액)}}$

② 등락폭단가= 계약단가×등락률

③ 품목등락률 = $\dfrac{\text{물가변동당시 산정한 가격-계약체결 당시 산정한 가격}}{\text{계약체결당시 산정한 가격}}$

[경우 1] 계약단가<계약체결당시 산정한 가격<물가변동당시 산정한 가격

등락폭=계약단가×등락률

[경우 2] 계약체결당시 산정한 가격<계약단가<물가변동시 산정한 가격

등락폭=물기변동당시 산정한 가격-계약단가

[경우 3] 계약체결시산정한가격<물가변동당시 산정한 가격<계약단가

등락폭=0

학습 7.2

다음은 조달청에서 요구하는 ○○도로공사의 물가변동조정을 지수조정률 산정방법에 의해 산출하라.

단, 기준시점지 2013.07.24, 비교시점지수는 2014.03.31일이다.

물가변동조정률(지수) 산출표

■ 공사명 : ○○도로공사

비목	물가변동 적용대가	계수 (①)	기준시점지수 (2013.07.24) (②)	비교시점지수 (2014.03.31) (③)	지수 변동률 [④=③/②]	비목군 조정계수 [①×④]	비고
① 노무비 합계	**7,970,334,610**	**0.4463**				**0.46321**	
㉮ 직접노무비(A)	7,312,233,589	0.4095	100.00	103.79	1.0379	0.42502	
㉯ 간접노무비(A')	658,101,021	0.0368	100.00	103.79	1.0379	0.03819	
② 경비 합계	**363,199,273**	**0.0204**				**0.02113**	
㉮ 국산기계경비(B')	112,149,358	0.0063	100.00	100.00	1.0000	0.00630	
㉯ 외산기계경비(B")	0	0.0000	100.00	100.54	1.0054	0.00000	
㉰ 기타경비(Z)	251,049,915	0.0141	100.00	105.24	1.0524	0.01483	
③ 재료비 합계	**8,329,463,756**	**0.4664**				**0.49755**	
㉮ 광 산 품(C)	0	0.0000	111.9	110.50	0.9874	0.00000	
㉯ 공 산 품(D)	8,329,463,756	0.4664	97.20	103.70	1.0668	0.49755	
㉰ 전력,수도 및 도시가스(E)	0	0.0000	100.00	107.50	0.9062	0.00000	
㉱ 농림수산품(F)	0	0.0000	105.70	133.00	1.2582	0.00000	
④ 제경비 합계	**1,194,748,689**	**0.0669**				**0.07250**	
㉮ 산재보험료(G)	231,139,703	0.0129	100.00	118.10	1.1810	0.01523	
㉯ 산업안전보건관리비(H)	294,063,913	0.0165	100.00	105.48	1.0548	0.01740	
㉰ 고용보험료(A)	64,559,709	0.0036	100.00	124.89	1.2489	0.00449	
㉱ 퇴직공제부금비(I)	67,092,019	0.0038	100.00	97.83	0.9783	0.00371	
㉲ 기타경비(Z)	537,893,345	0.0301	100.00	105.24	1.0524	0.03167	
순 공 사 원 가	**17,857,746,328**	**1.0000**				**1.0543**	
지수조정률 (K)	5.43(%)						

주) 1. 물가변동 적용대가 : 물가변동 적용대가에 따른 비목군 분류내역서를 대상으로 함

2. 계수 : 「합계」금액을 1로 산정한후 각 비목군이 「순공사원가」금액에 대해 구성하는 가중치

3. 지수변동률(비교시점 / 기준시점) : 소수점 다섯째자리 이하는 절사하고 소수점 넷째자리까지 산정(회제 41301-956, '99.4.2)

(1) 노무비(A)지수산정

■ 근거: 대한건설협회에서 조사 공표한 직종별 시중노임의 평균치

노임발표일	2011년 09월01일	2012년01월01일	2012년08월14일	2012년12월17일	2013년08월13일	2014년01월01일	2014년09월01일	2015년01월03일	비 고
공 사 직 종	67,236	69,615	76,040	**82,752**	84,143	**85,894**	87,150	87,197	

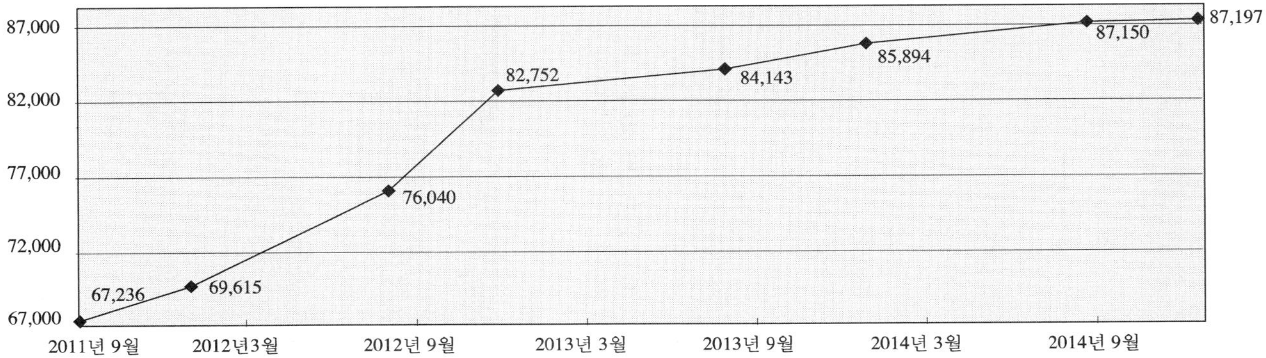

※ 노임단가 결정방법 변경에 따른 시중노임 적용시 참고사항 및 물가변동으로 인한 계약금액 조정방법 (회제4510-2365. 1996. 10. 11)에 의거

가. 기준시점(2013년 07월 24일)의 노무비 평균치(A0)＝82,752주)

나. 비교시점(2014년 03월 31일)의 노무비 평균치(A1)＝85,894

∴ 기준시점이 100일때, 비교시점의 지수는(A1÷A0)×100＝(85,894÷82,752)×100＝<u>103.79</u>

주) 2013년 7월24일 이전 발표자료를 적용하게 됨. 따라서 2012년 12월17일 시중노임평균치인 82,752를 적용한 것임.

(2) 기계경비(B)지수 산정

■ 근거: 대한건설협회에서 발표하는 표준품셈상의 건설장비가격의 산술평균가격

1) 국산장비 지수(B′) 산정

구분	국산장비 계	기종수	대당평균단가	비고
기준시점	14,682,275	193	76,073	
비교시점	14,682,275	193	76,073	

가. 기준시점(2013년 07월 24일)의 기계경비 평균치(B0)=**76,073**

나. 비교시점(2014년 03월 31일)의 기계경비 평균치(B1)=**76,073**

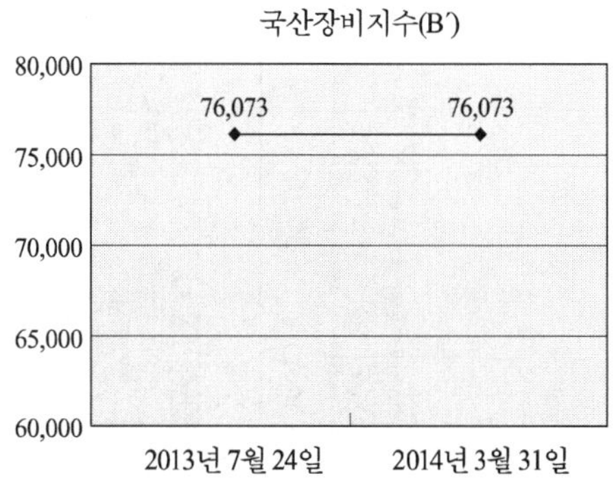

∴ 기준시점이 100일 때 비교시점의 지수는
(B1÷B0)×100=(76,073÷76,073)×100=**100.00**

2) 외산장비지수(B″) 산정

구분	환율($)	외산장비계	기종수	대당평균단가	비고
기준시점	1,187.80	86,258,037	377	228,801	
비교시점	1,194.30	86,730,068	377	230,053	

가. 기준시점(2013년 07월 24일)의 기계경비 평균치(B0)=**228,801**

나 비교시점(2014년 03월 31일)의 기계경비 평균치(B1)=**230,053**

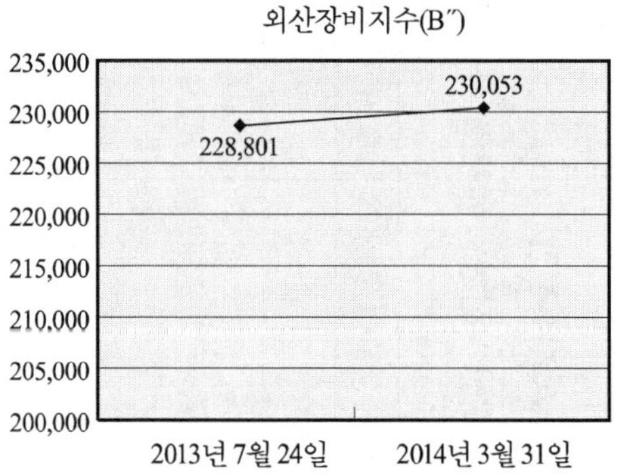

∴ 기준시점이 100일 때 비교시점의 지수는
(B1÷B0)×100=(230,053÷228,801)×100=**100.54**

(3) 재료비(C, D, E, F)지수 산정

■ 근거: 한국은행발행 '월간물가'의 생산자물가지수 중 해당 기본분류 지수를 적용

1) 광산품 지수(C) 산정

구분	기준시점 광산품 (C0)	비교시점 광산품 (C1)	지수변동률(%) (C1/C0)×100=%
광산품	111.9	110.5	98.74

※ 생산자물가 기본분류 지수 → C0 : 2013년 06월 지수적용, C1 : 2014년 03월 지수적용

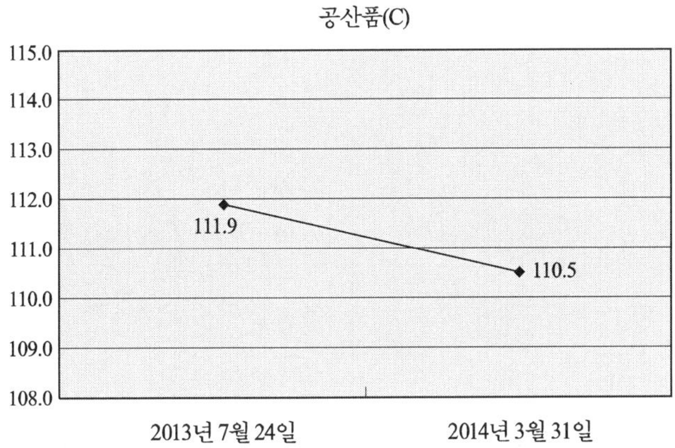

2) 공산품 지수(D) 산정

구분	기준시점 광산품 (D0)	비교시점 광산품 (D1)	지수변동률(%) (D1/D0)×100=%
광산품	97.2	103.7	106.68

※ 생산자물가 기본분류 지수 → D0 : 2013년 06월 지수적용, D1 : 2014년 03월 지수적용

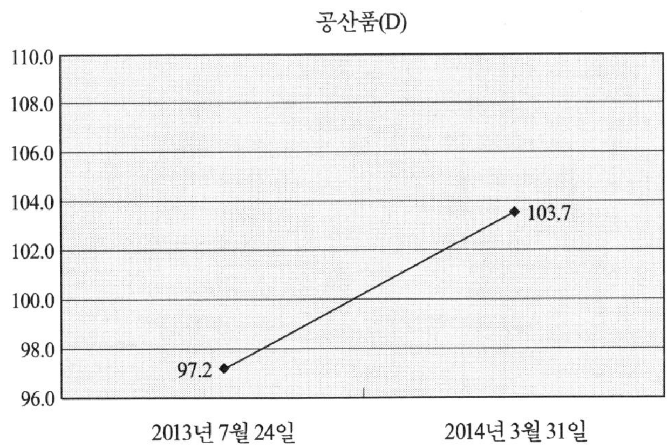

3) 전력, 수도 및 도시가스 지수(E) 산정

구분	기준시점 전력,수도 및 도시가스(E0)	비교시점 전력,수도 및 도시가스(E1)	지수변동률(%) (E1/E0)×100=%
전력, 수도 및 도시가스	109.0	107.5	98.62

※ 생산자물가 기본분류 지수 → E0 : 2013년 06월 지수적용, E1 : 2014년 03월 지수적용

전력, 수도 및 도시가스(E)

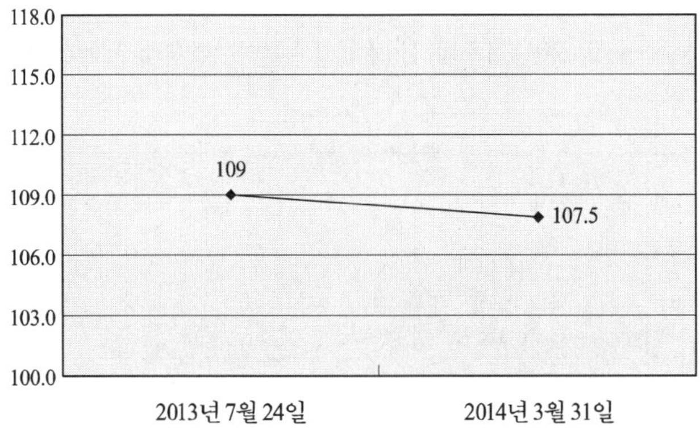

4) 농림수산품 지수(F) 산정

구분	기준시점 농림수산품(F0)	비교시점 농림수산품(F1)	지수변동률(%) (F1/F0)×100=%
농림수산품	105.7	133.0	125.82

※ 생산자물가 기본분류 지수 → F0 : 2013년 06월 지수적용, F1 : 2014년 03월 지수적용

농림수산품(F)

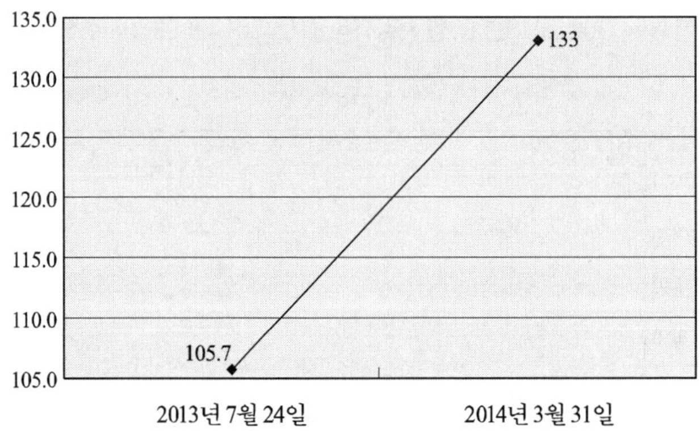

(4) 산재보험료(G)지수 산정

■ 근거 : 산업재해보상보험법령(동법 제63조, 시행령 제60조)에서 총공사금액 중, 노무비에 노동부장관이 고시하는 산재보험률을 곱하여 산재보험료를 산정함.

1) 산재보험료 지수(G) 산정

구분	기준시점 산재보험료(G0)	비교시점 산재보험료(G1)	지수변동률(%) (G1/G0)×100=%
산재보험료	2.9000	3.4250	118.10

■ 산재보험료 지수산식

· 기준시점(직전조정일 당시)의 산재보험료 지수(G0)

= 직전조정일 당시의 노무비 지수(A0)×직전조정일 당시의 산재보험요율

· 비교시점(조정기준일 당시)의 산재보험료 지수(G1)

= 조정기준일 당시의 노무비 지수(A1)×조정기준일 당시의 산재보험요율

■ 산재보험료 지수변동=(G1/G0)×100=( )%

가. 당해공사에 대한 기준시점의 산재보험료 지수(G0) 산출식

=100.00×2.9%=<u>2.9000</u>

나. 당해공사에 대한 비교시점의 산재보험료 지수(G1) 산출식

= 103.79×3.3%=<u>3.4250</u>

※ 년도별 산재보험요율표

년도별	2010년	2011년	2012년	2013년	2014년	2015년
산재보험요율	3.7%	3.4%	3.3%	2.9%	3.3%	3.1%
근거	노동부고시 제2003-36호					

(5) 산업안전보건관리비(H) 지수산정

- 근거 : 노동부 고시 '건설공사 표준 산업안전보건관리비 계상 및 사용기준'에 의하여 직접노무비와 재료비의 합계액에 산업안전보건관리비율을 곱하여 산정함.

1) 산업안전보건관리비 지수(H) 산정

구분	기준시점 산업안전보건관리비(H0)	비교시점 산업안전보건관리비(H1)	지수변동률(%) (H1/H0)×100=%
산업안전보건관리비	0.0164	0.0173	105.48

- 산업안전보건관리비지수산식
  - 기준시점(직전조정일 당시)의 산업안전보건관리비 지수(H0)
    =직전조정일 당시의 직접노무비 및 재료비 계수의 합계×직전조정일 당시의 산업안전보건관리비율=(a+c+d+e+f)×계약체결일 당시의 산업안전보건관리비율
    여기서, a, c, d, e, f : 계약체결일 당시의 직접노무비 및 재료비 비목에 대한 계수
  - 비교시점(조정기준일 당시)의 산업안전보건관리비 지수(H1)
    =조정기준일 당시의 직접노무비 및 재료비 계수의 합계×조정기준일 당시의 산업안전보건관리비율={(a'×A1/A0)+(c'×C1/C0)+(d'×D1/D0)+(e'×E1/E0)+(f'×F1/F0)}
    ×조정기준일 당시의 산업안전보건관리비율
    여기서, a', c', d', e', f' : 계약체결일 당시의 직접노무비 및 재료비 비목에 대한 계수

- 산업안전보건관리비 지수변동률=(H1/H0)×100=( )%

  가. 당해공사에 대한 기준시점의 산업안전보건관리비 지수(H0) 산출식
  =(0.4095+0+0.4664+0+0)×1.88%=**0.0164**

  나. 당해공사에 대한 비교시점의 산업안전보건관리비 지수(H1) 산출식
  =(0.4095×(103.79÷100))+(0×(110.5÷111.9))+(0.4664×(103.7÷97.2))+(0×(107.5÷109))+(0×(133÷105.7))×1.88%=**0.0173**

※ 년도별 산업안전보건관리비 요율표(일반건설공사(갑))

년도별	2010년	2011년	2012년	2013년	2014년	2015년
산업안전보건 관리비 요율	1.88%	1.88%	1.88%	1.88%	1.88%	1.88%
근거	노동부 고시 제2002-15호					

(6) 고용보험료 지수(A) 산정

■ 근거: 조달청 공사원가적용기준 총공사금액중, 노무비에 고용보험률을 곱하여 고용보험료를 산정함.

1) 고용보험료 지수(A) 산정

구분	기준시점 고용보험료(A0)	비교시점 고용보험료(A1)	지수변동률(%) (A1/A0)×100=%
고용보험료	0.5900	0.7369	124.89

■ 고용보험료지수산식

· 기준시점(직전조정일 당시)의 고용보험료 지수(A0)

=직전조정일 당시의 노무비 지수(A0)×직전조정일 당시의 고용보험요율[주)]

· 비교시점(조정기준일 당시)의 고용보험료 지수(A1)

=조정기준일 당시의 노무비 지수(A1)×조정기준일 당시의 고용보험요율

■ 고용보험료 지수변동=(A1/A0)×100=( )%

가. 당해공사에 대한 기준시점의 고용보험료 지수(A0) 산출식

=100.00×0.59%=**0.5900**

나. 당해공사에 대한 비교시점의 고용보험료 지수(A1) 산출식

=103.79×0.71%=**0.7369**

주) 고용보험요율은 조달청 발표 공사원가 제비율표 자료를 근거로 한 것임.

(7) 퇴직공제부금비(I)지수 산정

■ 근거: 원가계산에 의한 예정가격작성준칙 제18조 제3항 제24호('01.02.10),조달청 원가계산기준 : 원가계산서상 경비 항목에 표기

1) 퇴직공제부금비 지수(I) 산정

구분	기준시점 퇴직공제부금비(I0)	비교시점 퇴직공제부금비(I1)	지수변동률(%) (I1/I0)×100=%
퇴직공제부금비	1.5700	1.5360	97.83

■ 퇴직공제부금비지수산식

· 기준시점(직전조정일 당시)의 퇴직공제부금비 지수(I0)
  =직전조정일 당시의 직접노무비 지수(A0)×직전조정일 당시의 퇴직공제부금비율[주)]

· 비교시점(조정기준일당시)의퇴직공제부금비지수(I1)
  =조정기준일 당시의 직접노무비 지수(A1)×조정기준일 당시의 퇴직공제부금비율

■ 퇴직공제부금비 지수변동=(I1/I0)×100=( )%

가. 당해공사에 대한 기준시점의 퇴직공제부금비 지수(I0) 산출식
=100.00×1.57%=**1.5700**

나. 당해공사에 대한 비교시점의 퇴직공제부금비 지수(I1) 산출식
=103.79×1.48%=**1.5360**

주) 퇴직공제부금비율은 조달청발표 공사원가 제비율표 자료를 근거로 한 것임

(8) 기타비목군(Z) 지수 산정

■ 기타비목군의 범위는 순공사비 중 비목군분류가 곤란한 비목을 기타 비목군으로 편성

1) 기타비목군 지수(Z) 산정

구분	기준시점 기타비목군(Z0)	비교시점 기타비목군(Z1)	지수변동률(%) (Z1/Z0)×100=%
기타비목군	44.9820	47.3435	105.24

■ 기타비목군 지수산식

· 각 비목군 지수를 해당 비목군 계수(가중치)에 곱하여 산출한 수치 합계를 비목군 수로 나누어 산정

· 비목군수 : 원칙적으로 A, C, D, E, F(5개)이며, A, C, D, E, F 중 해당되는 비목군이 없는 경우에는 4개 또는 3개 등이 되는 것임.

Z0=(aA0+cC0+dD0+eE0+fF0) / 비목군수[주)]

Z1=(aA1+cC1+dD1+eE1+fF1) / 비목군수

■ 기타비목군 지수변동률=(Z1/Z0)×100=( )%

가. 당해공사에 대한 기준시점의 기타비목군 지수(Z0) 산출식

={(0.4463×100)+(0×111.9)+(0.4664×97.2)+(0×109)+(0×105.7)}÷2

=<u>44.9820</u>

나. 당해공사에 대한 비교시점의 기타비목군 지수(Z1) 산출식

={(0.4463×103.79)+(0×110.5)+(0.4664×103.7)+(0×107.5)+(0×133)}÷2

=<u>47.3435</u>

주) 비목군수에서 경비는 고려하지 않음

1. 물가변동적용대가 산출표

■ 공사명 : ○○도로공사

(단위: 원)

<table>
<tr><th colspan="2">구분</th><th>비목</th><th>도급금액</th><th>비대상 적용금액</th><th>물가변동 적용대가</th><th>비고</th></tr>
<tr><td rowspan="13">공사원가</td><td rowspan="3">재료비</td><td>직접재료비</td><td>9,488,325,457</td><td>1,158,861,701</td><td>8,329,463,756</td><td></td></tr>
<tr><td>작업부산물</td><td></td><td></td><td></td><td></td></tr>
<tr><td>소계</td><td>9,488,325,457</td><td>1,158,861,701</td><td>8,329,463,756</td><td></td></tr>
<tr><td rowspan="3">노무비</td><td>직접노무비</td><td>7,540,442,600</td><td>228,209,011</td><td>7,312,233,589</td><td></td></tr>
<tr><td>간접노무비</td><td>678,639,830</td><td>20,538,809</td><td>658,101,021</td><td></td></tr>
<tr><td>소계</td><td>8,219,082,430</td><td>248,747,820</td><td>7,970,334,610</td><td></td></tr>
<tr><td rowspan="7">경비</td><td>기계경비</td><td>500,209,151</td><td>137,009,878</td><td>363,199,273</td><td></td></tr>
<tr><td>산재보험료</td><td>238,353,387</td><td>7,213,684</td><td>231,139,703</td><td></td></tr>
<tr><td>산업안전보건관리비</td><td>320,140,843</td><td>26,076,930</td><td>294,063,913</td><td></td></tr>
<tr><td>고용보험료</td><td>66,574,565</td><td>2,014,856</td><td>64,559,709</td><td></td></tr>
<tr><td>퇴직공제부금비</td><td>71,257,180</td><td>4,165,161</td><td>67,092,019</td><td></td></tr>
<tr><td>기타 경비</td><td>584,344,457</td><td>46,451,112</td><td>537,893,345</td><td></td></tr>
<tr><td>소계</td><td>1,780,879,583</td><td>222,931,621</td><td>1,557,947,962</td><td></td></tr>
<tr><td colspan="3">순공사원가</td><td>19,488,287,470</td><td>1,630,541,142</td><td>17,857,746,328</td><td></td></tr>
<tr><td colspan="3">일빈관리비</td><td>584,048,620</td><td>48,916,232</td><td>535,732,388</td><td></td></tr>
<tr><td colspan="3">이윤</td><td>158,381,267</td><td>7,904,937</td><td>150,476,330</td><td></td></tr>
<tr><td colspan="3">공급가액</td><td>20,231,317,357</td><td>1,687,362,311</td><td>18,543,955,046</td><td></td></tr>
<tr><td colspan="3">손해보험료</td><td>42,164,000</td><td>42,164,000</td><td></td><td></td></tr>
<tr><td colspan="3">부가가치세</td><td>948,787,709</td><td>115,886,169</td><td>832,901,540</td><td></td></tr>
<tr><td colspan="3">간접세(공기연장)</td><td>36,200,934</td><td>36,200,934</td><td></td><td></td></tr>
<tr><td colspan="3">도급액</td><td>21,258,470,000</td><td>1,881,613,414</td><td>19,376,856,586</td><td></td></tr>
</table>

주) 1. 물가변동조정 기준일 현재로 예정공정도표상의 공정률에 따라 이행이 되어야 할 부분의 금액은 물가변동 적용대가에서 제외한다.

2. 실행공정률이 예정공정률 보다 앞서는 공종은 실행 공정률에 의한 공종의 금액을 물가변동 적용대가에서 제외한다.

3. 지연공정률이 계약상대자의 책임없음을 입증할 사유와 입증서류를 제출하여 관계공무원이 정당함을 입증한 경우에는 물가변동 적용대가에 포함할 수 있다.

4. 물가변동으로 인한 총사업비 조정의 적정성 검토를 요청할 때에는 예정 및 실행공정표와 이에 근거한 물가변동 적용대가 및 제외금액에 대한 산출근거를 첨부하여야 한다.

학습 7.3

다음 조건일 때, 품목조정률에 의한 조정계약금액을 산출하라.

〈조건〉

① 계약일자 : '23. 9. 10
② 공사기간 : '23. 9. 10 ~ '24. 12. 31
③ 도급금액 : 20,000원
④ 선급금수령일자 : '23. 9. 20
⑤ 선금급수령액 : 8,000원
⑥ 선금급률 : 40%
⑦ 물가변동기준일 : '24. 9. 1
⑧ 물가변동신청일 : '24. 10. 1
⑨ 물가변동적용대가('24년 9월 1일까지 예정공정상 완료되어야 할 부분을 제외한 금액) : 10,568원
⑩ 기성수령액 : 15,000원
⑪ 기성수령일자 : '24. 9. 20
⑫ 수량, 계약체결시점 산정단가, 계약단가 금액

구분	수량 (A)	계약체결시점 산정한 단가 (B)	계약	
			단가 (C)	금액 (D)=A×C
재료비1	2	100	90	180
재료비2	4	300	100	400
재료비3	3	200	220	660
재료비4	5	100	80	400
재료비5	10	100	110	1,100
노무비	30	200	180	5,400
경비	1	100	80	80
순공사원가				8,220
일반관리비(6%)				493
이윤(15%)				895
공사원가				9,608
부가가치세(10%)				960
계약금액				10,568

해설

구 분	수량 (A)	계약체결시점 산정한 단가 (B)	계약 단가 (C)	계약 금액 (D)=A×C	등락 단가 (E)	등락률 $(F)=\frac{E}{B}$	등락폭 단가 (G)=F×C	등락 금액 H=F×D	변경 단가 (I)=C+G
재 료 비 1	2	100	90	180	120	20%	18	36	108
재 료 비 2	4	300	100	400	270	−10%	−10	−40	90
재 료 비 3	3	200	220	360	210	5%	11	33	231
재 료 비 4	5	100	80	400	90	−10%	−8	−40	72
재 료 비 5	10	100	110	1,100	120	20%	10	220	120
노 무 비	30	200	180	5,400	300	50%	90	2,700	270
경 비	1	100	80	80	120	20%	16	16	96
순공사원가				8,220				2,925	
일반관리비(6%)				493				176	
이윤(15%)				395				434	
공사원가				9,308				3,535	
부가가치세(10%)				360				354	
계약금액				10,568				3,889	

1) 계약체결시점 산정한 단가 = 발주자와 계약한 시점의 시중단가를 조사하여 결정 단가를 의미함.
2) 계약단가 = 발주자와 계약한 단가를 의미함. 보통 계약체결시점 산정한 단가 > 계약단가
3) 예정가격단가 = 발주자가 산정한 계약하기 전의 단가를 의미함.
4) 물가변동 당시 산정한 가격 = 조정기준일 단가를 의미함.
5) 예제에서 등락단가(E) = 물가변동당시 산정한 단가(조정기준일 단가)−계약체결당시 산정한 단가(조정기준일 단가)로서 물가변동당시 산정한 단가(조정기준일 단가)를 주지 않고 등락단가(E)를 임의로 가정한 단가임.

① 품목조정률 $= \frac{3,889}{10,568} = 36.80\%$

② 등락금액 = 물가변동 적용대가×품목조정률
= (20,000−15,000)×36.80% = 1,840원

③ 선금급공제액 = 물가변동적용대가×품목조정률×선금급률
= (20,000−15,000)×36.80% ×40% = 736원

④ 순수등락금액 = 등락금액−선금급공제액
= 1840−736 = 1,104원

⑤ 조정계약금액 = 도급금액+순수등락금액
= 20,000+1,104 = 21,104원

---

6. 기타 계약금액 조정방법

공사, 제조 등의 계약에 있어서 **공사기간 · 운반거리 등** 계약내용의 변경으로 계약금액을 조정하여야 할 필요가 있는 경우에는 그 변경된 내용에 따라 **실비를 초과하지 않는 범위 안에서 조정**(하도급업체가 지출한 비용포함, 2019.6.1.개정)하고, 이때 적용되는 **일반관리비** 및 **이윤** 등은 **산출내역서상의 일반관리비 및 이윤율**에 의하되 국가계약법 및 지방계약법 시행규칙 제8조에서 정한 율을 초과할 수 없다. 여기서 **실비**란 실제로 사용된 비용 등 객관적으로 인정될 수 있는 자료와 실제 발생이 예상되는 비용을 말한다.

한편, 국가계약 예규는 **공사이행기간의 변경**, **운반거리 변경**에 따른 **실비산정기준**을 다음과 같이 규정하고 있으며, 지방계약 예규도 유사한 내용을 규정하고 있다.(정부 입찰·계약 집행기준 제16장, 지방자치단체 입찰 및 계약집행기준 제1장 7절)

표 7.8 공사이행기간 변경에 따른 실비산정

구분	내용
간접노무비	• 간접노무비 지급대상자의 노무량에 지급이 확인된 임금을 곱하여 산정 • 정상적인 공사기간 중에 실제 지급된 임금수준을 초과할 수 없음
직접계상이 가능한 비목	• 지급임차료, 보관비, 가설비, 유휴장비비 등 • 영수증 등 객관적인 자료에 의하여 확인된 금액을 기준으로 변경되는 공사기간에 상당하는 금액

기타경비 산재보험료, 고용보험료	• 기타경비 : 수도광열비, 복리후생비, 소모품비, 여비·교통비·통신비, 세금과공과, 도서인쇄비, 지급수수료 • 기준이 되는 비목의 합계액에 산출내역서상 해당비목의 비율을 곱하여 산출된 금액과 당초 산출내역서 상의 금액과의 차액
보증기간 연장비용	• 보증수수료의 영수증 등 객관적인 자료에 의하여 확인된 금액을 기준으로 산출
건설장비 유휴비용	• 임대장비 : 유휴 기간 중 실제로 부담한 장비임대료 • 보유장비 : (장비가격×시간당 장비손료계수)×(연간표준가동기간÷365일)×유휴일수×1/2

표 7.9 운반거리 변경에 따른 실비산정

당초 운반로 전부가 남아있는 경우	• 조정금액 = 당초계약단가 + 추가된 운반거리를 변경단시 품셈을 기준으로 하여 산정한 단가와 동 단가에 낙찰율을 곱한 단가의 범위 내에서 협의하여 결정한 단가 • 협의가 이루어지지 않는 경우는 중간금액
당초 운반로 일부가 남아있는 경우	• 조정금액 = 당초 계약단가 – 당초 운반로 중 축소되는 부분의 계약단가 + 대체된 운반거리를 변경 당시 품셈을 기준으로 산정한 단가와 동 단가에 낙찰율을 곱한 단가의 범위 내에서 협의하여 결정한 단가 • 협의가 이루어지지 않는 경우는 중간금액
당초 운반로 전부가 변경되는 경우	• 조정금액 = (계약단가 + 변경된 운반거리를 변경당시 품셈을 기준으로 산정한 단가와 동 단가에 낙찰율을 곱한 단가의 범위 내에서 협의하여 결정한 단가) – 계약단가 • 협의가 이루어지지 않는 경우는 중간금액

연장사유가 **시공자의 책임이 있는 사유**는 지체상금 부과하고, **발주자의 책임이 있는 사유**나 **불가항력의 사유**는 공기연장이 가능할 때는 연장비용 지급, 공기연장이 불가능할 때는 돌관공사비를 지급한다. **연장비용 청구시한**은 장기계속공사의 경우 차수별 준공대가 지급 전, 계속비공사의 경우 총공사의 준공대가 지급 전까지로 한다.

표 7.8은 계약예규 일반조건 제25조 제3항에서 규정한 **연장사유**는 다음과 같이 규정하고 있다. ① 불가항력의 사유에 의한 경우 ② 관급재료의 공급지연 ③ 발주처의 책임으로 인한 착공지연 또는 공사중단 ④ 시공자의 부도 등으로 연대보증인 또는 보증시공업체가 보증 시공할 경우 ⑤ 설계변경으로 인하여 준공기한 내에 계약을 이행할 수 없을 경우 ⑥ 기타 시공자의 책임에 속하지 아니하는 경우(원자재 수급 불균형 등)가 있다.

1) 연장비용 산출

간접노무비는 인원투입계획서 및 동 인원에 대한 급여명세표, 임금지급대장 등을 고려하고, 노무량×직종단가로 산출, 발주기관은 인원투입계획서의 조정 권한 부여(공사의 규모, 내용, 기간 등을 고려)한다. **직접계상경비**는 경비 지출관련 계약서, 요금고지서, 영수증 등 객관적인 자료로 확인된 금액(임차료, 수수료 등), 유휴장비(타현장으로 전용불가)의 경우, 실제장비의 내용년수 등을 고려하여 해당 손료의 100%(임대장비) 또는 50%(보유장비)를 보상한다. **승률계상경비**는 산출내역서상의 승율을 고려(기타경비, 산재보험료, 고용보험료 등)한다. **일반관리비**와 **이윤**은 산출내역서상의 율을 적용한다.

2) 돌관 공사비

돌관 공사비는 발주처의 청구지시 여부가 관건이며, **세부비목**은 ① 인력에 대한 추가작업(잔업)수당(연장 · 야간 · 휴일작업 포함) ② 인력의 교대작업에 소요된 비용 ③ 건설장비 · 가설재 등의 타현장 · 공구 등에 전용불가로 인한손실, 신속투입비 또는 추가제작 · 투입비 ⑤ 인력의 타현장 · 공구 등에 전용불가로 인한 손실 또는 신규투입비 ⑥ 추가경비 ⑦ 일반관리비 ⑧ 이윤 등이 해당된다. 여기서, **연장 · 야간 · 휴일근로 때의 노무비 산출방법**은 **노무비=[노임단가×$(1+a_1)$]×[기본품×$(1+A_1+A_2+\cdots A_n)$]** 여기서, a_1=노임할증(50~150%), 품 할증요소=$A_1+A_2+\cdots A_n$로 산정한다.

3) 공사의 일시정지

발주기관의 직접적인 책임사유로 **공사정지기간이 60일을 초과한 경우**(차수별 기간만 합산)에 그 초과된 기간에 대하여 잔여계약금액(장기계속공사의 경우는 차수별 계약금액을 기준)에 초과일수 매 1일마다 금융기관대출 평균금리를 곱하여 산출한 금액을 준공대가지급 때에 지급한다.

지연보상금 = 잔여계약금액× 금융기관대출 평균금리 × 60일 초과 기간

4) 운반거리 변경

운반거리 변경에는 3종류(표 7.9 참조)가 있다. **첫째**, 당초 운반거리 전부가 남아 있는 경우로서 운반거리가 변경되는 경우는 **조정금액=당초계약단가+추가된 운반거리에 대한 협의단가**로 한다. **둘째**, 당초 운반로 일부가 남아 있는 경우로서 운반거리가 변경되는 경우는 **조정금액=(당초계약단가−당초운반로 중축소 되는 부분의 계약단가)+대체된 운반거리에 대한 협의단가**로 한다. **셋째**, 당초운반로 전부가 변경되는 경우는 **조정금액=대체된 운반거리에 대한 협의단가**로 한다. 설계서상 운반거리가 명시되어있다 하더라도 **토취장, 운반경로가 불분명한 경우**는 운반로 전부가 변경되는 경우에 해당하는 경우로 본다. **골재가격**은 변경된 골재원을 기준으로 산정하는 것이 타당하다.

5) 지체상금

지체상금 산정방법은 **지체상금= 총계약금액(변경)×지체일수×지체상금율**로 산정한다. 지체상금률은 토목공사의 경우 1/1,000, 건축공사 3/1,000을 적용한다. 장기계속공사는 차수별로 산정하고, 지체상금 약정이 없는 경우는 그 손해를 입증하여야 한다.

CHAPTER

08 건설공정관리 운영체계

1. 건설공사관리의 개념
2. 건설공정관리 개념
3. 건설공정관리체계의 정보 흐름
4. 토목공사 공사분할체계의 구성
5. 공정도표 구성요소와 표현
6. 공정도표기법 시간분석
7. 공기단축
8. 공사진도관리
9. 기성관리체계
10. 공사계약방식에 다른 기성관리체계 적용 시안
11. 국내 건설공정관리 운영상의 문제점 및 개선 방향

CHAPTER

08 건설공정관리 운영체계

건설(construction)이란 시설물과 그에 관련된 서비스를 생산해 내는 사업의 조사 및 계획, 설계, 발주 및 계약, 시공 및 시운전 등을 통합하는 것을 의미한다. 즉, **조사 및 계획 업무**는 설계서, 설계도, 시방서 등의 과업을 수행하기 위한 과업으로 현장조사, 위치선정, 현장시험, 실내시험 등을 수행한다. **설계 업무**는 조사 및 계획 업무에서 실시한 업무를 기반으로 지반 및 구조 분석을 수행하고, 이 자료를 바탕으로 설계서(지반조사보고서, 구조계산서, 수량산출서, 단가산출서, 공사비 내역서), 설계도, 시방서 등을 완성한다. **발주 및 계약 업무**는 발주자가 설계업무에서 수행된 완성자료를 근거로 공사를 발주해서 낙찰된 시공사와 계약을 수행한다. **시공 업무**는 시공계획, 시공 및 관리(공정관리, 품질관리, 원가관리, 안전관리, 환경관리, 사업현황, 문서관리, 설계관리, 계약관리, 구매관리), 시운전, 준공검사를 수행한다. 이 시공업무 중 가장 많은 시간과 비용을 필요로 하는 업무가 시공과정이다. 이 **시공과정**은 설계도서에 따라 적정 공법으로 시설물공사를 시공하는 **시공기술과정**과 시공진행과정 동안의 비용, 공기, 자원 등을 체계적으로 관리하는 **시공관리과정**으로 구분된다. 일반적으로 **좁은 의미의 공사관리**(construction control)는 시설물공사의 단위현장의 **시공관리과정**을 말하지만, **넓은 의미의 공사관리**(construction management)는 시설물공사의 계획, 설계, 관리를 통한 시공, 유지관리, 보수보강의 전 단계의 포괄적 관리업무를 말한다.

본 장에서는 시설물공사의 단위현장의 시공관리과정에 필요한 **공정관리의 이론과 실제**를 중심으로 기술한다.

1. 건설공사관리의 개념

건설공사에서 시공업무는 시공기술과정과 시공관리과정으로 대별되고, 시공관리과정을 좁은 의미로 공사관리(construction control)로 통칭된다. 시공관리과정에 수행되는 계획, 실시, 평가, 조치의 업무로 수행되는 공사관리는 공정관리, 원가관리, 품질관리, 안전관리 그리고 환경관리 등의 현장관리업무를 효과적으로 달성하기 위하여 인력, 자료, 장비, 자금, 방법(품질, 안전, 환경이 보장되는 시공방법)의 시공수단을 효율적으로 활용하는 경영의 노력을 말한다. 여기서 공사관리는 그 자체가 직접 일을 하는 것이 아니라 어디까지나 적절한 원가, 적절한 공기, 적절한 품질로 안전하고 환경법규를 준수하는 시설물공사를 시공하기 위한 기능을 의미한다.

다음은 공사관리(construction control)로 표현되는 공정관리, 원가관리, 품질관리, 안전관리 그리고 환경관리의 기본 개념을 설명한다.

(1) 공정관리

공정관리란 사전에 계획을 세워서 계획대로 공사를 수행하고 공사가 계획대로 수행되고 있는지 추적감시를 통해서 통제를 하고 공사의 계획과 실행을 대비해서 일치하지 않을 경우에는 계획단계나 시공단계를 수정하고 보완작업을 지속적으로 수행하면서 관리자들의 의사결정을 반영해주는 과업을 말한다. 즉, 시공계획에 의거하여 가장 합리적이고 경제적인 공정을 결정하여 전체공사의 진행사항을 시공계획대로 이행되도록 공사 전체의 작업 상황을 조정해 가는 관리 기능을 말한다. 이와 같이 공정관리는 "현재의 진척상황을 근거로 앞으로 어떻게 진행해 갈 것인가"라고 하는 미래 전향적인 계획관리(미래 추진상황계획)를 수행하는 업무이다.

(2) 원가관리

실제공사를 진행할 때, 필요한 자료를 수집, 분석하여 그 공사를 예정한 원가로 완성할 수 있도록 조정하는 관리 기능을 말한다. 또 분석단계에서 계획비용과 실투입비용과의 큰 오차가 발생할 때에는 그 원인을 조사하여 대책을 강구하는 관리 기능을 수행하는 업무이다.

(3) 품질관리

건설공사의 최종 품질검사에서 품질의 불량이 발견되어도 공사 전체를 다시 시공하는 것은 불가능하며, 일부의 수정공사를 하는 데도 노력, 비용, 일정 등이 필요하게 된다. 따라서 이런 일이 발생하지 않도록 공사의 소정단계에서 적절한 검사를 실시하여 설계도와 시방서 등의 규정된 품질을 확보하도록 노력하는 관리 기능을 수행하는 업무이다.

그림 8.1의 공정관리 S/W의 코드체계 적용화면은 표 8.1의 공사분할체계를 근거로 입력하여 출력한 공정관리 화면을 보이고 있다.[1)]

1) 강인석, 표준정보분류체계에 의한 CM 및 건설 CALS의 정보관리시스템 구축방안, 대한토목학회논문집.

표 8.1 공정관리 S/W의 적용 공사분할체계

도로공사 공사분할체계			
WBS 코드	WBS 항목	WBS 코드	WBS 항목
4	구조물공	**4.1.2.1.1.5**	**거푸집해체**
4.1	교량	**4.1.2.1.2**	**흉벽**
4.1.1	기초공	**4.1.2.1.3**	**날개벽**
4.1.1.1	**가설보호공**	**4.1.2.1.4**	**교좌**
4.1.1.2	**터파기**	4.1.2.2	교각
4.1.1.3	**파일공**	4.1.2.2.A	1 교각
4.1.1.4	Footing	**4.1.2.2.A.1**	**철근 가공, 조립**
4.1.1.4.1	**철근 가공, 조립**	**4.1.2.2.A.2**	**거푸집설치**
4.1.1.4.2	**거푸집설치**	**4.1.2.2.A.3**	**콘크리트타설**
4.1.1.4.3	**콘크리트타설**	**4.1.2.2.A.4**	**양생**
4.1.1.4.4	**양생**	**4.1.2.2.A.5**	**거푸집해체**
4.1.1.4.5	**거푸집해체**	4.1.2.2.B	2 교각
4.1.2	구체공	**4.1.2.2.B.1**	**철근 가공, 조립**
4.1.2.1	교대	**4.1.2.2.B.2**	**거푸집설치**
4.1.2.1.1	옹벽	**4.1.2.2.B.3**	**콘크리트타설**
4.1.2.1.1.1	**철근 가공, 조립**	**4.1.2.2.B.4**	**양생**
4.1.2.1.1.2	**거푸집설치**	**4.1.2.2.B.5**	**거푸집해체**
4.1.2.1.1.3	**콘크리트타설**	**4.1.2.2.C**	**3 교각**
4.1.2.1.1.4	**양생**	**4.1.2.2.D**	**4 교각**

주) 공사분할체계(WBS, work breakdown structure)란 공사와 관련된 각종 정보를 집합할 수 있도록 공사의 구성요소를 계층별로 분류해 놓은 것을 말함.

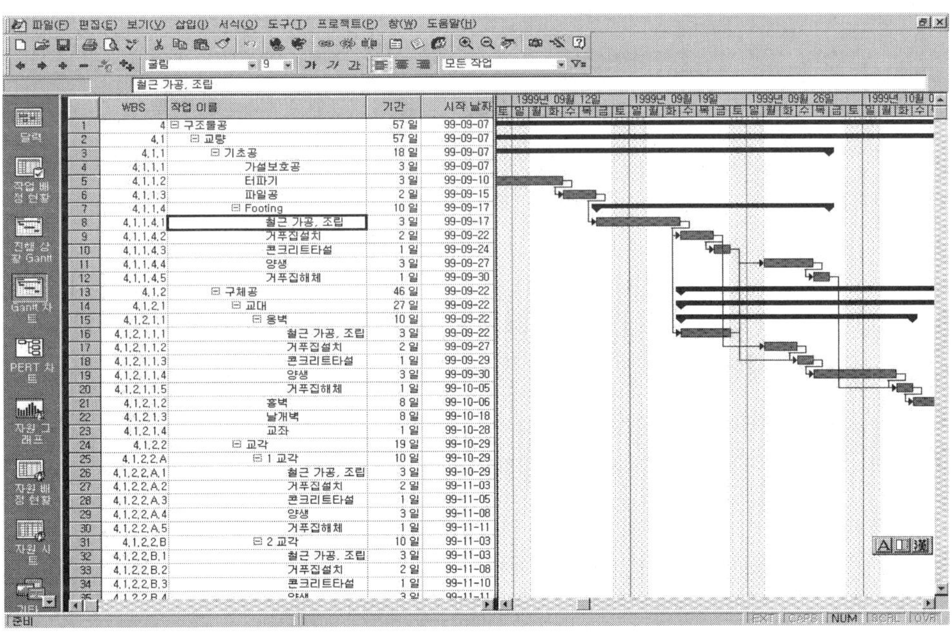

그림 8.1 공정관리 S/W의 코드체계 적용화면

(4) 안전관리

실제로 공사를 진행할 때, 근로자와 제3자에게 위해를 가하지 않고 무사고로 공사를 완성할 수 있도록 공사현장의 위험한 상황을 개선하는 관리 기능을 수행하는 업무이다. 또 작업환경의 안전성을 확보하는 것에 그치지 않고 근로자에게 안전교육을 실시하여 적극적으로 안전의 확보를 추진하는 관리 기능이 있다.

(5) 환경관리

실제로 공사를 진행할 때, 작업의 안정성을 확보하고 진동, 소음, 공해, 지하수 오염, 교통원활, 문화재 보호 등의 공해 발생을 방지하는 관리 기능을 수행하는 업무이다.

위에서 언급한 원가관리, 품질관리, 안전관리, 환경관리는 그림 8.1의 공정관리기법을 적용한 공정관리의 실행 결과로부터 도출되는 자료를 파악하고 그 현황을 비교 분석함으로써 달성할 수 있다.

2. 건설공정관리 용어의 어원

건설공정관리(construction schedule management)의 어원을 이해하기 위해서는 먼저 프로젝트의 용어에 대한 개념을 이해해야 한다. **프로젝트**(project)란 특정한 목적의 달성을 위해서 일시적으로 구성된 조직(consortium) 내에 한정된 자원과 시간을 가지고 여러 인적, 물적, 금전적 자원을 결합하여 수행하는 활동으로 정의할 수 있다. 또한 프로젝트는 일회성, 공사기간 내에 준공해야 하는 시간 제약성, 공사를 수행하는 목적을 갖는 목표 지향성, 설계변경 및 물가변동으로 설계도서나 공사기간이 변동하는 변동성 등의 성질을 갖는 공사를 자원과 기술의 결합하여 수행하는 활동을 말하며, 이 정의에 가장 부합하는 프로젝트가 건설공사이다.

건설공정관리의 용어는 프로젝트 관리의 용어를 건설부분에 도입 및 적용하면서 풀이를 하다보니 공정관리라 명명하게 되었으나 공정관리의 그 어원을 추적해보면 공정관리는 프로젝트 관리를 의미한다. 따라서 본서에서는 이 프로젝트 관리의 용어를 건설공사현장에서 널리 통용되고 있는 건설공정관리 혹은 공정관리의 용어로 표현하고 있다.

3. 건설공정관리체계의 정보 흐름

건설공정관리체계의 정보 흐름은 크게 **공정계획단계**(plan), **실시단계**(do), **통제단계**(control) **조치단계**(action)로 진행되며, 각 단계별 과업의 내용을 설명하면 다음과 같다.

① **공정계획단계의 과업**은 공사착수 전에 이행할 공사에 대한 **공사분할체계**(WBS ; work breakdown structure, 표 8.2~표 8.5 참조)를 기반으로 **일정정보**(표 8.6 참조), **자원정보**(표 8.7 참조), **예산정보**(표 8.6~표 8.8 참조)의 D/B를 구축하고, 공사를 어떤 절차와 방법으로 수행할 것인지 작업 순서대로 **공정도표**(network)를 작성하는 과업이다.

② **실시 및 통제단계의 과업**은 공정계획단계에서 작성된 공정도표의 일정분석을 수행하여 보고주기별(월별) **일정계획, 자원계획, 원가계획**을 확정한다. 그리고 공정도표의 순서에 따라 수행된 보고주기별(월별) 공사의 실적이 계획대로 수행되고 있는지 비교 분석과 **추적감시**(monitoring)로 통제(controlling)하면서 **일정진도관리, 자원진도관리, 원가진도관리**를 수행하는 과업이다.

③ **조치단계의 과업**은 보고주기별(월별) 계획대비 실적에서 문제가 발생하면 공정회의를 거쳐 시정조치를 취해서 공사가 원활히 수행될 수 있도록 관리하는 과업이다.

앞에서 기술한 내용을 그림 8.2의 건설공정관리체계의 정보 흐름으로 상세하기 기술하면 다음과 같다.

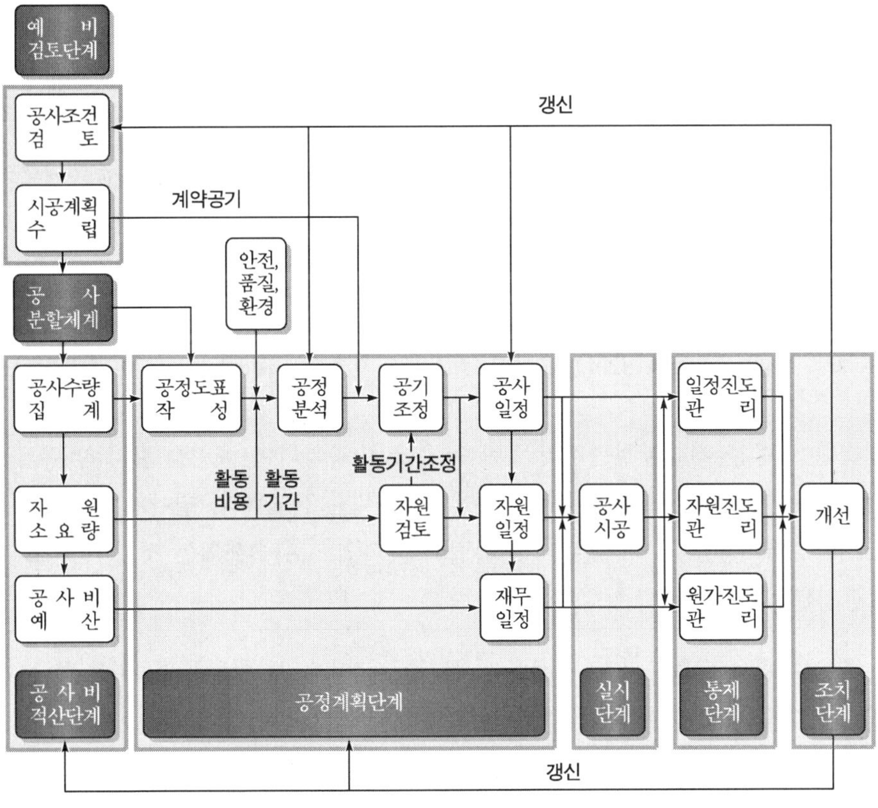

그림 8.2 건설공정관리운영체계(NAS) 정보 흐름도

① **예비검토단계**는 설계도면, 공사 시방서 등을 토대로 공사조건을 검토하고, 시공계획을 수립한다. 이 단계에서 발주자와 시공자가 계약한 **계약공기(contract duration)가** 결정된다.

② **공사분할체계단계**는 전체공사의 최소 단위부터 비용이나 자원 등의 정보를 집합하고 관리할 수 있도록 공사의 구성요소를 계층별로 분류하여 공사분할체계를 구축한다. 이 공사분할체계는 **공사비 적산의 기본단위**가 되고 **공정도표를 구성하는 기본 활동**이 된다. 여기서, **공사분할체계의 구성**은 계약공사에 회사의 조직을 나타내는 조직분류체계(OBS : organization breakdown structure))와 공사비 내역서를 의미하는 원가분할체계(CBS : cost breakdown structure)를 포함하여 구성할 수도 있다. 그러나 대부분의 건설현장에서는 작업공종분류만을 대상으로 구성한 공사분할체계로 공사비 적산과 공정계획을 수행하고 있다.

③ **공정계획단계**는 공사분할체계를 근거로 **공정도표**를 작성한 후, **공사비 적산단계**에서 공사분할체계를 근거로 **자원 소요량**과 공사비 예산을 산출한 **공사수량**을 가지고 **활동기간**을 산정한다. 그리고 **일정분석**을 수행하여 예정종료일을 결정하고 분석된 예정종료일이 발주자와 계약했던 계약공기와 일치하지 않을 경우, **자원동원가능수준**을 고려한 **활동기간**을 재조정한 후 재일정분석을 수행하여 가장 합리적인 **공사일정, 자원일정, 재무일정**을 확정하게 된다.

④ **실시단계**는 **공정계획단계**에서 확정된 **공사일정, 자원일정, 재무일정**을 근거로 시공해 가고, **통제단계**는 계획일정과 실시일정의 비교 분석과 추적감시(monitoring)로 **일정진도관리, 자원진도관리, 원가진도관리**를 수행한다.

⑤ **조치단계**는 실시일정이 계획일정에 만족하지 못할 경우, 실시일정을 수정하거나 보완작업을 지속적으로 수행하면서 관리자들의 의사결정을 지원한다.

위의 상술한 내용을 **건설공정관리의 주요 내용으로 축약하여 표현**하면, 그림 8.3과 같이 **일정계획에 따른 일정 진도관리, 자원계획에 따른 자원 진도관리, 원가계획에 따른 원가진도관리**로 나타낼 수 있다. 이들은 각각 독립적인 과업으로 수행되는 것이 아니고 서로 연동되어 공정관리가 수행된다.

여기서, **일정계획**은 공정도표를 구성하는 활동들이 언제 시작해서 언제 종료하는지 계획 및 수립하는 과업이고, **자원계획**은 공정도표를 구성하는 활동들에 소요 되는 인부, 자재, 장비가 어느 정도 인지 계획 및 수립하는 과업이며. **원가계획**은 공정도표를 구성하는 활동들에 소요되는 비용이 얼마인지 계획 및 수립하는 과업이다.

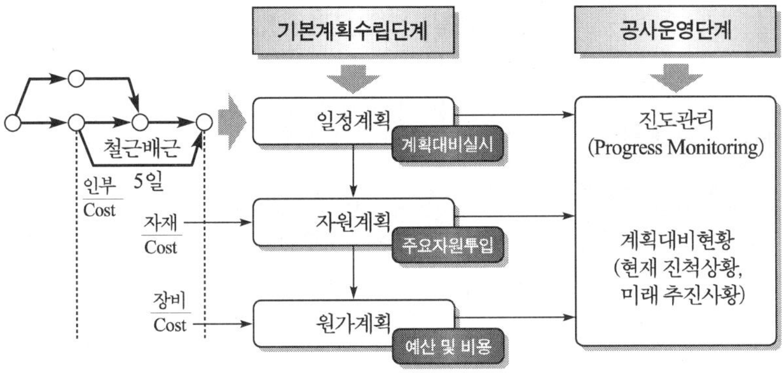

그림 8.3 건설공정관리의 주요 내용

이렇게 일정계획, 자원계획, 원가계획이 수립되었으면, 수립된 계획에 따라 공사를 수행하고, 수행된 실적을 계획과 비교 분석하는 과정이 필요한데 이 과정을 **진도관리**(**일정계획에 따른 일정진도관리, 자원계획에 따른 자원진도관리, 원가계획에 따른 원가진도관리**)라 한다. 이 **진도관리**는 일정계획, 자원계획, 원가계획에 따른 **계획대비 현황**(현재진척상황과 미래추진상황)을 파악하는 과업이다.

이들 세 가지 계획 중에 **일정계획**이 **선도적인 역할**을 수행한다. 왜냐하면, 일정이 지연되거나 단축되면, 이것과 연동된 자원과 원가도 영향을 미치게 되기 때문이다. 따라서 성공적인 공정관리를 위해서는 공사 현장의 특수성을 반영한 현실적인 공정도표의 작성이 선행조건이라 할 수 있다.

4. 토목공사 공사분할체계의 구성

공사분할체계(工事分割體系)를 공사비 적산과 건설공정관리에 적용하기 위해서 학습자는 먼저 **공사분할체계**의 **개념**과 **구성체계** 그리고 그 **활용도**를 충분히 이해하여야 한다. 공사분할체계의 **개념**은 제5장에서 소개되었고, **구성체계**는 한국건기술연구원(KICT, korea institute of civil engineering and building technology, 이하 KICT)에서 제안한 **토목공사용 공사분할체계(KICT model, 이하 KICT model)**와 **활용도**는 지하철공사를 대상으로 KICT model을 적용하여 소개하고자 한다.

공사분할체계는 **최종 목표물**과 그 목표물을 이루는 **세부 항목들**과 **연계**를 이루는 **프레임(frame) 형태**의 계층구조를 형성함으로써 완성된다. 즉, 최하위 단계인 **작업 활동**까지 규명해서 그 **활동**을 **단계별 상위계층 요소들**과 **연계**시키고, 결국 최상위 단계인 **최종 목표물**

과 **연계**시켜서 전체를 이루는 하나의 **단일 구조군(構造群)**을 형성하여 공사의 **계획과 관리**를 위한 **계층적 구조체계**를 제공하게 된다.

공사분할체계의 **각 요소들**은 서로 **독립적인 의미**를 가지며, 이들 각 요소들은 다시 **하위단계**의 **세부 요소들**로 **구성**된다. 최종 목표물을 이루기 위한 모든 요소들은 하나의 **단일 구조군 조직**에 포함되어야 하며, 그렇기 위해서는 **단계별 구분이 명확**하고 **상하단계의 연계성이 분명히 규명**되어야 한다. **공사분할체계의 최하위 단계(공정도표를 구성하는 활동, 즉, 작업요소) 설정은 공사의 규모와 복잡성에 따라 다르며, 관리목적을 충족시키기 위해 다양하게 구축**할 수 있다.

또한 공사분할체계의 **각 요소들**은 공사 완료 동안에 **독립된 항목**으로 **수행**되고 **관리**하기 위해서는 체계적인 **코드번호**를 부여하여야 한다. 이 **코드를 부여**하는 것은 공사분할체계의 **각 요소 상하 간에 관계**를 손쉽게 **식별**할 수 있고 **작업항목의 소속의 관계**를 분명히 함으로써 **단계별 비용계산**과 **공정계획 및 관리**가 편리하게 될 수 있다.

4.1. 공사분할체계의 연구동향

공사분할체계와 관련된 연구는 1980년대 후반부터 미국 등 선진국에서 TeicholzModel, Hendrickson Model, Ibbs & Kim Model, Rasdorf & Osama Model, UCI Model, SfB Model 등이 있는데, 이 연구들은 주로 건축공사를 대상으로 분류 기준을 제시하였다. 국내에서도 토목공사를 대상으로 **시설요소-구조요소-작업요소-자원요소**로 구성된 분류 기준(이배호, 1990)을 제시하였고, KICT는 이 연구를 기반으로 토목공사의 세부분야에 공통적으로 적용할 수 있는 토목공사용 공사분할체계의 구성 기준을 **시설요소-공간요소-부위요소-작업요소-자원요소**로 구분하여 KICT Model을 제시하였다. 본서에서는 KICT가 토목공사용 공사분할체계를 **시설요소-공간요소-부위요소-작업요소-자원요소**로 구분하여 제시한 KICT Model을 기반으로 해서 지하철공사를 대상으로 **건설공정관리 운영체계**(NAS, network analysis system, 이하 NAS)에 적용할 수 있는 **NAS 운영 원천정보**인 **관계형 D/B 모델링**을 **구축**하여 제시하고 있다.

4.2 건설공정관리 운영체계의 고찰

NAS(network analysis system)란 **NAS 운영 원천정보**를 기반으로 한 건설공정관리 운영체계를 말하는 것으로 **기본계획수립단계**(planning phase), **일정계획실시단계**(scheduling phase), 추적감시(monitoring)를 통한 **통제단계**(controlling phase), 그리고 **조치단계**

(actioning phase)로 수행된다.

이를 풀어서 설명하면, 공사착수 전에 공사의 **계획**(plan)을 세우고, 계획대로 공사를 **수행**(do)하며, 공사가 계획대로 진행되고 있는지 추적감시와 계획대비 현황을 비교 분석하여 **검토**(check)하고, 분석한 결과가 당초의 계획과 일치하지 않을 경우는 계획을 수정하고 보완작업을 지속적으로 **수행**(action)해 가는 것이다.

이를 위해서는 가장 우선적으로 선결되어야 할 과업이 건설공사관리현장의 NAS **운영**을 위한 <u>NAS **운영 원천정보**의 D/B **모델링 구축**</u>이다. 본서에서 제시하는 <u>NAS **운영 원천정보** D/B **모델링 구축**</u>은 그림 8.4와 같이 <u>**집계 및 요약**(summarizing & reporting) D/B</u>, <u>**network (activity) D/B**</u> 그리고 <u>operation (resource) D/B</u>의 계층구조로 구성하였다.

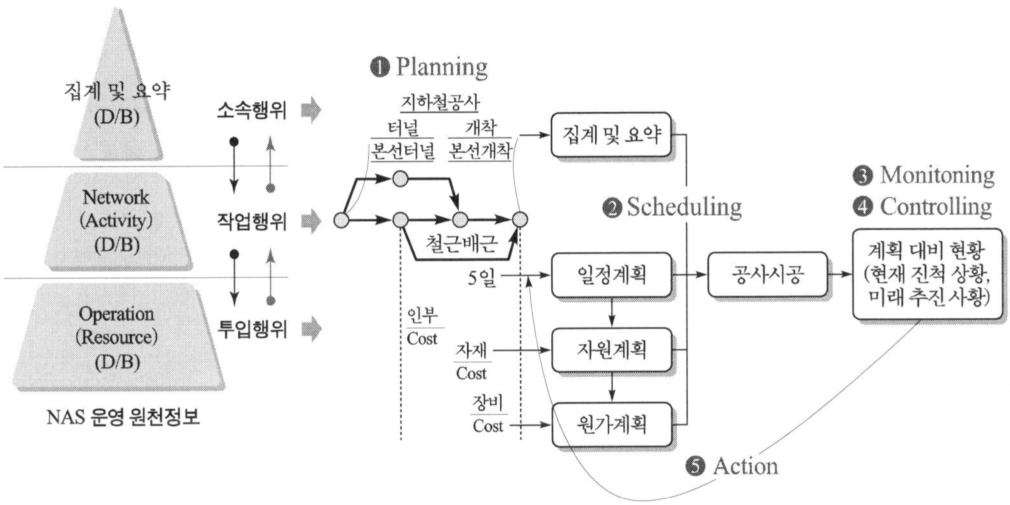

그림 8.4 NAS 운영 원천정보 기반 NAS의 단계별 수행과정

최상위계층구조에 위치하는 **집계 및 요약** D/B는 공사의 계획 및 운영 결과를 **집계 및 요약**할 수 있는 **소속행위정보**, **중간계층구조**에 위치하는 network(activity) D/B는 공정도표를 구성하는 각 활동별 **작업행위정보**, 그리고 **최하위계층구조**에 위치하는 operation(resource) D/B는 각 활동별로 작업기간 내에 소요되는 인부, 자재, 장비별 **계획물량** 및 **실투입물량**과 인부, 자재, 장비별 **계약단가** 및 **실투입단가**를 나타내는 **투입행위정보**를 말한다.

이 3가지 계층구조의 D/B를 **관계형** D/B로 상호 조합하여 NAS **운영**에 적합한 NAS **운영 원천정보**의 D/B **모델링**을 **구축**하였다. 이 D/B **모델링**은 현장 단위에서 수립한 공정도표대로 **보고주기별(월단위)** 공사의 계획대비 진척에 따른 **현재진척상황** 및 **미래추진사항**을 각 계층별로 **집계(순차적인 일정 및 원가의 집계)** 및 **요약(진도, 자원, 지연 등의 요약 보고의 체계 수립)**하여 체계적으로 관리할 수 있도록 구축하였다.

이러한 이론적 고찰에 근거한 **NAS의 공정관리 과학화**를 유도하기 위해서 본서에서는 KICT에서 제안한 KICT Model을 기반으로 **지하철공사의 체계적인 공정관리 운영**을 위한 **공사분할체계** D/B **모델링**을 **구축**하였다.

가. KICT 모델과 NAS 운영 원천정보 관계

KICT에서 제시한 **KICT Model의 기본 개념**은 토목공사의 복합적 완성물이 되는 **단위시설물분류**를 의미하는 **시설요소**, 단위시설물분류를 구성하는 **개별시설물분류**(즉, 단위시설물 내의 공간적으로 구성되어 있는 구조물의 수준)을 의미하는 **공간요소**로 구분하였다. 또한, 이들 개별시설물을 구성하는 부위별, 즉, 개별시설물을 구성하는 각각의 구조물 수준의 단위들을 나타내는 **단위구조물분류**의 **부위요소**로 구분하였다. 이들 시설요소, 공간요소, 부위요소의 3요소를 조합하면, 시설물의 **위치**를 **명시**하여 특정한 토목구조물을 지칭할 수 있다. 다음은 단위구조물의 부위별로 해당 **기능**을 **발휘**하도록 단위구조물을 완성할 수 있는 **작업요소**와 이 작업요소에 직접 투입되는 인부, 자재, 장비의 **자원요소**로 구분하였다.

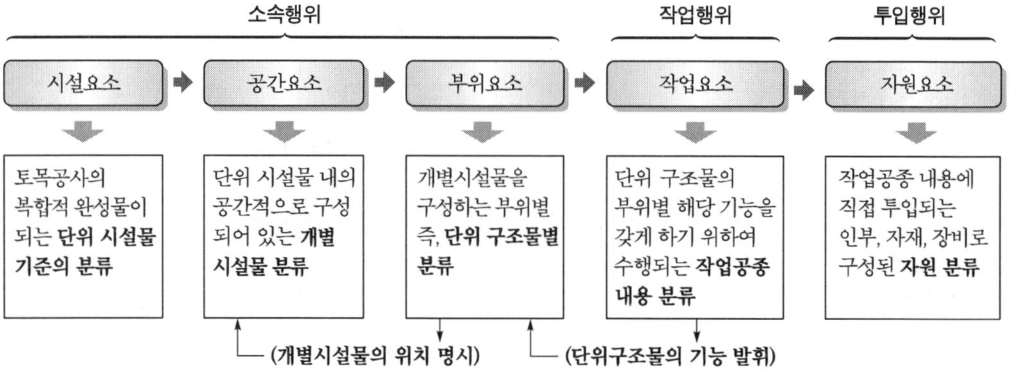

그림 8.5 KICT Model 기본 개념

그림 8.6은 KICT Model 기반 **NAS 운영 원천정보의 구성**을 표현하였다. **NAS 운영 원천정보의 구성**은 시설요소, 공간요소, 부위요소를 기반으로 소속의 행위를 표현하는 **집계 및 요약** D/B, 작업요소를 기반으로 작업의 행위를 표현하는 network(activity) D/B, 자원요소를 기반으로 투입의 행위를 표현하는 operation(resource) D/B으로 구성하였다.

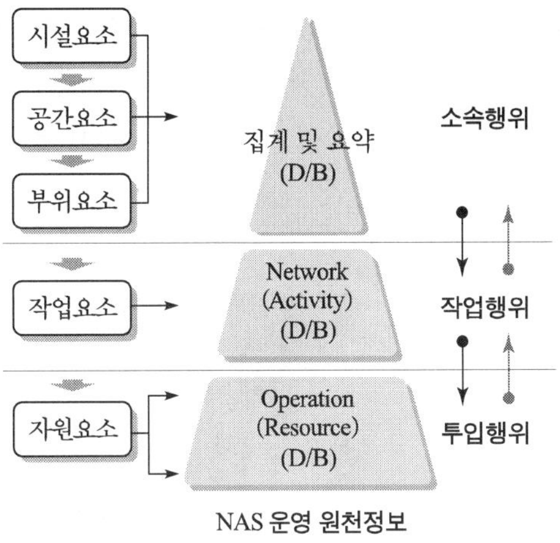

그림 8.6 KICT Model 기반 NAS 운영 원천정보의 구성

다시 말해서 NAS 운영 원천정보를 구성하는 **최상위계층구조**의 **집계 및 요약** D/B(표 8.2~표 8.5 참조)는 공정도표를 구성하는 각 **작업요소별 현재진척상황**과 **미래추진사항**의 **진도상황정보**를 **부위요소별, 공간요소별, 시설요소별**로 **집계 및 요약**하여 계획대비 실적의 결과를 파악할 수 있도록 해주는 **소속행위정보**를 나타낸다.

NAS 운영 원천정보를 구성하는 **중간계층구조**의 network(activity) D/B(표 8.6 참조)는 각 **작업요소별**로 최하위계층구조의 operation(resource) D/B와 연동되어 자원요소별로 계획대비 실적을 파악할 수 있고, 이 결과를 **집계 및 요약** D/B와 연동되어 부위요소별, 공간요소별, 시설요소별로 집계 및 요약할 수 있도록 해주는 **작업행위정보**이다.

NAS 운영 원천정보를 구성하는 **최하위계층구조**의 operation(resource) D/B(표 8.7~표 8.8 참조)는 각 **작업요소별**로 작업기간 내에 소요되는 **자원요소별 계획물량, 실투입물량, 계약단가, 실투입단가**와 연동하여 계획대비 실적을 도출해서 network(activity) D/B로 전송해주는 **투입행위정보**를 나타낸다.

그림 8.7은 KICT Mode 기반 **교량공사의 공사분할체계**를 보이고 있다. **시설요소**는 도로시설물 중에 주도로, 교량, 터널 등의 **단위시설물분류**를 나타내고, **공간요소**는 교량의 단위시설물을 구성하는 교대, 교각, 상판, 주형, 옹벽 등의 **개별시설물분류**를 나타내며, **부위요소**는 교각, 개별시설물을 구성하는 기초부, 구체부, 교좌장치의 **단위구조물분류**로 나타낸다. 이 세 가지 요소를 집합하면, 개별시설물의 **위치**를 **명시**할 수 있다. **단위구조물분류** 중에 **구체부**는 비계공사, 동바리공사, 철근공사, 거푸집공사, 콘크리트공사의 작업요소들로

구성되며, 이들 작업요소들이 완성되면 구체부 단위구조물의 **기능**을 **발휘**할 수 있게 한다. **단위구조물** 중에 **거푸집공사**의 **작업요소**는 거푸집공, 형틀목공, 목공의 자원요소로 구성되고, 이들 자원요소를 투입하여 거푸집공사를 완성한다. KICT는 시설요소, 공간요소, 부위요소, 작업요소, 자원요소로 구분하여 KICT Model을 완성하였다.

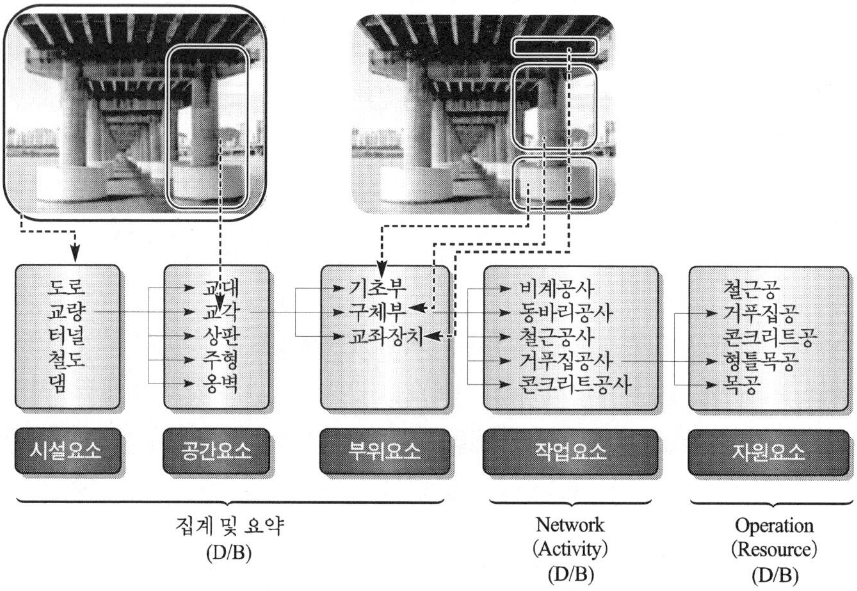

그림 8.7 KICT Model 기반 교량공사 공사분할체계

이를 그림 8.7과 그림 8.6을 연동하여 설명하면, network(activity) D/B에 저장된 **작업요소**(동바리공사, 비계공사, 철근공사, 거푸집공사, 콘크리트공사)들 중에 **거푸집공사**의 **작업진도현황**은 operation(resource) D/B에 저장된 **자원요소**(거푸집공, 형틀목공, 목공)들의 계획대비 실적을 분석해서 생성된다. **동바리공사 등**의 **작업진도현황**도 **거푸집공사**의 **작업진도현황**과 동일한 방식으로 분석해서 network(activity) D/B로 전송 및 저장한다. 다시 network(activity) D/B에 저장된 각 동바리공사, 비계공사, 철근공사, 거푸집공사, 콘크리트공사의 **작업진도현황**는 각 작업요소별 **소속**(부위요소별, 공간요소별, 시설요소별)으로 분류되어 있는 **집계 및 요약** D/B로 전송한다. 전송받은 **집계 및 요약** D/B에서 하나의 부위요소(**구체부**)로 집계되고, 각 부위요소(기초부, **구체부**, 교좌장치)들로 집계된 **작업진도현황**을 모두 집계하여 하나의 공간요소(**교각**)의 **작업진도현황**이 되며, 각 공간요소(교대, **교각**, 상판, 주형, 옹벽)들로 집계된 **작업진도현황**을 모두 집계하여 하나의 시설요소(**교량**)의 **작업진도현황**으로 집계된다. 이 같은 집계구조로 공사진도현황을 손쉽게 파악해서 관리

할 수 있도록 해준다.

그림 8.8은 KICT Model을 기반 NAS 운영체계를 표현하였다. NAS **운영 원천정보**의 **최상위계층구조**에 위치하면서 **시설요소-공간요소-부위요소**로 구성된 **집계 및 요약** D/B는 **작업요소**의 network(activity) D/B와 연동되어서 보고주기별(월별) 공사의 계획 및 실적의 결과를 **집계 및 요약**하는 **소속정보**이다.

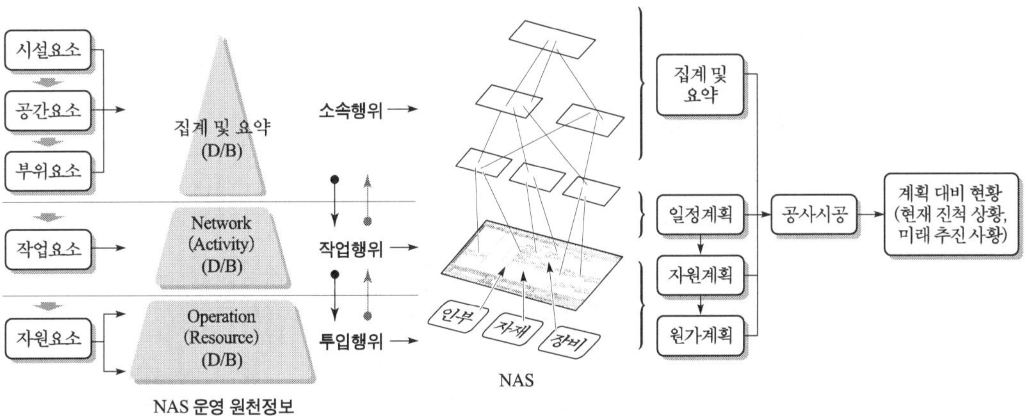

그림 8.8 KICT Model 기반 NAS의 운영체계

중간계층구조에 위치하는 **작업요소**의 network(activity) D/B는 최하위 계층구조의 operation (resource) D/B의 각 활동별 계획물량, 계약단가, 실투입물량, 실투입단가와 연동되어 각 활동별로 계획대비 실적을 **집계 및 요약** D/B와 연동되어 부위요소별, 공간요소별, 시설요소별의 각 계층별로 집계 및 요약할 수 있도록 해주는 **작업행위정보**이다.

최하위계층구조에 위치하는 **자원요소**의 operation(resource) D/B는 작업요소의 각 활동별로 작업기간 내에 소요되는 인부, 자재, 장비의 계획물량, 실투입물량, 계약단가, 실투입단가가 결합되어 각 활동별 **계획공사비**(BCWS)=계획물량×계약단가, **달성공사비**(BCWP)=실투입물량×계약단가, **실투입비**(ACWP)=실투입물량×실투입단가의 계획대비 실적의 결과를 파악할 수 있도록 해주는 **투입행위정보**이다.

본서는 KICT Model 분류 기준에 따라 과학적인 NAS에 부합하는 **지하철공사 공정관리 운영**을 위한 NAS **운영 원천정보의** D/B **모델링**을 구축하였다.

나. 지하철공사 공사분할체계 D/B 모델링 체계

본절은 앞절에서 제시한 KICT Model을 근거로 NAS 운영 원천정보 구축을 위한 **지하철공사 공사분할체계 D/B 모델링 체계**를 제시하였다. 즉, **시설요소**는 크게 산악터널, 지하터널, 수로터널의 3개의 단위시설물로 분류하였다. **공간요소**는 지하철공사의 규모가 방대하여 **공간요소(1)**과 **공간요소(2)**로 구분하여 표현하였다. **공간요소(1)**은 본선구간, 정거장구간의 2개의 개별시설물로 분류하였고, **공간요소(2)**는 본선개착, 본선터널, 정거장개착, 정거장터널의 4개의 개별시설물로 분류하였다.

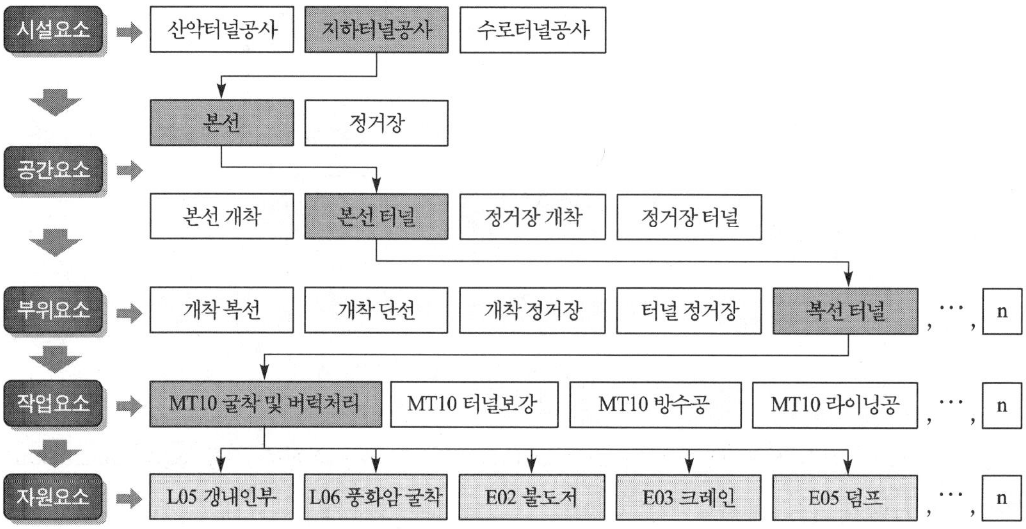

그림 8.9 KICT Model 기반 지하철공사 공사분할체계 D/B 모델링 체계

부위요소는 공간요소의 하부공종들로 개착단선, 개착복선, 개착정거장, 터널정거장, 복선터널 등의 개별시설물들을 구성하기 위한 단위구조물들로 구성하여 분류하였다. **작업요소**는 현장에서 공사를 수행하는 작업들로 MT10 굴착 및 버럭처리, MT10 터널보강, MT10 방수공, MT10 라이닝공 등 현장단위에서 운영할 수 있는 항목으로 분류하였다. **이 작업요소 분류는 공사의 규모와 복잡성 그리고 관리의 목적에 따라 크게 혹은 작게 등 다양하게 구축할 수 있다.**

즉, 그림 8.7과 같이 작업요소분류를 비계공사, 동바리공사, 철근공사, 거푸집공사, 콘크리트공사의 크기로 분류되면, 관리하고자 하는 현장단위 공사의 활동 수가 방대해져서 현실적인 공정관리가 불가능해진다. 이처럼 방대한 수의 활동들로 구성하여 공사를 관리하는 것이 반드시 좋은 것만이 아닐 수 있고, 세분하여 관리할 필요가 있을 경우는 먼저, 공사를 관리할 수 있는 공정관리 전문요원 확보와 공정관리 운영에 필요한 제반 조건들이 선행되어야 가능하게 된다. 따라서 **공정도표를 구성하는 작업요소를 자원이 투입되는 작업행위 공종보다 상위 개념의 작업행위 공종들로 분류하면, 활동의 수를 확연히 감축하여 현실적인 공정관리를 운영할 수 있다**. 그리고 **자원요소**는 작업요소를 완료하기 위해 투입하는 자원들로 L(인부), M(자재), E(장비)들로 구성하여 분류하였다. 다만, 작업요소가 작업행위보다 상위 개념의 작업행위 공종들로 분류하였다면, 자원요소 역시 **자원별 활동(operation) 개념**의 투입자원으로 재구성하여 D/B 모델링을 구축(그림 8.10 참조)하여야 하고, 본서는 이 개념을 적용하여 자원을 분류하였다.

이 체계로 제시된 **지하철공사 공사분할체계 D/B 모델링**을 KICT Model과 연동하여 설명해 보면 그림 8.9의 **작업요소 MT10 굴착 및 버럭처리**의 활동은 보고주기별로 **자원요소**의 LO5 **갱내인부**, …, E05 **덤프**의 자원을 투입하여 작업을 완료하고, 완료된 활동 MT10 **굴착 및 버럭처리**의 **일정계획, 자원계획, 원가계획**대비 **작업진도현황(현재진척상황, 미래추진사항)**은 상위 계층별로 **부위요소**의 복선터널 → **공간요소**의 본선터널 중에 본선 → **시설요소**의 지하터널공사로 **집계 및 요약**될 수 있도록 NAS **운영 원천정보**를 체계화하여 구축하였다.

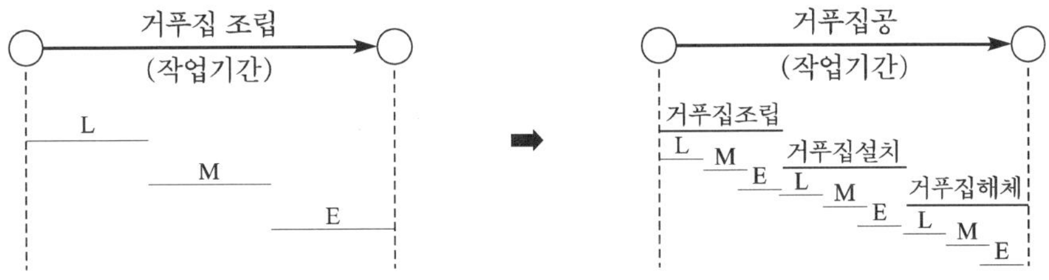

(a) resource 개념 (b) 자원별 활동(operation) 개념

그림 8.10 자원요소 D/B 구축방법의 전환

참고로 **활동하위 종속물량**의 구축은 이론적으로 (L)인부, (M)자재, (E)장비로 구성되어야 하지만, 이 경우 활동의 수가 지나치게 증가하여 현장공정관리가 어려워진다. 따라서, 본서는 거푸집조립, 거푸집설치, 거푸집해체의 상위 개념인 **거푸집공**을 활동으로 두고, 그 하위에 **자원별활동(operation)** 개념으로 거푸집조립, 거푸집설치, 거푸집해체를 두어서 (L)인부, (M)자재, (E)장비의 크기를 **재구성**하였다. 이 D/B **구축방법**은 활동의 수를 감축할 수 있어서 효율적이고 효과적인 현장관리가 가능하게 된다.

다. 지하철공사 공사분할체계 D/B 모델링 구축

본절은 앞절에서 언급한 KICT Model 기반 지하철공사 공사분할체계 D/B 모델링 기준에 따라 공사분할체계를 구축하여 지하철공사 공사분할체계 D/B 모델링을 제시하였다.(표 8.2 ~ 표 8.8 참조)

(1) 시설요소 D/B

지하철공사의 최상위 항목의 단위시설물들로 분류한 **시설요소 D/B는** (소속행위) 집계 및 요약 D/B로 **코드**와 **명칭**으로 구성된다. 표 8.2의 시설요소 D/B의 **코드**와 **명칭**은 M 산악터널공사, S 지하터널공사, W 수로터널공사로 분류하였다.

표 8.2 Facility classification D/B

코드	명칭
M	산악터널공사
S	**지하터널공사**
W	수로터널공사

(2) 공간요소 D/B

지하철공사의 중단위 항목의 개별시설물들로 분류한 **공간요소(1)는** (소속행위) 집계 및 요약 D/B로 **코드**와 **명칭**으로 구성된다. 표 8.3의 **공간요소(1) D/B**의 **코드**와 **명칭**은 **1 본선, 2 정거장**으로 분류하였다.

표 8.3 Space classification(1) D/B

코드	명칭
1	**본선**
2	정거장

지하철공사의 중단위 항목의 개별시설물들로 분류한 **공간요소(2)는** (소속행위) 집계 및 요약 D/B로 **코드**와 **명칭**으로 구성된다. 표 8.4의 **공간요소(2) D/B**의 **코드**와 **명칭**은 표 8.3의 **본선** 및 **정거장**의 **공간요소(1)**의 하위 개별시설물분류로 **1 본선 개착, 2 본선 터널, 3 정거장 개착, 4 정거장 터널**로 분류하였다.

표 8.4 Space classification(2) D/B

코드	명칭
1	본선 개착
2	**본선 터널**
3	정거장 개착
4	정거장 터널

(3) 부위요소 D/B

지하철공사의 소단위 항목의 단위구조물들로 분류한 **부위요소** D/B는 (소속행위) 집계 및 요약 D/B로 **코드**와 **명칭**으로 구성된다. 표 8.5의 **부위요소** D/B의 **코드**와 **명칭**은 단위구조물의 위치를 명시할 수 있는 01 개착 복선, 02 개착 단선,…, 15 환기구,…, 22 사갱,…, 승강장 등으로 분류하였다.

표 8.5 Element classification D/B

코드	명칭
01	개착 복선
02	**개착 단선**
03	개착 정거장
04	터널 정거장
05	**복선 터널**
06	복선 터널(PD-2, R=400)
07	복선 터널(PD-2, R-500)
08	복선 터널(PD-2, 직선)
09	대단면-1
10	대단면-2
11	단선병렬
12	터널 정거장
13	터널정거장(중앙부)
14	터널정거장(본선부)
15	환기구
16	본선환기구
17	터널환기구
18	수직구(중앙환기구)
19	작업구-A
20	작업구-B
21	횡갱

코드	명칭
22	사갱
23	집수정
24	인입선
25	대합실
26	승강장
27	연결통로 및 출입구
28	승환통로
29	보조공법
30	지반보강공
31	갱구보강공
32	부대공
33	이설비

(4) 작업요소 D/B

현장단위에서 공정도표를 구성하는 **작업요소 D/B**는 (작업행위) network(activity) D/B로 표 8.6의 **작업요소** D/B의 **작업코드, 명칭, 작업기간, 코드(시설), 코드(공간1), 코드(부위)**로 구성된다.

표 8.6의 **작업요소** D/B의 **작업코드**와 **명칭**은 현장단위에서 공사가 진행되는 작업들로 구성되며, 이들 작업들은 작업기간만큼 수행 된다, 공정도표를 구성하는 활동, 즉, **작업요소 분류**는 공사의 규모와 복잡성 그리고 관리목적에 따라 크기를 달리 적용할 수 있으며, 본서는 활동의 수를 감축하기 위해 작업요소분류를 보다 상위작업공종으로 분류하였다.
또한, 각 작업요소들을 구성하는 **작업코드**는 시설요소 D/B, 공간요소(1) D/B, 공간요소(2) D/B, 부위요소 D/B에서 분류된 **부위요소 코드→공간요소 코드 → 시설요소 코드**와 연동하여 각 작업요소들의 공사수행에 따른 계획대비 실적의 작업진도현황을 상위계층별로 집계 및 요약할 수 있도록 하였다. 예로, **2090-2100 MT10 굴착 및 버럭처리 작업요소**의 공사수행에 따른 계획대비 실적은 상위계층 요소별로 **05 복선 터널 → 2 본선 터널 → 본선 →지하터널공사**에 집계 및 요약된다.

표 8.6 Work classification D/B

작업 코드	명칭	작업기간 (예상)(현재)	시설코드	공간코드(1)	공간코드(2)	부위코드
2005 2010	MT10 터널보강	26	S	1	2	05
2015 2020	MT11 터널보강	26	S	1	2	05
2035 2040	MT12 터널보강	26	S	1	2	05
2090 2100	**MT10 굴착 및 버럭처리**	**26**	**S**	**1**	**2**	**05**
2095 2105	MT10 S/C 및 강지보공	25	S	1	2	05
2100 2110	MT11 굴착 및 버럭처리	26	S	1	2	05
2105 2115	MT11 S/C 및 강지보공	25	S	1	2	05
2110 2120	MT12 굴착 및 버럭처리	26	S	1	2	05
2115 2125	MT12 S/C 및 강지보공	25	S	1	2	05
2520 2530	MT10 방수공	5	S	1	2	04
2525 2535	MT10 배수공	5	S	1	2	04
2530 2440	MT11 방수공	5	S	1	2	04
2535 2545	MT11 배수공	5	S	1	2	04
2540 2550	MT12 방수공	5	S	1	2	04
2545 2555	MT12 배수공	5	S	1	2	04
2700 2705	MT10 라이닝공	8	S	1	2	03
2705 2710	MT11 라이닝공	8	S	1	2	03
2710 2715	MT12 라이닝공	8	S	1	2	03

(5) 자원요소 D/B

각 작업요소의 작업코드와 연동되는 **자원요소 D/B는** (투입행위) operation(resource) D/B로 **작업코드, 명칭, 작업기간(예상, 현재), 자원코드, 유형, 계획물량, 실투입물량, 잔여일수**로 구성된다. 표 8.7의 **자원요소 D/B**의 작업코드, 명칭, 작업기간는 작업요소 D/B와 동일하며, 자원코드에 해당이 되는 표 8.8의 자원단가 D/B의 자원종류들과 계획물량, 실투입무량에 해당되는 자원물량이 투입되어 완료된다.

예로, 2090-2100 MT10 **굴착 및 버럭처리**의 작업요소는 26일간 M06 2121인, L05 653인,…, E10 235HR의 자원종류들의 **계획물량**이 계획되어 있다. **실투입물량**은 현장에서 활동별로 보고주기별 실제 완료된 물량을 **직접 입력**된다. 또한, 표 8.7의 **자원코드**에 있는 자원종류들은 표 8.8의 자원단가 D/B의 **자원코드**에 분류되어 있는 자원종류들 중에 해당 자원들의 **계약단가**와 **실투입단가**를 호출해서, 자원코드별 **계획물량, 실투입물량**과 곱해져서

계획공사비(계획기성), **달성공사비(기성금액)**, **실투입비(실투입금액)**가 산출된다. 즉, **계획공사비**(BCWS)=계획물량×계약단가, **달성공사비**(BCWP)=실투입물량×계약단가, **실투입비**(ACWP)=실투입물량×실투입단가의 결과로 공사의 계획대비 실적에 작업진도현황을 파악할 수 있다.

표 8.7 Resource classification D/B

작업코드	명칭	작업기간 (예상)(현재)	자원코드	유형	계획물량	실투입물량	잔여일수
2005 2010	MT10 터널보강	26	M60	T	599	(　　)	26
			L06	T	197	(　　)	26
			L07	T	195	(　　)	26
			E04	T	1416	(　　)	26
2090 2100	MT10 굴착 및 버럭처리	26	M06	T	2121	(　　)	26
			L05	T	653	(　　)	26
			E02	T	94	(　　)	26
			E03	T	556	(　　)	26
			E05	T	85	(　　)	26
			E06	T	122	(　　)	26
			E10	T	235	(　　)	26
2095 2105	MT10 S/C 및 강지보공	25	M50	T	31	(　　)	25
			M44	T	25	(　　)	25
			M45	T	25	(　　)	25
			L05	T	98	(　　)	25
			L06	T	173	(　　)	25
			L08	T	98	(　　)	25
			L09	T	10	(　　)	25

주) 유형 T는 Total의 이니셜(initial)로 활동별 작업기간에 소요되는 총계획물량을 의미함

표 8.8 Resource cost D/B

자원코드	자원명	단위	계약단가	실투입단가
L01	콘크리트공	인	110,000	(　　)
L02	철근공	인	98,000	(　　)
L03	목공	인	80,000	(　　)
L04	방수공	인	100,000	(　　)
L05	갱내인부	인	110,000	(　　)
L06	보통인부	인	97,000	(　　)
L07	보오링공	인	105,000	(　　)
L08	착암공	인	130,000	(　　)
L09	철골공	인	115,000	(　　)

자원코드	자원명	단위	계약단가	실투입단가
E01	백호	HR	4,000	(　　)
E02	불도자	HR	5,000	(　　)
E03	크레인	HT	5,000	(　　)
E04	페이로더	HR	4,500	(　　)
E05	덤프	HR	4,000	(　　)
E06	펌프카	HR	6,000	(　　)
E07	아스팔트피니셔	HR	7,000	(　　)
E08	공기압축기	HR	6,000	(　　)
E09	발전기	HR	5,000	(　　)
E10	알리바	HR	6,700	(　　)
M06	풍화암굴착	M2	84,386	(　　)
M44	S/C타설비	M	987,361	(　　)
M45	록볼트시공비	M	401,274	(　　)
M50	터널지보공제작	조	268,235	(　　)
M60	주입비용액형	M3	215,044	(　　)

라. 지하철공사 공사분할체계 D/B 모델링 통합

이 절에서는 앞 절에서 분류한 지하철공사 공사분할체계 D/B 모델링 구축 자료를 근거로 그림 8.11을 적용하여 지하철공사 공사분할체계의 관계형 D/B 모델링 통합사례를 제시하고 있다.

먼저, 현장단위에서 수행되는 공정도표를 구성하는 **작업요소 작업코드**는 **시설요소의 시설코드, 공간요소의 공간코드, 부위요소의 부위코드**와 연동되어 현장단위에서 수행되는 **작업요소의 작업코드(활동)별**로 계획 및 실적에 대한 공사현황을 **집계 및 요약**(summarizing & reporting)할 수 있도록 구축하였다. 즉, **작업요소의 작업코드별**로 소요되는 **자원코드(자원)별 계획물량, 실투입물량**에 **자원요소의 자원코드별 계약단가, 실투입단가**를 호출하여 보고주기별 **계획공사비(BCWS), 달성공사비(BCWP), 실투입비(ACWP)**를 산출하고, 이 결과를 부위요소의 부위코드, 공간요소의 공간코드, 시설요소의 시설코드에 연동된 각 계층별로 **집계 및 요약**할 수 있도록 구축하였다. 이 개념으로 **지하철공사 D/B 모델링 통합구조**로 모식화하여 표현한 것이 그림 8.11과 같다.

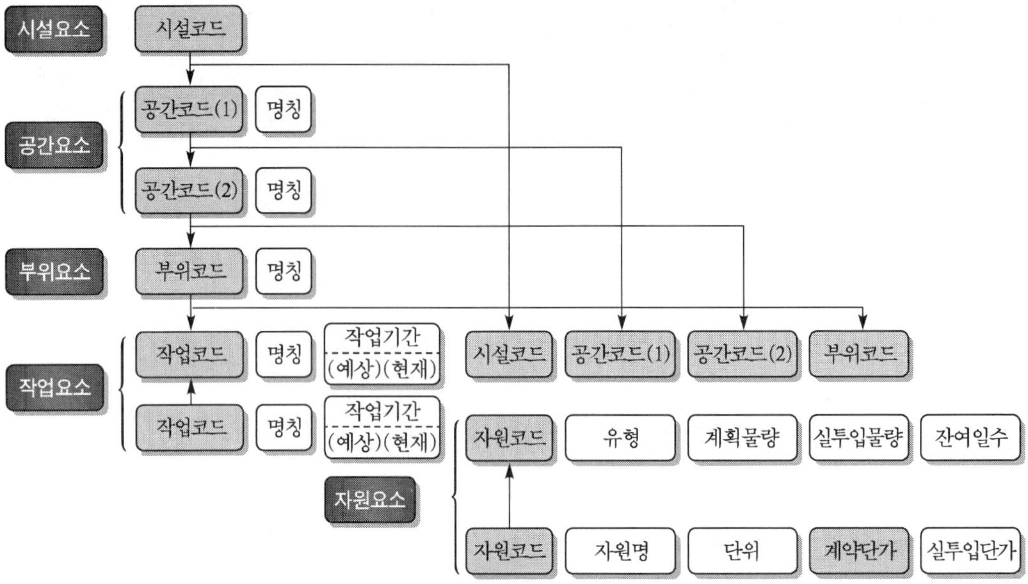

그림 8.11 지하철공사 D/B 모델링의 통합구조

따라서 지하철공사 공사분할체계 D/B 모델링 구축자료(표 8.2~표 8.8 참조)를 근거로 그림 8.11의 지하철공사 D/B 모델링 통합구조를 적용하여 그림 8.12의 지하철공사 공사분할체계의 관계형 D/B 모델링 통합사례로 설명하면 다음과 같다.

작업요소 D/B의 **2090-2100 MT10 굴착 및 버럭처리**는 작업기간 26일 동안 M06, L05, E02, E03, E05, E06, E10의 **자원별, 계획물량** 2121M3, 653HR, 94HR, 556HR, 85HR, 122HR, 235HR, 보고주기별 완성된 **실투입물량**(관리자가 보고주기별 직접 입력) **(200M3)**, **(100HR)**, **(20HR)**, **(70HR)**, **(10HR)**, **(30HR)**, **(53HR)**에 **<u>자원요소 D/B의 자원코드별</u> 계약단가** M06 84,386원, L05 110,000원, E02 5,000원, E03 5,000원, E05 4,000원, E06 6,000원, E10 6,700원 및 보고주기별 실제로 소요된 **실투입단가**(관리자가 보고주기별 직접 입력) M06(**85,750원**), L05(**120,000원**), E02(**5,200원**), E03(**4,900원**), E05(**4,000원**), E06(**6,050원**), E10(**6,750원**)을 호출하여 **<u>2090-2100 MT10 굴착 및 버럭처리</u>**의 보고주기별 **계획공사비(BCWS)**=계획물량×계약단가, **달성공사비(BCWP)**=실투입물량×계약단가, **실투입비(ACWP)**=실투입물량×실투입금액을 산출한다.

코드	명칭
S	지하터널공사

코드	명칭
1	본선

코드	명칭
2	본선터널

코드	명칭
05	복선터널

집계 및 요약

일정계획

작업코드	명칭	작업기간 (예상)(현재)	시설코드	공간코드(1)	공간코드(2)	부위코드
2090 2100	MT10 굴착 및 버럭처리	26	S	1	2	05

자원계획

작업코드	명칭	작업기간 (예상)(현재)	자원코드	유형	계획물량	실투입물량	잔여일수
2090 2100	MT10 굴착 및 버럭처리	26	M06	T	2121	( )	25
			L05	T	653	( )	26
			E02	T	94	( )	26
			E03	T	556	( )	26
			E05	T	85	( )	26
			E06	T	122	( )	26
			E10	T	235	( )	26

원가계획

자원코드	자원명	단위	계약단가	실투입단가
L05	갱내인부	인	110,000	( )
E02	불도저	HR	5,000	( )
E03	크레인	HR	5,000	( )
E05	덤프	HR	4,000	( )
E06	펌프카	HR	6,000	( )
E10	알리바	HR	6,700	( )
M06	풍화암굴착	M2	84,386	( )

그림 8.12 지하철공사 공사분할체계의 관계형 D/B 모델링 통합사례

이렇게 산출된 결과들은 부위요소의 **05 복선 터널**, 공간요소(2)의 **본선 터널**, 공간요소(1)의 **1 본선**, 시설요소의 S **지하터널공사**로 연결된 각 계층요소별로 순차적으로 **집계 및 요약**해서 **현장실무자**는 **현장단위 중심**으로 운영되는 **작업요소 중심 관리**와 본사 **관리진** 혹은 발주자 **감독관**은 부위요소, 공간요소, 시설요소의 **마일스톤(이정표) 중심 관리**로 효율적 및 표준적인 **공정관리**가 **가능**하게 하였다.

ACWP=실투입비(실투입원가)

BCWP=달성공사비(실시기성)

BCWS=계획공사비(계획기성)

표 8.7 Resource classification D/B

작업코드	명칭	작업기간	자원코드	유형	계획물량	실투입물량	잔여일수
2005 2010	MT10 터널보강	26	M60	T	599	(　)	26
			L06	T	197	(　)	26
			L07	T	195	(　)	26
			E04	T	1416	(　)	26
2090 2100	MT10 굴착 및 버럭처리	26	M06	T	2121	(200)	26
			L05	T	653	(100)	26
			E02	T	94	(20)	26
			E03	T	556	(70)	26
			E05	T	85	(10)	26
			E06	T	122	(30)	26
			E10	T	235	(53)	26
2095 2105	MT10 S/C 및 강지보공	25	M50	T	31	(　)	25
			M44	T	25	(　)	25
			M45	T	25	(　)	25
			L05	T	98	(　)	25
			L06	T	173	(　)	25
			L08	T	98	(　)	25
			L09	T	10	(　)	25

주) 유형 T는 Total의 이니셜(initial)로 활동별 작업기간에 소요되는 총예상물량을 의미함

표 8.8 Resource cost D/B

자원코드	자원명	단위	계약단가	실투입단가
L01	콘크리트공	인	110,000	(　)
L02	철근공	인	98,000	(　)
L03	목공	인	80,000	(　)
L04	방수공	인	100,000	(　)
L05	갱내인부	인	110,000	(120,000)
L06	보통인부	인	97,000	(　)
L07	보오링공	인	105,000	(　)
L08	착암공	인	130,000	(　)
L09	철골공	인	115,000	(　)
E01	백호	HR	4,000	(　)
E02	불도자	HR	5,000	(5,200)
E03	크레인	HT	5,000	(4,900)
E04	페이로더	HR	4,500	(　)
E05	덤프	HR	4,000	(4,000)
E06	펌프카	HR	6,000	(6,050)
E07	아스팔트피니셔	HR	7,000	(　)
E08	공기압축기	HR	6,000	(　)
E09	발전기	HR	5,000	(　)
E10	일리바	HR	6,700	(6,750)
M06	풍화암굴착	M2	84,386	(85,750)
M44	S/C타설비	M	987,361	(　)
M45	록볼트시공비	M	401,274	(　)
M50	터널지보공제작	조	268,235	(　)
M60	주입비용액형	M3	215,044	(　)

그림 8.13 계획공사비, 달성공사비, 실투입비 분석 사례

5. 공정도표 구성요소와 표현

5.1 공정도표의 구성요소

공정도표를 구성하고 있는 요소들은 **활동**, **활동명칭**, **활동작업기간**, **단계(마디)**, **명목활동**, 어느 활동을 완성하는 데, 소요되는 **활동하위자원**으로 구성되어 있다. 이 요소들이 통합되어 작업의 **선후관계**와 **병행관계**를 표현하여 공정도표를 구성할 수 있다.

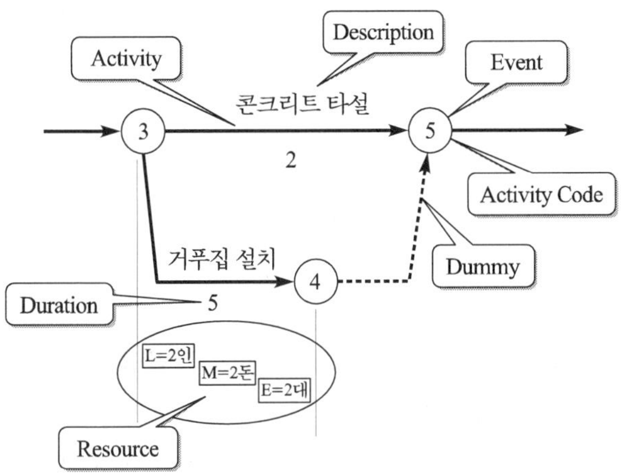

그림 8.14 공정도표의 구성요소

(1) 활동

활동(activity)은 전체공사를 구성하는 각각의 **단위작업**을 말하며, 수행해야 할 구체적인 **과업** 또는 **작업**을 뜻한다. 이 활동은 시간, 인부, 자재, 장비 등의 자원이 소요되며, 공정도표상에 **화살표**로 표시한다. 화살표 길이의 장단이 원칙적으로 시간적 또는 자원적인 개념에 의한 축척으로 표시되는 것은 아니다. 모든 활동은 착수시점인 **선행단계**와 완료시점인 **후속단계**를 반드시 가지고 있다. 활동은 작업내용 또는 순서의 흐름 등을 표시하기 때문에 현장기술자 또는 실무담당자에게 관심의 대상이 되는 것이라 볼 수 있다.

(2) 단계

단계(event)는 특정 시점을 의미하며, 전체공사의 **착수시점**인 동시에 **완료시점**을 표시한다. 이 단계는 시간이나 자원의 개념이 없고, 공정도표상에 **원(○)**으로 표시하는 것이 보통이지만 **사각형(□)**으로 표시하기도 한다. 각 단계마다 번호를 부여하여 선후관계를 명확히 하고, 관리하는 데 편리하도록 한다. 처음 시작단계와 최종 완성단계를 제외하고 모든 단계가 선행작업과 후속작업의 중간에 있으며, 전체 계획을 활동으로 분류하는 **구분역할**을 해주며, 활동을 **연결해 주는 역할**도 한다. 단계는 **착수시점**이면서 **완료시점**이기 때문에 상부관리층 또는 최고경영층에게 관심의 대상이 된다고 볼 수 있다. 단계번호의 기입방법은 다음 그림 8.15와 같이 **수직번호 기입방법**과 **수평번호 기입방법**이 있다.

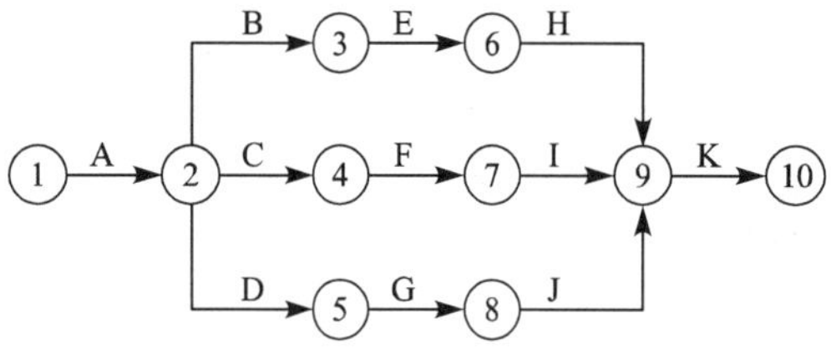

(a) 수직번호 기입방법

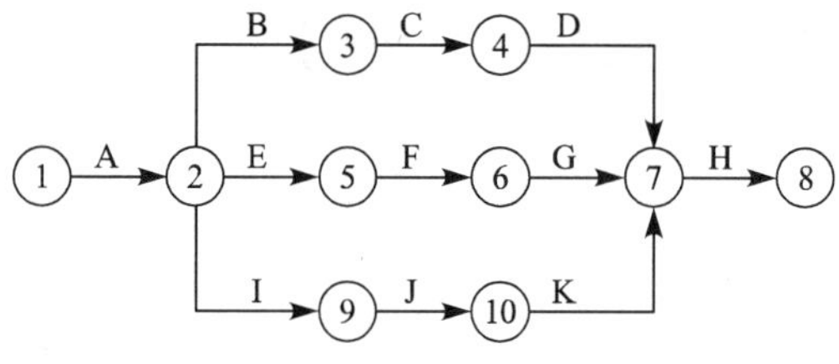

(b) 수평번호 기입방법

그림 8.15 단계번호 기입방법

(3) 활동명칭

활동명칭(activity description)은 실제 사용하고 있는 **작업명**이나 **관도급내역서**에 있는 활동명칭을 사용하는 것이 바람직하다. 정보교환의 원활화를 위하여 명칭은 통일하는 것이 바람직하고, 같은 현장에서 같은 작업에 여러 가지 명칭을 사용하면 혼란을 가중시킬 우려가 있다. 선행작업의 일부가 완료된 후, 후속작업을 병행화할 수 있는 경우는 그림 8.16과 같이 숏크리트 타설(Ⅰ), 숏크리트 타설(Ⅱ), 강지보공(Ⅰ), 강지보공(Ⅱ) 등으로 구분하여 표시할 수 있다.

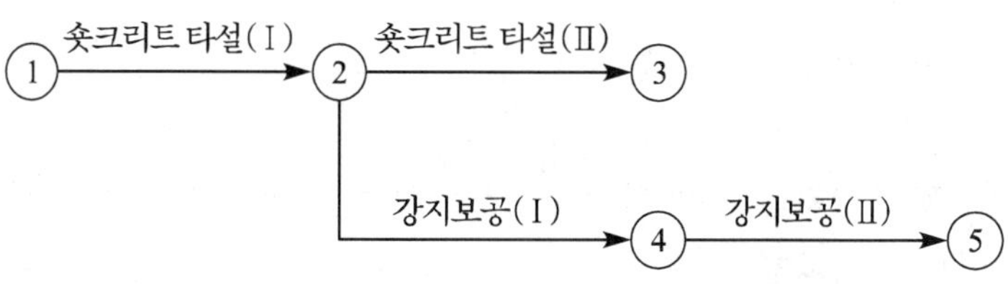

그림 8.16 선행작업의 일부 완료시에 활동분할 방법

(4) 활동공기

활동공기(activity duration) 또는 **작업기간**은 보통 **일단위**로 표시하고, 특수한 경우에는 **시간단위**나, **주단위**로 표시할 수도 있다. 시간축적 공정도표(time scaled network)는 시간축적이 있기 때문 활동별 소요시간을 표기할 필요가 없다고 생각할지 모르지만, 활동은 독립성을 가지고 있으며, 일작업량 개념을 명확히 하여 일일작업관리를 분명히 하기 위하여 또는 전산 입력자료화를 위하여 활동공기를 표시하는 것이 바람직하다.

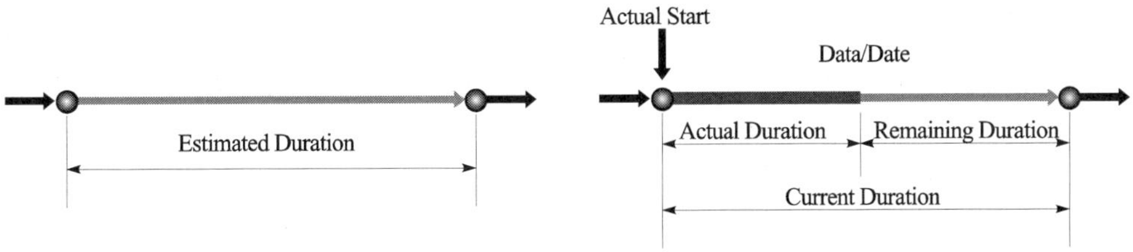

(a) 공사 착수 전 (b) 공사 진행 중

그림 8.17 활동의 진도 표현

공사 착수 전의 **활동예상공기(estimated duration)** 산정은 공사비 내역서로부터 활동별로 소요되는 소요물량과 실무자의 경험을 근거로 한다. **활동예상공기**의 산정 순서는 각 활동별 소요물량 산정, 활동별 작업조 구성, 작업조별 일투입물량(1일 작업 생산성) 추정, 작업조의 가동률 반영, **활동예상공기 산정** 순으로 이루어진다. 공사 진행 중의 **활동예상공기**는 **실투입공기**(actual duration), **잔여예상공기**(remaining duration), **현재공기**(current duration)의 3가지로 나타난다. **현재공기**는 **실투입공기+잔여예상공기**로 표현되며, **잔여예상공기**는 현재기준일을 기준으로 잔여작업이 어느 정도 남았는지 추정한 작업공기이다. 따라서 공사 진행 중에는 계획대비 실적이 같으면 **현재공기=활동예상공기**, 계획대비 실적이 지연이면 **현재공기>활동예상공기**, 계획대비 실적이 촉진이면 **현재공기<활동예상공기**로 나타난다.

(5) 명목활동

명목활동(dummy)은 작업선 자체로서는 의미가 없다. 따라서 실제작업이 있는 것이 아니고, 작업상호 간의 관련성, 즉 공정진행상의 제약을 표시한 것으로 시간이나 자원요소는 포함되어 있지 않다. 점선의 화살표나 실선 화살표에 0(영)을 표시한 것이지만, 점선으로 표시하여 사용하는 것이 대부분이다. 명목활동은 꼭 필요한 경우에는 절대 불가결한 것이지만, 이를 영으로 생각하기 때문에 남용하기 쉽고, 그렇게 되면 오히려 더 복잡한 공정도표가 된다. 처음 공정도표를 작성하는 사람들은 불필요한 명목활동을 필요 이상으로 사용하는 경향이 있고, 화살 공정도표의 활용에서 명목활동의 사용이 가장 어려운 것 중의 하나이며, 필요악이라고도 한다. 잘 작성된 공정도표는 꼭 필요한 명목활동만을 적절히 사용한 것이라 할 수 있다.

명목활동의 종류는 **넘버링 더미**(번호 붙이기 명목활동, numbering dummy)와 **로지컬 더미**(논리적인 명목활동, logic dummy)의 **2종류**가 있다.

첫째, **넘버링 더미**는 공정도표 작성의 원칙에 따라 한 단계에서 시작해서 다른 단계에서 종료되는 활동은 **반드시 하나만 존재**해야 한다. 그러나 어떤 공사이든 그림 8.18(a)와 같이 한 단계에서 시작해서 다른 단계에서 종료되는 활동들의 수는 **n개**가 될 수 있다. 이때 공정도표 작성의 원칙을 준수하기 위해 그림 8.18(b)와 같이 **활동의 작업기간이 적은 쪽에 명목활동을 추가**해서 공정도표를 작성해야 하는데, 이러한 명목활동을 말한다

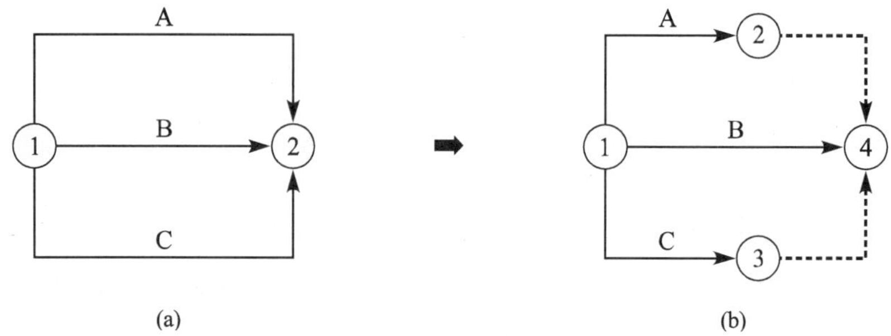

그림 8.18 numbering dummy

둘째, **로지컬 더미**는 A 활동의 후속활동이 B 활동과 C 활동일 때, 그림 8.19(a)와 같이 공정도표가 표현된다. 그림 8.19(a)의 공정도표 표현에서 C 활동의 선행활동으로 C' 활동이 추가됐을 경우 공정도표 작성의 원칙에 따라 그림 8.19(b)와 같이 A 활동과 C 활동의 논리적인 연관관계를 나타내는 명목활동을 추가하여 공정도표를 작성해야 하는 데, 이때 사용되는 점선 화살표를 **로지컬 더미**라 한다.

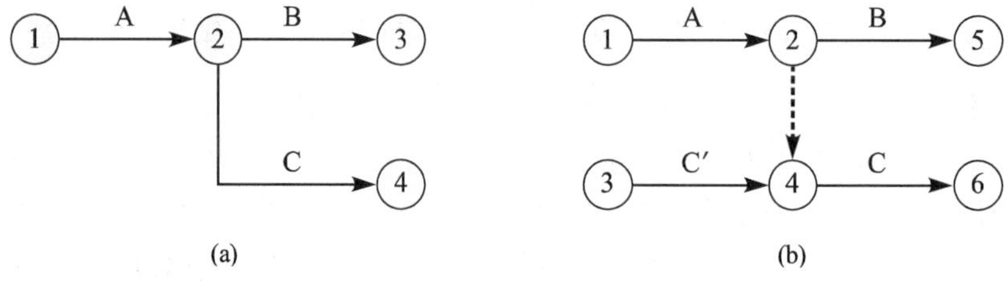

그림 8.19 logical dummy

(6) 활동하위자원

활동하위자원은 각 활동별 작업물량(계획물량)을 의미한다. 단위는 설계도면이나 공사비 내역서 또는 시방서에 표시된 것을 사용한다. 물량으로 표시할 수 없는 성질의 작업이라든지 작업공기가 2~3일 정도로 짧은 것은 반드시 작업물량을 표시하지 않아도 공정관리상 큰 지장은 없다. 그러나 활동에 소요되는 비용은 기성관리를 위하여 반드시 표시되어야 한다.

작업물량은 공사의 계획 및 진도를 파악할 때의 기본이 되는 중요한 요소이며, 도로포장공사의 경우 아스콘의 **중량**과 **길이** 또는 **넓이** 등을 같이 표시해 주는 것이 더욱 과학적인 관리가 가능하다고 볼 수 있다. 월말을 기준으로 양 월에 걸쳐 있는 활동은 전월분과 다음 월분의 작업물량을 구분하여 표시하는 것이 바람직하다.

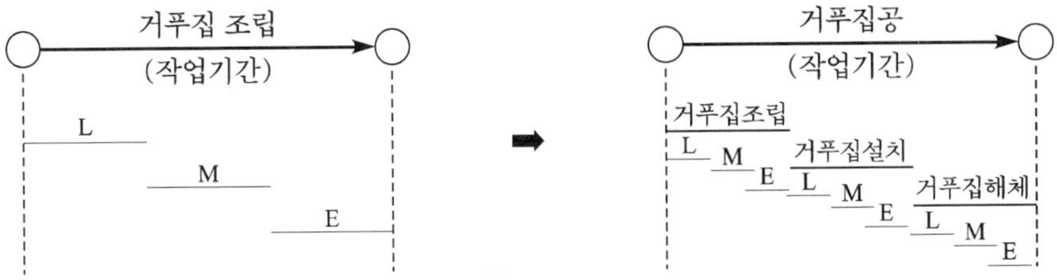

(a) resource 개념　　(b) 자원별 활동(operation) 개념

그림 8.20 자원요소 D/B 구축방법의 전환

활동하위자원은 활동을 완성하는 데, 소요되는 자원을 의미하며, 인부, 자재, 장비의 3대 요소가 투입완료되어 각 활동을 완료한다. 활동 하위 작업물량의 D/B 구축은 인부(L), 자재(M), 장비(E)로 구성되어야 하지만, 이 경우 활동의 수가 지나치게 증가하여 현장관리가 어려워진다. 따라서 거푸집조립의 상위 공종인 **거푸집공**을 활동으로 두고, 그 하위에 **자원별 활동(operation) 개념**으로 거푸집조립, 거푸집설치, 거푸집해체를 **자원개념**으로 D/B를 구축해서 공사를 관리하면 **활동의 수를 감축**할 수 있어서 효율적이고 효과적인 현장관리가 가능하게 된다.

5.2 공정도표 작성의 기본원칙

공정도표는 활동과 단계의 연결로 표현되는데, 이러한 공정도표 작성을 위한 기본원칙에는 공정의 원칙, 단계의 원칙, 활동의 원칙, 그리고 연결의 원칙이 있으며, 이 원칙들은 공정도표 작성 시 반드시 준수해야 한다.

공정관리 전산시스템에서는 이들 원칙을 고려하여 개발되었으므로 사용자가 입력한 자료가 다음의 4대 원칙에 준하여 작성되지 못했다면, 그 잘못 작성된 활동들을 도출하여 수정하도록 지시해준다.

(1) 공정의 원칙

공정도표 작성 시 각 활동들의 명칭은 각각의 단계 위에 기록하는 것이 아니고, 화살선의 활동 위에 기록해야 하며, 공정도표 상에 표시된 모든 활동은 반드시 순서대로 진행되고 완료되어야 한다. 다시 말해, 공정도표를 구성하는 모든 활동들은 각각 독립적인 공정이지만, 상호 간에 밀접하게 관련되어 있다. 즉, 각 단계를 중심으로 선행활동이 종료되어야 후속활동을 착수할 수 있고, 이들 각각의 활동들이 공정의 순서대로 모두 완수되어야 전체 공사가 완료됨을 의미한다.

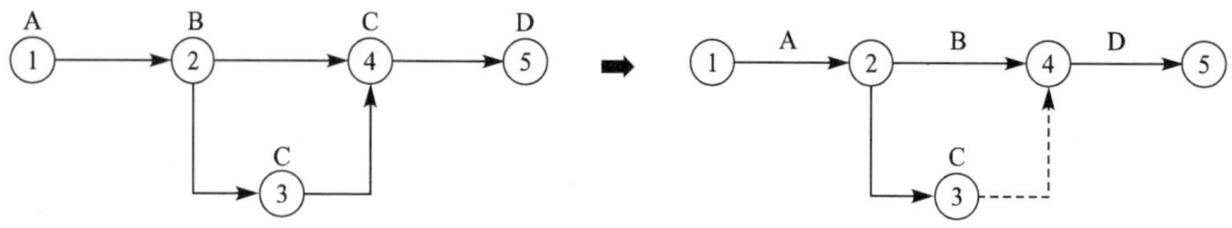

그림 8.21 공정의 원칙

(2) 단계의 원칙

임의의 활동 중간에 작업의 활동을 연결해서는 안 된다. 반드시 단계와 단계를 연결하는 방법으로 작성되어야 한다. 만약, 활동 A가 일부 진행된 후에 활동 B와 A의 잔여부분을 착수하기 위해서는 그림 8.22와 같이 활동 A_1만큼 종료된 후, 활동 B와 활동 A_2를 착수할 수 있도록 단계를 추가하여 연결해야 한다.

또한 공사의 최소 착수단계와 최종 완성단계를 제외하고, 모든 단계는 선행작업과 후속작업의 중간에 있게 된다. 따라서 어느 단계가 착수하려면 그 단계까지 연결된 모든 활동이 완료되어야 가능하다.

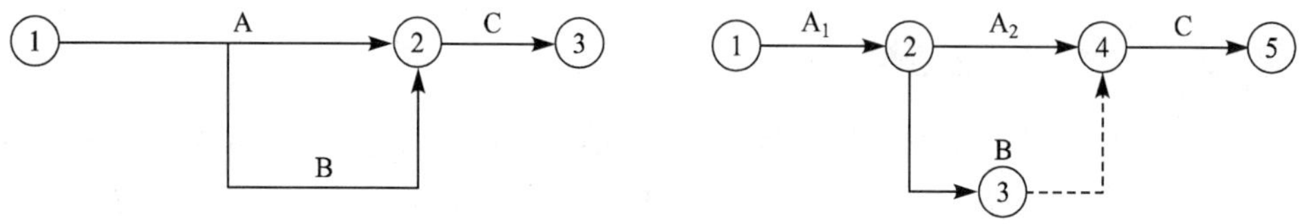

그림 8.22 단계의 원칙

(3) 활동의 원칙

한 단계와 한 단계에는 반드시 하나의 활동만 존재하게 된다. 그러나 실제 건설현장에서는 한 단계와 한 단계 사이에 여러 개의 활동이 동시에 존재하는 경우가 많이 있다. 이 때는 반드시 그림 8.23과 같이 작업기간이 적은 활동에 명목활동을 도입하여 활동의 원칙에 부합하도록 해야 한다.

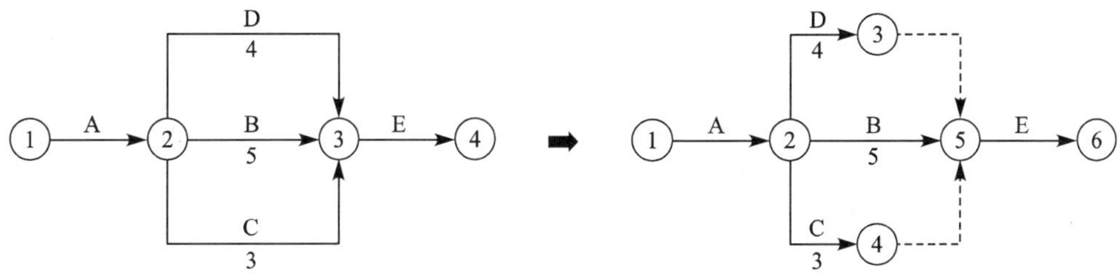

그림 8.23 활동의 원칙

(4) 연결의 원칙

공정도표를 구성하는 활동들은 지나온 단계(앞 단계)로 되돌아 갈 수 없으며, 완성 목표 방법으로서의 일방통행원칙이 적용된다. 공정도표의 좌측이 착수, 우측이 준공을 나타내며, 모든 공정도표는 좌측에서 우측으로 전개되어 나간다. 또한 하나의 단계와 단계 사이에는 하나의 활동으로 제한되며, 활동이 단절되어 있을 경우는 허용되지 않는다.

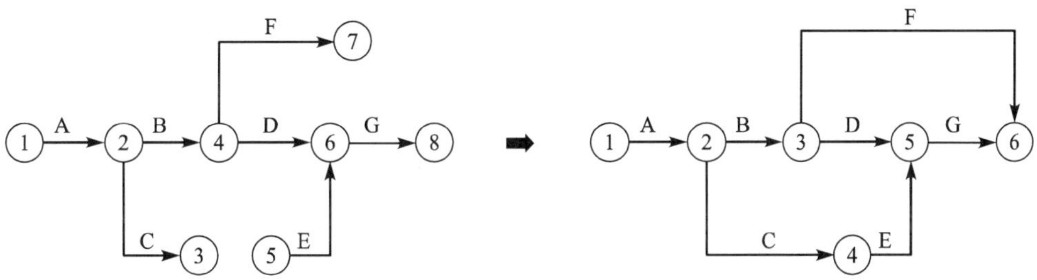

그림 8.24 연결의 원칙

5.4 공정도표 작성의 일반원칙

다음 항목들은 공정도표 작성 시 관행적으로 적용하고 있으며, 공정도표 작성의 기본원칙과 같이 준수되어야 함이 바람직하다. 그러나 다음에 제시하는 항목들은 공사를 관리할 때, 공정관리 전산시스템의 도입이 필수적이므로 전산 알고리즘에 따라 분석하게 되어 그다지 문제되지 않는다. 다만, 수작업이나 연습할 때, 혼동을 피하기 위한 것이다.

(1) 교차방지

조건이 허락하는 한 교차는 피하는 것이 바람직하다. 부득이 교차해야 할 경우에는 수평활동을 기준으로 네트워크를 작성하고, 수직활동만 교차시키는 것이 바람직하다.

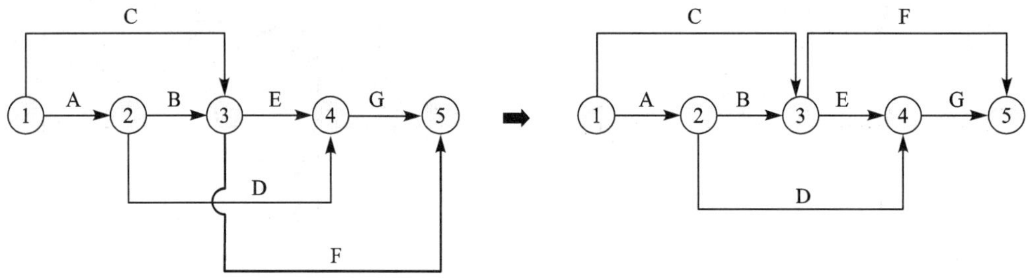

그림 8. 25 조건이 허락하는 한 교차방지

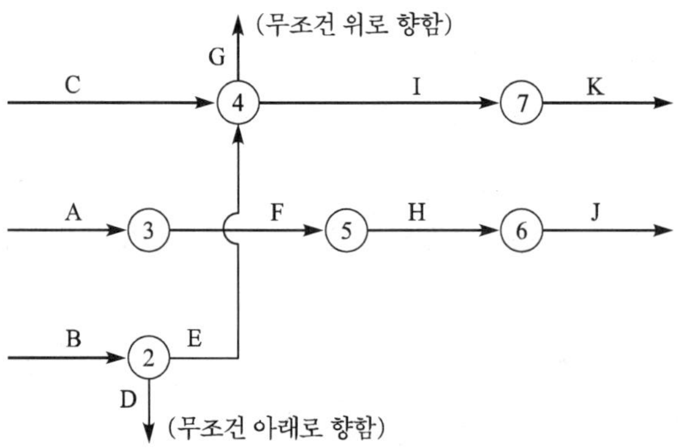

그림 8.26 부득이한 경우 수직활동의 교차

(2) 불필요한 명목활동 제거

실무에서 공정도표 작성 시 무의식적으로 작업의 선후관계만을 고려하다보면, 불필요한 활동이나 명목활동이 추가되기도 한다. 그림 8.27과 같이 F활동에서 명목활동은 불필요한 것이 된다. F활동의 선행활동은 E활동과 B활동이 되며, 이 두 활동이 종료되어야 F활동을 착수할 수 있다. 그러나 B활동은 이미 D활동이 착수되기 전에 완료되어야 하므로 F활동과 B활동을 연결해주는 명목활동은 불필요한 명목활동이 된다.

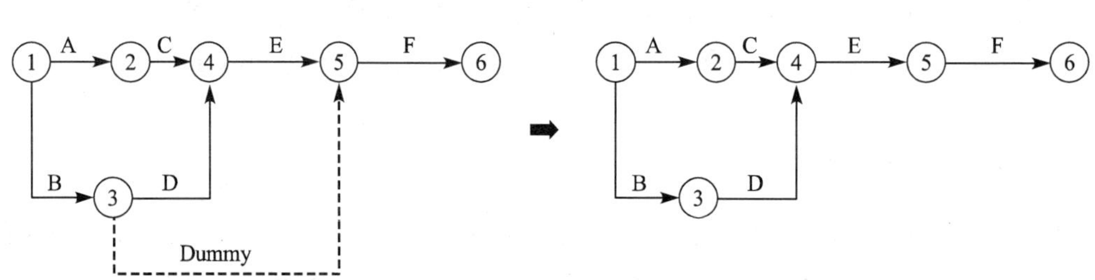

그림 8.27 불필요한 명목활동 제거

(3) 역환활동 방지

공정도표상에 활동을 표시하는 화살선은 역전 또는 회송되어서는 안 된다. 그림 8.28에서 C활동 종료 후 D활동과 E활동이 동시에 착수될 수 있으나 D활동이 회송된 활동으로 계속해서 무한 역순환에 빠지게 된다. 따라서 공정도표 작성은 반드시 좌측에서 우측으로 작성하는 것이다.

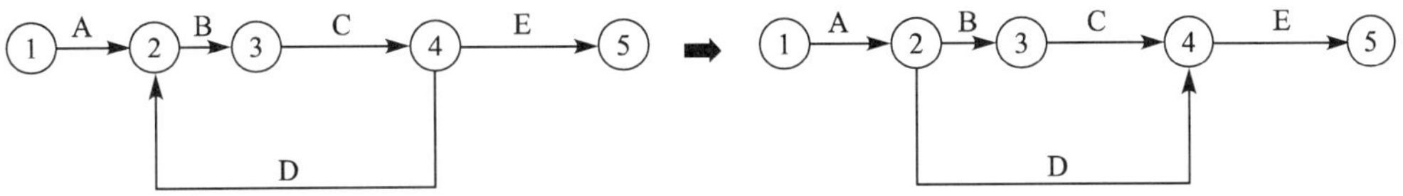

그림 8.28 역환활동 방지

(4) 명목활동 단순화

명목활동의 역할은 작업의 선후관계를 구분해주는데 주요하게 활용되며, 이를 남용하게 되면 공정도표가 조잡하고 복잡하게 되어 바람직하지 못하게 된다. 따라서 가능한 한 같은 기능을 가진다면 단순화하는 것이 바람직하다.

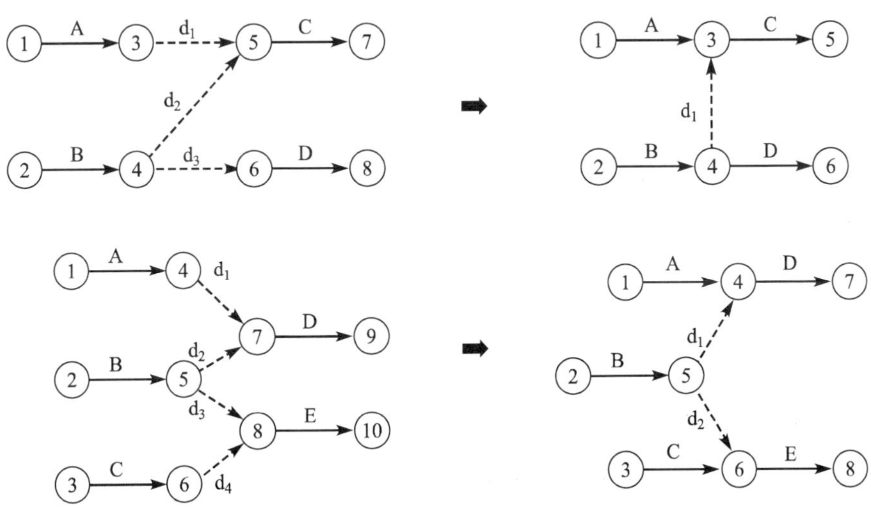

그림 8.29 명목활동 단순화

(5) 착수 및 종료단계

실무에서는 여러 개의 착수활동과 여러 개의 종료활동이 발생하는 경우가 대부분이다. 이 경우에는 명목활동을 도입하여 착수 경유점과 종료 경유점을 하나로 하는 것이 바람직하다.

그러나 명목활동의 단순화 차원에서 본다면 그림(b)의 방법이 더욱 바람직하고 실무에서 적용되는 공정도표 작성 방법이다.

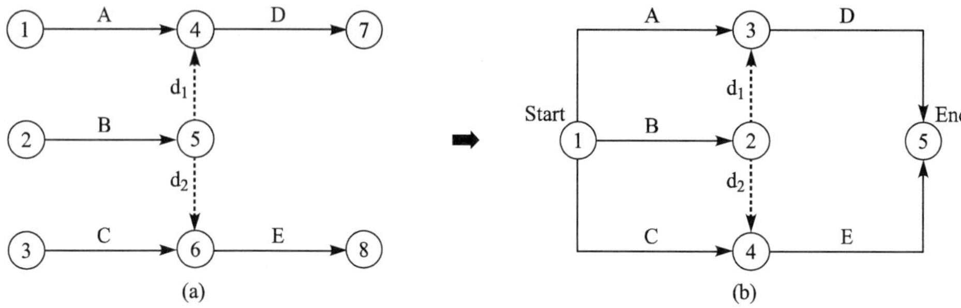

그림 8.30 착수 및 종료단계

(6) 활동 분할

활동A가 모두 완료되지 않은 상태에서 활동 B, C를 착수해야 할 경우에는 그림 8.31과 같이 단계 ②와 단계 ③을 추가하여 표현해야 한다. 이 때 A_1은 A활동의 초반부 A_2는 A활동의 중반부, A_3는 A활동의 후반부에 해당된다.

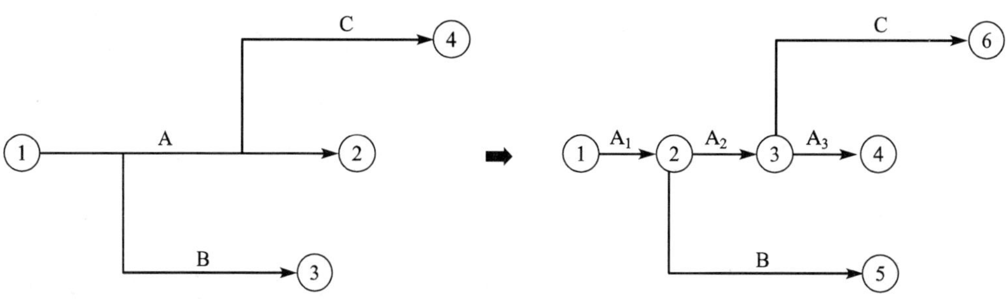

그림 8.31 활동의 분할

5.4 공정도표의 작성 요령

현장실무자가 현장에서 공정도표를 작성할 때, 기본적인 공정도표의 작성 방법만을 이해하고 공정도표를 작성한다면, 복잡한 활동들로 구성된 실무에서 공정도표를 작성하는 데 많은 시행착오를 겪게 된다. 따라서 본서에서는 활동들이 놓여있는 **선후관계의 조건**에 따라 **공정도표를 구성하는 방법**을 **유형별**로 **제시**하였고, 학습자들이나 실무자들이 유형별로 제시하고 있는 공정도표의 구성방법을 숙지한다면, 실무에서 공정도표를 구성하면서 발생되는 많은 시행착오를 최소화하는 데, 도움이 될 것으로 사료된다.

유형 1. 한 단계와 단계 사이에 2~3개의 활동 존재할 경우, 한 단계와 단계 사이에는 반드시 하나의 활동만 존재해야 하는 공정도표 작성규칙에 어긋나므로 작업일수가 적은 쪽의 활동 후반부에 명목활동을 도입하여 공정도표를 표현한다.

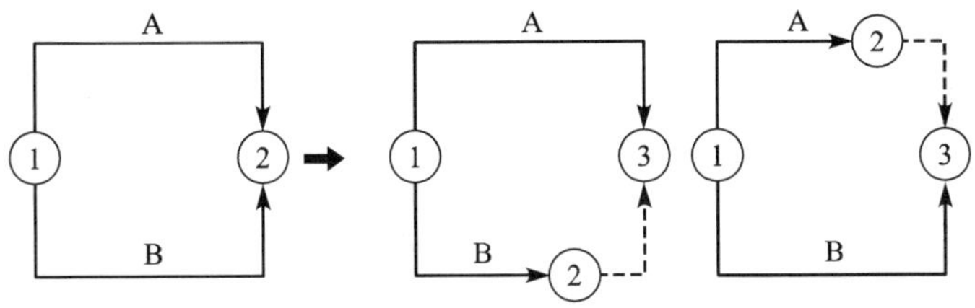

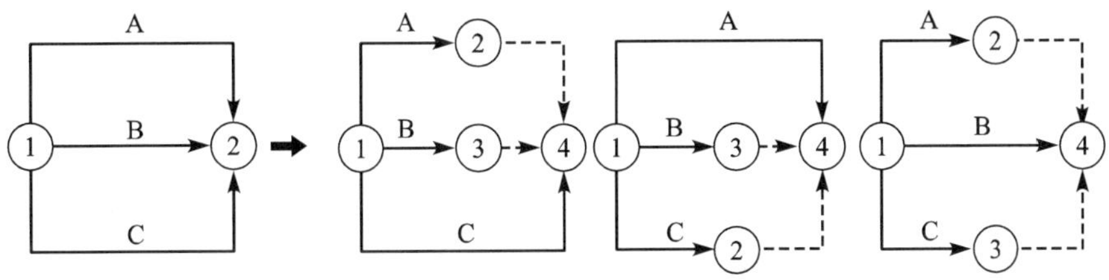

그림 8.32 Type 1형

유형 2. 다음은 후속활동 B의 선행활동이 A이고, 동시에 후속활동 C의 선행활동이 A일 때 공정도표를 표현하는 방법이다. 여기서, B와 C의 활동들은 동일단계에서 착수하는 활동이다.

선행활동	후속활동
A	B
A	C

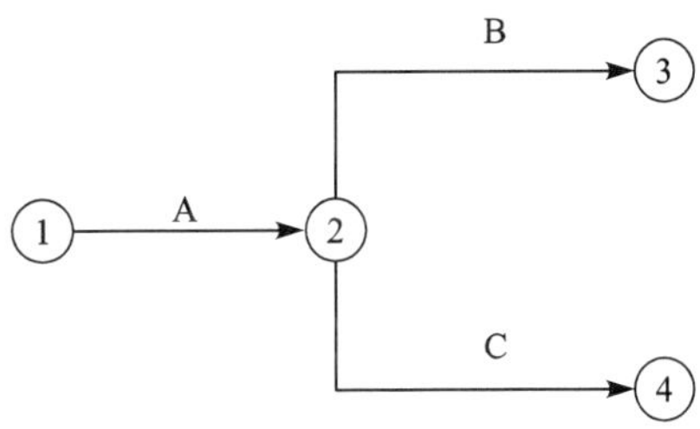

그림 8.33 Type 2형

또한, 후속활동 C의 선행활동이 동시에 A, B일 때, 공정도표를 표현하는 방법이다. 여기서, A와 B의 활동들은 동일단계에서 종료하는 활동이다.

선행활동	후속활동
A	C
B	C

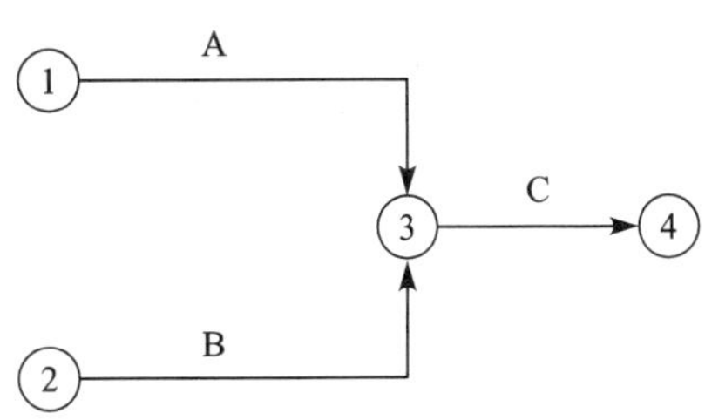

그림 8.34 Type 2형

유형 3. 다음은 후속활동 C의 선행활동이 A, B이고, 동시에 후속활동 D의 선행활동이 A, B일 때 공정도표를 표현하는 방법이다. 여기서, A와 B의 활동들은 동일단계에서 종료하는 활동이고, C와 D의 활동들은 동일단계에서 착수하는 활동이다.

선행활동	후속활동
A, B	C
A, B	D

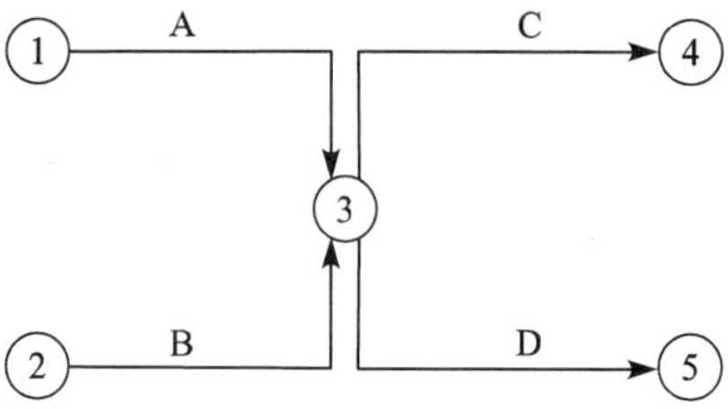

그림 8.35 Type 3형

유형 4. 다음은 후속활동 C의 선행활동이 A, B이고, 후속활동 D의 선행활동이 B일 때 공정도표를 표현하는 방법이다. 이 경우에는 공정도표의 로직 관계를 표현하기 위해서 선행활동의 수가 적은 쪽에서 많은 쪽으로 명목활동(dummy)을 도입하여 표현한다.

선행활동	후속활동
A, B	C
B	D

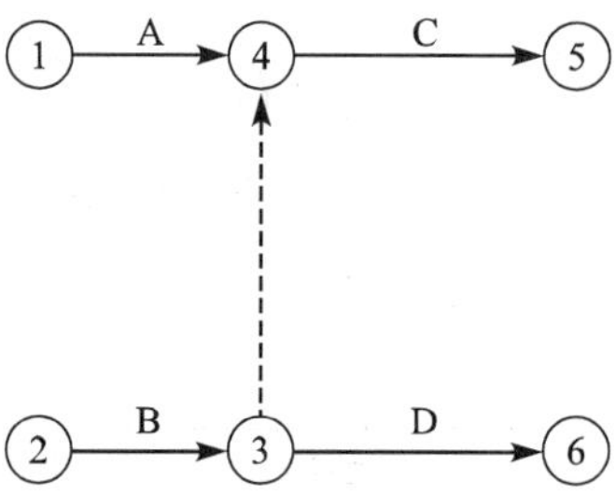

그림 8.36 Type 4형

유형 5. 다음은 후속활동 C의 선행활동이 A이고, 후속활동 D의 선행활동이 A, B일 때 공정도표를 표현하는 방법이다. 이 경우에는 공정도표의 로직 관계를 표현하기 위해서 선행활동의 수가 적은 쪽에서 많은 쪽으로 명목활동(dummy)을 도입하여 표현한다.

선행활동	후속활동
A	C
A, B	D

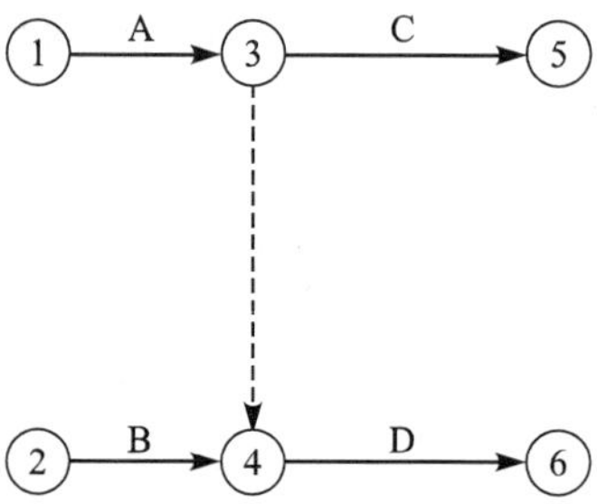

그림 8.37 Type 5형

유형 6. 다음은 후속활동 C의 선행활동이 A이고, 후속활동 E의 선행활동이 B이며, 후속활동 D의 선행활동이 A, B일 때 공정도표를 표현하는 방법이다. 이 경우에도 공정도표의 로직 관계를 표현하기 위해서 선행활동의 수가 적은 쪽에서 많은 쪽으로 명목활동(dummy)을 도입하여 표현한다.

선행활동	후속활동
A	C
A, B	D
B	E

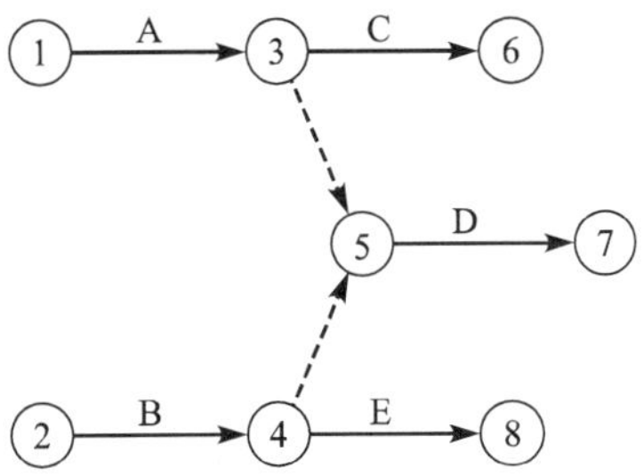

그림 8.38 Type 6형

유형 7. 다음은 후속활동 C의 선행활동이 A이고, 후속활동 D와 E의 선행활동이 A, B일 때 공정도표를 표현하는 방법이다.

선행활동	후속활동
A	C
A, B	D
A, B	E

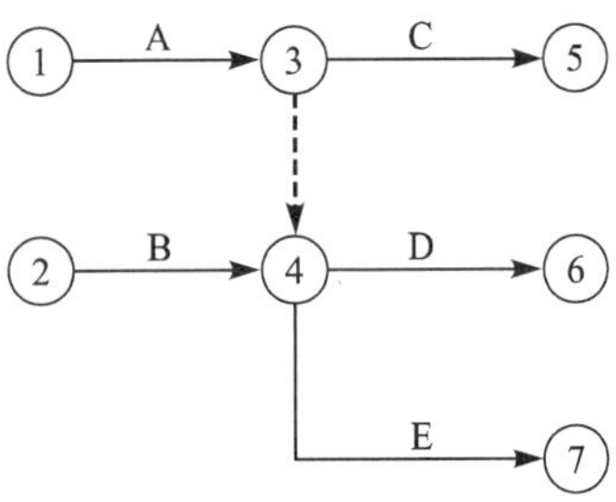

그림 8.39 Type 7형

유형 8. 다음은 후속활동 D 선행활동이 A이고, 후속활동 E의 선행활동이 A, B이며, 후속활동 F의 선행활동이 A, B, C일 때 공정도표를 표현하는 방법이다.

선행활동	후속활동
A	D
A, B	E
A, B, C	F

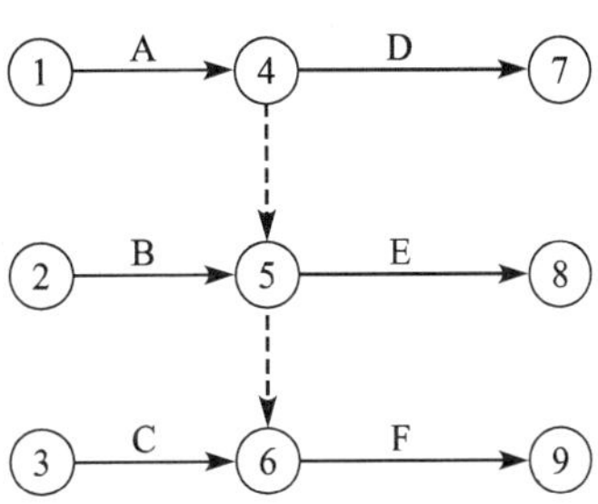

그림 8.40 Type 8형

유형 9. 다음은 후속활동 F 선행활동이 C이고, 후속활동 E의 선행활동이 B, C이며, 후속활동 D의 선행활동이 A, B, C일 때 공정도표를 표현하는 방법이다.

선행활동	후속활동
A, B, C	D
B, C	E
C	F

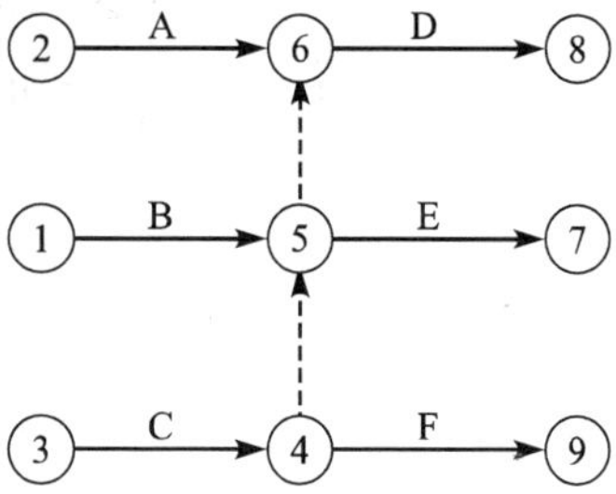

그림 8.41 Type 9형

유형 10. 후속활동 D 선행활동이 B이고, 후속활동 F의 선행활동이 C이며, 후속활동 E의 선행활동이 A, B, C일 때 공정도표를 표현하는 방법이다.

선행활동	후속활동
B	D
A, B, C	E
C	F

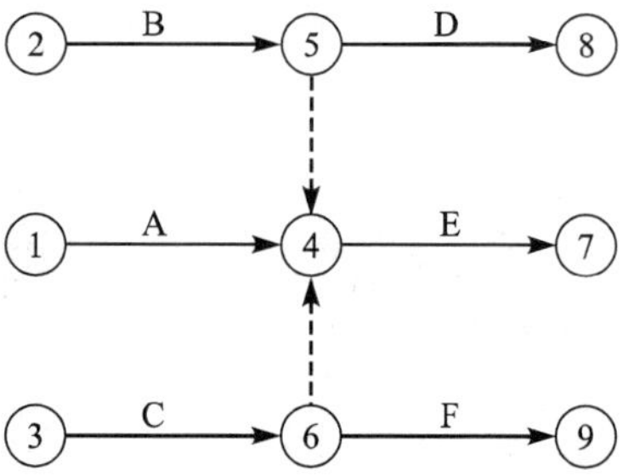

그림 8.42 Type 10형

유형 11. 다음은 후속활동 E와 D의 선행활동이 동시에 B, A이고, 후속활동 F와 G의 선행활동이 동시에 B, C이며, 후속활동 H의 선행활동이 D, E, F, G일 때 공정도표를 표현하는 방법이다.

선행활동	후속활동
B, A	D
B, A	E
B, C	F
B, C	G
D, E, F, G	H

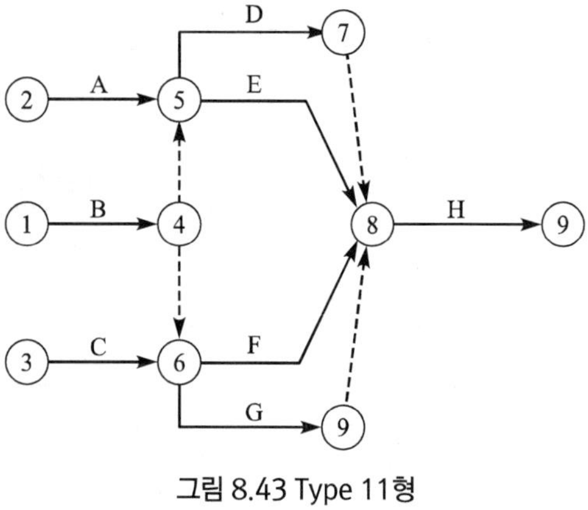

그림 8.43 Type 11형

유형 12. 다음은 후속활동 D 선행활동이 A, B이고, 후속활동 F의 선행활동이 A, C이며, 후속활동 E의 선행활동이 A, B, C일 때 공정도표를 표현하는 방법이다.

선행활동	후속활동
A, B	D
A, B, C	E
A, C	F

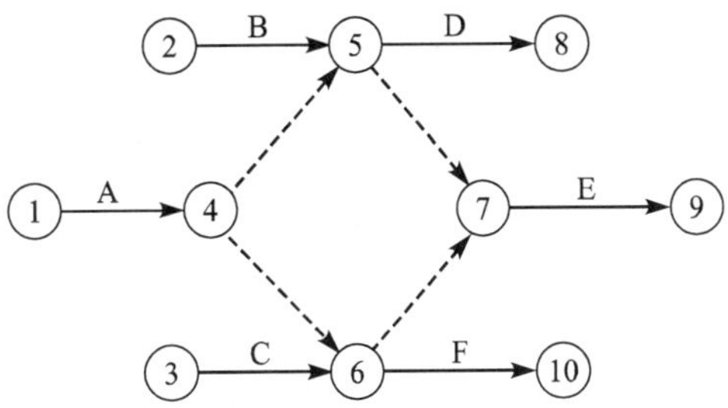

그림 8.44 Type 12형

5.5 공정도표 표현 사례

자원에 제약이 있는 2개의 교대를 작업공정에 따라 시공하려 한다. 2개의 교대는 그림 8.42와 같이 기초, 하부구체, 상부구체로 시공된다. 1교대에 대한 각 활동들은 다음 표 8.9와 같다. 단, 현장에서 거푸집 제작을 위해서 1사람의 목수와 2사람의 인부로 구성된 거푸집 제작 1조를 사용한다. 철근공 작업조와 콘크리트 타설 작업조는 제약이 없다.

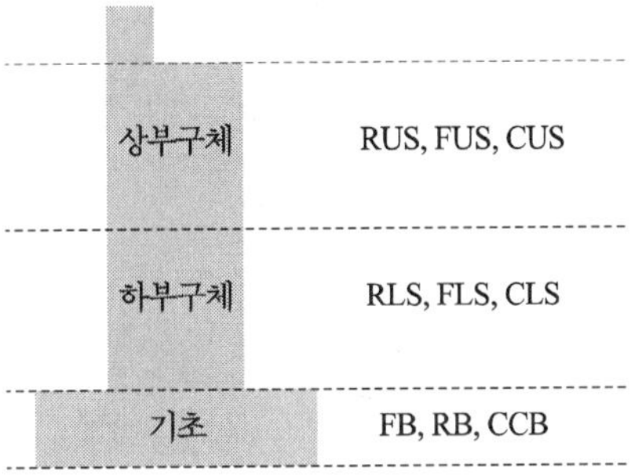

그림 8.45 공정도표 적용 교대

표 8.9 1교대에 대한 활동분류

	활동	공기(일)	코드
교대기초(B)	1. 기초거푸집	4	FB
	2. 기초철근	2	RB
	3. 콘크리트 타설 및 양생	2	CCB
하부구체(LS)	1. 하부구체 철근설치	3	RLS
	2. 하부구체 거푸집설치	4	FLS
	3. 콘크리트 타설 및 양생	3	CLS
상부구체(US)	1. 상부구체 철근설치	3	RUS
	2. 상부구체 거푸집설치	4	FUS
	3. 콘크리트 타설 및 양생	3	CUS

이러한 조건일 때, 다음 사례 1, 사례 2, 사례 3, 사례 4, 사례 5의 조건에 따라 공정도표의 작성과 총 소요공기를 분석한 결과는 다음과 같다.

사례 1. 조건

① 기초용 거푸집(f) 1조(set) ② 구체용 거푸집(f) 1조(set)
③ 거푸집 제작조(g) 영향 없음 ④ 1교대 완료 후 2교대 실시

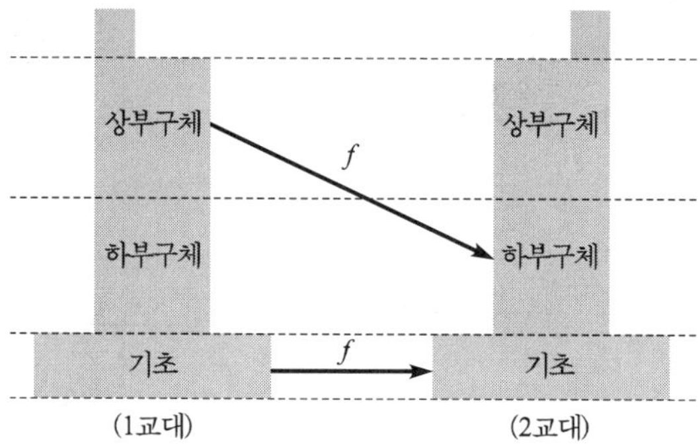

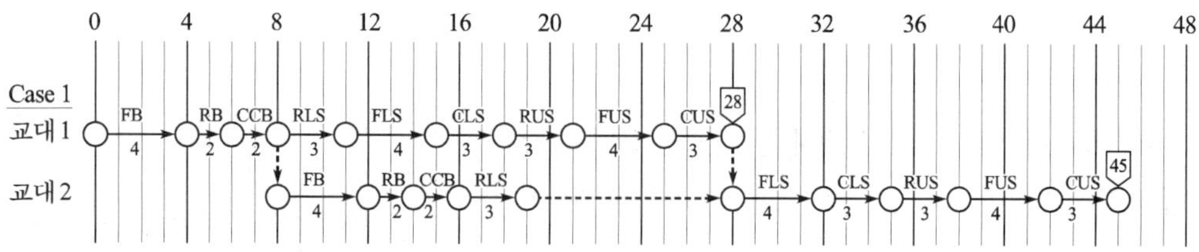

그림 8.46 사례 1 교대공사의 공정도표

사례 2. 조건

① 기초용 거푸집(f) 1조(set) ② 구체용 거푸집(f) 1조(set)
③ 거푸집 제작조(g) 영향 없음 ④ 1, 2교대 가능한 빨리 실시

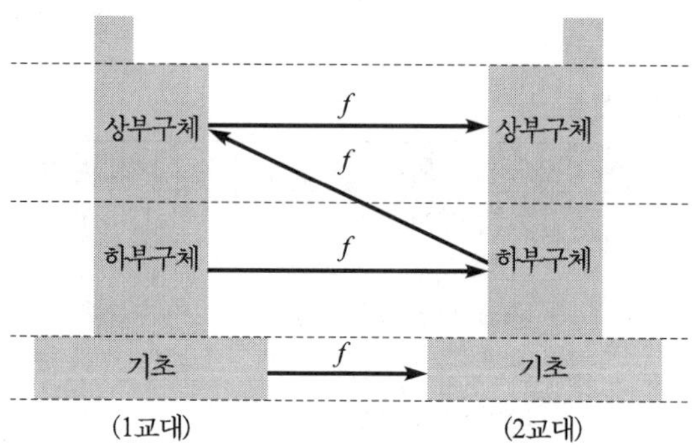

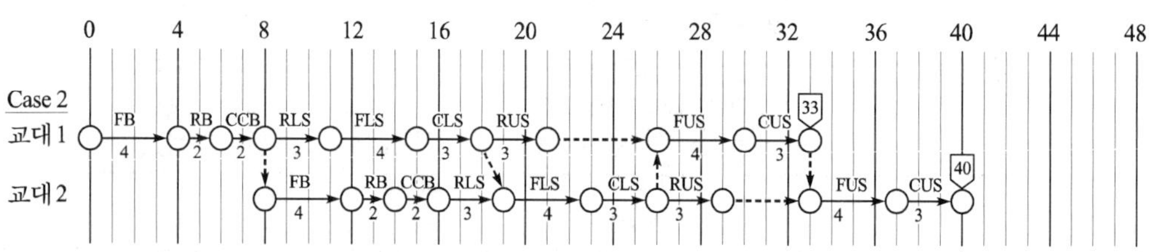

그림 8.47 사례 2 교대공사의 공정도표

사례 3. 조건

① 기초용 거푸집(f) 2조(set) ② 구체용 거푸집(f) 2조(set)
③ 거푸집 제작조(g) 1조 ④ 1, 2교대 가능한 빨리 실시

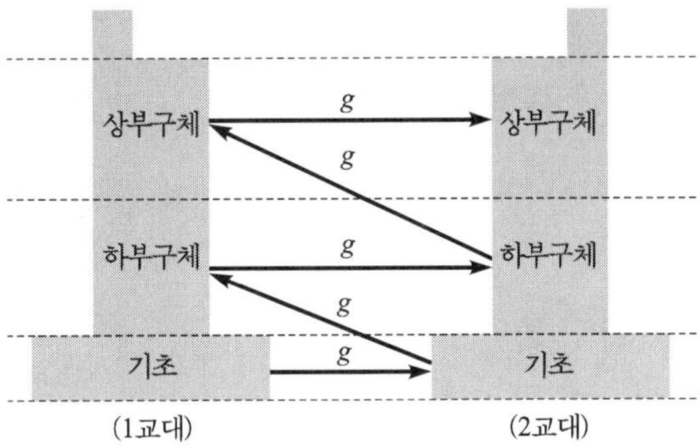

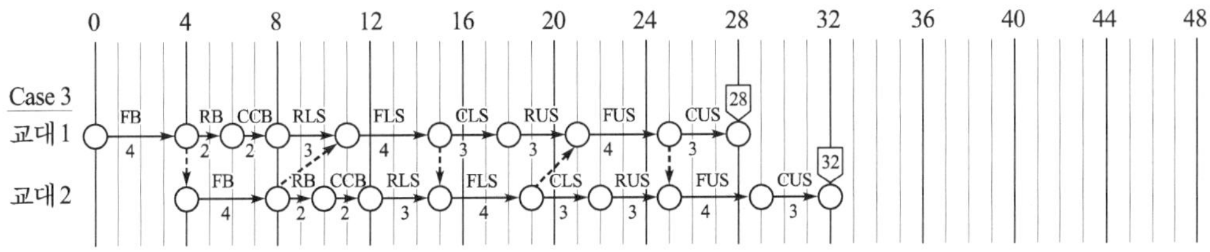

그림 8.48 사례 3 교대공사의 공정도표

사례 4. 조건

① 기초용 거푸집(f) 1조(set) ② 구체용 거푸집(f) 1조(set)
③ 거푸집 제작조(g) 1조 ④ 1, 2교대 가능한 빨리 실시

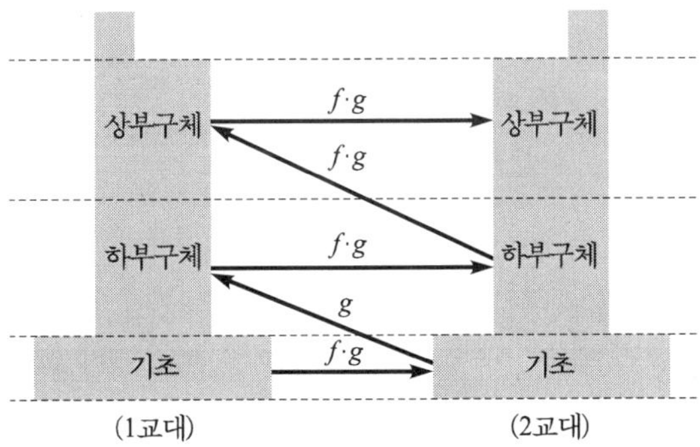

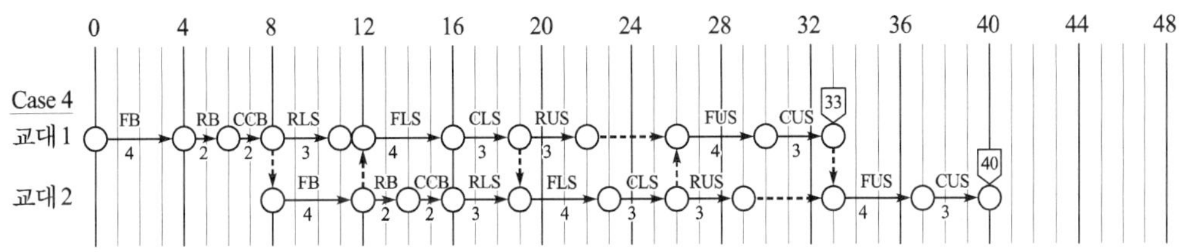

그림 8.49 사례 4 교대공사의 공정도표

사례 5. 조건

① 기초용 및 구체용 거푸집(f)과 거푸집 제작조(g)는 제약 없음.
② 1교대, 2교대 동시 실시

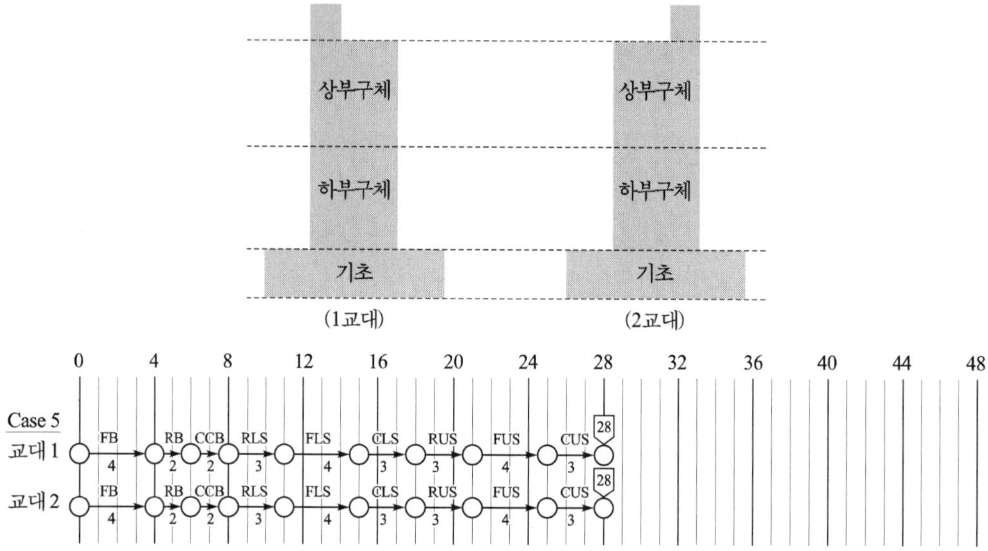

그림 8.50 사례 5 교대공사의 공정도표

사례별로 총 소요공기를 분석한 결과 사례 1은 45일, 사례 2는 40일, 사례 3은 32일, 사례 4는 40일, 사례 5는 28일 소요되었다. 표 8.10의 분석 결과로만 살펴보면 사례 5가 최소의 소요공기를 나타내고 있지만, 어떤 사례가 가장 이상적이다 말할 수 없다. 사례에서 보는 바와 같이 현장조건과 투입 자원에 따라서 다양하게 표현될 수 있으므로 공정관리요원은 현장조건과 투입자원을 면밀히 관찰하여 다양한 조건에 따라 합리적인 공정도표를 작성하여 관리할 수 있어야 한다.

표 8.10 사례별 총 소요공기 분석 결과

사례	총 소요공기
1	45
2	40
3	32
4	40
5	28

6. 공정도표기법 시간분석

건설공사의 계획 대비 실적을 관리하는 대표적인 공정도표기법(network method)은 CPM기법, PERT기법, PDM기법으로 분류된다. CPM기법과 PDM기법은 어느 활동에 대한 소요공기를 추정할 때는 공사비 내역서와 과거 유사 공사에 대한 실무자들의 현장 경험을 토대로 결정하게 된다. 따라서 공사의 수행 경험이 없을 때 3점법으로 소요공기를 추정하여 적용하는 PERT기법과는 달리 CPM기법과 PDM기법은 공사의 수행 경험이 있는 공사에 적용된다.

이와 같이 과거 어느 공사에 대한 수행 경험을 가진 것을 전제로 하여 적용하는 CPM기법과 PDM기법은 각 활동의 소요공기가 추정되었을 때, 소요공기 내에 공사가 종료될 확률이 50%의 성공과 50%의 실패를 전제로 출발하는 PERT기법과는 달리 100%의 성공을 전제로 한다.

본서에서는 공정도표 작성 및 시간분석, 공정곡선 작성, 기성관리체계(EVMS) 등 건설공정관리 운영체계를 **CPM 기법을 중심**으로 기술한다.

CPM기법의 시간분석에는 전진계산과 후진계산을 통해서 주공정을 분석하고, 공정도표를 구성하는 각 활동별로 조기시작시간(ES ; Earliest Start Time)과 만기종료시간(LF ; Latest Finish Time)을 분석해 주는 **단계중심의 시간분석**(schedule analysis of event)과 단계중심의 시간분석에서 정해진 조기시작시간과 만기종료시간을 근거로 각 활동별 조기시작시간(ES ; Earliest Start Time), 조기종료시간(EF ; Earliest Finish Time), 만기시작시간(LS ; Latest Start Time), 만기종료시간(LF ; Latest Finish Time)을 계산해 주는 **활동중심의 시간분석**(schedule analysis of activity), 그리고 시작시간과 종료시간 사이에 발생하는 여유시간을 분석해 주는 **여유시간 분석**(schedule analysis of float time)이 있다.

하지만, 이 시간분석 결과는 어디까지나 수리학적인 지표를 도출하는 시간에 불과함으로 실제 공정관리를 위해서는 이 시간분석 결과를 기반으로 어느 시간에 맞추어 작업을 수행할 것인지의 **이정표 및 중간관리시간**의 분석, **목표착수시간**과 **목표종료시간** 그리고 작업이 단축 및 지연에 따라 작업의 시간을 조정한 **실시착수시간**과 **실시종료시간**을 분석해야 한다.

6.1 단계중심 시간분석

(1) 전진계산

전진계산(forward computation)은 예정착공시점을 시작시점으로 해서 공정도표의 작성 진행방향으로 진행하면서 각 단계(event)와 단계(event) 사이에 있는 활동공기를 가산하여 계산하고, 두 개 이상의 비교 대상이 있을 때는 최댓값을 선택하여 계산한다.

전진계산에 의해서 각 단계(경유점)에 계산된 값은 그 단계에 도달하는 가장 이른 시간을 말하고, 관행적인 기호로 EET(earliest event time) 또는 TE(time earliest)로 표현하며, 조기경유점시간이라 한다.

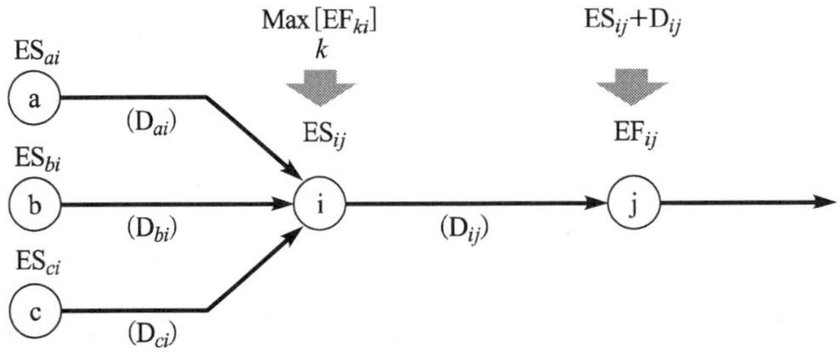

그림 8.51 전진계산 방법

$$EF_{ki} = ES_{ki} + D_{ki} \qquad (k = a, b, c, \ldots, n)$$
$$TE_i = Max[EF_{ki}]$$
$$ES_{ij} = TE_i \quad \cdots\cdots\cdots (1)$$

그림 8.51은 전진계산방법을 보이고 있고, 식 (1)은 그림 8.51의 전진계산방법을 수식으로 나타내고 있다. 그림 8.51과 식 (1)을 적용하여 계산된 결과가 그림 8.52의 표본 공정도표의 계산결과와 같다.

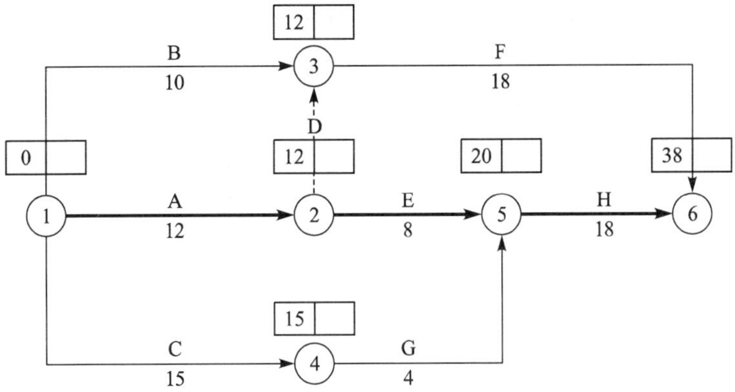

그림 8.52 전진계산이 완료된 표본 공정도표

(2) 후진계산

후진계산(backward computation)은 공사의 예정준공시점 또는 전진계산에서 구해진 최종 준공시점을 기준으로 하여 공정도표 작성의 진행방향과 반대 방향으로 진행되면서 각 단계와 단계 사이에 있는 활동공기를 감하여 계산하고, 두 개 이상의 비교 대상이 있을 때는 최솟값을 선택하여 계산된다.

후진계산에 의해서 각 단계(경유점)에 계산된 값은 그 경유점에 가장 늦게 도달할 수 있는 시간을 말하고, 관행적인 기호로 LET(latest event time) 또는 TL(time latest)로 표현하며, 만기경유점시간이라 한다.

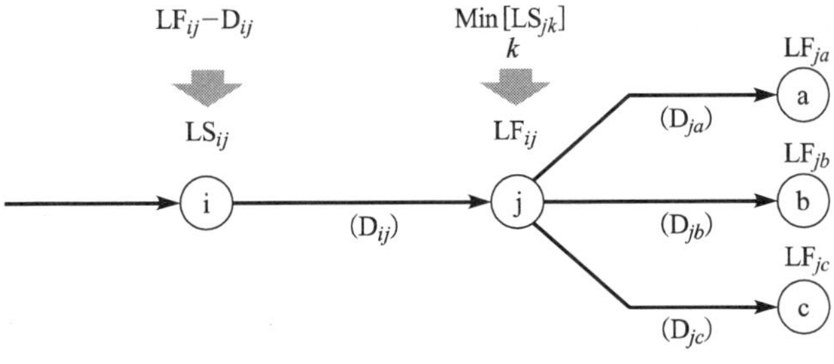

그림 8.53 후진계산 방법

$$LS_{jk} = LF_{jk} - D_{jk} \qquad (k = a,\ b,\ c,\ \ldots,\ n)$$

$$TL_j = \mathrm{Min}[LS_{jk}]$$

$$LF_{ij} = TL_j \cdots\cdots\cdots (2)$$

그림 8.53은 후진계산방법을 보이고 있고, 식 (2)는 그림 8.53의 후진계산방법을 수식으로 나타내고 있다. 그림 8.53과 식 (2)를 적용하여 계산된 결과가 그림 8.54의 표본 공정도표의 계산결과와 같다.

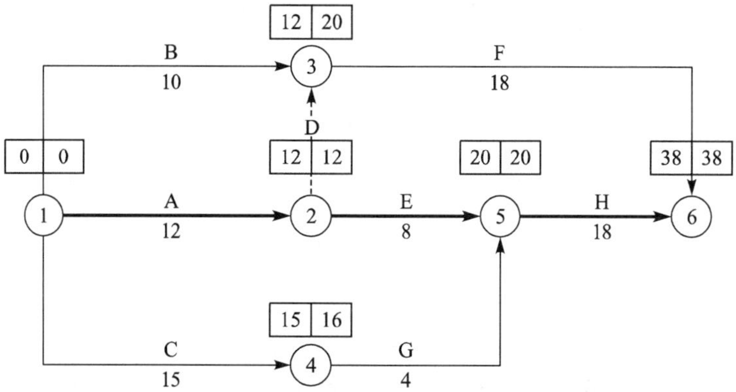

그림 8.54 후진계산 완료된 표본 공정도표

(3) 주공정 도출 및 활용법

주공정(critical path) 도출은 전진계산에 의해서 계산된 최대 값에서 후진계산에 의해서 계산된 최솟값을 감해 제로(0)가 되는 단계 중 총여유시간이 제로(0)가 되는 경로를 대상으로 그림 8.55와 같이 굵은 선으로 표현하여 나타내고 있다.

주공정은 당해 공사의 중점관리 대상 경로를 의미하며, 이 주공정 경로의 계산된 시간을 준수하면 전체공사의 지연이 없이 공사를 종료할 수 있게 된다.

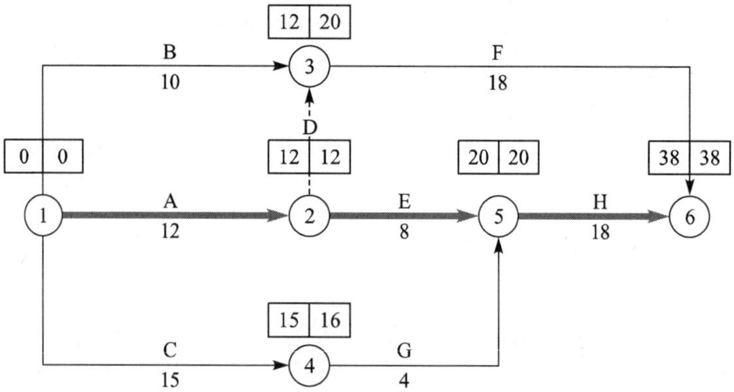

그림 8.55 주공정 표기된 표본 공정도표

건설현장에서 주공정 활용방법은 주공정 상에 발주자 사유의 공기지연조건을 연동함으로서 발주자와 시공자 사이에 발생할 수 있는 클레임(claim)을 사전에 방지할 수 있다. 여기서 미국 건축사 협회 일반 계약 조건의 클레임 정의는 이의신청 및 이의제기로서 발주자 및 시공자의 계약 양당사자 간의 금전, 계약조건조정, 재해석 등의 구제조치요구로 서면청구나 주장을 하는 행위를 말한다.

(4) 전진계산 최댓값(max) 및 후진계산 최솟값(min) 선정 이유

최초 단계(event)와 **최종 단계**(event)를 제외한 **모든 단계**(event)들은 **선행활동**의 **종료시간**(Finish Time)과 **후속활동**의 **시작시간**(Start Time)이 함께 공존한다. 예로 그림 8.56의 ⑤ **단계**에서 **선행활동** E, G가 종료하는 **종료시간**과 **후속활동** J, H가 시작하는 **시작시간**이 공존한다.

어느 단계의 **종료시간**은 **조기종료시간**(EFT : Earliest Finish Time)과 **만기종료시간**(LFT : Latest Finish Time)이 있고, 어느 단계의 **시작시간**은 **조기시작시간**(EST : Earliest Start Time)과 **만기시작시간**(LST : Latest Start Time)이 존재하며, 이 4가지 지표는 앞에서 소개한 단계중심의 **전진계산**과 **후진계산**의 시간분석으로 계산된다.

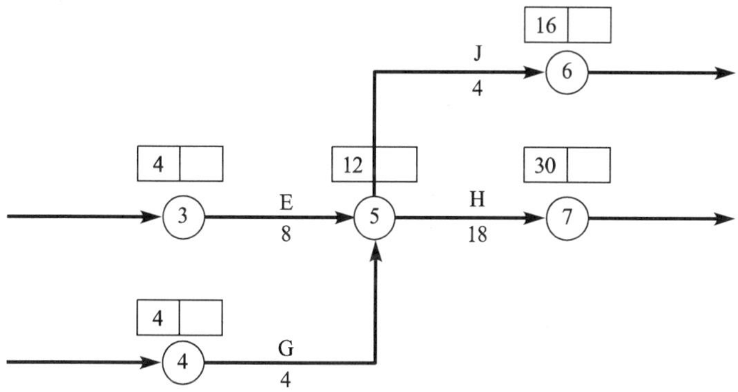

그림 8.56 전진계산 시간분석 결과

먼저, 그림 8.56에서 **전진계산**으로 ⑤ **단계**의 **선행활동** E와 G 중에서 **최댓값**은 12일이다. 이 12일은 ⑤ **단계**에서 **선행활동** E와 G의 **조기종료시간**($EF_{E,G}$) 이면서, **후속활동** H와 J의 **조기시작시간**($ES_{H,J}$)이다. 즉, ⑤ **단계**의 **선행활동들** E와 G가 모두 종료되고, 즉시 **후속활동** H와 J를 착수하므로 **선행활동들** E와 G의 **조기종료시간**($EF_{E,G}$)은 곧 **후속활동들** H와 J의 **조기시작시간**($ES_{H,J}$)이 된다.

활동 E 및 G의 **조기종료시간(EFT)** = 활동 H 및 J의 **조기시작시간(EST)**

그림 8.56에서 **전진계산**에서 최댓값 선택 이유는 ⑤ **단계**의 **선행활동 E와** G가 모두 종료되어야 비로소 **후속활동 H와 J**가 착수될 수 있는 CPM기법의 논리적인 관계 때문이다. 즉, ⑤ **단계**에서 **활동** G가 4+4=8일에 이미 종료되어 있어도, **활동 E**가 4+8=12일에 종료되지 않으면, **후속활동 H와 J**가 착수될 수 없다. 따라서 ⑤ **단계**에서 **선행활동** G=8일과 E=12일 중에 모두 종료되는 날짜는 큰 값의 12일이 된다. 이 12일이 ⑤ **단계**에서 **활동 E와** G의 **조기종료시간**($EF_{E,G}$)이 되고, 동시에 **후속활동** H 및 J의 **조기시작시간**($ES_{H,J}$)이 된다.

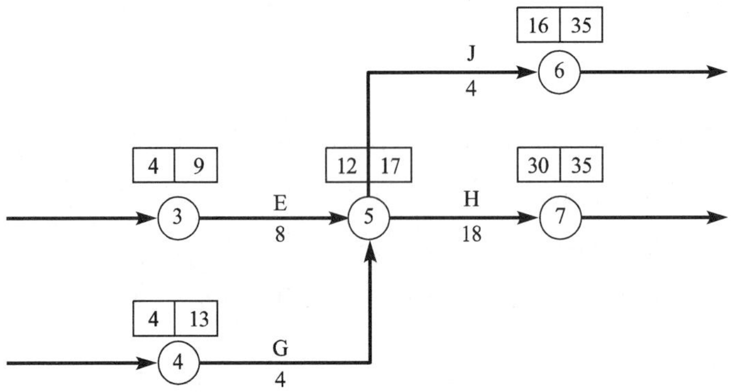

그림 8.57 전진 및 후진계산 시간분석 결과

다음으로 그림 8.57에서 **후진계산**으로 ⑤ **단계**의 **후속활동 H와** J 중에서 **최솟값**은 **17일**이다. 이 **17일**은 ⑤ **단계**에서 **후속활동 H와 J**가 동시에 만족하는 **만기시작시간**($LS_{H,J}$) 이면서 **선행활동 E와** G가 동시에 만족하는 **만기종료시간**($LF_{E,G}$)이다. 즉 ⑤ **단계**에서 **후속활동** H와 J의 **만기시작시간**($LS_{H,J}$)은 곧 **선행활동들 E와** G의 **만기종료시간**($LF_{E,G}$)이다.

활동 H 및 활동 J의 **만기시작시간(LST)** = 활동 E 및 G의 **만기종료시간(LFT)**

다음 그림 8.57에서 **후진계산**에서 최솟값 선택 이유는 ⑤ **단계**에서 **후속활동 H와** J의 **만기시작시간**($LS_{H,J}$)으로 선택된 날짜가 ⑥ **단계**에서 **만기종료시간**(LF_J) 및 ⑦ **단계**에서 **만기종료시간**(LF_H)을 모두 만족하기 때문이다. 즉, ⑤ **단계**에서 활동 H는 35−18=17일, 활동 J는 35−4=31일 중에 최솟값 **17일을 만기시작시간**($LS_{H,J}$)으로 선택하여 ⑦ **단계**에서 **만기종료시간**(LF_H)을 계산하면 활동 H는 17+18=35일(여유시간 0일)로 만족하고, ⑥ **단계**에서 **만기**

종료시간(LF_J)을 계산하면 활동 J는 17+4=21(여유시간 +14일)일로 35일 이내에 있으므로 만족한다.

만약 ⑤ **단계**에서 최댓값 **31일**을 **만기시작시간($LS_{H,J}$)**으로 선택하여 ⑥**단계**에서 **만기종료시간(LF_J)**을 계산하면, 활동 J는 31+4=35일(여유시간 0일 존재)로 만족하지만, ⑦ **단계**에서 **만기종료시간(LF_H)**을 계산하면 활동 H는 31+18=49일(여유시간 -14일)로 35일을 초과하여 만족하지 못한다. 따라서 ⑤ **단계**에서 활동 H 17일과 활동 J 31일의 날짜 중에 모두 만족하는 최솟값 활동 H=17일이 **만기시작시간($LS_{H,J}$)**이 된다.

그리고 ⑤ **단계**에서 **선행활동 E와** G가 모두 종료되어야 비로소 **후속활동 H와** J가 착수될 수 있는 CPM**기법의 선후활동의 논리적인 관계**를 고려하면, ⑤ **단계**에서 활동 H와 활동 J의 **만기시작시간($LS_{H,J}$)**은 동시에 **선행활동** E**와** G의 **만기종료시간($LF_{E,G}$)**이 된다.

(5) 전진계산 최댓값(max) 및 후진계산 최솟값(min)의 의미

전진계산과 **후진계산**으로 ⑤ **단계**에서 분석된 최종결과의 **12일**과 **17일**은 **선행활동** E와 G를 기준으로 **조기종료시간($EF_{E,G}$)=12일, 만기종료시간($LF_{E,G}$)=17일**을 의미하고, **후속활동 H와 J**를 기준으로 **조기시작시간($ES_{H,J}$)=12일, 만기시작시간($LS_{H,J}$)=17일**을 의미한다.

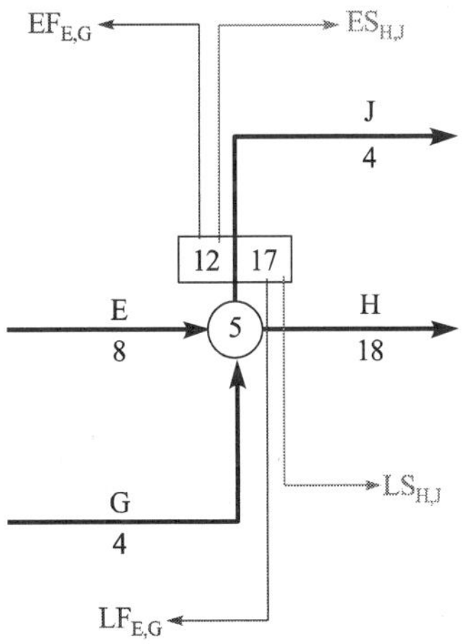

그림 8.58 ⑤ 단계의 전진계산 및 후진계산 시간분석 결과 해석

단계중심 시간분석 결과의 이 4가지 지표 중에 **활동중심 시간분석에 적용되는 2가지 지표**는 ⑤ **단계**의 **선행활동** E**와** G의 **만기종료시간($LF_{E,G}$)=17일**과 **후속활동의** H**와** J의 **조기시작시간($ES_{H,J}$)=12일**이 있다. 이 2가지 지표를 활용하여 활동중심의 시간분석의 7가지 지

표, 즉 조기시작시간(ES), 조기종료시간(EF), 만기시작시간(LS), 만기종료시간(LF)의 **4가지 일정지표**와 총여유(TF), 자유여유(FF), 간섭여유(DF)의 **3가지 여유지표**를 계산한다.

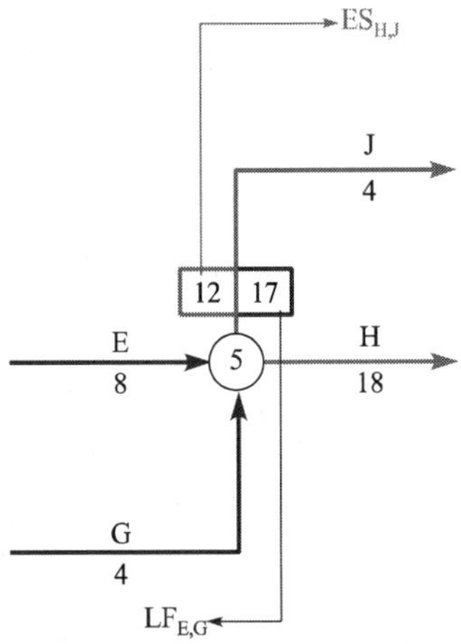

그림 8.59 활동중심 시간분석 활용을 위한 ⑤ 단계의 해석

다음은 앞에서 소개한 **조기시작시간**(ES_E)과 **만기종료시간**($LF_{E,G}$)을 활용하여 그림 5의 ③ →⑤ E 활동의 **4가지 일정지표**를 계산하면, **조기시작시간**(ES_E)=4일, **조기종료시간**(EF_E)=4+8=12일, **만기시작시간**(LS_E)=17−8=9일, **만기종료시간**(LF_E)= 17일을 계산할 수 있다.

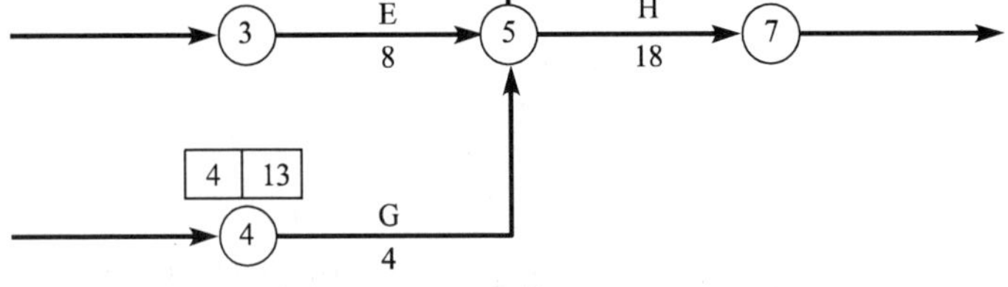

그림 8.60 단계중심 시간분석 ES 및 LF의 활동중심 시간분석 적용

6.2 활동중심 시간분석

활동중심의 시간분석은 일차적으로 각 활동별 시작시간(Start Time)과 종료시간(Finish Time)을 결정하는 것이며, 여기에는 두 가지의 다른 시간개념이 있다. 하나는 모든 작업이 제약조건에 따라 조기에 시작할 수 있는 시점에서 시작해서 종료하는 시간을 나타내는 조기시간(Earliest Time)과 모든 작업을 제약조건에 따라 가장 늦추어서 시작해서 종료하는 시간을 나타내는 만기시간(Latest Time)이 있다. 이러한 작업을 CPM기법의 관행에 따라 기호로 나타내면 다음과 같다.

단계중심 시간분석 결과인 그림 8.61의 의미는 X 활동이 가장 늦게 종료되는 **만기종료시간**은 LF_X가 되고, A **활동**이 가장 늦게 종료되는 **만기종료시간**은 LF_A가 된다. 또 A **활동**이 가장 일찍 시작하는 **조기시작시간**은 ES_A가 되고, B **활동**이 가장 일찍 시작하는 **조기시작시간**은 ES_B가 된다.
이 개념의 근거로 A **활동**의 조기시작시간(ES ; Earliest Start Time), 조기종료시간(EF ; Earliest Finish Time), 만기시작시간(LS ; Latest Start Time), 만기종료시간(LF ; Latest Finish Time)을 나타내면 다음과 같다.

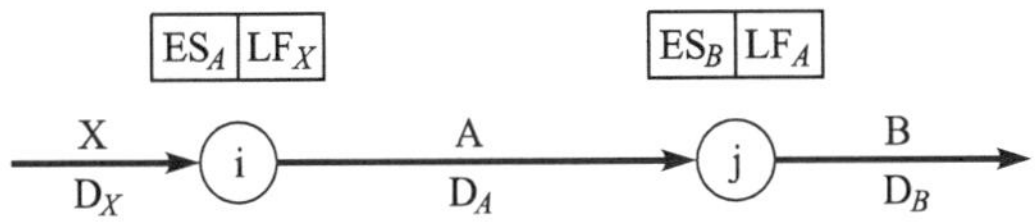

그림 8.61 조기 및 만기시간의 개념

① **조기시작시간**

조기시작시간(ES ; Earliest Start Time)은 어느 활동의 작업이 시작하는 데 가장 빨리 작업을 시작하는 시간으로 A **활동**의 **조기시작시간**은 ES_A가 된다.

② **조기종료시간**

조기종료시간(EF ; Earliest Finish Time)은 어느 활동의 작업이 종료하는 데 가장 빨리 작업을 종료하는 시간으로 A **활동**의 **조기종료시간**은 $EF_A = ES_A + D_A$가 된다.

③ **만기시작시간**

만기시작시간(LS ; Latest Start Time)은 어느 활동의 작업이 시작하는 데 가장 늦게 작업을 시작하는 시간으로 A **활동**의 **만기시작시간**은 $LS_A = LF_A - D_A$가 된다.

④ **만기종료시간**

만기종료시간(LF ; Latest Finish Time)은 어느 활동의 작업이 종료하는 데 가장 늦게 작업을 종료하는 시간으로 A **활동**의 **만기종료시간**은 **LF_A**가 된다.

한 공사의 각 활동은 조기시작시간과 만기종료시간 사이에 종료되어야 한다. 이러한 관계 내에서 완료된다면, 공사는 예정된 준공시간 내에 종료하게 된다. **이들 두 한계시점(조기시작시간과 만기종료시간의 차이)의 차이가 한 활동에 소요되는 작업기간을 초과하면,** 그 활동의 시작 직전이나 종료 후에 여유시간이 있게 된다. 이 여가시간을 여유시간(float time)이라 하고 다음과 같은 여유시간이 있다.

⑤ **총여유시간**

총여유시간(TF ; Total Float)은 한 활동이 공사의 예정준공일자를 연장시키지 않고 지연될 수 있는 여유시간이다. 따라서 심각한 지연은 공사의 예정준공일에 지장이 없는 지연과는 구별된다. 총 여유시간은 한 활동의 만기종료시간에서 그 활동의 조기시작시간을 감하고 다시 활동시간을 감한 것이다.

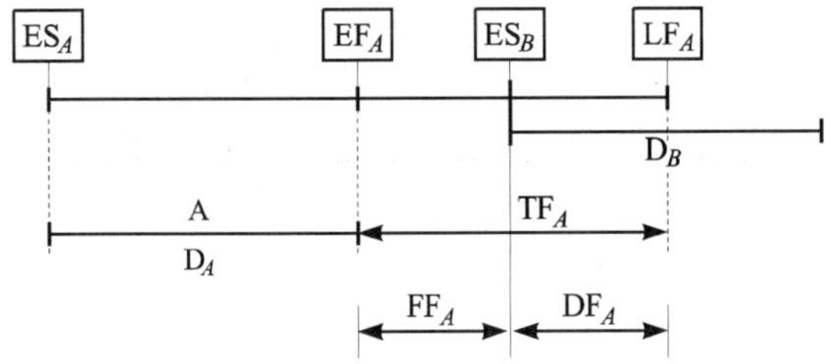

그림 8.62 여유시간의 개념

$$TF_A = LF_A - ES_A - D_A$$
$$TF_A = LF_A - (ES_A + D_A) \quad \cdots\cdots (3)$$

다음 식 (4)에서 보는 바와 같이 총 여유시간은 시작여유시간 또는 종료여유시간이 될 수 있다.

$$\text{시작여유}(TF_A) = (LF_A - D_A) - ES_A = LS_A - ES_A$$
$$\text{종료여유}(TF_A) = LF_A - (ES_A + D_A) = LF_A - EF_A \quad \cdots\cdots (4)$$

이들 사이에 주된 차이는 시작 및 종료여유시간이 만기시작시간 전 또는 조기종료시간 후의 여유시간에 관련되는데 반하여 총 여유시간은 둘 모두 관련된다.

⑥ **자유여유시간**

자유여유시간(FF ; Free Float)은 후속활동의 조기시작시간에서 선행활동의 조기시작시간을 감하고, 다시 이들 절점(event)으로 표시되는 활동의 기간을 감한 것으로 정의된다.

자유여유시간은 주로 후속활동의 총 여유시간에 영향을 미치지 않고 지연시킬 수 있는 활동을 식별하는 데 사용된다.

자유여유시간=후속활동의 조기시작시간−(본 활동의 조기시작시간+본 활동의 공기)

$$FF_A = ES_B - ES_A - D_A$$

$$= ES_B - (ES_A + D_A) \quad \cdots\cdots (5)$$

⑦ **간섭여유시간**

간섭여유시간(DF ; Dependent Float)은 총 여유시간과 자유여유시간의 차이를 말하며, 자유여유시간을 넘는 간섭여유시간을 사용하면 그 만큼 후속활동의 여유시간이 감소된다.

간섭여유시간=총여유시간−자유여유시간

$$DF_A = TF_A - FF_A \quad \cdots\cdots (6)$$

이상과 같이 설명된 활동중심 계산방법을 적용하여 그림 8.55의 단계중심 계산결과를 근거로 표 8.11의 활동중심 시간분석 표로 계산하게 된다.

표 8.11 활동중심 시간분석 표

Activity code	Description	Duration	ES	EF	LS	LF	TF	FF	DF
1–2	A	12							
1–3	B	10							
1–4	C	15							
2–3	D	0							
2–5	E	8							
3–6	F	18							
4–5	G	4							
5–6	H	18							

그림 8.55의 단계중심에서 분석된 표본 공정도표를 가지고 ④-⑤ G활동의 조기시간 및 만기시간을 분석하면 다음과 같다.

$ES_G=15$일 $EF_G=15+4=19$일 $LS_G=20-4=16$일 $LF_G=20$일

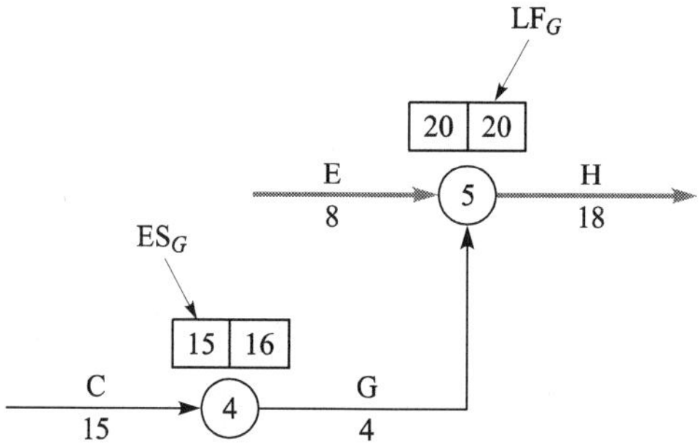

그림 8.63 단계중심이 기반 표본 공정도표 G활동의 시간분석

또한 ④-⑤ G활동의 총여유시간, 자유여유시간, 간섭여유시간을 분석하면 다음과 같고 이 계산결과를 표로 입력한 것이 표 8.12와 같다

$TF_G = LF_G-(ES_G+D_G) = 20-(15+4) = 1$일

$FF_G = ES_H-(ES_G+D_G) = 20-(15+4) = 1$일

$DF_G = 1-1=0$일

표 8.12 ④-⑤ 활동중심 시간 분석표

Activity code	Description	Duration	ES	EF	LS	LF	TF	FF	DF
1–2	A	12							
1–3	B	10							
1–4	C	15							
2–3	D	0							
2–5	E	8							
3–6	F	18							
4–5	G	4	15	19	16	20	1	1	0
5–6	H	18							

나머지 표본 공정도표의 모든 활동들도 이와 같은 방법으로 분석하여 표를 작성해 놓은 것이 표 8.13과 같다.

표 8.13 최종 활동중심 시간 분석표

Activity code	Description	Duration	ES	EF	LS	LF	TF	FF	DF
1-2	A	12	0	12	0	12	0	0	0
1-3	B	10	0	10	10	20	10	2	8
1-4	C	15	0	15	1	16	1	0	1
2-3	D	0	12	12	20	20	8	0	8
2-5	E	8	12	20	12	20	0	0	0
3-6	F	18	12	30	20	38	8	8	0
4-5	G	4	15	19	16	20	1	1	0
5-6	H	18	20	38	20	38	0	0	0

지금까지 활동중심 시간지표인 ES, EF, LS, LF를 분석하였다. 그러나 이 시간지표의 의미를 정확하게 이해하지 못한다면, 단순 계산행위에 불과할 수 있다. 따라서 독자 여러분들은 이 계산된 값들의 의미를 충분히 이해하는 것이 무엇보다 중요하다.

학습 8.1

다음은 단계중심 일정분석이 완료된 어느 공정도표의 일부이다. 이 공정도표를 가지고 콘크리트 타설 및 양생 작업의 조기시간, 만기시간, 여유시간의 일정분석을 계산하라.

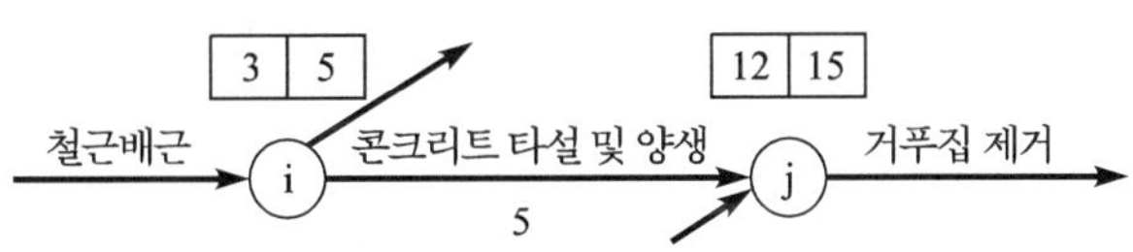

해설 조기시간 및 만기시간 분석

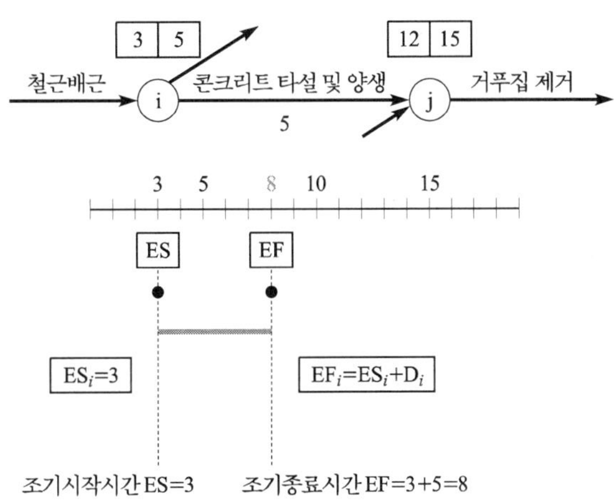

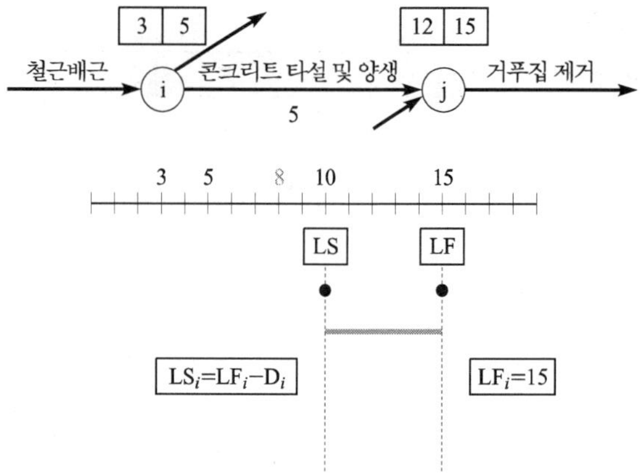

만기시작시간 LS = 15 − 5 = 10　만기종료시간 LF = 15

해설 여유시간 분석

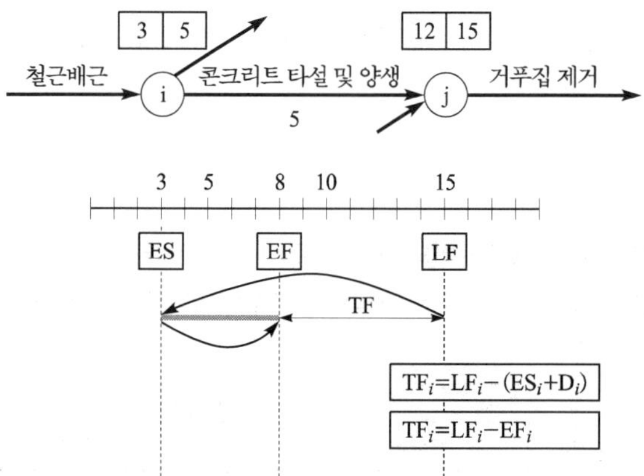

총여유시간 TF = 15-(3+5) = 7

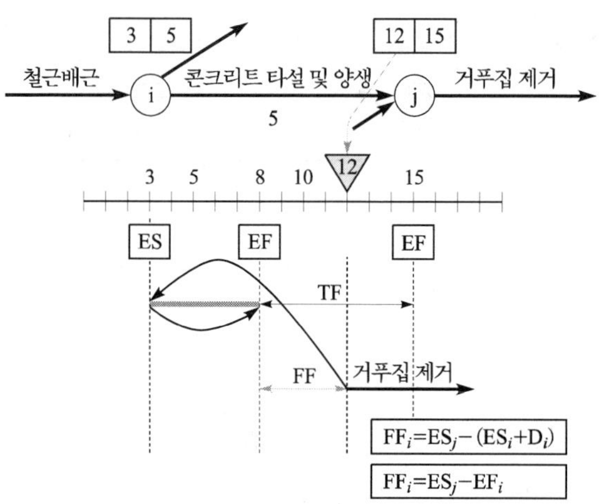

자유여유시간 FF = 12-(3+5) = 4

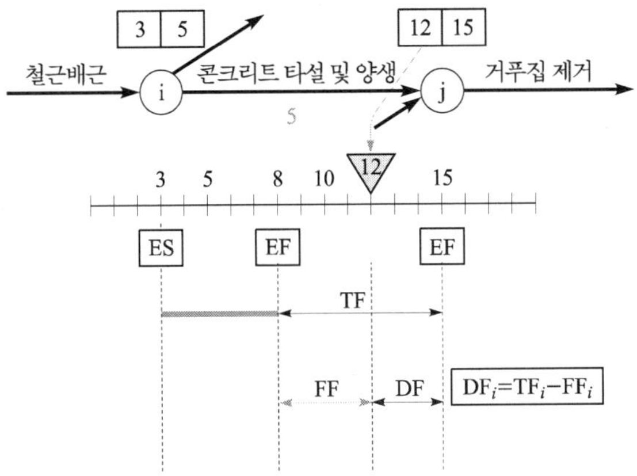

간섭여유시간 DF = 7-4 = 3

학습 8.2

다음 공정도표를 가지고 단계중심 시간 분석을 수행하여 주공정을 판단하라.

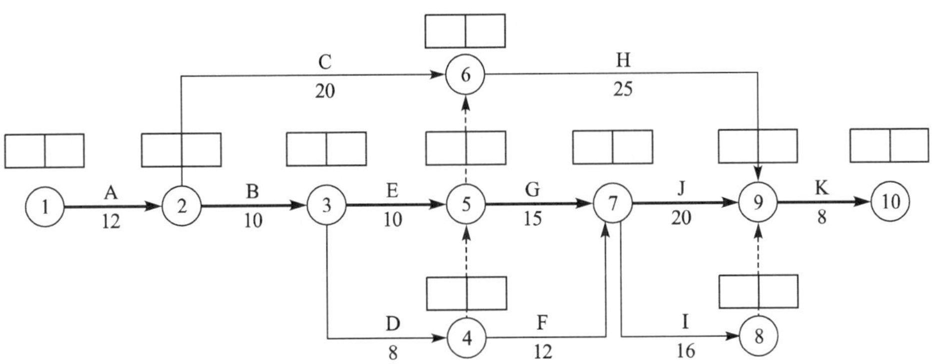

해설

(1) 단계중심 시간 분석–전진계산

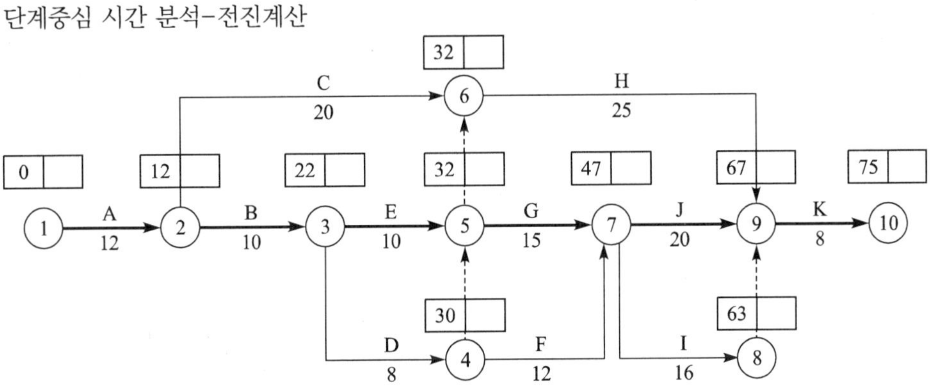

(2) 단계중심 시간 분석-후진계산 및 주공정 분석

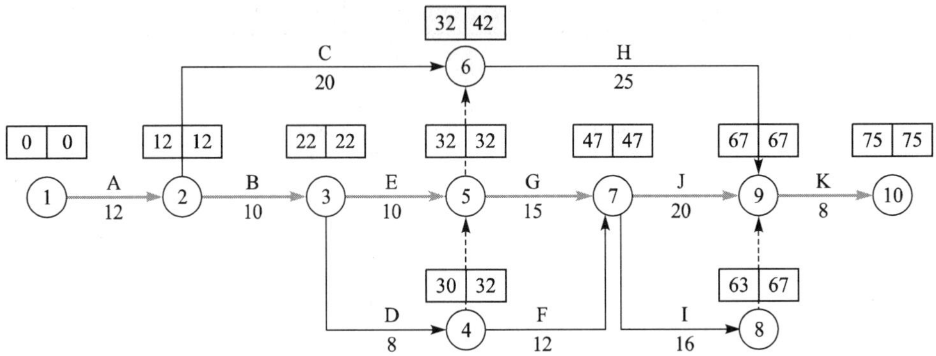

학습 8.3

다음 단계중심이 수행된 공정도표를 가지고, 조기시작시간, 조기종료시간, 만기시작시간, 만기종료시간, 총여유, 자유여유, 간섭여유의 활동중심 일정분석을 계산하라.

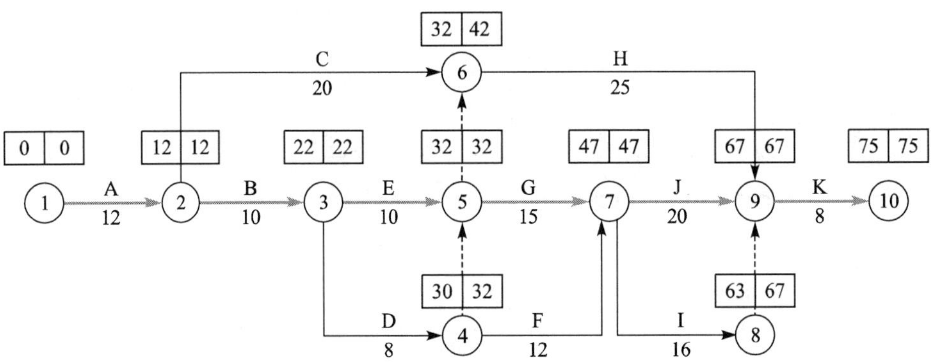

해설

Activity code	Description	Duration	ES	EF	LS	LF	TF	FF	DF
1–2	A	12	0	12	0	12	0	0	0
2–3	B	10	12	22	10	22	0	0	0
2–6	C	20	12	32	22	42	10	0	10
3–4	D	8	22	30	24	32	2	0	2
3–5	E	10	22	32	22	32	0	0	0
4–5	명목활동	0	30	30	32	32	2	2	0
4–7	F	12	30	42	35	47	5	5	0
5–6	명목활동	0	32	32	42	42	10	0	10

Activity code	Description	Duration	ES	EF	LS	LF	TF	FF	DF
5–7	G	15	32	47	32	47	0	0	0
6–9	H	25	32	57	42	67	10	10	0
7–8	I	16	47	63	51	67	4	0	4
7–9	J	20	47	67	47	67	0	0	0
8–9	명목활동	0	63	63	67	67	4	4	0
9–10	K	8	67	75	67	75	0	0	0

학습 8.4

다음 공정도표를 가지고 단계중심 시간 분석을 수행하여 주공정을 판단하고, 여유시간을 분석하라.

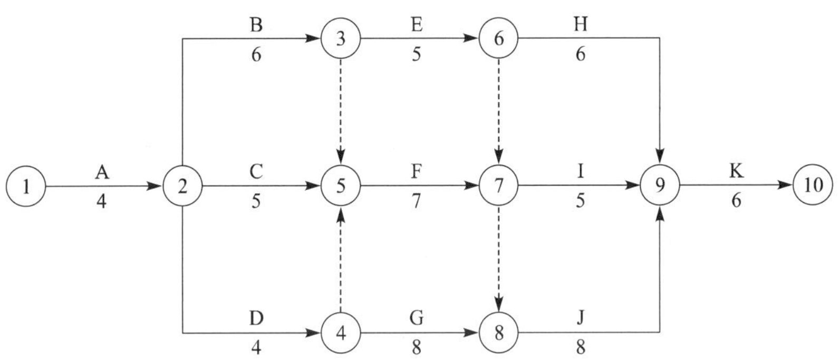

해설

(1) 단계중심 시간 분석-전진계산, 후진계산 주공정 분석

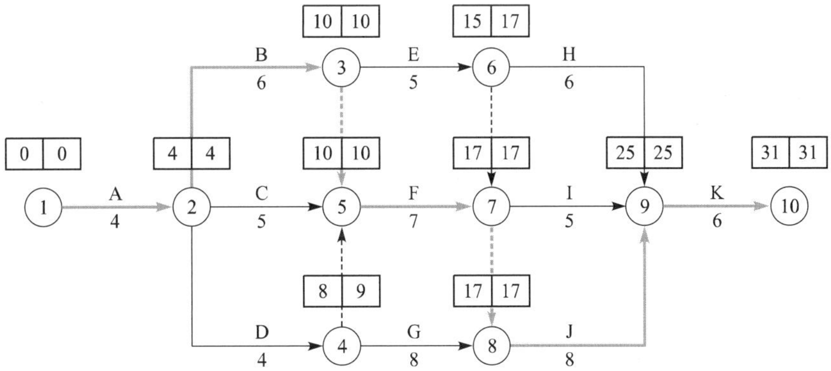

(2) 활동중심 기반 여유시간 분석-총여유시간, 자유여유시간, 간섭여유시간

활동명칭	총여유(TF)	자유여유(FF)	간섭여유(DF)	주공정(CP)
A	0	0	0	CP
B	0	0	0	CP
C	1	1	0	
D	1	0	1	
E	4	0	4	
F	0	0	0	CP
G	1	1	0	
H	6	6	0	
I	3	3	0	
J	0	0	0	CP
K	0	0	0	CP

6.3 활동중심 시간분석의 목적

활동중심 시간분석은 조기시간, 만기시간, 여유시간을 찾기 위한 것이다. 그러나 이 시간분석에만 중점을 두고, 시간분석 목적을 이해하지 못하면 진정한 의미에서의 공정관리를 이해할 수 없게 된다. 따라서 활동중심 시간분석 목적을 살펴보면 다음과 같다.

첫째, 분석된 조기시작시간(ES), 조기종료시간(EF), 만기시작시간(LS), 만기종료시간(LF)의 시간지표는 이 시간지표 대로 현장에서 작업을 수행하기 위한 것이 아니라 그림 8.64와 같이 상위허용한계 공정곡선과 하위허용한계 공정곡선의 수리학적인 지표를 나타내기 위한 것이다.

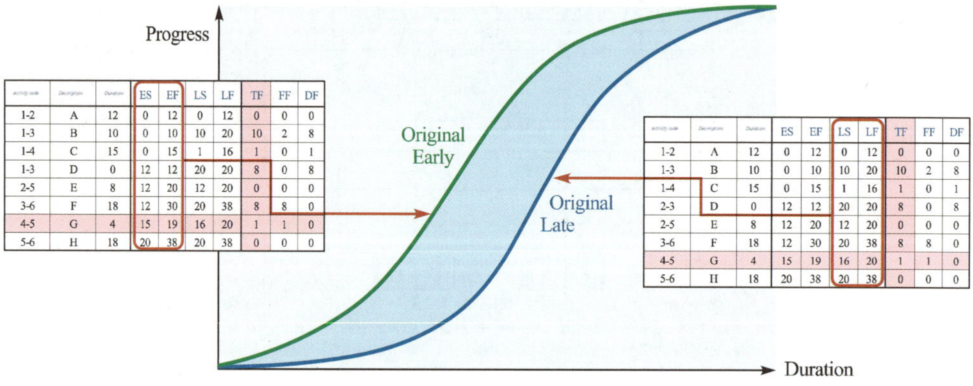

그림 8.64 상위허용한계와 하위허용한계 곡선의 개념

여기서, 상위허용한계 공정곡선이 주는 의미는 현장 작업의 실적이 아무리 빨라도 상위허용한계선보다 빨리 진행되어서는 아니 된다는 것이며, 하위허용한계 공정곡선이 주는 의미는 현장의 작업의 실적이 아무리 늦어도 하위허용한계선보다 늦게 진행되어서는 아니 된다는 것을 나타내 준다.

이 조기일정 공정곡선인 상위허용한계 공정곡선과 만기일정 공정곡선인 하위허용한계 공정곡선으로 작업을 할 때, 특징을 살펴보면 다음과 같다.

① **조기시간 공정곡선(상위허용한계)의 특징**은 건설공사 수행에 따른 공기지연 등의 리스크를 줄이면서 준공 일을 지킨다는 장점이 있으나, 조기시간 공정곡선에 맞추어 작업을 수행하면, 여유시간을 이용하여 공기를 단축시킨다는 공정도표기법의 장점을 하나도 살리지 못하게 된다. 결과적으로 조기시간 중심의 공정곡선은 공사를 조기에 시작해서 조기에 종료하는 시간으로써 다소 공사의 진도가 지연된다하여도 충분한 여유시간을 지니고 있으므로, 만족스러운 품질을 확보하면서 주어진 공기 내에 공사를 종료할 수 있다. 이러한 이유에서 **발주자가 희망하는 공정곡선**이라 할 수 있다. 다만, 시공자의 자금집행의지가 빨라지게 될 뿐만 아니라, 시공업체 현장소장들이 하도업체에게 시공자의 작업시간을 제시할 때, 공기지연의 우려 때문에 조기시간만 제시하게 될 수도 있다.

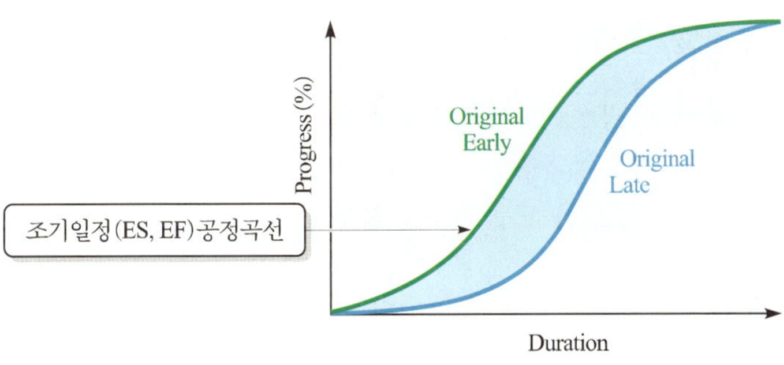

그림 8.65 조기시간-발주자 희망 공정곡선

② **만기시간 공정곡선(하위허용한계)의 특징**은 여유시간이 없는 상태에서 공사를 수행하는 시간이므로 여차하면 공사의 진도가 지연될 우려도 있지만, 가능하면 만기시간에 맞춰서 공사를 수행해서 공사의 준공일을 준수할 수 있다면, 예산집행이 늦어져서 시공자 입장에서 유리하다 할 수 있다. 또한, 건설현장에서도 보편적으로 만기시간의 흐름으로 공사의 진도가 진행되는 경우가 대부분이다. 이러한 이유로 만기시간 중심의 공정곡선은 **시공자가 희망하는 공정곡선**이라 할 수 있다.

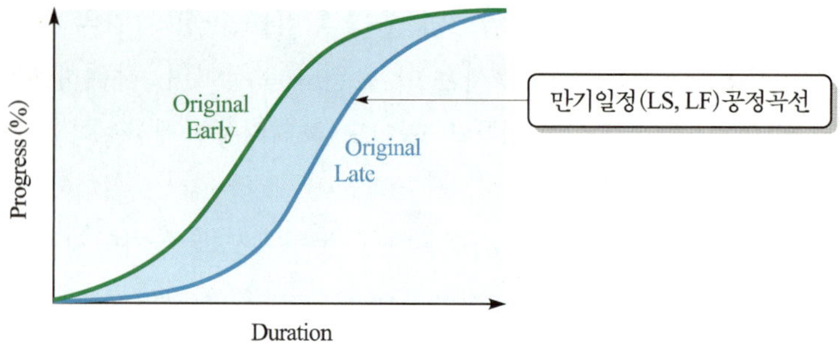

그림 8.66 만기시간-시공자 희망 공정곡선

이와 같이 조기시간 공정곡선과 만기시간 공정곡선이 지니고 있는 의미를 고려해 볼 때, 발주자 및 시공자 각자가 유리한 공정곡선이 있다. 따라서 발주자, 시공자 모두가 만족할 수 있는 공정곡선을 목표 공정곡선(MTS, MTF)이라 하고, 이 목표 공정곡선을 **성과측정관리기준선**(base line, BCWS)이라 한다.

둘째, 첫째에서 설명한 바와 같이 발주자 및 시공자 각자가 희망하는 공정곡선이 있으므로 이들이 만족할 수 있는 합리적인 목표시작시간(MTS)과 목표종료시간(MTF)을 도출(6.6절 참조)하는 근거를 제공한다. 이 근거에 따라 분석된 목표시작시간과 목표종료시간의 공정곡선이 성과측정 관리기준선이 된다.

셋째, 발주자와 시공자가 합치(合致, 의견이나 주장 따위가 서로 맞아 일치함)에 의해 결정된 목표시작시간과 목표종료시간을 가지고 작성된 성과측정 관리기준선에 따라 작업진도를 측정하고, 이탈하는 작업이 발생하면 시정조치를 취하며, 기성금액 지불에 근거가 되는 실시시작시간(WTS)과 실시종료시간(WTF)을 도출(6.7절 참조)하는 기반을 제공한다.

6.4 자유여유와 간섭여유의 의미

건설현장의 공사관리자는 앞 절에서 분석한 자유여유(FF)와 간섭여유(DF)의 깊은 의미를 이해하는 것은 긴박하게 돌아가는 작업들을 효율적으로 관리하는데 필수적이다. 따라서 자유여유(FF)와 간섭여유(DF)의 의미를 그림 8.67의 예시를 통해서 살펴본다.

다음 그림 8.67의 예시에서 콘크리트 타설 및 양생 활동은 조기시작시간(ES)=3일, 조기종료시간(EF)=8일, 만기시작시간(LS)=10일, 만기종료시간(LF)=15일, 총여유시간(TF)=7일, 자유여유시간(FF)=3일, 간섭여유시간(DF)=4일로 분석되었다. 이때, 목표시작시간을 조기시작시간(ES)으로 수립하여 현장 작업을 실시하였을 때, ①, ②, ③ 작업은 자유여유시간(FF) 내에 작업이 종료가 되어 후속활동 조기시작시간(ES)에 영향을 주지 않는다. 그리나 ④, ⑤, ⑥ 작업은 자유여유시간(FF)을 초과하여 간섭여유시간(DF)을 하루씩 감소하고 있어서 그 줄어진 간섭여유시간(DF)만큼 후속활동 거푸집 제거 작업이 조기시작시간(ES)=12일에 착수하지 못하고 13, 15, 16일에 착수하게 된다.

이와 같이 간섭여유시간(DF)이 점점 줄어든다는 의미는 후속활동의 조시시작시간(ES) 일정에 착수하지 못하고, 선행활동의 지연일수만큼 지연되어 착수되어야 한다는 것을 의미이다. 따라서 그 지연된 시간만큼 공기지연이 초래될 위험이 점점 높아가고 있으므로 자유여유시간(FF)과 간섭여유시간(DF)은 공사 관리자로 하여금 신속한 대응을 하도록 알려주는 메시지 역할을 한다.

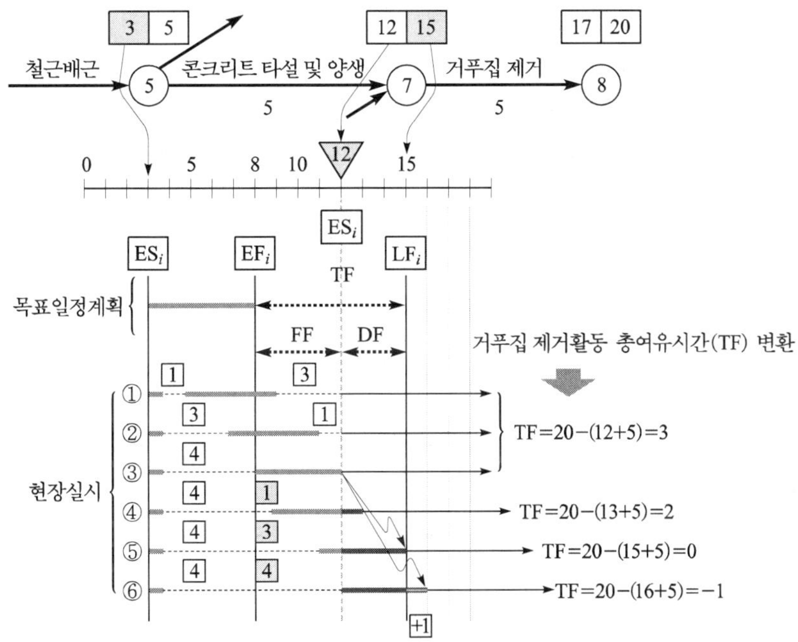

그림 8.67 자유여유시간(FF) 및 간섭여유시간(DF) 개념과 의미

6.5 이정표 일의 시간 조정

이정표(milestone) 일은 공사를 시행하는데 중요하다고 지정된 참고시점을 말하며, 이정표 일로 지정된 단계(경유점)는 발주자가 공사계약에서 어느 부분의 공사에 대하여 요구한 **준공목표일**일 수도 있고, 시공자가 설정한 **공사운영의 목표일**일 수도 있다. 대규모공사에서는 시공자가 공사기간 동안에 여러 개의 이정표 일을 설정하여 **공사이행을 감시하는 참고**

시점으로 활용할 수 있다. 이 이정표로 지정된 활동을 잘 활용하면 굳이 모든 활동의 정보를 상세히 검색하지 않더라도 **개괄적인 공정현황 파악**이 가능하므로 요약한 형태의 보고서로 대신할 수 있다.

한 공사에서 어떤 활동은 시간제약이 있는 어느 단계(경유점)에 도달할 때까지는 시작할 수 없는 경우가 있다. 예로, 토사로 된 제방공사는 해빙될 때까지는 시공할 수 없거나 필요한 관급 자재가 도착하기 전에는 공사를 시작할 수 없다. 이 경우에는 **이정표 일로 지정하여 공사를 관리**하면 이들 조건으로 발생될 수 있는 제반 문제들을 효과적으로 대응 및 관리할 수 있다.

또한, 이정표 일은 **발주자 및 시공자의 공정관리 전략**에 매우 효과적으로 이용된다. **발주자의 공정관리 전략**은 발주자의 허가사항, 준공목표일, 특별관리 활동을 공정도표에 도입하여 **일정에 미치는 영향을 중점관리** 함으로써 시공자가 제기할 수 있는 클레임(claim)을 미연에 방지할 수 있다. **시공자의 공정관리 전략**은 발주자의 결정사항, 관급자재 입고 시기 등을 공정도표에 도입함으로 **일정에 미치는 영향을 중점관리** 함으로써 역시 발주자가 제기할 수 있는 클레임을 방지하는 데 도움을 받을 수 있다.

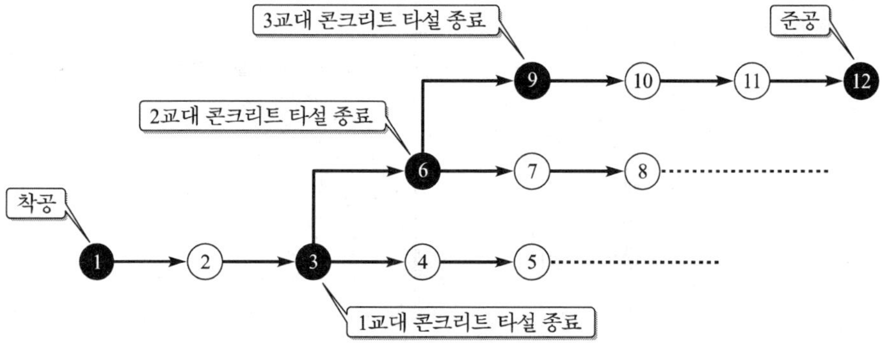

그림 8.68 이정표 지정 공정도표의 예

이러한 이정표의 시간 조정은 **시작예정기한, 종료지연기한, 강제지정기한**의 3가지 제약조건의 일정분석방법을 생각할 수 있다.

(1) 시작예정기한 분석

시작예정기한(Not Earlier Than~)은 지정시간보다 일찍 시작해서는 안 된다. 이 시작예정기한은 전진계산에서 적용되며, 전진계산된 값과 지정일 값 중에 큰 값이 채택된다.

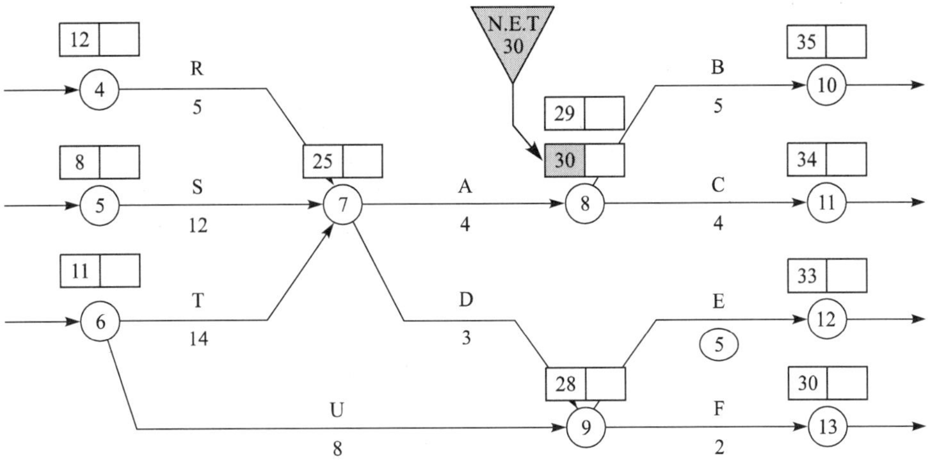

그림 8.69 시작예정기한(Not Earlier Than~)의 지정시간 계산 예

(2) 종료지연기한 분석

종료지연기한(Not Later Than~)은 지정시간보다 늦게 종료해서는 안 된다. 이 종료지연기한은 후진계산에서 적용되며, 후진계산된 값과 지정일 값 중에 작은 값이 채택된다.

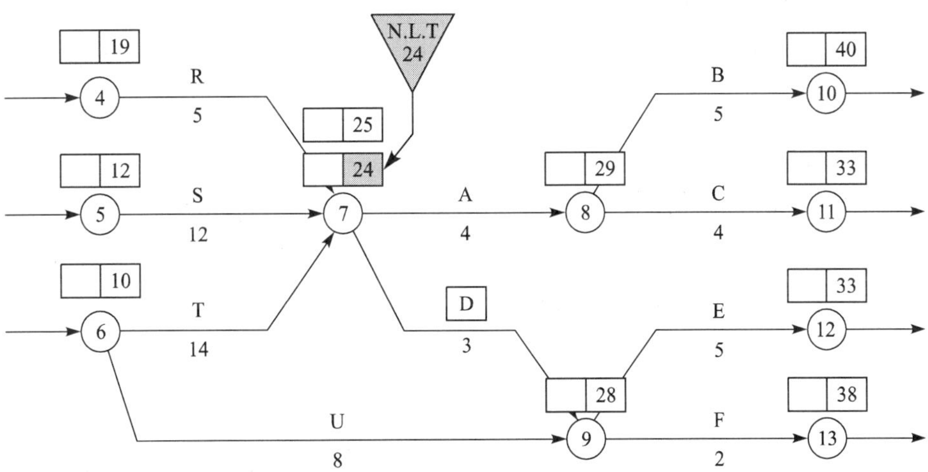

그림 8.70 종료지연기한(Not Later Than~)의 지정시간 계산 예

(3) 강제지정기한 분석

강제지정기한(Designated Date)은 지정된 시간에 시작하고 지정된 시간에 종료해야 한다. 이 강제지정기한은 전진계산과 후진계산 모두에서 적용되며, 계산된 시간과 지정된 시간 중에 무조건 강제 지정한 시간이 채택된다.

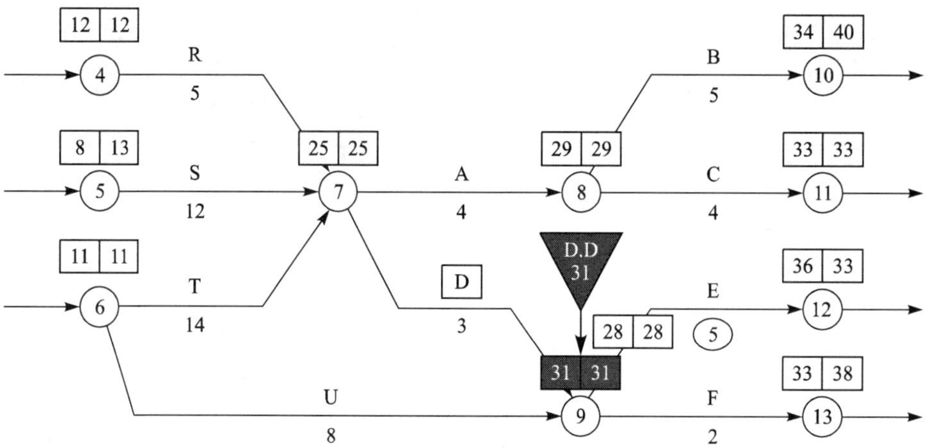

그림 8.71 강제 지정시간(Designated Date)의 계산 예

6.6 목표시작시간과 목표종료시간의 분석

조기시간과 만기시간의 일정분석 결과는 현장의 공사 진도가 상위허용한계와 하위허용한계 공정곡선을 수리학적(數理學的)으로 나타내 주는 지표(指標)의 시간이다. 상위허용한계 공정곡선은 만족스러운 품질을 확보하면서 조기에 공사를 종료하다는 측면에서 **발주자에게 유리한 곡선**이고, 하위허용한계 공정곡선은 공사가 늦게 시작해서 종료되어 예산집행이 늦어지고, 실제 건설현장에서 공사초기에 늦어지는 관행을 고려하면, **시공자에서 유리한 곡선**이라 할 수 있다.

그러나 건설공사계약이 발주자와 시공자 모두에게 상호 대등한 입장에서 이루어져야 하므로 발주자와 시공자 모두가 만족할 수 있는 목표공정곡선, 즉 **성과측정관리기준선**이 필요하고, 이 성과측정관리기준선이 본서에서는 목표시작시간과 목표종료시간이라 정의하며, 기호 및 수식으로 나타내면 다음과 같다.

목표시간(TT ; Target Time)

목표시작시간(MTS ; Master Target Start Time)

목표종료시간(MTF ; Master Target Finish Time)

이 목표시간은 발주자와 시공자가 협상을 통해서 한번 결정이 되면, 설계변경이나 물가변동으로 공사가 변경되지 않은 한, 절대 변경되지 않는다.

$$\text{목표시작시간} : (MTS) = ES + TF \times \alpha (0 \le \alpha \le 1) \quad \cdots\cdots (7)$$

$$\text{목표종료시간} : (MTF) = MTS + D \quad \cdots\cdots (8)$$

① **목표시작시간** : 어느 활동의 작업이 시작하는 데 현장에서 기준으로 하는 시작시간을 말한다.

② **목표종료시간** : 어느 활동의 작업이 종료하는 데 현장에서 기준으로 하는 종료시간을 말한다.

표 8.14 목표시간 분석표($\alpha = 0.5$ 적용)

Activity code	Description	Duration	ES	EF	LS	LF	TF	FF	DF	MTS	MTF
1-2	A	12	0	12	0	12	0	0	0	0.0	12.0
1-3	B	10	0	10	10	20	10	2	8	5.0	15.0
1-4	C	15	0	15	1	16	1	0	1	0.5	15.5
2-3	D	0	12	12	20	20	8	0	8	16.0	16.0
2-5	E	8	12	20	12	20	0	0	0	20.0	28.0
3-6	F	18	12	30	20	38	8	8	0	16.0	34.0
4-5	G	4	15	19	16	20	1	1	0	15.5	19.5
5-6	H	18	20	38	20	38	0	0	0	20.0	38.0

앞에서 설명한 각 활동시간, 즉 조기시간과 만기시간 그리고 목표시간의 지표들을 다음의 개념으로 설명할 수 있다.

세 자식을 둔 부모(발주자)가 자식들(시공자)에게 3시간이면 종료될 수 있는 벼 농사일을 아침 9:00부터 저녁 18:00까지 완료하라고 했을 때, 자식들마다 각 작업의 착수시간과 종료시간을 달리 할 수 있다.

첫째 자식은 작업을 9:00 정시에 시작해서 3시간 동안 작업을 수행하고, 12:00시에 종료할 수 있다. 이 개념이 조기시작시간(ES)과 조기종료시간(EF)이며, 이것을 **조기시간**이라고 한다. 즉 작업의 착수와 종료가 이 시간보다 빨리 발생해서는 안 된다는 것을 의미한다.

둘째 자식은 작업을 15:00 정시에 시작해서 3시간 동안 작업을 수행하고, 18:00시에 종료할 수 있다. 이 개념이 만기시작시간(LS)과 만기종료시간(LF)이며, 이것을 **만기시간**이라고 한다. 즉, 작업의 착수와 종료가 이 시간보다 늦게 발생해서는 안 된다는 것을 의미한다.

셋째 자식은 9:00시부터 12:00시까지 여유를 갖고, 작업을 12:00정시에 시작해서 3시간 동안 작업을 수행하고, 15:00시에 종료할 수 있다. 이 개념이 목표착수시간(MTS)과 목표종료시간(MTF)이며, 이 일정을 성과측정관리기준선인 **목표시간**이라고 한다. 즉, 발주자와 시공자가 공사의 성과측정관리기준선을 조기시간과 만기시간의 범주 내에서 "어느 시간을 중심으로 수행할 것인가"라고 하는 그 기준 시간을 정해야 하는데 이를 **목표시간**이라 한다.

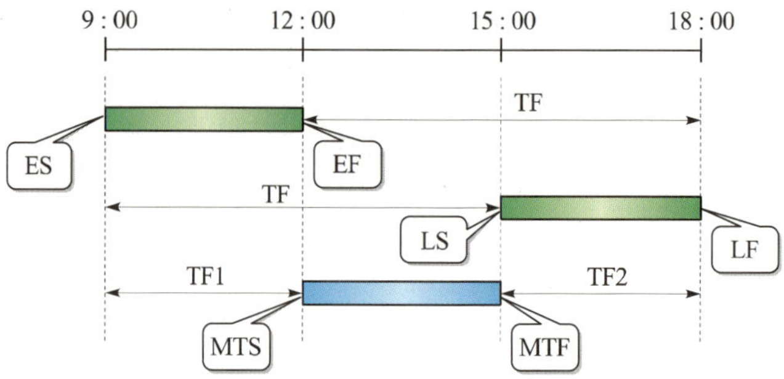

그림 8.72 활동중심 일정지표의 개념

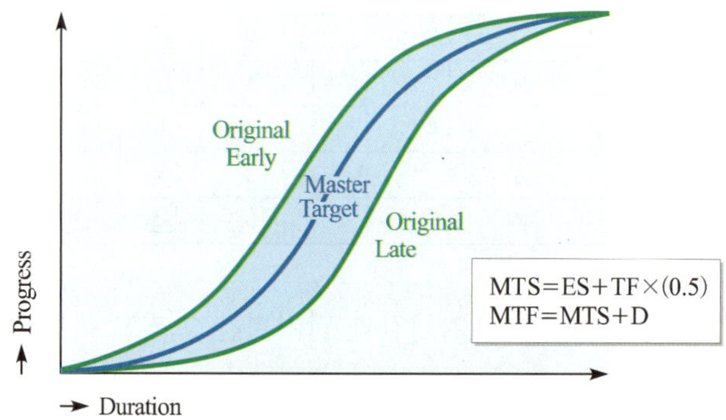

그림 8.73 MTS, MTF의 공정곡선($\alpha=0.5$적용)

위에서 설명한 각 활동시간, 즉 조기시간과 만기시간 그리고 목표시간의 지표를 그림 8.74와 같이 정리해 보았다.

유형 1 – 첫 번째 자식 : 아침 9:00부터 3시간동안 작업을 하여 12:00에 작업을 끝내자고 주장하였다. 첫 번째 자식의 주장대로 작업을 시작하여 종료했을 때를 조기시간, 즉 조기시작시간(Earliest Start Time)에 착수하여 조기종료시간(Earliest Finish Time)에 끝을 내는 개념이며, 이 공정도표를 구성하는 모든 활동들이 이 시간에 따라 진행될 때의 공정곡선을 **상위허용한계 공정곡선**(Upper Control Limit)이라고 하고, 실시진도곡선이 이 곡선보다 빨리 발생해서는 안 된다는 것을 의미한다.

유형 2 – 두 번째 자식 : 아침 9:00부터 15:00까지는 다른 여유를 갖고, 15:00부터 작업을 시작하여 18:00까지 끝내자고 주장하였다. 두 번째 자식의 주장대로 작업을 시작하여 종료했을 때를 만기시간, 즉 만기시작시간(Latest Start Time)에 착수하여 만기종료시간(Latest Finish Time)에 끝을 내는 개념이며, 공정도표를 구성하는 모든 활동들이 이 시간에 따라 진행될 때의 공정곡선을 **하위허용한계 공정곡선**(Lower Control Limit) 이라고 하고, 실시진도곡선이 이 곡선보다 늦게 발생해서는 안 된다는 것을 의미한다.

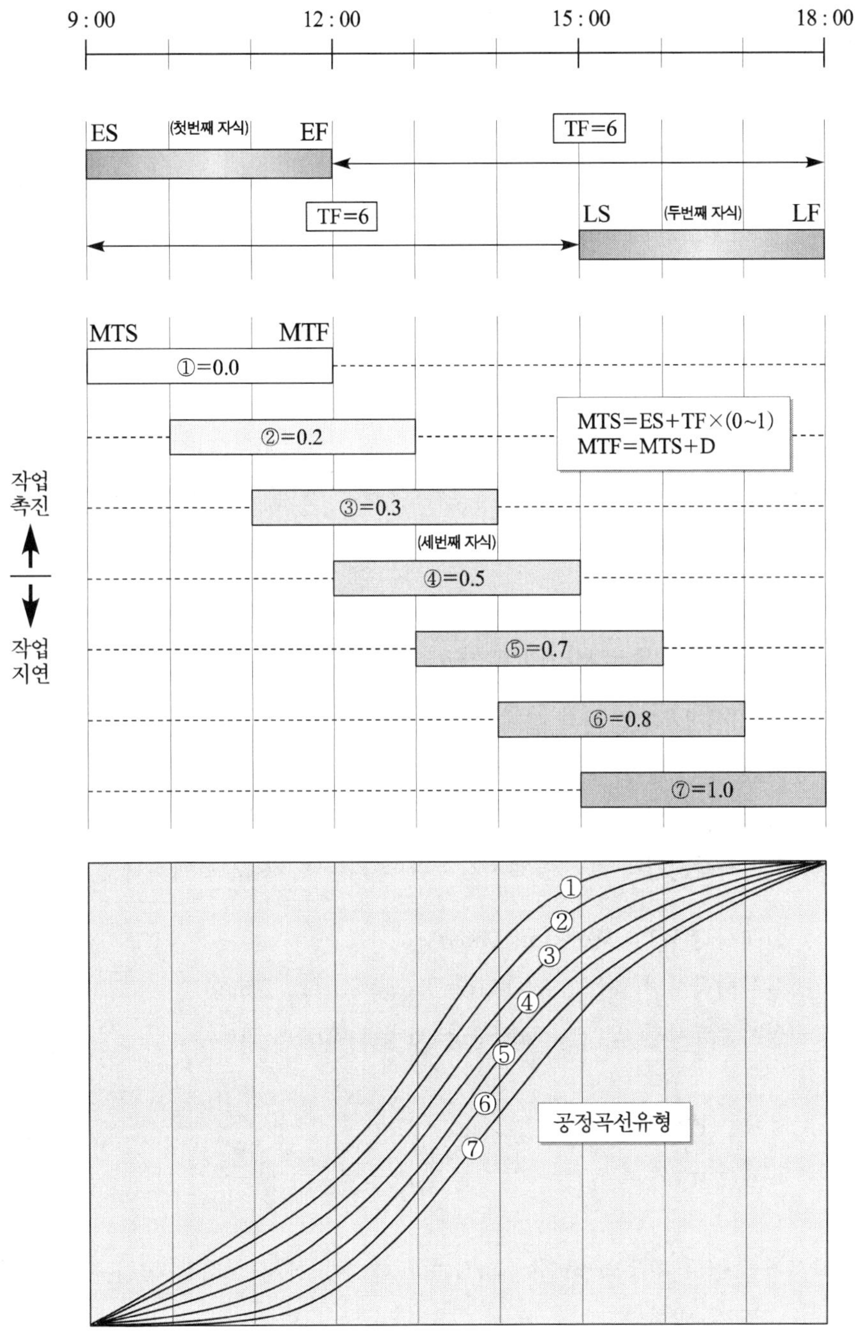

그림 8.74 목표공정곡선의 변화 유형

유형 3 – 세 번째 자식 : 아침 9:00부터 12:00까지는 다른 여유시간을 갖고, 12:00부터 작업을 시작하여 15:00까지 끝내고 15:00부터 18:00까지 또 다른 여유시간을 갖자고 주장하였다. 세 번째 자식의 주장대로 작업을 시작하여 종료했을 때를 **목표시간**, 즉 목표시작시간(Master Target Start)에 착수하여 목표종료시간(Master Target Finish)에 끝을 내는 개념이며, 이 시간에 따른 공정곡선을 작성했을 때, 다음 그림 8.74의 목표 공정곡선의 변화 유형 중에 ④번에 해당하게 된다. 이 곡선을 **목표공정곡선(Target S-Curve)**이라 하고, 발주자와 시공자가 공사진행성과를 측정하는 기준이 되는 **성과측정관리기준선**(Performance measurement control baseline)이 된다. 이 성과측정관리기준선에 따라 배정된 예산을 계획공사비 혹은 계획기성(BCWS; Budgeted Cost of Work Scheduled)이라 한다. 현장의 실시진도곡선, 즉 달성공사비(BCWP; Budgeted Cost of Work Performed)는 이 곡선을 따라 수행되어야 한다는 것을 의미한다.

본서에서는 목표시작시간=ES+TF×α에서 α=0.5를 적용하여 목표공정곡선을 결정하였지만, 그림 8.74의 조건에서는 발주자와 시공자의 계약 양 당사자의 합의에 따라 α=0~1사이의 값을 적용하여 ①~⑦까지의 목표공정곡선의 유형이 결정될 수 있다.

6.7 실시시작시간과 실시종료시간의 분석

다음은 시공자가 건설공사현장에서 실제 작업을 시작하고 종료하는 **실시시간(WT : Working Time)**의 일정이 있어야 한다. 즉, 시공자는 건설공사현장의 **작업실적 진도**를 **성과측정관리기준선**(based line, BCWS)의 **계획진도**와 대비(對比)하기 위한 일정이 필요한 데, 본서에서는 이 일정을 **실시시작시간**과 **실시종료시간**이라 정의하며, 기호로 나타내면 다음과 같다.

실시시간(WT : Working Time)
실시시작시간(WTS : Working Target Start Time)
실시종료시간(WTF : Working Target Finish Time)

실시시작시간(WTS) = ES + TF × α(0 ≤ α ≤ 1) ······ (9)
실시종료시간(WTF) = WTS + D ······ (10)

① **실시시작시간** : 어느 활동의 작업이 시작하는 데 현장에서 실제로 작업을 시작하는 시간을 말한다.

② **실시종료시간** : 어느 활동의 작업이 종료하는 데 현장에서 실제로 작업을 종료하는 시간

을 말한다.

이 **실시시작시간(WTS)**과 **실시종료시간(WTF)**은 건설공사현장에서 발주자와 시공자 간에 합의한 **성과측정관리기준선 대비 작업실적 진도**를 측정하기 위한 활동지표이다. 즉 **현재 기준일**(data date)까지 현장의 **작업실적 진도**가 **성과측정관리기준선**보다 **빨라지면 차기 작업일 보고기간의 작업시간을 적절히 지연시켜 작업을 수행해야 하고, 늦어지면 공기지연의 만회를 위해 작업시간을 적절히 촉진시켜 작업을 수행해야 한다.** 이 내용을 그림 8.75 ~ 그림 8.78의 예시를 통해서 설명하고 있다.

그림 8.75에서 α=0.5를 적용한 **목표시간**(Target Time)이 12:00 시작해서 15:00에 종료하는 것으로 할 때, 그림 8.76의 **하늘색 목표공정곡선**인 **성과측정관리기준선**으로 표현되었다.

목표시작시간 : MTS = ES + TF × 0.5 = **12:00**

목표종료시간 : MTF = MTS + D = **15:00**

따라서 이 **목표시간**의 작업진도에 맞추기 위해서 **현장작업 역시 α**=0.5를 적용하여 **실시시작시간**과 **실시종료시간**을 **목표시작시간**과 **목표종료시간**에 맞추어서 실시하였다.

실시시작시간 : WTS = ES + TF × 0.5 = **12:00**

실시종료시간 : WTF = WTS + D = **15:00**

그런데 **현장의 작업실적 진도를 측정**해보니 **WTS=12:00**에 **시작**해서 **WTS' =17:00**에 **종료**되었고, 이 결과는 그림 8.76과 같이 **실시시간**(Working Time) **공정곡선**이 **목표공정곡선**의 **성과측정관리기준선**보다 **지연**되어 나타났다. 즉 **현재 기준일(Data Date)**까지 **실투입물량**의 **작업실적 진도**가 **성과측정관리기준선**보다 **지연**되었으므로 **차기 작업일의 보고기간**에는 작업실적 진도를 **촉진**하기 위해서 **잔여공사를 빨리 실시**할 필요가 있다. 이 경우, **차기 작업일의 보고기간**에 대한 **실시시간**의 계획할 때, **작업이 지연된 시간을 만회하기 위해 α 값을 한없이 0에 가깝게 주어서 계획을 수립**하면, 현장에서 수행해야 할 **실시시작시간**과 **실시종료시간**의 일정이 빨라지게 된다. 여기서는 α=0.2를 적용하여 **실시시작시간**과 **실시종료시간**을 계산하면, 그림 8.77과 같이 **10:00**에 **착수**해서 **13:00**에 **종료**하게 된다. 이 결과는 그림 8.78의 **잔여공사**의 **잔여물량**에 대한 **실시시간**(Working Time)의 **공정곡선형태**로 표현되었다.

실시시작시간 : WTS = ES + TF × 0.2 = 10:00

실시종료시간 : WTF = WTS + D = 13:00

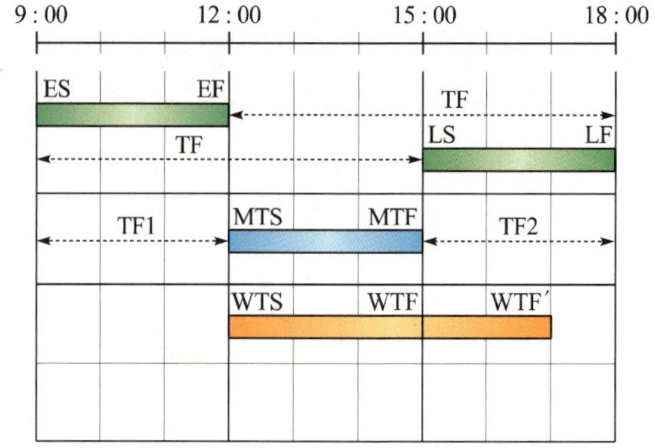

그림 8.75 목표시간 대비 실시시간 표현 사례

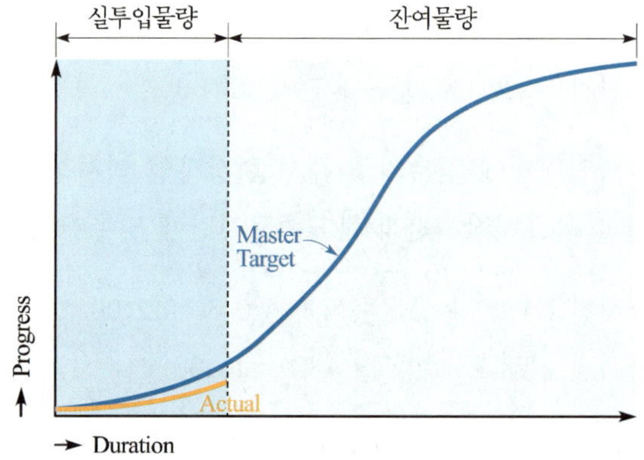

그림 8.76 목표시간 대비 실시시간 공정곡선 표현

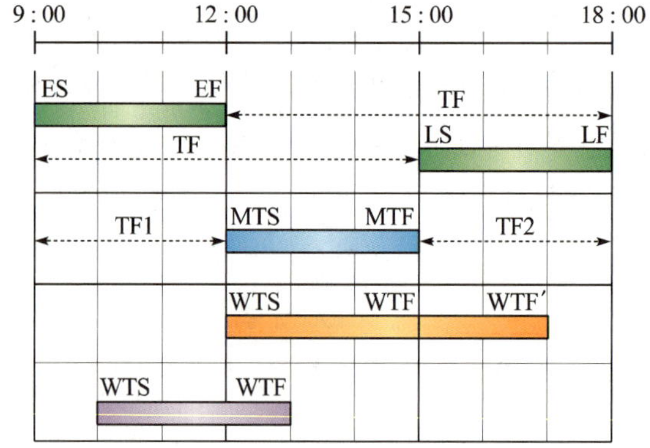

그림 8.77 현재 실시시간 따른 향후 실시시간 조정 사례

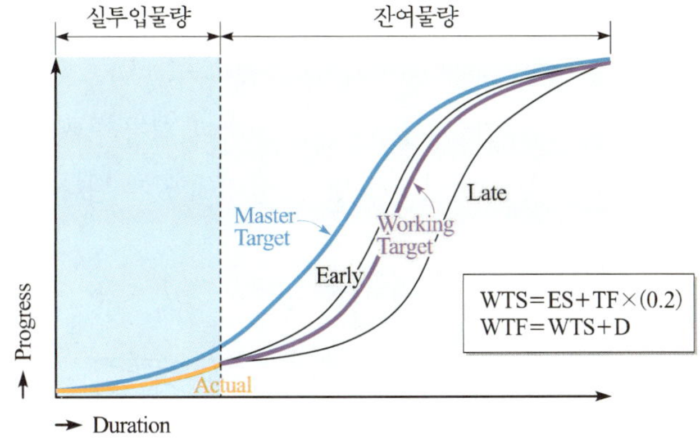

그림 8.78 현재 실시시간 공정곡선에 따른 향후 실시시간 조정 공정곡선 표현

이와 반대로 **현재 기준일**(Data Date)까지 **실투입물량**의 **작업실적 진도**가 **성과측정관리기준선**보다 **빨라졌을 때는 차기 작업일의 보고기간**의 일정을 현장의 작업지연 정도에 따라 적절히 **지연**해야 할 필요가 있다. 즉 현장의 작업지연 정도에 따라 α 값을 0.5~1 사이의 값으로 조절하여 계획을 수립하면, 실제 현장에서 수행하는 작업의 **실시시작시간**과 **실시종료시간**이 현장 상황에 맞는 지연된 일정으로 조정되어 작업을 수행할 수 있게 된다.

6.8 총여유시간의 소유권 해석

먼저 공정곡선에서 나타나는 총여유시간(TF)의 의미를 살펴보면, 현재기준일(Data/Date)을 중심으로 상위허용한계 공정곡선과 하위허용한계 공정곡선의 차이가 총여유시간을 나타낸다. 그림 8.79는 진도율 기준으로 총여유시간을 표기한 것이고, 그림 8.80은 공사기간 기준으로 총여유시간을 표기한 것이다.

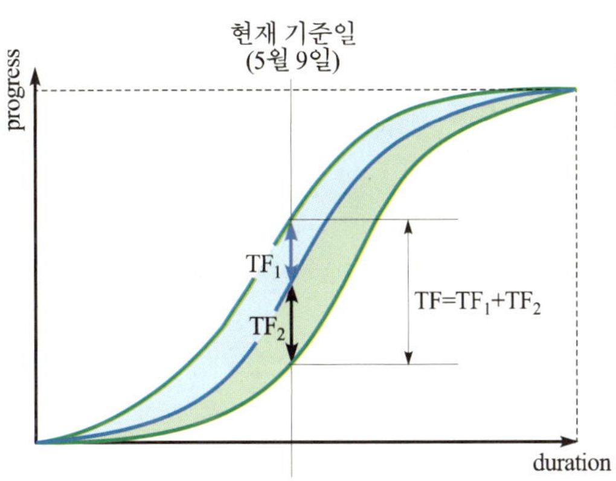

그림 8.79 진도율 기준 총여유시간 표기

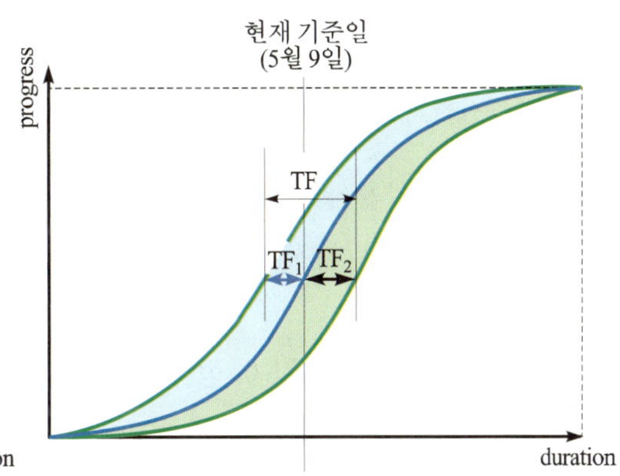

그림 8.80 공사기간 기준 총여유시간 표기

TF_1 영역과 TF_2 영역은 상위허용한계 공정곡선과 하위허용한계 공정곡선 내(內)의 영역이므로 작업의 실적이 이 두 영역 내에 존재한다면, 지나친 공기촉진 혹은 지나친 공기지연은 발생하지 않았다. 다만, 발주자와 시공자가 협의하여 결정한 성과측정관리기준선의 작업속도보다 빠르거나(TF_1 영역) 늦어진(TF_2 영역) 상태에 있게 된다.

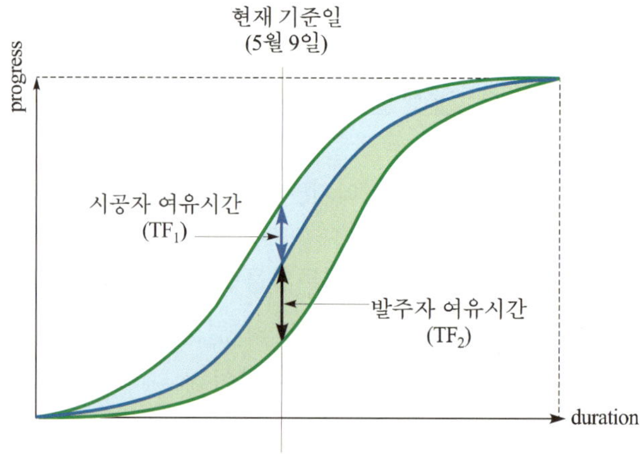

그림 8.81 진도율 기준 소유권 해석 공정곡선

만약, **시공자의 작업 실적치**가 성과측정관리기준선보다 **위쪽(TF_1 영역)**에서 발생했을 때, 발주자 입장은 시공자가 성과측정관리기준선의 진도를 달성했으므로 공기지연 문제는 없고, 기성금 또한 실적치의 기성금이 아닌 양당사자가 협의하여 약정한 성과측정관리기준선에 해당하는 기성금을 지불하면 된다. 이 경우 문제점은 실적치가 성과측정관리기준선보다 빨라도 기성금은 성과측정관리기준선 진척보다 많이 받을 수 없다는 것이다.

또, **시공자의 작업 실적치**가 성과측정관리기준선보다 **아래쪽(TF_2 영역)**에서 발생했을 때, 발주자 입장은 시공자에게 **공기지연만회대책**을 요구할 수 있고, 기성금 또한 지연된 일정에 맞추어 지불하면 된다.

이 두 가지의 해석을 놓고 보면, 성과측정 관리기준선 위쪽의 **TF_1 영역**은 <u>시공자 여유</u>, 아래쪽의 TF_2 **영역**은 <u>발주자 여유</u>로 정의할 수 있다.

6.9 물가변동 적용대가 및 예정공정표 관계

조정기준일은 계약체결 후, **90일 이상 경과(기간 요건)**하고, **품목조정률** 또는 **지수조정률 모두** 3% **이상(등락 요건)이 되는 날**, 즉 **기간 요건**과 **등락 요건**이 두 가지의 요건이 동시에 충족되는 **최초의 날**을 **"조정기준일"**이라 한다. 그래서 **조정기준일**은 **발주처 및 계약 당사자가 임의로 선택하여 정하는 것이 아니라 두 가지의 요건을 충족하는 시점에 자동적으로 정해지는 것임**을 각별히 유의해야 한다. 물가변동 적용대가를 **품목조정률로 할 것인지 지수조정률로 할 것인지는** 발주자와 시공자 협의를 통해서 결정할 수 있으나 건설공사는 품목조정률이 복잡하고 어려우므로 일반적으로 지수조정률을 적용하고 있는 실정이다.

① **물가변동 적용대가**는 공사의 **착공예정공정도표**를 **기준**으로 계약금액 중 **조정기준일 이후**에 **이행되어야 하는 부분**의 **대가**를 의미한다.

계약상 조정기준일 이전(까지)에 이행이 완료되어야 할 부분이 **지체**되어 **이행되지 못하고, 조정기준일 이후**에 이행되었다고 하더라도 이는 **적용대상에서 제외한다.** 즉, **계약상 조정기준일 전(까지)에 이행이 완료되어야 할 부분은 이를 물가변동적용대가에서 제외**한다. 다만, **이행지체의 사유**가 **계약상대자(시공자)의 책임 없는 사유**(**발주기관의 귀책사유** 또는 **천재지변** 기타 사회적, 인위적 사태 등 **불가항력**의 사유로 이행이 지연된 경우)에는 **물가변동 적용대가 산정에 이를 포함한다. 즉, 물가변동 적용대가**는 계약상대자가 계약담당공무원에게 제출하여 승인을 얻은 공사의 **착공예정공정도표**를 **기준**으로 하여 **조정기준일 이전까지 이행되어 완료되어야 할 부분을 제외**한 **대가**를 산출한다.

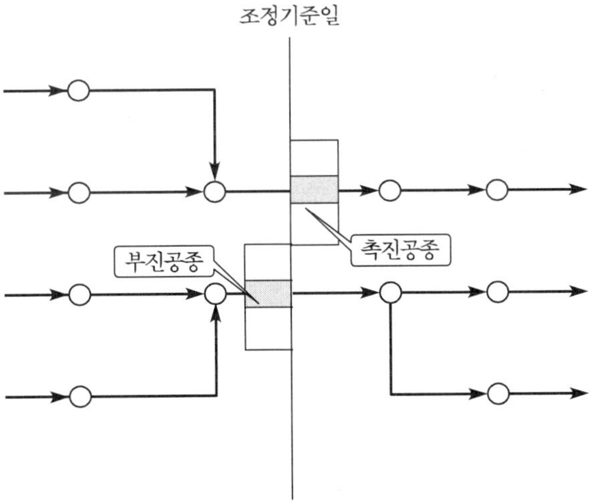

그림 8.82 조정기준일 기준 물가변동 적용대가

에스컬레이션(물가 3% 이상 상승, escalation)이나 디에스컬레이션(물가 3% 이상 하락, de-escalation)을 적용함에 있어 실제 진행된 기성수량을 기준으로 하는 것이 아니라, 이미 제출한 착공예정공정도표를 기준으로 한다. 따라서 물가변동을 적용할 때, 공사의 착공예정공정도표를 근거로 조정기준일 기준 부진 공종의 물량은 적용시점까지 완료된 것으로 간주하여 부진한 만큼 에스컬레이션 적용에서 제외시키고, 적용시점에서 앞선 공종의 물량은 앞선 물량만큼 에스컬레이션 대상에서 제외한다. 이 경우는 앞 절에서 언급한 총여유시간의 소유권을 성과측정관리기준선을 기준으로 판단하는 것을 고려하면, 조정기준일을 기준으로 판단하는 것은 타당하다고 사료 된다. 그러나 조정기준일을 기준으로 부진 공종은 시공자 책임이 마땅하지만, 앞선 공종도 전적으로 시공자 책임으로 전가되는 것은 개선의 여지가 있어 보인다.

② 조정기준일 전에 설계변경 또는 기타 계약내용의 변경으로 인하여 계약이행기간이 변경된 경우, 수정된 공사의 예정공정도표를 제출하게 되며, 이 경우에는 수정하여 승인된 공사 예정공정도표를 기준으로 물가변동 적용대가를 산정한다.

7. 공기단축

공정도표 시간(일정)분석은 공정도표(network)를 구성하고 있는 각 활동들의 **정상공기**(정상작업기간)를 기준으로 **단계중심의 시간분석**을 수행한다. 이 단계중심의 시간분석을 수행하여 마지막 단계(event)의 **예상공기**가 결정되면, 결정된 **예상공기**가 발주자와 계약한 **계약공기** 또는 발주자 혹은 시공자 시간제약조건 등과 비교하여 **초과한 경우**에는 부득이 **공기를 단축**해야 한다. 또한, 공사 중에 작업이 지연되었을 경우나 특정한 인력 및 장비를 다른 공사에 전용하기 위해서 어느 활동을 정해진 시점까지 완료해야 할 경우에도 공기를 단축해야 한다. 이 경우에 **공기를 단축하는 방법**은 당초 추정 착오에 의한 활동작업기간을 검토하는 방법, 어느 주공정 활동을 다른 주공정 활동과 병행하는 방법, 공정도표의 순서를 변경하는 방법 그리고 작업촉진에 따른 공기를 단축하는 방법 등이 있으나 **본서**에서는 **작업촉진에 따른 공기를 단축하는 방법**을 중심으로 기술한다.

7.1 작업촉진에 따른 직접비의 변동

각 활동의 **직접비**는 노무, 자재, 장비, 하도급계약에 대한 비용을 포함하며, 그 활동을 수행하는데 필요한 **정상비용**을 기준으로 한다. 시간(일정)분석에서 각 **활동들의 추정한 작업기간**은 **정상기간에 정상비용으로 활동들을 완성하는 데 소요**되는 **작업기간**으로 한다. **전체 공사의 직접비**는 개별 활동들의 직접비 합계이므로 이것은 **전체공기와 관련**된다고 볼 수 있다. 즉, 어느 **활동들의 작업기간**이 **정상 직접비**와 상관된다고 보면, 어느 **활동들의 작업기간**이 추정치로부터 **변동**하면 **변동된 작업기간에 상응**(相應)하는 **직접비는 증가**하게 된다. 이러한 **직접비의 증가**는 **활동기간**을 **연장**했을 때보다 과대비용을 투입해야 하는 공사의 성질상 **단축**했을 때가 **더욱 현저하게 발생**한다. 그러므로 **주공정(critical path)을 촉진하여 전체공기를 단축하면 그에 상응한 직접공사비의 증가**가 있게 된다. 그림 8.83은 직접비와 공기와의 상관관계 곡선을 나타내고 있으며, 일반적으로 **공기단축을 하게 되면, 과대비용의 투입으로 직접비는 증가**하게 된다.

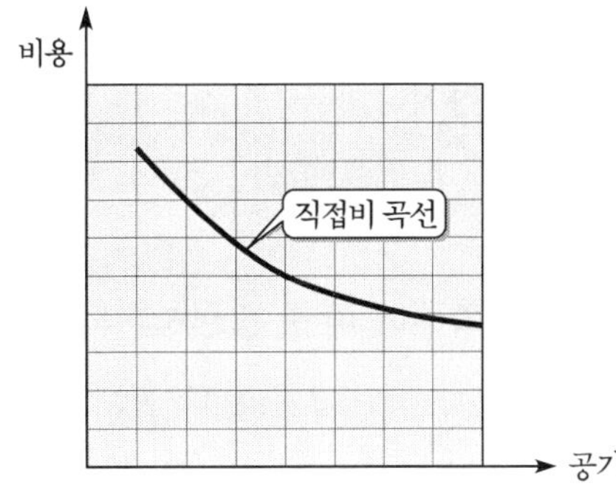

그림 8.83 공기변화에 따른 직접비의 상관관계

(1) **활동의 직접비**는 **정상비용** 기준이다.
(2) **활동의 작업기간**은 정상비용으로 활동을 완성하는 데 소요되는 **작업기간**이다.
(3) 어느 **활동의 작업기간**이 추정치로부터 **변동**(연장 혹은 단축)하면, 변동된 작업기간에 상응하는 **직접비는 증가**를 초래한다.
(4) 이러한 **직접비의 증가**는 활동작업기간을 **연장**했을 때보다 **단축**했을 때가 **더욱 현저하다.**

7.2 작업촉진에 따른 간접비의 변동

간접비는 공사를 수행하는 데 드는 비용이지만, 어느 **특정한 활동에 부과할 수 없는 비용**이며, 보험료나 부과세 등의 **고정비용**을 제외하면, **대부분의 비용항목**은 **성질상 공사기간에 따라 증가하는 항목들**이다. 그러므로 간접비는 전체적으로 보아서 공사기간에 **정비례**해서 **증가하는 변동비용**이므로 **작업 일당 고정금액**이 된다고 볼 수 있다. 이렇게 보면 **간접비**는 공사기간에 대하여 **직접비**와는 **반대방향**으로 **변동**하므로 **공사기간이 단축되면 직접비**는 **증가**하고 **간접비**는 **감소**한다. 그림 8.84는 공기변동에 따른 간접비와의 상관관계 곡선을 나타내고 있으며, 일반적으로 **공기를 단축하게 되면, 일반관리비나 가설을 위한 임대료 등이 감소하므로 간접비는 감소**한다.

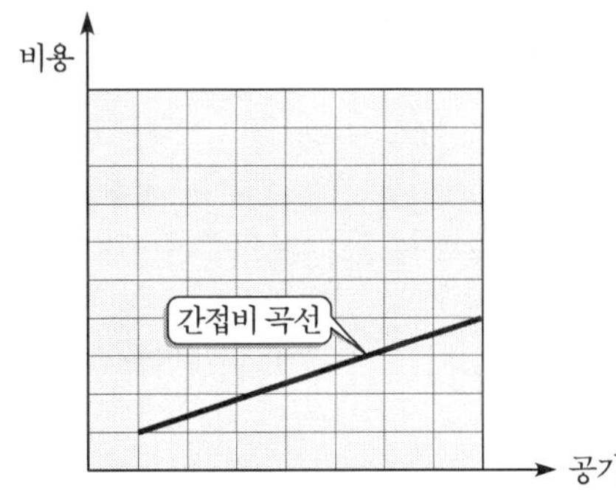

그림 8.84 공기변화에 따른 간접비와의 상관관계

(1) **간접비**는 공사를 수행하는 데 더는 비용이지만, 어느 **특정한 활동에 부과할 수 없는 비용**이다.
(2) **간접비** 대부분 **비용항목**은 성질상 공사기간의 **연장**에 따라 **증가**하고 **단축**했을 **감소**한다.

(3) **간접비**는 전체적으로 볼 때 **공사기간에 정비례**하여 **증가**하는 **변동비용**이므로 **작업 일당 고정**이다.
(4) 이렇게 보면 **간접비**는 공사기간에 대하여 **직접비**와는 **반대방향**으로 **변동**한다.

7.3 작업촉진에 따른 총공사비의 변동

총공사비라 함은 **직접비와 간접비의 합계**를 말하는 것으로 시간 변동에 따른 **직접비**는 **공사기간이 단축될수록 증가**하게 되고, 시간 변동에 따른 **간접비**는 **공사기간이 단축될수록 감소**하게 된다는 것을 앞 절을 통해서 살펴보았다. 즉, 이 두 비용이 반대되는 양상은 **두 비용의 증감이 균형을 이루는 어느 시점**에서 직접비와 간접비의 합계인 **총공사비**가 **최소**로 될 수 있음을 나타내주고 있다, 따라서 **최소공사비가 일어나는 공사기간은 정상공사기간에서 상당히 단축될 수 있음**을 알 수 있다. 그림 8.85는 공기변동에 따른 총공사비와의 상관관계곡선을 나타내고 있다.

(1) **총공사비**는 **직접비**와 **간접비**의 **합계액**을 말한다.
(2) **직접비**는 시간변동에 따른 **공사기간이 단축**될수록 **증가**한다.
(3) **간접비**는 시간변동에 따른 **공사기간이 단축**될수록 **감소**한다.
(4) 이 두 비용의 반대되는 양상은 **두 비용의 증감이 균형을 이루는 어느 시점**에서 직접비와 간접비의 합계인 **총공사비**가 **최소**로 된다.

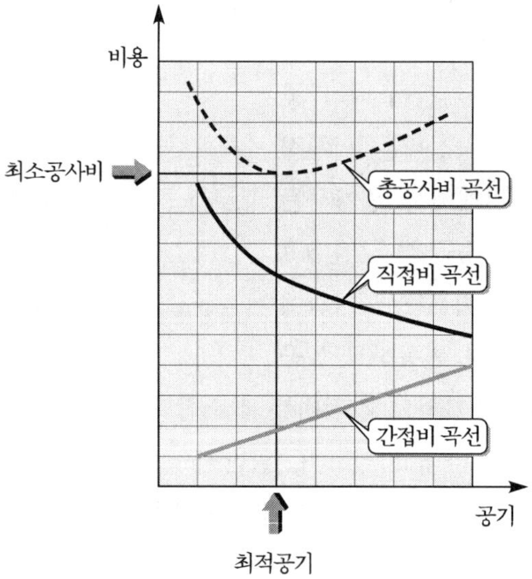

그림 8.85 공기 변화에 따른 총공사비와의 상관관계

7.4 비용경사 계산 및 의미

공정도표(network) 계획에는 각 활동에 대한 **정상공기**(normal duration)가 명시되고, 이것은 조직이 정상적으로 사용할 수 있는 자원을 가지고 어느 활동을 완료하는 데 소요되는 **정상작업기간**이다. 정상공기 외에도 **정상비용**(normal cost)이 명시되며, 이것은 정상작업기간에 소요되는 **정상작업비용**이다.

일정계획은 공사의 활동 시기를 결정하고, 전체 공사기간을 결정하는 활동에 대한 조정이라할 수 있다. **어느 활동의 시작시간**은 자원가용성, 인력소요량, 여유시간, 관리진의 결정 및 활동을 수행하는 조직의 운영형태 등의 **여러 사항에 좌우**된다. 신뢰성 있는 계획을 위해서는 각 활동들의 **정상비용**으로 **정상공기**에 완료될 수 있도록 하는데 **필요한 인력과 장비**는 과거에 완성된 유사한 공사에서 수집된 자료에 의해 얻을 수 있다.

정상비용은 단순히 시공자에 대한 비용으로 볼 수 있다. 계약을 체결하고 이어서 공사를 시행하는 시공자의 **입찰서**에 기재된 **입찰금액**은 **정상비용**으로 본다. 그러나 **활동은 예정된 시간보다 일찍 완료될 수 있다.** 예로, **추가작업인원**을 고용해서 **과외비용**을 추가하면, 어느 공사에 대한 **소요공기**(작업기간)는 **단축**하게 된다. 이러한 방법을 **가속화**(crashing)라 하고, 이때 소요되는 공기를 **특급공기**(crash duration), 즉 **특급작업기간**이라 하며, 이때 추가되는 비용을 **특급비용**(crash cost), 즉 **특급작업비용**이라 한다.

따라서 **비용경사**(cost slope)는 그림 8.86의 공기변동에 따른 직접비의 정상비용 및 특급비용 상관관계 곡선을 직선으로 변동한다고 가정하여 **다음 식**으로서 **결정**할 수 있으며, 이 **비용경사**의 **의미**는 **한 활동의 작업기간을 1일 감소하는데 소요되는 금액**을 말한다.

$$\text{비용경사} = \frac{y_2 - y_1}{x_2 - x_1} = \frac{\text{특급비용} - \text{정상비용}}{\text{정상공기} - \text{특급공기}}$$

이러한 종류의 직선관계는 과외시간작업으로 직접비가 증가할 때의 경우로 **5일 절감에 500만 원의 추가지출**이 필요하다. 즉, **1일 절감에 100만 원의 비용이 소요**되며, 그림 8.87과 같이 직선관계의 그래프를 나타낸다.

$$\text{비용경사} = \frac{\text{특급비용} - \text{정상비용}}{\text{정상공기} - \text{특급공기}} = \frac{600 - 100}{16 - 11} = 100\text{만 원/일}$$

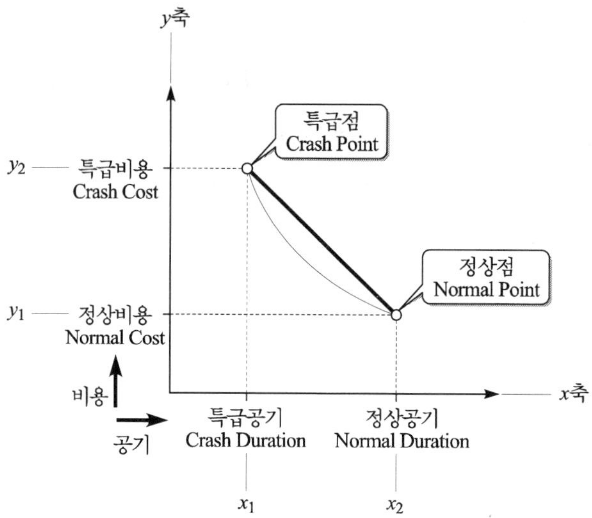

그림 8.86 공기변동에 따른 직접비의 정상비용 및 특급비용 상관관계

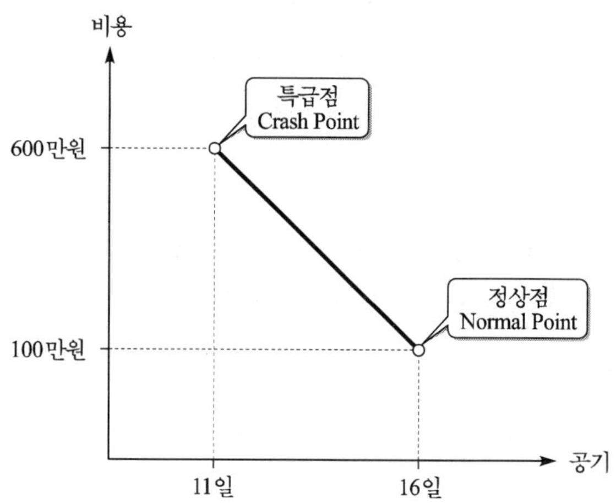

그림 8.87 공기변동에 따른 직접비의 비용경사

7.5 작업촉진법 기반 공기단축의 사례

작업촉진법의 공기단축은 특정 공사의 작업을 지배하고 있는 **주공정(최장경로) 활동들을 대상**으로 공기를 단축하는 방법이다. 즉, **주공정을 구성하고 있는 활동들 중**에서 **비용경사** (cost slope)가 **최소인 활동을 우선적으로 단축하는 방법**이다.

공기단축 순서는 먼저 공정도표를 구성하고 있는 모든 활동들을 대상으로 **비용경사**를 **계산**하고, **주공정을 구성하고 있는 활동들을 대상**으로 **비용경사가 최소인 활동부터 공기단축가**

능일수 내에서 단축한다. 단계별 공기단축과정에 **주공정이 추가**되면, **어느 경유점**(event)에 도달하는 추가된 주공정 구성 활동들을 **조합**해서 **비용경사가 최소인 조합 활동들**을 **공기단축가능일수 내**에서 **동시**에 **단축**한다.

자 이제 그림 8.88의 **표본공정도표**와 표본공정도표를 구성하고 있는 각 활동들의 **정상공기**(normal duration) 및 **정상비용**(normal cost), **특급공기**(crash duration) 및 **특급비용**(crash cost)이 표 8.15와 같을 때, **최소비용으로 준공시키는 최적공기**를 결정해보자. 단, 1일 소요 간접비는 20,000원이다.

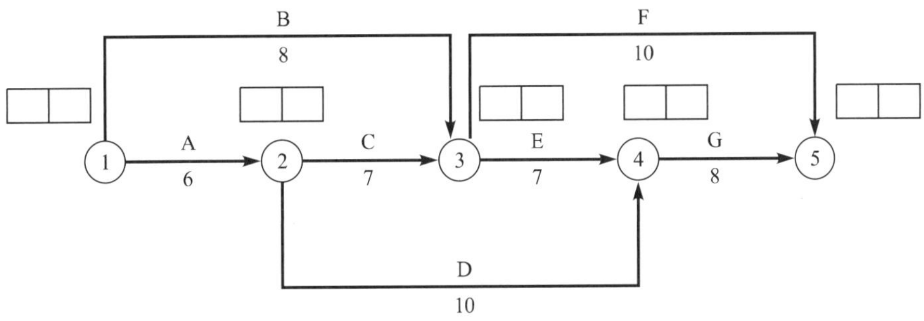

그림 8.88 표본공정도표

표 8.15 정상 및 특급의 조건 단위 : 원

명칭	정상(Normal)		특급(Crash)		비고
	공기	비용	공기	비용	
A	6	120,000	3	150,000	1일 소요 간접비 20,000원
B	8	160,000	4	200,000	
C	7	168,000	4	204,000	
D	10	80,000	10	80,000	
E	7	196,000	4	238,000	
F	10	300,000	5	375,000	
G	8	288,000	4	360,000	

(1) 비용경사 결정

공기단축은 각 활동별로 **단축가능일수**와 **단축가능추가비용**을 계산하고 **단축가능추가비용**을 **단축가능일수**로 나누어 표 8.16과 같이 1일 단축에 소요되는 **비용경사**(cost slope)를 계산한다.

표 8.16 비용경사 및 단축가능일수 결정

단위 : 원

명칭	정상(Normal)		특급(Crash)		단축가능		비용경사 (Cost Slope)
	공기	비용	공기	비용	일축	추가비용	
A	6	120,000	3	150,000	3	30,000	10,000
B	8	160,000	4	200,000	4	40,000	10,000
C	7	168,000	4	204,000	3	36,000	12,000
D	10	80,000	10	80,000	–	–	
E	7	196,000	4	238,000	3	42,000	14,000
F	10	300,000	5	375,000	5	75,000	15,000
G	8	288,000	4	360,000	4	72,000	18,000

여기서, **A 활동의 단축가능일수 3일**의 의미는 반드시 3일을 단축하라는 의미가 아니라 3일을 단축해서 기본계획 수립단계에서 계획한 주공정이 변경되지 않는 초기의 조건을 유지할 때까지만 3일을 단축하라는 의미이다. 또한, **단계별로 공기단축이 진행되면서 새롭게 추가된 주공정이 발생**하여도 기본계획 수립단계에서 계획한 주공정이 그대로 유지된 상태에서 새롭게 추가된 경우이므로 주공정이 변경된 것이 아니다.

(2) 표본공정도표의 분석

공기단축을 수행하기 위한 표본공정도표의 분석은 **단계중심의 시간분석**을 수행한 후 **주공정을 발견**하고 **빨간색의 굵은 실선**으로 표기하는 단계이다. 주공정이 아닌 비용경사가 최소인 활동들을 대상으로 공기단축을 하여도 총공사기간은 단축되지 않는다. 따라서 **공기단축은 반드시 주공정만을 대상으로 공기를 단축**해야 한다. 단계중심 시간분석 결과 표본공정도표의 주공정은 그림 8.89의 활동 A, C, E, G로 구성된다.

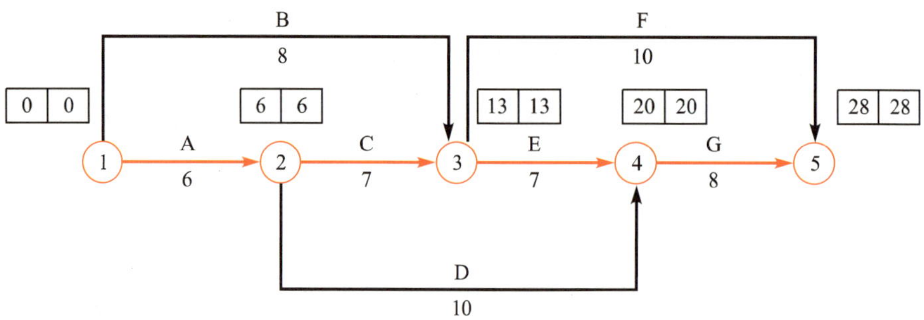

그림 8.89 표본공정도표 단계중심 시간분석 결과

(3) 제1차 단축대상활동 결정 및 공기단축

제1차 공기단축의 활동은 표본공정도표의 단계중심 시간분석 결과의 **주공정 활동들을 대상**

으로 비용경사가 최소인 활동을 대상으로 선정한다. 그림 8.89의 표본공정도표에 해당하는 표 8.16의 **단축가능일수** 및 **비용경사**만을 추출한 자료에서 주공정 활동들 중에 비용경사가 가장 적은 활동이 A, 10,000원이고, 단축가능일수가 3일이다. 3일을 단축했을 때, 주공정은 변화가 없으며, 총공사기간은 28일에서 25일로 단축되었다. **단, 제1차 공기단축 완료 후, 활동 A의 단축가능잔여일수는 존재하지 않는다.** 따라서 제1차 공기단축 완료 후 A의 단축가능잔여일수는 존재하지 않으므로 **비고란**에 **1차 단축완료 후 0일**로 표기하였다.

표 8.17 1차 단축완료 후 결과 단위 : 원

명칭	단축가능		비용경사	비고
	일수	추가비용		
A	3	30,000	10,000	1차 단축 완료후 0일
B	4	40,000	10,000	
C	3	36,000	12,000	
D	–	–	–	
E	3	42,000	14,000	
F	5	75,000	15,000	
G	4	72,000	18,000	

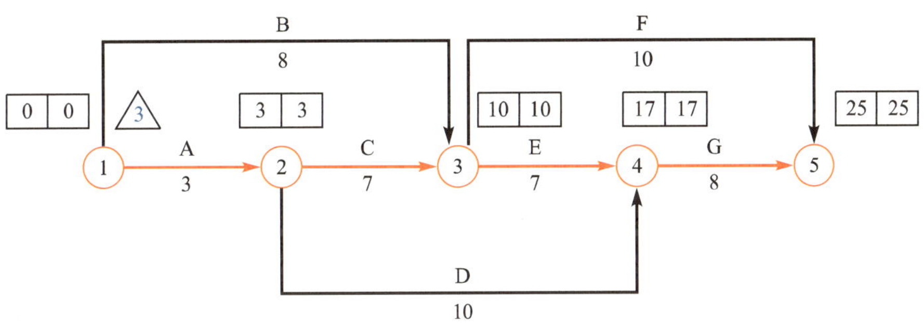

그림 8.90 제1차 공기단축 결과

(4) 제2차 단축대상활동 결정 및 공기단축

제1차 공기단축 완료 후의 공정도표 그림 8.90을 대상으로 제2차 공기단축 대상 활동을 파악한다. 제1차 단축결과 주공정상에 비용경사가 가장 적은 활동은 C, 12,000원이고, 단축가능일수가 3일이다. 만약, **활동 C를 3일 단축했을 때, 주공정이 활동** B, E, G로 **변경**되어 기본계획 수립단계의 계획을 위반하게 된다. 따라서 주공정이 변경되지 않는 단축일수는 2일이고, 2일 단축했을 때, 총공사기간은 25일에서 23일로 단축되었으며, **주공정은 활동 B가 추가**되었다. 제2차 공기단축 완료 후, 활동 C의 단축가능 잔여일수는 1일 존재한다. 따라서 제2차 공기단축 완료 후, 활동 C의 단축가능 잔여일수는 1일 존재하므로 비고란에 **2차 단축완료 후 1일**로 표기하였고, 동시에 활동 B가 주공정으로 새롭게 추가하여 비고란에 **2차 단축완료 후** CP로 표기하였다.

표 8.18 2차 단축완료 후 결과 단위 : 원

명칭	단축가능		비용경사	비고
	일수	추가비용		
A	3	30,000	10,000	1차 단축완료 후 0일
B	4	40,000	10,000	2차 단축완료 후 CP
C	3	36,000	12,000	2차 단축완료 후 1일
D	–	–	–	
E	3	42,000	14,000	
F	5	75,000	15,000	
G	4	72,000	18,000	

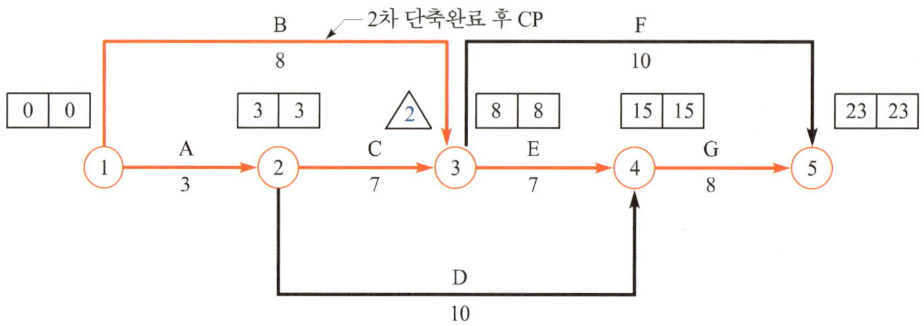

그림 8.91 제2차 공기단축 결과

(5) 제3차 단축대상활동 결정 및 공기단축

제2차 공기단축 완료 후의 공정도표 그림 8.91을 대상으로 제3차 공기단축 대상 활동을 파악한다. 제2차 단축결과 주공정은 활동 A, C, E, G에서 활동 B가 추가되었다. 따라서 중첩된 주공정 활동들 A, C, B는 조합하여 비용경사를 계산하고, 이 비용경사와 활동 E와 G의 비용경사를 비교하여 최소가 활동을 대상으로 공기를 단축한다. 활동 A는 단축가능일수 3일을 모두 완료하였고, 활동 C는 단축가능일수 1일이 존재한다. 따라서 활동 B+C=10,000+12,000=22,000원과 활동 E=14,000원, 활동 G=18,000원이다. 따라서 비용경사가 최소인 **활동 E를 단축**해야 하고, **단축가능일수**는 **3일**이다. 만약, 3일을 모두 단축했을 때, 활동 A+D=13일, 활동 B(A+C)+E=12일로 주공정이 활동 A, D, G로 변경된다. 그러므로 주공정이 변경되지 않는 활동 E의 단축일수는 2일이고, 2일을 단축했을 때 총공사기간은 23일에서 21일로 단축되며, **활동 D가 주공정 활동으로 추가된다.** 단, 공기단축

완료 후 활동 E의 단축가능 잔여일수는 1일 존재한다. 따라서 제3차 공기단축 완료 후, 활동 E의 단축가능 잔여일수는 1일 존재하므로 비고란에 **3차 단축완료 후 1일**로 표기하였고, 동시에 활동 D가 주공정로 새롭게 추가하여 비고란에 **3차 단축완료 후 CP**로 표기하였다.

표 8.19 3차 단축완료 후 결과 단위 : 원

명칭	단축가능		비용경사	비고
	일수	추가비용		
A	3	30,000	10,000	1차 단축완료 후 0일
B	4	40,000	10,000	2차 단축완료 후 CP
C	3	36,000	12,000	2차 단축완료 후 1일
D	–	–	–	3차 단축완료 후 CP
E	3	42,000	14,000	3차 단축완료 후 1일
F	5	75,000	15,000	
G	4	72,000	18,000	

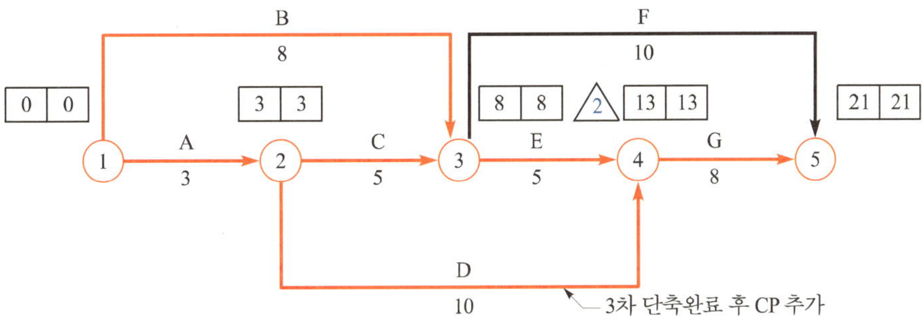

그림 8.92 제3차 공기단축 결과

(6) 제4차 단축대상활동 결정 및 공기단축

제3차 공기단축 완료 후의 공정도표 **그림 8.92**를 대상으로 제4차 공기단축 대상 활동을 파악한다. 제3차 단축 후 주공정이 A, C, E, G 경로와 B, E, G 경로 그리고 A, D, G 경로로 구성되었다. 따라서 활동 B+C+D를 조합한 비용경사와 활동 D+E를 조합한 비용경사 그리고 활동 G의 비용경사 중에서 최소가 되는 비용경사의 활동을 대상으로 공기를 단축해야 한다. 그러나 **활동 D가 단축이 불가**하므로 활동 B+C+D 조합에서 B와 C만을 단축하거나 혹은 D+E 조합에서 E만을 단축했을 때, 주공정은 활동 A+D+G로 전환되어 기본계획수립 단계의 수립한 주공정 및 총공사기간이 변동된다. 따라서 **활동 G를 단축**해야 한다. 활동 G의 비용경사는 18,000원이며, 단축가능일수는 4일이다. 만약, 단축가능일수 4일을 모두 단축했을 때, 주공정이 B(A+C), F로 변경된다. 따라서 기본계획수립단계에서 계획한 주공정이 변경되지 않는 조건은 활동 G의 4일 중에 3일만 단축가능하며, 3일을 단축했을 때 총공사기간은 21일에서 18일로 단축되고, **주공정은 활동 F가 추가된다**. 단, 공기단축 완료 후 활동 G의 단축가능 잔여일수는 1일이다. 따라서 제4차 공기단축 완료 후, 활동 G의 단축가능 잔여일수는 1일 존재하므로 비고란에 **4차 단축완료 후 1일**로 표기하였고, 동시에 활동 F가 주공정으로 새롭게 추가하여 비고란에 **4차 단축완료 후** CP로 표기하였다.

표 8.20 4차 단축완료 후 결과 단위 : 원

명칭	단축가능		비용경사	비고
	일수	추가비용		
A	3	30,000	10,000	1차 단축완료 후 0일
B	4	40,000	10,000	2차 단축완료 후 CP
C	3	36,000	12,000	2차 단축완료 후 1일
D	–	–	–	3차 단축완료 후 CP
E	3	42,000	14,000	3차 단축완료 후 1일
F	5	75,000	15,000	4차 단축완료 후 CP
G	4	72,000	18,000	4차 단축완료 후 1일

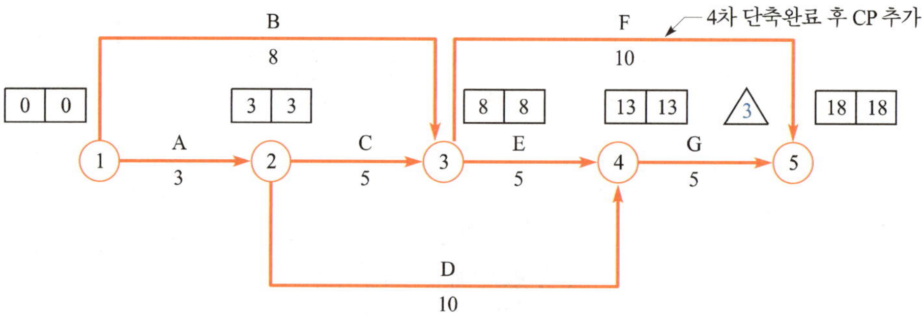

그림 8.93 제4차 공기단축 결과

(7) 제5차 단축대상활동 결정 및 공기단축

제4차 공기단축 완료 후의 공정도표 그림 8.93을 대상으로 제5차 공기단축 대상 활동을 파악한다. 제4차 단축결과 모든 활동들이 주공정이다. 잔여일수가 존재한 활동 B+C를 단축했을 때 주공정은 A, D, G로 변경되고, 활동 E, F를 단축했을 때도 주공정은 역시 A, D, G로 변경된다. 따라서 주공정이 변경되지 않는 조건은 **활동 G+F**를 동시에 **단축**하는 것이다. 활동 G의 단축가능 잔여일수가 1일이므로 충분조건은 활동 G와 F를 동시에 1일씩 단축해야 한다. 이 두 활동을 1일씩 단축했을 때 총공사기간은 18일에서 17일로 단축되었다. 단, 공기단축 완료 후, 활동 F의 잔여일수는 +4일 존재하고, G의 단축가능 잔여일수는 존재하지 않는다. 따라서 제5차 단축완료 후 F와 G의 단축가능 잔여일수는 비고란에 각각 **5차 단축완료 후 4일**과 **5차 단축완료 후 0일**로 표기하였다.

표 8.21 5차 단축완료 후 결과 단위 : 원

명칭	단축가능		비용경사	비고
	일수	추가비용		
A	3	30,000	10,000	1차 단축완료 후 0일
B	4	40,000	10,000	2차 단축완료 후 CP
C	3	36,000	12,000	2차 단축완료 후 1일
D	–	–	–	3차 단축완료 후 CP
E	3	42,000	14,000	3차 단축완료 후 1일
F	5	75,000	15,000	5차 단축완료 후 4일
G	4	72,000	18,000	5차 단축완료 후 0일

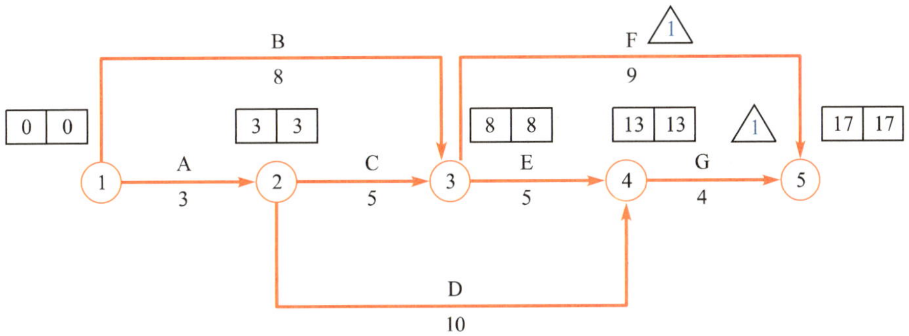

그림 8.94 제5차 공기단축 결과

(8) 공기단축 완료 후 최종 비용경사 및 공정도표

제5차 공기단축 완료 후의 공정도표 그림 8.94를 대상으로 제6차 공기단축 대상 활동을 파악한다. 그러나 본 공정도표의 조건에서는 이 이상의 공기단축은 불가능하다.

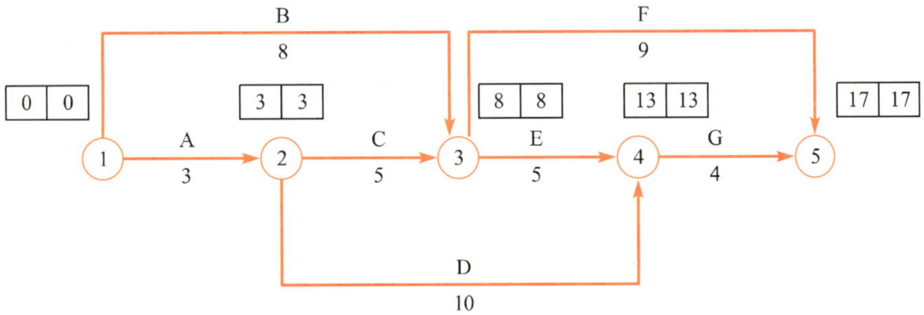

그림 8.95 최종 공기단축 결과

따라서 제1차 단축부터 제5차 단축까지 변동된 직접비 증가액, 직접비 누계, 간접비 감소액, 간접비 누계, 총공사비, 총공사기간의 결과는 표 8.22와 같다. 이 결과를 공기단축에 따른 직접비, 간접비, 총공사비의 변동 관계를 도식하여 표현하면, 그림 8.96과 같고, 최적 공기에 따른 최소비용은 18일일 때, 1,808,000원이 된다.

표 8.22 공기단축에 따른 각 항목별 공사비 변동

단위 : 원

활동번호	명칭	단축가능 일수	비용경사	공기단축				
				제1차	제2차	제3차	제4차	제5차
1–2	A	3	10,000	3일				
1–3	B	4	10,000					
2–3	C	3	12,000		2일			
2–4	D	–	–					
3–4	E	3	14,000			2일		
3–5	F	5	15,000					1일
4–5	G	4	18,000				3일	1일
직접비 증가액			–	(+)30,000	24,000	28,000	54,000	33,000
직접비 누 계			1,312,000	1,342,000	1,366,000	1,394,000	1,448,000	1,481,000
간접비 감소액			–	60,000	40,000	40,000	60,000	20,000
간접비 누 계			(20,000×28) =560,000	500,000	460,000	420,000	360,000	340,000
총 공사비			1,872,000	1,842,000	1,826,000	1,814,000	1,808,000	1,821,000
총 공사기간			28일	25일	23일	21일	18일	17일

TIP : 공기단축으로 직접비 증가액(33만원)이 간접비 감소액(20만원)보다 큰 단축 단계의 앞 단계에서 최적공기(18일)와 최소공사비(180.8만원)가 존재한다.

다음은 공기단축완료 후 총공사비 또는 최적공기와 최소공사비를 계산할 때, **표 8.22와 같이 표를 활용하지 않고, 산정하는 방법**을 기술한다.

공기단축완료 후 총공사비=(정상공기의 총공사비+직접비 총증가액)−간접비 총감소액

공기단축에서 **최적공기**에 따른 **최소공사비**를 **계산**하는 조건이면, 1차, 2차, 3차 등으로 공기 단축을 수행하면서 각 단축 단계별로 **직접비 증가액**과 **간접비 감소액**을 **주의 깊게 관찰**하고, 최초 **직접비 증가액이 간접비 감소액**보다 큰 조건(**직접비 증가액〉간접비 감소액**)이 나타나는 단계를 찾는다. 그리고 이 단계의 바로 **앞(前) 단계**의 **직접비 증가액**과 **간접비 감소액**을 **위의 式에 반영**하여 계산한다. 만약, 조건에서 **며칠 만 단축**하라는 **공기단축일수(예, 10일 단축)**를 **정해주면**, 단순히 **정해진 단축일수만큼 단축한 후 직접비 증가액**과 **간접비 감소액**을 **위의 式에 반영**하여 계산한다.

① **정상공기의 총공사비** = 직접비 누계 + 간접비 누계 = 1,312,000원 + 560,000원
= **1,872,000원**

② 공기단축 수행

	직접비 증가액(+)	간접비 감소액(-)
- 제1차 단축 : A활동 3일 단축	3일 × 10,000원 = **30,000원**	3일 × 20,000원 = **60,000원**
- 제2차 단축 : C활동 2일 단축	2일 × 12,000원 = **24,000원**	2일 × 20,000원 = **40,000원**
- 제3차 단축 : E활동 2일 단축	2일 × 14,000원 = **28,000원**	2일 × 20,000원 = **40,000원**
- 제4차 단축 : G활동 3일 단축	**3일 × 18,000원 = 54,000원**	**3일 × 20,000원 = 60,000원**
- 제5차 단축 : F,G활동 1일 단축	1일 × 33,000원 = **33,000원**	1일 × 20,000원 = **20,000원**

직접비 증가액(+) > 간접비 감소액(-)의 조건이 발생하는 **제5차 단축** 전(前) 단계인 **제4차 단축에서 최적 공기와 최소 공사비가 결정**된다.

③ 최적 공기와 최소 공사비(공기단축완료 후 총공사비)

- 최소 공사비
  1,872,000원 + (30,000+24,000+28,000+54,000)원 - (10×20,000)원
  = 1,808,000원
- 최적 공기 : 18일

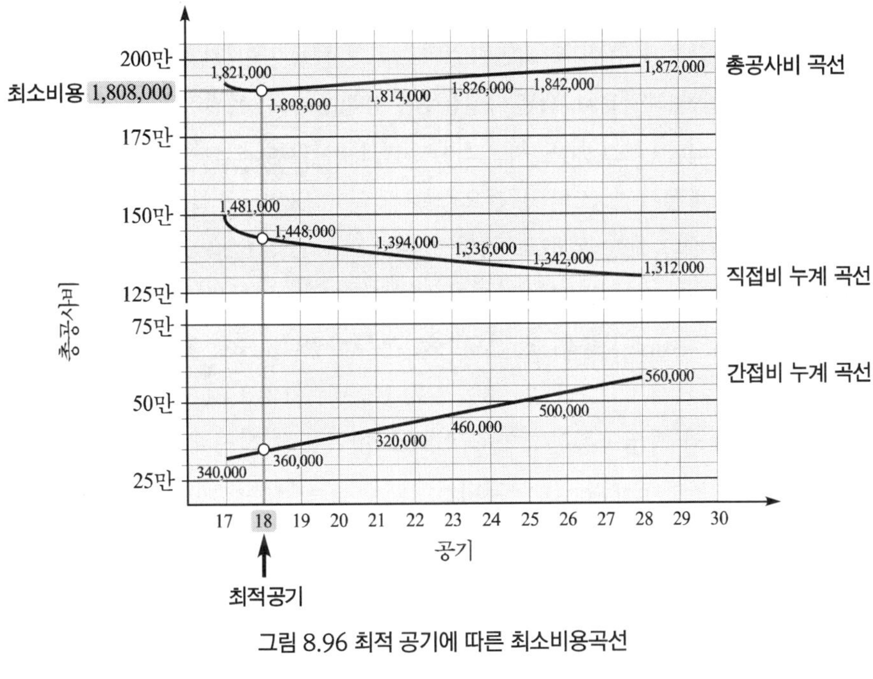

그림 8.96 최적 공기에 따른 최소비용곡선

8. 공사진도관리

공사진도관리는 공사가 진행됨에 따라 일정기간(15일, 30일)마다 현장진도를 측정하고 성과측정관리기준선(MTS, MTF, 목표공정곡선)으로부터 이탈하는 작업이 발생하면 시정조치를 취하면서 공사진도관리를 수행하게 된다. 이와 같이 진행된 공사진도관리를 수행하기 위해서는 먼저 공정도표를 구성하고 있는 각각의 활동별로 예산(BCWS)을 반영해서 6.3절과 6.6절에서 소개한 상위허용한계와 하위허용한계 그리고 성과측정관리기준선을 작성해야 한다. 공정곡선 작성방법은 일정중심과 비용중심으로 작성할 수 있지만, 본서에서는 기성을 검토할 때 내역서 중심으로 수행되는 국내건설공사의 관행을 고려하여 비용중심으로 작성하는 방법을 소개한다. 그러나 일정중심 작성방법도 비용중심 작성방법과 동일한 방법으로 작성한다. 다만, 비용중심이 비용을 대상으로 작성하는 것이라면, 일정중심은 작업기간을 대상으로 하는 것이 다르다는 점이다.

8.1 공사진도관리의 공정곡선 작성

(1) 순서 1, 공사분할체계의 분류

공사분할체계의 분류는 제4절에서 언급한 시설요소-공간요소-부위요소-작업요소-자원요소의 개념을 Level 1(단위시설물분류)-Level 2(개별시설물분류)-Level 3(단위구조물분류)-Level 4(작업공종분류)-Level 5 Cost(인부, 자재, 장비의 자원분류)로 정의하여 **소속행위**를 표 8.23(1)과 같이 분류하여 표현하였다. 즉, **Level 1의 [1] 단위시설물분류의 시설요소**는 [1.1] 개별시설물1과 [1.2] 개별시설물2의 공간요소로 분류하였다. **Level 2의 [1.1] 개별시설물1의 공간요소**는 [1.1.1] 단위구조물1, [1.1.2] 단위구조물2의 부위요소로 분류되고, **Level 2의 [1.2] 개별시설물2의 공간요소**는 [1.2.1] 단위구조물1의 부위요소로 분류하였다. 또한 **Level 3의 [1.1.1] 단위구조물1의 부위요소**는 [1.1.1.1] A공종과 [1.1.1.2] B공종의 작업요소 분류하였고, **Level 3의 [1.1.2] 단위구조물2의 부위요소**는 [1.1.2.1] C공종, [1.1.2.1] D공종, [1.1.2.3] E공종의 작업요소로 분류하였다. 또한 **Level 3의 [1.2.1] 단위구조물1의 부의요소**는 [1.2.1.1] F공종, [1.2.1.2] G공종, [1.2.1.3] H공종의 작업요소로 분류하였다. 이 **Level 4의 작업공종분류**의 작업요소 항목들이 현장에서 작업의 행위를 나타내는 활동단위의 공정도표(network)가 된다.

표 8.23(1) 공사분할체계의 분류

Level 1	Level 2	Level 3	Level 4 Activity
1. 단위시설물	1.1 개별시설물1	1.1.1 단위구조물1	1.1.1.1 A 공종
			1.1.1.2 B 공종
		1.1.2 단위구조물2	1.1.2.1 C 공종
			1.1.2.2 D 공종
			1.1.2.3 E 공종
	1.2 개별시설물2	1.2.1 단위구조물1	1.2.1.1 F 공종
			1.2.1.2 G 공종
			1.2.1.3 H 공종

(2) 순서 – 2, 공정도표의 작성

순서 1에서 정의된 공사분할체계 중 최하위체계인 **Level 4의 작업공종분류**의 작업요소 항목들을 대상으로 작업순서를 고려하여 그림 8.97로 공정도표를 표현하였다. 이 공정도표가 시공자가 현장에서는 공사를 수행하는 **작업행위**가 된다. 건설현장에서 공사의 계획대비 실적이 잘 이루어지기 위해서는 이 공정도표가 작업진행조건에 맞도록 표현되어야 한다.

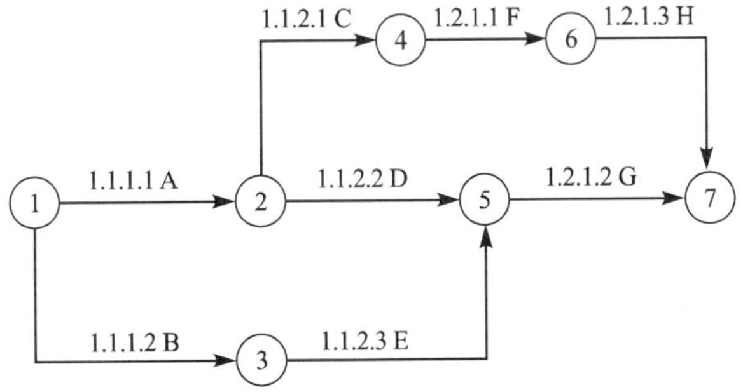

그림 8.97 공사분할체계 예시 Level 4 공정도표의 작성

(3) 순서 3, 활동별 작업기간 산정

활동별 작업기간의 산정은 순서 2에서 작성된 공정도표를 대상으로 현장경험이나 공사비 내역서를 근거로 각 활동별 공기를 결정하여야 한다. **활동별 공기 산정의 일반적인 방법**은 **활동에 소요되는 총물량÷(활동에 소요되는 1일 투입물량)×작업효율**로 계산할 수 있다. 이 같은 방법으로 산정된 각 활동별 소요공기를 각 활동에 기록하여 표현한 공정도표가 그림 8.98과 같다.

표 8.23(2) 활동별 작업기간 산정

Level 1	Level 2	Level 3	Level 4	
			Activity	Duration(일)
1. 단위시설물	1.1 개별시설물1	1.1.1 단위구조물1	1.1.1.1 A 공종	3
			1.1.1.2 B 공종	5
		1.1.2 단위구조물2	1.1.2.1 C 공종	2
			1.1.2.2 D 공종	5
			1.1.2.3 E 공종	4
	1.2 개별시설물2	1.2.1 단위구조물1	1.2.1.1 F 공종	4
			1.2.1.2 G 공종	6
			1.2.1.3 H 공종	4

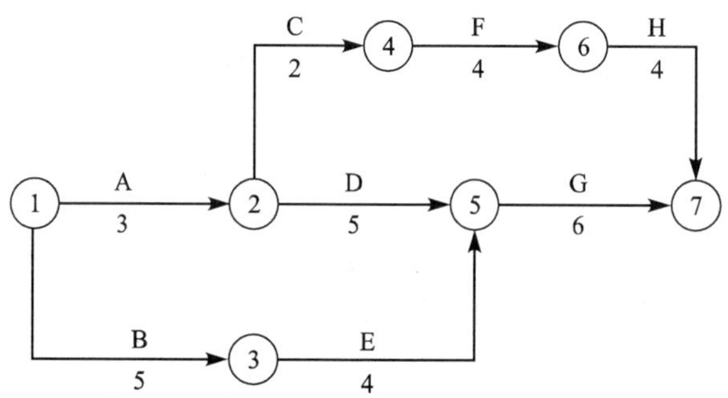

그림 8.98 활동별 공기를 기록한 공정도표

(4) 순서 4, 활동별 소요예산 산정

활동별 소요예산 산정은 순서 3에서 작성된 공정도표를 대상으로 각 활동별로 공사비 내역서를 근거로 투입행위를 나타내는 소요자원(예상물량)을 배정하고, 여기에 단가를 적용하여 소요금액을 산출하게 된다. 즉, 각 **활동별 소요예산=Σ{각 활동별 총 소요물량 × (각 활동 자원별 단위당 소요 물량 × 각 활동 자원별 단위당 단가)**}로 계산된다. 또는 각 활동별 소요예산=(활동에 소요되는 자원별 총물량×자원별 단가)로 계산할 수 있다.

이 같은 방법으로 계산된 각 활동별 소요예산을 각 활동에 기록하여 표현한 공정도표가 그림 8.99와 같다.

표 8.23(3) 활동별 소요예산 산정

Level 1	Level 2	Level 3	Level 4	Level 5
			Activity	Cost (원)
1. 단위시설물	1.1 개별시설물1	1.1.1 단위구조물1	1.1.1.1 A 공종	600
			1.1.1.2 B 공종	100
		1.1.2 단위구조물2	1.1.2.1 C 공종	600
			1.1.2.2 D 공종	2000
			1.1.2.3 E 공종	1800
	1.2 개별시설물2	1.2.1 단위구조물1	1.2.1.1 F 공종	2000
			1.2.1.2 G 공종	1300
			1.2.1.3 H 공종	800

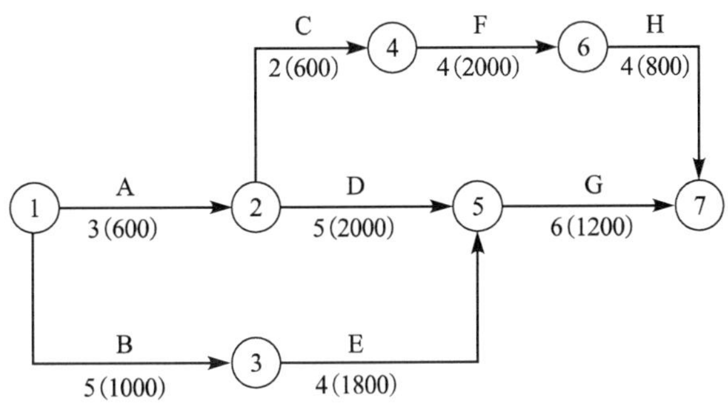

그림 8.99 활동별 소요예산를 기록한 공정도표

(5) 순서 5, 공정도표 일정분석

공정도표 일정분석은 순서 4에서 작성된 공정도표를 기반으로 단계중심과 활동중심의 일정분석을 수행하여 공사일정을 결정한다. 먼저, 단계중심으로부터 주공정(critical path)을 추출하여 공사현장의 중점관리대상경로를 결정한다.

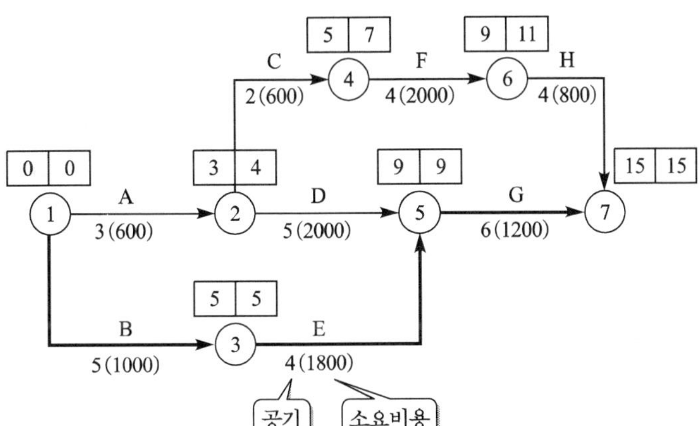

그림 8.100 단계중심의 일정분석 공정도표

다음은 활동중심으로 조기시간과 만기시간, 여유시간을 계산하고, 이 계산 결과를 근거로 표 8.24의 목표시간(MTS, MTF)을 계산하여 성과측정관리기준선 작성의 근거를 제공한다.

표 8.24 활동중심 일정분석 표($\alpha = 0.5$ 기준)

활동	명칭	공기	조기시간		만기시간		여유시간			MTS	MTF
			ES	EF	LS	LF	TF	FF	DF		
1–2	A	3	0	3	1	4	1	0	1	0.5	3.5
1–3	B	5	0	5	0	5	0	0	0	0.0	5.0
2–4	C	2	3	5	5	7	2	0	2	4.0	6.0
2–5	D	5	3	8	4	9	1	1	0	3.5	8.5
3–5	E	4	5	9	5	9	0	0	0	5.0	9.0
4–6	F	4	5	9	7	11	2	0	2	6.0	10.0
5–7	G	6	9	15	9	15	0	0	0	9.0	15.0
6–7	H	4	9	13	11	15	2	2	0	10.0	14.0
공정곡선표현			상위허용한계		하위허용한계		–			성과측정관리기준선	

(6) 순서 6, 공정곡선 작성

공정곡선작성은 순서 5에서 일정 분석된 공정도표를 근거로 조기시간과 만기시간 그리고 목표시간을 중심으로 막대도표를 작성한다. 이렇게 작성된 막대도표 아래에 각 활동별로 소요되는 비용을 일별로 균등분배 시킨다. 물론 현장에서는 각 활동별로 작업량이 많은 날짜에 따라 조정 배분할 수 있다.

예로, 활동 C와 활동 F에 대해 막대도표를 작성해보면, 우선 공정도표 시간분석을 할 때 0부터 시작하였으므로 카렌다 일정이 1부터 시작한다면 각 활동들의 조기시작시간에 +1을 가산하여야 한다. 따라서 활동 C는 조기시작시간 **4일 날** 시작해서 공사기간 2일 동안에 600원을 투입하여 조기종료시간 **7일 날**에 종료하게 된다. 활동 F도 활동 C와 같은 방법으로 조기시작시간 **6일 날** 시작해서 공사기간 4일 동안에 2,000원을 투입하여 조기종료시간 **11일 날**에 종료하게 된다. 이와 같은 방법으로 작성된 막대도표가 그림 8.101과 같다.

Act. No.	명칭	공기	1	2	3	4	5	6	7	8	9	10	11	12	13	14	15
1－2	A	3															
1－3	B	5															
2－4	C	2				300	300										
2－5	D	5															
3－5	E	4															
4－6	F	4						500	500	500	500						
5－7	G	6															
6－7	H	4															
일별 계획 기성고 집계																	
일별 계획 기성고 누계																	

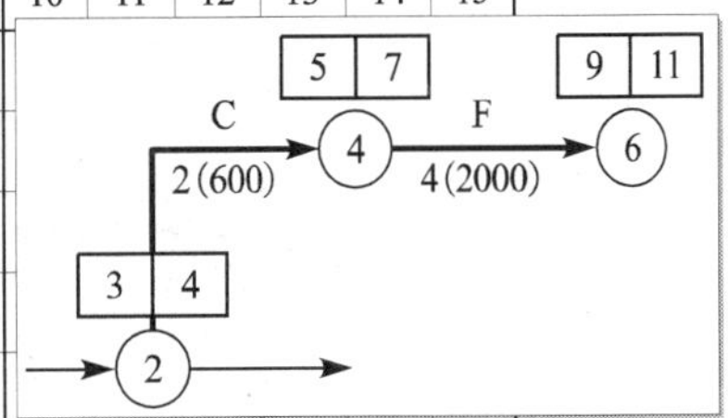

(단위 : 원)

그림 8.101 조기시간 중심의 활동 C 및 활동 F의 막대도표와 비용분배

이어서, 각 활동별로 균등 분배된 비용으로 **일별 계획 기성고**를 집계하고, 공정곡선을 작성하기 위해서 일별로 집계된 계획 기성고를 누계하여 **일별 계획 기성고 누계**를 완성한다.

다음으로 날짜별로 공사의 진척정도를 나타내는 공정곡선을 작성해야 하는데, 예로 **진도 검증일자 9일**에 해당하는 계획진도율은 (8,000원÷10,000원)×100＝80%가 되고, 80%에 해당하는 위치에 타점한다. 나머지 날짜도 동일한 방법으로 계획진도율을 계산하여 해당 위치에 타점하고, 타점된 점들을 연결하면 그림 8.102와 같이 로지스틱한 공정곡선(logistic cover)이 작성된다. 이렇게 작성된 공정곡선을 **상위허용한계 공정곡선**이라 한다.

Act. No.	명칭	공기	1	2	3	4	5	6	7	8	9	10	11	12	13	14	15
1 − 2	A	3	200	200	200												
1 − 3	B	5	200	200	200	200	200										
2 − 4	C	2				300	300										
2 − 5	D	5				400	400	400	400	400							
3 − 5	E	4						450	450	450	450						
4 − 6	F	4						500	500	500	500						
5 − 7	G	6										200	200	200	200	200	200
6 − 7	H	4										200	200	200	200		
일별 계획 기성고 집계			400	400	400	900	900	1350	1350	1350	950	400	400	400	400	200	200
일별 계획 기성고 누계			400	800	1200	2100	3000	4350	5700	7050	8000	8400	8800	9200	9600	980	10000

ES EF LF

(단위 : 원)

진도율 검증일자

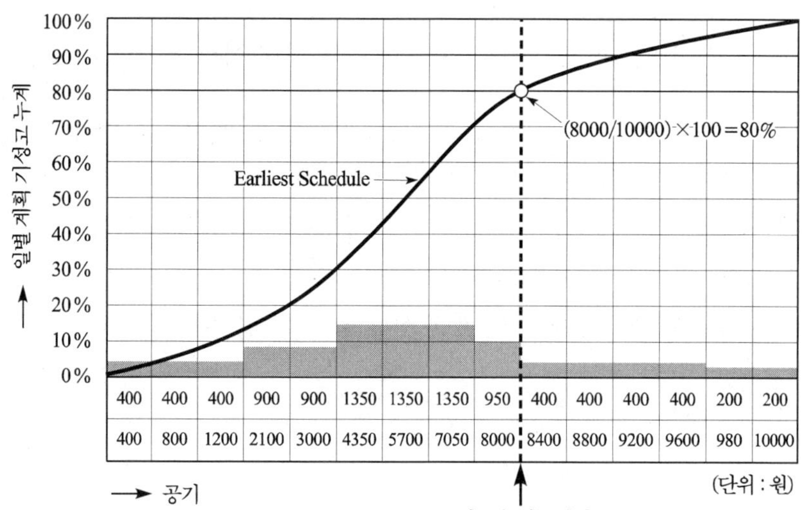

그림 8.102 조기시간 중심의 비용분배과 공정곡선 작성

만기시간과 목표시간도 조기시간과 동일한 방법으로 막대도표 일정에 따라 비용분배한 후 공정곡선을 작성하면 그림 8.103의 **하위허용한계 공정곡선**과 그림 8.104의 목표공정곡선인 **성과측정관리기준선**(Performance measurement control baseline)이 작성된다.

Act. No.	명칭	공기	1	2	3	4	5	6	7	8	9	10	11	12	13	14	15
1－2	A	3		200	200	200											
1－3	B	5	200	200	200	200	200										
2－4	C	2						300	300								
2－5	D	5					400	400	400	400	400						
3－5	E	4						450	450	450	450						
4－6	F	4								500	500	500	500				
5－7	G	6										200	200	200	200	200	200
6－7	H	4												200	200	200	200
일별 계획 기성고 집계			200	400	400	400	600	1150	1150	1350	1350	700	700	400	400	400	400
일별 계획 기성고 누계			200	600	1000	1400	2000	3150	4300	5650	7000	7700	8400	8800	9200	9600	10000

LS, ES, LF

(단위 : 원)

진도율 검증일자

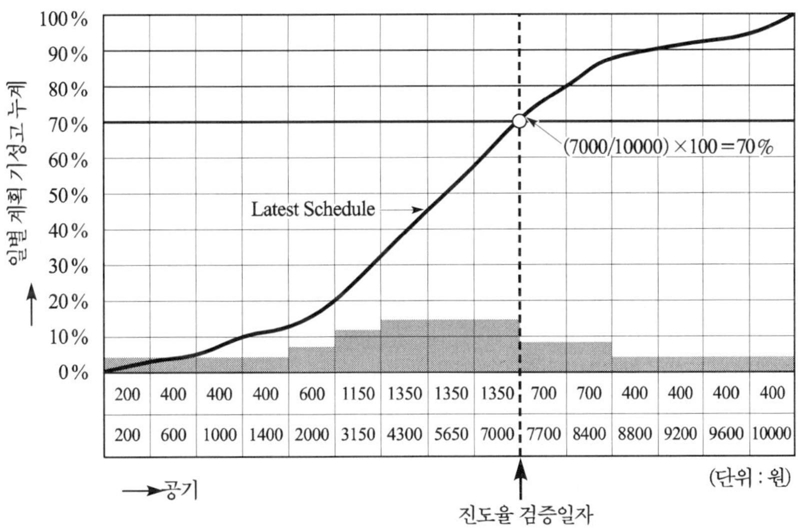

그림 8.103 만기시간 중심의 비용분배과 공정곡선 작성

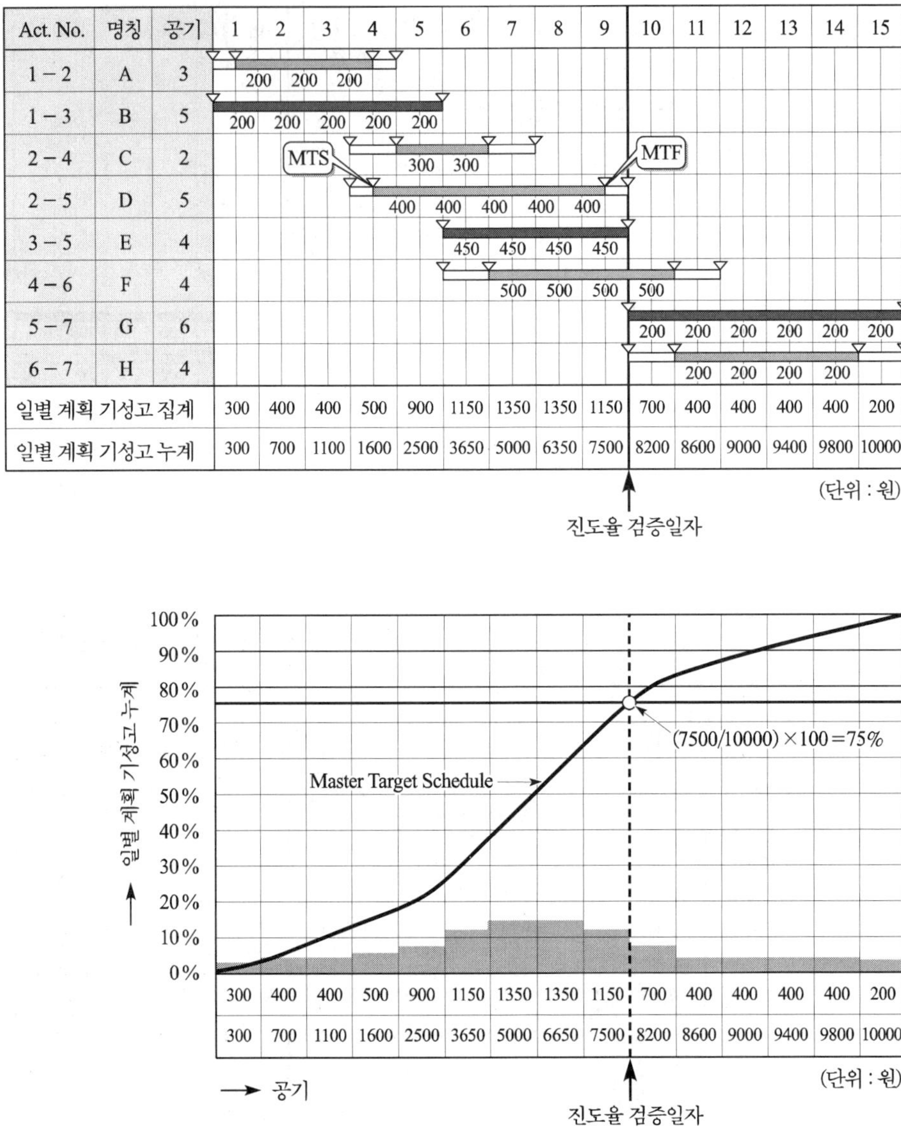

그림 8.104 목표시간 중심의 비용분배과 공정곡선 작성

이렇게 작성된 조기시간 중심과, 만기시간 중심, 그리고 목표시간 중심의 공정곡선을 하나로 통합하면 그림 8.105와 같다. **진도 검증일자 9일**에 해당하는 조기시간, 만기시간, 목표시간의 계획진도율을 분석하면 각각 80%, 72%, 75%를 보이고 있다.

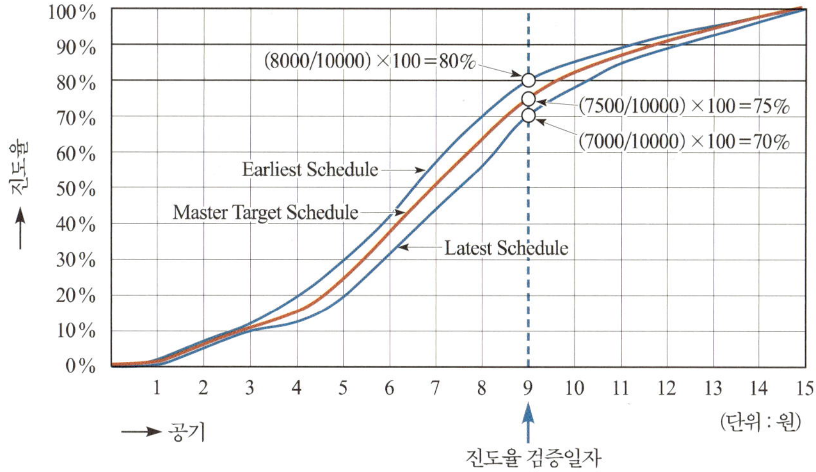

그림 8.105 통합된 공정곡선과 9일 시점 예정진도율 분석

이렇게 작성된 공정곡선의 일정에 맞춰서 작업의 진척률을 보이기 위해 제6.7절에서 소개한 실시시작시간(WTS)과 실시종료시간(WTF) 결정하여 작업을 수행한다. 즉, 제6.7절에서 소개한 바와 같이 현재기준일(data date)까지 현장의 작업진척이 성과측정관리기준선인 목표시간보다 빨라지면 향후 작업시간을 다소 지연시켜 작업을 수행하고, 늦어지면 작업시간을 다소 촉진시켜 작업을 수행하면서 공사의 진도관리를 수행하여야 한다. 늦어진 작업시간을 촉진시키는 방법은 제8.3절에서 소개하고 있다.

8.2 공사진도의 리스케쥴링의 의미

공사진도의 리스케쥴링은 앞 절에서 작성된 공사진도관리의 공정곡선을 근거로 공사를 관리해서 예정보다 실적이 지연 또는 촉진되었을 때 공사일정을 재조정(rescheduling) 하는 것을 말한다. 예로, 2026년 4월 28일 현재, 예상작업진척선과 같을 때, A경로의 완료예정 부분의 활동의 작업이 종료하도록 예정되어 있었다.

그런데 현장에서 실제 작업진척 현황을 살펴보니 2026년 4월 28일 현재, 실제작업진척선과 같았다고 했을 때, A경로는 지연되었으며, B경로는 촉진되었음을 알 수 있다. 이때, 공사진척에 따른 리스케쥴링의 의미는 예상작업진척선을 고무줄로 가정하고, 실제작업진척선을 실로 가정하여 양손으로 예상작업진척선을 잡아당길 때, 점선화살표로 지시해 놓은 화살공정도표로 변화가 일어난다.

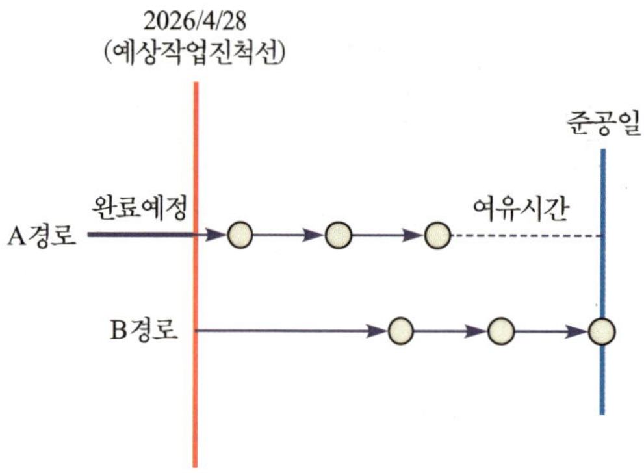

그림 8.106 2026년 4월 28일 현재 예정진도 공정도표

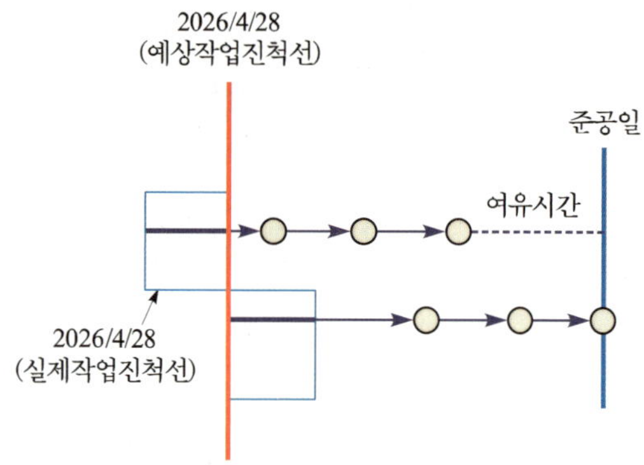

그림 8.107 2026년 4월 28일 현재 실제 작업진척 공정도표

이 변화된 활동의 공정표가 2026년 4월 28일까지의 실제 작업진척상황을 나타내는데, A경로는 공기지연으로 준공일 시점 여유시간이 감소되었으며, B경로는 공기촉진으로 준공일 시점 여유시간이 생성되었다. 즉, 선행활동이 지연되면, 그와 연동된 후속활동들이 지연되고, 선행활동이 단축되면 그와 연동된 후속활동들이 단축이 됨을 알 수 있다. 바로 이 리스케쥴링 작업을 통해서 공기의 지연과 단축상황을 파악하여 현장에서 공사의 진도관리를 이행할 수 있다.

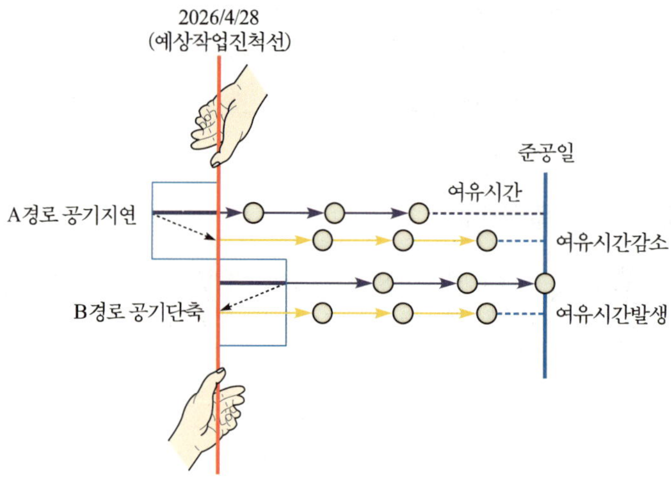

그림 8.108 2026년 4월 28일 현재 실제 작업진척 변화 공정도표

8.3 여유시간을 활용한 공사촉진관리

여유시간을 활용한 공사촉진관리를 이해하기 위해서는 시간축척 공정도표의 개념 이해가 선행되어야 한다. **시간축척 공정도표**는 활동으로 표현되는 화살표의 길이(크기)가 작업기

간일수와 관계없이 표현되는 로직 공정도표와는 달리 활동으로 표현되는 화살표의 길이가 작업기간일수와 비례하여 표현된다. 또한 시간축척 공정도표는 활동으로 표현되는 **실선 화살표**에 **점선 표현**으로 여유시간을 나타내고 있다.

그림 8.109는 4개의 활동과 1개의 명목활동으로 구성된 로직 공정도표를 보이고 있고, 이 로직 공정도표를 근거로 활동중심의 일정분석을 수행한 결과가 표 8.25와 같다.

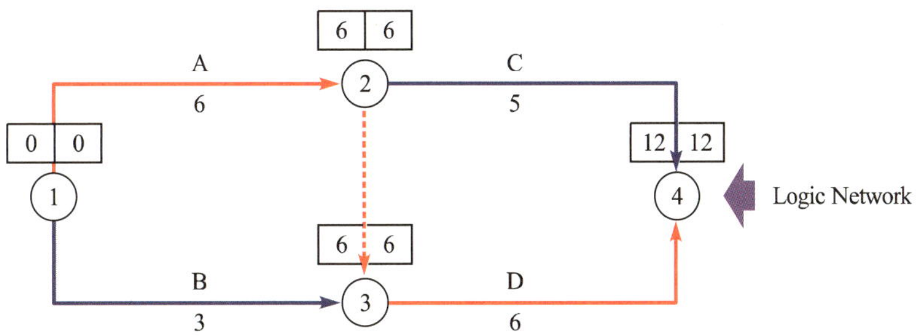

그림 8.109 로직 공정도표

표 8.25 활동중심 일정분석

활동	명칭	공기	조기시간		만기시간		여유시간
			ES	EF	LS	LF	TF
1–2	A	6	0	6	0	6	0
1–3	B	3	0	3	3	6	3
2–3	명목활동	0	6	6	6	6	0
2–4	C	5	6	11	7	12	1
3–4	D	6	6	12	6	12	0

활동중심 일정분석 결과를 근거로 **공기, 조시시작시간(ES), 만기종료시간(LF)** 그리고 **여유시간(TF)**을 가지고 시간축척 공정도표를 작성하면, 활동 A는 0일 날 시작해서 6일 동안 작업하고 만기종료시간(LF)6일 날 종료하면 여유시간(TF)이 0일이 되어 실선 화살표로만 표현된다. 활동 B는 0일 날 시작해서 3일 동안 작업하고 6일 날 종료하면 여유시간이 3일이 되어 3일 동안의 실선 과 3일간의 점선의 화살표로 표현된다. ②-③의 명목활동은 공사기간이 없으므로 점선 화살표로 표현한다. 나머지 활동도 동일한 방법으로 표현하여 시간축척 공정도표를 표현한 것이 그림 8.110과 같다.

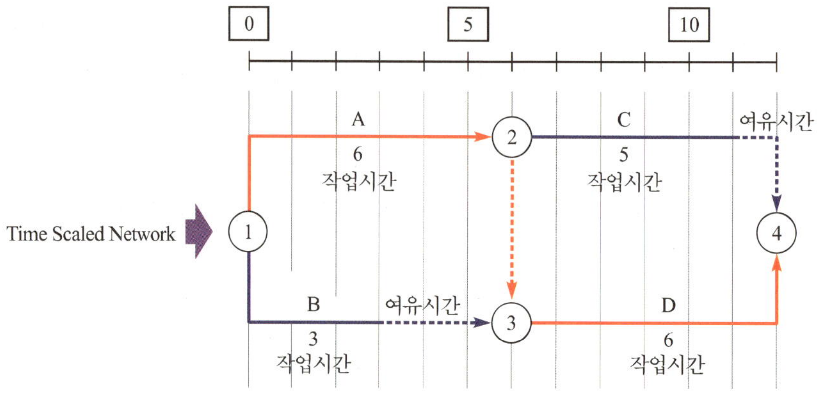

그림 8.110 시간축척 공정도표

이와 같은 개념으로 표현된 그림 8.111~8.113의 시간축척 공정도표를 가지고 **여유시간을 활용한 공사촉진관리 방법**을 설명하면 다음과 같다.

일부 현장관리자들은 "한 번 결정된 주공정(CP ; Critical Path)은 영원히 변경하지 않는다"라고 하는 관념을 가지고 있다. 그러나 그것은 절대 그렇지 않다. 주공정의 정의는 더 이상 물러설 수 없는 경로로서, 하루만 공사가 지연되어도 전체공사가 지연되는 경로를 의미한다.

따라서 이 주경로가 지연되지 않도록 하기 위해서 현장 공사관리자는 여유가 있는 활동의 경로에 배정된 인부, 자재, 장비를 주경로에 집중 투입하여 작업을 촉진하고 공기를 단축시켜 가면서 진도관리를 수행하게 된다.

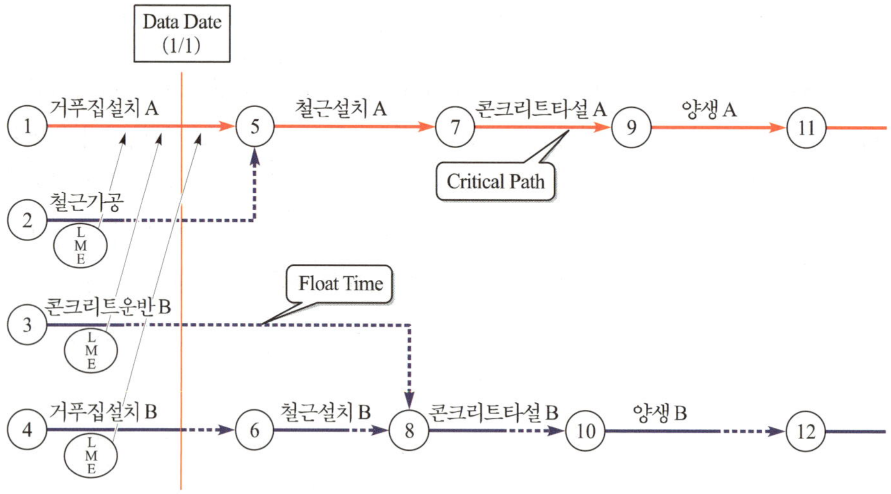

그림 8.111 1월 1일 현재 주공정 시간축척 공정도표

그림 8.111은 시간축적 공정도표(TSN ; Time Scaled Network)로 표현된 어느 공정도표의 일부분을 나타내고 있다. 이 그림에서 점선은 총 여유시간을 나타내고 있다. 현재기준일 1월 1일 현재 거푸집설치 A, 철근설치 A, 콘크리트 타설 A, 양생 A의 경로가 총 여유를 갖지 않은 주공정을 나타내고 있다. 철근가공, 콘크리트 운반 B, 거푸집설치 B, 철근설치 B, 콘크리트 타설 B, 양생 B의 활동들은 크고 작은 여유시간을 지니고 있으므로 반드시 조기 시작시간을 기준으로 공사를 착수하지 않더라도 전체공정에는 영향을 주지 않는다.

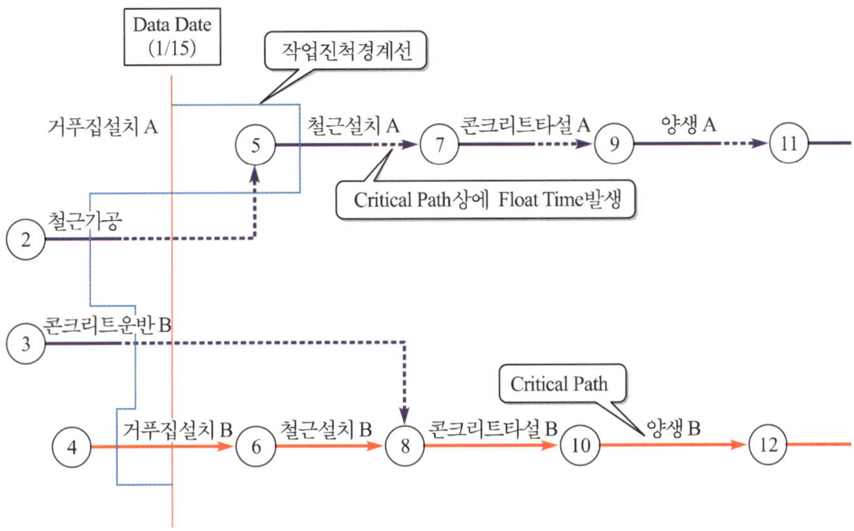

그림 8.112 1월 15일 현재 주공정이 변경된 시간축적 공정도표

따라서 공기단축을 위해서는 1월 1일부터 1월 15일까지 15일간 철근가공, 거푸집설치 B, 콘크리트 운반 B의 공종에 소요되는 인부, 자재, 장비를 주공정 경로에 집중 투입함으로써 공기를 단축하였다. 그러나 철근가공, 거푸집설치 B, 콘크리트 운반 B의 공종에 필요한 인부, 자재, 장비를 주공정에 잡중 투입으로 인해 이들 경로가 지연되어 주공정이 거푸집설치 B, 철근설치 B, 콘크리트 타설 B, 양생 B의 활동으로 변경되었다. 이 사례를 설명하고 있는 시간축적 공정도표가 그림 8.112와 같다.

마찬가지로 더 많은 공기단축을 해야한다면 1월 15일부터 1월 30일까지 15일간 철근설치 A, 철근가공, 콘크리트 운반 B에 소요되는 인부, 자재, 장비를 변경된 주공정에 집중투입하여 전체공기를 단축할 수 있다. 그림 8.113은 1월 30일 현재 작업진척을 나타내고 있다.

이와 같이 여유시간을 활용하여 관리경로를 그때그때 변경해 가면서 공기를 단축시키는 방법이 **여유시간을 활용한 공기촉진관리 방법**이다.

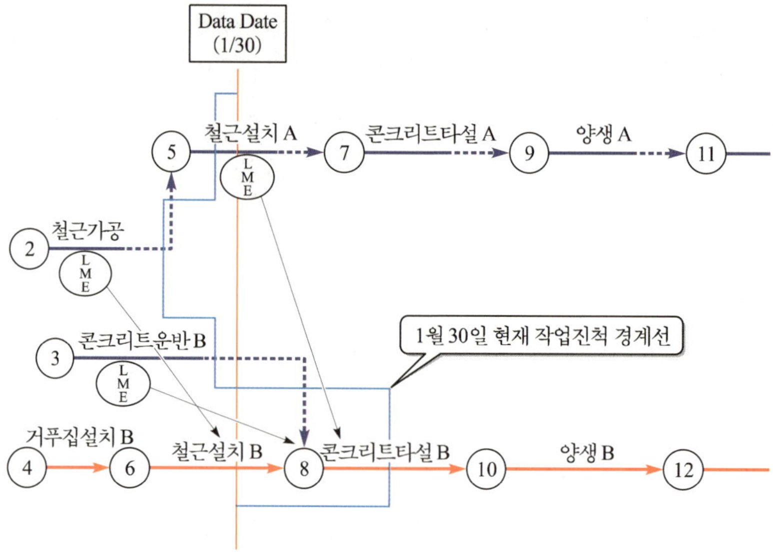

그림 8.113 1월 30일 현재 주공정이 변경된 시간축적 공정도표

9. 기성관리체계

기성관리체계(Earned Value Management System)란 프로젝트를 구성하는 공정, 예산, 기술의 **통합**으로 공사의 공정과 예산에 대한 계획 대비 실적을 비교 분석하여 그 성과를 관리하는 체계이다.

즉, 공사 착수부터 준공될 때까지 보고 주기별로 주기적으로 일정과 예산(공사비)에 대한 계획대비 실적을 정확하게 측정하여 비교 분석함으로써, 공기지연, 예산초과 등의 리스크 요인을 사전에 파악하여 문제를 해결하는 근거를 제공하는 체계를 말한다.

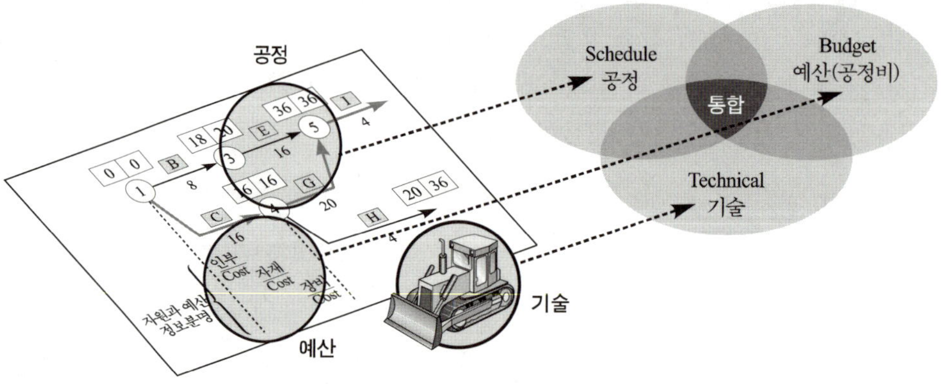

그림 8.114 프로젝트의 3대 요소와 통합의 의미

9.1 공정 비용 통합관리 요소

(1) 성과측정요소

① **계획 공사비**(BCWS ; Budgeted Cost of Work Scheduled)는 활동별 소요금액을 목표계획진도에 맞추어 할당된 금액으로 **활동별 계획물량 × 공사계약단가**로 계산된 계획 공사비(소요예산, 계획기성)를 말한다.

② **달성공사비**(BCWP ; Budgeted Cost of Work Performed)는 활동별 소요금액을 목표계획진도에 맞추어 실제 수행된 완성부분에 대한 공사금액으로 **활동별 실시물량 × 공사계약단가**로 계산된 달성공사비(기성금액, 실시기성)를 말한다.

③ **실투입비**(ACWP ; Actual Cost of Work Performed)는 활동별 소요금액을 목표계획진도에 맞추어 실제 수행된 완성부분에 대한 실투입 금액으로 **활동별 실시물량 × 실투입단가**로 계산된 실투입비(실투입원가, 실투입금액)을 말한다.

④ **총공사비**(BAC ; Budget at Completion)는 공사종료시점에서 소요된 계획 공사비로 **각 활동별 소요예산을 총 합계**한 총공사금액(전체예산)을 말한다.

(2) 성과분석요소

① **진도차이**(SV ; Schedule Variance)는 달성공사비에서 계획 공사비를 감한 금액을 의미한다. 즉 현재기준일을 기준으로 활동별 실시물량이 활동별 계획물량보다 적게 투입되었다는 뜻은 진도가 예상보다 늦다는 것을 의미하고, 이와 반대일 경우는 진도가 예상보다 빠르다는 것을 의미한다. 진도가 늦은 경우 진도차이의 값이 (−)가 산출되고, 진도가 빠른 경우 진도차이의 값이 (+)가 산출된다.

$$진도차이(SV) = 달성공사비(BCWP) - 계획\ 공사비(BCWS) \quad \cdots\cdots (11)$$

② **진도지수**(SPI ; Schedule Performance Index)는 달성공사비를 계획 공사비로 나눈 값을 의미한다. 진도지수의 값이 현재기준일을 기준으로 하여 1.0보다 크다는 것은 활동별 실시물량이 활동별 계획물량보다 많이 투입되어 진도가 예상보다 빨리 진행되고 있음을 의미하며, 1.0보다 작다는 것은 활동별 실시물량이 활동별 계획물량보다 적게 투입되어 진도가 예상보다 늦게 진행되고 있음을 의미한다.

$$진도지수(SPI) = \frac{달성공사비(BCWP)}{계획공사비(BCWS)} \quad \cdots\cdots (12)$$

③ **원가차이**(CV ; Cost Variance)는 달성공사비에서 실투입비를 감한 금액을 의미한다. 즉 현재기준일을 기준으로 활동별 달성공사가 활동별 실투입비보다 크다는 것은 이익을 보고 있다는 의미이며, 이와 반대일 경우는 손해를 보고 있다는 의미이다. 손해를 보고 있는 경우 원가차이의 값이 (−)가 산출되고, 이익을 보고 있는 경우 (+)가 산출된다.

$$원가차이(CV) = 달성공사비(BCWP) - 실투입비(ACWP) \quad \cdots\cdots (13)$$

④ **원가지수**(CPI ; Cost Performance Index)는 달성공사비를 실투입비로 나눈 값을 의미한다. 즉, 작업의 생산성을 의미한다. 예로 $CPI = \frac{BCWP}{ACWP} = \frac{50원}{60원} = 0.83$은 50원 공사를 60원에 공사를 수행해서 작업의 생산성 저하로 1보다 적은 0.83이 된 것을 의미한다. 원가지수의 값이 현재기준일을 기준으로 하여 1.0보다 크다는 것은 달성공사비가 실투입비보다 커서 이익을 보고 있다는 의미하고, 1.0보다 작다는 것은 달성공사비보다 실투입비가 작어서 손해를 보고 있다는 의미이다.

$$원가지수(CPI) = \frac{달성공사비(BCWP)}{실투입비(ACWP)} \quad \cdots\cdots (14)$$

⑤ **잔여예산**(BCWR ; Budgeted Cost for Work Remained)은 당초 예산에서 달성공사비를 감해준 금액을 말한다.

$$잔여예산 = 총공사비(BAC) - 달성공사비(BCWP) \quad \cdots\cdots (15)$$

⑥ **잔여예상원가**(ETC ; Estimate to Completion)는 잔여예산을 원가지수로 나눈 값을 의미한다. 즉 잔예예상원가는 원가지수가 기준이 되므로 원가지수가 1.0보다 클 때, 그 간의 공사수행이 당초 예상했던 금액보다 적은 금액으로 같은 목적을 달성했다는 뜻이므로 향후 잔여공사는 보다 적은 금액으로 추정될 것이고, 1.0일 때는 당초 예상했던 금액과 같은 금액으로 추정될 것이며. 1.0보다 적을 값일 경우에는 잔여공사는 당초 예상했던 금액보다 큰 금액으로 추정되어 공사를 수행하게 될 것이다.

$$잔여예상원가(ETC) = \frac{잔여예산(BCWR)}{원가지수(CPI)} \quad \cdots\cdots (16)$$

⑦ **총예상원가**(EAC ; Estimate at Completion)는 현재기준일을 기준으로 하여 실투입비에 잔여공사에 대한 잔여예상원가를 더해준 금액을 말한다. 이것의 의미는 업무의 수행성과분석을 기준으로 하여 생산성의 양호 및 불량에 따른 총공사비(BAC)에 대한 추정치로서의 업무 종료시점에서 비용의 증감을 예측하는 기준이 된다.

총예상원가(EAC) = 실투입비(ACWP) + 잔여예상원가(ETC) ·················· (17)

원가차이는 수행된 작업량을 근거로 달성공사비와 실투입비를 비교함으로써 단가변수와 손익의 측정 및 분석을 위해 쓰여 지고, 진도차이는 달성공시비와 계획공사비를 비교함으로써 원가 개념으로 공사의 진도를 측정하는 데 사용된다.
총예상원가와 총공사비는 실행기준으로 실행예산의 초과 및 미달상태를 예측하는데 쓰여진다.

9.2 기성관리체계의 성과분석 사례

이 절에서는 앞 절에서 언급한 성과측정요소와 성과분석요소를 근거로 총공사비가 100원인 공정도표가 다음과 같을 때, $\alpha = 0.5$를 적용하여 성과측정관리기준선인 **계획 공사비**(BCWS)의 공정곡선을 그림 8.115와 같이 작성하였다.

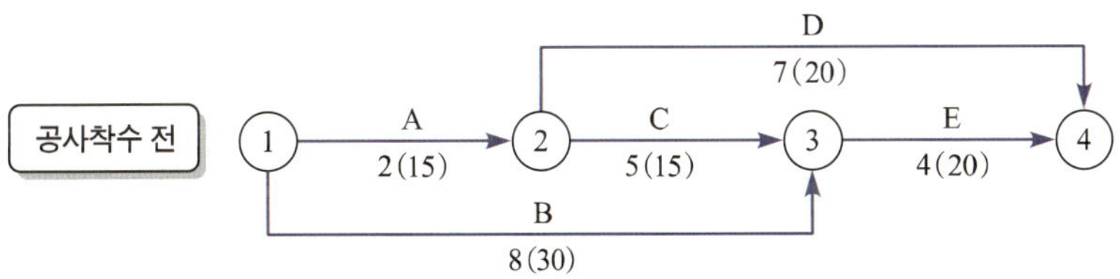

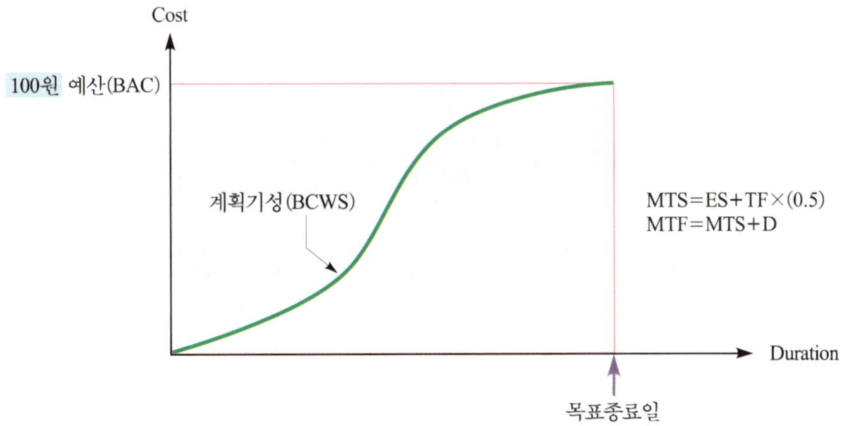

그림 8.115 $\alpha = 0.5$을 적용한 성과측정관리기준선인 계획 공사비 공정곡선

그림 8.116에서 공사착수전 파란색 화살표로 표현된 공정도표가 2026년 10월 19일 현재기준일까지 계획 작업량이고, **계획 공사비(BCWS)** 공정곡선은 파랑색으로 표현되었다. 그리고 공사착수 후 **달성공사비(BCWP)**는 주황색 화살표로 현재기준일 기준 계획대비 실적이 지연된 상태이다.

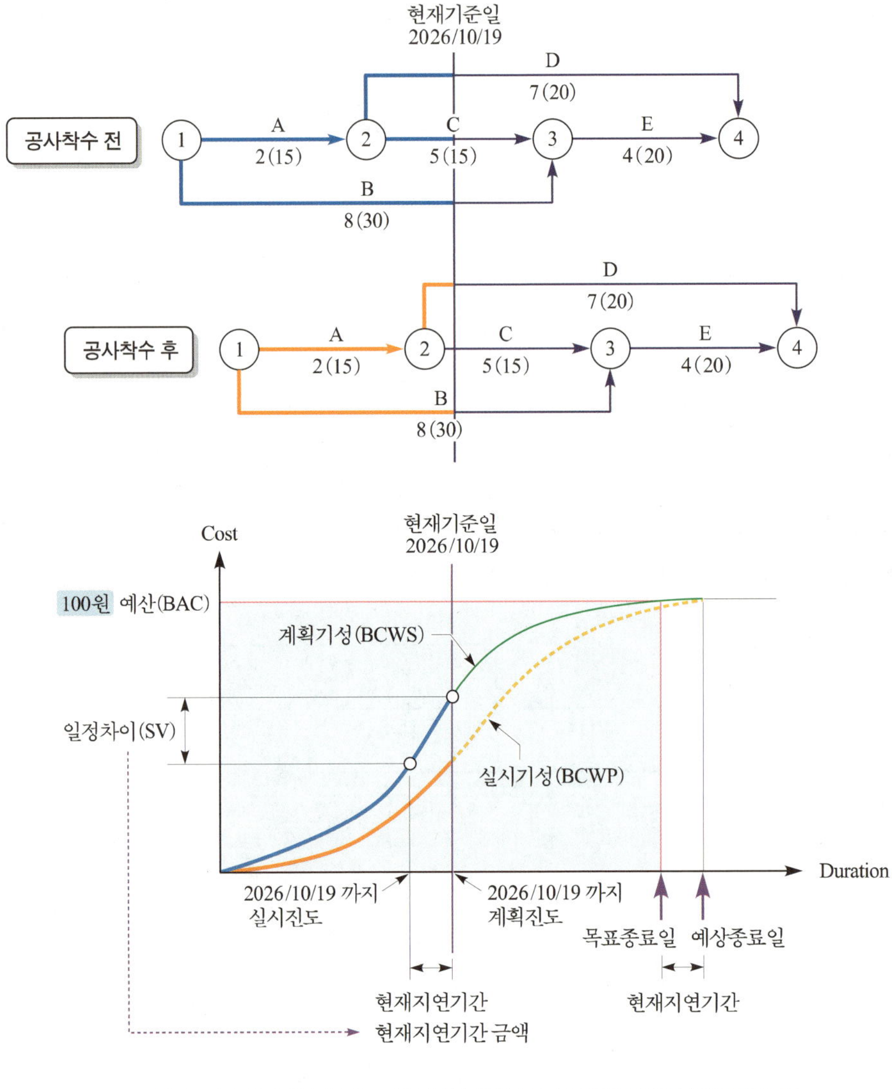

그림 8.116 2026년 10월 19일 현재 계획 공사비 대비 달성공사비 공정곡선

① **진도차이(SV)**와 **진도지수(SPI) 분석 :** 그림 8.117의 2026년 10월 19일 현재 계획 공사비(BCWS) 대비 달성공사비(BCWP)는 계획 공사비(BCWS)=50원, 달성공사비(BCWP)=30원이다. **진도차이(SV)**와 **진도지수(SPI)**를 분석하면 다음과 같다.

$$진도차이(SV) = BCWP - BCWS = 30원 - 50원 = (-)20원$$

$$진도지수(SPI) = \frac{BCWP}{BCWS} = \frac{30원}{50원} = 0.6$$

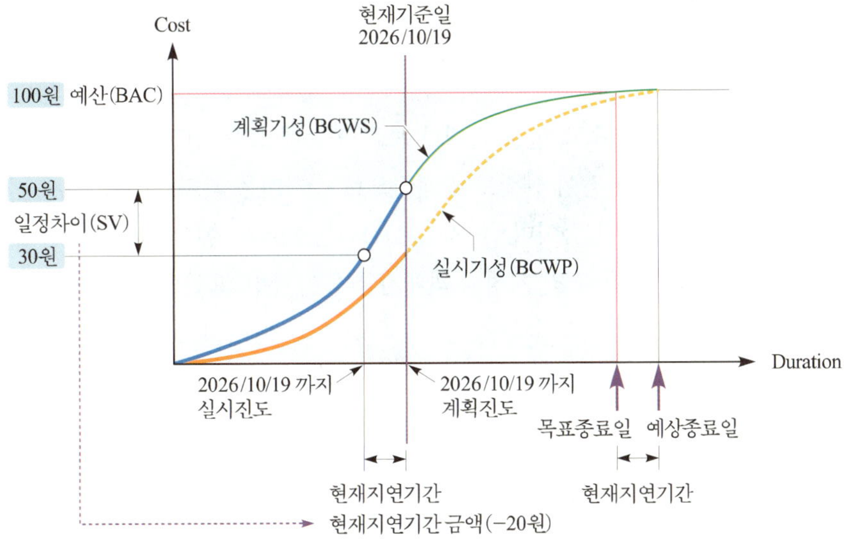

그림 8.117 2026년 10월 19일 현재 50원의 계획 공사비와 30원의 달성공사비 공정곡선

진도지수 분석결과 0.6으로 공사가 지연되고 있는데 보통 현장에서 진도가 지연(SPI〈1)되는 경우는 그림 8.118과 같이 인부, 장비의 부족, 자재공급 지연, 중점관리대상 경로 관리 미흡, 발주자의 용지보상의 지연이 주요 원이이며, 촉진(SPI〉1)되는 경우는 예상보다 작업의 단순화, 시공자의 공정초과 수행, 공정지연의 만회 등이 주요 요인으로 나타날 수 있다.

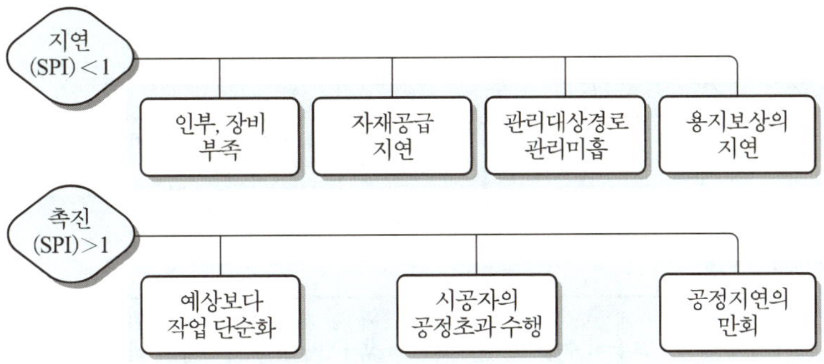

그림 8.118 진도차이의 주요 요인

② **원가차이(CV)와 원가지수(CPI) 분석 :** 그림 8.119의 2026년 10월 19일 현재 달성공사비(BCWP) 대비 실투입비(ACWP)는 달성공사비(BCWP)=30원, 실투입비(ACWP)=70원이다. 이때 **원가차이(CV)**와 **원가지수(CPI)**를 분석하면 다음과 같다.

$$원가차이(CV) = BCWP - ACWP = 30원 - 70원 = (-)40원$$

$$원가지수(CPI) = \frac{BCWP}{ACWPS} = \frac{30원}{70원} = 0.43$$

원가지수 분석결과 0.43으로 현재 손해를 보고 있는데 보통 현장에서 손해(CPI〈1)가 되는 경우는 그림 8.120과 같이 예상보다 복잡으로 추가비용 과다, 인부, 자재, 장비의 비용상승, 견적할 때의 누락 등이며, 이익(CPI〉1)되는 경우는 예상보다 효율적 수행, 예상보다 공정의 단순화, 선급금 및 기성의 과대지급 등이 주요 요인으로 나타날 수 있다.

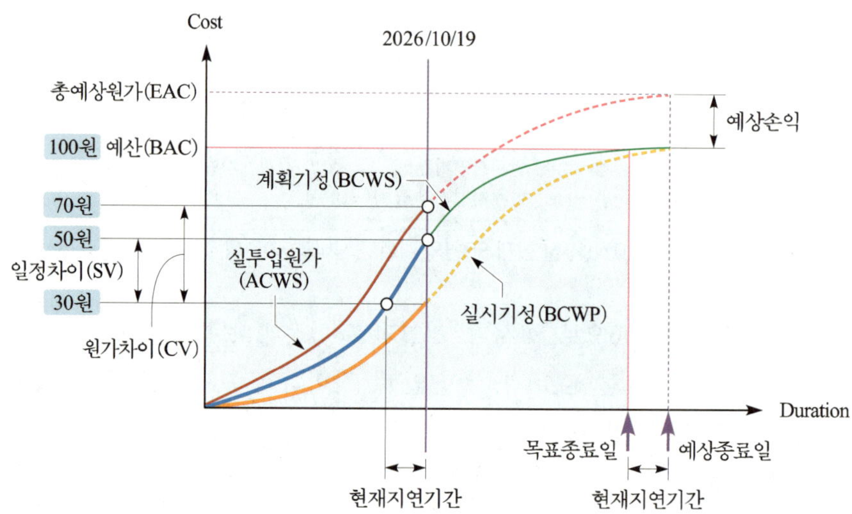

그림 8.119 2026년 10월 19일 현재 70원의 실투입비의 공정곡선

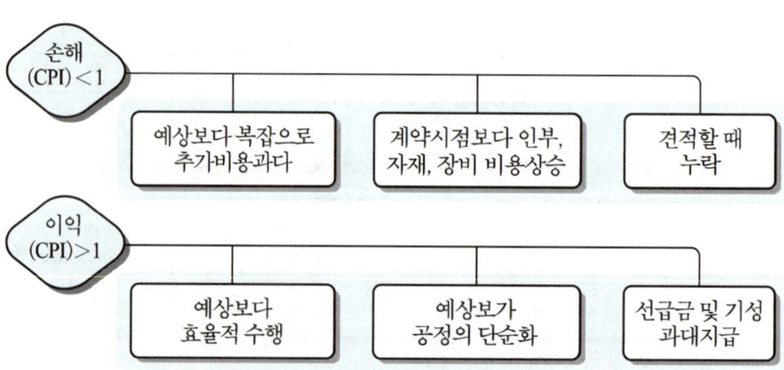

그림 8.120 원가차이의 주요 요인

③ **잔여예산(BCWR), 잔여예상원가(ETC), 총예상원가(EAC) 원가 분석** : 그림 8.121의 달성공사비(BCWP)=30원, 실투입비(ACWP)=70원, 총공사금액(BAC)=100원이다. 이때, 잔여예산(BCWR), 잔여예상원가(ETC), 총예상원가(EAC)를 분석하면 다음과 같다.

$$잔여예산(BCWR) = BAC - BCWP = 100원 - 30원 = 70원$$

$$잔여예상원가(ETC) = \frac{BAC - BCWP}{CPI} = \frac{100원 - 30원}{0.43} = 163원$$

$$총예상원가(EAC) = ACWP + \frac{(BAC - BCWP)}{CPI} = 70원 + \frac{(100원 - 30원)}{0.43} = 233원$$

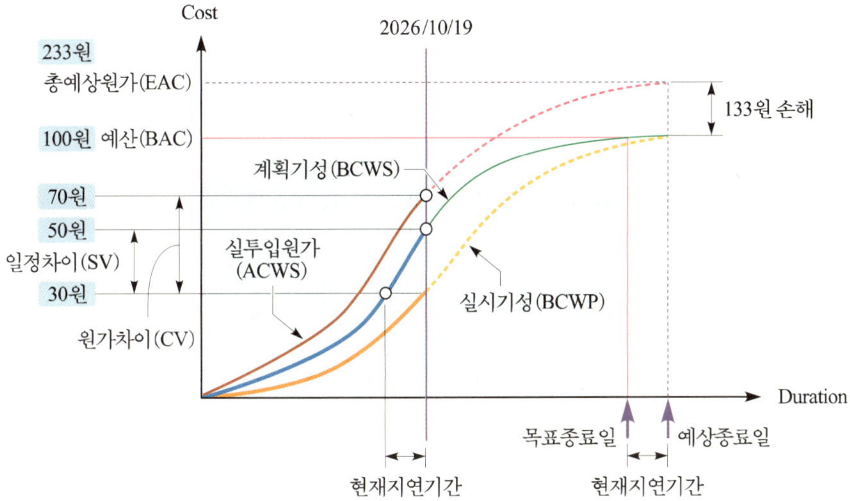

그림 8.121 2026년 10월 19일 현재 70원의 실투입비의 공정곡선

위의 성과 분석 결과를 과거, 현재기준일, **트렌드**, 미래 예측의 흐름으로 정리하면 그림 8.122와 같다.

결과적으로 이 프로젝트는 2026년 10월 19일 현재 성과 분석 결과 총예산(BAC)=100원–총예상원가(ETC)=233원으로 현재시점 –133원이 손해를 보고 있는 것으로 분석되었다.

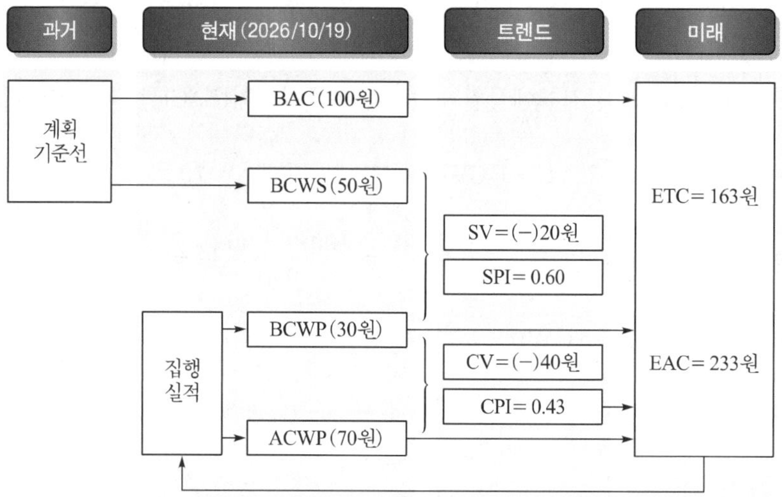

그림 8.122 2026년 10월 19일 현재 성과 분석 결과

그림 8.123은 **좌표관리기법**으로 기성관리체계의 분석결과인 진도지수(SPI)와 원가지수(CPI)를 좌표로 표현하여 공정과 비용을 관리할 수 있다. 즉, x축으로 원가지수 y축으로 진도지수로 나타내서 월별로 성과 측정 결과를 관리하면 효율적으로 공사의 흐름을 판단할 수 있다. 예로, 7월 공사는 원가지수(CPI)=0.8, 진도지수(SPI)=1.2로 원가는 손해를 보고 있으며, 진도는 촉진되고 있다.

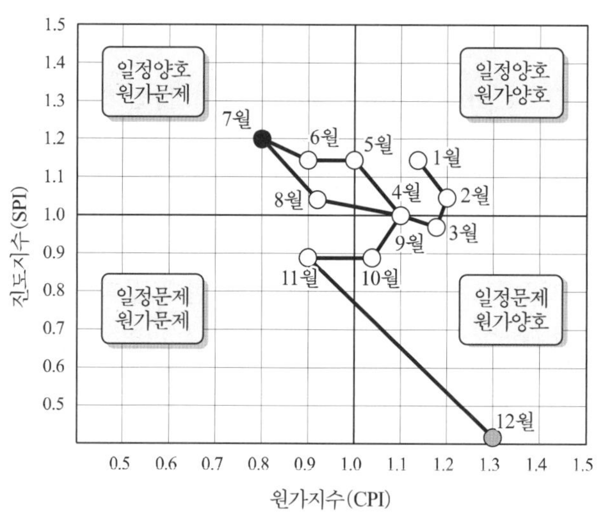

그림 8.123 진도지수 및 원가지수 적용 좌표관리기법

9.3 전통적 관리기법과 Earned Value 관리기법

건설현장에서 공사진행과정을 관리하는 기법은 크게 계획대비 실적에 대한 결과중심적 비용관리체계라 할 수 있는 S-curve로 대표되는 **전통적 관리기법**과 공정과 비용이 통합된 실적관리체계인 **기성관리체계(EVMS)**로 대별할 수 있다. **전통적 관리기법**의 관리기준은 BCWS와 ACWP로 관리하고, **기성관리체계**의 관리기준은 BCWS, BCWP, ACWP로 관리한다. **BCWP의 존재 유무**에 따라 다음과 같은 **차이점**을 발견할 수 있다.

가. 전통적 관리기법

전통적 관리기법은 BCWS(계획공사비)-ACWP(실투입비)의 편차, 즉 **계획비용**과 **실투입비용**의 편차로 **일정**이 **지연**인지 혹은 **촉진**인지, **비용**이 **이익**인지 혹은 **손해**인지를 판단한다.

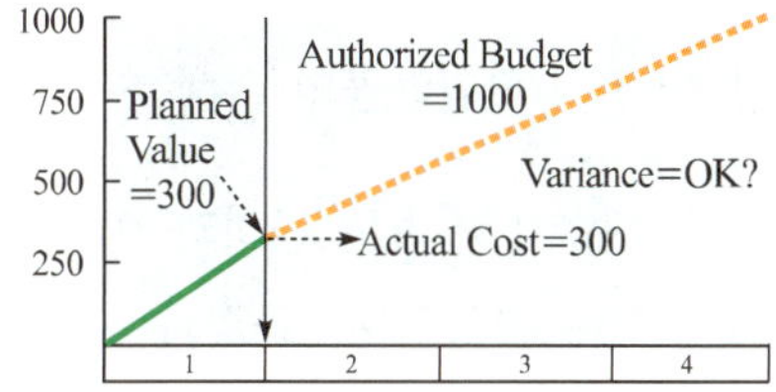

그림 8.124 전통적 관리기법

그림 8.124의 전통적 관리기법의 예시는 **계획비용**(BCWS, PV) 대비 **실투입비용**(ACWP, AC) 모두 1월말 시점 300원의 **비용**으로 **일정**과 **비용**을 **평가**한다. 즉, **계획물량** 대비 **실투입물량**이 **적게 투입(진도 지연)**됐는데 **실투입 단가**의 **상승**으로 **실투입비용** 300원이 됐는지, **계획물량** 대비 **실투입물량**이 **많이 투입(진도 촉진)**했는데, **실투입 단가**의 **하락**으로 **실투입비용** 300원이 됐는지 **판단이 불가능**하다.

그림 8.124의 **계획금액**(BCWS, PV) 300원=**실투입금액**(ACWP, AC) 300원의 해석은 다음과 같이 2가지 분석이 가능하다. **실투입 물량 적게 투입(진도지연), 실투입 단가 상승(비용상승)**으로 300원이 되었는지 또는 **실투입 물량 <u>많이 투입</u>(진도촉진), 실투입 <u>단가 하락</u>(비용절감)으로** 300원이 되었는지 판단이 불가능하다. 즉 전통적 관리기법의 BCWS-ACWP=**비용편차**는 **진도지연**에 의한 **비용상승**에 의한 것인지, **진도촉진**에 의한 **비용절감**에 의한 것인지 판단이 어렵다.

그러므로 이 기법은 계획대비 실적에 대한 결과중심적 비용관리체계이고, 공정(진도)과 비용이 분리된 관리체계이며, 잔여공사에 대한 공정과 비용의 예측 및 리스크 관리 기능이 미흡하다.

나. Earned Value 관리기법

반면에 기성관리체계는 BCWP(달성공사비)−BCWS(계획공사비)의 편차, 즉 **획득비용**과 **계획비용**의 **편차**로 **일정**이 **지연**인지 혹은 **촉진**인지를 판단할 수 있고, BCWP(달성공사비)−ACWP(실투입비)의 편차, 즉 **획득비용**과 **실투입비용**의 **편차**로 **비용**이 **이익**인지, **손해**인지를 판단할 수 있다.

그림 8.125의 Earned Value 관리기법의 예시는 1월 말 시점에서 **계획비용**(BCWS, PV) 300**원** 대비 **획득비용**(BCWP, EV) 200**원**으로 100**원만큼의 계획물량**이 적게 투입되어 **진도**가 **지연** 되었음을 판단할 수 있고, **획득비용**(BCWP, EV) 200**원** 대비 **실투입비용**(ACWP, AC) 300**원**으로 **실투입단가**의 **상승**으로 100**원만큼**의 **손해**를 보고 있음을 판단한다.

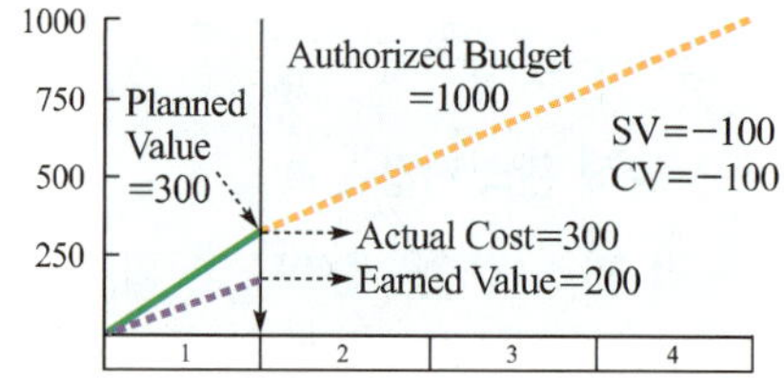

그림 8.125 Earned Value 관리기법

그러므로 이 기법은 공정과 비용이 통합된 실적관리체계이고, 공정과 비용에 관한 종합적인 분석이 가능하며, 공정과 비용의 문제점을 조기에 분석, 예측, 발견이 가능하여 리스크에 대한 문제해결의 실마리를 제공할 수 있다.

표 8.26은 전통적 관리기법과 Earned Value 관리기법을 관리기준, 분석척도, 특징으로 분류하여 비교하여 제시하였다.

표 8.26 전통적 관리기법과 Earned Value 관리기법

구분	전통적 관리기법	Earned Value 관리기법
관리기준	BCWP ACWP	BCWS BCWP ACWP
분석척도	비용편차=BCWS−ACWP	공정편차=BCWP−BCWS 비용편차=BSWP−ACWP
특징	• 공정과 비용이 분리된 관리체계 • 계획대비 실적에 대한 결과 중심적 비용관리체계 • 잔여공사에 대한 공정과 비용의 예측 및 리스크 관리 기능이 미흡함	• 공정과 비용이 통합된 실적관리체계 • 공정과 비용에 관한 종합적인 분석이 가능함 • 공정과 비용의 문제점을 조기에 분석, 예측, 발견이 가능하여 문제해결의 실마리 제공함

학습 8.5

다음 자료는 OOO도로공사 수행에 따른 기록들이다. 공사계약조건 현황과 매월 말 공사금액 현황을 근거로 다음의 학습항목을 분석하라.

1) 공사계약조건 현황

공사계약조건은 공사기간은 13개월이고, 공사착수 시에 선급금은 없으며, 기성금액, 즉 달성공사비(BCWP, Budgeted Cost of Work Performed)는 매월 말 발주자로부터 수령 받게 된다. 또한, 발주자는 시공자가 공사계약조건 불이행에 대비하여 50만 원을 유보금 (Retention)으로 두고 있다.

2) 매월 말 공사금액 현황

도로공사 수행에 따른 매월 말 계획공사비(BCWS), 달성공사비(BCWP), 실투입비(AC WP)의 흐름은 다음 표와 같다.

매월 말 BCWS, BCWP, ACWP 변동 현황

(단위:만원)

매월 말	BCWS 계획공사비	BCWP 달성공사비	ACWP 실투입비
1	60	20	30
2	90	30	50
3	50	50	70
4	170	60	120
5	130	100	80
6	200	220	150
7	90	220	100
8	110	150	140
9	120	140	70
10	40	30	110
11	60	30	20
12	30	20	30
13	0	30	30
유보금		50	

3) 학습 항목

도로공사 공사계약조건과 매월 말 BCWS, BCWP, ACWP 변동 현황을 근거로 분석해야 할 학습 항목은 다음과 같다.

(1) 3월 말과 6월 말까지의 대부금액
(2) 6월 말까지 발주자가 시공자에게 지불을 해야 할 계획공사비
(3) 시공자의 최종 이익금액
(4) 5월 말과 10월 말 시점에서 진도지수에 따른 진도 차이 판단
(5) 5월 말과 10월 말 시점에서 원가지수에 따른 공사 손익 판단
(6) 5월 말 시점에서 추정한 총 예상원가
(7) 5월 말 시점에서 추정한 손익 예상금액
(8) 7월 말 시점에서 추정한 총 예상원가
(9) 7월 말 시점에서 추정한 손익 예상금액

해설

학습항목을 분석하기 위해서 도로공사의 매월 말 BCWS, BCWP, ACWP 변동 현황 자료를 근거로 다음 표와 같이 매월 말 BCWS, BCWP, ACWP 누계 현황표를 작성하고 이 내용을 근거로 학습항목을 분석한다.

매월 말 BCWS, BCWP, ACWP 변동 및 누계 현황

(단위:만원)

월 말	BCWS		BCWP		ACWP		BCWP–ACWP		
	계획공사비		달성공사비		실투입비		달성공사비–실투입비		
	월	누계	월	누계	월	누계	(1)–(2)	누계	
								(+)이익	(–)손해
1	60	60	20	20	30	30	(–) 10		(–) 10
2	90	150	30	50	50	80	(–) 20		(–) 30
3	50	200	50	100	70	150	(–) 20		(–) 50
4	170	370	60	160	120	270	(–) 60		(–) 110
5	130	500	100	260	80	350	(+) 20		(–) 90
6	200	700	220	480	150	500	(+) 70		(–) 20
7	90	790	220	700	100	600	(+) 120	(+) 100	
8	110	900	150	850	140	740	(+) 10	(+) 110	
9	120	1020	140	990	70	810	(+) 70	(+) 180	
10	40	1060	30	1020	110	920	(–) 80	(+) 100	
11	60	1120	30	1050	20	940	(+) 10	(+) 110	
12	30	1150	20	1070	30	970	(–) 10	(+) 100	
13	0	1150	30	1100	30	1000	0	(+) 100	
유보금			50	1150				(+) 150	

(1) 3월 말과 6월 말까지의 대부금액

① 3월 말까지 대부금액

㉠ 2월 말까지 적자금액 (-) 30만 원

㉡ 3월 공사 실투입금액 (-) 70만 원

금액을 합산한 금액 (-)100만 원

② 6월 말까지 대부금액

㉠ 5월 말까지 적자금액 (-) 90만 원

㉡ 6월 공사 실투입금액 (-)150만 원

금액을 합산한 금액 (-)240만 원

(2) 5월 말 시점에서 예측할 때 6월 말까지 발주자가 시공자에게 지불을 해야 할 계획공사비

① 시공자가

6월 말까지 받을 계획공사비 (+)700만 원

② 시공자가

5월 말까지 받은 달성공사비 (+)260만 원

= 두 금액을 감한 금액 (-)440만 원

(3) 시공자의 최종 이익금액

= 시공자 실투입비 - 총 달성공사비

= 1,000만 원 - 1,150만 원 = 150만 원

(4) 5월 말 시점과 10월 말 시점에서 진도지수에 따른 진도 차이 판단

① 진도지수(5월)

$$=\frac{BCWP}{BCWS}=\frac{260}{500}=0.52$$ **(지연)**

② 진도지수(10월)

$$=\frac{BCWP}{BCWS}=\frac{1,020}{1,060}=0.96$$ **(지연)**

(5) 5월 말 시점과 10월 말 시점에서 원가지수에 따른 공사 손익 판단

① 원가지수(5월)

$$=\frac{BCWP}{ACWP}=\frac{260}{350}=0.74$$ **(손해)**

② 원가지수(10월)

$$=\frac{BCWP}{ACWP}=\frac{1,020}{920}=1.11$$ **(지연)**

(6) 5월 말 시점에서 추정한 총 예상원가

① 잔여예산(BCWR)

=총 공사금액(BAC)−달성공사비(BCWP)

=1,150−260= 890만원

② 잔여예상원가(ETC)

$$=\frac{잔여예산}{원가지수}=\frac{890}{0.74}=1,203만원$$

③ 총 예상원가(EAC)

=실투입비(ACWP)+잔여예상원가(ETC)

=350+1,203=1,553만원

(7) 5월 말 시점에서 추정한 손익 예상금액

=총 공사금액(BAC) − 총 예상원가(EAC)

=1,150−1,553=(−)403만원**(손해)**

(8) 7월 말 시점에서 추정한 총 예상원가

① 잔여예산(BCWR)

= 총 공사금액(BAC)−달성공사비(BCWP)

= 1,150−700=450만원

② 잔여예상원가(ETC)

$$=\frac{잔여예산}{원가지수}=\frac{450}{1.17}=385만원$$

③ 총 예상원가(EAC)

= 실투입비(ACWP)+잔여예상원가(ETC)

= 600+385=985만원

(9) 7월 말 시점에서 추정한 손익 예상금액

= 총 공사금액(BAC) - 총 예상원가(EAC)

= 1,150−985=(+)165만원**(이익)**

9.4 공정관리기법의 적용 효과

지금까지 공정관리기법의 이론과 실제를 손쉽게 파악할 수 있도록 체계적으로 정리하여 제시하였다. 이 공정관리기법을 적용하여 공사현장을 관리하였을 때, 다음과 같은 장점을 얻을 수 있다.

첫째, 일정관리 측면 : 현실적인 계획수립 및 작업수행상의 최적 방안의 모색이 용이하고, 중점관리 대상작업 및 핵심적인 문제점을 조기에 파악할 수 있으며, 사업여건 변화(설계변경 등)에 따르는 대안 수립이 용이하다. 또한, 공기단축 혹은 공기지연의 예측 및 방지가 가능하다.

둘째, 자원관리 측면 : 주요 자재의 조달 시기 및 수량의 명확한 예측이 가능하고, 기간(주간, 월간)대별 인부, 자재, 장비의 동원에 대한 계획과 예측이 가능하며, 예상 자원 소요량 대비 실제투입량 비교 분석이 용이하다.

셋째, 예산 및 비용관리 측면 : 정확한 자금 소요계획 수립으로 효율적 자금 운영관리가 가능하고, 기간대별 예상 기성금액과 실제 기성금액의 비교 분석이 용이하며, 각 공정별 기성 내역의 파악이 효과적이다.

넷째, 진도관리 측면 : 기간대별 작업 진도율에 대한 계획 대비 실적률 파악 및 분석이 용이하고, 실적자료의 축적이 가능하다.

기타 사항으로는 책임한계 명확하고, 의사소통 원활하며, 자료의 객관화와 자료처리에 시간단축이 가능하여 체계적이고 과학적인 관리가 가능하게 된다.

9.5 계약금액 지불방식별 기성관리운영체계

가. 정액계약

현행 정부공사계약제도는 확정계약방식인 **정액계약**(fixed price contract)으로 공사 수행에 따른 공사비 대가를 지불하여 운영하고 있다. 이 **정액계약**은 공사계약 시에 한정된 공사금액으로 계약을 하므로 기성관리체계(EVMS)의 **성과측정요소**와 **성과분석요소**를 제한적으로 운영하게 된다. 즉, **기성관리체계의 활용**은 현재기준일(data date) 시점 공사진행상태를 기반으로 성과측정요소에 의해 성과분석요소인 **원가차이**(CV), **원가지수**(CPI), **잔여예상원가**(ETC), **총예상원가**(EAC), **예상손익**(VAC)을 분석해서 잔여공사에서 발생할 수 있는 제반 문제점들을 미리 예측 및 방지해서 그 성과를 관리하는 것이다.

그러나 이러한 역할을 하는 **성과분석요소**를 분석하기 위해서는 공사진행에 따른 **성과측정요소** 중에 **실투입비**(ACWP)의 파악이 선행되어야 하지만, **공사기간과 공사금액이 확정**되어 수행되는 **정액계약방식**에서 현재기준일(data date) 시점 공사수행에 투입된 ACWP는 발주자의 주된 관심사가 아니다. 왜냐하면, **정액(확정)공사비 내**에서 공사를 완성해야 할 의무는 **시공자**에게 있기 때문이다. 그러므로 **정액계약방식**은 ACWP와 연동되어 분석되는 CV, CPI, ETC, EAC, VAC의 **성과측정요소**를 분석할 수 없으므로 제한적으로 운영될 수밖에 없다. 다만, 발주자와 시공자의 사전 계약 혹은 시공자 독자적으로 효율적인 공사관리를 위해서 ACWP를 반영하여 성과분석요소를 활용할 수 있다. **그림 8.126**은 정액계약방식으로 운영하 수 있는 기성관리운영체계 시안을 보이고 있으며, 현재기준일(data date) 시점 **달성공사비**(BCWP)가 **계획공사비**(BCWS)보다 미달된 수치로서 **지연된 공사의 일정** 사례를 보이고 있다.

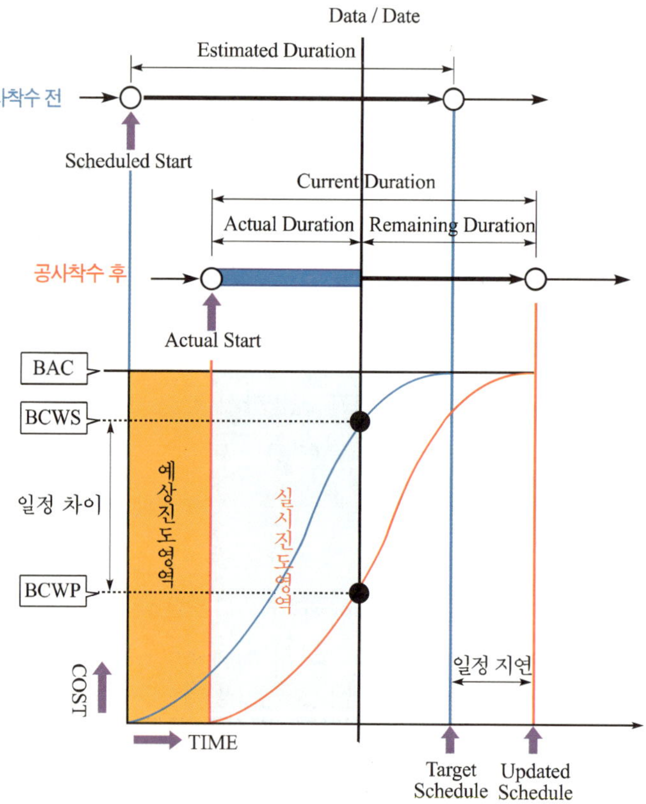

그림 8.126 정액계약의 기성관리운영체계 시안

나. 실비정산보수가산계약

실비정산보수가산계약(cost plus fee contract)은 주어진 공사의 내용과 범위를 기준으로 하여 사전에 **목표공기**와 **목표공사비**를 결정해두지만, 공사의 성질과 시공자의 능력에 따라 **최종적인 공기와 공사비에는 상당한 변동**이 있을 수 있다. 따라서 발주자는 시공자가 공사를 수행하면서 소요된 실투입 물량만큼 **기성금(보수)**으로 정산하기 위한 **ACWP의 변동상황**이 주된 관심의 대상이다. 이러한 이유로 **실비정산보수가산계약**으로 수행된 공사는 반드시 ACWP가 측정되어야 하고, 이 ACWP의 성과측정요소에 의한 **원가차이(CV)**, **원가지수(CPI)**, **잔여예상원가**(ETC), **총예상원가**(EAC), **예상손익**(VAC)의 성과분석요소를 활용하여 잔여공사의 **일정과 손익**에 대한 예측으로 효율적인 공사관리가 가능하게 된다.

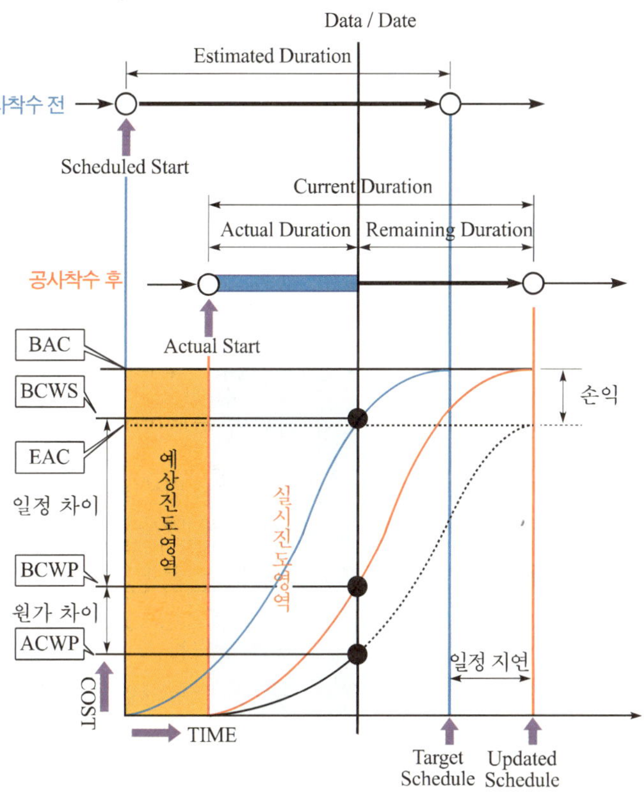

그림 8.127 실비정산보수가산계약의 기성관리운영체계 시안

그림 8.127은 실비정산보수가산계약으로 운영하 수 있는 기성관리운영체계 시안을 보이고 있으며, 현재기준일(data date) 시점 **달성공사비**(BCWP)가 **계획공사비**(BCWS)보다 **미달된 수치**로서 지연된 공사의 일정과 그로 인한 **실투입비**(ACWP)가 **달성공사비**(BCWP)보다 적

게 투입되어 이익인 사례를 보이고 있다.

표 8.27은 앞에서 설명한 정액계약방식과 실비정산보수가산계약방식의 기성관리운영체계 시안에 따른 **성과측정요소 항목**과 **성과분석요소 항목**을 보이고 있다.

표 8.27 정액계약 및 실비정산보수가산계약의 성과측정 및 성과분석 요소

계약체결유형		성과측정요소	성과분석요소
정액계약	단년도계약공사	BCWS, BCWP	SV, BAC
	정기계속계약공사		
	계속비계약공사		
실비정산보수가산계약	단년도계약공사	BCWS, BCWP, ACWP	SV, SPI, CV, SPI, ETC, EAC, VAC
	정기계속계약공사		
	계속비계약공사		

9.6 예산확보 및 계약이행기간별 기성관리운영체계

가. 단년도계약공사

단년도계약공사는 이행 기간이 1년 회계 연도의 경우로서 당해연도(1월 1일부터 12월 31일까지) 세출예산에 계상된 예산을 재원으로 체결하는 통상적인 계약이다. 이 계약방식에서는 **1년 회계연도 종료 시점**을 **준공**으로 하고 있다. 다만, **지출원인행위**(입찰이나 계약체결 등의 행위)가 이루어질 경우는 다음 연도까지 예외적으로 이행을 완료할 수 있으며 **국고채무부담행위예산**에 의하여 집행하는 계약은 다음 연도에 한하여 계약 이행 기간을 정할 수 있다. **단년도계약공사**는 **그림 8.128**과 같이 **1년 회계 연도 종료 시점**을 **준공**으로 하여 **표 8.27**의 **성과측정요소 항목**과 **성과분석요소 항목**을 적용하여 기성관리체계를 적용할 수 있다.

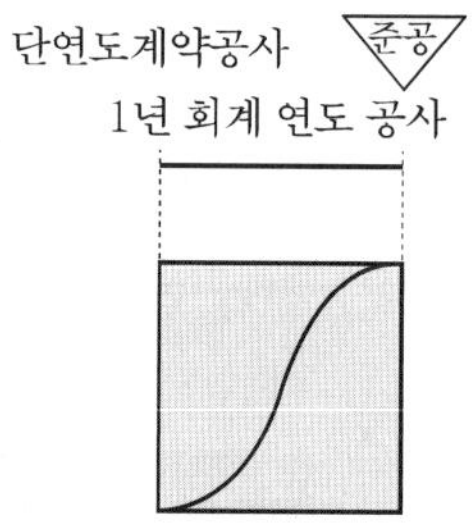

그림 8.128 단년도계약공사의 기성관리체계 운영 시안

나. 장기계속계약공사

장기계속계약공사는 수년간 계속하여 이행할 필요는 있으나 **계속비 예산**으로 편성되지 아니한 경우 분할발주로 인한 행정력 낭비를 방지하기 위하여 전체 사업 규모에 대하여 입찰하고 매년도 마다 계약서를 작성하는 계약을 말한다. 즉, 장기계속계약공사는 **총공사금액으로 입찰**하고 각 회계 연도 예산 범위 내에서 1차 연도 공사계약체결을 하고, 2차 연도 공사 이후의 계약은 부기된 총공사금액에서 이미 계약된 금액을 공제한 금액의 범위 안에서 계약을 체결한다.

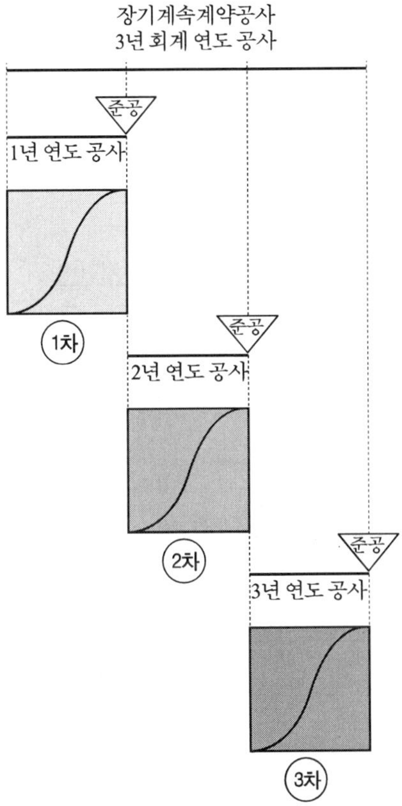

그림 8.129 장기계속계약공사의 기성관리체계 운영 시안

따라서 **장기계속계약공사**는 1차 연도 공사금액이 결정되고 공사가 진행 및 종료되기까지는 2~3차 연도 공사금액은 미확정 상태이므로 연차별 공사가 **준공개념**으로 운영된다. **공사기간이 3차년 장기계속계약공사**의 경우 **그림 8.129**와 같이 1차 연도 공사, 2차 연도 공사, 3차 연도 공사의 각 회계연도에 따라 **단일공사의 준공**으로 하여 **표 8.27**의 **성과측정요소**와 **성과분석요소**를 적용하여 기성관리체계를 적용할 수 있다.

다. 계속비계약공사

계속비계약공사는 이행에 수년을 요 하는 경우의 공사로서 **계속비 예산**으로 편성된 사업에 대한 계약을 말한다. 즉, **총공사금액으로 입찰**하고, 매년 계약을 체결하지는 않으나 총공사와 연차별 공사에 관한 사항을 명백하게 해서 계약을 체결한다. 따라서 **공사기간이 3차년 계속비계약공사**의 경우 **그림 8.130**과 같이 연차별 공사에 관한 사항을 명백하게 하는 **1차 연도 공사와 2차 연도 공사의 종료 시점**은 **기성**으로 간주하고, 시설물이 완료되어 총공사금액이 모두 소진된 **3차 연도 공사 종료 시점**을 **준공**으로 하여 **표 8.27**의 **성과측정요소 항목**과 **성과분석요소 항목**을 적용하여 기성관리체계를 적용할 수 있다.

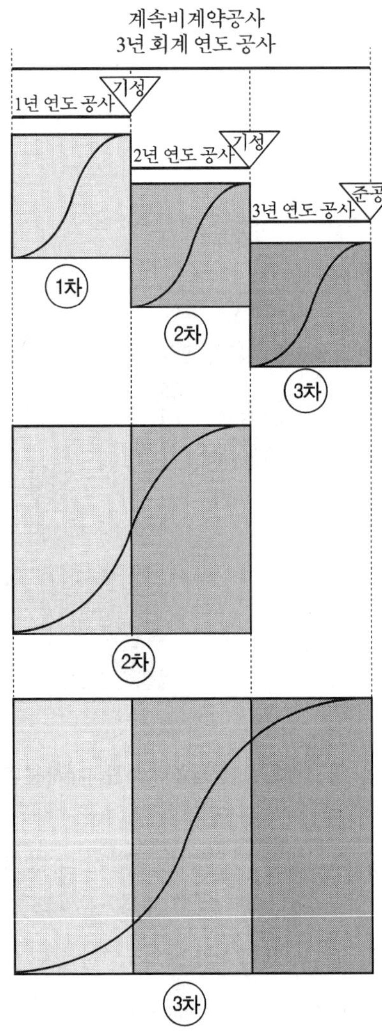

그림 8.130 계속비계약공사의 기성관리체계 운영 시안

기성관리체계의 운영은 **1차 연도 공사**는 당해 공사만 적용하여 운영하고, **2차 연도 공사**는 2차 연도 당해 공사와 1차 연도와 2차 연도의 공사를 통합한 두 가지 방식으로 운영하며 **3차 연도 공사**는 3차 연도 당해 공사와 1차 연도, 2차 연도, 3차 연도의 공사를 모두 통합하여 두 가지 방식으로 운영할 수 있다. 이 방식을 제안한 근거는 3차년 계속비계약공사에 해당하는 총공사금액으로 입찰하고, 나머지 1차 연도와 2차 연도 공사는 연부액에 대해서만 계약서에 명시하고 장기계속계약과 달리 별도의 계약이 없기 때문이다.

표 8.28은 앞에서 설명한 단년도계약공사, 장기계속계약공사, 계속비계약공사의 계약체결 형태별 기성관리운영체계 시안을 정리하여 제시하고 있다.

표 8.28 계약체결형태별 기성관리운영체계 시안

계약체결형태	기성관리체계 적용 방안		
	1차 연도 공사	2차 연도 공사	3차 연도 공사
단년도계약공사	준공		
	단일 기성관리체계 적용		
장기계속계약공사	준공개념	준공개념	준공
	단일 기성관리체계 적용	단일 기성관리체계 적용	단일 기성관리체계 적용
계속비계약공사	기성개념	기성개념	준공
	단일 기성관리체계 적용	단일 기성관리체계 적용	단일 기성관리체계 적용
	단일 기성관리체계 적용		
	단일 기성관리체계 적용		

10. 국내 건설공정관리 운영상의 문제점 및 개선 방향

건설공사와 관련하여 발주자에게 일방적으로 유리하게 되었던 공사계약조항이 최근에 와서 발주자와 시공자에게 동등한 자격을 주는 방향으로 공정거래위원회에서 많이 개선하였다고는 하지만, 토목공사는 95% 이상 건축공사는 45% 이상의 발주처가 정부나 정부투자기관이고 보면, 시공자는 약자일 수밖에 없다. 따라서 시공자는 공정관리를 수행하면서 직면하게 되는 여러 문제의 상황을 슬기롭게 대처해 나가야 한다. 또한, 공사수행 중에 예기치 못한 민원이나 문화유적지 등은 공기 지연에 또 다른 변수로 작용하여 공정계획 및 관리에 상당한 차질을 줄 수 있으나 발주자는 계약조항을 빌미로 하여 그 해결책을 시공자에게 강요하고 있는 실태이고, 특수한 경우가 아니면 공기 연장이나 민원처리비, 경상비 등의 추가반영이 없는 실정이다. 따라서 시공자는 공정관리의 수행에 따른 제반 문제점들을 사전에 충분히 조사하여 주도면밀한 계획하에 공정관리를 수행하여야 한다. 이에 본절에서는 바람직한 공정관리를 운영하는데 저해(沮害) 요인들을 살펴보고 이를 개선할 수 있는 방안을 제시한다.

10.1 국내 건설공정관리 운영상의 저해 요인

첫째, **최고 경영자의 의식 및 전문기술인력의 부족이다**. 공정관리 이행을 위한 공정관리 전산시스템은 하드웨어(H/W), 소프트웨어 (S/W) 그리고 이것을 사용하는 **인력**도 포함하는 작업이다. , 즉 아무리 좋은 시스템을 갖추어 놓아도 사람이 안 쓰거나 못 쓰게 된다면, 아무런 의미가 없다. 우선 **사람이 안 쓰는 것을 방지**하기 위해서는 최고 경영층의 강력한 의지가 있어야 하고, 고위 관리층의 적극적인 호응과 관심의 적절한 조화를 이루어야 한다. 하부 조직에서 아무리 훌륭한 시설과 제도적 장치가 마련되어 있다고 하더라도 최고 경영층이나 고위 관리층의 의지력이 결부되지 않는다면 진정한 의미에서의 공정관리는 기대하기 어려울 것이다. 또한, **사람이 못 쓰는 것을 방지**하기 위해서는 공정관리의 전문기술인력을 양성하는 일이다. 현재 국내에서는 미래 지향적인 소수 시공업체에서 적극적으로 전문기술인력을 양성하기 위한 교육과 훈련을 실시하고 있으나, 그 필요성의 인식에도 불구하고 대학교육에서부터도 공정관리 분야의 교육이 미진하고, 발주자인 관의 주도적인 역할도 부족한 실정이어서 전문기술인력이 부족한 것인 현재의 실정이다.

둘째, **국내 건설공사에서 범용(汎用) 공정관리 전산시스템 활용의 한계이다**. 공정관리기법을 효율적으로 운영하고 그 목적을 달성하기 위해서는 공정관리 전산체계의 도입이 필수적이다. 효율적인 공정관리 운영을 위해서는 공정도표를 구성하는 활동 하위의 종속 물량을 **내역항목(BOQ) 단위**로 관리하는 **활동중심 공정관리 운영체계**(Network Analysis System, 구미방식 운영체계)가 바람직하다고 사료된다. 그러나 국내건설공사의 운영체계가 예산회계법, 공사계약일반조건 등에서 **내역중심**(인부, 자재, 장비)으로 운영되고 있는바, **국내 실정에 적합한 공정관리 전산시스템의 확보**가 우선적이다. 현재 국내건설업계에 소개되어 있는 대부분의 범용 공정관리 전산시스템들은 건설공사 수행환경이나 관리체계가 국내와는 상이한 구미의 활동중심 관리체계에 근간을 두고 있다. 따라서 이러한 범용 공정관리 전산시스템들이 국내 건설공사 공정관리에 도입되어 운영되었을 때 효율적으로 적용되지 못하고, 형식적인 공정관리의 운영(일정계획에 따른 일정진도관리 정도)에 머무르고 있는 실정이다.

셋째, **공정관리 전산시스템의 사실적인 입력자료구축의 결여이다.** 1960년대 말 공정도표식 공정관리기법이 국내건설공사에 처음 도입된 후, 1970년대 중반 우리나라는 대학과 연구기관에서 공정도표 식의 공정관리에 대한 이론강의와 연구가 시작되었고, 그 이론적 명확함에 매료된 관리자들의 열성과 실무자들의 중동진출에 힘입어 자의든 타의든 외국산 범용 공정관리 전산시스템을 도입하여 공정관리의 실무적 적용에 많은 노력을 기울여 왔다. 그러나 장구한 시간이 지났음에도 불구하고 많은 건설공정관리 실무자들은 아직까지 국내건설공사에 토착화되지 못했다고 판단하는 것이 현실이다. 이것은 국내 건설공사의 제도적 환경에서 오는 차이(활동중심과 내역중심의 차이)도 있지만, **현실적인 공기를 반영한 사실적인 정보를 입력하지 못한 요인**도 있다. 중요한 것은 사실을 바탕으로 한 관리계획을 수립하고, 시행하고, 평가하고, 조치를 취해야 하는 것이다. 따라서 공기만을 살펴보면, 공정도표 상에 포함되어 있지 않은 공종들을 대상으로 소요공기를 산정하고, 산정된 소요공기를 공정도표 상에 표현한 대표 관련 공종의 공기에 합산하여 반영한 실질적인 공기를 입력해야 현실적인 일정관리, 자원관리, 원가관리 그리고 진도관리를 수행할 수 있다.

넷째, **착공예정공정도표 작성의 형식화이다.** 현재 국내건설공정관리 운영은 착공예정공정도표가 중심이 되어 운영된다. 이것은 시공자의 착공예정공정표가 현장설명, 입찰, 낙찰, 계약, 착공계 제출의 일련의 과정, 공사조건, 선시공 등 각종 변수인자들이 충분히 반영되어 작성되어야 함을 의미한다. 그러함에도 불구하고 공정관리 전문기술인력이 부족한 시공사는 공정관리기법의 이해도가 부족한 현장 직원이나 현장의 실태를 잘 파악하지 못한 하도급 공정관리 전문요원에게 의뢰하여 작성되는 경우가 다반사다. 그러다 보니 현장의 공사실정과는 다소 무관하게 작성된 착공예정공정도표가 될 개연성이 높고, 발주자는 시공자가 제출한 이 착공예정공정표를 사업시행과정의 법적인 근거로 간주한다. 즉, 에스컬레이션 및 디스컬레이션의 적용, 설계변경, 공사진행의 부진성에 따른 시공자에 대한 제재의 수단(실무인원의추가투입, 장비의 추가투입, 임원의 상주) 등으로 활용되며, 그에 따른 원가상승이나 진도관리 때에 발생이 되는 각종 리스크는 모두 시공자의 몫이 된다.

다섯째, **체계적인 건설공정관리 제도의 미흡이다.** 현재 공정관리 수행에 필수적인 공정관리기법에 대한 이론적 기술적 내용에 대한 이해도는 어느 정도의 수준에 도달한 것으로 사료 되지만, 이러한 기법의 적용 및 운영이 체계적으로 이루어질 수 있도록 하는 **관리제도**와 **운영지침** 등이 미비 되어 있다. 따라서 어떤 **관리정보**가 어떤 과정을 통해서 **생성**되며, 이러한 정보들이 어떤 **유통과정**을 통해서 **관리자의 의사결정**에 **활용**되고 어떤 **형태와 방법**

으로 **조직 내의 데이터 베이스**(data base)로 **축적**되는가에 대한 운영제도의 제시가 없어 공정관리가 공사의 전 과정을 걸쳐 조직적이고 지속적인 체계로 이루어지지 못하는 어려움이 있다.

① **건설공정관리 운영에 불합리한 예산회계연도이다.** 장기계속계약은 총공사금액으로 입찰을 하고 각 회계연도 예산 범위 내에서 다시 연차별로 구분 계약을 한다. 이 경우 당해연도에 배당된 예산이 투입된 인력, 장비에 비하여 너무 부족하거나 능력에 비하여 과다한 경우가 많다. 이것은 장비의 투입 및 철수, 추가 자재비의 지불 등으로 인하여 원가상승의 요인이 된다. 또한, 당해연도의 회계종료를 2개월 정도 남긴 시점에서 다른 회사의 현장에서 소화하지 못한 예산이나 추경 등이 갑자기 배정됨으로써 각종 클레임 등의 법적인 근거가 되는 착공예정공정표의 일정 및 예산과는 무관하게 무리한 공사를 진행되는 경우가 많다. 그 이유가 현 회계법에서는 당해연도의 예산을 차기 연도로 이월할 수 없고, 반납 조치 하도록 되어 있다. 따라서 발주단체에서는 배정된 예산을 소화하기 위해 품질, 안전, 환경 등은 무시한 채로 무리하게 공사를 진행하게 되며, 이러한 요인은 착공 때에 제출한 착공예정공정도표는 의미가 상실된다.

② **에스컬레이션 및 디스컬레이션 적용의 불합리화이다.** 에스컬레이션(계약 상대자인 시공자의 요구)과 디스컬레이션(발주기관의 요구)을 적용함에 있어서 실제 진행된 기성수량을 기준으로 하지 않고, 이미 제출한 **착공예정공정도표**의 **성과측정관리기준선**을 **기준**으로 하고 있다. 이에 따라 현재 기준일 시점 부진공종은 현재 기준일 시점까지 완료된 것으로 간주하여 부진량 만큼 에스컬레이션의 적용에서 제외시키고, 현재 기준일 시점에서 앞서가는 공종은 앞선 물량만큼 에스컬레이션 대상에서 제외시킨다. 이와 같이 시공자의 일방적인 손해는 명백하지만, 재정경제부의 질의 회신은 착공예정공정도표를 원칙으로 하는 것이 타당하나 이해당사자가 상호 협의하여 처리하는 것이 원만할 것이고, 갑과 을이 협의하지 못한 경우에는 갑의 해석에 따른다고 하고 있다. 이것은 착공할 때 제출한 착공예정공정도표가 현실적으로 신뢰성이 부족함에도 불구하고 모든 법적인 근거를 대신하게 되기 때문이다. 따라서 착공예정공정도표의 제출 시기를 공사의 진행 방향이 어느 정도 확정된 공사 착공 후, 30일 이내에 제출하도록 주장하는 필자의 주된 이유이다.

③ **용지보상이나 민원의 변수인자이다.** 공공공사는 짧은 계획 기간으로 민원을 충분히 수렴하지 못한 상태에서 사업을 시행하여 공정계획이 무의미해지는 경우가 다반사이고, 예산의 확보와 충분한 계획성이 없이 막연한 가능성과 정치성 그리고 국가적 행사의 일

정에 맞추기 위해 용지보상이 이루어지지 않은 상태에서 발주된 경우도 있다. 이 경우는 공사의 진행과 동시보상으로 공사가 수행되면서 이의 신청이 발생하면 모든 공정계획이 수정된다. 이러한 이유로 모 발주처에서 발주한 사업은 준공기한을 2년이나 추가 소요되었다. 이 사례는 시공자의 시공수행능력과는 무관하고, 단지 용지보상과 관련된 발주자의 예산확보 문제에 기인했다. 그러나 이로 인하여 착공예정공정도표의 일정은 등한시되고, 원가상승은 불가피하게 되었으며, 이 원가상승분은 시공자의 책임으로 귀결된다.

여섯째, **발주자의 비현실적인 계약공기 부여이다.** 만족스러운 품질과 계약공기를 준수할 수 있는 현실적인 공기를 반영해주지 못하고 있는 현재의 건설환경에서 공정관리 전산화는 행정적인 부담만 가중시킬 뿐, 공정관리 전산시스템의 적용에 대한 필요성을 전혀 느끼지 못하고 있다. 공기부족으로 나타나는 한 가지 현상의 사례로 건물공사의 경우 기본적으로 골조공사에 소요되는 공기를 모두 소화하고, 마감공사 공기의 일부를 골조공사에 소요하는 형태를 보인다. 따라서 마감공사의 잔여공기로 마감공사를 수행하게 되고, 결국 마감공사의 공기부족으로 마감공사의 품질이 저하되는 원인이 되고 있다. 이 사례와 유사 계약공기 부족현상의 예로 발주자와 시공자의 공사계약에서 정한 계약공기가 A, B 구간이지만, 시공자가 공정도표 분석을 통해서 얻어진 예정준공일, 즉 정상적으로 공사를 수행할 수 있는 정상공기가 A, D 구간일 때, B, D 구간의 공기는 시공전(前) 단계의 조사 미흡에 따른 부족 공기로 시공자에게 공기지연으로 나타나게 된다. 따라서 시공자는 공기만회를 위해 작업을 촉진하게 되고 작업촉진에 의한 공기단축 범위가 C, D 구간의 공기일 경우, 공기촉진에 의해서 소요되는 추가비용 보상이 없는 것이 현실이며, B, C 구간의 공기는 지나친 부족공기로 공기단축이 불가능한 구간이므로 발주자는 공기연장과 더불어 공기연장에 따른 추가 경상비를 반영해주어야 하지만, 현실적으로 불가능하다. 이 문제는 공정도표를 구성하는 활동들의 공기를 산정할 때, 짜맞추기의 형식이 되고, 결국은 형식적인 공정관리의 운영이 되는 요인이 된다.

10.2 국내 건설공정관리 운영 개선 방안

첫째, **공사현황정보 소통을 위한 공사분할체계의 분류 기준 제시이다.** 발주기관이 대공종과 중공종의 분류 기준을 제시하고, 시공자가 공사와 관련되는 소공종의 분류를 독자적으로 구축하여 건설공사의 공정관리에 적용할 수 있도록 할 필요가 있다. 일례로 제5장에서 제시한 토목공사용 공사분할체계의 기본구성은 시설요소→구조요소→작업요소→자원요소로 구분하였다. 이 구분을 기준으로 공사현황정보의 소통을 위한 공사분할체계의 분류 기준을 제시하면, 대공종(시설요소)와 중공종(구조요소)은 발주기관이 제시하고, 소공종(작업요소 및 자원요소)은 시공자가 공사비 내역서를 근거로 분류 및 구축해서 활용하는 것도 하나의 방법이 될 수 있다. 이렇게 함으로써 시공자가 현장조건에 부합하는 착공예정공정도표를 작성해서 공사를 관리하고, 공사진척에 따른 현재진척상황 및 미래추진사항의 공사현황정보를 중공종(구조요소)→대공종(시설요소)로 집계 및 요약해서 발주자와 시공자가 소통하는 도구로 활용할 수 있다.

둘째, **한국형 공정관리 전산시스템의 개발 및 운영이다.** 공정관리는 공사의 전 과정에 걸쳐 계획수립, 추적감시, 통제, 계획수정 및 보완작업을 지속적으로 수행하여 관리자의 의사결정을 지원하는 기법이므로 컴퓨터의 지원이 없이는 신속한 정보의 처리와 정기적으로 반복되는 대량의 자료처리가 어려울 것이다. 따라서 발주처는 내역과 공정이 연계된 공정관리 운영체계로의 전환이 뒷받침되어야 하며, 시공자는 국내 실정에 적합한 내역과 공정을 연계하여 운영할 수 있는 **내역공정통합 공정관리 전산시스템의 개발** 및 **운영**이 필요하다.

셋째, **종합운영체계의 정립과 제도적 장치 보완이다.** 체계적이고 지속적인 공정관리 정착을 위해서는 각종 보고서 등의 표준화 업무절차, 업무분담 및 책임한계 등을 포함하는 각종 대내 업무지침을 정립하여야 하며, 나아가서는 공사수행에 동참하는 외부조직들과의 대외 업무지침 등도 확립하여 공사의 성공적 수행에 필요한 각종 공사 정보가 체계적이고 종합적인 체제 하에서 생성, 유통, 활용, 저장되도록 해야 한다. 공사이행관리의 확립 및 정착을 위해서는 공정관리 전산시스템의 운영에 의한 결과물로 공기지연에 의한 시정조치 및 기성금 지급 등을 포함하는 계약제도, 공정관리 운영을 전담하는 공정관리 전담조직 등 각종 제도상의 미비점을 보완해 나가야 한다.

넷째, **건설공정관리 운영을 위한 시방서의 제정이다.** 모든 건설사업 수행방식의 계약체결을 위해서는 표준시방서의 문서체계가 우선되어야 한다. 토목공사 일반시방서, 콘크리트 표준시방서, 터널 표준시방서 등 시설분야별 기술적인 시방서는 상세히 제정되어 있으나 관리적인 측면에서 핵심적인 기능을 수행하는 건설공정관리분야도 기술분야 못지않게 체계적인 시방서의 정립이 선행되어야 신속한 정착을 이룰 수 있을 것이다. 이러한 표준화된 건설공정관리 시방서는 공공발주기관인 행정기관뿐만 아니라 관련 협회나 학회에서 공사 참여자의 의견을 수렴 및 조율하여 역할, 업무범위, 책임과 공사범위, 대가규정 등을 체계적으로 제정해야 한다.

다섯째, **착공예정공정도표 작성과 공사운영 방법이다.** 현장에서 실무 담당자가 함께 협의하여 예산, 민원, 인허가, 인원 및 자재조달, 특수장비의 투입 등의 가능한 여러 변수인자를 감안하여 작성해야 한다. 활동별 **작업기간**은 품질, 안전, 원가 등을 최대한 반영한 일정으로 산정해야 하고, 각 세부 공정도표는 각 작업반이 쉽게 알아볼 수 있도록 한다. 공사진도관리는 수시로 공정진행을 확인 및 수정하면서 진행하고, **체크 포인트**(check point)를 정하여 그 일정을 검토 및 수정하면서 수행해야 한다.

여섯째, **예산회계연도의 모순점 개선이다.** 회계연도 예산을 명확히 하여 시공자로 하여금 정확한 공정관리의 예산을 책정할 수 있도록 하는 풍토가 조성되어야 한다. 이를 위해서는 당해 연도별로 계약된 예산을 공사수행 결과에 따라서 감독관의 권한에 의해 이월할 수 있도록 조치를 하여야 하며, 발주자의 사유나 시공자의 권유에 의해 선시공 되었을 때, 선시공 부분에 대해 당해연도에 계약된 예산에 포함되어 있지 않은 비용이라도 실 기성분에 대해서는 기성금액으로 인정해줌이 바람직하다.

일곱째, **에스컬레이션 및 디스컬레이션 적용 기준이다.** 공사초기 시간부족으로 공사현장조건, 주변여건 등을 충분히 수렴하지 못하고, 승인을 위한 형식적인 업무로 간주하여 작성된 착공예정공정도표를 가지고 에스컬레이션 및 디스컬레이션을 적용할 것이 아니라 공사착공일로부터 30일 이내에 현장에서 공정관리 전문요원이 실무담당자와 함께 협의하여 예산, 민원, 인허가 및 자재의 조달, 특수장비의 투입, 선시공 등의 여러 변수인자를 충분히 감안하여 작성된 실시공정도표를 시공자로부터 제출받아 조속한 시일 내에 검토 및 승인하고, 검토 및 승인된 실시공정도표를 원칙으로 하여 적용함이 바람직하다.

여덟째, **현실적인 공사계약기간 부여이다.** 현실적인 공정관리 운영과 품질의 만족을 위해서 우선 현장 공사감독관들이 현장조건, 주변환경여건, 시공조건 등에 따라서 정확한 공사계약공기로 반영해주어야 한다. 시공자가 제출한 실시공정도표 분석결과의 검토자료를 토대로 공기촉진이 필요한 경우, 공기촉진할 것인지를 발주자와 협의하여 추가비용이 발생될 것으로 예상이 되는 경우는 이에 따른 비용보상을 결정하고 작업을 추진하여야 한다. 또한, 아무리 공기를 촉진(돌관공사)하여도 공기촉진이 불가능한 경우 발주자는 이에 따른 충분한 검토를 하여 합당하다고 판단되는 경우에 공기연장과 더불어 원가상승분의 공사비 추가반영이 있어야 한다. 이러한 공기촉진과 공기단축불가에 의한 공기연장에 따른 추가보상

권리는 선진국의 경우 보편화 되어 있고, 우리나라도 이러한 권리를 적극적으로 주장하여 정당한 보상이 이루어져야 한다.

아홉째, **제출 공정도표의 개선이다.** 현재 여러 종류의 공정도표를 제출하는 것을 입찰 시에 제출하는 **초기공정도표**(주요 이정표 표기 공정도표)가 아닌 공사 착공 후 30일 이내에 용지보상, 인허가, 특수장비나 자재의 조달, 선시공 등 작업에 영향을 미치는 각종 변수인자들을 반영하여 작성된 **실시공정도표**(현장조건 현실성 반영)를 근거로 공사진도, 부진공정 만회대책, 수정공정계획, 준공기한 연기, 공정현황보고, 기성검토, 사업시행과정의 법적인 근거 등이 이루어져야 한다. 따라서 공사계약 때는 시공자의 공정관리 능력을 판단할 수 있는 주요 **이정표예정공정도표**를 제출받고, 공사진도와 기성검토 등은 현실성을 반영한 **실시공정도표**를 가지고 사업시행과정의 법적인 근거로 하는 것이 더욱 현실적일 것이다.

결론적으로 바람직한 공정관리의 운영을 위해서는 철저한 계획, 면밀한 검토와 확인을 하고, 문제점을 조기에 발견하여 조치하여야 한다. 그러나 아무리 시공자가 철저한 관리를 한다고 하여도 공사와 관련된 각종 불합리한 제도 및 사항들이 개선되지 않는다면 바람직한 공사관리의 운용은 요원하다. 따라서 앞에서 제시한 사항들을 개선하는 노력과 현실적인 건설공정관리 운영 환경이 조성되었을 때 바람직한 건설공정관리의 운영이 가능하게 될 것이다.

찾아보기

ㄱ

가설비 141
각주법 253
간섭여유시간 471
간접노무비율 139
간접재료비 129
거푸집 수량 산출 256
건설 419
건설공정관리 422
건설공정관리체계 422
건설근로자 퇴직공제부금비 143
건설기계 작업능력 산정 200
건설기계손료 182
건설사업 관계자 5
계략 공사비 81
계수견적 87
계약체결일 385
계획 공사비 523
공구손료 176
공사비 내역서 316
공사원가계산서 127, 318
공사진도관리 508
공정곡선 508
공정곡선 작성방법 508
공정관리 420
공정도표 452
공정도표 표현 447, 449, 457
관급자재관리비 143
관리비 172
관리비 보정 176
구조요소분류 278
근로기준법 134
기간요건 377
기계경비 141
기계손료 173
기계손료보정 175
기계손료산정 168
기본급 134
기성관리체계 522
기성대가 381
기술료 141
기초단가 298
기초단가 내역서 320
기타 법정경비 143

ㄴ

넓은 의미의 공사관리 419
노무비 134

ㄷ

단가의 단위표준 258
단계중심의 시간분석 461
달성공사비 523
대리형 CM 16
덤프 트럭 232
도서인쇄비 142
독립계약자형 CM 17
동바리 물량 산출 257
디스컬래이션 380

ㄹ

로더 219
롤러 241
리스케쥴링 517

ㅁ

만기시작시간 469
만기종료시간 470
모터 그레이더 228
모터 스크레이퍼 223
목표시작시간 485
목표종료시간 461, 485
목표착수시간 461
물가변동적용대가 379
물량내역서 251
민간공사의 적산 164

ㅂ

발주 및 계약 업무 419
발주자 적산 79
법정부담금 143
법정요율 적용 151
보관비 142
보상비 143
보완적용방법 139
보험료 142
복리후생비 142
부산물 129
불도저 203
비계의 물량 산출 257
비율분석방법 137

ㅅ

사각주법 253
산업안전보건관리비 142
산출내역서 251
삼각주법 254
상각률 169
상각비 168
상세견적 89
상세적산 90
상여금 134
상위허용한계 공정곡선 478
상향식 집계방식 96
선급금 381
선급금공제금액 381
설계 업무 419
설계·시공 일괄입찰 방식 386
설계변경 386, 387
설계변경일 385
성과측정관리기준선 480, 484
세금과공과 142
셔블계 굴삭기 212
소모품비 142
수도광열비 141
수량 251
수량산출 251
수량의 계산 260
수송비 174
시간당 기계(장비 혹은 중기)사용료 297
시간당 작업 사이클 수 200
시간당 작업량 200
시간축척 공정도표 518
시공 업무 419
시공과정 419
시공관리과정 419
시공기술과정 419
시공자 7
시공자가 희망하는 공정곡선 479
시설단위견적 90
시설요소분류 277
시작예정기한 482
시중노임단가 140
신공법 163
신기술 163
실시종료시간 461
실시착수시간 461
실작업 시간율 201
실투입비 523

ㅇ

안전관리 422
안전관리비 143
양단면적 평균법 252
에스컬래이션 380, 381
여비 142
여유시간 분석 461
연구 개발비 141
예산 및 비용관리 측면 537
외주가공비 142
요소단위견적 87
운반비 141
운전사 노임 174
원가계산방법 104
원가관리 420
원가지수 524
원가차이 524
유류비 174
유압식 굴삭기 백호 217
유압식 리퍼 209
이정표 및 중간관리시간 461
일위대가(호표) 313
일위목록 315
일정관리 측면 537
입찰 3

ㅈ

자원관리 측면 537
자원요소분류 280
자유여유시간 471
작업설 129
작업요소분할체계 279
작업효율 200
잔여예산 524
잔여예상원가 524
장기계속계약 377
장기계속공사 376
재료단가 130
적산 79, 282
적산요령 167
전력비 141
전진계산 462
정률법 168, 169
정부고시 노임단가 140
정비비 171
정액법 168
제수당 134
조기시작시간 469
조기종료시간 469
조사 및 계획 업무 419
조정기준일 379, 385
조정신청 375
조정신청일 385
좁은 의미의 공사관리 419
종료지연기한 483
좌표관리기법 530
주공정 464
중앙단면적법 252
지급수수료 142
지급임차료 142
지수조정률 383, 394
직전조정기준일 378
직접 노무비 134
직접계산방법 137
직접재료비 129
진도관리 측면 537
진도지수 523
진도차이 523

ㅊ

철근의 물량 산출 257
총공사비 523
총여유시간 470
총예상원가 525

취로일수율 136

ㅋ

코드번호 426
콘크리트 수량 산출 255

ㅌ

탬핑 램머 246
토공사 251
토량 환산 계수 201
퇴직급여 134
특허권 사용료 141

ㅍ

평균취득가격 172
폐기물처리비 142
표준품셈 104, 105, 321
표준품셈의 관리 159
표준품셈의 운영 160
표준품셈의 편성 160
품목조정률 383, 399
품셈활용 162
품의 할증 260
품질관리 420
품질관리비 141
플레이트 콤팩터 246
피견인식 스크레이퍼 225

ㅎ

하위허용한계 공정곡선 479
하향식 집계방식 96
할증률 130
현장 작업능력계수 201
환경관리 422
환경보전비 143
활동중심의 시간분석 461, 469
회항비 175
횡단면도를 사용하는 방법 252
후진계산 463
흙의 체적 변화 201

A-Z

CPM 기법 중심 461

건설공사관리학 정가 30,000원

저자 : 박홍태

발행인 : 임정대
발행처 : 도서출판 구미서관

발행 : 2025년 9월 30일

등록 : 1979년 6월 29일 No.9–6호
주소 : 서울시 마포구 신촌로 2길 5-15 구미빌딩
전화 : 02–333–1101
팩스 : 02–335–2201
http://www.goomibook.com

ISBN 979–11–6257–306–8 (93530)